PRINCETON LECTURES IN ANALYSIS
プリンストン解析学講義

FUNCTIONAL ANALYSIS
INTRODUCTION TO FURTHER TOPICS IN ANALYSIS

関数解析
より進んだ話題への入門

ELIAS M. STEIN/RAMI SHAKARCHI

エリアス・M.スタイン
ラミ・シャカルチ
[著]

新井仁之
杉本　充
髙木啓行
千原浩之
[訳]

日本評論社

FUNCTIONAL ANALYSIS : Introduction to Further Topics in Analysis
by Elias M. Stein and Rami Shakarchi

Japanese translation published by arrangement with Princeton University Press
through The English Agency (Japan) Ltd.

日本語版への序文

本書ならびに本シリーズの他の巻を新井仁之氏，千原浩之氏，杉本充氏，髙木啓行氏が日本語に翻訳するという計画を知ってたいへんうれしく思っています．私たちは，数学を学んでいる世界中のなるべく多くの学生が本シリーズの本を手にしてくれればと思い執筆してきましたので，この翻訳の話は特に喜ばしい限りです．私たちは本シリーズがこのような形でも，日本の解析学の長く豊かな伝統に多少なりとも貢献できることを願っています．この場を借りて，この翻訳のプロジェクトに関係した方々に感謝いたします．

2006 年 10 月

エリアス・M. スタイン
ラミ・シャカルチ

まえがき

2000年の初春から，四つの一学期間のコースがプリンストン大学で教えられた．その目的は，一貫した方法で，解析学の中核となる部分を講義することであった．目標はさまざまなテーマをわかりやすく有機的にまとめ，解析学で育まれた考え方が，数学や科学の諸分野に幅広い応用の可能性をもっていることを描き出すことであった．ここに提供する一連の本は，そのとき行われた講義に手を入れたものである．

私たちが取り上げた分野のうち，一つ一つの部分を個々に扱った優れた教科書はたくさんある．しかしこの講義録は，それらとは異なったものを目指している．具体的に言えば，解析学のいろいろな分野を切り離して提示するのではなく，むしろそれらが相互に固くつながりあっている姿を見せることを意図している．私たちは，読者がそういった相互の関連性やそれによって生まれる相乗作用を見ることにより，個々のテーマを従来より深く多角的に理解しようとするモチベーションをもてると考えている．こういった効果を念頭において，この講義録ではそれぞれの分野を方向付けるような重要なアイデアや定理に焦点をあてた（よりシステマティックなアプローチはいくらか犠牲にした）．また，あるテーマが論理的にどのように発展してきたかという歴史的な経緯もだいぶ考慮に入れた．

この講義録を4巻にまとめたが，各巻は一学期に取り上げられる内容を反映している．内容は大きくわけて次のようなものである．

I. フーリエ級数とフーリエ積分
II. 複素解析
III. 測度論，ルベーグ積分，ヒルベルト空間
IV. 関数解析学，超関数論，確率論の基礎などに関する発展的な話題から精選したもの．

ただし，このリストではテーマ間の相互関係や，他分野への応用が記されておらず，完全な全体像を表していない．そのような横断的な部分の例をいくつか挙げておきたい．第I巻で学ぶ（有限）フーリエ級数の基礎はディリクレ指標という概念につながり，そこから等差数列の中の素数の無限性が導出される．またX線変換やラドン変換は第I巻で扱われる問題の一つであるが，2次元と3次元のベシコヴィッチ類似集合の研究において重要な役割を果たすものとして第III巻に再び登場する．ファトゥーの定理は，単位円板上の有界正則関数の境界値の存在を保証するものであるが，その証明は最初の三つの各巻で発展させたアイデアに基づいて行われる．テータ関数は第I巻で熱方程式の解の中に最初に出てくるが，第II巻では，ある整数が二つあるいは四つの平方数の和で表せる方法を見出すことに用いられる．またゼータ関数の解析接続にも用いられる．

この4巻の本とそのもとになったコースについて，もう少し述べておきたい．コースは一学期48時間というかなり集中的なペースで行われた．毎週の問題はコースにとって不可欠なものであり，そのため練習と問題は本書でも講義のときと同じように重要な役割をはたしている．各章には「練習」があるが，それらは本文と直接関係しているもので，あるものは簡単だが，多少の努力を要すると思われる問題もある．しかし，ヒントもたくさんあるので，ほとんどの練習は挑戦しやすいものとなっているだろう．より複雑で骨の折れる「問題」もある．最高難度のもの，あるいは本書の範囲を超えているものには，アステリスクのマークをつけておいた．

異なった巻の間にもかなり相互に関連した部分があるが，最初の三つの各巻については最小の予備知識で読めるように，必要とあれば重複した記述もいとわなかった．最小の予備知識というのは，極限，級数，可微分関数，リーマン積分などの解析学の初等的なトピックや線形代数で学ぶ事柄である．このようにしたことで，このシリーズは数学，物理，工学，そして経済学などさまざまな分野の学部生，大学院生にも近づきやすいものになっている．

この事業を援助してくれたすべての人に感謝したい．とりわけ，この四つのコースに参加してくれた学生諸君には特に感謝したい．彼らの絶え間ない興味，熱意，そして献身が励みとなり，このプロジェクトは可能になった．またエイドリアン・バナーとジョセ・ルイス・ロドリゴにも感謝したい．二人にはこのコースを運営するに当たり特に助力してもらい，学生たちがそれぞれの授業から最大限のものを獲得するように努力してくれた．それからエイドリアン・バナーはテキストに対しても貴重な提案をしてくれた．

以下にあげる人々にも特別な謝意を記しておきたい：チャールズ・フェファーマンは第一週を教えた（これはプロジェクト全体にとって大成功の出発だった！）．ポール・ヘーゲルスタインは原稿の一部を読むことに加えて，コースの一つを数週間教えた．そしてそれ以降，このシリーズの第二ラウンドの教育も引き継いだ．ダニエル・レヴィンは校正をする際に多大な助力をしてくれた．最後になってしまったが，ジェリー・ペヒトには，彼女の組版の完璧な技能，そして OHP シート，ノート，原稿など講義のすべての面で準備に費やしてくれた時間とエネルギーに対して感謝したい．

プリンストン大学の 250 周年記念基金とナチュラル・サイエンス・ファンデーションの VIGRE プログラム [1)] の援助に対しても感謝したい．

エリアス・M. スタイン
ラミ・シャカルチ

プリンストン，ニュージャージー
2002 年 8 月

これまでの巻と同様，ダニエル・レヴィン氏に大きな感謝の意を表しておきたい．この本の最終版は彼の助力により大きく改善された．彼は細心の注意をもって原稿全体を読み，本文に取り入れてある有益な提案をされた．また，本書の一部の校正をされたハート・スミス氏とポラム・ヤン氏にこの場を借りて感謝したい．

2011 年 5 月

---

1)　訳注：VIGRE は Grants for Vertical Integration of Research and Education in the Mathematical Sciences（数理科学における研究と教育の垂直的統合のための基金）の略．VIGRE は 'Vigor' と発音する．

訳者まえがき

本書は「プリンストン解析学講義」全4巻の中の第IV巻『関数解析　より進んだ話題への入門』の翻訳である．第IV巻の原著は2011年に出版されている．

本書の表題は関数解析であるが，従来の関数解析の入門書とは大きく異なる特色をもっている．それは著者自身が「第IV巻への序」に記しているように，関数解析と調和解析との関連に重点がおかれ，さらに確率論とブラウン運動，多変数複素解析，振動積分とその偏微分方程式論への応用など，解析学の発展的な話題を詳しく扱っていることである．このように本書で取り上げられている話題は多岐にわたっているが，しかし実は底流には一つの大きな流れがあり，それが調和解析における実解析的方法であることに注意しておきたい．

ところで，往々にして関数解析の教科書では抽象的理論の解説が主となり，解析学への応用は付随的なものになっている．これに対して本書では，関数解析の抽象的理論が解析学の流れの中に自然に取り込まれ，融合され，もはやどこからどこまでがいわゆる関数解析なのか，明確な境い目はほとんどなくなっている．したがって読者は，本書により関数解析の抽象的な理論を学ぶというよりは，関数解析的方法と調和解析における実解析的方法とが一体となった姿，さらには関数解析的方法に基づく確率論と調和解析との交錯領域，そして多変数複素解析の実解析的な側面，振動積分などを深く学んでいくことになる．

まさに本書は，フーリエ解析（第I巻）から始まり，複素解析（第II巻），実解析（第III巻）から組み立てられてきた「プリンストン解析学講義」の最後を飾る壮麗なる大団円といえよう．

本書の翻訳は，第1章，第4章を高木，第2章，第8章，第IV巻への序，注と文献，索引，記号の説明を千原，第3章を杉本，第5章〜第7章，日本語版への序文，まえがきを新井が担当した．

ここで非常に残念なことをこの場を借りて二つご報告しなければならない．一つは本書の第一著者であるエリアス・スタイン先生が 2018 年 12 月に 87 歳で他界されたことである．もう一つは，これまで本書を共に翻訳してきた髙木啓行氏が 2017 年 11 月に 54 歳の若さでお亡くなりになったことである．本書の第 1 章と第 4 章の訳稿は髙木氏の遺稿となってしまった．謹んでお二人のご冥福をお祈りしたい．

なおスタイン先生のご業績について，追悼記事

C. Fefferman et. al., Analysis and applications : The mathematical work of Elias Stein, Bulletin of the American Mathematical Society, vol. 57, No. 4 (2020), 523–594

が出版された．この記事，及び記事に付けられた著書・論文リストをご覧になると，第 IV 巻で扱っている内容を発展させた多くのテーマにスタイン先生自らが大きな貢献をし，本書の話題がいずれも自家薬籠中のものとなっていることがわかるであろう．なお本書を読んでさらに深く調和解析方面のことを学びたい読者は，スタイン先生の大著

Elias M. Stein, Harmonic Analysis, Real–Variable Methods, Orthogonality, and Oscillatory Integrals, Princeton University Press, 1993

を熟読されるとよいだろう．

最後になるが，プリンストン解析学講義の翻訳の企画を立ち上げた段階から，全巻の翻訳完了に至るまで，亀書房の亀井哲治郎氏には多大なるお世話になった．遅れがちな訳稿を忍耐強く待っていただき，またていねいな校正など，亀井氏のご尽力無くしてはこの訳書の出版はなかったであろう．ここに感謝の意を表したい．

2024 年春
訳者を代表して
新井仁之

目　次

第IV巻への序

関数解析は，一般的に理解されているように，$\mathbb{R}$ や $\mathbb{R}^d$ などの日常の幾何学的空間上の関数の研究から，抽象的な無限次元空間，たとえば関数空間やバナッハ空間の解析学へと焦点の変更をもたらした．これにより現代の解析学の発展のために重要な枠組みが確立された．

この巻におけるわれわれの第1目標はこの理論の基本的な考え方を，特に調和解析との関連に重点をおいて提示することである．2番目の目標は，解析学を真摯に学ぶ学生が触れるべきより進んだ話題の確率論，多変数複素関数論，および振動積分についての入門を提供することである．われわれのこれらの主題選択は，第一にそれらに対する本質的興味によって導かれている．さらに，これらの話題は本シリーズの前巻までのアイデアを補足し発展させて，われわれの包括的目標である解析学のさまざまな分野間に存在する有機的統一性の明確化を提供する．

この統一性の根底にあるのは，偏微分方程式，複素解析，および整数論との相互関係におけるフーリエ解析の役割である．このことは，前巻までに最初に挙がったいくつかの具体的な問題でここで再度取り上げるもの，すなわち，最終的にブラウン運動によって扱われるディリクレ問題，ベシコヴィッチ集合と関わりのあるラドン変換，いたるところ微分不可能な関数，格子点の分布として今改めて定式化される整数論のいくつかの問題，によっても例証される．われわれは，この題材の選択が単に解析学の幅広い視点を提供するだけなく，読者にこの話題の研究をさらに追求するよう喚起することを願っている．

第1章　L^p 空間とバナッハ空間

この研究では，2 乗可積分であるという仮定が，$|f(x)|^p$ の可積分性に取って代わる．このような関数の族を解析すると，実用上でも見かけ上でも，2 という指数が優位であることにスポットライトが当たる．一方で，その解析は，関数空間の秩序だった研究に実質的な題材を提供することになるだろう．

——F. リース，1910

現時点で何よりもまず計画したいのは，ある種の一般的な空間，とりわけ，ここで(B) 型空間と呼んでいる空間において，その上の線形作用素に関する結果を集めることである．

——S. バナッハ，1932

関数空間，特に L^p 空間は，解析学の多くの問題において主要な役割を担っている．L^p 空間は，2 乗可積分関数からなる基本的な L^2 空間を，部分的にではあるが有用に一般化したということで，独自の重要性が認められよう．

論理の順からいうと，L^1 空間が一番である．というのは，それが，ルベーグ式の可積分関数を記述する際に，早くも必要になるからである．それに双対性を通して関連するのが，有界関数からなる L^∞ 空間である．ここでの上限ノルムは，馴染みのある連続関数の空間から持ち込まれたものである．それらとは独立に興味深いのは，L^2 空間である．その起源はフーリエ解析の基礎的な話題と結びついている．間を補う L^p 空間は，その意味で技巧的なものではあるが，発想に富んだ思いがけない種類のものである．そのことは，次の章やそれに続く章の結果から説明がつくだろう．

この章では，L^p 空間の構造上の基礎事実に重点をおく．ただし，線形汎関数の勉強のような一部の理論については，バナッハ空間という抽象的な設定の方がうまく説明できる．この抽象的な観点の副産物には意外な発見がある．ルベーグ測度と一致しながら，すべての部分集合で定義された有限加法的測度の存在が導けるのである．

1. L^p 空間

この章全体を通して，$(X, \mathcal{F}, \mu)$ は σ–有限な測度空間を表す．ここで，X は基になる空間，$\mathcal{F}$ は可測集合の σ–加法族，μ は測度である．$1 \leq p < \infty$ のとき，空間 $L^p(X, \mathcal{F}, \mu)$ は，X 上の複素数値可測関数 f で，

$$\int_X |f(x)|^p \, d\mu(x) < \infty \tag{1}$$

をみたすもの全体からなる．ここで，考えている測度空間に誤解が生じないときには，記号を簡略化して，$L^p(X, \mu)$，$L^p(X)$ あるいは簡単に L^p と書く．また，$f \in L^p(X, \mathcal{F}, \mu)$ に対して，f の L^p **ノルム**を

$$\|f\|_{L^p(X,\mathcal{F},\mu)} = \left(\int_X |f(x)|^p \, d\mu(x) \right)^{1/p}$$

と定義する．これも $\|f\|_{L^p(X)}$，$\|f\|_{L^p}$ または $\|f\|_p$ と略記することがある．

$p = 1$ の場合，空間 $L^1(X, \mathcal{F}, \mu)$ は X 上の可積分関数全体からなる．第 III 巻の第 6 章で示したように，L^1 は，ノルム $\|\cdot\|_{L^1}$ に関して完備なノルム空間になる．一方で $p = 2$ の場合には特別な留意点があり，それはヒルベルト空間をなす．

ここで注意しておきたいのは，以前に第 III 巻で話題にしたのと同じ技術的な問題点に出くわすことである．問題点は，$\|f\|_{L^p} = 0$ から，$f = 0$ は導けず，（測度 μ に関して）ほとんどいたるところ $f = 0$ になるだけだということである．したがって，L^p の厳密な定義では，$f = g$ a.e. であるときに f と g が同値であるとする同値関係を導入する必要がある．そして，L^p は (1) をみたす関数の同値類からなるとするのである．しかしながら，L^p の元を，関数の同値類ではなく関数と考えても，実用上，間違いのリスクはほとんどない．

次に，L^p 空間の標準的な例をあげよう．

(a) $X = \mathbb{R}^d$ で μ がルベーグ測度の場合は，実用面でしばしば利用される．

この場合

$$\|f\|_{L^p} = \left(\int_{\mathbb{R}^d} |f(x)|^p \, dx\right)^{1/p}$$

である．

(b)　次は，$X = \mathbb{Z}$ ととり，μ を個数測度とする．すると「離散」型の L^p 空間が得られる．可測関数は単なる複素数列 $f = \{a_n\}_{n\in\mathbb{Z}}$ になり，

$$\|f\|_{L^p} = \left(\sum_{n=-\infty}^{\infty} |a_n|^p\right)^{1/p}$$

である．$p = 2$ のときは，お馴染みの数列空間 $\ell^2(\mathbb{Z})$ になる．

空間 L^p はノルム空間の例である．ノルムがみたすべき基本性質に三角不等式があった．それはまもなく証明されるだろう．

多くの応用場面で興味のある p の範囲は，$1 \le p < \infty$ と，後に出てくる $p = \infty$ である．p の値をこれらの範囲に制限するのには，少なくとも二つの理由がある．一つは，$0 < p < 1$ のとき，関数 $\|\cdot\|_{L^p}$ は三角不等式をみたさないからである．二つには，このような p に対して，空間 L^p は自明でない有界線形汎関数 1) を許容しないからである（練習2参照）．

$p = 1$ のとき，ノルム $\|\cdot\|_{L^1}$ は三角不等式をみたし，L^1 は完備なノルム空間であった．$p = 2$ のときも，やはり同じことがいえた．ただ，後者を示すには，コーシー－シュヴァルツの不等式が必要であった．同様に，$1 \le p < \infty$ のときも，三角不等式の証明は，コーシー－シュヴァルツの不等式の一般形に頼ることになる．それはヘルダーの不等式と呼ばれるもので，第4節で見るように L^p 空間の双対性の鍵になる．

1.1　ヘルダーの不等式とミンコフスキーの不等式

二つの指数 p と q が $1 \le p, q \le \infty$ をみたし，かつ関係式

$$\frac{1}{p} + \frac{1}{q} = 1$$

が成り立つとき，p と q は**共役**指数または**双対**指数であるという．ここでは便宜上の式 $1/\infty = 0$ を採用する．後には，p の共役指数を表すのに記号 p' を用いる

---

1)　有界線形汎関数の意味は，この章の後の方で定義する．

ことがある．注意として，$p=2$ は自己双対，つまり $p=q=2$ である．また，$p=1, \infty$ には，それぞれ $q=\infty, 1$ が対応する．

定理 1.1（ヘルダー） $1<p<\infty$ と $1<q<\infty$ は共役指数であるとする．$f \in L^p$ かつ $g \in L^q$ のとき，$fg \in L^1$ で，

$$\|fg\|_{L^1} \leq \|f\|_{L^p} \|g\|_{L^q}$$

が成り立つ．

注意 L^∞ の定義が与えられると（第 2 節参照），指数 1 と ∞ に対しても同様の不等式が成り立つことが明らかになるだろう．

定理の証明は，相加・相乗平均の不等式の簡単な一般形

$$A^\theta B^{1-\theta} \leq \theta A + (1-\theta)B \tag{2}$$

による．ただし，$A, B \geq 0, 0 \leq \theta \leq 1$ である．$\theta = 1/2$ のとき，不等式 (2) は，2 数の相乗平均が相加平均以下であるというよく知られた事実を述べている．

(2) を確かめるために，まず $B \neq 0$ と仮定してよいことに気づこう．次に，A を A/B に置き換えることにより，$A^\theta \leq \theta A + (1-\theta)$ を示せば十分であることがわかる．そこで，$f(x) = x^\theta - \theta x - (1-\theta)$ とすると，$f'(x) = \theta(x^{\theta-1}-1)$ だから，$f(x)$ は，$0 \leq x \leq 1$ のとき広義単調増加で，$1 \leq x$ のとき広義単調減少である．よって，連続関数 $f(x)$ は $x=1$ で最大値 $f(1)=0$ をとる．ゆえに $f(A) \leq 0$ であり，目的が達した．

ヘルダーの不等式の証明は次のようにすすめる．$\|f\|_{L^p}=0$ または $\|g\|_{L^q}=0$ のとき，$fg=0$ a.e. だから，不等式は明らかに成り立つ．したがって，これらのノルムは両方とも 0 でないと仮定してよい．さらに，f を $f/\|f\|_{L^p}$ に，g を $g/\|g\|_{L^q}$ に置き換えることで，$\|f\|_{L^p} = \|g\|_{L^q} = 1$ と仮定することができる．こうして，示すべきことは $\|fg\|_{L^1} \leq 1$ となった．

$A = |f(x)|^p$，$B = |g(x)|^q$ そして $\theta = 1/p$ とおくと，$1-\theta = 1/q$ だから，(2) は

$$|f(x)g(x)| \leq \frac{1}{p}|f(x)|^p + \frac{1}{q}|g(x)|^q$$

となる．この不等式を積分すれば，$\|fg\|_{L^1} \leq 1$ が得られ，ヘルダーの不等式の証明は完成する．

等号 $\|fg\|_{L^1} = \|f\|_{L^p}\|g\|_{L^q}$ が成り立つ場合については，練習 3 を参照せよ．

ようやく，L^p ノルムに関する三角不等式を証明する準備ができた．

定理 1.2（ミンコフスキー）　$1 \leq p < \infty$ とする．$f, g \in L^p$ のとき，$f+g \in L^p$ で，$\|f+g\|_{L^p} \leq \|f\|_{L^p} + \|g\|_{L^p}$ が成り立つ．

証明　$p = 1$ の場合は，$|f(x)+g(x)| \leq |f(x)| + |g(x)|$ を積分することにより得られる．$p > 1$ の場合は，まず，f と g が L^p に属すとき，$f+g \in L^p$ となることを確かめよう．実際，それは

$$|f(x)+g(x)|^p \leq 2^p(|f(x)|^p + |g(x)|^p)$$

から出るが，この不等式は，$|f(x)| \leq |g(x)|$ の場合と $|g(x)| \leq |f(x)|$ の場合を別々に考えることにより理解できる．次に，

$$|f(x)+g(x)|^p \leq |f(x)|\,|f(x)+g(x)|^{p-1} + |g(x)|\,|f(x)+g(x)|^{p-1}$$

であることに注意しよう．q を p の共役指数とすると，$(p-1)q = p$ だから，$(f+g)^{p-1}$ が L^q に属すことがわかる．したがって，上の不等式の右辺の二つの項にヘルダーの不等式が適用でき，

$$\|f+g\|_{L^p}^p \leq \|f\|_{L^p}\|(f+g)^{p-1}\|_{L^q} + \|g\|_{L^p}\|(f+g)^{p-1}\|_{L^q} \tag{3}$$

となる．ここで，再び $(p-1)q = p$ を用いると

$$\|(f+g)^{p-1}\|_{L^q} = \|f+g\|_{L^p}^{p/q}$$

が得られる．$\|f+g\|_{L^p} > 0$ と仮定してよいことと，$p - p/q = 1$ であることより，(3) から

$$\|f+g\|_{L^p} \leq \|f\|_{L^p} + \|g\|_{L^p}$$

がわかり，証明は終わる．■

1.2　L^p の完備性

三角不等式のおかげで，L^p は，距離 $d(f, g) = \|f-g\|_{L^p}$ に関して距離空間になる．このときの解析的な基礎事実は，L^p が**完備**だということ，すなわち，ノルム $\|\cdot\|_{L^p}$ に関して，任意のコーシー列が L^p の中のある元に収束するということである．

多くの問題で極限をとる操作が必要になるから，L^p 空間は，完備でなかった

ら，ほとんど活用されなかっただろう．幸い，L^1 や L^2 と同様に，一般の L^p 空間はこの望ましい性質をもっているのである．

定理 1.3 空間 $L^p(X, \mathcal{F}, \mu)$ は，ノルム $\|\cdot\|_{L^p}$ に関して完備である．

証明 論法は，L^1（や L^2）の場合と本質的に同じである．第 III 巻の第 2 章第 2 節や第 4 章第 1 節を見よ．$\{f_n\}_{n=1}^{\infty}$ を L^p のコーシー列とする．まず，$\{f_n\}$ の部分列 $\{f_{n_k}\}_{k=1}^{\infty}$ で，すべての $k \geq 1$ に対して $\|f_{n_{k+1}} - f_{n_k}\|_{L^p} \leq 2^{-k}$ となるものを取り上げる．そして，級数

$$f(x) = f_{n_1}(x) + \sum_{k=1}^{\infty} (f_{n_{k+1}}(x) - f_{n_k}(x))$$

と

$$g(x) = |f_{n_1}(x)| + \sum_{k=1}^{\infty} |f_{n_{k+1}}(x) - f_{n_k}(x)|$$

を考える．これらの級数が収束することは，次のようにしてわかる．それらの部分和

$$S_K(f)(x) = f_{n_1}(x) + \sum_{k=1}^{K} (f_{n_{k+1}}(x) - f_{n_k}(x))$$

と

$$S_K(g)(x) = |f_{n_1}(x)| + \sum_{k=1}^{K} |f_{n_{k+1}}(x) - f_{n_k}(x)|$$

を考える．L^p に関する三角不等式から，

$$\begin{aligned}\|S_K(g)\|_{L^p} &\leq \|f_{n_1}\|_{L^p} + \sum_{k=1}^{K} \|f_{n_{k+1}} - f_{n_k}\|_{L^p} \\ &\leq \|f_{n_1}\|_{L^p} + \sum_{k=1}^{K} 2^{-k}\end{aligned}$$

がいえる．$K \to \infty$ として，単調収束定理を用いると，$\int g^p < \infty$ であることが示せる．したがって，g の定義における級数はほとんどすべての点で収束する．それゆえ，f の定義の級数もほとんどすべての点で収束して，$f \in L^p$ となる．

さて，この f が列 $\{f_n\}$ の求める極限になることを示そう．この級数の第 $(K-1)$ 部分和は（階差列を用いた構成法から）ちょうど f_{n_K} であるから，

$$f_{n_K}(x) \to f(x) \qquad \text{a.e. } x$$

がわかる．同じく，L^p において $f_{n_K} \to f$ であることを証明するために，まず，すべての K で，

$$
\begin{aligned}
|f(x) - S_K(f)(x)|^p &\le [2\max(|f(x)|, |S_K(f)(x)|)]^p \\
&\le 2^p|f(x)|^p + 2^p|S_K(f)(x)|^p \\
&\le 2^{p+1}|g(x)|^p
\end{aligned}
$$

となることに気づこう．すると，有界収束定理が適用できて，$K \to \infty$ のとき $\|f_{n_K} - f\|_{L^p} \to 0$ となる．

証明の最終段階にあたり，$\{f_n\}$ がコーシー列であることを思い出そう．与えられた $\varepsilon > 0$ に対して，番号 N が存在して，$n, m > N$ ならば $\|f_n - f_m\|_{L^p} < \varepsilon/2$ となる．そこで，n_K を，$n_K > N$ かつ $\|f_{n_K} - f\|_{L^p} < \varepsilon/2$ となるように選ぶと，三角不等式から，$n > N$ のとき

$$
\|f_n - f\|_{L^p} \le \|f_n - f_{n_K}\|_{L^p} + \|f_{n_K} - f\|_{L^p} < \varepsilon
$$

となる．これにて定理の証明は完結した．■

1.3　さらなる注意

はじめに，いくつかの L^p 空間の間に成り立つ包含関係を調べよう．定義域の空間が測度有限ならば，事は簡単である．

命題 1.4　X が有限な正の測度空間ならば，$p_0 \le p_1$ のとき，$L^{p_1}(X) \subset L^{p_0}(X)$ で

$$
\frac{1}{\mu(X)^{1/p_0}}\|f\|_{L^{p_0}} \le \frac{1}{\mu(X)^{1/p_1}}\|f\|_{L^{p_1}}
$$

が成り立つ．

証明　$p_1 > p_0$ と仮定してよい．$f \in L^{p_1}$ とし，$F = |f|^{p_0}$，$G = 1$，$p = p_1/p_0 > 1$ また $1/p + 1/q = 1$ とする．すると，F と G にヘルダーの不等式が適用でき，

$$
\|f\|_{L^{p_0}}^{p_0} \le \left(\int |f|^{p_1}\right)^{p_0/p_1} \cdot \mu(X)^{1-p_0/p_1}
$$

となる．特に $\|f\|_{L^{p_0}} < \infty$ である．さらに，上式の両辺の p_0 乗根をとれば，命題の不等式が得られる．■

しかしながら，容易にわかるように，X が無限測度をもつとき，このような包

含関係は成り立たない（練習 1 参照）．しかも，ある興味深い特例においては，反対の包含関係が成り立つ．

命題 1.5　$X=\mathbb{Z}$ が個数測度をもつとき，反対の包含関係が成り立つ．つまり，$p_0 \le p_1$ のとき，$L^{p_0}(\mathbb{Z}) \subset L^{p_1}(\mathbb{Z})$ で，さらに $\|f\|_{L^{p_1}} \le \|f\|_{L^{p_0}}$ が成り立つ．

証明　$f=\{f(n)\}_{n\in\mathbb{Z}}$ のとき，$\sum |f(n)|^{p_0} = \|f\|_{L^{p_0}}^{p_0}$ だから，$\sup_n |f(n)| \le \|f\|_{L^{p_0}}$ である．よって，

$$\begin{aligned}\sum |f(n)|^{p_1} &= \sum |f(n)|^{p_0}|f(n)|^{p_1-p_0} \\ &\le \Big(\sup_n |f(n)|\Big)^{p_1-p_0}\|f\|_{L^{p_0}}^{p_0} \\ &\le \|f\|_{L^{p_0}}^{p_1}\end{aligned}$$

となる．ゆえに，$\|f\|_{L^{p_1}} \le \|f\|_{L^{p_0}}$．　■

2. $p=\infty$ の場合

前節の最後の話題として，極限をとった $p=\infty$ の場合も考えておこう．L^∞ 空間は，「本質的に有界」な関数全体として定義される．すなわち，空間 $L^\infty(X, \mathcal{F}, \mu)$ は，X 上の可測関数 f で，

$$|f(x)| \le M \qquad \text{a.e. } x$$

となる定数 $0<M<\infty$ が存在するもの（の同値類）全体からなる．このとき，$\|f\|_{L^\infty(X,\mathcal{F},\mu)}$ は，上の不等式をみたす定数 M 全体の下限と定義する．値 $\|f\|_{L^\infty}$ は，f の**本質的上限**と呼ばれることがある．

この定義により，$|f(x)| \le \|f\|_{L^\infty}$ a.e. x となることに注意しよう．実際，$E=\{x : |f(x)| > \|f\|_{L^\infty}\}$, $E_n=\{x : |f(x)| > \|f\|_{L^\infty}+1/n\}$ とおくと，$\mu(E_n)=0$ かつ $E=\bigcup E_n$ だから，$\mu(E)=0$ である．

定理 2.1　ベクトル空間 L^∞ は，$\|\cdot\|_{L^\infty}$ に関して完備になる．

この定理の証明は容易なので，読者に残しておく．また，$p=1$ と $q=\infty$ を共役指数と捉えると，ヘルダーの不等式は，p と q の範囲を広げた $1\le p,\, q\le\infty$ に対しても成り立つ．このことは，前に触れたとおりである．

次のような意味で，L^∞ は，$p\to\infty$ としたときの L^p の極限の場合であると解

積できる．

命題 2.2　$f \in L^\infty$ は測度有限な集合上に台をもつとする．このとき，すべての $p < \infty$ に対して $f \in L^p$ であり，

$$\|f\|_{L^p} \to \|f\|_{L^\infty}, \qquad p \to \infty$$

である．

証明　E を，$\mu(E) < \infty$ である X の可測集合とし，f は E の補集合で 0 であるとする．$\mu(E) = 0$ の場合は，$\|f\|_{L^\infty} = \|f\|_{L^p} = 0$ だから，証明することは何もない．そうでない場合を考えよう．

$$\|f\|_{L^p} = \left(\int_E |f(x)|^p \, d\mu\right)^{1/p} \le \left(\int_E \|f\|_{L^\infty}^p \, d\mu\right)^{1/p} \le \|f\|_{L^\infty} \mu(E)^{1/p}$$

において，$p \to \infty$ のとき $\mu(E)^{1/p} \to 1$ だから，$\limsup_{p\to\infty} \|f\|_{L^p} \le \|f\|_{L^\infty}$ がわかる．

他方，$\varepsilon > 0$ が与えられたとき，

$$\text{ある } \delta > 0 \text{ について，} \quad \mu(\{x : |f(x)| \ge \|f\|_{L^\infty} - \varepsilon\}) \ge \delta$$

が成り立つから，

$$\int_X |f|^p \, d\mu \ge \delta \left(\|f\|_{L^\infty} - \varepsilon\right)^p$$

である．したがって，$\liminf_{p\to\infty} \|f\|_{L^p} \ge \|f\|_{L^\infty} - \varepsilon$ である．ここで ε は任意であったから，$\liminf_{p\to\infty} \|f\|_{L^p} \ge \|f\|_{L^\infty}$ を得る．ゆえに，極限 $\lim_{p\to\infty} \|f\|_{L^p}$ が存在して，それは $\|f\|_{L^\infty}$ に一致する．■

3. バナッハ空間

ここでは，L^p 空間を具体例として包括する一般概念を導入する．

まず，**ノルム空間**とは，そもそもはスカラー体（実数体または複素数体）上のベクトル空間 V で，次の条件をみたす**ノルム** $\|\cdot\| : V \to \mathbb{R}^+$ が備わったものである．

- $\|v\| = 0$ となるのは，$v = 0$ のとき，かつそのときに限る．
- 任意のスカラー α と $v \in V$ に対して，$\|\alpha v\| = |\alpha| \, \|v\|$．

- 任意の $v, w \in V$ に対して，$\|v+w\| \leq \|v\| + \|w\|$.

空間 V が**完備**であるとは，$\{v_n\}$ が V のコーシー列のとき，すなわち，$\|v_n - v_m\| \to 0\ (n, m \to \infty)$ のとき，つねに $\|v_n - v\| \to 0\ (n \to \infty)$ となる $v \in V$ が存在することである．

完備なノルム空間は**バナッハ空間**と呼ばれる．ここで、コーシー列がその空間自身の中の極限に収束するということの重要性を再確認しておこう．つまり，その空間は，極限操作において「閉じている」のである．

3.1 例

実数全体 $\mathbb{R}$ は，通常の絶対値に関して，バナッハ空間の最初の例になる．他の簡単な例は，ユークリッド・ノルムを備えた $\mathbb{R}^d$ であり，より一般的には，内積を用いたノルムが定義されているヒルベルト空間である．

さらに，重要な例をいくつか列挙する．

例 1　先に導入した L^p 空間の族 $(1 \leq p \leq \infty)$ も，バナッハ空間の重要な例である（定理 1.3，定理 2.1）．ついでながら，L^2 は L^p 族 $(1 \leq p \leq \infty)$ の中で唯一のヒルベルト空間である（練習 25）．実際，L^2 では，L^1 や一般の $L^p\ (p \neq 2)$ とは異なって，そこで成しうる独特の解析の様相を見てとることができる．

最後の注意として，$0 < p < 1$ のとき，一般に三角不等式が成り立たない．したがって，このような p に対しては，$\|\cdot\|_{L^p}$ は L^p のノルムになりえず，それはバナッハ空間にならない．

例 2　バナッハ空間のもう一つの例は $C([0, 1])$ である．あるいは，より一般的に，X が距離空間のコンパクト集合のときの $C(X)$ である．これについては第 7 節で定義するが，その定義では，$C(X)$ は，X 上の連続関数全体のベクトル空間で，上限ノルム $\|f\| = \sup_{x \in X} |f(x)|$ が備わったものである．完備性は，連続関数列の一様極限がまた連続になるという事実から保証される．

例 3　続く二つの例は，種々の応用場面で重要になる．一つ目の例は，$0 < \alpha \leq 1$ としたときの空間 $\Lambda^\alpha(\mathbb{R})$ である．これは，$\mathbb{R}$ 上の有界関数で，**次数 α のヘルダー**（または**リプシッツ**）**条件**，すなわち

$$\sup_{t_1 \neq t_2} \frac{|f(t_1) - f(t_2)|}{|t_1 - t_2|^\alpha} < \infty$$

をみたすもの全体である．このとき f は必然的に連続になる．ここで興味があるのは，$\alpha \le 1$ の場合だけである．というのは，$\alpha > 1$ のとき，次数 α のヘルダー条件をみたす関数は定数だけになってしまうからである[2)]．

この空間は，より一般的に $\mathbb{R}^d$ においても定義できる．それは，ノルム

$$\|f\|_{\Lambda^\alpha(\mathbb{R}^d)} = \sup_{x\in\mathbb{R}^d} |f(x)| + \sup_{x\neq y} \frac{|f(x)-f(y)|}{|x-y|^\alpha}$$

が有限値に定まる連続関数 f からなる．このノルムで，$\Lambda^\alpha(\mathbb{R}^d)$ はバナッハ空間になる（練習 29 も参照）．

例 4 関数 $f \in L^p(\mathbb{R}^d)$ が L^p に k 階までの**弱導関数**をもつというのは，$|\alpha| = \alpha_1 + \cdots + \alpha_d \le k$ である任意の多重指数 $\alpha = (\alpha_1, \cdots, \alpha_d)$ に対し，次の条件をみたす $g_\alpha \in L^p$ が存在することである．その条件は，コンパクトな台をもつ $\mathbb{R}^d$ 上の滑らかなすべての関数 φ に対して

$$\int_{\mathbb{R}^d} g_\alpha(x)\varphi(x)\,dx = (-1)^{|\alpha|} \int_{\mathbb{R}^d} f(x)\partial_x^\alpha \varphi(x)\,dx \tag{4}$$

が成り立つことである．ここで，多重指数の記号

$$\partial_x^\alpha = \left(\frac{\partial}{\partial x}\right)^\alpha = \left(\frac{\partial}{\partial x_1}\right)^{\alpha_1} \cdots \left(\frac{\partial}{\partial x_d}\right)^{\alpha_d}$$

を用いた．明らかに，関数 g_α は（存在すれば）ただ一つである．そこで，$\partial_x^\alpha f = g_\alpha$ と書く．この定義の基になっている関係式 (4) は，f 自身が滑らかで，g がふつうの導関数 $\partial_x^\alpha f$ のときには，部分積分を通して得られる式である（第 III 巻の第 5 章 3.1 節も参照）．

空間 $L_k^p(\mathbb{R}^d)$ は，L^p に k 階までの弱導関数をもつ関数全体からなる $L^p(\mathbb{R}^d)$ の部分空間である（弱導関数の概念は，超関数の意味での導関数という設定で，第 3 章で再登場する）．この空間は通常**ソボレフ空間**と呼ばれる．また，$L_k^p(\mathbb{R}^d)$ は，ノルム

$$\|f\|_{L_k^p(\mathbb{R}^d)} = \sum_{|\alpha|\le k} \|\partial_x^\alpha f\|_{L^p(\mathbb{R}^d)}$$

に関してバナッハ空間になる．

例 5 上の例における $p = 2$ の場合について注意を与えよう．L^2 関数 f が $L_k^2(\mathbb{R}^d)$ に属すことは，$(1+|\xi|^2)^{k/2}\widehat{f}(\xi)$ が L^2 に属すことと同値である．また，$\|(1+|\xi|^2)^{k/2}\widehat{f}(\xi)\|_{L^2}$ は $\|f\|_{L_k^2(\mathbb{R}^d)}$ と同値なヒルベルト空間のノルムである．

---

2) この空間には，すでに第 I 巻の第 2 章や第 III 巻の第 7 章で遭遇している．

したがって，正数 k に対して，L_k^2 を，$(1+|\xi|^2)^{k/2}\widehat{f}(\xi)$ が L^2 に属すような L^2 関数 f 全体として定義するのが自然である．このとき，L_k^2 にはノルム $\|f\|_{L_k^2(\mathbb{R}^d)} = \|(1+|\xi|^2)^{k/2}\widehat{f}(\xi)\|_{L^2}$ を与えることができる．

3.2　線形汎関数とバナッハ空間の双対空間

話を簡単にするため，この節と続く二つの節では，$\mathbb{R}$ 上のバナッハ空間に限定する．そこでの結果を $\mathbb{C}$ 上のバナッハ空間の場合に拡張するには，多少の修正が必要になる場合がある．それらについては，第 6 節を見られたい．

$\mathcal{B}$ を，ノルム $\|\cdot\|$ をもった $\mathbb{R}$ 上のバナッハ空間とする．**線形汎関数**とは，$\mathcal{B}$ から $\mathbb{R}$ への線形写像のことである．つまり，

$$\ell(\alpha f + \beta g) = \alpha\ell(f) + \beta\ell(g), \qquad \alpha, \beta \in \mathbb{R},\ f, g \in \mathcal{B}$$

をみたす $\ell : \mathcal{B} \to \mathbb{R}$ である．

線形汎関数 ℓ が**連続**であるとは，任意の $\varepsilon > 0$ に対して，$\delta > 0$ が存在して，$\|f-g\| \le \delta$ ならば $|\ell(f)-\ell(g)| \le \varepsilon$ となることである．また，線形汎関数 ℓ が**有界**であるとは，定数 $M > 0$ が存在して，すべての $f \in \mathcal{B}$ に対して $|\ell(f)| \le M\|f\|$ となることである．ℓ の線形性によって，これらの二つの概念の同値性が示される．

命題 3.1　バナッハ空間上の線形汎関数は，連続であることと有界であることが同値である．

証明　手がかりとして，ℓ が連続であるためには，ℓ が原点で連続であれば必要十分であることを注意しておこう．

ℓ が連続ならば，上の定義で $\varepsilon = 1, g = 0$ ととることで，$\delta > 0$ が存在して，$\|f\| \le \delta$ ならば $|\ell(f)| \le 1$ となる．よって，$\mathcal{B}$ の 0 でない任意の元 h に対して，$\delta h/\|h\|$ のノルムが δ 以下になることから，$|\ell(\delta h/\|h\|)| \le 1$ がわかる．ゆえに，$M = 1/\delta$ ととれば，$|\ell(h)| \le M\|h\|$ となる．

反対に，ℓ が有界ならば，それは明らかに原点で連続で，それゆえ連続である．

∎

$\mathcal{B}$ において，連続線形汎関数を閉超平面という観点で意味づけすることは，幾何学的に注目すべき点であるが，それについては後に触れる．ここでは，線形汎関数の解析学的な様相をとりあげる．

$\mathcal{B}$ 上の連続線形汎関数全体の集合は，ベクトル空間をなす．というのは，線形汎関数の加法やスカラー倍が

$$(\ell_1 + \ell_2)(f) = \ell_1(f) + \ell_2(f) \qquad と \qquad (\alpha\ell)(f) = \alpha\ell(f)$$

で定義できるからである．このベクトル空間には，次のようにしてノルムが定義できる．連続線形汎関数 ℓ の**ノルム** $\|\ell\|$ は，すべての $f \in \mathcal{B}$ に対して $|\ell(f)| \leq M\|f\|$ となるような定数 M 全体の下限とする．この定義と ℓ の線形性から，明らかに

$$\|\ell\| = \sup_{\|f\|\leq 1} |\ell(f)| = \sup_{\|f\|=1} |\ell(f)| = \sup_{f\neq 0} \frac{|\ell(f)|}{\|f\|}$$

が成り立つ．

$\mathcal{B}$ 上の連続線形汎関数全体のベクトル空間は，上のノルム $\|\cdot\|$ が与えられたとき，$\mathcal{B}$ の**双対空間**と呼ばれ，$\mathcal{B}^*$ で表される．

定理 3.2　ベクトル空間 $\mathcal{B}^*$ はバナッハ空間である．

証明　$\|\cdot\|$ がノルムになっていることは明らかだから，あとは $\mathcal{B}^*$ が完備であることを確かめるだけである．$\{\ell_n\}$ を $\mathcal{B}^*$ のコーシー列としよう．このとき，各 $f \in \mathcal{B}$ に対して，数列 $\{\ell_n(f)\}$ はコーシー列になるから，ある極限値に収束する．その極限値を $\ell(f)$ で表そう．明らかに，写像 $\ell : f \longmapsto \ell(f)$ は線形である．また，すべての n で $\|\ell_n\| \leq M$ となる定数 M をとると，任意の $f \in \mathcal{B}$ に対して，

$$|\ell(f)| \leq |(\ell - \ell_n)(f)| + |\ell_n(f)| \leq |(\ell - \ell_n)(f)| + M\|f\|$$

だから，$n \to \infty$ と極限をとることで，$|\ell(f)| \leq M\|f\|$ がわかる．ゆえに，ℓ は有界である．最後に，$\mathcal{B}^*$ において ℓ_n が ℓ に収束することを示さなければならない．与えられた $\varepsilon > 0$ に対して，N が存在して，$n, m > N$ ならば $\|\ell_n - \ell_m\| < \varepsilon/2$ となる．このとき，$n > N$ ならば，すべての $m > N$ とすべての f に対して，

$$|(\ell - \ell_n)(f)| \leq |(\ell - \ell_m)(f)| + |(\ell_m - \ell_n)(f)| \leq |(\ell - \ell_m)(f)| + \frac{\varepsilon}{2}\|f\|$$

である．ここで，（f に依存してよい）十分大きい m を選ぶと，$|(\ell - \ell_m)(f)| \leq \varepsilon\|f\|/2$ がいえるから、結局，$n > N$ に対して

$$|(\ell - \ell_n)(f)| \leq \varepsilon\|f\|$$

がわかる．これで，目的の $\|\ell - \ell_n\| \to 0$ がいえた．　∎

一般に，バナッハ空間 $\mathcal{B}$ が与えられたとき．双対空間 $\mathcal{B}^*$ が具体的に記述でき

ることは，興味深く非常に有用である．前に導入した L^p 空間においては，この問題に実用上完全な解答が得られている．

4. $1 \le p < \infty$ のときの L^p の双対空間

$1 \le p \le \infty$ とする．また，q を p の共役指数，つまり $1/p + 1/q = 1$ とする．ここでの考察の手がかりは，ヘルダーの不等式から導かれる次の事実である．任意の $g \in L^q$ は，

$$\ell(f) = \int_X f(x)g(x)\,d\mu(x) \tag{5}$$

とおくことで，L^p 上の有界線形汎関数を作り，$\|\ell\| \le \|g\|_{L^q}$ が成り立つ．そこで，g に上の ℓ を対応させれば，$1 \le p \le \infty$ に対して $L^q \subset (L^p)^*$ と解釈できる．実は，$1 \le p < \infty$ の場合，L^p 上のすべての有界線形汎関数 ℓ が，ある $g \in L^q$ を用いて (5) の形で表される．つまり，$1 \le p < \infty$ のとき $(L^p)^* = L^q$ なのである．このことを証明するのがこの節の主目的である．ここで注意しておきたいのは，$p = \infty$ の場合にこの主張が一般に成り立たないということである．つまり，L^∞ の双対空間は L^1 を含み，それより大きくなるのである（5.3 節の終結部を参照）．

定理 4.1　$1 \le p < \infty$ かつ $1/p + 1/q = 1$ とする．$\mathcal{B} = L^p$ のとき，

$$\mathcal{B}^* = L^q$$

と解釈できる．詳しく述べると，L^p 上の任意の有界線形汎関数 ℓ に対して，

$$\ell(f) = \int_X f(x)g(x)\,d\mu(x), \qquad f \in L^p$$

をみたす $g \in L^q$ がただ一つ存在する．さらに，$\|\ell\|_{\mathcal{B}^*} = \|g\|_{L^q}$ が成り立つ．

この定理は，q を p の双対指数と呼ぶ一つの理由になっている．

定理の証明の根本には二つの考え方がある．一つは，すでに述べたヘルダーの不等式で，今度はその逆も必要になる．もう一つは，$1 \le p < \infty$ のとき，L^p 上の線形汎関数 ℓ が，自然な方法で（符号つき）測度 ν を導き出すということである．このとき，ℓ の連続性から，その測度 ν は，定義域の測度 μ に関して絶対連続であり，求める関数 g は，μ に関する ν の密度関数になる．

次の補題から始めよう．

補題 4.2　$1 \leq p, q \leq \infty$ を共役指数とする．

(i)　$g \in L^q$ のとき，$\|g\|_{L^q} = \sup_{\|f\|_{L^p} \leq 1} \left| \int fg \right|$ である．

(ii)　g は測度有限な任意の集合上で可積分であるとする．もし，

$$\sup_{\substack{\|f\|_{L^p} \leq 1 \\ f:\, \text{単関数}}} \left| \int fg \right| = M < \infty$$

ならば，$g \in L^q$ で，$\|g\|_{L^q} = M$ が成り立つ．

補題の証明にあたり，実数の**符号関数**を思い出そう．それは

$$\operatorname{sign}(x) = \begin{cases} 1, & x > 0 \text{ のとき}, \\ -1, & x < 0 \text{ のとき}, \\ 0, & x = 0 \text{ のとき} \end{cases}$$

と定義された．

証明　(i) を示そう．$g = 0$ のとき示すべきことは何もないから，$g = 0$ a.e. でないと仮定してよい．このとき $\|g\|_{L^q} \neq 0$ である．ヘルダーの不等式から，

$$\|g\|_{L^q} \geq \sup_{\|f\|_{L^p} \leq 1} \left| \int fg \right|$$

が成り立つ．逆の不等式を，場合分けして証明しよう．

- $q = 1, p = \infty$ の場合：$f(x) = \operatorname{sign} g(x)$ ととる．すると，$\|f\|_{L^\infty} = 1$ で，明らかに $\int fg = \|g\|_{L^1}$ である．

- $1 < p, q < \infty$ の場合：$f(x) = |g(x)|^{q-1} \operatorname{sign} g(x) / \|g\|_{L^q}^{q-1}$ ととる．$p(q-1) = q$ だから，$\|f\|_{L^p}^p = \int |g(x)|^{p(q-1)} d\mu / \|g\|_{L^q}^{p(q-1)} = 1$ であり，また $\int fg = \|g\|_{L^q}$ である．

- $q = \infty, p = 1$ の場合：$\varepsilon > 0$ とし，E は，正かつ有限の測度をもつ集合で，その上で $|g(x)| \geq \|g\|_{L^\infty} - \varepsilon$ が成り立つものとする（このような集合が存在することは，$\|g\|_{L^\infty}$ の定義と，測度 μ が σ– 有限であることからわかる）．そこで，集合 E の特性関数を χ_E で表し，$f(x) = \chi_E(x) \operatorname{sign} g(x) / \mu(E)$ ととる．すると，$\|f\|_{L^1} = 1$ であり，また

$$\left|\int fg\right| = \frac{1}{\mu(E)}\int_E |g| \geq \|g\|_\infty - \varepsilon$$

である.

これで (i) の証明ができた.

(ii) を証明するために, 次のことを思い出そう. 各 x に対し $g_n(x) \to g(x)$ かつ $|g_n(x)| \leq |g(x)|$ となる単関数の列 $\{g_n\}$ が存在する [3]. $p > 1$ (それゆえ $q < \infty$) の場合は, $f_n(x) = |g_n(x)|^{q-1}\operatorname{sign} g(x)/\|g_n\|_{L^q}^{q-1}$ ととる. 前と同様 $\|f_n\|_{L^p} = 1$ である. また,

$$\int f_n g \geq \frac{\displaystyle\int |g_n(x)|^q}{\|g_n\|_{L^q}^{q-1}} = \|g_n\|_{L^q}$$

で, この左辺の値は M 以下である. よって, ファトゥーの補題から, $\displaystyle\int |g|^q \leq M^q$ がいえ, それより $g \in L^q$ かつ $\|g\|_{L^q} \leq M$ である. もちろん, 反対の不等式 $\|g\|_{L^q} \geq M$ はヘルダーの不等式からわかる.

$p = 1$ の場合も, (i) と同様の考え方で示せる [4]. 実際には, 各 $m = 1, 2, \cdots$ に対し, $E_m = \{x \in X : |g(x)| > M + 1/m\}$ とおき, $\mu(E_m) = 0$ を示せばよい. E_n を, 測度有限な集合の増大列で, それらの和集合が X になるものとし, $\mu(E_m \cap E_n) > 0$ と仮定して, $f_{m,n}(x) = (\operatorname{sign} g(x))\chi_{E_m \cap E_n}(x)/\mu(E_m \cap E_n)$ ととると, 矛盾が生じる. 詳細は読者に委ねる. ∎

補題が示せたので, 定理の証明に移ろう. はじめは, 定義域の空間が測度有限な場合を考えるとわかりやすい. この場合, L^p 上の汎関数 ℓ が与えられたら, 集合関数 ν を, 任意の可測集合 E に対して

$$\nu(E) = \ell(\chi_E)$$

と定義する. いまは定義域の空間が測度有限だから, χ_E は自動的に L^p に属し, この定義は意味をもつ. また, c をこの線形汎関数のノルムとすると,

$$|\nu(E)| \leq c\,(\mu(E))^{1/p} \tag{6}$$

が成り立つ. このことは, $\|\chi_E\|_{L^p} = (\mu(E))^{1/p}$ であることから理解できる.

さて, ℓ の線形性から, ν が有限加法的なことがすぐわかる. さらに, $\{E_n\}$ が,

---

3) たとえば, 第 III 巻の第 6 章第 2 節を参照.

4) 訳注：原著のこの段落は難解なので少し変更した.

互いに交わらない可算個の可測集合の族で，$E = \bigcup_{n=1}^{\infty} E_n$, $E_N^* = \bigcup_{n=N+1}^{\infty} E_n$ とするとき，明らかに

$$\chi_E = \chi_{E_N^*} + \sum_{n=1}^{N} \chi_{E_n}$$

である．よって，$\nu(E) = \nu(E_N^*) + \sum_{n=1}^{N} \nu(E_n)$ である．ここで，(6) と仮定 $p < \infty$ から，$N \to \infty$ のとき $\nu(E_N^*) \to 0$ である．このことから，ν は可算加法的である．さらに (6) から，ν が μ に関して絶対連続なのがわかる．

そこで，絶対連続な測度についての決定的な結果であるルベーグ－ラドン－ニコディムの定理を適用しよう（たとえば，第 III 巻の第 6 章定理 4.3 を参照）．それによって，すべての可測集合 E で $\nu(E) = \int_E g\,d\mu$ となるような可積分関数 g の存在が保証される．こうして，$\ell(\chi_E) = \int \chi_E g\,d\mu$ となる．この $\ell(f) = \int fg\,d\mu$ という形の等式は，ただちに，単関数 f に対しても成り立つ．さらに，L^p, $1 \le p < \infty$ において単関数全体が稠密であること（練習 6 参照）から，極限を考えることにより，上の等式は，すべての $f \in L^p$ に対して成り立つ．また，補題 4.2 から $\|g\|_{L^q} = \|\ell\|$ がわかる．

X が測度有限であるという仮定を一般の場合に拡張するために，測度有限な集合の増大列 $\{E_n\}$ で，X を覆い尽くすもの，すなわち，$X = \bigcup_{n=1}^{\infty} E_n$ となるものを用意する．たったいま示したことから，各 n に対し，E_n 上の可積分関数 g_n（E_n^c 上では値 0 と考える）が存在し，E_n に台をもつすべての $f \in L^p$ に対して，

$$\ell(f) = \int fg_n\,d\mu \tag{7}$$

が成り立つ．さらに，補題の (ii) より，$\|g_n\|_{L^q} \le \|\ell\|$ である．

さて，$n \ge m$ のとき，E_m 上で $g_n = g_m$ a.e. となることが，(7) から簡単にわかる．こうして，ほとんどすべての x に対して，$\lim_{n\to\infty} g_n(x) = g(x)$ が存在し，ファトゥーの補題により，$\|g\|_{L^q} \le \|\ell\|$ となる．結果として，E_n に台をもつすべての $f \in L^p$ に対して，等式 $\ell(f) = \int fg\,d\mu$ がいえた．ここで，簡単な極限操作を行えば，すべての $f \in L^p$ に対して同じ等式が成り立つことがわかる．また，$\|\ell\| \le \|g\|_{L^q}$ であることはヘルダーの不等式としてすでにいえているから，

定理の証明は完結した.

5. さらに線形汎関数について

方針を変えて, 線形汎関数のある種の幾何学的様相を, それが定める超平面を用いて研究しよう. 同時に, 凸性についての初歩的な考え方も学ぶだろう.

5.1 凸集合の分離

われわれの本源の研究対象はバナッハ空間であるが, この節のはじめは, 実数体上の任意のベクトル空間 V を考える. この一般的な設定で, 次の諸概念が定義できる.

まず, **固有超平面**とは, V 上の (0 でない) 線形汎関数の零空間として定義される V の線形部分空間である. 言い換えると, それは, V の線形部分空間で, それ以外の V のベクトルを一つ加えて V が生成できるものである. 関連して, **アフィン超平面** (これからは通常どおり簡単に**超平面**と呼ぶ) という概念がある. それは, 固有超平面を, V の一つのベクトル分だけ平行移動したものである. 言い換えると, H が超平面であるとは, 0 でない線形汎関数 ℓ と実数 a を用いて,

$$H = \{v \in V : \ell(v) = a\}$$

と表されることである. もう一つの関連概念は凸集合である. 部分集合 $K \subset V$ が**凸**であるとは, K の任意の二元 v_0, v_1 に対して, それらを結ぶ線分

$$v(t) = (1-t)v_0 + tv_1, \qquad 0 \leq t \leq 1 \tag{8}$$

が K にすっぽり含まれることである.

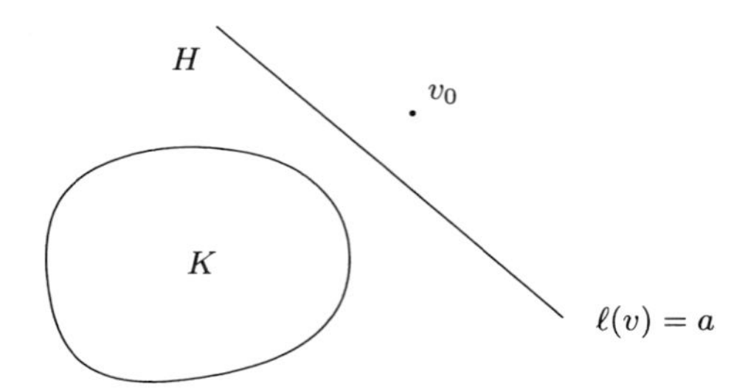

図 1 超平面による凸集合と点の分離.

われわれの考察の基になる経験的な法則は，次の一般原理として述べられる．

> K が凸集合で，$v_0 \notin K$ のとき，K と v_0 は超平面によって分離される．

この原理を図 1 に表現した．

この原理の意味は，0 でない線形汎関数 ℓ と実数 a が存在して，

$$\ell(v_0) \geq a \text{ かつ } v \in K \text{ のとき } \quad \ell(v) < a$$

となることである．この原理の背景にある考えを認識するために，わかりやすい特別な場合において，その原理が成り立つことを示そう（5.2 節も参照）．

命題 5.1　$V = \mathbb{R}^d$ で，K が凸な開集合のとき，上の原理が成り立つ．

証明　K は空でないと仮定してよい．さらに，（K と v_0 を適当に平行移動することで）$0 \in K$ と仮定することもできる．ここで用いる構成で鍵になるのは，K に関するミンコフスキーの**計量関数** p である．それは，0 から出発してベクトル v の方向にどれだけ進めば K の外部に到達するかを計る量（の逆数）で，正確には

$$p(v) = \inf_{r>0} \{r : v/r \in K\}$$

と定義される．いまは原点が K の内点だと仮定しているから，各 $v \in \mathbb{R}^d$ に対して，$v/r \in K$ となる $r > 0$ が存在するのがわかる．よって，$p(v)$ はきちんと定義されている．

下の図 2 に，$V = \mathbb{R}$ で，$K = (a, b)$ が原点を含む開区間という特例において，

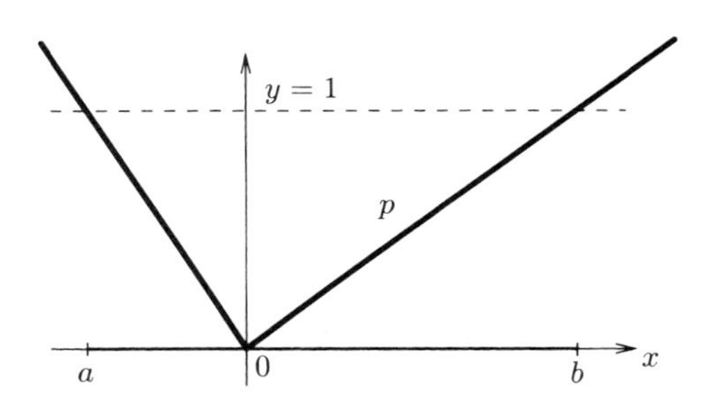

図 2　$\mathbb{R}$ の区間 (a, b) に関する計量関数．

計量関数を描いた.

もう一つの例として，V がノルムをもち，K が単位球 $\{\|v\| < 1\}$ の場合は，$p(v) = \|v\|$ となる.

一般に，非負値関数 p は，次のように K を完全に特徴づける.

(9) $\quad v \in K$ であるためには，$p(v) < 1$ であることが必要十分である.

さらに，p は劣線形性という重要な性質

$$(10) \qquad \begin{cases} p(av) = ap(v) & a \geq 0,\ v \in V \\ p(v_1 + v_2) \leq p(v_1) + p(v_2) & v_1, v_2 \in V \end{cases}$$

をもっている.

実際，$v \in K$ ならば，K が開集合であることから，ある $\varepsilon > 0$ について $v/(1-\varepsilon) \in K$ であり，$p(v) < 1$ が出る．逆に，$p(v) < 1$ ならば，ある $0 < \varepsilon < 1$ と $v' \in K$ を用いて $v = (1-\varepsilon)v'$ と表せる．このとき，$v = (1-\varepsilon)v' + \varepsilon \cdot 0$ で，$0 \in K$ かつ K は凸だから，$v \in K$ を得る.

(10) については，次のことに注意すればよい．v_1/r_1 と v_2/r_2 がともに K に属すとき，$(v_1 + v_2)/(r_1 + r_2)$ も K に属す．実際，このことは，K の凸性の定義における式 (8) において，$t = r_2/(r_1 + r_2)$，$1 - t = r_1/(r_1 + r_2)$ の場合を考えればわかる.

さあ，命題の証明に取り組もう．それには，

$$(11) \qquad \ell(v_0) = 1 \text{ かつ } \ell(v) \leq p(v), \quad v \in \mathbb{R}^d$$

をみたす線形汎関数 ℓ を見つければよい．なぜなら，(9) によって，すべての $v \in K$ に対し $\ell(v) < 1$ となるからである．段階を追って ℓ を構成していこう.

まず，このような ℓ は，v_0 で生成される 1 次元部分空間 $V_0 = \{\mathbb{R}v_0\}$ においては，必然的に決まってしまう．というのは，$b \in \mathbb{R}$ に対して $\ell(bv_0) = b\ell(v_0) = b$ でなければならないからである．また，この定義は (11) に矛盾しない．実際，$b \geq 0$ のときは，(10) と (9) より，$p(bv_0) = bp(v_0) \geq b\ell(v_0) = \ell(bv_0)$ となり，他方 $b < 0$ のとき，(11) は明らかである

次の段階では，v_0 と 1 次独立なベクトル v_1 を選び，v_0 と v_1 で生成された部分空間 V_1 に ℓ を拡張する．そのためには，v_1 での ℓ の値 $\ell(v_1)$ をうまく選んで，(11) をみたすようにすればよい．すなわち，

$$a\ell(v_1) + b = \ell(av_1 + bv_0) \leq p(av_1 + bv_0), \qquad a, b \in \mathbb{R}$$

となるようにすればよい．この式で $a = 1$，$bv_0 = w$ とおくと，

$$\ell(v_1) + \ell(w) \leq p(v_1 + w), \qquad w \in V_0$$

となり，一方 $a = -1$ とおけば，

$$-\ell(v_1) + \ell(w') \leq p(-v_1 + w'), \qquad w' \in V_0$$

となる．これらを合わせると，すべての $w, w' \in V_0$ に対して

$$-p(-v_1 + w') + \ell(w') \leq \ell(v_1) \leq p(v_1 + w) - \ell(w) \tag{12}$$

となることが要求されることになる．そこで，上の不等式の両端辺の間に数が存在しうることを示そう．それを示すには，$-p(-v_1 + w') + \ell(w')$ が決して $p(v_1 + w) - \ell(w)$ を超えないことをいえばよい．実際，このことは，V_0 上で (11) が成り立つことと，p の劣線形性より，$\ell(w)+\ell(w') \leq p(w+w') \leq p(-v_1+w')+p(v_1+w)$ となることからわかる．こうして，(12) が成り立つような $\ell(v_1)$ の値を選ぶことができ，そうすることで，ℓ は目的に合うように V_1 に拡張できるのである．このような議論を帰納的に繰り返せば，ℓ は $\mathbb{R}^d$ 全体に拡張できる．■

ここに与えた特別な場合の論法は，一般の設定に持ち込むことができ，線形汎関数を構成する重要な定理が得られることになる．

5.2　ハーン－バナッハの定理

一般的な設定にもどり，実数体上の任意のベクトル空間 V を扱おう．V とともに，劣線形性 (10) をもった V 上の実数値関数 p が与えられているとする．前節で考えた計量関数の例が非負値という性質をもっていたのと対照的に，ここでは，p に対してこの性質を仮定しない．実際，後の応用の一場面では，負値をとりうる p も必要になる．

定理 5.2　V_0 を V の線形部分空間とし，V_0 上の線形汎関数 ℓ_0 は

$$\ell_0(v) \leq p(v), \qquad v \in V_0$$

をみたすとする．このとき，ℓ_0 は，V 上の線形汎関数 ℓ で

$$\ell(v) \leq p(v), \qquad v \in V$$

をみたすものに拡張できる．

証明　$V_0 \neq V$ と仮定し，V_0 に属さないベクトル v_1 をとる．まずは，前と同様にして，ℓ_0 を，V_0 と v_1 で生成された部分空間 V_1 に拡張しよう．ℓ_0 の V_1 への拡張 ℓ_1 は，任意の $w \in V_0$ と $\alpha \in \mathbb{R}$ に対して，$\ell_1(\alpha v_1 + w) = \alpha\ell_1(v_1) + \ell_0(w)$ となっているはずだから，これを ℓ_1 の仮の定義と考えることができる．したがって，$\ell_1(v_1)$ の値を，

$$\ell_1(v) \leq p(v), \qquad v \in V_1$$

をみたすように選べばよいことになる．これが成り立つためは，前とまったく同様に，すべての $w, w' \in V_0$ に対して，

$$-p(-v_1 + w') + \ell_0(w') \leq \ell_1(v_1) \leq p(v_1 + w) - \ell_0(w)$$

となっていればよい．

実際，$\ell_0(w') + \ell_0(w) \leq p(w' + w)$ と p の劣線形性より，上式の右端辺は左端辺以上になっている．したがって，$\ell_1(v_1)$ の値をうまく選ぶことができ，目的どおりに ℓ_0 を V_0 から V_1 に拡張できるのである．

いま構成した拡張の仕方は，帰納法の主要部と考えることができる．しかし，帰納法は一般に有限回の操作で終わる必要があるから，次のように話をすすめる．V_0 に属さない V のベクトル全体に，うまく順序 $<$ を定めて，整列集合とする[5)]．このようなベクトルの中で，ベクトル v が「拡張可能」というのは，V_0 と v と $u < v$ であるすべてのベクトル u とで生成される部分空間に，線形汎関数 ℓ_0 が目的どおりに拡張できることとする．すると，実際に示すべきことは，V_0 に属さないすべてのベクトルが拡張可能であることとなる．反対にそうでないと仮定しよう．すると，整列集合の意味から，拡張可能でない最小のベクトル v_1 が存在する．いま，V_0 と $u < v_1$ であるすべてのベクトル u とで生成される部分空間を，V_0' で表すと，仮定より，ℓ_0 は V_0' に拡張可能である．ところが，前段落において V_0 を V_0' に置き換えると，ℓ_0 は，V_0' と v_1 で生成される部分空間に拡張でき，矛盾が生じる．こうして定理が証明できた．　■

5.3　いくつかの応用

ハーン–バナッハの定理から，直接，バナッハ空間に関する結果がいくつか得られる．3.2 節で定義したように，ここでも，$\mathcal{B}^*$ は，バナッハ空間 $\mathcal{B}$ の双対空

---

5)　訳注：このことは選択公理あるいはそれと同値なツォルンの補題や整列定理により従う．

間，つまり，$\mathcal{B}$ 上の連続線形汎関数の空間を表す．

命題 5.3　f_0 は $\mathcal{B}$ の任意の元で，$\|f_0\| = M\ (\neq 0)$ とする．このとき，$\ell(f_0) = M$ かつ $\|\ell\|_{\mathcal{B}^*} = 1$ となる $\mathcal{B}$ 上の連続線形汎関数 ℓ が存在する．

証明　1 次元部分空間 $\{\alpha f_0\}_{\alpha \in \mathbb{R}}$ において，ℓ_0 を，$\ell_0(\alpha f_0) = \alpha M$, $\alpha \in \mathbb{R}$ と定義しよう．また，$p(f) = \|f\|$, $f \in \mathcal{B}$ とおくと，関数 p が明らかに劣線形性 (10) をもつことがわかる．さらに，

$$|\ell_0(\alpha f_0)| = |\alpha| M = |\alpha|\,\|f_0\| = p(\alpha f_0)$$

だから，この部分空間上で $\ell_0(f) \leq p(f)$ が成り立つ．したがって，拡張定理から，ℓ_0 は，$\mathcal{B}$ 上で定義された ℓ で，すべての $f \in \mathcal{B}$ に対して $\ell(f) \leq p(f) = \|f\|$ をみたすものに拡張できる．この不等式は，f を $-f$ に置き換えても成り立つから，$|\ell(f)| \leq \|f\|$ が得られ，$\|\ell\|_{\mathcal{B}^*} \leq 1$ となる．一方，$\|\ell\|_{\mathcal{B}^*} \geq 1$ であることは，定義より $\ell(f_0) = \|f_0\|$ であることから出る．こうして命題が証明できた．■

次なる応用は，線形変換の双対に関するものである．$\mathcal{B}_1$ と $\mathcal{B}_2$ を二つのバナッハ空間とする．また，T を，$\mathcal{B}_1$ から $\mathcal{B}_2$ への有界線形変換とする．この意味は，T が，$\mathcal{B}_1$ から $\mathcal{B}_2$ への写像で，任意の $f_1, f_2 \in \mathcal{B}$ と実数 α, β に対して，$T(\alpha f_1 + \beta f_2) = \alpha T(f_1) + \beta T(f_2)$ をみたし，しかも，ある定数 M が存在して，すべての $f \in \mathcal{B}_1$ で $\|T(f)\|_{\mathcal{B}_2} \leq M\|f\|_{\mathcal{B}_1}$ となることである．この不等式が成り立つような最小の定数 M を，T の**ノルム**と呼び，$\|T\|$ で表す．

初期設定において，線形変換はしばしば稠密な部分空間上で定義される．その関係で，次の命題はとても有用である．

命題 5.4　$\mathcal{B}_1, \mathcal{B}_2$ を二つのバナッハ空間とし，$\mathcal{S} \subset \mathcal{B}_1$ を $\mathcal{B}_1$ の稠密な線形部分空間とする．また，T_0 は，$\mathcal{S}$ から $\mathcal{B}_2$ への線形変換で，すべての $f \in \mathcal{S}$ に対して $\|T_0(f)\|_{\mathcal{B}_2} \leq M\|f\|_{\mathcal{B}_1}$ をみたすものとする．このとき，T_0 は，$\mathcal{B}_1$ 全体に一意的に拡張でき，その拡張 T は，すべての $f \in \mathcal{B}_1$ に対して $\|T(f)\|_{\mathcal{B}_2} \leq M\|f\|_{\mathcal{B}_1}$ をみたす．

証明　任意の $f \in \mathcal{B}_1$ に対し，f に収束する $\mathcal{S}$ の列 $\{f_n\}$ を選ぶ．このとき，$\|T_0(f_n) - T_0(f_m)\|_{\mathcal{B}_2} \leq M\,\|f_n - f_m\|_{\mathcal{B}_1}$ だから，$\{T_0(f_n)\}$ は $\mathcal{B}_2$ のコーシー列である．よって，それはある極限に収束する．それを $T(f)$ と定義しよう．$T(f)$

のこの定義は，列 $\{f_n\}$ の選び方によらないことに注意しよう．また，こうしてできた変換 T が，要求されたすべての性質をもつこともわかるだろう． ∎

さて，線形変換の双対について説明をしよう．バナッハ空間 $\mathcal{B}_1$ からもう一つのバナッハ空間 $\mathcal{B}_2$ への線形変換 T があるとき，それに対応して，$\mathcal{B}_2^*$ から $\mathcal{B}_1^*$ への**双対変換** T^* を次のように定義する．

任意に（$\mathcal{B}_2$ 上の連続線形汎関数）$\ell_2 \in \mathcal{B}_2^*$ をとる．このとき，$\ell_1 = T^*(\ell_2) \in \mathcal{B}_1^*$ を，すべての $f_1 \in \mathcal{B}_1$ に対して $\ell_1(f_1) = \ell_2(T(f_1))$ と定義する．このことは，簡潔に，

$$T^*(\ell_2)(f_1) = \ell_2(T(f_1)) \tag{13}$$

と書ける．

定理 5.5 (13) で定義された作用素 T^* は，$\mathcal{B}_2^*$ から $\mathcal{B}_1^*$ への有界線形変換である．また，そのノルム $\|T^*\|$ は $\|T\| = \|T^*\|$ をみたす．

証明 まず，$\|f_1\|_{\mathcal{B}_1} \leq 1$ のとき，

$$|\ell_1(f_1)| = |\ell_2(T(f_1))| \leq \|\ell_2\| \, \|T(f_1)\|_{\mathcal{B}_2} \leq \|\ell_2\| \, \|T\|$$

である．ここで，$\|f_1\|_{\mathcal{B}_1} \leq 1$ であるすべての $f_1 \in \mathcal{B}_1$ にわたって上限をとると，変換 $\ell_2 \longmapsto T^*(\ell_2) = \ell_1$ のノルムが $\|T\|$ 以下であることがわかる．

逆の不等式を示そう．任意の $\varepsilon > 0$ に対して，$\|f_1\|_{\mathcal{B}_1} = 1$ かつ $\|T(f_1)\|_{\mathcal{B}_2} \geq \|T\| - \varepsilon$ をみたす $f_1 \in \mathcal{B}_1$ を見つける．次に，$f_2 = T(f_1) \in \mathcal{B}_2$ に対して，（$\mathcal{B} = \mathcal{B}_2$ として）命題 5.3 をあてはめると，$\|\ell_2\|_{\mathcal{B}_2^*} = 1$ かつ $\ell_2(f_2) \geq \|T\| - \varepsilon$ となる $\ell_2 \in \mathcal{B}_2^*$ が存在する．このとき，(13) より $T^*(\ell_2)(f_1) \geq \|T\| - \varepsilon$ である．また，$\|f_1\|_{\mathcal{B}_1} = 1$ だから，$\|T^*(\ell_2)\|_{\mathcal{B}_1^*} \geq \|T\| - \varepsilon$ である．こうして，任意の $\varepsilon > 0$ に対して $\|T^*\| \geq \|T\| - \varepsilon$ がいえ，定理は証明できた． ∎

ハーン－バナッハの定理のさらなる直接応用には，一般に L^1 が L^∞ の双対空間に<u>ならない</u>という事実の考察がある（この事実は，定理 4.1 で考えた $1 \leq p < \infty$ の場合と対照的である）．

はじめに復習をしよう．$g \in L^1$ に対し，線形汎関数 $f \longmapsto \ell(f)$ を

$$\ell(f) = \int f g \, d\mu \tag{14}$$

により与えると，それは L^∞ 上で有界で，ノルム $\|\ell\|_{(L^\infty)^*}$ は $\|g\|_{L^1}$ と同じで

あった．こうして，L^1 は $(L^\infty)^*$ の部分空間と解釈でき，g の L^1 ノルムは，線形汎関数としてのノルムと一致している．しかしながら，この形で表せない L^∞ 上の連続線形汎関数を構成することができるのである．話を簡単にするため，定義域の空間がルベーグ測度をもった $\mathbb{R}$ の場合に，このことを示そう．

$\mathcal{C}$ は，$\mathbb{R}$ 上の有界連続関数からなる $L^\infty(\mathbb{R})$ の部分空間を表すとする．そして，$\mathcal{C}$ 上の線形汎関数 ℓ_0 を，

$$\ell_0(f) = f(0), \qquad f \in \mathcal{C}$$

により定義する（いわゆる「ディラックの δ 関数」）．明らかに，$f \in \mathcal{C}$ に対して $|\ell_0(f)| \le \|f\|_{L^\infty}$ である．そこで，$p(f) = \|f\|_{L^\infty}$ として拡張定理を用いると，ℓ_0 を拡張した L^∞ 上の線形汎関数 ℓ で，すべての $f \in L^\infty$ に対して $|\ell(f)| \le \|f\|_{L^\infty}$ をみたすものが存在する．

ここで，ℓ が，ある $g \in L^1$ を用いて (14) の形に表されていると仮定しよう．このとき，台に原点を含まない台形型のグラフをもった連続関数 f に対して，$\ell(f) = \ell_0(f) = 0$ となるから，このような関数 f に対して $\int fg\,dx = 0$ である．ここで簡単な極限操作を行えば，原点を含まない任意の区間 I に対して $\int_I g\,dx = 0$ となる．さらに，このことから，すべての区間 I に対して同じ式が成り立つ．したがって，不定積分 $G(y) = \int_0^y g(x)\,dx$ はつねに 0 で，それゆえ，微分定理 [6] によって $G' = g = 0$ となる．これは矛盾を含んでいる．ゆえに，この線形汎関数 ℓ は (14) の形で表すことができない．

5.4　測度の問題

ハーン–バナッハの定理の別種の応用を考えよう．「測度の問題」という基本的な問題に答える顕著な結果を紹介する．その結果の主張は，$\mathbb{R}^d$ の<u>すべての</u>部分集合に対して定義された平行移動不変な有限加法的測度 [7] で，可測集合に対してはルベーグ測度と一致するものが存在する，というものである．1 次元の場合を定理として述べよう．

定理 5.6　$\mathbb{R}$ のすべての部分集合に対して定義された拡張非負値関数 $\widehat{m}$ で，次

6）たとえば，第 III 巻の第 3 章定理 3.11 を見よ．

7）「有限加法的」という修飾語は決定的である．

の性質をもったものが存在する.

(i) $\mathbb{R}$ の任意の交わらない部分集合 E_1 と E_2 に対し, $\widehat{m}(E_1 \cup E_2) = \widehat{m}(E_1) + \widehat{m}(E_2)$.

(ii) m でルベーグ測度を表すとき, 任意の可測集合 E に対して, $\widehat{m}(E) = m(E)$ である.

(iii) 任意の集合 E と実数 h に対し, $\widehat{m}(E+h) = \widehat{m}(E)$.

(i) から, $\widehat{m}$ が有限加法的なことがわかる. しかし, それは可算加法的にはなりえない. そのことは, 可測でない集合の存在の証明と同様にわかる（第 III 巻の第 1 章第 3 節を参照).

この定理は, ルベーグ積分の拡張を扱った同種の他の結果から導かれる. そこでの定義域は $\mathbb{R}$ ではなく円周 $\mathbb{R}/\mathbb{Z}$ である. それは $(0, 1]$ と見ることができる. つまり, $\mathbb{R}/\mathbb{Z}$ 上の関数は, $(0, 1]$ 上の関数が周期 1 で $\mathbb{R}$ に拡張されたものと考えるのである. 同様に, $\mathbb{R}$ での平行移動は, $\mathbb{R}/\mathbb{Z}$ 上の同じ平行移動を引き起こす. こうして, 示すことは, 円周上のすべての有界関数に対して定義された抽象積分（いわゆる「バナッハ積分」）の存在となる.

定理 5.7 $\mathbb{R}/\mathbb{Z}$ 上のすべての有界関数に対して定義された線形汎関数 $f \longmapsto I(f)$ で, 次の条件をみたすものが存在する.

(a) すべての x で $f(x) \geq 0$ ならば, $I(f) \geq 0$.

(b) 任意の実数 α, β に対して, $I(\alpha f_1 + \beta f_2) = \alpha I(f_1) + \beta I(f_2)$.

(c) f が可測ならば, $I(f) = \displaystyle\int_0^1 f(x)\,dx$.

(d) 任意の $h \in \mathbb{R}$ に対して, $I(f_h) = I(f)$. ただし, $f_h(x) = f(x-h)$.

(c) の右辺は, 通常のルベーグ積分を表す.

証明 方針は, $\mathbb{R}/\mathbb{Z}$ 上の（実数値）有界関数全体のベクトル空間 V と, それらのうち可測なものからなる部分空間 V_0 を考えることである. I_0 を, ルベーグ積分によって与えられる線形汎関数とする. すなわち, $f \in V_0$ に対して $I_0(f) = \displaystyle\int_0^1 f(x)\,dx$ とする. 鍵は,

$$I_0(f) \leq p(f), \qquad f \in V_0$$

をみたす V 上の劣線形な p をうまく見つけることである. バナッハが考えた p

の天才的な定義は次のとおりである．$A = \{a_1, \cdots, a_N\}$ で，N 個の実数からなる任意の集合を表し，$\#(A) = N$ でその実数の個数を表すことにする．与えられた A に対し，$M_A(f)$ を，実数

$$M_A(f) = \sup_{x \in \mathbb{R}} \left(\frac{1}{N} \sum_{j=1}^{N} f(x + a_j) \right)$$

と定め，

$$p(f) = \inf_A \{M_A(f)\}$$

とおく．ここで，下限はすべての有限集合 A にわたってとる．

f は有界だと仮定しているから，明らかに $p(f)$ はきちんと定義されている．また，$c \geq 0$ のとき，$p(cf) = cp(f)$ である．$p(f_1 + f_2) \leq p(f_1) + p(f_2)$ を示そう．そのために，任意の $\varepsilon > 0$ に対して，

$$M_A(f_1) \leq p(f_1) + \varepsilon \qquad \text{かつ} \qquad M_B(f_2) \leq p(f_2) + \varepsilon$$

となる有限集合 A と B を見つける．そして，$N_1 = \#(A)$ かつ $N_2 = \#(B)$ とし，C を集合 $\{a_i + b_j\}_{1 \leq i \leq N_1,\, 1 \leq j \leq N_2}$ とする．このとき，容易に

$$M_C(f_1 + f_2) \leq M_C(f_1) + M_C(f_2)$$

がわかる．次に，一般的事実として，$f' = f_h$ が f の平行移動で，$A' = A - h$ のとき，$M_A(f)$ は $M_{A'}(f')$ と等しい．また，C に関する平均は，A または B に関する平均の平行移動を平均したものとなっているから，

$$M_C(f_1) \leq M_A(f_1) \qquad \text{かつ} \qquad M_C(f_2) \leq M_B(f_2)$$

となることが簡単にわかる．こうして，

$$p(f_1 + f_2) \leq M_C(f_1 + f_2) \leq M_A(f_1) + M_B(f_2) \leq p(f_1) + p(f_2) + 2\varepsilon$$

となる．$\varepsilon \to 0$ とすれば，p の劣線形性が証明される．

次に，f がルベーグ可測ならば（有界であることから，必然的に可積分になるが），任意の A に対し，

$$I_0(f) = \frac{1}{N} \int_0^1 \left(\sum_{j=1}^{N} f(x + a_j) \right) dx \leq \int_0^1 M_A(f)\, dx = M_A(f)$$

となるから，$I_0(f) \leq p(f)$ である．そこで，I_0 を V_0 から V に拡張した線形汎関数を，I とする．このような汎関数は，定理 5.2 によって存在が保証されてい

る．定義より明らかに，$f \leq 0$ のとき $p(f) \leq 0$ である．これより，$f \leq 0$ のとき $I(f) \leq 0$ となり，f を $-f$ に置き換えれば，(a) が成り立つのがわかる．

次に，任意の実数 h に対して，

$$p(f - f_h) \leq 0 \tag{15}$$

が成り立つことを見よう．実際，h を固定しておき，任意の N に対して，A_N を $\{h, 2h, 3h, \cdots, Nh\}$ と定める．このとき，$M_{A_N}(f - f_h)$ の定義に出てくる平均は，

$$\frac{1}{N}\sum_{j=1}^{N}(f(x + jh) - f(x + (j-1)h))$$

であるから，$|f|$ の上限を M とすると，$|M_{A_N}(f - f_h)| \leq 2M/N$ となる．よって，$N \to \infty$ とすると，$p(f - f_h) \leq M_{A_N}(f - f_h) \to 0$ となり，(15) が証明できた．こうして，任意の f と h に対し，$I(f - f_h) \leq 0$ が示せた．ここで，f を f_{-h} に，その後 h を $-h$ に置き換えると，$I(f_h - f) \leq 0$ であることがわかる．こうして (d) が確かめられ，定理 5.7 の証明は終わる． ∎

直接の帰結として，次の系が得られる．

系 5.8 $\mathbb{R}/\mathbb{Z}$ のすべての部分集合に対して定義された非負値関数 $\widehat{m}$ で，次の条件をみたすものが存在する．

(i) 任意の交わらない部分集合 E_1 と E_2 に対して，$\widehat{m}(E_1 \cup E_2) = \widehat{m}(E_1) + \widehat{m}(E_2)$.

(ii) E が可測ならば，$\widehat{m}(E) = m(E)$.

(iii) $\mathbb{R}$ の任意の元 h に対して，$\widehat{m}(E + h) = \widehat{m}(E)$.

定理 5.7 の I を用いて，$\widehat{m}(E) = I(\chi_E)$ とおくだけでよい．ただし，χ_E は E の特性関数を表す．

さあ，定理 5.6 の証明に入ろう．$j \in \mathbb{Z}$ に対し，$\mathcal{I}_j$ は区間 $(j, j+1]$ を表す．このとき，$\mathbb{R}$ の互いに交わらない集合への分割 $\bigcup_{j=-\infty}^{\infty} \mathcal{I}_j$ が得られる．

説明を明解にするために，当面，系によって与えられる $(0, 1] = \mathcal{I}_0$ 上の測度 $\widehat{m}$ を，$\widehat{m}_0$ と書き換える．そして，$E \subset \mathcal{I}_0$ のときは，$\widehat{m}(E)$ を $\widehat{m}_0(E)$ と定義する．さらに，これを一般化して，$E \subset \mathcal{I}_j$ のときは，$\widehat{m}(E) = \widehat{m}_0(E - j)$ とおく．

いま述べたことを用いて，任意の E に対し，$\widehat{m}(E)$ を

$$\widehat{m}(E) = \sum_{j=-\infty}^{\infty} \widehat{m}(E \cap \mathcal{I}_j) = \sum_{j=-\infty}^{\infty} \widehat{m}_0((E \cap \mathcal{I}_j) - j) \tag{16}$$

と定義しよう．こうして，$\widehat{m}(E)$ は拡張非負値として定まった．いま，E_1 と E_2 が交わらなければ，$(E_1 \cap \mathcal{I}_j) - j$ と $(E_2 \cap \mathcal{I}_j) - j$ も交わらないことに注意しよう．このことから，$\widehat{m}(E_1 \cup E_2) = \widehat{m}(E_1) + \widehat{m}(E_2)$ が出る．さらに，E が可測ならば，$\widehat{m}(E \cap \mathcal{I}_j) = m(E \cap \mathcal{I}_j)$ だから，$\widehat{m}(E) = m(E)$ である．

$\widehat{m}(E+h) = \widehat{m}(E)$ を示そう．まず，$h = k \in \mathbb{Z}$ の場合を考える．この場合は，任意の $j, k \in \mathbb{Z}$ に対して $((E+k) \cap \mathcal{I}_{j+k}) - (j+k) = (E \cap \mathcal{I}_j) - j$ であることに気づけば，定義 (16) からすぐにわかる．

次に $0 < h < 1$ としよう．この場合は，$E'_j = E \cap (j, j+1-h]$，$E''_j = E \cap (j+1-h, j+1]$ とおくことで，$E \cap \mathcal{I}_j$ を $E'_j \cup E''_j$ と分割する．この分割の大事な点は，$E'_j + h$ が変わらず $\mathcal{I}_j$ 内にあり，E''_j が $\mathcal{I}_{j+1}$ に移動するということである．いずれにせよ，$E = \bigcup_j E'_j \cup \bigcup_j E''_j$ で，この和集合は互いに交わらない．こうして，上で示した加法性と，続いて (16) を用いると，

$$\widehat{m}(E) = \sum_{j=-\infty}^{\infty} (\widehat{m}(E'_j) + \widehat{m}(E''_j))$$

であることがわかる．同様に，

$$\widehat{m}(E+h) = \sum_{j=-\infty}^{\infty} (\widehat{m}(E'_j + h) + \widehat{m}(E''_j + h))$$

である．ここで，E'_j と $E'_j + h$ はともに $\mathcal{I}_j$ 内にあるから，$\mathcal{I}_j$ の部分集合に対する $\widehat{m}$ の定義と，$\widehat{m}_0$ の平行移動不変性から，$\widehat{m}(E'_j) = \widehat{m}(E'_j + h)$ である．また，E''_j が $\mathcal{I}_j$ 内に，$E''_j + h$ が $\mathcal{I}_{j+1}$ 内にあることから，同様の考察をすると，それらの測度が等しいことがわかる．こうして，$0 < h < 1$ に対して $\widehat{m}(E) = \widehat{m}(E+h)$ が確かめられた．

いま示したことと，すでに示した $\mathbb{Z}$ に関する平行移動不変性を合わせれば，すべての h に対して，定理 5.6 の (iii) が得られる．こうして，定理が完全に証明された．

$\mathbb{R}^d$ のルベーグ測度の同様の拡張や，関連の結果については，練習 36 や問題 $8^*, 9^*$ を参照せよ．

6. 複素 L^p 空間と複素バナッハ空間

3.2 節以来，L^p 空間やバナッハ空間は実数体上のものに限定してきた．複素数体上の同空間に関する同様の定理は，主張も証明も，ほとんどの部分において，実数体の場合の機械的な模倣で成り立つ．とはいえ，注釈を加える必要のある場面がいくつかある．

一つは，ヘルダーの不等式の逆（補題 4.2）に関する議論である．今度は，f の定義を

$$f(x) = |g(x)|^{q-1} \frac{\overline{\operatorname{sign} g(x)}}{\|g\|_{L^p}^{q-1}}$$

とすべきで，「sign」は複素数版の符号関数を表す．実際，それは，$z \neq 0$ のとき $\operatorname{sign} z = z/|z|$ で，また $\operatorname{sign} 0 = 0$ と定義する．g を g_n に置き換えた式の場面などでも同様である．

もう一つ，ハーン–バナッハの定理では，実ベクトル空間特有の主張を証明した．複素数版については，後の練習 33 を参照されたい（5.3 節で $p(f) = \|f\|$ として応用したものについても成立）．

7. 付録：$C(X)$ の双対空間

この付録では，X 上の実数値連続関数の空間 $C(X)$ における有界線形汎関数を記述する．まず，X はコンパクトな距離空間と仮定する．主結果の主張は次のとおりである．任意の $\ell \in C(X)^*$ に対して，有限な符号つきボレル測度 μ（このような測度をラドン測度ということがある）が存在して，

$$\ell(f) = \int_X f(x)\, d\mu(x), \qquad f \in C(X)$$

が成り立つ．この結果を導く議論を始める前に，基本的な定義や事実をまとめておこう．

X を距離空間とし，その距離を d で表す．また，X はコンパクトであると仮定する．つまり，X の任意の開被覆は有限部分被覆を含む．X 上の実数値連続関数全体のベクトル空間 $C(X)$ は，上限ノルム

$$\|f\| = \sup_{x \in X} |f(x)|, \qquad f \in C(X)$$

に関して，$\mathbb{R}$ 上のバナッハ空間になる．X 上の任意の連続関数 f に対して，集合 $\{x \in$

$X : f(x) \neq 0\}$ の閉包を，f の**台**といい，$\mathrm{supp}(f)$ で表す[8]．

これから，X の開集合，閉集合，その上の連続関数について，後に用いる基本的なことがらを確認する．

(i) **分離性**．A と B が，X の交わらない二つの閉集合のとき，A 上で $f=1$，B 上で $f=0$，かつ，A と B の和の補集合で $0<f<1$ となる連続関数 f が存在する．

実際には，たとえば，

$$f(x) = \frac{d(x,\, B)}{d(x,\, A) + d(x,\, B)}$$

ととればよい．ここに，$d(x,\, B) = \inf_{y \in B} d(x,\, y)$ であり，$d(x,\, A)$ についても同様である．

(ii) **1の分割**．K をコンパクト集合とし，それが有限個の開集合 $\{\mathcal{O}_k\}_{k=1}^N$ で覆われているとする．このとき，連続関数 η_k，$1 \leq k \leq N$ で，$0 \leq \eta_k \leq 1$，$\mathrm{supp}(\eta_k) \subset \mathcal{O}_k$，かつ，$x \in K$ に対して $\sum_{k=1}^N \eta_k(x) = 1$ となるものが存在する．さらに，任意の $x \in X$ に対しては $0 \leq \sum_{k=1}^N \eta_k(x) \leq 1$ が成り立つ．

以下，確かめよう．任意の $x \in K$ に対して，x を中心にした半径が正の球 $B(x)$ をうまくとれば，ある i に対して $\overline{B(x)} \subset \mathcal{O}_i$ となる．このとき $\bigcup_{x \in K} B(x)$ は K を覆うから，その有限部分被覆を選ぶことができる．それを $\bigcup_{j=1}^M B(x_j)$ と書こう．各 $1 \leq k \leq N$ に対して，$B(x_j) \subset \mathcal{O}_k$ となる開球 $B(x_j)$ 全部の和集合を U_k で表す．明らかに $K \subset \bigcup_{k=1}^N U_k$ である．また，上の (i) から，連続関数 $0 \leq \varphi_k \leq 1$ で，$\overline{U_k}$ 上で $\varphi_k = 1$ かつ $\mathrm{supp}(\varphi_k) \subset \mathcal{O}_k$ となるものが存在する．そこで，

$$\eta_1 = \varphi_1, \quad \eta_2 = \varphi_2(1-\varphi_1), \quad \cdots, \quad \eta_N = \varphi_N(1-\varphi_1)\cdots(1-\varphi_{N-1})$$

と定めると，$\mathrm{supp}(\eta_k) \subset \mathcal{O}_k$ かつ

$$\eta_1 + \cdots + \eta_N = 1 - (1-\varphi_1)\cdots(1-\varphi_N)$$

となり，求める性質が確かめられた．

ボレル σ–加法族について思い出そう[9]．それは，X のすべての開集合を含む最小の σ–加法族で，$\mathcal{B}_X$ と表した．また，$\mathcal{B}_X$ の元を**ボレル集合**と呼び，$\mathcal{B}_X$ 上で定義された測度を**ボレル測度**と呼んだ．もし，ボレル測度 μ が有限，つまり $\mu(X) < \infty$ ならば，そ

8)　これは，用語「台」の普通の用い方である．第 III 巻の第 2 章では，可測関数を扱う都合上，$f(x) \neq 0$ となる x の集合を「f の台」といった．

9)　この節で必要になる測度論に関する定義や結果について，特に定理 7.1 の証明で用いる前測度の拡張については，第 III 巻の第 6 章に見つけられる．

れは次の「正則性」をもっている．すなわち，任意のボレル集合 E と $\varepsilon > 0$ に対して，$E \subset \mathcal{O}$ と $\mu(\mathcal{O} - E) < \varepsilon$ をみたす開集合 $\mathcal{O}$ と，$F \subset E$ と $\mu(E - F) < \varepsilon$ をみたす閉集合 F が存在する．

われわれは，一般的に，負値もとりうる X 上の有限な符号つきボレル測度に興味がある．μ がこのような測度のとき，μ^+ と μ^- で μ の正と負の変動を表すと，$\mu = \mu^+ - \mu^-$ が成り立ち，μ に関する積分は $\int f\,d\mu = \int f\,d\mu^+ - \int f\,d\mu^-$ で定義される．逆に，μ_1 と μ_2 が二つの有限なボレル測度のとき，$\mu = \mu_1 - \mu_2$ は有限な符号つき測度で，$\int f\,d\mu = \int f\,d\mu_1 - \int f\,d\mu_2$ が成り立つ．

X 上の有限な符号つきボレル測度の空間を $M(X)$ で表す．明らかに，$M(X)$ はベクトル空間で，ノルム

$$\|\mu\| = |\mu|(X)$$

が備わっている．ここで，$|\mu|$ は μ の全変動を表す．$M(X)$ がこのノルムに関してバナッハ空間になることは，簡単にわかる事実である．

7.1　正の線形汎関数の場合

はじめは，線形汎関数 $\ell : C(X) \to \mathbb{R}$ のうち，正のもの，つまり，$f(x) \geq 0,\ x \in X$ のときに $\ell(f) \geq 0$ となるものだけを考えることにする．正の線形汎関数は，自動的に有界であり，$\|\ell\| = \ell(1)$ となることがわかる．実際，$|f(x)| \leq \|f\|$ より $\|f\| \pm f \geq 0$ であり，それゆえ $|\ell(f)| \leq \ell(1)\|f\|$ となるからである．

この節の主結果は次のとおりである．

定理 7.1　X をコンパクトな距離空間とし，ℓ を $C(X)$ 上の正の線形汎関数とする．このとき，

$$\ell(f) = \int_X f(x)\,d\mu(x), \qquad f \in C(X) \tag{17}$$

をみたす有限な（正の）ボレル測度 μ がただ一つ存在する．

証明　測度 μ の存在を証明しよう．X の開部分集合に対して定義された関数 ρ

$$\rho(\mathcal{O}) = \sup\{\ell(f) : \mathrm{supp}(f) \subset \mathcal{O} \text{ かつ } 0 \leq f \leq 1\}$$

を考えよう．そして，X のすべての部分集合に対して定義された関数 μ_* を

$$\mu_*(E) = \inf\{\rho(\mathcal{O}) : E \subset \mathcal{O} \text{ かつ } \mathcal{O} \text{ は開集合}\}$$

と定める．μ_* が X 上の距離外測度になることを示そう．

実際，$E_1 \subset E_2$ のとき，明らかに $\mu_*(E_1) \le \mu_*(E_2)$ である．また，開集合 $\mathcal{O}$ に対しては，$\mu_*(\mathcal{O}) = \rho(\mathcal{O})$ である．次に，μ_* が X の部分集合について可算劣加法的であることを示そう．まずは，開集合 $\{\mathcal{O}_k\}$ について劣加法的であること，すなわち

$$\mu_*\left(\bigcup_{k=1}^{\infty} \mathcal{O}_k\right) \le \sum_{k=1}^{\infty} \mu_*(\mathcal{O}_k) \tag{18}$$

であることの証明からはじめよう．そのために，$\{\mathcal{O}_k\}_{k=1}^{\infty}$ を X の開集合の族とし，$\mathcal{O} = \bigcup_{k=1}^{\infty} \mathcal{O}_k$ とする．f を，$\mathrm{supp}(f) \subset \mathcal{O}$ と $0 \le f \le 1$ をみたす任意の連続関数とすると，$K = \mathrm{supp}(f)$ のコンパクト性から，（必要なら集合 $\mathcal{O}_k$ の順を入れ換えて）$K \subset \bigcup_{k=1}^{N} \mathcal{O}_k$ となる部分被覆を抜き出せる．そこで，$\{\mathcal{O}_1, \cdots, \mathcal{O}_N\}$ に関する 1 の分割（上の (ii) で説明したもの）を，$\{\eta_k\}_{k=1}^{N}$ としよう．すなわち，各 η_k は，連続関数で，$0 \le \eta_k \le 1$，$\mathrm{supp}(\eta_k) \subset \mathcal{O}_k$，かつ，すべての $x \in K$ で $\sum_{k=1}^{N} \eta_k(x) = 1$ をみたす．よって，開集合について $\mu_* = \rho$ であることを思い出すと，

$$\ell(f) = \sum_{k=1}^{N} \ell(f\eta_k) \le \sum_{k=1}^{N} \mu_*(\mathcal{O}_k) \le \sum_{k=1}^{\infty} \mu_*(\mathcal{O}_k)$$

となる．ここで，左側の不等式は $\mathrm{supp}(f\eta_k) \subset \mathcal{O}_k$ かつ $0 \le f\eta_k \le 1$ であることから出る．f に関する上限をとれば，$\mu_*\left(\bigcup_{k=1}^{\infty} \mathcal{O}_k\right) \le \sum_{k=1}^{\infty} \mu_*(\mathcal{O}_k)$ がわかる．

次に，すべての集合について μ_* が劣加法的であることを証明しよう．$\{E_k\}$ を X の部分集合の族とし，$\varepsilon > 0$ とする．各 k に対して，開集合 $\mathcal{O}_k$ を，$E_k \subset \mathcal{O}_k$ と $\mu_*(\mathcal{O}_k) \le \mu_*(E_k) + \varepsilon 2^{-k}$ をみたすように選ぶ．このとき，$\mathcal{O} = \bigcup \mathcal{O}_k$ は $\bigcup E_k$ を覆うから，(18) により

$$\mu_*\left(\bigcup E_k\right) \le \mu_*(\mathcal{O}) \le \sum_k \mu_*(\mathcal{O}_k) \le \sum_k \mu_*(E_k) + \varepsilon$$

となる．結果として，目的の $\mu_*\left(\bigcup E_k\right) \le \sum_k \mu_*(E_k)$ にたどり着く．

示すべき性質で残っているのは，μ_* が距離的であること，すなわち，$d(E_1, E_2) > 0$ のとき $\mu_*(E_1 \cup E_2) = \mu_*(E_1) + \mu_*(E_2)$ となることである．実際，分離条件から，$E_1 \subset \mathcal{O}_1$，$E_2 \subset \mathcal{O}_2$ をみたす交わらない開集合 $\mathcal{O}_1, \mathcal{O}_2$ が存在する．このとき，$E_1 \cup E_2$ を含む任意の開集合 $\mathcal{O}$ に対して，$\mathcal{O} \supset (\mathcal{O} \cap \mathcal{O}_1) \cup (\mathcal{O} \cap \mathcal{O}_2)$ で，右辺の和集合は交わらない．また，$E_1 \subset (\mathcal{O} \cup \mathcal{O}_1)$，$E_2 \subset (\mathcal{O} \cup \mathcal{O}_2)$ だから，交わらない開集合についての μ_* の加法性と，その単調性により，

$$\mu_*(\mathcal{O}) \ge \mu_*(\mathcal{O} \cap \mathcal{O}_1) + \mu_*(\mathcal{O} \cap \mathcal{O}_2) \ge \mu_*(E_1) + \mu_*(E_2)$$

となる．よって，$\mu_*(E_1 \cup E_2) \geq \mu_*(E_1) + \mu_*(E_2)$ を得る．一方，逆の不等式は上ですでに示したから，これで，μ_* が距離外測度であることの証明が完結した．

第 III 巻の第 6 章の定理 1.1, 1.2 から，μ_* を $\mathcal{B}_X$ に制限することで，$\mathcal{B}_X$ 上のボレル測度 μ が得られる．この μ は，明らかに有限で，$\mu(X) = \ell(1)$ である．

さて，この測度 μ が (17) をみたすことを示そう．$f \in C(X)$ とする．f が二つの非負値連続関数の差で表されることを踏まえ，大きさ変換をほどこせば，すべての $x \in X$ に対して $0 \leq f(x) \leq 1$ の場合だけを考えれば十分である．ここでの方針は，f を輪切りにすること，すなわち，各 f_n をかなり小さな上限ノルムをもった連続関数として，$f = \sum f_n$ と表すことである．もっと正確に述べよう．正の整数 N を固定し，$\mathcal{O}_0 = X$ とおき，また，整数 $n \geq 1$ に対しては

$$\mathcal{O}_n = \{x \in X \,:\, f(x) > (n-1)/N\}$$

とする．すると，$\mathcal{O}_n \supset \mathcal{O}_{n+1}$ かつ $\mathcal{O}_{N+1} = \emptyset$ である．次に，

$$f_n(x) = \begin{cases} 1/N & x \in \mathcal{O}_{n+1} \text{ のとき}, \\ f(x) - (n-1)/N & x \in \mathcal{O}_n - \mathcal{O}_{n+1} \text{ のとき}, \\ 0 & x \in \mathcal{O}_n^c \text{ のとき} \end{cases}$$

と定義する．すると，各関数 f_n は連続で，全部「積み重ねる」ことで f ができる．つまり $f = \sum_{n=1}^{N} f_n$ である．また，$\mathcal{O}_{n+1}$ 上では $Nf_n = 1$ で，$\mathrm{supp}(Nf_n) \subset \overline{\mathcal{O}_n} \subset \mathcal{O}_{n-1}$ かつ $0 \leq Nf_n \leq 1$ だから，$\mu(\mathcal{O}_{n+1}) \leq \ell(Nf_n) \leq \mu(\mathcal{O}_{n-1})$ である．よって，線形性から

$$\frac{1}{N}\sum_{n=1}^{N} \mu(\mathcal{O}_{n+1}) \leq \ell(f) \leq \frac{1}{N}\sum_{n=1}^{N} \mu(\mathcal{O}_{n-1}) \tag{19}$$

となる．一方，Nf_n のグラフの形より，$\mu(\mathcal{O}_{n+1}) \leq \int Nf_n \, d\mu \leq \mu(\mathcal{O}_n)$ がいえるから，

$$\frac{1}{N}\sum_{n=1}^{N} \mu(\mathcal{O}_{n+1}) \leq \int f \, d\mu \leq \frac{1}{N}\sum_{n=1}^{N} \mu(\mathcal{O}_n) \tag{20}$$

となる．不等式 (19) と (20) を合わせれば，結果として

$$\left| \ell(f) - \int f \, d\mu \right| \leq \frac{2\mu(X)}{N}$$

を得る．ここで $N \to \infty$ のときの極限を考えれば，目的の結論 $\ell(f) = \int f \, d\mu$ にいたる．

最後に一意性を示す．μ' は，X 上のもう一つの有限な正のボレル測度で，すべての $f \in C(X)$ に対して $\ell(f) = \int f \, d\mu'$ をみたしているとする．$\mathcal{O}$ が開集合で，$0 \leq f \leq 1$

かつ $\mathrm{supp}(f) \subset \mathcal{O}$ のとき，

$$\ell(f) = \int f\,d\mu' = \int_{\mathcal{O}} f\,d\mu' \leq \int_{\mathcal{O}} 1\,d\mu' = \mu'(\mathcal{O})$$

である．f についての上限をとれば，μ の定義から $\mu(\mathcal{O}) \leq \mu'(\mathcal{O})$ が出る．逆の不等式を考えるために，有限なボレル測度が内部正則性をもつことを思い出そう．任意の $\varepsilon > 0$ に対して，$K \subset \mathcal{O}$ かつ $\mu'(\mathcal{O} - K) < \varepsilon$ となる閉集合 K が存在する．そこで，K と $\mathcal{O}^c$ にはじめに述べた分離性 (i) を適用して，$0 \leq f \leq 1$，$\mathrm{supp}(f) \subset \mathcal{O}$，かつ K 上で $f = 1$ となる連続関数 f を選ぶ．そのとき，

$$\mu'(\mathcal{O}) \leq \mu'(K) + \varepsilon \leq \int_{\mathcal{O}} f\,d\mu' + \varepsilon = \ell(f) + \varepsilon \leq \mu(\mathcal{O}) + \varepsilon$$

となる．ここで ε は任意であったから，示したい不等式が得られた．こうして，すべての開集合 $\mathcal{O}$ に対して $\mu(\mathcal{O}) = \mu'(\mathcal{O})$ となる．このことから，すべてのボレル集合に対しても $\mu = \mu'$ となり，定理の証明は完結する． ■

7.2　主結果

ここでの要点は，$C(X)$ 上の任意の有界線形汎関数が，二つの正の線形汎関数の差で表せるということである．

命題 7.2　X をコンパクトな距離空間とし，ℓ を $C(X)$ 上の有界線形汎関数とする．このとき，$\ell = \ell^+ - \ell^-$ をみたす正の線形汎関数 ℓ^+ と ℓ^- が存在する．さらに，$\|\ell\| = \ell^+(1) + \ell^-(1)$ が成り立つ．

証明　$f \geq 0$ である $f \in C(X)$ に対して

$$\ell^+(f) = \sup\{\ell(\varphi)\ :\ 0 \leq \varphi \leq f\}$$

と定める．明らかに，$0 \leq \ell^+(f) \leq \|\ell\|\,\|f\|$ かつ $\ell(f) \leq \ell^+(f)$ である．また，$\alpha \geq 0, f \geq 0$ のとき，$\ell^+(\alpha f) = \alpha\ell^+(f)$ である．次に $f, g \geq 0$ としよう．まず，$0 \leq \varphi \leq f$，$0 \leq \psi \leq g$ のとき，$0 \leq \varphi + \psi \leq f + g$ となることから，$\ell^+(f) + \ell^+(g) \leq \ell^+(f+g)$ がわかる．他方，$0 \leq \varphi \leq f + g$ とし，$\varphi_1 = \min(\varphi, f)$，$\varphi_2 = \varphi - \varphi_1$ とおく．すると，$0 \leq \varphi_1 \leq f$，$0 \leq \varphi_2 \leq g$ だから，$\ell(\varphi) = \ell(\varphi_1) + \ell(\varphi_2) \leq \ell^+(f) + \ell^+(g)$ である．φ について上限をとれば，$\ell^+(f+g) \leq \ell^+(f) + \ell^+(g)$ を得る．以上のことから，$f, g \geq 0$ のとき $\ell^+(f+g) = \ell^+(f) + \ell^+(g)$ となることがわかった．

いまから，ℓ^+ を $C(X)$ 上の正の線形汎関数に拡張しよう．$C(X)$ の任意の関数 f は，f^+，$f^- \geq 0$ を用いて，$f = f^+ - f^-$ と書ける．そこで，ℓ^+ の f での値を，$\ell^+(f) = \ell^+(f^+) - \ell^+(f^-)$ と定義する．この $\ell^+(f)$ の定義が，f の二つの非負値関数への分解の仕方によらないことは，ℓ^+ の非負値関数上での線形性を用いれば容易に確かめ

られる．さらに，定義から ℓ^+ は正である．また，ℓ^+ が $C(X)$ 上で線形で，$\|\ell^+\| \leq \|\ell\|$ となることも簡単に確かめられる．

最後に，$\ell^- = \ell^+ - \ell$ と定義しよう．すると，ℓ^- も $C(X)$ 上の正の線形汎関数であることがすぐにわかる．

さて，ℓ^+ も ℓ^- も正だから，$\|\ell^+\| = \ell^+(1)$, $\|\ell^-\| = \ell^-(1)$ であり，したがって $\|\ell\| \leq \ell^+(1) + \ell^-(1)$ である．逆の不等式を見るために，$0 \leq \varphi \leq 1$ とする．このとき，$|2\varphi - 1| \leq 1$ だから，$\|\ell\| \geq \ell(2\varphi - 1)$ である．ここで，ℓ の線形性を用い，次に φ について上限をとると，$\|\ell\| \geq 2\ell^+(1) - \ell(1)$ となる．$\ell(1) = \ell^+(1) - \ell^-(1)$ だから，$\|\ell\| \geq \ell^+(1) + \ell^-(1)$ を得る．これで証明が完成した． ∎

ようやく，主結果を述べ証明するときが来た．

定理 7.3 X をコンパクトな距離空間とし，$C(X)$ を X 上の実数値連続関数のなすバナッハ空間とする．このとき，$C(X)$ 上の任意の有界線形汎関数 ℓ に対して，

$$\ell(f) = \int_X f(x)\, d\mu(x), \qquad f \in C(X)$$

をみたす X 上の有限な符号つきボレル測度 μ がただ一つ存在する．さらに，$\|\ell\| = \|\mu\| = |\mu|(X)$ である．言い換えると，$C(X)^*$ は $M(X)$ と等距離である．

証明 命題より，$\ell = \ell^+ - \ell^-$ をみたす二つの正の線形汎関数 ℓ^+ と ℓ^- が存在する．これらの正の線形汎関数のそれぞれに定理 7.1 を適用すると，二つの有限なボレル測度 μ_1 と μ_2 が得られる．そこで，$\mu = \mu_1 - \mu_2$ と定めると，μ は有限な符号つきボレル測度で，$\ell(f) = \displaystyle\int f\, d\mu$ が成り立つ．

さて，

$$|\ell(f)| \leq \int |f|\, d|\mu| \leq \|f\|\, |\mu|(X)$$

だから，$\|\ell\| \leq |\mu|(X)$ である．一方，$|\mu|(X) \leq \mu_1(X) + \mu_2(X) = \ell^+(1) + \ell^-(1) = \|\ell\|$ だから，結果として，示したい式 $\|\ell\| = |\mu|(X)$ を得る．

一意性を示すために，有限な符号つきボレル測度 μ と μ' は，すべての $f \in C(X)$ で $\displaystyle\int f\, d\mu = \int f\, d\mu'$ となっているとする．このとき，$\nu = \mu - \mu'$ とおくと，$\displaystyle\int f\, d\nu = 0$ である．したがって，ν の正と負の変動を ν^+ と ν^- として，$\ell^+(f) = \displaystyle\int f\, d\nu^+$, $\ell^-(f) = \displaystyle\int f\, d\nu^-$ とおくと，$C(X)$ 上の二つの正の線形汎関数 ℓ^+ と ℓ^- は一致する．このとき，定理 7.1 の一意性より $\nu^+ = \nu^-$ となるから，$\nu = 0$ つまり $\mu = \mu'$ を得，目標に達する． ∎

7.3　拡張

定理 7.1 において，空間 X がコンパクトであるという仮定を落としてみよう．定理がその場合に拡張できることを見ておくことは，後の応用のために有用である．ここで，X 上の有界連続関数の空間で，ノルム $\|f\| = \sup_{x \in X} |f(x)|$ が定義されたものを，$C_b(X)$ とかく．

定理 7.4　X を距離空間とし，ℓ を $C_b(X)$ 上の正の線形汎関数とする．簡単のため，ℓ を，$\ell(1) = 1$ となるように正規化しておく．さらに，任意の $\varepsilon > 0$ に対して，次の式をみたすコンパクト集合 $K_\varepsilon \subset X$ が存在すると仮定する：

$$|\ell(f)| \leq \sup_{x \in K_\varepsilon} |f(x)| + \varepsilon \|f\|, \qquad f \in C_b(X). \tag{21}$$

このとき，

$$\ell(f) = \int_X f(x)\, d\mu(x), \qquad f \in C_b(X)$$

をみたす有限な（正の）ボレル測度 μ がただ一つ存在する．

追加条件 (21)（X がコンパクトな場合は自動的にみたされる）は「緊密性」の仮定で，第 6 章で関連する．仮定 (21) がなくとも，前と同様，$\ell(1) = 1$ から $|\ell(f)| \leq \|f\|$ がわかる．

この定理の証明は，たった一つの局面を除けば，定理 7.1 の証明と同様にすすめられる．まず，

$$\rho(\mathcal{O}) = \sup\{\ell(f) \,:\, f \in C_b(X),\ \mathrm{supp}(f) \subset \mathcal{O},\ 0 \leq f \leq 1\}$$

と定める．必要な変更点は，ρ の可算劣加法性の証明のところにある．今回，（$\rho(\mathcal{O})$ の定義に現れる）f の台は，必ずしもコンパクトではない．実際，$\mathcal{O} = \bigcup_{k=1}^{\infty} \mathcal{O}_k$ を可算個の開集合の和とする．また，C を f の台とし，任意に固定した $\varepsilon > 0$ に対して，(21) に出てきたコンパクト集合 K_ε を用い，$K = C \cap K_\varepsilon$ とおく．このとき，K はコンパクトで，$\bigcup_{k=1}^{\infty} \mathcal{O}_k$ は K を覆う．前と同様にすれば，1 の分割 $\{\eta_k\}_{k=1}^{N}$ が得られ，η_k は $\mathcal{O}_k$ に台をもち，$x \in K$ に対し $\sum_{k=1}^{N} \eta_k(x) = 1$ である．このとき，$f - \sum_{k=1}^{N} f\eta_k$ は K_ε 上で 0 になるから，(21) にあてはめて，

$$\left| \ell(f) - \sum_{k=1}^{N} \ell(f\eta_k) \right| \leq \varepsilon$$

となる．よって，

$$\ell(f) \leq \sum_{k=1}^{N} \rho(\mathcal{O}_k) + \varepsilon$$

が得られる．この式は任意の ε に対して成り立つから，目的の ρ の劣加法性が出て，μ_* も劣加法的になる．あとは，前と同様にすれば，定理の証明が完結する．

定理 7.4 では，距離空間 X が完備であったり，可分であったりということは要求されない．しかし，X がこれら二つの性質をもつとき，(21) は結論が成り立つための必要条件になる．

それを確かめるために，μ を X 上の有限な正のボレル測度とし，$\ell(f) = \int_X f\, d\mu$ とする．ここでは，$\mu(X) = 1$ となるように正規化されていると仮定してよい．X が完備かつ可分という仮定のもとでは，任意の固定された $\varepsilon > 0$ に対し，$\mu(K_\varepsilon^c) < \varepsilon$ となるコンパクト集合 K_ε が存在する．実際，$\{c_k\}$ を X で稠密な列とする．各 m に対して，球の族 $\{B_{1/m}(c_k)\}_{k=1}^{\infty}$ は X を覆うので，有限な N_m をうまくとれば，$\mathcal{O}_m = \bigcup_{k=1}^{N_m} B_{1/m}(c_k)$ かつ $\mu(\mathcal{O}_m) \geq 1 - \varepsilon/2^m$ とできる．

そこで，$K_\varepsilon = \bigcap_{m=1}^{\infty} \overline{\mathcal{O}_m}$ ととる．すると，$\mu(K_\varepsilon) \geq 1 - \varepsilon$ である．また，K_ε は閉かつ全有界（任意の $\delta > 0$ に対して，集合 K_ε は，半径 δ の有限個の球で覆うことが可能）である．さらに X は完備だから，K_ε はコンパクトでなければならない．こうして，(21) はただちに出る．

8. 練習

1. ルベーグ測度に関する $L^p = L^p(\mathbb{R}^d)$ を考えよう．$|x| < 1$ のとき $f_0(x) = |x|^{-\alpha}$ で，$|x| \geq 1$ のとき $f_0(x) = 0$ とする．また，$|x| \geq 1$ のとき $f_\infty(x) = |x|^{-\alpha}$ で，$|x| < 1$ のとき $f_\infty(x) = 0$ とする．次のことを示せ．

(a) $f_0 \in L^p$ であるための必要十分条件は，$p\alpha < d$ である．

(b) $f_\infty \in L^p$ であるための必要十分条件は，$d < p\alpha$ である．

(c) f_0 の定義において，$|x| < 1$ のとき，$|x|^{-\alpha}$ を $|x|^{-\alpha}/(\log(2/|x|))$ に，f_∞ の定義において，$|x| \geq 1$ のとき，$|x|^{-\alpha}$ を $|x|^{-\alpha}/(\log(2|x|))$ に置き換えると，どうなるか．

2. $0 < p < \infty$ として，空間 $L^p(\mathbb{R}^d)$ を考えよう．

(a) すべての f と g に対して $\|f+g\|_{L^p} \leq \|f\|_{L^p} + \|g\|_{L^p}$ が成り立つのは，$p \geq 1$ のときであることを示せ．

(b) $0 < p < 1$ として，$L^p(\mathbb{R})$ を考えよう．この空間上には有界線形汎関数が存在し

ないことを示せ．言い換えると，線形汎関数 $\ell : L^p(\mathbb{R}) \to \mathbb{C}$ が，ある $M > 0$ について，

$$|\ell(f)| \leq M\|f\|_{L^p(\mathbb{R})}, \qquad f \in L^p(\mathbb{R})$$

をみたすとき，$\ell = 0$ である．

［ヒント：(a) については，$0 < p < 1$ で $x, y > 0$ のとき，$x^p + y^p > (x+y)^p$ となることを示せ．(b) については，$[0, x]$ の特性関数 χ_x を用いて，F を，$F(x) = \ell(\chi_x)$ と定め，$F(x) - F(y)$ を考えよ．］

3.　$f \in L^p$ と $g \in L^q$ が，ともに恒等的に 0 でないとき，ヘルダーの不等式（定理 1.1）において等号が成り立つための必要十分条件は，$a|f(x)|^p = b|g(x)|^q$ a.e. x をみたす二つの 0 でない定数 $a, b \geq 0$ が存在することである．このことを示せ．

4.　X を測度空間とし，$0 < p < 1$ とする．

(a)　$\|fg\|_{L^1} \geq \|f\|_{L^p}\|g\|_{L^q}$ を証明せよ．ここで，p の共役指数 q は負であることに注意せよ．

(b)　f_1 と f_2 が非負値のとき，$\|f_1 + f_2\|_{L^p} \geq \|f_1\|_{L^p} + \|f_2\|_{L^p}$ である．

(c)　$f, g \in L^p$ に対して $d(f, g) = \|f - g\|_{L^p}^p$ と定義すると，それは $L^p(X)$ 上の距離になる．

5.　X を測度空間とする．$L^p(X)$ の完備性の証明法を用いて，次のことを示せ．列 $\{f_n\}$ が L^p ノルムで f に収束するとき，$\{f_n\}$ のある部分列は f にほとんどすべての点で収束する．

6.　$(X, \mathcal{F}, \mu)$ を測度空間とする．次のことを示せ．

(a)　$\mu(X) < \infty$ のとき，単関数の全体は，$L^\infty(X)$ で稠密である．

(b)　$1 \leq p < \infty$ のとき，単関数の全体は，$L^p(X)$ で稠密である．

［ヒント：(a) では，$M = \|f\|_{L^\infty}$ として，$E_{\ell,j} = \left\{x \in X : \dfrac{M\ell}{j} \leq f(x) < \dfrac{M(\ell+1)}{j}\right\}$ $(-j \leq \ell \leq j)$ とおき，$E_{\ell,j}$ 上で値 $M\ell/j$ をとる関数 f_j を考えよ．(b) についても，(a) と同様の構成法を用いよ．］

7.　$1 \leq p < \infty$ とし，ルベーグ測度をもった $\mathbb{R}^d$ 上の L^p 空間を考えよう．次のことを証明せよ．

(a)　コンパクトな台をもつ連続関数全体の集合は，L^p で稠密である．

(b)　実際に，コンパクトな台をもつ無限回微分可能な関数全体の集合は，L^p で稠密である．

L^1 の場合は，第 III 巻の第 2 章定理 2.4 で，L^2 の場合は，第 III 巻の第 5 章補題 3.1

で扱った.

8. $1 \leq p < \infty$ とし，$\mathbb{R}^d$ はルベーグ測度をもつとする．$f \in L^p(\mathbb{R}^d)$ に対して

$$\|f(x+h) - f(x)\|_{L^p} \to 0, \qquad |h| \to 0$$

が成り立つことを示せ．$p = \infty$ のときに，このことが成り立たないことも証明せよ．
［ヒント：前の練習より，$1 \leq p < \infty$ のとき，コンパクトな台をもつ連続関数の全体は $L^p(\mathbb{R}^d)$ で稠密である．第 III 巻の第 2 章の定理 2.4 と命題 2.5 も参照せよ．］

9. X を測度空間とし，$1 \leq p_0 < p_1 \leq \infty$ とする．

(a) $L^{p_0} \cap L^{p_1}$ において

$$\|f\|_{L^{p_0} \cap L^{p_1}} = \|f\|_{L^{p_0}} + \|f\|_{L^{p_1}}$$

が備わっているとしよう．$\|\cdot\|_{L^{p_0} \cap L^{p_1}}$ がノルムであって，(このノルムに関して) $L^{p_0} \cap L^{p_1}$ がバナッハ空間になることを示せ.

(b) $f_0 \in L^{p_0}$ と $f_1 \in L^{p_1}$ を用いて和 $f = f_0 + f_1$ で表される X 上の可測関数 f 全体のベクトル空間を，$L^{p_0} + L^{p_1}$ と書く．また，

$$\|f\|_{L^{p_0} + L^{p_1}} = \inf\{\|f_0\|_{L^{p_0}} + \|f_1\|_{L^{p_1}}\}$$

とおく．ただし，下限は，分解 $f = f_0 + f_1$ の $f_0 \in L^{p_0}$ と $f_1 \in L^{p_1}$ 全体にわたってとる．このとき，$\|\cdot\|_{L^{p_0} + L^{p_1}}$ がノルムであって，（このノルムに関して）$L^{p_0} + L^{p_1}$ がバナッハ空間になることを示せ.

(c) $p_0 \leq p \leq p_1$ のとき，$L^p \subset L^{p_0} + L^{p_1}$ であることを示せ.

10. 測度空間 (X, μ) が**可分**であるとは，可算個の可測集合の族 $\{E_k\}_{k=1}^{\infty}$ が存在して，測度有限な任意の可測集合 E に対し，それに依存して，部分列 $\{n_k\}$ をうまく選ぶと，

$$\mu(E \triangle E_{n_k}) \to 0, \qquad k \to \infty$$

となることである．ここで，$A \triangle B$ は，集合 A と B の対称差集合を表す．つまり

$$A \triangle B = (A - B) \cup (B - A)$$

である.

(a) 通常のルベーグ測度をもった $\mathbb{R}^d$ が可分であることを確かめよ.

(b) 空間 $L^p(X)$ が**可分**であるとは，L^p の元の可算集合 $\{f_n\}_{n=1}^{\infty}$ が存在して，それが稠密になることである．測度空間 X が可分なとき，$1 \leq p < \infty$ に対して L^p が可分になることを証明せよ.

11.　前の練習を踏まえ，次のことを証明せよ．

(a)　$L^\infty(\mathbb{R})$ が可分でないことを示せ．実際，各 $a \in \mathbb{R}$ に対して，$f_a \in L^\infty$ を，$\|f_a - f_b\| \geq 1$, $a \neq b$ となるように作れ．

(b)　$L^\infty(\mathbb{R})$ の双対空間に対しても同じことを示せ．

12.　練習 10 で定義したように，測度空間 (X, μ) は可分であるとする．また，$1 \leq p < \infty$, $1/p + 1/q = 1$ とする．$f_n \in L^p$ である列 $\{f_n\}$ が，$f \in L^p$ に**弱収束**するとは，

$$\int f_n g \, d\mu \to \int fg \, d\mu, \qquad g \in L^q \tag{22}$$

となることである．

(a)　$\|f - f_n\|_{L^p} \to 0$ のとき，f_n は f に弱収束することを確かめよ．

(b)　$\sup_n \|f_n\|_{L^p} < \infty$ とする．このとき，弱収束性を示すには，L^q で稠密な集合の関数 g に対して (22) を確かめれば十分である．

(c)　$1 < p < \infty$ とする．$\sup_n \|f_n\|_{L^p} < \infty$ のとき，部分列 $\{n_k\}$ と $f \in L^p$ が存在して，f_{n_k} は f に弱収束することを示せ．

(c) は，$1 < p < \infty$ のときの L^p の「弱コンパクト性」として知られている．後の練習で見るように，このことは $p = 1$ のときには成り立たない．
[ヒント：(b) については，練習 10 (b) を用いよ．]

13.　弱収束の例を挙げる．

(a)　$L^p([0, 1])$ において，$f_n(x) = \sin(2\pi nx)$ とする．弱収束 $f_n \to 0$ を示せ．

(b)　$L^p(\mathbb{R})$ において，$f_n(x) = n^{1/p}\chi(nx)$ とする．$p > 1$ のときは $f_n \to 0$ と弱収束するが，$p = 1$ のときはそうでない．ただし，χ は区間 $[0, 1]$ の特性関数を表す．

(c)　$L^1([0, 1])$ において，$f_n(x) = 1 + \sin(2\pi nx)$ とする．$L^1([0, 1])$ で $f_n \to 1$ と弱収束し，$\|f_n\|_{L^1} = 1$ であるが，$\|f_n - 1\|_{L^1}$ は 0 に収束しない．問題 6* の (d) と比較せよ．

14.　X を測度空間とし，$1 < p < \infty$ とする．また，$\{f_n\}$ は，$\|f_n\|_{L^p} \leq M < \infty$ をみたす関数列とする．

(a)　$f_n \to f$ a.e. のとき，弱収束 $f_n \to f$ を証明せよ．

(b)　$p = 1$ の場合，上のことが成り立たないことを示せ．

(c)　$f_n \to f_1$ a.e. と，弱収束 $f_n \to f_2$ とから，$f_1 = f_2$ a.e. がいえることを示せ．

15.　**積分に関するミンコフスキーの不等式．** (X_1, μ_1) と (X_2, μ_2) を二つの測度空間とし，$1 \leq p \leq \infty$ とする．$f(x_1, x_2)$ が $X_1 \times X_2$ 上で可測かつ非負のとき，

$$\left\| \int f(x_1,\, x_2)\, d\mu_2 \right\|_{L^p(X_1)} \le \int \|f(x_1,\, x_2)\|_{L^p(X_1)}\, d\mu_2$$

となることを示せ．この主張を，f が複素数値で，不等式の右辺が有限な場合に拡張せよ．

［ヒント：$1 < p < \infty$ の場合は，ヘルダーの不等式とその逆（補題 4.2）を組み合わせて用いよ．］

16. X を測度空間とする．また，$j = 1, \cdots, N$ に対し，$p_j \ge 1$ かつ $\sum_{j=1}^{N} 1/p_j = 1$ で，$f_j \in L^{p_j}(X)$ とする．このとき，

$$\left\| \prod_{j=1}^{N} f_j \right\|_{L^1} \le \prod_{j=1}^{N} \|f\|_{L^{p_j}}$$

が成り立つことを証明せよ．これは多重型のヘルダーの不等式である．

17. ルベーグ測度をもつ $\mathbb{R}^d$ 上の関数 f と g の**畳み込み**を，

$$(f * g)(x) = \int_{\mathbb{R}^d} f(x-y)g(y)\, dy$$

で定義する．

(a) $f \in L^p, 1 \le p \le \infty$ かつ $g \in L^1$ のとき，ほとんどすべての x に対し，被積分関数 $f(x-y)g(y)$ は y に関して可積分で，それゆえ $f * g$ がきちんと定義されていることを示せ．さらに，$f * g \in L^p$ で

$$\|f * g\|_{L^p} \le \|f\|_{L^p} \|g\|_{L^1}$$

が成り立つ．

(b) (a) において，g を有限ボレル測度 μ に置き換えた場合を考える．$f \in L^p, 1 \le p \le \infty$ のとき，

$$(f * \mu)(x) = \int_{\mathbb{R}^d} f(x-y)\, d\mu(y)$$

と定義しよう．このとき，$\|f * \mu\|_{L^p} \le \|f\|_{L^p}\, |\mu|(\mathbb{R}^d)$ であることを示せ．

(c) p と q が共役指数で，$f \in L^p$ かつ $g \in L^q$ のとき，$f * g \in L^\infty$ で，$\|f * g\|_{L^\infty} \le \|f\|_{L^p} \|g\|_{L^q}$ が成り立つことを証明せよ．さらに，畳み込み $f * g$ は $\mathbb{R}^d$ 上で一様連続で，$1 < p < \infty$ のときは $\lim_{|x| \to \infty} (f * g)(x) = 0$ である．

［ヒント：(a) と (b) については，練習 15 の積分に関するミンコフスキーの不等式を用いよ．(c) については，練習 8 を用いよ．］

18. 種々の場面で利用できる特別な設定で，**混合ノルム**をもった L^p 空間を考えよう．定義域の空間は，直積空間 $\{(x,\, t)\} = \mathbb{R}^d \times \mathbb{R}$ ととり，それは，積測度 $dx\, dt$ をもってい

るとする．ただし，dx と dt は，それぞれ $\mathbb{R}^d$ と $\mathbb{R}$ 上のルベーグ測度である．$1 \le p \le \infty$，$1 \le r \le \infty$ のとき，$L_t^r(L_x^p) = L^{p,r}$ を，（$p < \infty$ かつ $r < \infty$ の場合は）ノルム

$$\|f\|_{L^{p,r}} = \left(\int_{\mathbb{R}} \left(\int_{\mathbb{R}^d} |f(x,t)|^p \, dx \right)^{\frac{r}{p}} dt \right)^{\frac{1}{r}}$$

が有限になるような2変数可測関数 $f(x,t)$ の同値類の空間と定義する．$p = \infty$ または $r = \infty$ の場合も同様．

(a)　$L^{p,r}$ がこのノルムに関して完備であることを示せ．よって，それはバナッハ空間である．

(b)　この設定でのヘルダーの不等式の一般形

$$\int_{\mathbb{R}^d \times \mathbb{R}} |f(x,t)\, g(x,t)| \, dx \, dt \le \|f\|_{L^{p,r}} \|g\|_{L^{p',r'}}$$

を証明せよ．ここで，$1/p + 1/p' = 1$，$1/r + 1/r' = 1$ である．

(c)　測度有限な任意の集合上で可積分な f に対して，

$$\|f\|_{L^{p,r}} = \sup \left| \int_{\mathbb{R}^d \times \mathbb{R}} f(x,t)\, g(x,t) \, dx \, dt \right|$$

が成り立つことを示せ．ここで，上限は，$\|g\|_{L^{p',r'}} \le 1$ である単関数 g すべてにわたってとる．

(d)　$1 \le p < \infty$ かつ $1 \le r < \infty$ のとき，$L^{p,r}$ の双対空間が $L^{p',r'}$ であること結論せよ．

19.　**ヤングの不等式**．$1 \le p, q, r \le \infty$，$1/q = 1/p + 1/r - 1$ とする．$\mathbb{R}^d$ において次の不等式を証明せよ．

$$\|f * g\|_{L^q} \le \|f\|_{L^p} \|g\|_{L^r}.$$

ここで，$f * g$ は，練習17で定義した f と g の畳み込みを表す．

［ヒント：$f, g \ge 0$ とし，適当な a と b について，分解

$$f(y) g(x-y) = f(y)^a g(x-y)^b [\, f(y)^{1-a} g(x-y)^{1-b} \,]$$

を用いよ．さらに練習16と合わせて，式

$$\left| \int f(y) g(x-y) \, dy \right| \le \|f\|_{L^p}^{1-q/p} \|g\|_{L^q}^{1-q/r} \left(\int |f(y)|^p |g(x-y)|^r \, dy \right)^{\frac{1}{q}}$$

を見いだせ．］

20.　X を測度空間とし，$0 < p_0 < p < p_1 \le \infty$ とする．$f \in L^{p_0}(X) \cap L^{p_1}(X)$ のとき，$f \in L^p(X)$ であり，t を $\dfrac{1}{p} = \dfrac{1-t}{p_0} + \dfrac{t}{p_1}$ をみたすように選ぶと，

$$\|f\|_{L^p} \le \|f\|_{L^{p_0}}^{1-t} \|f\|_{L^{p_1}}^{t}$$

が成り立つ．

21. 凸関数の定義を思い出そう（第 III 巻の第 3 章問題 4 を参照）．φ は $\mathbb{R}$ 上の非負値凸関数で，f は，$\mu(X)=1$ である測度空間 X 上の実数値可積分関数とする．このとき，**イェンセンの不等式**

$$\varphi\left(\int_X f\,d\mu\right) \le \int_X \varphi(f)\,d\mu$$

が成り立つ．注意として，$1 \le p$ で $\varphi(t)=|t|^p$ のとき，φ は凸で，そのときの上式はヘルダーの不等式から得られる．もう一つの興味深い場合は，$\varphi(t)=e^{at}$ のときである．

［ヒント：φ が凸であることから，a_j, x_j が実数で，$a_j \ge 0$，$\sum_{j=1}^N a_j = 1$ のとき，$\varphi\left(\sum_{j=1}^N a_j x_j\right) \le \sum_{j=1}^N a_j \varphi(x_j)$ が成り立つ．］

22. **もう一つのヤングの不等式**．φ と ψ は，ともに $[0,\infty)$ 上の狭義単調増加の連続関数で，互いに逆関数になっているとする．このとき，$(\varphi\circ\psi)(x)=x$, $x\ge 0$ である．そして，

$$\Phi(x)=\int_0^x \varphi(u)\,du, \qquad \Psi(x)=\int_0^x \psi(u)\,du$$

とおく．

(a) 任意の $a, b \ge 0$ に対して，$ab \le \Phi(a)+\Psi(b)$ であることを証明せよ．

特に，$1<p<\infty$, $1/p+1/q=1$ で，$\varphi(x)=x^{p-1}$, $\psi(y)=y^{q-1}$ とすると，$\Phi(x)=x^p/p$, $\Psi(y)=y^q/q$ であり，

$$A^\theta B^{1-\theta} \le \theta A+(1-\theta)B, \qquad A, B \ge 0,\ 0\le\theta\le 1$$

が得られる．

(b) 上のヤングの不等式で等号が成立するのは，$b=\varphi(a)$（つまり，$a=\psi(b)$）のときだけであることを証明せよ．

［ヒント：頂点が $(0,0)$, $(a,0)$, $(0,b)$, (a,b) の長方形の面積 ab を考え，それと，曲線 $y=\Phi(x)$ と $x=\Psi(y)$ それぞれの「下の部分」の面積とを比較せよ．］

23. (X,μ) を測度空間とし，$\Phi(t)$ は，$[0,\infty)$ 上の凸で単調増加な連続関数で，$\Phi(0)=0$ とする．また，

$$L^\Phi = \left\{ f\colon \text{可測，ある } M>0 \text{ について } \int_X \Phi(|f(x)|/M)\,d\mu < \infty \right\}$$

で，

$$\|f\|_{L^\Phi} = \inf\left\{ M>0 : \int_X \Phi(|f(x)|/M)\,d\mu \le 1 \right\}$$

と定めよう．次のことを証明せよ．

(a) L^Φ はベクトル空間である．

(b) $\|\cdot\|_{L^\Phi}$ はノルムである．

(c) L^Φ はこのノルムに関して完備である．

バナッハ空間 L^Φ は**オルリッツ空間**と呼ばれる．$\Phi(t) = t^p, 1 \leq p < \infty$ という特別な場合は，$L^\Phi = L^p$ であることに注意しよう．

[ヒント：$f \in L^\Phi$ のとき，$\displaystyle\lim_{N\to\infty}\int_X \Phi(|f|/N)\,d\mu = 0$ となることに気づこう．また，ある定数 $A > 0$ について，$t \geq 0$ に対して $\Phi(t) \geq At$ が成り立つことも用いよ．]

24. $1 \leq p_0 < p_1 < \infty$ とする．

(a) バナッハ空間 $L^{p_0} \cap L^{p_1}$ を考えよう．そのノルムは $\|f\|_{L^{p_0}\cap L^{p_1}} = \|f\|_{L^{p_0}} + \|f\|_{L^{p_1}}$ であった（練習9参照）．また，

$$\Phi(t) = \begin{cases} t^{p_0} & 0 \leq t \leq 1, \\ t^{p_1} & 1 \leq t < \infty \end{cases}$$

とおく．このとき，空間 L^Φ は，空間 $L^{p_0} \cap L^{p_1}$ とノルムに関して同値になる．言い換えると，

$$A\|f\|_{L^{p_0}\cap L^{p_1}} \leq \|f\|_{L^\Phi} \leq B\|f\|_{L^{p_0}\cap L^{p_1}}$$

となる定数 $A, B > 0$ が存在する．このことを示せ．

(b) 同様に，バナッハ空間 $L^{p_0} + L^{p_1}$ を考えよう．このノルムも練習9で定義されている．

$$\Psi(t) = \int_0^t \psi(u)\,du \qquad \text{ただし，}\ \psi(u) = \begin{cases} u^{p_1-1} & 0 \leq u \leq 1, \\ u^{p_0-1} & 1 \leq u < \infty \end{cases}$$

とおく．このとき，空間 L^ψ が，空間 $L^{p_0} + L^{p_1}$ とノルムに関して同値になることを示せ．

25. バナッハ空間 $\mathcal{B}$ がヒルベルト空間になるためには，中線定理

$$\|f+g\|^2 + \|f-g\|^2 = 2(\|f\|^2 + \|g\|^2)$$

が成り立つことが必要十分である．このことを示せ．結果として，ルベーグ測度に関する $L^p(\mathbb{R}^d)$ がヒルベルト空間になるのは，$p = 2$ のときだけであることを証明せよ．

[ヒント：前半について，スカラーが実数の場合は，$(f, g) = \dfrac{1}{4}(\|f+g\|^2 + \|f-g\|^2)$ とせよ．]

26. $1 < p_0, p_1 < \infty$, $1/p_0 + 1/q_0 = 1$, $1/p_1 + 1/q_1 = 1$ とする．バナッハ空間 $L^{p_0} \cap L^{p_1}$ と $L^{q_0} + L^{q_1}$ が，ノルムに関して，互いに他方の双対空間と同値になることを示せ．（これらの空間の定義については，練習 9 を見よ．また，問題 5* では，この結果の一般化が行われる．）

27. この練習の目的は，$1 < p < \infty$ のとき，L^p の単位球が狭義凸になるのを証明することである．ここで，L^p は p 乗可積分な実数値関数の空間である．証明すべきことは，$\|f_0\|_{L^p} = \|f_1\|_{L^p} = 1$ とし，点 f_0 と点 f_1 を結ぶ線分を

$$f_t = (1-t)f_0 + tf_1$$

とするとき，$f_0 = f_1$ でない限り，$0 < t < 1$ であるすべての t に対して $\|f_t\|_{L^p} < 1$ となることである．

(a) $1/p + 1/q = 1$ とし，$f \in L^p$，$g \in L^q$ かつ $\|f\|_{L^p} = 1$，$\|g\|_{L^q} = 1$ とする．

$$\int fg\,d\mu = 1$$

となるのは，$f(x) = |g(x)|^{q-1} \operatorname{sign} g(x)$ のときだけである．

(b) ある $0 < t' < 1$ について $\|f_{t'}\|_{L^p} = 1$ となっていると仮定する．$\|g\|_{L^q} = 1$ である $g \in L^q$ で，

$$\int f_{t'} g\,d\mu = 1$$

をみたすものを見つけ，$F(t) = \int f_t g\,d\mu$ とする．その結果，すべての $0 \leq t \leq 1$ に対して $F(t) = 1$ となることを確かめ，すべての $0 \leq t \leq 1$ に対して $f_t = f_0$ であることを結論せよ．

(c) $p = 1$ または $p = \infty$ の場合，狭義凸性が成り立たないことを示せ．これらの場合に何がいえるか．

より強い主張を問題 6* で与える．

[ヒント：(a) の証明では，$A, B > 0, 0 < \theta < 1$ のときの不等式 $A^\theta B^{1-\theta} \leq \theta A + (1-\theta)B$ で，等号成立条件が $A = B$ であることを示せ．]

28. $\Lambda^\alpha(\mathbb{R}^d)$ と $L^p_k(\mathbb{R}^d)$ の完備性を確かめよ．

29. 空間 $\Lambda^\alpha(\mathbb{R}^d)$ について，さらに考えよう．

(a) $\alpha > 1$ のとき，$\Lambda^\alpha(\mathbb{R}^d)$ に属す関数が定数だけであることを示せ．

(b) (a) が動機づけになって，次のような定義をする．$\mathbb{R}^d$ 上の関数 f で，k 階以下の偏導関数が $\Lambda^\alpha(\mathbb{R}^d)$ に属すようなもの全体の集合を，$C^{k,\alpha}(\mathbb{R}^d)$ で表す．ただし，k は

整数で，$0 < \alpha \le 1$ である．この空間が，ノルム

$$\|f\|_{C^{k,\alpha}} = \sum_{|\beta| \le k} \left\|\partial_x^\beta f\right\|_{\Lambda^\alpha(\mathbb{R}^d)}$$

に関してバナッハ空間になることを示せ．

30. $\mathcal{B}$ をバナッハ空間とし，$\mathcal{S}$ を $\mathcal{B}$ の閉線形部分空間とする．この部分空間 $\mathcal{S}$ を用いて，同値関係 $f \sim g$ を，$f - g \in \mathcal{S}$ ということと定義する．このときの同値類の集合を $\mathcal{B}/\mathcal{S}$ で表すと，$\mathcal{B}/\mathcal{S}$ が，ノルム $\|f\|_{\mathcal{B}/\mathcal{S}} = \inf\{\|f'\|_{\mathcal{B}} : f' \sim f\}$ に関してバナッハ空間になることを示せ．

31. Ω を $\mathbb{R}^d$ の開集合とする．$L_k^p(\Omega)$ の一つの定義として次のようなものが考えられる．それは，$\mathcal{B} = L_k^p(\mathbb{R}^d)$ とし，$\mathcal{S}$ を Ω のほとんどいたるところで 0 になる関数からなる部分集合として，前の練習で定義した商バナッハ空間 $\mathcal{B}/\mathcal{S}$ と定めるのである．もう一つの定義は，$L_k^p(\mathbb{R}^d)$ において，Ω の中にコンパクトな台をもつ f 全体の集合の閉包とするものである．後者の空間は $L_k^p(\Omega^0)$ で表そう．$L_k^p(\Omega^0)$ から $L_k^p(\Omega)$ への自然な写像は，ノルムが 1 であることを確かめよ．一方，この写像は一般に全射でない．Ω が単位球で $k \ge 1$ の場合に，このことを証明せよ．

32. バナッハ空間は，稠密な可算集合を含むとき，可分であるといわれる．練習 11 からは，バナッハ空間 $\mathcal{B}$ が可分でも，$\mathcal{B}^*$ が可分でないような例がわかる．しかしながら，一般に，$\mathcal{B}^*$ が可分なら，$\mathcal{B}$ は可分である．このことを証明せよ．注意として，このことは，L^1 が一般に L^∞ の双対空間にならないということの別証明を与える．

33. V は複素数体 $\mathbb{C}$ 上のベクトル空間で，V 上の実数値関数 p は

$$\begin{cases} p(\alpha v) = |\alpha| p(v), & \alpha \in \mathbb{C},\ v \in V \\ p(v_1 + v_1) \le p(v_1) + p(v_2), & v_1, v_2 \in V \end{cases}$$

をみたすとする．また，V_0 を V の部分空間し，V_0 上の線形汎関数 ℓ_0 は，すべての $f \in V_0$ に対して $|\ell_0(f)| \le p(f)$ をみたすとする．このとき，ℓ_0 は，V 上の線形汎関数 ℓ で，すべての $f \in V$ に対して $|\ell(f)| \le p(f)$ をみたすものに拡張できる．このことを証明せよ．

[ヒント：$u = \mathrm{Re}(\ell_0)$ とすると，$\ell_0(v) = u(v) - i\,u(iv)$ である．u に定理 5.2 を適用せよ．]

34. $\mathcal{B}$ をバナッハ空間とする．また，$\mathcal{S}$ はその閉真部分空間で，$f_0 \notin \mathcal{S}$ とする，このとき，$f \in \mathcal{S}$ に対して $\ell(f) = 0$，かつ $\ell(f_0) = 1$ となる $\mathcal{B}$ 上の連続線形汎関数 ℓ が

存在する．さらに，f_0 から $\mathcal{S}$ への距離を d で表すと，上の線形汎関数 ℓ は，$\|\ell\| = 1/d$ をみたすように選べる．以上のことを示せ．

35. バナッハ空間 $\mathcal{B}$ 上の線形汎関数 ℓ が連続であるためには，$\{f \in \mathcal{B} : \ell(f) = 0\}$ が閉集合であることが必要十分である．
［ヒント：これは練習 34 の帰結である．］

36. 5.4 節の結果は d 次元の場合に拡張できる．

(a) $\mathbb{R}^d$ のすべての部分集合に対して定義された拡張非負値関数 $\widehat{m}$ で，次の性質をもったものが存在する：(i) $\widehat{m}$ は有限加法的である； (ii) m でルベーグ測度を表すとき，任意のルベーグ可測集合 E に対して，$\widehat{m}(E) = m(E)$； (iii) 任意の集合 E と $h \in \mathbb{R}^d$ に対して，$\widehat{m}(E+h) = \widehat{m}(E)$．このことを，次の (b) を用いて証明せよ．

(b) $\mathbb{R}^d/\mathbb{Z}^d$ 上のすべての有界関数に対して定義された「積分」I で，次の条件をみたすものが存在することを示せ：(i) $f \geq 0$ のとき $I(f) \geq 0$； (ii) 写像 $f \longmapsto I(f)$ は線形； (iii) f が可測ならば，$I(f) = \int_{\mathbb{R}^d/\mathbb{Z}^d} f\,dx$； (iv) $h \in \mathbb{R}^d$ で，$f_h(x) = f(x-h)$ のとき，$I(f_h) = I(f)$．

9. 問題

1. 空間 L^∞ と L^1 は，次の意味で，バナッハ空間全般的な役割を果たす．

(a) 任意の可分なバナッハ空間 $\mathcal{B}$ は，ノルムを変えずに，$L^\infty(\mathbb{Z})$ の線形部分空間とみなせることを示せ．正確には，$\mathcal{B}$ から $L^\infty(\mathbb{Z})$ への線形作用素 i で，すべての $f \in \mathcal{B}$ に対し $\|i(f)\|_{L^\infty(\mathbb{Z})} = \|f\|_{\mathcal{B}}$ となるものが存在することを証明せよ．

(b) このような $\mathcal{B}$ は，$L^1(\mathbb{Z})$ の商空間ともみなせる．すなわち，$L^1(\mathbb{Z})$ から $\mathcal{B}$ への全射の線形作用素 P が存在して，$\mathcal{S} = \{x \in L^1(\mathbb{Z}) : P(x) = 0\}$ とおくとき，すべての $x \in L^1(\mathbb{Z})$ に対して $\|P(x)\|_{\mathcal{B}} = \inf_{y \in \mathcal{S}} \|x+y\|_{L^1(\mathbb{Z})}$ が成り立つ．これにより，$\mathcal{B}$（とそのノルム）が，練習 30 で定義した商空間 $L^1(\mathbb{Z})/\mathcal{S}$（とそのノルム）と同一視できることになる．

測度空間 X が，有限かつ正の測度をもった可算個の交わらない可測集合を含んでいるとき，$L^\infty(X)$ と $L^1(X)$ についても同様の結果が成り立つ．
［ヒント：(a) については，$\{f_n\}$ を $\mathcal{B}$ の 0 でないベクトルからなる稠密集合とし，$\ell_n \in \mathcal{B}^*$ を，$\|\ell_n\|_{\mathcal{B}^*} = 1$ と $\ell_n(f_n) = \|f_n\|$ をみたすものとする．そして，$f \in \mathcal{B}$ に対し，$i(f) = \{\ell_n(f)\}_{-\infty}^{\infty}$ とおこう．(b) については，$x = \{x_n\} \in L^1(\mathbb{Z})$ かつ $\sum_{-\infty}^{\infty} |x_n| =$

$\|x\|_{L^1(\mathbb{Z})} < \infty$ として，P を，$P(x) = \sum_{-\infty}^{\infty} x_n f_n / \|f_n\|$ により定義しよう．]

2. 「一般極限」，すなわち，有界実数列 $\{s_n\}_{n=1}^{\infty}$ 全体のベクトル空間 V 上で定義された極限で，次の5条件をみたすもの L が存在する．

(i)　L は V 上の線形汎関数である．

(ii)　すべての n で $s_n \geq 0$ のとき，$L(\{s_n\}) \geq 0$ である．

(iii)　数列 $\{s_n\}$ が極限をもてば，$L(\{s_n\}) = \lim_{n\to\infty} s_n$ である．

(iv)　すべての $k \geq 1$ に対して，$L(\{s_n\}) = L(\{s_{n+k}\})$ である．

(v)　有限個の n だけで $s_n - s'_n \neq 0$ のとき，$L(\{s_n\}) = L(\{s'_n\})$ である．

[ヒント：$p(\{s_n\}) = \limsup_{n\to\infty} \left(\dfrac{s_1 + \cdots + s_n}{n}\right)$ とし，極限をもつ数列からなる部分空間上の線形汎関数 L を，$L(\{s_n\}) = \lim_{n\to\infty} s_n$ と定義せよ．そして L を拡張せよ．]

3. バナッハ空間 $\mathcal{B}$ の閉単位球がコンパクトである（つまり，$f_n \in \mathcal{B}$, $\|f_n\| \leq 1$ のとき，つねにノルムで収束する部分列が存在する）ための必要十分条件は，$\mathcal{B}$ が有限次元であることである．このことを示せ．
[ヒント：$\mathcal{S}$ が $\mathcal{B}$ の閉部分空間のとき，$\|x\| = 1$ である $x \in \mathcal{B}$ で，x と $\mathcal{S}$ との距離が 1/2 以上のものが存在する．]

4. X は，σ– コンパクトな距離空間かつ可測空間とする．また，X 上の有界連続関数全体のバナッハ空間（上限ノルム）を $C_b(X)$ で表し，$C_b(X)$ は可分であると仮定する．

(a)　$M(X)$ の任意の有界列 $\{\mu_n\}_{n=1}^{\infty}$ に対して，$\mu \in M(X)$ と部分列 $\{\mu_{n_j}\}_{j=1}^{\infty}$ が存在して，次の（汎弱の）意味で，μ_{n_j} は μ に収束する．

$$\int_X g(x)\,d\mu_{n_j}(x) \;\to\; \int_X g(x)\,d\mu(x), \qquad g \in C_b(X).$$

(b)　正の $\mu_0 \in M(X)$ を定めておき，任意の $f \in L^1(\mu_0)$ に対して，写像 $f \longmapsto f\,d\mu_0$ を考えよう．この写像は，$L^1(\mu_0)$ から $M(X)$ の部分空間への等距離写像になる．ただし，その部分空間は，μ_0 に関して絶対連続な符号つき測度からなる．

(c)　結果として，$L^1(\mu_0)$ の任意の有界関数列 $\{f_n\}$ に対して，$\mu \in M(X)$ と部分列 $\{f_{n_j}\}$ が存在して，上記の意味で，測度 $f_{n_j} d\mu_0$ は μ に収束する．

5.* X を測度空間とする．φ と ψ は，ともに $[0, \infty)$ 上の狭義単調増加の連続関数で，互いに逆関数になっているとする．このとき，$x \geq 0$ に対して $(\varphi \circ \psi)(x) = x$ である．

$$\Phi(x) = \int_0^x \varphi(u)\,du, \qquad \Psi(x) = \int_0^x \psi(u)\,du$$

とおいて，練習 23 で導入したオルリッツ空間 $L^{\Phi}(X)$ と $L^{\Psi}(X)$ を考えよう．

(a) 練習 22 との関連で，ある $C > 0$ について，次のヘルダー型不等式が成り立つ．

$$\int |fg| \leq C \|f\|_{L^{\Phi}} \|g\|_{L^{\Psi}}, \qquad f \in L^{\Phi},\ g \in L^{\Psi}.$$

(b) $t \geq 0$ に対して $\Phi(2t) \leq c\,\Phi(t)$ をみたす $c > 0$ が存在するとする．このとき，L^{Φ} の双対空間は L^{Ψ} と同値である．

6.* L^2 での中線定理（練習 25 参照）を，L^p でも成り立つように一般化した式がある．クラークソンの不等式である．

(a) $2 \leq p < \infty$ のとき，その式は

$$\left\| \frac{f+g}{2} \right\|_{L^p}^p + \left\| \frac{f-g}{2} \right\|_{L^p}^p \leq \frac{1}{2}(\|f\|_{L^p}^p + \|g\|_{L^p}^p)$$

である．

(b) $1 < p \leq 2$ のとき，その式は

$$\left\| \frac{f+g}{2} \right\|_{L^p}^q + \left\| \frac{f-g}{2} \right\|_{L^p}^q \leq \frac{1}{2}(\|f\|_{L^p}^p + \|g\|_{L^p}^p)^{q/p}$$

である．ただし，$1/p + 1/q = 1$．

(c) 結果として，$1 < p < \infty$ のとき，L^p は**一様凸**である．その意味は，ある関数 $\delta = \delta(\varepsilon) = \delta_p(\varepsilon)$ が存在して，その値が $0 < \delta < 1$（かつ，$\varepsilon \to 0$ のとき $\delta(\varepsilon) \to 0$）であり，しかも，$\|f\|_{L^p} = \|g\|_{L^p} = 1$ かつ $\|f - g\|_{L^p} \geq \varepsilon$ ならば，$\left\| \frac{f+g}{2} \right\| \leq 1 - \delta$ となることである．

この概念は，練習 27 で出てきた狭義凸の概念より強い．

(d) (c) の結果を使って，次のことを証明せよ．$1 < p < \infty$，$f_n \in L^p$ とし，列 $\{f_n\}$ は f に弱収束するとする．もし $\|f_n\|_{L^p} \to \|f\|_{L^p}$ ならば，$\{f_n\}$ は f に強収束する．つまり，$n \to \infty$ のとき $\|f_n - f\|_{L^p} \to 0$．

7.* バナッハ空間の同値性の概念は重要である．$\mathcal{B}_1$ と $\mathcal{B}_2$ を二つのバナッハ空間とする．$\mathcal{B}_1$ と $\mathcal{B}_2$ が**同値**（「同型」ともいう）であるとは，$\mathcal{B}_1$ と $\mathcal{B}_2$ の間に，全単射の線形写像 T で，それ自身と逆写像がともに有界になるものが存在することである．注意として，二つの有限次元バナッハ空間が同値であるためには，それらの次元が同じであることが必要十分である．

一般の X（X がルベーグ測度をもった $\mathbb{R}^d$ の場合を含む）に対して，$L^p(X)$ を考える．

(a) L^p と L^q が同値であるためには，$p = q$ であることが必要十分である．

(b) しかしながら，$1 \leq p \leq \infty$ である任意の p に対して，L^2 は，L^p の無限次元閉部分空間と同値になる．

8.*　$d \geq 2$ のとき，球面 S^d 上のルベーグ測度を拡張して，S^d のすべての部分集合に対して定義された回転不変な有限加法的測度をつくることはできない．このことは，トーラス $\mathbb{R}^d/\mathbb{Z}^d$ $(d \geq 2)$ での場合と対照的である（練習 36 参照）．これは，S^d の回転群が非可換であることを用いたハウスドルフによる顕著な構成法による．実際，S^2 は，次のように四つの交わらない集合 A, B, C, Z に分割することができる：(i) Z は可算集合，(ii) $A \sim B \sim C$ だが $A \sim (B \cup C)$.

ここで，記号 $A_1 \sim A_2$ は，A_1 が回転により A_2 にうつされることを意味する．

9.*　前問題の結果として，次のことが示せる．$d \geq 3$ のとき，$\mathbb{R}^d$ 上のルベーグ測度を拡張して，$\mathbb{R}^d$ のすべての部分集合に対して定義された，平行移動不変かつ回転不変の（つまりユークリッド運動で不変な）有限加法的測度をつくることはできない．このことは，「バナッハ－タルスキの逆理」によって図的に示される：単位球の交わらない集合 E_j へのある有限分割 $B_1 = \bigcup_{j=1}^{N} E_j$ については，各 E_j をユークリッド運動でうつした $\widetilde{E}_j$ が，再び互いに交わらず，$\bigcup_{j=1}^{N} \widetilde{E}_j = B_2$ が半径 2 の球になるようにすることができる．

第2章　調和解析における L^p 空間

フレドホルムの積分方程式論に対するヒルベルトの扱いにおいて2乗可積分関数が演じた重要な役割はよく知られていて，数学のゲッチンゲン学派の構成員はパーセヴァルの定理の逆を証明するという仕事を自らに課すべきなのは当然のことであった．…… 一方，これらの孤立した結果を拡張して2以外の既知あるいは未知の積分可能な指数を包含するために為された努力は失敗に終わった．……

——W. H. ヤング，1912

…… 私は，二つの共役する三角級数が同時に $p>1$ の L^p 関数のフーリエ級数であることを証明しました．すなわち，一方がそうなら，もう一方もそうであるということです．私の証明は，ヤング–ハウスドルフの定理とは無関係です．……

——M. リース，G. H. ハーディ宛の手紙，1923

あなたは数ヶ月前に「私は，二つの共役する……$p>1$ の L^p 関数……」と書いておられました．私はその証明を知りたいです．私と私の学生のティッチマーシュの二人ともその証明を試みましたが，できませんでした．……

——G. H. ハーディ，M. リース宛の手紙，1923

L^p 空間が調和解析における重要な役割を演ずる運命にあったという事実は，それらの導入後すぐに理解された．初期の見通しで見られたように，これらの空間はフーリエ級数と複素解析の間の結び目に位置しており，この関係はコーシー積分や関連する共役関数によって与えられた．このような理由により，この分野の初期の段階では複素関数論の方法が優勢であったが，理論の大半を高次元に拡張できるようにするのに「実」の方法に道を譲らざるを得なくなった．

本章の目的は，これらの両方の手法のいくつかを読者に示すことである．実際，ここで導入される実変数の方法は次章で $\mathbb{R}^d$ における特異積分作用素を学ぶ際にさらに利用される．

本章の構成は以下の通りである．まず，フーリエ級数の文脈で L^p の役割を最初に見ることに加えて，これと関連してこれらの空間に作用する作用素の凸性定理から始める．次に，ヒルベルト変換の L^p 有界性の M. リースの証明，すなわち，この設定における複素解析を用いる象徴的な例に立ち寄る．

これらのことより目を転じて実変数の方法に向かうが，まず最大関数とそれに付随する「弱型」評価から始める．弱型空間の重要性は，数多くの例にあるように L^1 評価が成立しないときに有用な L^1 の代替物を提供することである．L^1 のもう一つの重要な代替物である「実」ハーディ空間 $\mathbf{H}_r^1$ についても学ぶ．それはバナッハ空間であること，および，その双対空間（L^∞ の代替物）が有界平均振動をもつ関数の空間である，ということが利点である．後者の関数空間はそれ自身が解析学において幅広く興味をもたれている．

1. 初期の動機

最初に考察された問題は，$[0, 2\pi]$ 上の関数に対する基本的な L^2 パーセヴァルの関係の L^p 類似物を定式化する問題であった．この L^2 パーセヴァルの定理は，$a_n = \dfrac{1}{2\pi}\displaystyle\int_0^{2\pi} f(\theta)e^{-in\theta}d\theta$ が $L^2([0, 2\pi])$ に属する関数 f のフーリエ係数を表すならば，これを通常

$$f(\theta) \sim \sum_{n=-\infty}^{\infty} a_n e^{in\theta} \tag{1}$$

と書くが，このとき次の基本的な等式

$$\sum_{n=-\infty}^{\infty} |a_n|^2 = \frac{1}{2\pi}\int_0^{2\pi} |f(\theta)|^2 d\theta \tag{2}$$

が成立する，ということを述べている．逆に，$\{a_n\}$ が (2) の左辺を有限にする数列ならば，$L^2([0, 2\pi])$ に属する関数 f が一意的に存在して，(1) と (2) の両方が成立する．特に，$f \in L^2([0, 2\pi])$ ならば，そのフーリエ係数 $\{a_n\}$ は $L^2(\mathbb{Z}) = \ell^2(\mathbb{Z})$

に属することに注意せよ[1]．ここで生じた問題は，$p \neq 2$ のとき L^p に対するこの結果の類似はあるのか，である．

ここでは $p > 2$ の場合と $p < 2$ の場合の重要な二分が起こる．前者の場合，$f \in L^p([0, 2\pi])$ のとき，f は自動的に $L^2([0, 2\pi])$ に属するにもかかわらず，いくつかの例が $\sum |a_n|^2 < \infty$ 以上のよい結論は不可能であることを示している．一方 $p < 2$ のとき，p の双対指数 q に対して $\sum |a_n|^q < \infty$ よりよい結論は本質的にあり得ないことがわかる．f と $\{a_n\}$ の役割を入れ替えたとき，類似の制約が推測されなくてはならない．

実際，ハウスドルフ－ヤングの不等式

$$\left(\sum |a_n|^q\right)^{1/q} \leq \left(\frac{1}{2\pi}\int_0^{2\pi} |f(\theta)|^p d\theta\right)^{1/p} \tag{3}$$

とその「双対」

$$\left(\frac{1}{2\pi}\int_0^{2\pi} |f(\theta)|^q d\theta\right)^{1/q} \leq \left(\sum |a_n|^p\right)^{1/p} \tag{4}$$

の両方が $1 \leq p \leq 2$ かつ $1/p + 1/q = 1$ のとき成立する．（$q = \infty$ の場合は通常の L^∞ ノルムが対応する．）これらは，パーセヴァルの定理に対応する $p = 2$ の場合と「自明な」 $p = 1$ かつ $q = \infty$ の場合との間の結果として見てもよい．

不等式 (3) と (4) が最初にいかにして証明されたかについて，順に少し述べる．というのも，それらは L^p 空間についての有用な洞察を含んでいるからであって，しばしば p（あるいは，その双対指数）が偶数の場合に最も簡単な場合が現れる．実際，たとえば $q = 4$ のとき，L^4 に属する関数とは，その平方が L^2 に属するのと同じであり，これは $p = 2$ のときより簡単な状況に帰着できることがある．今の状況でこれがどう働くかを見るために，(3) で $q = 4$（かつ $p = 4/3$）とする．f は L^p に属するとし，$\mathcal{F}$ により f とそれ自身の畳み込み

$$\mathcal{F}(\theta) = \frac{1}{2\pi}\int_0^{2\pi} f(\theta - \varphi) f(\varphi)\, d\varphi$$

を表すとする．畳み込みのフーリエ係数の乗法性により，f のフーリエ係数 $\{a_n\}$ を用いて

1）たとえば，第 III 巻の第 4 章第 3 節を見よ．

$$\mathcal{F}(\theta) \sim \sum_{n=-\infty}^{\infty} a_n^2 e^{in\theta}$$

を得る．パーセヴァルの等式を $\mathcal{F}$ に適用すると，

$$\sum |a_n|^4 = \frac{1}{\pi}\int_0^{2\pi} |\mathcal{F}(\theta)|^2 d\theta$$

を与え，畳み込みに対するヤングの不等式（周期関数の場合は第1章の練習19）が，

$$\|\mathcal{F}\|_{L^2} \le \|f\|_{L^{4/3}}^2$$

を与えるので，$p=4/3$ かつ $q=4$ のとき (3) が証明される．

いったん $q=4$ の場合が示されたら，対応する $q=2k$ で k が正整数の場合も同様に扱うことができる．しかし，一般の $2 \le q \le \infty$ と対応する $1 \le p \le 2$ の場合は，さらに進んだアイデアを伴う．

上の巧妙で特殊な議論とは対照的に，そのような不等式に横たわる非常に興味深い一般原理があり，実際 (3) と (4) の両方の直接的かつ抽象的な証明へと導くことが判明する．これがM. リースの補間定理である．簡潔に述べると，それは線形作用素が（(3) の $p=2$ および $p=1$ の場合のように）不等式の組をみたすとき，作用素は間の指数，ここでは $1 \le p \le 2$ をみたすすべての p と $1/p+1/q=1$ をみたす q の対応する不等式を自動的にみたすことを主張する．この一般の定理の定式化と証明は次節におけるわれわれの最初の課題である．

そこへ行く前に，調和解析における L^p の役割に対する初期の別の出処を少し述べるが，それは複素解析との関係を強調するものである．

L^2 に属する f のフーリエ級数 (1) と合わせて，その「共役関数」あるいは「共役級数」を考える．これは

$$\tilde{f}(\theta) \sim \sum_{n=-\infty}^{\infty} \frac{\operatorname{sign}(n)}{i} a_n e^{in\theta} \tag{5}$$

によって定義されるが，$n>0$ のとき $\operatorname{sign}(n)=1$ で，$n<0$ のとき $\operatorname{sign}(n)=-1$ で，$n=0$ のとき $\operatorname{sign}(n)=0$ である [2]．

この定義の重要性は

2）　ついでながら，共役関数は，第I巻で考察されたフーリエ級数の発散に関連する「対称性の破れる」作用素である．

$$\frac{1}{2}(f(\theta)+i\widetilde{f}(\theta)+a_0) \sim \sum_{n=0}^{\infty} a_n e^{in\theta} = F(e^{i\theta})$$

となることである．ここに $F(z)=\sum_{n=0}^{\infty} a_n z^n$ は単位円板 $|z|<1$ における解析関数で，f のコーシー積分（射影），すなわち

$$F(z)=\frac{1}{2\pi i}\int_0^{2\pi} \frac{f(\theta)}{e^{i\theta}-z} ie^{i\theta} d\theta$$

によって与えられる．

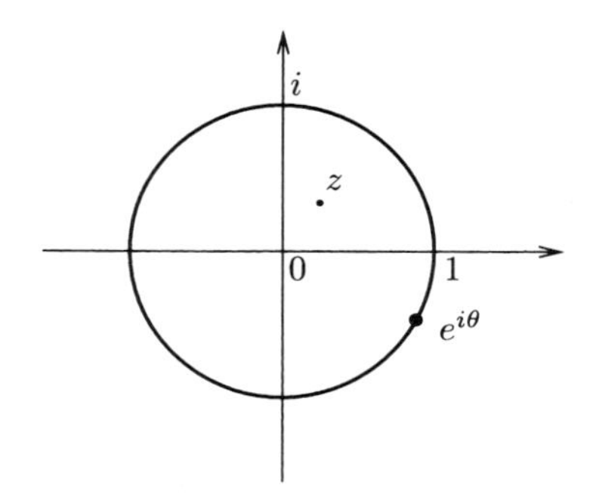

図 1　コーシー積分 $F(z)$ は $|z|<1$ で定義され，$f(\theta)$ は $z=e^{i\theta}$ に対して定義される．

さらに，もし f が実数値（すなわち $a_n=\overline{a_{-n}}$）ならば $\widetilde{f}$ もそうであり，したがって，$f+a_0$ および $\widetilde{f}$ は単位円板上の解析関数 $2F$ の境界値の実部と虚部をそれぞれ表す．

f と $\widetilde{f}$ とを結びつける鍵となる L^2 等式

$$\frac{1}{2\pi}\int_0^{2\pi} |\widetilde{f}(\theta)|^2 d\theta + |a_0|^2 = \frac{1}{2\pi}\int_0^{2\pi} |f(\theta)|^2 d\theta \tag{6}$$

はパーセヴァルの関係の単純な帰結である．この分野の初期の目標は，この理論を L^p へ拡張することであり，それも M. リースによって達成された．

彼がいうように，彼は，やや劣った学生に対する「上級修士」試験を施行する準備をしているときに彼の結果の発見に至った．試験問題の一つは (6) を証明することであった．リースの言葉を引用すると「…… しかしながら，私の学位申請者がパーセヴァルの定理を知らないことは明らかであった．それで私は，彼に問題を与える前に，彼が求められる結論にたどり着く別の方法があるかを考えなくて

はならなかった．私は即座に結論の源がコーシーの定理にあることに気づき，この観察が一般の問題，私の頭の中を長く占領していた問題，の答えへ私を直接導いた.」

リースの念頭にあったのは次の議論である．簡単のため $a_0 = 0$ を仮定すると，解析関数 F は実際には単位円板の閉包で連続であるという（技術的な）仮定のもとで，平均値定理（コーシーの積分公式の単純な帰結）を F^2 へ適用することにより，

$$\frac{1}{2\pi}\int_0^{2\pi}(F(e^{i\theta}))^2 d\theta = 0 \tag{7}$$

が成立する．上のように，f は実数値と仮定すると，$4(F(e^{i\theta}))^2$ の実部 $(f(e^{i\theta}))^2 - (\widetilde{f}(e^{i\theta}))^2$ を考えることにより，直ちに (6) を得る．リースにとって明らかになったことは，k を正整数とし，上で F^2 を F^{2k} で置き換えて再び実部を考えると，$f \longmapsto \widetilde{f}$ の L^p 有界性が $p = 2k$ で従うということである．$1 < p < \infty$ をみたすすべての p については，同様ではあるがより複雑な議論が機能した．

ここで，再びリースの補間定理が極めて重要な役割を果たすことができる．以下では，これらのアイデアについて，単位円板を上半平面で置き換えた状況で紹介する．

2. リースの補間定理

(p_0, q_0) と (p_1, q_1) は $1 \le p_j, q_j \le \infty$ をみたす二つの指数の組とし，

$$\|T(f)\|_{L^{q_0}} \le M_0\|f\|_{L^{p_0}}, \qquad \|T(f)\|_{L^{q_1}} \le M_1\|f\|_{L^{p_1}}$$

を仮定する．ここに T は線形作用素である．他の組 (p, q) に対して

$$\|T(f)\|_{L^q} \le M\|f\|_{L^p}$$

が従うであろうか．指数 p_0, p_1, q_0, q_1 の逆数による線形表示によって定まる値の p と q に対してこの不等式が成立することを見よう．（指数の逆数の線形性はすでに双対指数の関係式 $1/p + 1/p' = 1$ に現れている.）

定理の正確な記述には，いくつかの記号を固定することが必要である．(X, μ) と (Y, ν) は測度空間の組とする．(X, μ) 上の L^p ノルムを $\|f\|_{L^p} = \|f\|_{L^p(X,\mu)}$ と略して書き，(Y, ν) 上の関数の L^q ノルムについても同様とする．また，(X, μ)

上の関数で $f_j \in L^{p_j}(X,\mu)$ によって f_0+f_1 と書くことのできるものからなる関数空間 $L^{p_0}+L^{p_1}$ について考え，$L^{q_0}+L^{q_1}$ を同様に定義する．

定理 2.1 T は $L^{p_0}+L^{p_1}$ から $L^{q_0}+L^{q_1}$ への線形作用素とする．T は L^{p_0} から L^{q_0} および L^{p_1} から L^{q_1} への有界作用素

$$\begin{cases} \|T(f)\|_{L^{q_0}} \leq M_0\|f\|_{L^{p_0}}, \\ \|T(f)\|_{L^{q_1}} \leq M_1\|f\|_{L^{p_1}} \end{cases}$$

であると仮定する．このとき，$0 \leq t \leq 1$ をみたすある t によって

$$\frac{1}{p} = \frac{1-t}{p_0} + \frac{t}{p_1}, \qquad \frac{1}{q} = \frac{1-t}{q_0} + \frac{t}{q_1}$$

と書くことのできる組 (p, q) に対して, T は L^p から L^q への有界作用素

$$\|T(f)\|_{L^q} \leq M\|f\|_{L^p}$$

である．さらに，上界 M は $M \leq M_0^{1-t}M_1^t$ をみたす．

定理の証明は複素解析に依存するので，定理は<u>複素数値</u>関数の L^p 空間で成立することは強調するべきである．複素平面上の帯 $0 \leq \mathrm{Re}(z) \leq 1$ から始めて，作用素 T はわれわれを解析関数 Φ へ導き，仮定の $\|T(f)\|_{L^{q_0}} \leq M_0\|f\|_{L^{p_0}}$ と $\|T(f)\|_{L^{q_1}} \leq M_1\|f\|_{L^{p_1}}$ は Φ の境界線 $\mathrm{Re}(z)=0$ と $\mathrm{Re}(z)=1$ 上での有界性にそれぞれ書き直される．さらに，結論は Φ の実軸上の点 t での有界性から従う．（図 2 を見よ．）

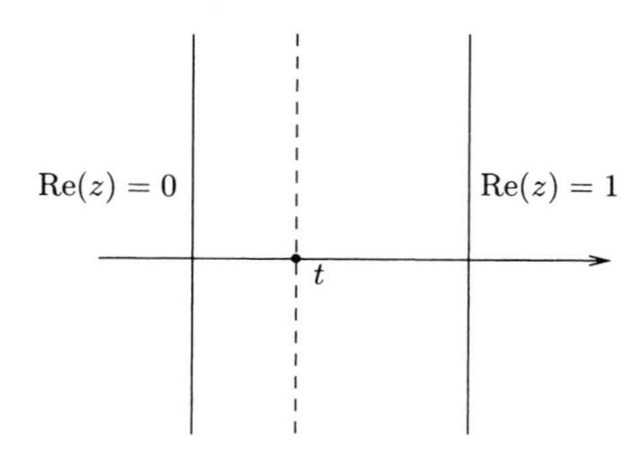

図 2　関数 Φ の定義域.

関数 Φ の解析は次の補題による．

補題 2.2（三線補題）　$\Phi(z)$ は帯 $S = \{z \in \mathbb{C} : 0 < \mathrm{Re}(z) < 1\}$ での正則関数であり，また S の閉包で連続かつ有界であると仮定する．

$$M_0 = \sup_{y\in\mathbb{R}}|\Phi(iy)|, \qquad M_1 = \sup_{y\in\mathbb{R}}|\Phi(1+iy)|$$

ならば，すべての $0 \leq t \leq 1$ に対して

$$\sup_{y\in\mathbb{R}}|\Phi(t+iy)| \leq M_0^{1-t}M_1^t$$

が成立する．

「三線」という術語は，直線 $\mathrm{Re}(z) = t$ 上での Φ の大きさが，二つの境界線 $\mathrm{Re}(z) = 0$ と $\mathrm{Re}(z) = 1$ 上での大きさにより制御されるという事実を表している．読者は，この補題が第 II 巻の第 4 章で議論されたフラグマン－リンデレーフ型の結果の一群に属することに気づくかもしれない．この種の他の主張のように，より慣れ親しんだ最大絶対値の原理から推論され，ここでは Φ が帯全体で有界であるという大域的な仮定が用いられる．しかしながら，仮定される Φ の大域的上界の大きさは，結論には現れてこないことに注意しておく．（Φ の増大度について何か条件が必要であることは練習 5 で示される．）

証明　$M_0 = M_1 = 1$ かつ $\displaystyle\sup_{0\leq x\leq 1}|\Phi(x+iy)| \to 0$ $(|y| \to \infty)$ の仮定のもとで補題を証明することから始める．この場合，$M = \sup|\Phi(z)|$ とおく．すなわち S の閉包に属するすべての z に対してとった上限をとる．$M > 0$ としてよいことは明らかで，$z_1, z_2, \cdots$ は帯に属する点列で $|\Phi(z_n)| \to M$ $(n \to \infty)$ をみたすものとする．Φ に課された減衰条件により，点 z_n は無限遠へ行くことはできなくて，したがって，帯の閉包に属する z_0 が存在して，$\{z_n\}$ のある部分列が z_0 に収束する．最大絶対値の原理により，z_0 は帯の内部に属することはできなくて，（Φ が定数ならば結論は自明なので，そうでなければということである）よって z_0 は境界上になくてはならず，そこで $|\Phi| \leq 1$ が成立する．したがって，$M \leq 1$ であり，この特殊な場合に結論が証明される．

今度は $M_0 = M_1 = 1$ のみ仮定して，各 $\varepsilon > 0$ に対して

$$\Phi_\varepsilon(z) = \Phi(z)e^{\varepsilon(z^2-1)}$$

とおく．$e^{\varepsilon\left[(x+iy)^2-1\right]} = e^{\varepsilon(x^2-1-y^2+2ixy)}$ であるから，直線 $\mathrm{Re}(z) = 0$ と $\mathrm{Re}(z) = 1$ の上で $|\Phi_\varepsilon(z)| \leq 1$ であることがわかる．さらに，Φ は有界であ

るから

$$\sup_{0\le x\le 1}|\Phi_\varepsilon(x+iy)|\to 0 \quad (|y|\to\infty)$$

が成立する．よって，最初の場合により，帯の閉包で $|\Phi_\varepsilon(z)|\le 1$ となることがわかる．$\varepsilon\to 0$ とすると，望みの $|\Phi(z)|\le 1$ を見る．

最後に，任意の正の値 M_0 と M_1 に対して $\widetilde{\Phi}(z)=M_0^{z-1}M_1^{-z}\Phi(z)$ とし，$\widetilde{\Phi}$ が一つ前の場合の条件，すなわち $\widetilde{\Phi}$ は直線 $\mathrm{Re}(z)=0$ と $\mathrm{Re}(z)=1$ の上で 1 で抑えられるという条件をみたすことに注意する．よって，帯において $|\widetilde{\Phi}|\le 1$ が従うので，補題の証明が完了する． ∎

補間定理を証明するために，f が単関数のときに不等式を証明することから始めるが，$\|f\|_{L^p}=1$ の場合のみ考えれば十分であることは明らかである．また，$\|Tf\|_{L^q}\le M\|f\|_{L^p}$ を示すには，第 1 章の補題 4.2 により，$1/q+1/q'=1$ で g が $\|g\|_{L^{q'}}=1$ をみたす単関数のとき

$$\left|\int(Tf)g\,d\nu\right|\le M\|f\|_{L^p}\|g\|_{L^{q'}}$$

が成り立つことを証明すれば十分である．

さしあたり，$p<\infty$ と $q>1$ も仮定する．$f\in L^p$ は $\|f\|_{L^p}=1$ をみたす単関数であることを仮定し，q', q_0', q_1' が q, q_0, q_1 の双対指数をそれぞれ表すとき

$$f_z=|f|^{\gamma(z)}\frac{f}{|f|},\qquad \gamma(z)=p\left(\frac{1-z}{p_0}+\frac{z}{p_1}\right),$$

ここで

$$g_z=|g|^{\delta(z)}\frac{g}{|g|},\qquad \delta(z)=q'\left(\frac{1-z}{q_0'}+\frac{z}{q_1'}\right)$$

と定義する．$f_t=f$ であり，

$$\begin{cases}\|f_z\|_{L^{p_0}}=1 & (\mathrm{Re}(z)=0),\\ \|f_z\|_{L^{p_1}}=1 & (\mathrm{Re}(z)=1)\end{cases}$$

であることに注意する．同様に，$\mathrm{Re}(z)=0$ のとき $\|g_z\|_{L^{q_0'}}=1$ で，$\mathrm{Re}(z)=1$ のとき $\|g_z\|_{L^{q_1'}}=1$ で，$g_t=g$ である．ここでのトリックは

$$\Phi(z)=\int(Tf_z)g_z\,d\nu$$

を考えることである．f は有限和 $f=\sum a_k\chi_{E_k}$ であり，ここで集合 E_k は互い

に素で有限な測度をもつから，f_z もまた単関数で

$$f_z = \sum |a_k|^{\gamma(z)} \frac{a_k}{|a_k|} \chi_{E_k}$$

となる．$g = \sum b_j \chi_{F_j}$ もまた単関数であるから，

$$g_z = \sum |b_j|^{\delta(z)} \frac{b_j}{|b_j|} \chi_{F_j}$$

となる．上の記号のもとで，

$$\Phi(z) = \sum_{j,k} |a_k|^{\gamma(z)} |b_j|^{\delta(z)} \frac{a_k}{|a_k|} \frac{b_j}{|b_j|} \left(\int T(\chi_{E_k}) \chi_{F_j} \, d\nu \right)$$

となり，関数 Φ は帯 $0 < \mathrm{Re}(z) < 1$ における正則関数で，その閉包では有界かつ連続になる．ヘルダー不等式を適用し，T が L^{p_0} 上では有界で上界 M_0 をもつという事実を用いると，$\mathrm{Re}(z) = 0$ ならば

$$|\Phi(z)| \le \|Tf_z\|_{L^{q_0}} \|g_z\|_{L^{q_0'}} \le M_0 \|f_z\|_{L^{p_0}} = M_0$$

となることがわかる．同様に，直線 $\mathrm{Re}(z) = 1$ 上では $\|\Phi(z)| \le M_1$ となることがわかる．よって，三線定理により，直線 $\mathrm{Re}(z) = t$ 上では，Φ は $M_0^{1-t} M_1^t$ で抑えられるという結論が得られる．$\Phi(t) = \displaystyle\int (Tf) g \, d\nu$ であるから，これは，少なくとも f が単関数のときには所望の結論を与える．

一般に，$f \in L^p$ で $1 \le p < \infty$ のとき，L^p に属する単関数の列 $\{f_n\}$ で $\|f_n - f\|_{L^p} \to 0$ となるものを選ぶことができる（第 1 章の練習 6 を見よ）．$\|T(f_n)\|_{L^q} \le M\|f_n\|_{L^p}$ であるから，$T(f_n)$ は L^q でコーシー列であることがわかり，$\displaystyle\lim_{n\to\infty} T(f_n) = T(f)$ がほとんどいたるところで成立することを示すことができるならば，このことから $\|T(f)\|_{L^q} \le M\|f\|_{L^p}$ も得られる．

これを実行するために，$f = f^U + f^L$ と書き，$|f(x)| \ge 1$ のとき $f^U(x) = f(x)$ で，そうでないとき $f^U(x) = 0$ とし，一方，$|f(x)| < 1$ のとき $f^L(x) = f(x)$ で，そうでないとき $f^L(x) = 0$ とする．同様に $f_n = f_n^U + f_n^L$ とする．今 $p_0 \le p_1$ と仮定する（$p_0 \ge p_1$ の場合も同様である）．このとき $p_0 \le p \le p_1$ であり，$f \in L^p$ であるから $f^U \in L^{p_0}$ かつ $f^L \in L^{p_1}$ であることが従う．さらに，L^p ノルムで $f_n \to f$ であるから，L^{p_0} ノルムで $f_n^U \to f^U$ であり，L^{p_1} ノルムで $f_n^L \to f^L$ である．よって，仮定により L^{q_0} で $T(f_n^U) \to T(f^U)$ であり，L^{q_1} で $T(f_n^L) \to T(f^L)$ であり，適当な部分列をとると $T(f_n) = T(f_n^U) + T(f_n^L)$ は

$T(f)$ にほとんどいたるところで収束することがわかる．以上により主張が証明される．

$q = 1$ の場合と $p = \infty$ の場合の考察が残っている．後者の場合は必ず $p_0 = p_1 = \infty$ であり，仮定 $\|T(f)\|_{L^{q_0}} \leq M_0\|f\|_{L^\infty}$ と $\|T(f)\|_{L^{q_1}} \leq M_1\|f\|_{L^\infty}$ がヘルダー不等式により（第 1 章の練習 20 のように）結論

$$\|T(f)\|_{L^q} \leq M_0^{1-t}M_1^t\|f\|_{L^\infty}$$

を導く．

最後に $p < \infty$ かつ $q = 1$ ならば $q_0 = q_1 = 1$ であり，すべての z に対して $g_z = g$ とおいて $q > 1$ の場合のように議論する．これにより定理の証明が完了する．

さて，定理の本質を述べるためのやや異なるが有用な方法について説明する．ここに，われわれの線形作用素 T は最初は X 上の単関数に対して定義されて，これらを Y 上の関数で測度有限な集合上では積分可能であるものに写すと仮定する．このとき，どの (p, q) に対して，

$$\|T(f)\|_{L^q} \leq M\|f\|_{L^p} \tag{8}$$

が単関数 f に対して成立するか，という意味で (p, q) 型の作用素になるかを問う．この問題の定式化において，単関数の有用な役割はそれらが一度にすべての L^p 空間に共通の元になることである．さらに，(8) が成立するならば，T はすべての L^p への一意的な拡張をもち，$p < \infty$ または $p = \infty$ かつ X が有限な測度をもつ場合には，(8) と同じ上界 M をもつ．これは，単関数の L^p における稠密性の帰結であり，第 1 章の命題 5.4 における議論の拡張である．

これらの注意を念頭に置き，T の**リース図形**を，T が (p, q) 型であるとき $x = 1/p$, $y = 1/q$ とおいたときに現れる単位正方形 $\{(x, y) : 0 \leq x \leq 1,\ 0 \leq y \leq 1\}$ のすべての点からなるものと定義する．また，このとき，$M_{x,y}$ を $x = 1/p$ で $y = 1/q$ のとき (8) をみたす M の最小値と定義する．

系 2.3 T を上のものとすると次が成立する．

(a) T のリース図形は凸集合である．

(b) $\log M_{x,y}$ はこの集合上の凸関数である．

結論 (a) は，$(x_0, y_0) = (1/p_0, 1/q_0)$ と $(x_1, y_1) = (1/p_1, 1/q_1)$ が T のリース図形内の点ならば，それらを結ぶ線分もそうであるという意味である．これは，定理 2.1 の直接の帰結である．同様に，関数 $\log M_{x,y}$ の凸性は各線分上の凸性であり，これも定理 2.1 が保証する結論 $M \leq M_0^{1-t} M_1^t$ から従う．

この系により，定理はしばしば「リースの凸性定理」と引用される．

2.1　いくつかの例

例 1　定理 2.1 の最初の適用例はハウスドルフ – ヤングの不等式 (3) である．ここでは X は正規化されたルベーグ測度 $d\theta/(2\pi)$ を備えた $[0, 2\pi]$ であり，$Y = \mathbb{Z}$ は通常の数え上げ測度を備えたものである．写像 T は $T(f) = \{a_n\}$,

$$a_n = \frac{1}{2\pi} \int_0^{2\pi} f(\theta) e^{-in\theta} d\theta$$

によって定義される．

系 2.4　$1 \leq p \leq 2$ で $1/p + 1/q = 1$ ならば，

$$\|T(f)\|_{L^q(\mathbb{Z})} \leq \|f\|_{L^p([0,2\pi])}$$

が成立する．

$L^2([0, 2\pi]) \subset L^1([0, 2\pi])$ であり $L^2(\mathbb{Z}) \subset L^\infty(\mathbb{Z})$ であるから，$L^2([0, 2\pi]) + L^1([0, 2\pi]) = L^1([0, 2\pi])$ であり $L^2(\mathbb{Z}) + L^\infty(\mathbb{Z}) = L^\infty(\mathbb{Z})$ であることに注意せよ．$p_0 = q_0 = 2$ に対する不等式はパーセヴァルの等式の帰結であり，一方 $p_1 = 1$ かつ $q_1 = \infty$ のときの不等式は，すべての n に対して

$$|a_n| \leq \frac{1}{2\pi} \int_0^{2\pi} |f(\theta)|\, d\theta$$

が成立するという観察から従う．ゆえに，リースの定理は $0 \leq t \leq 1$ をみたすすべての t に対して，$1/p = \dfrac{(1-t)}{2} + t$ かつ $1/q = \dfrac{(1-t)}{2}$ のときの結論を保証する．これは，$1 \leq p \leq 2$ をみたすすべての p と，$1/p + 1/q = 1$ によって p に関連する q を与える．

例 2　次に双対ハウスドルフ – ヤングの不等式 (4) へ移る．ここで，$\mathbb{Z}$ 上の関数を $[0, 2\pi]$ 上の関数へ写す作用素 T' を

$$T'(\{a_n\}) = \sum_{n=-\infty}^{\infty} a_n e^{in\theta}$$

によって定義する．$p \leq 2$ のとき $L^p(\mathbb{Z}) \subset L^2(\mathbb{Z})$ であるから，パーセヴァルの等式のユニタリ性により，上記のものは $\{a_n\} \in L^p(\mathbb{Z})$ のとき $L^2([0, 2\pi])$ の関数を定義することに注意せよ．

系 2.5　$1 \leq p \leq 2$ で $1/p + 1/q = 1$ ならば，

$$\|T'(\{a_n\})\|_{L^q([0,2\pi])} \leq \|\{a_n\}\|_{L^p(\mathbb{Z})}$$

が成立する．

証明は一つ前の系のそれと並行して進む．$p_0 = q_0 = 2$ の場合はすでに述べたようにパーセヴァルの等式の帰結であり，一方，$p_1 = 1$ かつ $q_1 = \infty$ の場合は

$$\left| \sum_{n=-\infty}^{\infty} a_n e^{in\theta} \right| \leq \sum_{n=-\infty}^{\infty} |a_n|$$

という事実から従う．この系の別証明は前章の定理 4.1 と定理 5.5 のように系 2.4 を用いる．

例 3　フーリエ変換に対する類似を考える．ここで，設定は $\mathbb{R}^d$ であり，L^p 空間は通常のルベーグ測度についてとる．最初に単関数のフーリエ変換（ここでは T で表す）を

$$T(f)(\xi) = \int_{\mathbb{R}^d} f(x) e^{-2\pi i x \cdot \xi} dx$$

によって定義する．このとき，明らかに $\|T(f)\|_{L^\infty} \leq \|f\|_{L^1}$ が成立し，T は（たとえば第 1 章の命題 5.4 により）$L^1(\mathbb{R}^d)$ へ拡張され，この不等式もそのまま成立する．同様に，写像のユニタリ性として T は $L^2(\mathbb{R}^d)$ へ拡張される．（これは本質的にプランシュレルの定理の内容である．第 III 巻の第 5 章第 1 節を見よ．）よって，特に単関数 f に対して $\|T(f)\|_{L^2} \leq \|f\|_{L^2}$ が成立する．

前と同様の議論により次が証明される．

系 2.6　$1 \leq p \leq 2$ で $1/p + 1/q = 1$ ならば，フーリエ変換 T は L^p から L^q への有界写像へ一意的に拡張され，$\|T(f)\|_{L^q} \leq \|f\|_{L^p}$ が成立する．

ハウスドルフ－ヤングの定理の上の各バージョンに対するリース図形を図 3 に

描いて説明することにより，これらの結果をまとめる．三つのバージョンは以下の通りである．

(i)　系 2.4 の作用素 T：閉三角形 I.

(ii)　系 2.5 の作用素 T'：閉三角形 II.

(iii)　系 2.6 の作用素 T：(1, 0) と (1/2, 1/2) を結ぶ線分，すなわち，これらの二つの三角形の共有する境界．

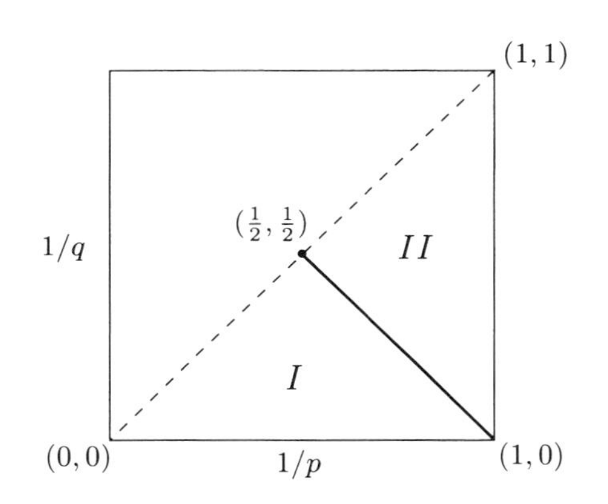

図3　ハウスドルフ–ヤングの定理に対するリース図形．

より正確には，上の結果は三つの各々の場合において (1, 0) と (1/2, 1/2) を結ぶ線分に対する不等式が成立することを保証する．上の例 1 における自明な不等式 $\|T(f)\|_{L^\infty} \leq \|f\|_{L^\infty}$ を用いると，点 (0, 0) も T のリース図形に属することが得られて，閉三角形 I を与える．同様に，$\|T'(\{a_n\})\|_{L^1} \leq \|\{a_n\}\|_{L^1}$ であるから，例 2 に対して三角形 II を導く．最後に，例 3 のフーリエ変換では (1, 0) と (1/2, 1/2) を結ぶ線分以外はリース図形に入らないことに注意せよ．（練習 2, 3 を見よ．）

例 4　われわれの最後の例は $\mathbb{R}^d$ における畳み込みに対するヤングの不等式である．これは，f と g がそれぞれ L^p と L^r の関数の組であるとき，$1/q = 1/p + 1/r - 1$（で $1 \leq q \leq \infty$）であるという仮定のもとで，畳み込み

$$(f * g)(x) = \int_{\mathbb{R}^d} f(x-y)g(y)\,dy$$

を定義することができて（すなわち，関数 $f(x-y)g(y)$ はほとんどすべての x

に対して積分可能で)，さらに

$$\|f * g\|_{L^q} \leq \|f\|_{L^p}\|g\|_{L^r} \tag{9}$$

が成立することを述べる．これの一つの証明は，前章の練習 19 で概説された．ここでは，$p=1$ の場合，および p が r の双対指数の場合に対応する同様の特殊な場合の帰結でもあるということを指摘する．実際，単関数 f と g に対して (9) を証明し，簡単な極限の議論で一般の場合へ移行すれば十分である．このことを念頭において，g を固定し，写像 T を $T(f)=f{*}g$ によって定義する．われわれは $\|T(f)\|_{L^r} \leq M\|f\|_{L^1}$ で $M=\|g\|_{L^r}$ であることを知っている（第 1 章の練習 17 の (a) を見よ．そこでは f と g の役割が入れ替わっている)．また，ヘルダー不等式により $1/r'+1/r=1$ のとき $\|T(f)\|_{L^\infty} \leq M\|f\|_{L^{r'}}$ が成立する．今リースの補間定理を適用すると所望の結果を与える．

周期的な場合にももちろん同様の状況がある．たとえば，1 次元では，周期 2π の関数をとると，f と g の**畳み込み**は

$$(f * g)(\theta) = \frac{1}{2\pi}\int_0^{2\pi} f(\theta-\varphi)g(\varphi)\,d\varphi$$

によって定義される．$L^p = L^p([0,\,2\pi])$ で基礎になる測度を $d\theta/(2\pi)$ とすると，再び $\|f{*}g\|_{L^q} \leq \|f\|_{L^p}\|g\|_{L^r}$ が得られるが，$\overline{r} \leq r$ のとき $\|g\|_{L^{\overline{r}}} \leq \|g\|_{L^r}$ であるから，自動的により大きい範囲で成立する．

リース図形は以下のように描かれる（図 4)．

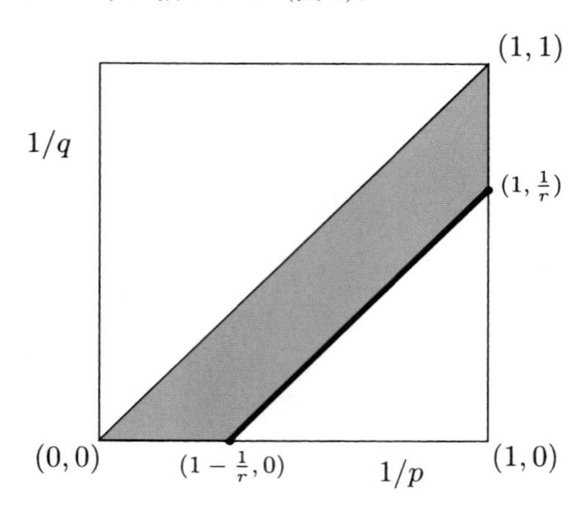

図 4　$T(f)=f{*}g$，$g \in L^r$ に対するリース図形．

$(1-1/r, 0)$ と $(1, 1/r)$ を結ぶ太い線分は $\mathbb{R}^d$ に対するヤングの不等式を表している．（影のある）閉じた台形は周期的な場合の不等式を表している．

3. ヒルベルト変換の L^p 理論

第1節で言及した「共役関数」の理論の解説を行うが，単位円と単位円板を $\mathbb{R}$ と上半平面 $\mathbb{R}^2_+ = \{z = x + iy : x \in \mathbb{R}, y > 0\}$ にそれぞれ置き換えた並行する枠組みの中で行う．証明の技術的詳細は後者の状況でやや複雑になるが，結果となる公式はより優雅であり，その形式はより直接的に高次元における重要な一般化へ導く．

3.1　L^2 形式論

ヒルベルト変換とコーシー積分から生じる射影作用素とをつなぐ基本的な形式論を書き留めることから始める．$\mathbb{R}$ 上の適当な関数 f から出発して，コーシー積分を

$$F(z) = C(f)(z) = \frac{1}{2\pi i}\int_{-\infty}^{\infty} \frac{f(t)}{t-z}\,dt, \quad \mathrm{Im}(z) > 0 \tag{10}$$

によって定義する．しばらくの間，$f \in L^2(\mathbb{R})$ に限定する．このとき，$y > 0$ となるすべての $z = x + iy$ に対して積分が収束することはもちろんであり（なぜならば，$1/(t-z)$ は t の関数として $L^2(\mathbb{R})$ に属するから），$F(z)$ は上半平面における正則関数である．また，コーシー積分 F を f の L^2 フーリエ変換 $\widehat{f}$ の観点から[3]

$$F(z) = \int_0^{\infty} \widehat{f}(\xi)e^{2\pi iz\xi}d\xi, \quad \mathrm{Im}(z) > 0 \tag{11}$$

のように表すことができる．この積分は，$y > 0$ に対して $e^{-2\pi y\xi}$ が ξ の関数として $L^2(0,\infty)$ に属するので収束する．上の表示は，$\mathrm{Im}(z) > 0$ で成り立つ公式

$$\int_0^{\infty} e^{2\pi iz\xi}d\xi = -\frac{1}{2\pi iz} \tag{12}$$

から生ずる．（これらの主張およびハーディ空間 $H^2(\mathbb{R}^2_+)$ との関連についての詳細は第III巻の第5章第2節を見よ．）

(11) とプランシュレルの定理から明らかなように，$y \to 0$ のとき $L^2(\mathbb{R})$ ノル

---

3)　以下の定義におけるフーリエ変換はプランシュレルの定理を通じて L^2 の意味でとる．

ムで $F(x+iy) \to P(f)(x)$ が成立する．ここに，

$$P(f)(x) = \int_{-\infty}^{\infty} \widehat{f}(\xi)\chi(\xi)e^{2\pi ix\xi}d\xi$$

であり，χ は $(0, \infty)$ の特性関数である．ゆえに P は $L^2(\mathbb{R})$ から，ほとんどすべての $\xi < 0$ に対して $\widehat{f}(\xi) = 0$ をみたす f のなす部分空間への直交射影である．第1節の (5) におけるのと同様に，**ヒルベルト変換** H を

$$H(f)(x) = \int_{-\infty}^{\infty} \widehat{f}(\xi)\frac{\mathrm{sign}(\xi)}{i}e^{2\pi ix\xi}d\xi \tag{13}$$

と定義するように誘導される．P および H の定義から直接従ういくつかの基本的な事実は注意するに値する．

- $P = \frac{1}{2}(I+iH)$ である．ここに I は恒等作用素である．
- H は L^2 でユニタリであり，$H \circ H = H^2 = -I$ が成立する．

別の言い方をすると，$\|H(f)\|_{L^2} = \|f\|_{L^2}$ であり，H は可逆で $H^{-1} = -H$ である．

ここで，ヒルベルト変換の「特異積分」としての重要な実現へ行き着く．それは以下のように述べられる．

命題 3.1　$f \in L^2(\mathbb{R})$ ならば，

$$H(f)(x) = \lim_{\varepsilon \to 0} \frac{1}{\pi} \int_{|t| \geq \varepsilon} f(x-t)\frac{dt}{t} \tag{14}$$

が成り立つ．すなわち，$H_\varepsilon(f)$ で上の右辺の積分を表すと，すべての $\varepsilon > 0$ に対して $H_\varepsilon(f) \in L^2(\mathbb{R})$ が成立し，(14) で主張される収束は $L^2(\mathbb{R})$ ノルムの意味である．

まず初めに少し観察をする．$z = x+iy$ とすると

$$-\frac{1}{i\pi z} = \mathcal{P}_y(x) + i\mathcal{Q}_y(x) \tag{15}$$

が成立する．ここに，

$$\mathcal{P}_y(x) = \frac{y}{\pi(x^2+y^2)}, \qquad \mathcal{Q}_y(x) = \frac{x}{\pi(x^2+y^2)}$$

はそれぞれ**ポアソン核**および**共役ポアソン核**とよばれるものである．このとき，(10) と (11) と (15) により，

$$(16)\qquad \int_0^\infty \widehat{f}(\xi)e^{2\pi iz\xi}d\xi = \frac{1}{2}[(f*\mathcal{P}_y)(x) + i(f*\mathcal{Q}_y)(x)]$$

が成立する．ここに，$(f*\mathcal{P}_y)(x) = \int f(x-t)\mathcal{P}_y(t)\,dt = \int f(t)\mathcal{P}_y(x-t)\,dt$ であり，$(f*\mathcal{Q}_y)$ についても同様の式である．

次に，反射 $\varphi \longmapsto \varphi^\sim$ を $\varphi^\sim(x) = \varphi(-x)$ によって定義し，$\mathcal{P}_y$ と $\mathcal{Q}_y$ はそれぞれ x の偶関数および奇関数であるから，$(f*\mathcal{P}_y)^\sim = f^\sim * \mathcal{P}_y$ であり，一方 $(f*\mathcal{Q}_y)^\sim = -(f^\sim * \mathcal{Q}_y)$ であることがわかる．同様に $\widehat{(f^\sim)} = (\widehat{f})^\sim$ が成立する．よって，(16) を f および $f^\sim$ と一緒に用いると

$$(17)\qquad \begin{aligned} (f*\mathcal{P}_y)(x) &= \int_{-\infty}^\infty \widehat{f}(\xi)e^{2\pi ix\xi}e^{-2\pi y|\xi|}\,d\xi, \\ (f*\mathcal{Q}_y)(x) &= \int_{-\infty}^\infty \widehat{f}(\xi)e^{2\pi ix\xi}e^{-2\pi y|\xi|}\,\frac{\mathrm{sign}(\xi)}{i}\,d\xi \end{aligned}$$

を得る．結果として，$\mathcal{P}_y$ と $\mathcal{Q}_y$ の（L^2 でとった）フーリエ変換は

$$(18)\qquad \begin{aligned} \widehat{\mathcal{P}_y}(\xi) &= e^{-2\pi y|\xi|}, \\ \widehat{\mathcal{Q}_y}(\xi) &= e^{-2\pi y|\xi|}\,\frac{\mathrm{sign}(\xi)}{i} \end{aligned}$$

によって与えられることがわかる．これとともに命題の証明に移る．(13) と (17) と (18) とプランシュレルの定理により，$\varepsilon \to 0$ のとき $f*\mathcal{Q}_\varepsilon \to H(f)$ が L^2 ノルムで成立する．さて，

$$\frac{1}{\pi}\int_{|t|\geq\varepsilon} f(x-t)\frac{dt}{t} - (f*\mathcal{Q}_\varepsilon)(x) = H_\varepsilon(f)(x) - (f*\mathcal{Q}_\varepsilon)(x)$$

を考える．この差は $f*\Delta_\varepsilon$ に等しい．ここに

$$\Delta_\varepsilon(x) = \begin{cases} \dfrac{1}{\pi x} - \mathcal{Q}_\varepsilon(x) & (|x| \geq \varepsilon), \\ -\mathcal{Q}_\varepsilon(x) & (|x| < \varepsilon) \end{cases}$$

である．$\Delta_\varepsilon(x) = \varepsilon^{-1}\Delta_1(\varepsilon^{-1}x)$ であり，$|x| \geq 1$ ならば $1/x - x/(x^2+1) = O(1/x^3)$ であるから $|\Delta_1(x)| \leq A/(1+x^2)$ であることを見ておくことは重要である [4]．特に，Δ_1 は $\mathbb{R}$ 上で積分可能で，積分核 $\Delta_\varepsilon(x)$ の族は近似単位元に対する通

---

4)　ある定数 C と与えられた範囲のすべての x に対して $|f(x)| \leq C|g(x)|$ を意味する記号 $f(x) = O(g(x))$ を，読者は想起されたい．

常の大きさの条件をみたすが[5]，条件 $\int \Delta_\varepsilon(x)\,dx = 1$ をみたさない．その代わりに，$\Delta_\varepsilon(x)$ は x の奇関数であるから，すべての $\varepsilon \neq 0$ に対して $\int \Delta_\varepsilon(x)\,dx = 0$ である．その結果として，$\varepsilon \to 0$ のとき L^2 ノルムで

$$f * \Delta_\varepsilon \to 0 \tag{19}$$

が成立し，これにより $\varepsilon \to 0$ のとき L^2 ノルムで $H_\varepsilon(f) \to H(f)$ が成立することがわかる．

(19) がいかにして証明されるのかを少し振り返る．まず，

$$(f * \Delta_\varepsilon)(x) = \int f(x-t)\Delta_\varepsilon(t)\,dt = \int (f(x-t) - f(x))\Delta_\varepsilon(t)\,dt$$
$$= \int (f(x-\varepsilon t) - f(x))\Delta_1(t)\,dt$$

である．そこで，ミンコフスキーの不等式により

$$\|f * \Delta_\varepsilon\|_{L^2} \leq \int \|f(x-\varepsilon t) - f(x)\|_{L^2} |\Delta_1(t)|\,dt$$

が得られる．ここで，優収束定理により，積分は ε とともに 0 に近づく．これは，$\|f(x-\varepsilon t) - f(x)\|_{L^2} \leq 2\|f\|_{L^2}$ であること，および，各 t に対して $\varepsilon \to 0$ のとき $\|f(x-\varepsilon t) - f(x)\|_{L^2} \to 0$ となることによる．（ここで用いた L^2 ノルムの連続性については，第 1 章の練習 8 を見よ．）

注意　上の議論により，ε と f に依存しない A によって $\|H_\varepsilon(f)\|_{L^2} \leq A\|f\|_{L^2}$ となることも示される．

3.2　L^p 定理

確立されたヒルベルト変換の基本的な性質を用いて，われわれの目標である M. リースの定理へ向かうことができる．それは，$1 < p < \infty$ に対してヒルベルト変換は L^p 上で有界であるというものである．これを定式化する一つの方法は以下の通りである．

定理 3.2　$1 < p < \infty$ とする．このとき，ヒルベルト変換 H は，初めに (13) または (14) によって定義されるが，$f \in L^2 \cap L^p$ のとき，不等式

5)　近似単位元の議論は，たとえば，第 III 巻の第 3 章の第 2 節と練習 2 にある．

$$\|H(f)\|_{L^p} \leq A_p \|f\|_{L^p} \tag{20}$$

みたす．ここに，A_p は f に依存しない上界である．よって，ヒルベルト変換はすべての L^p へ一意的な拡張をもち，同じ評価をみたす [6]．

この定理の本質のよりよい理解を得るためには，$p=1$ または $p=\infty$ に対してなぜ結論が成立しないのかを見ることが助けになるかもしれない．具体的な計算がこの役目を果たしてくれる．I は区間 $(-1, 1)$ を表すとし，$f=\chi_I$ はその区間の特性関数とする．今 f は偶関数であり，よってそのヒルベルト変換は奇関数であって，実際，簡単な計算により $H(f)(x)=\lim_{\varepsilon\to 0} H_\varepsilon(f)(x)=\dfrac{1}{\pi}\log\left|\dfrac{x+1}{x-1}\right|$ が与えられる．ゆえに $H(f)$ は $x=-1$ および $x=1$ の近くで非有界であり，そこでおとなしい（対数的な）特異性をもつ．しかし，$|x|\to\infty$ のとき $H(f)(x)\sim\dfrac{2}{\pi x}$ であり，そのため $H(f)$ は L^1 に属さないことは明らかである．

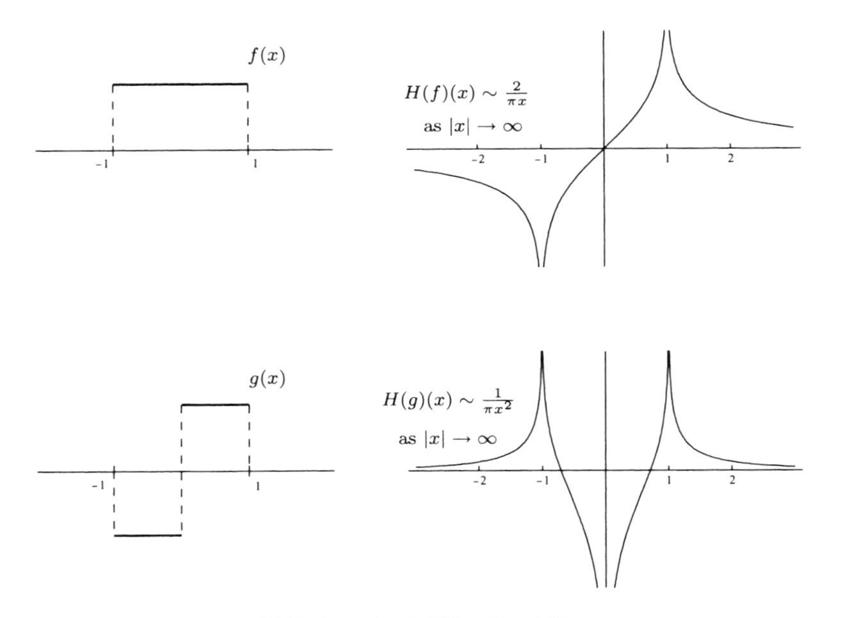

図5　ヒルベルト変換の二つの例．

6)　ここで用いた一般の拡張原理については，第1章の命題 5.4 を見よ．

$f=\chi_I$ のかわりに奇関数 $g(x)=\chi_J(x)-\chi_J(-x)$, $J=(0,1)$ を考えることもまた有益である．このとき，g のヒルベルト変換は $H(g)(x)=\dfrac{1}{\pi}\log\left|\dfrac{x^2}{x^2-1}\right|$ に等しく，偶関数である．$H(g)$ は（$-1,0,1$ におとなしい対数的特異性をもち）非有界であるにもかかわらず，$|x|\to\infty$ のとき $H(g)(x)\sim\dfrac{1}{\pi x^2}$ となるので $\mathbb{R}$ 上で積分可能である．（図 5 を見よ．）

後のいくつかの場面で重要性が明らかになるよい練習課題がある．すなわち，f が（たとえば）$\mathbb{R}$ 上のコンパクトな台をもつ有界関数ならば，$H(f)$ が $L^1(\mathbb{R})$ に属するのは $\displaystyle\int f(x)\,dx=0$ であるとき，かつそのときに限る．（練習 7 を見よ．）

3.3　定理 3.2 の証明

証明の主なアイデアはすでに第 1 節の終わりにフーリエ級数と共役関数の対応する定理において概説された．この証明は，複素解析に依存するが，手際のよいものであるとはいえ，その取り組み方は本質的にこの作用素に限定されており，$\mathbb{R}^d$ の設定においてヒルベルト変換の一般化を扱うことはできない．それらの作用素の「実変数」理論は次章の第 3 節で述べられる．

定理 3.2 の証明を始める．準備として二つの道具を引き出しておく．一つは非常に単純で，実数値関数に対して定理を証明すれば十分であることを実現するものであり，そこから複素数値関数への拡張は（結果として生ずる上界が実数値関数に対する上界 A_p の 2 倍を超えないので）直ちにできる．

二つ目の道具は，コンパクトな台をもつ無限回微分可能な関数の空間 $C_0^\infty(\mathbb{R})$ の使用に依存する．この空間に関して二つの有用な事実がある．まず，それは $L^p(\mathbb{R})$ において稠密であり，特に $p<\infty$ に対して $f\in L^2\cap L^p$ ならば $f_n\in C_0^\infty$ となる点列 $\{f_n\}$ が存在して，$f_n\to f$ が L^2 ノルムと L^p ノルムの両方で成立する．（これは，第 1 章の練習 7 を解く議論やそこにある文献から従う．）

われわれの目的のために，特に有益な観察は，$f\in C_0^\infty(\mathbb{R})$ のとき，コーシー積分 $F(z)=\dfrac{1}{2\pi i}\displaystyle\int_{-\infty}^{\infty}\frac{f(t)}{t-z}\,dt$ が上半平面の閉包上の連続関数に拡張され，そこで有界であり，さらに適当な定数 M に対して減衰不等式

$$|F(z)|\le\frac{M}{1+|z|},\quad z=x+iy,\ y\ge 0 \tag{21}$$

をみたすことである．これを証明する最も簡単な方法は，フーリエ変換による表示 (11) を用いることである．このとき，$\widehat{f}$ の急減少性は，F が閉じた半平面 $\overline{\mathbb{R}^2_+}$ で連続かつ有界であることを示す．さらに，$\widehat{f}$ の滑らかさにより，部分積分を行うことができて，

$$F(z)=\frac{1}{2\pi iz}\int_0^\infty \frac{d(e^{2\pi iz\xi})}{d\xi}\widehat{f}(\xi)\,d\xi=\frac{1}{2\pi iz}\left[-\int_0^\infty e^{2\pi iz\xi}\widehat{f}'(\xi)d\xi-\widehat{f}(0)\right]$$

を与える．結果として $|F(z)|\le M_0/|z|$ が得られるので，F の有界性とあわせて (21) の評価が証明される．F の連続性と (11) と (16) と (17) とをあわせると

$$2F(x)=2\lim_{y\to 0}F(x+iy)=f(x)+iH(f)(x) \tag{22}$$

を与えることにも注意せよ．ここで，f が（仮定しておいたように）実数値ならば，(14) により，ヒルベルト変換 $H(f)$ も実数値になることに注意しておくことも重要である．

これらの問題を横に置くと，主な結論は数段階の行程で導かれる．

第1段：コーシーの定理　まず，k が $k\ge 2$ をみたす整数のとき

$$\int_{-\infty}^{\infty}(F(x))^k dx=0 \tag{23}$$

が成立することを見よう．実際，解析関数 $(F(z))^k$ を，$R+i\varepsilon, R+iR, -R+iR, -R+i\varepsilon$ を頂点とする長方形（図6を見よ）からなる上半平面内の積分路 γ 上で積分すると，コーシーの定理により $\int_\gamma (F(z))^k dz=0$ である．$\varepsilon\to 0$ および $R\to\infty$ とし，F の連続性と減衰評価 (21) を考慮すると (23) を与える．((21)

図6　長方形の積分路 γ.

により，すべての $p>1$ に対して $H(f)\in L^p$ が得られることにも注意せよ．)

ここで (23) を利用する．$k=2$ のとき，（f と $H(f)$ が実数値であることを用いて）この等式の実部をとると，$\displaystyle\int_{-\infty}^{\infty}(f^2-(Hf)^2)\,dx=0$ を得る．これは本質的に，すでに述べた H の L^2 におけるユニタリ性である．

次に k が偶数 $k=2\ell$ のとき $k\geq 2$ となる別の値を考察する．(k が奇数のとき，等式 (23) は直ちに有用となる結果を与えない．) たとえば $k=4$ であるとする．このとき，(23) の実部は

$$\int f^4dx-6\int f^2(Hf)^2dx+\int(Hf)^4dx=0$$

を与える．その結果，

$$\int(Hf)^4dx\leq 6\int f^2(Hf)^2dx\leq 6\left(\int f^4dx\right)^{1/2}\left(\int(Hf)^4dx\right)^{1/2}$$

となる．最後の評価はシュヴァルツ不等式から従う．よって

$$\left(\int(Hf)^4dx\right)^{1/2}\leq 6\left(\int f^4dx\right)^{1/2}$$

が成立するが，これは

$$\|H(f)\|_{L^4}\leq 6^{1/2}\|f\|_{L^4}$$

を意味する．同様にして，整数 $\ell\geq 1$ に対して $p=2\ell$ をとると，

$$\|H(f)\|_{L^p}\leq A_p\|f\|_{L^p},\quad p=2\ell \tag{24}$$

を導く．実際，$(f+iH(f))^{2\ell}$ の実部は

$$\sum_{r=0}^{\ell}f^{2r}(Hf)^{2\ell-2r}c_r,\qquad c_r=(-1)^{\ell-r}\binom{2\ell}{2r},\quad r=0,1,\cdots,\ell$$

である．ゆえに，$a_r=\binom{2\ell}{2r}$ とおくと，

$$\int(Hf)^{2\ell}dx\leq\sum_{r=1}^{\ell}a_r\int f^{2r}(Hf)^{2\ell-2r}dx$$

が従う．ここで $\left(\text{双対指数 } \dfrac{2\ell}{2r},\dfrac{2\ell}{2\ell-2r}\right)$ のヘルダー不等式により，$p=2\ell$ のとき

$$\int f^{2r}(Hf)^{2\ell-2r}dx\leq\|f\|_{L^p}^{2r}\|H(f)\|_{L^p}^{2\ell-2r}$$

が示される．以上により，

$$\|H(f)\|_{L^p}^{2\ell} \leq \sum_{r=1}^{\ell} a_r \|f\|_{L^p}^{2r} \|H(f)\|_{L^p}^{2\ell-2r}$$

が従う．この不等式は，$\|f\|_{L^p}$ と $\|H(f)\|_{L^p}$ の 2ℓ 次斉次式であることに注意せよ．さらに，右辺は $\|H(f)\|_{L^p}$ に関して高々 $2\ell-2$ 次式である．f を正規化して $\|f\|_{L^p}=1$ とし，$X=\|H(f)\|_{L^p}$ とおくと，$X^{2\ell} \leq \sum_{r=1}^{\ell} a_r X^{2\ell-2r}$ を得る．ここで，$X<1$ または $X \geq 1$ のどちらか一方が成立する．2 番目の場合 $X^{2\ell} \leq (\sum_{r=1}^{\ell} a_r) X^{2\ell-2}$ が成立する．その結果 $X^2 \leq \sum_{r=1}^{\ell} a_r \leq 2^{2\ell}$ が従う．どちらの場合も $X \leq 2^{\ell}$ が成立するので，したがって $A_p=2^{p/2}$ に対して (24) が証明される．

次の段階を実行するために，$f \in C_0^{\infty}$ に対して証明された基本不等式 (24) を単関数 f にまで拡張する．すでに $f \in L^2$ のとき，特に f が単関数のとき $H(f)$ が定義されたことを思い出そう．次に，そのような f は $L^2 \cap L^p$ に属するので，$f_n \in C_0^{\infty}$ をみたす列 $\{f_n\}$ で $f_n \to f$ を L^2 ノルムと L^p ノルムの両方でみたすものを見つけることができる．その結果 $\{H(f_n)\}$ は L^2 ノルムで $H(f_n) \to H(f)$ となる一方で L^2 ノルムと L^p ノルムの両方でコーシー列である．ゆえに f が単関数のとき (24) が確立される．

第 2 段：補間　単関数と偶数の p に対して (24) を証明したので，H を複素数値関数にいったん拡張してしまえば，リースの補間定理を使うことができる．しかし，これは実数値の f_1 と f_2 に対して $H(f_1+if_2)=H(f_1)+iH(f_2)$ とおくことにより容易になされる．結果として，不等式 (24) はこの場合へ拡張されるが，上界 A_p を $2A_p$ で置き換える．（さらに議論することにより，もとの上界 A_p はこの場合にも成立することを示すことができる．練習 8 を見よ．）

これを念頭におくと，リースの補間定理は，任意の正整数 ℓ で $2 \leq p \leq 2\ell$ をみたすすべての p に対して，不等式

$$\|H(f)\|_{L^p} \leq A_p \|f\|_{L^p}$$

を与える．これは，$p_0=q_0=2$，$p_1=q_1=2\ell$ をとり，$1/p=(1-t)/2+t/(2\ell)$ ならば t が $0 \leq t \leq 1$ を動くとき p は区間 $2 \leq p \leq 2\ell$ の全体を動くことに注意することにより従う．ℓ はいくらでも大きくとることができるので，すべての

$2 \le p < \infty$ と単関数 f に対して (20) を得る．

第 3 段：双対性　双対性により，$2 \le p < \infty$ の場合を $1 < p \le 2$ の場合へ移行する．この移行は，f と g が $L^2(\mathbb{R})$ に属するとき単純な等式

$$\int_{-\infty}^{\infty} (Hf)\,\overline{g}\,dx = -\int_{-\infty}^{\infty} f(\overline{Hg})\,dx \tag{25}$$

に基づいており，複素数値関数に対しても成立する．実際，これはプランシュレルの等式 $(f, g) = (\widehat{f}, \widehat{g})$ および (13) の定義，再度述べると

$$\widehat{H(f)}(\xi) = \frac{\mathrm{sign}(\xi)}{i}\widehat{f}(\xi)$$

から直ちに従う．

第 1 章の定理 5.5 における抽象的な双対性の原理に訴えるか，または，以下のように直接進むことができる．f と g が単関数の場合に制限して考えると，前章の補題 4.2 により，$1 < p \le 2$ のとき

$$\|H(f)\|_{L^p} = \sup_g \left| \int H(f)\,\overline{g}\,dx \right|$$

が成立する．ここに，上限は $\|g\|_{L^q} \le 1, 1/p + 1/q = 1$ をみたす単関数 g の全体にわたってとる．しかし，(25) とヘルダー不等式により，これは

$$\sup_g \left| \int f\overline{H(g)}\,dx \right| \le \sup_g \|f\|_{L^p} \|\overline{H(g)}\|_{L^q} \le \|f\|_{L^p} A_q$$

に等しく，p を q に置き換えた (20) を使い，$2 \le q < \infty$ であることに注意する．

よって，$1 < p < \infty$ をみたすすべての p，およびすべての単関数 f に対して (20) が成立する．慣れ親しんだ極限の議論により，すべての $f \in L^2 \cap L^p$ へ移行され，したがって，一般の結果へ移行される．

4. 最大関数と弱型評価

L^p が現れるもう一つの重要な例は最大関数 f^* と関連している．$\mathbb{R}^d$ 上の適当な関数 f に対して，**最大関数** f^* は

$$f^*(x) = \sup_{x \in B} \frac{1}{m(B)} \int_B |f(y)|\,dy$$

によって定義される．ここに，上限は x を含むすべての球 B にわたってとり，m は（dy と同様に）ルベーグ測度を表す[7]．

f^* が解析学の多様な問題で一定の役割を演じているのは事実であり，そこでは L^p 不等式

$$\|f^*\|_{L^p} \leq A_p \|f\|_{L^p}, \quad 1 < p \leq \infty \tag{26}$$

が重要な興味を引く対象である．

(26) の証明へ行く前に，いくつかの観察を順に述べる．まず，写像 $f \longmapsto f^*$ は線形ではなく，劣加法性，すなわち $f = f_1 + f_2$ ならば $f^* \leq f_1^* + f_2^*$ をみたす．

次に，(26) は $p = \infty$（と $A_\infty = 1$）に対して成立することは明らかであるが，$p = 1$ に対して成立しない．このことは，f を単位球 B の特性関数にとると $f^*(x) \geq 1/(1+|x|)^d$ となることに注意すれば，直接見ることができる．この関数が無限遠で積分可能にならないことは明らかである．主張された不等式は，各 $x \in \mathbb{R}^d$ に対して x を中心とする半径 $1+|x|$ の球は B を含むという事実から従う．これらは f^* の積分可能性が局所的に成り立たない簡単な例でもある．（練習12を見よ．）

それにもかかわらず，f^* の L^1 有界性にとって非常に有用な代替物がある．それは**弱型**不等式，すなわち（f に依存しない）上界 A が存在して，すべての $\alpha > 0$ に対して

$$m(\{x : f^*(x) > \alpha\}) \leq \frac{A}{\alpha} \|f\|_{L^1(\mathbb{R}^d)} \tag{27}$$

が成立するというものである．(27) の証明の主要な段階を少し振り返ろう．$E_\alpha = \{x : f^*(x) > \alpha\}$ と表すことにすると，$m(E_\alpha)$ に対する上の評価を導くためには，E_α の任意のコンパクトな部分集合 K に対して $m(K)$ が同じ評価をもつことを示せば十分である．今 f^* の定義を用いると，K を有限個の球 $B_1, B_2, \cdots, B_N$ で $\displaystyle\int_{B_i} |f(x)|dx \geq \alpha m(B_i)$ が各 i で成立するもので被うことができる．ここでヴィタリの被覆定理を適用すると，これらの球の互いに素な部分族 $B_{i_1}, B_{i_2}, \cdots, B_{i_n}$ で $\displaystyle\sum_{j=1}^{n} m(B_{i_j}) \geq 3^{-d} m(K)$ をみたすものを選ぶことができる．上の不等式の互い

7）f^* の導入と以下の (27) の完全な証明は，たとえば，第III巻の第3章で見つけられる．

に素な球にわたって和をとると $m(K) \leq \dfrac{3^d}{\alpha}\|f\|_{L^1}$ を与え，これは (27) を導く．

4.1　L^p 不等式

最大関数に対する L^p 不等式の証明を始める．以下のように定式化される．

定理 4.1　$f \in L^p(\mathbb{R}^d)$ で $1 < p \leq \infty$ と仮定する．このとき，$f^* \in L^p(\mathbb{R}^d)$ であり，(26) すなわち

$$\|f^*\|_{L^p} \leq A_p\|f\|_{L^p}$$

が成立する．上界 A_p は p に依存するが，f には依存しない．

初めに，$f \in L^p(\mathbb{R}^d)$ のとき，なぜ $f^*(x) < \infty$ a.e. x が成立するのかを見よう．$|f(x)| > 1$ のとき $f_1(x) = f(x)$ で，その他のとき $f_1(x) = 0$ であり，$|f(x)| \leq 1$ のとき $f_\infty(x) = f(x)$ で，その他のとき $f_\infty(x) = 0$ とおくと，$f = f_1 + f_\infty$ という分解が得られる．このとき，$f_1 \in L^1$ かつ $f_\infty \in L^\infty$ である．しかし，いたるところ $|f_\infty(x)| \leq 1$ であるから，$f^* \leq f_1^* + f_\infty^* \leq f_1^* + 1$ が成立することは明らかである．今 (f を f_1 に置き換えた) (27) により，f_1^* はほとんどいたるところ有限であることがわかる．よって，f^* に対しても同じことが成り立つ．

$f^* \in L^p$ の証明は，今与えた議論をより量的にしたものによる．弱型不等式 (27) を写像 $f \longmapsto f^*$ の L^∞ 有界性と合わせることにより強化する．より強力な変形版は，すべての $\alpha > 0$ に対して

$$m(\{x : f^*(x) > \alpha\}) \leq \frac{A'}{\alpha}\int_{|f|>\alpha/2} |f|\, dx \tag{28}$$

が成立するという主張である．ここに A' は異なる定数で，$2A$ にとることができる．(27) からの改良点（定数が異なることは本質的でないので除く）は，ここでは，$\mathbb{R}^d$ 全体ではなく $|f(x)| > \alpha/2$ という集合上でのみ積分することである．

(28) を証明するために，$f = f_1 + f_\infty$ と書き，今度は $|f(x)| > \alpha/2$ のとき $f_1(x) = f(x)$ で，$|f(x)| \leq \alpha/2$ のとき $f_\infty(x) = f(x)$ とする．このとき，すべての x で $|f_\infty(x)| \leq \alpha/2$ であるから，$f^* \leq f_1^* + f_\infty^* \leq f_1^* + \alpha/2$ が成立する．したがって $\{x : f^*(x) > \alpha\} \subset \{x : f_1^*(x) > \alpha/2\}$ が成立し，弱型不等式 (27) の f を f_1（および α を $\alpha/2$）にして適用すると，$A' = 2A$ として直ちに (28) を与える．

分布関数

次に，不等式 (27) と (28) の左辺に現れる量についての観察が必要になるが，これを以下のようにより一般の設定で定式化しておく．F は任意の非負可測関数とする．このとき，その**分布関数** $\lambda(\alpha) = \lambda_F(\alpha)$ は，正数 α に対して

$$\lambda(\alpha) = m(\{x : F(x) > \alpha\})$$

によって定義される．ここで重要なことは，任意の $0 < p < \infty$ に対して

$$\int_{\mathbb{R}^d} (F(x))^p dx = \int_0^\infty \lambda(\alpha^{1/p})\, d\alpha \tag{29}$$

であり，これは拡張された意味（すなわち，両辺は同時に有限で等しい，または，両辺とも無限である）で成立することである．

これを見るために，まず $p = 1$ の場合を考える．このとき，等式は，フビニの定理の直接の帰結であり，$\mathbb{R}^d \times \mathbb{R}^+$ の設定において，集合 $\{(x, \alpha) : F(x) > \alpha > 0\}$ の特性関数に適用したものである．実際，特性関数を初めに α で積分してから x で積分すると $\displaystyle\int_{\mathbb{R}^d} \left(\int_0^{F(x)} d\alpha \right) dx$ が得られるが，一方逆の順序で積分したものは $\displaystyle\int_0^\infty m(\{x : F(x) > \alpha\})\, d\alpha$ となるので，$p = 1$ の場合の (29) が示される．最後に $G(x) = (F(x))^p$ とおくと，$\{x : G(x) > \alpha\} = \{x : F(x) > \alpha^{1/p}\}$ である．$p = 1$ に対する (29)（と F ではなく G ）を用いると，一般の p に対する結論を与える．

われわれは

$$\lambda(\alpha) \le \frac{1}{\alpha} \int_{\mathbb{R}^d} F(x)\, dx$$

が成立することにも注意するが，これは**チェビシェフの不等式**である．実際，

$$\int_{\mathbb{R}^d} F(x)\, dx \ge \int_{F(x) > \alpha} F(x)\, dx \ge \alpha m(\{x : F(x) > \alpha\})$$

であり，これが主張を証明する．また，より一般に $p > 0$ に対して $\lambda(\alpha) \le \displaystyle\frac{1}{\alpha^p} \int (F(x))^p dx$ が成立することがわかる．

今 $F(x) = f^*(x)$ に (29) を適用し，(28) を利用する．このとき

$$\int_{\mathbb{R}^d} (f^*(x))^p dx = \int_0^\infty \lambda(\alpha^{1/p})\, d\alpha$$

$$\leq A' \int_0^\infty \alpha^{-1/p} \left(\int_{|f|>\alpha^{1/p}/2} |f| dx \right) d\alpha$$

が得られる．右辺の積分を積分の順序交換によって評価する．このとき，

$$A' \int_{\mathbb{R}^d} |f(x)| \left(\int_0^{|2f(x)|^p} \alpha^{-1/p} d\alpha \right) dx$$

となる．しかし，$p>1$ ならば $\int_0^t \alpha^{-1/p} d\alpha = a_p t^{1-1/p}$ がすべての $t \geq 0$（ただし $a_p = p/(p-1)$）で成立する．それで，二重積分は $A' a_p 2^{p-1} \int_{\mathbb{R}^d} |f(x)|\,|f(x)|^{p-1} dx$ となるが，これは $A_p^p \|f\|_{L^p}^p$（$A_p^p = A' a_p 2^{p-1}$）に等しく，これが (26) を与えて，定理が証明される．

上の証明の結果として，(26) の定数 A_p は $p \to 1$ のとき $A_p = O(1/(p-1))$ をみたすことに注意せよ．

注意 ヒルベルト変換 $H(f)$ も最大関数 f^* のように弱型 L^1 不等式をみたすが，この結果は次章においてより一般の設定で証明する．実際，この弱型不等式は，最大関数に対して上で用いられるのと概ね同様の方法で，$\mathbb{R}^d$ におけるヒルベルト変換の一般化に対する L^p 不等式を証明するのに用いられる．

5. ハーディ空間 $\mathbf{H}_r^1$

今度は実ハーディ空間 $\mathbf{H}_r^1(\mathbb{R}^d)$ へ移るが，これは $L^1(\mathbb{R}^d)$ のもう一つの代替物として，$p>1$ に対する重要な L^p 不等式が $p=1$ で破綻する状況では重要な役割を演ずる．この空間は L^1 に「近い」バナッハ空間であり，その双対空間も数多くの応用において自然に生ずる．さらに，$\mathbf{H}_r^1$ は，上で考察された弱型関数の空間とは対照的である．後者はバナッハ空間にはなることができず，いかなる有界線形汎関数ももたない．（練習 15 を見よ．）

空間 $\mathbf{H}_r^1(\mathbb{R}^d)$ は，最初に複素解析の設定で $d=1$ に対して，$p=1$ のときの複素ハーディ空間 $H^p(\mathbb{R}_+^2)$ の境界値の「実部」として現れた．上半平面版のハーディ空間 $H^p(\mathbb{R}_+^2)$ は，$\mathbb{R}_+^2$ における正則関数 F で

$$\sup_{y>0} \int_{-\infty}^\infty |F(x+iy)|^p dx < \infty$$

をみたすものからなり，そのノルム $\|F\|_{H^p}$ は上の不等式の左辺の p 乗根として定義される [8].

さて，$F \in H^p(\mathbb{R}^2_+)$, $1 \leq p < \infty$ ならば，極限 $F_0(x) = \lim_{y\to 0} F(x+iy)$ が $L^p(\mathbb{R})$ ノルムの意味で存在して，実際 $\|F\|_{H^p} = \|F_0\|_{L^p(\mathbb{R})}$ が成立することを示すことができる．さらに $1 < p < \infty$ ならば，リースの定理には，$2F_0 = f + iH(f)$ であり，f は $L^p(\mathbb{R})$ に属する実数値関数である，という新しい解釈を与えることができる．逆に，すべての元 $F \in H^p(\mathbb{R}^2_+)$ はこのようにして現れる．したがって，$1 < p < \infty$ のとき，バナッハ空間として $H^p(\mathbb{R}^2_+)$ はノルムの同値性に至るまで（実数値の）$L^p(\mathbb{R})$ と同じであることがわかる．ヒルベルト変換 H は L^1 で有界でないので，この同値性は $p = 1$ で破綻する．この状況は $\mathbf{H}^1_r(\mathbb{R})$ の最初の定義，$F \in H^1(\mathbb{R}^2_+)$ に対して $2F_0 = f + iH(f)$ として現れる実数値関数 f の空間，へと導いた．同じことであるが，$f \in \mathbf{H}^1_r(\mathbb{R})$ であるとは，$f \in L^1(\mathbb{R})$ であり，$H(f)$ が適当に「弱い」意味で定義され，また再び $L^1(\mathbb{R})$ に属することである．（これらの主張の証明の概略は問題 2, 7*, 8* で見つけることができる．）

$\mathbf{H}^1_r$ という記号は，後に $\mathbb{R}^d, d > 1$ へ拡張され，さまざまな同値の定義が最終的に発見された．これらのうちで述べるのが最も簡単で応用上最も有用なのは，「原子」への分解の言葉で与える定義である．これについて今から始める．

5.1　$\mathbf{H}^1_r$ の原子分解

$\mathbb{R}^d$ 上の有界可測関数 $\mathfrak{a}$ が，球 $B \subset \mathbb{R}^d$ に付随した**原子**であるとは

(i)　$\mathfrak{a}$ は B に台をもち，すべての x に対して $|\mathfrak{a}(x)| \leq 1/m(B)$ をみたす．

(ii)　$\displaystyle\int_{\mathbb{R}^d} \mathfrak{a}(x)\,dx = 0$ をみたす．

が成立することである．(i) は各原子 $\mathfrak{a}$ に対して $\|\mathfrak{a}\|_{L^1(\mathbb{R}^d)} \leq 1$ となることを保証する．

空間 $\mathbf{H}^1_r(\mathbb{R}^d)$ は，L^1 関数 f で

$$f = \sum_{k=1}^{\infty} \lambda_k \mathfrak{a}_k \tag{30}$$

のように書き表すことのできるものの全体からなる．ここに，$\mathfrak{a}_k$ は原子で，λ_k は

8)　第 III 巻の第 5 章第 2 節において $p = 2$ の場合が扱われる．

$$\sum_{k=1}^{\infty} |\lambda_k| < \infty \tag{31}$$

をみたすスカラーである．(31) は，和 (30) が L^1 ノルムで収束することを保証していることに注意する．$\sum|\lambda_k|$ の下限を (30) の形の f の可能な分解全体にわたってとったものは，その定義から f の $\mathbf{H}_r^1$ ノルムになり，$\|f\|_{\mathbf{H}_r^1}$ と書かれる．

このとき，$\mathbf{H}_r^1$ の次の性質を見ることができる．

- 上のノルムにより，$\mathbf{H}_r^1$ は完備であり，したがってバナッハ空間になる．f が $\mathbf{H}_r^1$ に属するならば，f は L^1 に属し $\|f\|_{L^1(\mathbb{R}^d)} \le \|f\|_{\mathbf{H}_r^1}$ をみたす．また，$\int f(x)\,dx = 0$ となることは明らかである．
- しかしながら，上の必要条件は $f \in \mathbf{H}_r^1$ となるための十分条件には程遠い．
- 消滅条件 (ii) の重要性は 3.2 節の最後ですでに示した．さらに，原子に対するこの消滅条件を外すと，(30) のような和は，$L^1(\mathbb{R}^d)$ の任意の関数を表現する．
- しかし，逆の方向に関していえば，（たとえば）f が有界な台をもち，消滅条件 $\int f(x)\,dx = 0$ をみたす $L^p(\mathbb{R}^d)$ 関数, $1 < p$，であれば，f は $\mathbf{H}_r^1$ に属する．

最初の三つの主張の証明は練習 16, 17, 18 で概説される．4 番目の主張はこれらのうち最も深いものである．その証明は，以下に従うが，$\mathbf{H}_r^1$ の本質に対する貴重な洞察を提供し，そのアイデアはさまざまな状況において後に利用される．

上で言及した結果を記しておく．

命題 5.1　$f \in L^p(\mathbb{R}^d)$, $p > 1$ とし，f は有界な台をもつとする．このとき，f が $\mathbf{H}_r^1(\mathbb{R}^d)$ に属するのは，$\int_{\mathbb{R}^d} f(x)\,dx = 0$ が成立するとき，かつそのときに限る．

ヘルダー不等式により f は自動的に L^1 に属し（第 1 章の命題 1.4 を見よ），消滅条件はすでに指摘したように必要であることに注意せよ．

十分性を証明するため，f の台は半径 1 の球 B_1 に含まれ，$\int_{B_1} |f(x)|\,dx \le 1$ であることを仮定する．この正規化は単純なスケール変換と適当な定数を f に掛けることにより達成できる．次に，最大関数 f^* の打ち切り版を考える．$f^\dagger$ を

$$f^\dagger(x) = \sup \frac{1}{m(B)} \int_B |f(y)|\,dy$$

によって定義する．ここに，上限は x を含む半径 ≤ 1 のすべての球 B にわたってとる．われわれの仮定のもとでは，

$$\int_{\mathbb{R}^d} f^\dagger(x)\,dx < \infty \tag{32}$$

となることに注意する．実際，$x \notin B_3$ ならば $f^\dagger(x) = 0$ である．ここに B_3 は B_1 と同じ中心をもつ半径 3 の球である．これは $x \notin B_3$ なので，半径が 1 より小さいか等しい球 B について $x \in B$ ならば，B は B_1 さらに f の台と互いに素でなくてはならないからである．よって，

$$\int_{\mathbb{R}^d} f^\dagger(x)\,dx = \int_{B_3} f^\dagger(x)\,dx \leq c\left(\int_{B_3} (f^\dagger(x))^p dx\right)^{1/p}$$

がヘルダー不等式によって成立する．しかし，$f^\dagger(x) \leq f^*(x)$ であることは明らかであるから，最後の積分は定理 4.1 により有限である．

ここで，各 $\alpha \geq 1$ に対して，f の「高さ」α での基本的な分解について考え，集合 $E_\alpha = \{x : f^\dagger(x) > \alpha\}$ について実行する．これは，重要な「カルデロン－ジグムント分解」の変形である．$d = 1$ のときにこの処理を行うのはやや簡単なので，これを最初に行い，その後すぐに一般の $d \geq 2$ の場合に戻る．次の数頁の専門的手法にイライラする読者は，次章の 3.2 節の補題を先に少し見ておきたくなるかもしれない．そこには，より効率的な分解が載っている．

この分解では $f = g + b$ と書くことができるのであるが，ここで，適当な定数 c に対して [9]

$$|g| \leq c\alpha \tag{33}$$

であり，b は E_α に台をもつ．実際，容易にわかるように集合 E_α は開集合であるから，互いに素な開区間 I_j により $E_\alpha = \bigcup I_j$ と書くことができて，I_j に台をもち

$$\int b_j(x)\,dx = 0 \tag{34}$$

がすべての j でみたされる b_j を用いて $b = \sum b_j$ となるように b を構成することができる．この構成では，

9)　ここでは，c, c_1 などを用いて，異なる場所では同じではないかもしれない定数を表す習慣を継続する．

$$\frac{1}{m(I_j)}\int_{I_j}|f(x)|\,dx \le \alpha \tag{35}$$

がすべての j で成立することを見ておくことが鍵となる．$m(I_j) \ge 1$ のとき，不等式 (35) は仮定 $\int|f(x)|\,dx \le 1$ と $\alpha \ge 1$ を見れば，自動的にわかる．そうでないときは，$I_j = (x_1, x_2)$ と書き表して，$x_1 \in E_\alpha^c$ であり，ゆえに $f^\dagger(x_1) \le \alpha$ であり，同時に $f^\dagger(x_1) \ge \dfrac{1}{m(I_j)}\displaystyle\int_{I_j}|f(x)|\,dx$ であるから (35) が従うことに注意する．

結果として

$$m_j = \frac{1}{m(I_j)}\int_{I_j} f(x)\,dx$$

により f の I_j 上の平均値を表すならば，$|m_j| \le \alpha$ が従う．$1 = \chi_{E_\alpha^c} + \sum_j \chi_{I_j}$ であるから，$f = g + b$ で，

$$g = f\chi_{E_\alpha^c} + \sum_j m_j\chi_{I_j},$$
$$b = \sum_j (f - m_j)\chi_{I_j} = \sum_j b_j$$

と書くことができる．ここに，b_j は $b_j = (f - m_j)\chi_{I_j}$ によって定義され，χ は表示された集合の特性関数を示す．E_α^c 上では $f^\dagger(x) \le \alpha$ なので，微分定理[10]により，$|f(x)| \le \alpha$ a.e. x がこの集合上で成立する．I_j は互いに素であるから，(35) は $c = 1$ で (33) が成立することを保証する．消滅性 (34) は

$$\int b_j(x)\,dx = \int_{I_j}(f(x) - m_j)\,dx = m(I_j)(m_j - m_j) = 0$$

であるから明らかである．

分解 $f = g + b$ は各 α に対して与えられているが，ここでは $\alpha = 2^k$，$k = 0, 1, 2, \cdots$ についてこの形の分解を同時にすべて考えていくことにする．よって，各 k に対して $f = g^k + b^k$ と書くことができて，$|g^k| \le c\,2^k$ をみたし，$b^k = \sum_j b_j^k$ である．ここに b_j^k は開区間 I_j^k に台をもち，一方 $\int b_j^k(x)dx = 0$ をみたすが，I_j^k は固定された k に対して互いに素で，さらに $E_{2^k} = \{x : f^\dagger(x) > 2^k\} = \bigcup_j I_j^k$ である．

---

10) たとえば，第 III 巻の第 3 章の定理 1.3 を見よ．

今，b^k は集合 E_{2^k} の中に台をもち，集合 E_{2^k} は $k\to\infty$ のとき $m(E_{2^k})\to 0$ をみたすので，$k\to\infty$ のときほとんどいたるところ $b^k\to 0$ となることを得る．よって，$f=\lim_{k\to\infty} g^k$ a.e. であり，

$$f = g^0 + \sum_{k=0}^{\infty} (g^{k+1}-g^k)$$

である．しかし

$$g^{k+1}-g^k = b^k - b^{k+1} = \sum_j b_j^k - \sum_i b_i^{k+1} = \sum_j A_j^k$$

である．ここに，$A_j^k = b_j^k - \sum_{I_i^{k+1}\subset I_j^k} b_i^{k+1}$ である．最後の等式は，各 I_i^{k+1} が一つの I_j^k に完全に含まれるので成立する．A_j^k は区間 I_j^k の中に台をもち，b_j^k と b_i^{k+1} の消滅性により $\int A_j^k(x)\,dx = 0$ を得る．同様に，$|g^{k+1}-g^k| \le c\,2^{k+1} + c\,2^k = 3c\,2^k$ であり，$g^{k+1}-g^k = b^k - b^{k+1}$ であるから，区間の族 $\{I_j^k\}_j$ が互いに素であることにより，$|A_j^k| \le 3c\,2^k$ であることが示される．その結果として，和

$$f = g^0 + \sum_{k,j} A_j^k \tag{36}$$

が f の原子分解を与えることがわかる．実際，$\mathfrak{a}_j^k = \dfrac{1}{m(I_j^k)\,3c\,2^k}A_j^k$，$\lambda_j^k = m(I_j^k)3c\,2^k$，$f = g^0 + \sum_{k,j}\lambda_j^k\mathfrak{a}_j^k$ とおく．今 $\mathfrak{a}_j^k$ は（区間 I_j^k に付随した）原子であると同時に，

$$\begin{aligned}\sum_{k,j}\lambda_j^k &= \sum_k\left(\sum_j \lambda_j^k\right) = 3c\sum_k 2^k\left(\sum_j m(I_j^k)\right)\\ &= 3c\sum_{k=0}^{\infty} 2^k m(\{f^\dagger(x) > 2^k\})\end{aligned}$$

が成立する．しかし，$m(\{f^\dagger(x)>\alpha\})$ は α について減少するので，

$$2^k m(\{f^\dagger(x) > 2^k\}) \le 2\int_{2^{k-1}}^{2^k} m(\{f^\dagger(x)>\alpha\})\,d\alpha$$

であり，よって k について和をとると $\sum_{k,j}\lambda_j^k < \infty$ となることがわかる．なぜならば，(29) および (32) で見たように

$$\int_0^\infty m(\{f^\dagger(x)>\alpha\})\,d\alpha = \int_{\mathbb{R}} f^\dagger(x)\,dx < \infty$$

となるからである．最後に g^0 は B_3 の中に有界な台をもち，f および A_j^k の消滅性により $\int g^0(x)\,dx = 0$ をみたす．ゆえに，g^0 は原子の定数倍であり，これにより (36) が f の原子分解であるという結果をもたらす．

一般の d へ結果を拡張するために，今与えた議論を一つの点で修正することが必要である．それは，開集合 $E_\alpha = \{x : f^\dagger(x) > \alpha\}$ の開区間の非交和への分解の適当な類似が，内部が互いに素な（閉）立方体で，各立方体から E_α^c への距離が立方体の直径に相当するものの和集合への分解である[11]．この和集合に入る立方体を **2 進**立方体にとることも助けになる．これらの立方体は以下のように定義される．

第 0 世代の 2 進立方体とは，一辺の長さが 1 の閉立方体であり，それらの頂点は整数の座標をもつ点になっているものである．第 k 世代の 2 進立方体とは，$2^{-k}Q$ の形の立方体のことであり，Q は第 0 世代の立方体である．第 k 世代の任意の 2 進立方体の辺を二等分すると，それを 2^d 個の第 $(k+1)$ 世代の立方体に分解し，それらの内部は互いに素である．Q_1 と Q_2 は（世代が異なるかもしれない）2 進立方体で，内部が交わるならば，$Q_1 \subset Q_2$ または $Q_2 \subset Q_1$ のどちらか一方が成り立つことも注意せよ．

われわれが必要とする開集合をそのような立方体の和集合に分解する分解は以下の通りである．

補題 5.2　$\Omega \subset \mathbb{R}^d$ は空でない開集合とする．このとき，互いに素な内部をもつ 2 進立方体の族 $\{Q_j\}$ が存在して，$\Omega = \bigcup_{j=1}^{\infty} Q_j$ および

$$\mathrm{diam}(Q_j) \le d(Q_j,\, \Omega^c) \le 4\,\mathrm{diam}(Q_j) \tag{37}$$

が成立する．

証明　初めに，すべての点 $\overline{x} \in \Omega$ は (37) をみたすようなある 2 進立方体 $Q_{\overline{x}}$（ただし Q_j の代わりに $Q_{\overline{x}}$ とする）に属することを述べておく．

$\delta = d(\overline{x},\, \Omega^c) > 0$ とおく．今，$\overline{x}$ を含む 2 進立方体は，$\{\sqrt{d}\,2^{-k}\}$，$k \in \mathbb{Z}$ を動く直径をもつ．ゆえに，$\overline{x}$ を含む 2 進立方体 $Q_{\overline{x}}$ で，$\delta/4 \le \mathrm{diam}(Q_{\overline{x}}) \le \delta/2$ を

---

11)　この種の分解は第 III 巻の第 1 章ですでに登場した．

みたすものを見つけることができる．今，$\overline{x} \in Q_{\overline{x}}$ であるから，$d(Q_{\overline{x}}, \Omega^c) \leq \delta \leq 4\,\mathrm{diam}(Q_{\overline{x}})$ が成立する．また，

$$d(Q_{\overline{x}}, \Omega^c) \geq \delta - \mathrm{diam}(Q_{\overline{x}}) \geq \delta/2 \geq \mathrm{diam}(Q_{\overline{x}})$$

が成立するので，したがって (37) が $Q_{\overline{x}}$ に対して証明される．今 $\overline{x}$ が Ω 全体を動くときに導かれる $Q_{\overline{x}}$ の全体を $\widetilde{\mathcal{Q}}$ とする．それらの和集合は明らかに Ω を覆うが，それらの内部は互いに素であるというには程遠い．望まれる非交性を達成するために，$\widetilde{\mathcal{Q}}$ から「極大」立方体の族，すなわち，$\widetilde{\mathcal{Q}}$ に属する立方体で，$\widetilde{\mathcal{Q}}$ に属するより大きな立方体に含まれないものを選ぶ．上で述べられたことにより，各立方体 Q はある極大立方体に含まれ，これらの極大立方体は必ず互いに素な内部をもつ．以上により補題が証明される．■

上の補題により，$d \geq 2$ という設定での f の分解をやり直す．議論はいくつかの小さな変更以外は前と本質的に同じである．$\alpha \geq 1$ に対して，補題を開集合 $E_\alpha = \{x : f^\dagger(x) > \alpha\}$ へ適用する．よって，$g = f\chi_{E_\alpha^c} + \sum_{j=1}^{\infty} m_j \chi_{Q_j}$，$b = \sum_{j=1}^{\infty} b_j$，$b_j = (f - m_j)\chi_{Q_j}$ として，分解 $f = g + b$ を得る．ここで，$d = 1$ の場合と同様に $|m_j| \leq c\alpha$ であることを見る．実際，任意の球 $B \supset Q_j$ に対して $\int_{Q_j} |f|\,dx \leq \int_B |f|\,dx$ が成立する．E_α^c の 1 点 $\overline{x}$ を含むように B を選ぶ．$d(Q_j, E_\alpha^c) \leq 4\,\mathrm{diam}(Q_j)$ であるから，半径が $5\,\mathrm{diam}(Q_j)$ の球をとると，このようにすることができる．このような球を選び，その半径が ≤ 1（すなわち $\mathrm{diam}(Q_j) \leq 1/5$）ならば，

$$\frac{1}{m(B)} \int_B |f(x)|\,dx \leq f^\dagger(\overline{x}) \leq \alpha$$

が成立し，したがって $|m_j| \leq c_1\alpha$ が成立する．ここに $m(B)/m(Q_j) = c_1$ である．（比 c_1 は j に依存しない．）そうでないならば，仮定により $\int |f(x)|\,dx \leq 1$ であり，$\alpha \geq 1$ であるから，$\mathrm{diam}(Q_j) \geq 1/5$ ならば，不等式 $|m_j| \leq c_2\alpha$ が（j に依存しない c_2 で）自動的に従う．よって，いずれの場合も $|m_j| \leq c\alpha$ が成立する．次に，$\{x : f^\dagger(x) > 2^{k+1}\}$ の分解に現れる各 2 進立方体は，$\{x : f^\dagger(x) > 2^k\}$ の分解に現れる各 2 進立方体の部分立方体でなくてはならないので，前と同様に進んで

$$f = g^0 + \sum_{k,j} A_j^k$$

を導くが，ただし A_j^k は立方体 Q_j^k の中に台をもち，$\{x : f^\dagger(x) > 2^k\} = \bigcup_j Q_j^k$ である．

その結果として，$A_j^k = \lambda_j^k \mathfrak{a}_j^k$ と書くことができる．ただし，ここで $\lambda_j^k = c' 2^k m(Q_j^k)$ であり，$\mathfrak{a}_j^k$ は球 B_j^k に付随した原子であるが，ここに，球 B_j^k は各 k と j に対して，立方体 Q_j^k を含む最小の球と定義される．$m(B_j^k)/m(Q_j^k)$ は k と j に依存しないことに注意せよ．（図 7 を見よ．）

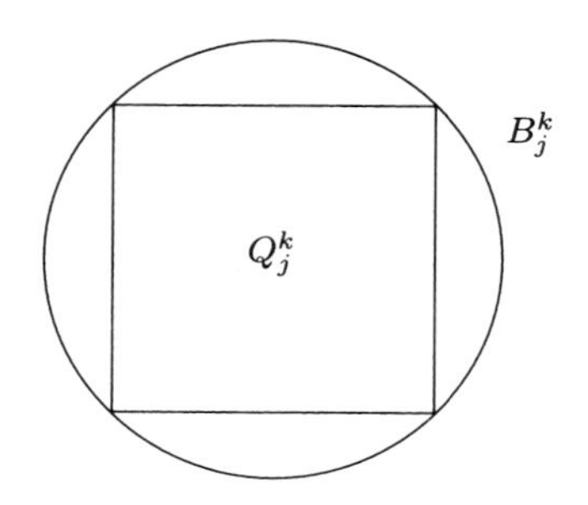

図 7　立方体 Q_j^k と球 B_j^k.

最後に，上のように

$$\sum_{k,j} 2^k m(Q_j^k) = \sum_k 2^k m(\{x : f^\dagger(x) > 2^k\}) < \infty$$

であるから，f の原子分解が確立されて，命題の証明が終わる．

5.2 $\mathbf{H}_r^1$ の別の定義

命題 5.1 からほとんどすぐにわかることであるが，$\mathbf{H}_r^1$ の原子分解をより一般の形に作り直すことができる．$p > 1$ をみたす任意の p に対して，（球 B に付随した）p–**原子**を，可測関数 $\mathfrak{a}$ で，

(i′)　$\mathfrak{a}$ は B に台をもち，$\|\mathfrak{a}\|_{L^p} \le m(B)^{-1+1/p}$ をみたす．

(ii′)　$\displaystyle\int_{\mathbb{R}^d} \mathfrak{a}(x)\,dx = 0$ が成立する．

をみたすものと定義する．「原子」という用語を 5.1 節で定義された原子に対して用いることにするが，これは $p = \infty$ に対する p–原子に対応する．任意の原子は

自動的に p–原子になることに注意せよ．

系 5.3　$p>1$ を固定する．このとき，任意の p–原子 $\mathfrak{a}$ は $\mathbf{H}_r^1$ に属する．さらに，$\mathfrak{a}$ に依存しない上界 c_p が存在して，

$$\|\mathfrak{a}\|_{\mathbf{H}_r^1} \le c_p \tag{38}$$

が成立する．

以下の証明は $p \to 1$ のとき $c_p = O(1/(p-1))$ であることをもたらすことに注意せよ．また，系の結論には仮定 $p>1$ は必要であり，練習 17 における推論によって確認することができる．

証明　$\mathfrak{a}_r(x) = r^d \mathfrak{a}(rx)$ とし，$\mathfrak{a}$ を $\mathfrak{a}_r$ で置き換えることにより，半径 r の球 B に付随する p–原子 $\mathfrak{a}$ の大きさを変えることができる．このとき，$\mathfrak{a}_r(x)$ は $rx \in B$ となるところ，すなわち $x \in \dfrac{1}{r}B = B^r$ に台をもつことは明らかであり，後者の球は半径 1 をもつ．また，$m(B^r) = r^{-d}m(B)$ であり，$\|\mathfrak{a}_r\|_{L^p} = r^{d-d/p}\|\mathfrak{a}\|_{L^p}$ であるから，$\|\mathfrak{a}_r\|_{L^p} \le m(B^r)^{-1+1/p}$ を得る．よって，$\mathfrak{a}_r$ は（単位）球 B^r に付随した p–原子である．さらに，すでに見たように，すべての $r>0$ に対して $\|r^d f(rx)\|_{\mathbf{H}_r^1} = \|f\|_{\mathbf{H}_r^1}$ である．ゆえに，(38) は半径 1 の球に対する p–原子の場合に帰着する．そのような p–原子に対して自動的に $\displaystyle\int |\mathfrak{a}(x)|\,dx \le 1$ が成立することに気をつけると，これにより，ちょうど $f(x) = \mathfrak{a}(x)$ とした命題 5.1 の証明の設定になることがわかる．実際，定数 c_p と最大関数に対する (26) における上界 A_p をあわせると，そこで証明されることは (38) に帰することに注意する．なぜなら，(32) を証明するのに用いられた $\displaystyle\int_{\mathbb{R}^d} f^\dagger(x)\,dx$ に対する計算は，この量が $cA_p\|f\|_{L^p}$ でおさえられることを示すからである．$p \to 1$ のとき $A_p = O(1/(p-1))$ であることはすでに注意した．$f = \mathfrak{a}$ であるから (38) の証明が完了する．■

結果として，$f = \displaystyle\sum_{k=1}^{\infty} \lambda_k \mathfrak{a}_k$ で，$\mathfrak{a}_k$ は p–原子，$\sum |\lambda_k| < \infty$ ならば，f は $\mathbf{H}_r^1$ に属し，

$$\|f\|_{\mathbf{H}_r^1} \le c_p \sum_{k=1}^{\infty} |\lambda_k|$$

が成立する．逆に，$f \in \mathbf{H}_r^1$ ならば，それは ($p=\infty$) 原子に関する分解をもち，したがって p–原子に関するそのような分解をもつ．これは以下のようにまとめてもよい．

> (30) と (31) により $\mathbf{H}_r^1$ を定義する際に，原子を $p>1$ に対する p–原子で置き換えることができ，そうすると，同値なノルムも得られる．

5.3 ヒルベルト変換への応用

以下の結果は，空間 L^1 の改良としてのハーディ空間 $\mathbf{H}_r^1$ の役割を示すよい例になる．ヒルベルト変換の L^1 上での有界性が成り立たないこととは対照的に，それが $\mathbf{H}_r^1$ から L^1 へ有界になることを得る．

定理 5.4 f がハーディ空間 $\mathbf{H}_r^1(\mathbb{R})$ に属するならば，すべての $\varepsilon>0$ に対して $H_\varepsilon(f) \in L^1(\mathbb{R})$ が成立する．さらに，$H_\varepsilon(f)$ ((14) を見よ）は，$\varepsilon \to 0$ のとき L^1 ノルムで収束する．その極限は，$H(f)$ と定義されるが，

$$\|H(f)\|_{L^1(\mathbb{R})} \leq A\|f\|_{\mathbf{H}_r^1(\mathbb{R})}$$

をみたす．

証明 以下の議論は $\mathbf{H}_r^1(\mathbb{R})$ のよい性質を例証している．$\mathbf{H}_r^1$ 上の作用素の有界性を示すために，単に原子に対してそれを確かめれば十分であることが多く，これは通常は簡単な作業である．

まず初めに，すべての原子 $\mathfrak{a}$ に対して

$$\|H_\varepsilon(\mathfrak{a})\|_{L^1(\mathbb{R})} \leq A \tag{39}$$

を得ることを見よう．ここに，A は原子 $\mathfrak{a}$ および ε に依存しない．実際，ヒルベルト変換の平行移動に対する不変性と伸長に対する不変性を利用することができて，（長さ 1 の）区間 $I=[-1/2, 1/2]$ に付随した原子の場合に対する (39) の証明に限定することにより，問題がより単純化される．一方で，$\mathfrak{a}_r(x)=r\mathfrak{a}(rx)$ ならば $H(\mathfrak{a}_r)(x)=rH(\mathfrak{a})(rx)$ であること，$\mathfrak{a}$ が I の中に台をもつとき $\mathfrak{a}_r$ は区間 $I_r=\dfrac{1}{r}I$ に付随した原子であること，および，$F \in L^1$ ならば $\|rF(rx)\|_{L^1(\mathbb{R})}=\|F(x)\|_{L^1(\mathbb{R})}$ であること，を思い出すことにより，この簡約が継続する．他方，平行移動 $f(x) \longmapsto f(x+h)$, $h \in \mathbb{R}$ は，(14) から明らかなように，作用素 H と可換であり，また，明らかに平行移動は原子とそれらが付随する球の半径を保存

する．

よって，(39) の証明では $\mathfrak{a}$ は区間 $|x| \le 1/2$ に付随した原子であると仮定してよい．$|x| \le 1$（x が $\mathfrak{a}$ の台の「2倍」）であるか，それとも $|x| > 1$ であるかにより，$H_\varepsilon(\mathfrak{a})(x)$ を別々に評価する．最初の場合では，コーシー－シュヴァルツの不等式と先ほど学んだ L^2 理論を用いて，

$$\int_{|x|\le 1} |H_\varepsilon(\mathfrak{a})(x)|\,dx \le 2^{1/2}\left(\int_{|x|\le 1} |H_\varepsilon(\mathfrak{a})(x)|^2 dx\right)^{1/2} \le 2^{1/2}\|H_\varepsilon(\mathfrak{a})\|_{L^2}$$
$$\le c\|\mathfrak{a}\|_{L^2} = c$$

を得る．

次に，$\displaystyle\int \mathfrak{a}(t)\,dt = 0$ であるから，$|x| > 1$ のとき，（小さい ε に対して）

$$H_\varepsilon(\mathfrak{a})(x) = \frac{1}{\pi}\int_{|t|\ge\varepsilon} \mathfrak{a}(x-t)\,\frac{dt}{t} = \frac{1}{\pi}\int_{|x-t|\ge\varepsilon} \mathfrak{a}(t)\,\frac{dt}{x-t}$$
$$= \frac{1}{\pi}\int_{|x-t|\ge\varepsilon} \mathfrak{a}(t)\left[\frac{1}{x-t} - \frac{1}{x}\right]dt$$

と表しておく．ゆえに，$|x| > 1$ ならば $|H_\varepsilon(\mathfrak{a})(x)| \le c/x^2$ である．なぜならば，$|x| \ge 1$ かつ $|t| \le 1/2$ ならば $\left|\dfrac{1}{x-t} - \dfrac{1}{x}\right| \le \dfrac{1}{x^2}$ であり，$|\mathfrak{a}(t)| \le 1$ であるからである．以上により，$\displaystyle\int_{|x|\ge 1} |H_\varepsilon(\mathfrak{a})(x)|\,dx \le 2c$ が得られて，これは区間 $[-1/2, 1/2]$ に付随する原子に対する (39) を証明し，したがって，すべての原子に対して証明している．

同時に，$|x| > 1$ のときの不等式 $|H_\varepsilon(\mathfrak{a})(x)| \le c/x^2$ と命題3.1による保証される L^2 ノルムでの収束により，すべての原子 $\mathfrak{a}$ に対して $H_\varepsilon(\mathfrak{a})$ は $\varepsilon \to 0$ のとき L^1 ノルムで $H(\mathfrak{a})$ に収束することが示される．

今，f は $\mathbf{H}^1_r$ の関数で一つの原子分解を $f = \sum_{k=1}^{\infty} \lambda_k \mathfrak{a}_k$ とすると，(39) により

$$\|H_\varepsilon(f)\|_{L^1} \le A\sum_{k=1}^{\infty} |\lambda_k|$$

が成立し，原子分解についての下限をとると，すべての $f \in \mathbf{H}^1_r$ に対して

$$\|H_\varepsilon(f)\|_{L^1} \le A\|f\|_{\mathbf{H}^1_r} \tag{40}$$

を導く．次に，$f_N = \sum_{k=1}^{N} \lambda_k \mathfrak{a}_k$ とすると，$f = f_N + (f - f_N)$ である．ここで，

f_N は原子の有限個の 1 次結合であるから，それ自身が，ある一つの原子の定数倍である．それで，$H_\varepsilon(f_N)$ も $\varepsilon \to 0$ のとき L^1 ノルムで収束することがわかる．また，

$$\|H_{\varepsilon_1}(f) - H_{\varepsilon_2}(f)\|_{L^1} \le \|H_{\varepsilon_1}(f_N) - H_{\varepsilon_2}(f_N)\|_{L^1} + 2A\|f - f_N\|_{\mathbf{H}_r^1}$$

が成立する．しかし，$N \to \infty$ のとき $\|f - f_N\|_{\mathbf{H}_r^1} \to 0$ が成立する．よって，$\delta > 0$ に対して，まず十分大きい N を選ぶと，十分小さい ε_1 と ε_2 に対して $\|H_{\varepsilon_1}(f_N) - H_{\varepsilon_2}(f_N)\|_{L^1} < \delta$ が得られて，これは $H_\varepsilon(f)$ が L^1 ノルムで収束することを示す．定理によって主張された結論は (40) から従うので，証明が完了する． ∎

注意　上で与えた議論のより精密な形のものは，実際にヒルベルト変換がハーディ空間 $\mathbf{H}_r^1$ をそれ自身へ写すことを示す．これは次章の問題 2 において，より一般の設定で概説される．

6. $\mathbf{H}_r^1$ 空間と最大関数

実ハーディ空間 $\mathbf{H}_r^1$ は，最大関数に関する興味深い洞察にもつながっている．そうであろうことは，命題 5.1 の証明において f^*（より正確には，その打ち切り版 $f^\dagger$）を使用したことですでに示唆されている．ヒルベルト変換について見たことと並行して，われわれの目標は $\mathbf{H}_r^1$ を L^1 へ写すような適切な最大関数を見つけることである．これを行う際に，以下の点を念頭におかなくてはならない．

まず，ここでは f^* と $f^\dagger$ の両方ともこれまでのように使うことはできない．それらの定義では，f^* と $f^\dagger$ の両方とも絶対値を通じてのみ f と関わりをもっているので，$f \in \mathbf{H}_r^1$ という事実から従う f の積分が消滅することを考慮することができないからである．

次に，たとえこれらの最大関数の定義から絶対値を除いても，関連する切り落とし関数（球の特性関数）は滑らかでないので，それでは十分ではないかもしれない．

良い「近似単位元」という概念と，それを使って得られる畳み込み作用素の族から，$\mathbf{H}_r^1$ にふさわしい最大関数の改良版が導かれる．適当な関数，たとえば有界でコンパクトな台をもつ関数 Φ を固定すると，任意の $f \in L^1$ に対して $\Phi_\varepsilon = \varepsilon^{-d}\Phi(x/\varepsilon)$ とおくと，

$$(f * \Phi_\varepsilon)(x) \to f(x) \quad (\varepsilon \to 0)$$

が $\displaystyle\int \Phi(x)\,dx = 1$ の条件のもとで a.e. x に対して成立する．

この Φ に対して，上の極限に対応する**最大関数** M を

$$M(f)(x) = \sup_{\varepsilon>0} |(f * \Phi_\varepsilon)(x)| \tag{41}$$

によって定義する．すでに述べたことにより，すべての $f \in L^1(\mathbb{R}^d)$ に対して

$$|f(x)| \le M(f)(x) \le cf^*(x)$$

が a.e. x に対して成立する．ここに c は適当な定数である．

上で述べたように，Φ はある滑らかさをもつことを仮定したい．このことを念頭に置いて，結果を以下のように述べることができる．

定理 6.1　Φ は $\mathbb{R}^d$ 上のコンパクトな台をもつ C^1 級関数とする．(41) により定義される M に対して，$f \in \mathbf{H}^1_r(\mathbb{R}^d)$ のとき $M(f) \in L^1(\mathbb{R}^d)$ を得る．さらに

$$\|M(f)\|_{L^1(\mathbb{R}^d)} \le A\|f\|_{\mathbf{H}^1_r(\mathbb{R}^d)} \tag{42}$$

が成立する．

証明はヒルベルト変換に対するそれと非常によく似ているが，そこへ行く前に，いくつかの注意を追加する．

- M の定義において，頭に浮かぶ関数 Φ は 1 階の滑らかさをもつことを仮定した．より低い滑らかさ（たとえば $0 < \alpha < 1$ で指数 α のヘルダー条件）を仮定しても，同じ結果が得られるかもしれないが，しかし，ある程度の滑らかさは必要である．（練習 22 を見よ．）
- 実際，不等式 (42) は逆向きにできる．よって，逆を与える定理は $\mathbf{H}^1_r$ の最大関数による特徴づけを与える．これは，問題 6* で定式化される．

証明　f は $\mathbf{H}^1_r(\mathbb{R}^d)$ に属し，$f = \sum \lambda_k \mathfrak{a}_k$ は原子分解であるとする．このとき，$M(f) \le \sum |\lambda_k| M(\mathfrak{a}_k)$ となることは明らかなので，f が原子 $\mathfrak{a}$ のとき (42) を示せば十分である．

実際，$\mathfrak{a}_r(x) = r^d \mathfrak{a}(rx)$, $r > 0$ によって定義される $\mathfrak{a}_r$ を用いると，$(\mathfrak{a}_r * \Phi_\varepsilon)(x) = r^d(\mathfrak{a} * \Phi_{\varepsilon r})(rx)$ を得るので，よって $M(\mathfrak{a}_r)(x) = r^d M(\mathfrak{a})(rx)$ となることに注意せよ．また写像 $\mathfrak{a} \longmapsto M(\mathfrak{a})$ は明らかに平行移動と可換である．以上により，(42) を証明するのに，原子 $\mathfrak{a}$ は（原点を中心とする）単位球に付随すると仮定し

てもよい．

ここで，$|x| \le 2$ のときと $|x| > 2$ のときの二つの場合を考える．1番目の場合，$M(\mathfrak{a})(x) \le c$ は明らかであり，よって $\displaystyle\int_{|x|\le 2} M(\mathfrak{a})(x)\,dx \le c'$ となる．2番目の場合，$\displaystyle\int \mathfrak{a}(y)\,dy = 0$ であるから，

$$
\begin{aligned}
(\mathfrak{a} * \Phi_\varepsilon)(x) &= \varepsilon^{-d} \int_{\mathbb{R}^d} \mathfrak{a}(y)\, \Phi\left(\frac{x-y}{\varepsilon}\right) dy \\
&= \varepsilon^{-d} \int_{\mathbb{R}^d} \mathfrak{a}(y) \left[\Phi\left(\frac{x-y}{\varepsilon}\right) - \Phi\left(\frac{x}{\varepsilon}\right)\right] dy
\end{aligned}
$$

と書くことができる．しかし，$|x| \ge 2$ かつ $|y| \le 1$ であるから，$|x-y| \ge |x|/2$ を得る．さらに，$\Phi \in C^1$ であるから，$\left|\Phi\left(\frac{x-y}{\varepsilon}\right) - \Phi\left(\frac{x}{\varepsilon}\right)\right| \le c|y|/\varepsilon \le c/\varepsilon$ であることがわかる．それに加えて，Φ はコンパクトな台をもつという事実により，適当な上界 A，つまり $\varepsilon > |x|/(2A)$ となるものに対して $\left|\frac{x-y}{\varepsilon}\right| \le A$ でなければ，$(\mathfrak{a} * \Phi_\varepsilon)(x)$ は消えることが従う．すべてをまとめると，

$$
\varepsilon^{-d} \left|\Phi\left(\frac{x-y}{\varepsilon}\right) - \Phi\left(\frac{x}{\varepsilon}\right)\right| \le c\,\varepsilon^{-d-1} \le c'|x|^{-d-1}
$$

がそれらの x に対して成立する．その結果として $\displaystyle\int_{|x|>2} M(\mathfrak{a})(x)\,dx \le c$ が従う．以上により (42) が示され，定理が証明される．∎

6.1 BMO 空間

実ハーディ空間 $\mathbf{H}^1_r(\mathbb{R}^d)$ が $L^1(\mathbb{R}^d)$ の代用物であるのと同様の意味で，$\mathrm{BMO}(\mathbb{R}^d)$ 空間は $L^\infty(\mathbb{R}^d)$ 空間に対して対応する自然な代用物である．

$\mathbb{R}^d$ 上の局所可積分関数 f は**有界平均振動**（以下 BMO と略す）であるとは，

$$
\sup \frac{1}{m(B)} \int_B |f(x) - f_B|\,dx < \infty \tag{43}
$$

が成立することである．ただし，上限はすべての球 B にわたってとる．ここで f_B は B 上の f の平均値，すなわち

$$
f_B = \frac{1}{m(B)} \int_B f(x)\,dx
$$

である．(43) の量は BMO 空間のノルムとして使われ，$\|f\|_{\mathrm{BMO}}$ によって表される．

初めに BMO 関数の空間についていくつかの考察を行う．

• ノルムが 0 になる元は定数関数である．ゆえに，厳密にいえば，BMO の元は定数を法とした関数の同値類であると考えられるべきである．

• もし (43) が f_B 以外の別の定数 c_B で成り立つならば，f は BMO に属することに注意せよ．実際，すべての B に対して

$$\frac{1}{m(B)}\int_B |f(x)-c_B|\,dx \le A$$

であるならば，$|f_B - c_B| \le A$ が必ず成立するので，よって $\|f\|_{\mathrm{BMO}} \le 2A$ が従う．また，(43) に現れる球を，たとえば，立方体の族に置き換えても，（ノルムは同値で）同じ空間を導くことは容易に確かめられる．

• $f \in L^\infty$ ならば，f が BMO に属することは明らかである．BMO 関数のより典型的な例は $f(x) = \log|x|$ である．それは一般の BMO 関数のように，すべての $q < \infty$ に対して（局所的に）L^q に属するという性質をもつ．また，BMO と L^∞ 空間に共有される性質を例示しておく．それは，$f(x)$ がこれらのどちらかに属するとき，尺度を変えた関数 $f(rx)$，$r > 0$ も同様であり，ノルムは不変である，ということである．（上の注意に関してより詳しくは練習 23 および問題 3 と 4 を見よ．）

• 実数値 BMO 関数の空間は束線形空間をなす，すなわち，f と g が BMO に属するならば $\min(f, g)$ と $\max(f, g)$ もそうなる．これは，f が BMO の元ならば常に $|f|$ もそうなることが，$||f| - |f_B|| \le |f - f_B|$ という事実から結果として従うことによる．しかし $f \in \mathrm{BMO}$ かつ $|g| \le |f|$ のとき，g が BMO に属するというのは必ずしも成立しない．

• 上の事実から，$f \in \mathrm{BMO}$ が実数値で $f^{(k)}$ が，$|f(x)| \le k$ のとき $f^{(k)}(x) = f(x)$ で，$f(x) > k$ のとき $f^{(k)}(x) = k$ で，$f(x) < -k$ のとき $f^{(k)}(x) = -k$ によって定義される f の打ち切りならば，$\{f^{(k)}\}$ は BMO 関数の有界列で，すべての k にたいして $|f^{(k)}| \le |f|$ であり，$k \to \infty$ のとき a.e. x に対して $f^{(k)} \to f$ であって，ゆえに $k \to \infty$ のとき $\|f^{(k)}\|_{\mathrm{BMO}} \to \|f\|_{\mathrm{BMO}}$ であることもわかる．f が複素数ならば，このことを f の実部と虚部に適用することができる．

ここからのわれわれの興味の中心は，BMO はハーディ空間 $\mathbf{H}^1_r$ の双対空間であるという重要な事実である．この主張は，$\mathbf{H}^1_r$ 上のすべての連続線形汎関数 ℓ は，BMO のある元 g によって (44) が適切な意味で定義されるとき，

$$\ell(f) = \int_{\mathbb{R}^d} f(x)g(x)\,dx, \quad f \in \mathbf{H}^1_r \tag{44}$$

と表されることを意味する．実際，ペアリング (44) を扱うとき，少し注意を働かせなくてはならない．一般の $f \in \mathbf{H}_r^1$ と $g \in \mathrm{BMO}$ に対して，積分は必ずしも収束しない．練習 24 を見よ．よって，間接的に進めて，まず ℓ を $\mathbf{H}_r^1$ の稠密な部分空間上で定義する．これは H_0^1 であり，原子の有限個の 1 次結合のなす部分空間である．H_0^1 のすべての元はそれ自身が原子の定数倍であることに注意せよ．また，$f \in H_0^1$ ならば，積分は収束し，BMO の元 g の曖昧さ（すなわち，定数を加えられること）は $\displaystyle\int f dx = 0$ により消滅する．

ここでわれわれにとって基本的な結果を述べる．

定理 6.2　$g \in \mathrm{BMO}$ とする．(44) により定義される線形汎関数 ℓ は，最初に $f \in H_0^1$ に対して考えられるが，

$$\|\ell\| \le c\|g\|_{\mathrm{BMO}}$$

をみたす $\mathbf{H}_r^1$ への一意的な拡張をもつ．逆に，$\mathbf{H}_r^1$ 上のすべての有界線形汎関数 ℓ は $g \in \mathrm{BMO}$ を用いて (44) のように書き表されて

$$\|g\|_{\mathrm{BMO}} \le c'\|\ell\|$$

をみたす．ここに，$\|\ell\|$ は $\mathbf{H}_r^1$ 上の線形汎関数としての ℓ のノルム $\|\ell\|_{(\mathbf{H}_r^1)^*}$ である．

証明　まず，$g \in \mathrm{BMO}$ は有界であると仮定する．一般の $f \in \mathbf{H}_r^1$ から始めて，$f = \sum_{k=1}^{\infty} \lambda_k \mathfrak{a}_k$ を原子分解とする．このとき，L^1 ノルムで和が収束することにより，$\ell(f) = \sum \lambda_k \displaystyle\int \mathfrak{a}_k g$ が成立する．しかし，

$$\int \mathfrak{a}_k(x)g(x)\,dx = \int \mathfrak{a}_k(x)[g(x) - g_{B_k}]\,dx$$

が成立する．ここに，$\mathfrak{a}_k$ の台は球 B_k に含まれる．しかし $|\mathfrak{a}_k(x)| \le \dfrac{1}{m(B_k)}$ であり，したがって

$$|\ell(f)| \le \sum_k |\lambda_k| \frac{1}{m(B_k)} \int_{B_k} |g(x) - g_{B_k}|\,dx$$

を得る．以上により，f のすべての可能な分解を考えると，g は有界であるという仮定のもとで

$$\left|\int f(x)g(x)\,dx\right| \le \|f\|_{\mathbf{H}^1_r}\|g\|_{\mathrm{BMO}}$$

を与える．次に，$f \in H^1_0$（特に，有界な f）に制限し，BMO に属する一般の g を考えて，$g^{(k)}$ を（上で定義した）g の打ち切りとすると，

$$\left|\int f(x)g^{(k)}(x)\,dx\right| \le \|f\|_{\mathbf{H}^1_r}\|g^{(k)}\|_{\mathrm{BMO}}$$

という事実が証明され，優収束定理を用いて $k \to \infty$ のときの極限移行と併せると，$f \in H^1_0$ かつ $g \in \mathrm{BMO}$ のとき

$$|\ell(f)| = \left|\int f(x)g(x)\,dx\right| \le c\|f\|_{\mathbf{H}^1_r}\|g\|_{\mathrm{BMO}}$$

であることが示される．よって，定理の順向きの結論が確立される．

逆を証明するために，原子に対して定義される与えられた線形汎関数 ℓ を試してみるが，ここでは $p=2$ の p–原子に対して定義される ℓ を試すのが都合がよい．

この目的のために，球 B を固定し，

$$\|f\|_{L^2_B} = \left(\int_B |f(x)|^2 dx\right)^{1/2}$$

をノルムとする B 上の L^2 空間を考え，$L^2_{B,0}$ は $\displaystyle\int f(x)\,dx = 0$ をみたす $f \in L^2_B$ のなす部分空間を表すとする．$L^2_{B,0}$ の球 $\|f\|_{L^2_{B,0}} \le m(B)^{-1/2}$ は，まさに B に付随した 2–原子からなることに注意せよ．

われわれの線形汎関数 ℓ はノルムを 1 以下に正規化してあると仮定する．このとき，$f \in L^2_{B,0}$ に制限すると $|\ell(f)| \le \|f\|_{\mathbf{H}^1_r} \le cm(B)^{1/2}\|f\|_{L^2_{B,0}}$ であることを見るが，最後の不等式は系 5.3 の (38) の帰結である．ゆえに，$L^2_{B,0}$ に対するリースの表現定理（あるいは，$L^2_{B,0}$ 空間の自己双対性の単純な帰結）により，ある $g^B \in L^2_{B,0}$ が存在して，$f \in L^2_{B,0}$ に対して $\ell(f) = \displaystyle\int fg^B dx$ が成立する．上で見たように $\|\ell\|_{L^2_{B,0}} \le cm(B)^{1/2}$ であるから，$\|g^B\|_{L^2_{B,0}} \le cm(B)^{1/2}$ も得る．ゆえに，各球 B に対して B 上で定義された関数 g^B を得る．われわれが欲しいのは，一つの関数 g であり，各 B に対して B 上での g と g^B との差が定数となるものである．この g を構成するために，$B_1 \subset B_2$ ならば $g^{B_1} - g^{B_2}$ は B_1 上で定数であり，g^{B_1} と g^{B_2} は $L^2_{B_1,0}$ 上で同じ線形汎関数を与える．今，各 g^B を $\widetilde{g}^B = g^B + c_B$ で置き換える．ここに，定数 c_B は $\displaystyle\int_{|x|\le 1} \widetilde{g}^B dx = 0$ となるように選ぶ．その結果として，$B_1 \subset B_2$

ならば B_1 上で $\widetilde{g}^{B_1} = \widetilde{g}^{B_2}$ が成立する．よって，任意の球 B と $x \in B$ に対して $g(x) = \widetilde{g}^B(x)$ ととることにより，$\mathbb{R}^d$ 上で g を明確に定義することができる．今，

$$\frac{1}{m(B)} \int |g(x) - c_B|\, dx \le m(B)^{-1/2} \|\widetilde{g}^B - c_B\|_{L^2_B} \le m(B)^{-1/2} \|g^B\|_{L^2_{B,0}} \le c$$

であることを注意しておく．よって，$g \in \mathrm{BMO}$ であり $\|g\|_{\mathrm{BMO}} \le c$ であることが従う．表現 (44) はすべての B と $f \in L^2_{B,0}$ に対して示されたので，稠密な部分空間 H^1_0 に対して成立する．以上により，定理の証明が完了する． ∎

7. 練習

1. 不等式

$$\|\{a_n\}\|_{L^q} \le A\|f\|_{L^p}$$

がすべての $f \in L^p$ に対して $a_n = \dfrac{1}{2\pi}\displaystyle\int_0^{2\pi} f(\theta) e^{-in\theta} d\theta$ で成立するのは，$1/p + 1/q \le 1$ のときに限ることを示せ．

［ヒント：$D_N(\theta) = \displaystyle\sum_{|n| \le N} e^{in\theta}$ をディリクレ核とする．このとき，$p > 1$ ならば $\|D_N\|_{L^p} \approx N^{1-1/p}$, $N \to \infty$ であり，$p = 1$ ならば $\|D_N\|_{L^1} \approx \log N$, $N \to \infty$ である．］

2. 次はハウスドルフ－ヤングの不等式の単純な一般化である．

(a) $\{\varphi_n\}$ は $L^2(X, \mu)$ の正規直交列とする．さらに，すべての n で $|\varphi_n(x)| \le M$ が成り立つとする．$a_n = \displaystyle\int f\, \overline{\varphi_n}\, d\mu$ ならば，$1 \le p \le 2$ かつ $1/p + 1/q = 1$ で $\|\{a_n\}\|_{L^q} \le M^{(2/p)-1} \|f\|_{L^p(X)}$ が成立する．

(b) トーラス $\mathbb{T}^d$ 上で $f \in L^p$ とし，$a_n = \displaystyle\int_{\mathbb{T}^d} f(x) e^{-2\pi i n \cdot x} dx$, $n \in \mathbb{Z}^d$ とする．このとき，$1/q \le 1 - 1/p$ で $\|\{a_n\}\|_{L^q(\mathbb{Z}^d)} \le \|f\|_{L^p(\mathbb{T}^d)}$ が成立する．

3. （すべての単関数 f に対して成立する）$\|\widehat{f}\|_{L^q(\mathbb{R}^d)} \le A\|f\|_{L^p(\mathbb{R}^d)}$ の形の不等式が成立するのは $1/p + 1/q = 1$ のとき，かつそのときに限ることを確かめよ．

［ヒント：$f_r(x) = f(rx)$, $r > 0$ とする．このとき $\widehat{f_r}(\xi) = \widehat{f}(\xi/r) r^{-d}$ である．］

4. 前問の不等式に対するもう一つの必要条件は $p \le 2$ であることを証明せよ．実際，評価式

$$\int_{|\xi| \le 1} |\widehat{f}(\xi)|\, d\xi \le A\|f\|_{L^p}$$

は $p \le 2$ のときに限り成立する．

［ヒント：$s = \sigma + it$, $\sigma > 0$ に対して $f^s(x) = s^{-d/2} e^{-\pi|x|^2/s}$ とする．このとき，

$(\widehat{f^s})(\xi) = e^{-\pi s|\xi|^2}$ である．$\sigma = 1$ のとき $\|f^s\|_{L^p} \le ct^{d(1/p-1/2)}$ であることに注意して，$t \to \infty$ とせよ．]

5.　ψ は帯 $0 < \mathrm{Re}(z) < 1$ から上半平面への共形写像で，$\psi(z) = e^{i\pi z}$ によって定義される．$\Phi(z) = e^{-i\psi(z)}$ は帯の閉包上で連続であり，境界線上で $|\Phi(z)| = 1$ をみたすが，$\Phi(z)$ は帯で非有界であることを確かめよ．

6.　（第2節の）リースの凸性定理を第1章の練習 18 で議論した $L^{p,r}$ 空間へ拡張せよ．T は単関数を局所可積分関数へ写す線形変換であると仮定する．すべての単関数 f に対して

$$\|T(f)\|_{L^{q_0,s_0}} \le M_0\|f\|_{L^{p_0,r_0}}, \qquad \|T(f)\|_{L^{q_1,s_1}} \le M_1\|f\|_{L^{p_1,r_1}}$$

が成り立つことを仮定する．その結果として $\|T(f)\|_{L^{q,s}} \le M_\theta\|f\|_{L^{p,r}}$ が $\dfrac{1}{p} = \dfrac{1-\theta}{p_0} + \dfrac{\theta}{p_1}$，$\dfrac{1}{r} = \dfrac{1-\theta}{r_0} + \dfrac{\theta}{r_1}$，$\dfrac{1}{q} = \dfrac{1-\theta}{q_0} + \dfrac{\theta}{q_1}$，$\dfrac{1}{s} = \dfrac{1-\theta}{s_0} + \dfrac{\theta}{s_1}$，$0 \le \theta \le 1$ で成立することを証明せよ．

[ヒント：f と g は単関数の組で，$\|f\|_{L^{p,r}} \le 1$，$\|g\|_{L^{q',s'}} \le 1$ をみたすものとする．

$$f_z(x,t) = |f(x,t)|^{p\alpha(z)}\frac{f(x,t)}{|f(x,t)|}\|f(\cdot,t)\|_{L^p(dx)}^{r\beta(z)-p\alpha(z)}$$

と定義する．ここに $\alpha(z) = \dfrac{1-z}{p_0} + \dfrac{z}{p_1}$，$\beta(z) = \dfrac{1-z}{r_0} + \dfrac{z}{r_1}$ である．$z = \theta$ のとき $f_z = f$ であることに注意せよ．また，

$$\|f_{1+it}\|_{L^{p_1,r_1}} \le 1, \qquad \|f_{0+it}\|_{L^{p_0,r_0}} \le 1$$

が成立する．g_z も同様に定義し，$\displaystyle\int T(f_z)g_z\,dx\,dt$ を考察せよ．]

7.　f は $\mathbb{R}$ 上のコンパクトな台をもつ有界関数であるとする．このとき，$H(f) \in L^1(\mathbb{R})$ が成立するのは，$\displaystyle\int f dx = 0$ が成り立つとき，かつそのときに限る．

[ヒント：$a = \displaystyle\int f dx$ ならば $H(f)(x) = \dfrac{a}{\pi x} + O(1/x^2)$, $|x| \to \infty$ である．]

8.　T は実数値 L^p 関数の空間をそれ自身へ写す有界線形変換で，

$$\|T(f)\|_{L^p} \le M\|f\|_{L^p}$$

をみたすものとする．

(a)　T' は T の複素数値関数への拡張 $T'(f_1 + if_2) = T(f_1) + iT(f_2)$ とする．このとき，T' は同じ上界 $\|T'(f)\|_{L^p} \le M\|f\|_{L^p}$ をもつ．

(b)　より一般に，任意の N を固定すると

$$\left\| \left(\sum_{j=1}^{N} |T(f_j)|^2 \right)^{1/2} \right\|_{L^p} \leq M \left\| \left(\sum_{j=1}^{N} |f_j|^2 \right)^{1/2} \right\|_{L^p}$$

が成立する.

［ヒント：(b) の部分については，ξ を $\mathbb{R}^N$ の単位ベクトルとし，$F_\xi = \sum_{j=1}^{N} \xi_j f_j$，$\xi = (\xi_1, \cdots, \xi_N)$ とする．このとき $\int |T(F_\xi)(x)|^p dx \leq M^p \int |F_\xi(x)|^p dx$ が成立する．この不等式を ξ について単位球面上で積分せよ.］

9. 上半平面 $\mathbb{R}^2_+ = \{z : x+iy,\ y>0\}$ 上の調和関数 u の次の二つのクラスが同一であることを示せ.

(a) 閉包 $\overline{\mathbb{R}^2_+}$ 上で連続な調和関数 u で，無限遠で消える（すなわち，$|x|+y \to \infty$ のとき $u(x, y) \to 0$ となる）もの.

(b) $u(x, y) = (f * \mathcal{P}_y)(x)$ のように表現できる関数であり，ここに $\mathcal{P}_y(x)$ はポアソン核 $\dfrac{1}{\pi}\dfrac{y}{x^2+y^2}$ で，f は $\mathbb{R}$ 上の連続関数で無限遠で消える（すなわち $|x| \to \infty$ のとき $f(x) \to 0$ となる）もの.

［ヒント：(a) ならば (b) であることを示すには $f(x) = u(x, 0)$ とせよ．このとき $\mathcal{D}(x, y) = u(x, y) - (f * \mathcal{P}_y)(x)$ は $\mathbb{R}^2_+$ で調和で $\overline{\mathbb{R}^2_+}$ で連続で無限遠で消えるが，さらに $\mathcal{D}(x, 0) = 0$ である．最大値原理により $\mathcal{D}(x, y) = 0$ が従う.］

10. $f \in L^p(\mathbb{R})$ とする．次を確かめよ.

(a) $1 \leq p \leq \infty$ で $\|f * \mathcal{P}_y\|_{L^p(\mathbb{R})} \leq \|f\|_{L^p(\mathbb{R})}$ が成立する.

(b) $1 \leq p < \infty$ のとき $f * \mathcal{P}_y \to f$ $(y \to 0)$ が L^p ノルムで成立する.

11. $f \in L^p(\mathbb{R})$, $1 < p < \infty$ とする．次を証明せよ.

(a) $f * \mathcal{Q}_y = H(f) * \mathcal{P}_y$ が成立する．ここに，$H, \mathcal{P}_y, \mathcal{Q}_y$ は，それぞれ，ヒルベルト変換，ポアソン核，共役ポアソン核である.

(b) $y \to 0$ のとき $f * \mathcal{Q}_y \to H(f)$ が L^p ノルムで成立する.

(c) $\varepsilon \to 0$ のとき $H_\varepsilon(f) \to H(f)$ が L^p ノルムで成立する.

［ヒント：両辺のフーリエ変換は $\widehat{f}(\xi)\dfrac{\mathrm{sign}(\xi)}{\xi}e^{-2\pi|\xi|y}$ に等しいことに注意して，まず $f \in L^2$ に対して (a) を確かめよ.］

12. $\mathbb{R}^d$ において，$|x| \leq 1/2$ のとき $f(x) = |x|^{-d}(\log 1/|x|)^{1-\delta}$ で，その他のとき $f(x) = 0$ とする．このとき，$|x| \leq 1/2$ ならば $f^*(x) \geq c|x|^{-d}(\log 1/|x|)^{-\delta}$ であることを観察せよ．よって，$0 < \delta \leq 1$ ならば，$f \in L^1(\mathbb{R}^d)$ であるが，$f^*(x)$ は単位球上で積

分可能でない.

13. 最大関数に対する分布関数の基礎的不等式 (28) は本質的に逆向きにできること, すなわち, ある定数 A が存在して

$$m(\{x : f^*(x) > \alpha\}) \geq (A/\alpha) \int_{|f(x)|>\alpha} |f(x)|\, dx$$

が成立することを証明せよ.

[ヒント：$E_\alpha = \{x : f^*(x) > \alpha\}$ を $\bigcup_{j=1}^{\infty} Q_j$ と書き表せ. ここに, Q_j は $\Omega = E_\alpha$ とおいたときの (37) をみたす閉立方体である. 各 Q_j に対して, B_j は, $Q_j \subset B_j$ で, かつ, $\overline{B_j}$ が E_α^c と交わるような最小の球とする. まず, $m(B_j) \leq cm(Q_j)$ が成立し, このとき $\dfrac{1}{m(B_j)} \displaystyle\int_{B_j} |f(x)|\, dx \leq \alpha$ が成立する. よって, $m(Q_j) \geq \dfrac{c^{-1}}{\alpha} \displaystyle\int_{B_j} |f(x)|\, dx \geq \dfrac{c^{-1}}{\alpha} \displaystyle\int_{Q_j} |f(x)|\, dx$ が従う. ここで, j について和をとり, $\{x : |f(x)| > \alpha\} \subset \{x : f^*(x) > \alpha\}$ という事実を用いよ.]

14. (28) と前問からの次の重要な帰結を導け. f は $\mathbb{R}^d$ 上の可積分関数で, B_1 と B_2 は $\overline{B_1} \subset B_2$ をみたす球の組とする.

(a) $|f| \log(1 + |f|)$ が B_2 上で積分可能ならば, f^* は B_1 上で積分可能である.

(b) 逆方向に, f^* が B_1 で積分可能なとき, $|f| \log(1+|f|)$ もそこで積分可能である.

[ヒント：α について $\alpha \geq 1$ で不等式を積分せよ.]

15. ある A とすべての $\alpha > 0$ に対して $m(\{x : |f(x)| > \alpha\}) \leq \dfrac{A}{\alpha}$ をみたすすべての関数からなる弱型空間を考える. 上の不等式をみたす最小の A を f の「ノルム」とすることにより, この空間上にノルムを定義することを期待できるかもしれない. この量を $\mathcal{N}(f)$ と表す.

(a) しかし, $\mathcal{N}$ は正真正銘のノルムではなく, さらに, この空間に $\|f\|$ が $\mathcal{N}(f)$ と同値になるノルム $\|\cdot\|$ は存在しないことを示せ.

(b) この空間は自明でない有界線形汎関数をもたないことも証明せよ.

[ヒント：$\mathbb{R}$ の場合を考えよ. 関数 $f(x) = 1/|x|$ に対して $\mathcal{N}(f) = 2$ となる. しかし, $f_N(x) = \dfrac{1}{N}[f(x+1) + f(x+2) + \cdots + f(x+N)]$ ならば $\mathcal{N}(f_N) \geq c \log N$ となる.]

16. $\mathbf{H}_r^1$ は完備であることを以下にしたがって証明せよ. $\{f_n\}$ を $\mathbf{H}_r^1$ のコーシー列とせよ. このとき, $\{f_n\}$ は L^1 のコーシー列であるから, ある L^1 関数 f が存在して, $f = \lim_{n\to\infty} f_n$ が L^1 ノルムで成立する. ここで, 適当な部分列 $\{n_k\}$ に対して

$f = f_{n_1} + \sum_{k=1}^{\infty} (f_{n_{k+1}} - f_{n_k})$ と書き表せ.

17. $0 < x \leq 1/2$ のとき $f(x) = 1/(x(\log x)^2)$ で, $x > 1/2$ のとき $f(x) = 0$ で, $x < 0$ へ $f(x) = -f(-x)$ と拡張される関数 f について考える. このとき, f は $\mathbb{R}$ 上で積分可能で $\int f = 0$ をみたし, したがって, f は5.2節の言葉を用いると 1–原子の定数倍である.

$f \in \mathbf{H}_r^1$ を証明せよ [12].

18. ある $c > 1$ が存在して, すべての $f \in L^1(\mathbb{R}^d)$ は $f(x) = \sum_{k=1}^{\infty} \lambda_k \mathfrak{a}_k(x)$ の形に書くことができて $\sum |\lambda_k| \leq c\|f\|_{L^1}$ をみたすことを示せ. ここに, $\mathfrak{a}_k$ は「偽物の」原子である. すなわち, 各 $\mathfrak{a}_k$ の台は球 B_k に含まれ, すべての x に対して $|\mathfrak{a}_k(x)| \leq 1/m(B_k)$ をみたすが, $\mathfrak{a}_k$ は必ずしも消滅条件 $\int \mathfrak{a}_k(x)\,dx = 0$ をみたさない.

[ヒント: $f_n = \mathbb{E}_n(f)$ とする. ただし, ここで $\mathbb{E}_n$ は f の値を, 第 n 世代の各2進立方体上では, その立方体上の平均値に置き換えたものである. このとき $\|f_n - f\|_{L^1} \to 0$ が成立する. $\|f_{n_{k+1}} - f_{n_k}\|_{L^1} < 1/2^k$ をみたすように $\{n_k\}$ をとり, $f = f_{n_1} + \sum_{k=1}^{\infty} (f_{n_{k+1}} - f_{n_k})$ と書き表せ.]

19. 次は, $\mathbf{H}_r^1$ は L^1 に近いが, しかし, 互いに異なる, という二つの意味のよい例になっている.

(a) $f_0(x)$ は $(0, \infty)$ 上の正値減少関数で, $(0, \infty)$ 上で積分可能であるとする. このとき, 関数 $f \in \mathbf{H}_r^1(\mathbb{R})$ が存在して $|f(x)| \geq f_0(|x|)$ が成立することを示せ.

(b) しかしながら, $f \in \mathbf{H}_r^1(\mathbb{R}^d)$ で f がある開集合上で正値ならば, その大きさはその開集合上では一般の可積分関数よりも「小さく」なくてはならない. 実際, $f \in \mathbf{H}_r^1$, かつ球 B_1 上で $f \geq 0$ ならば, $f \log(1+f)$ は任意の真部分集合の球 $B_0 \subset B_1$ 上で積分可能でなくてはならないことを示せ.

[ヒント: (a) については, $f(x) = \mathrm{sign}(x) f_0(|x|)$ とし, f の原子分解を求めよ. (b) については, 練習 14 と, 正値関数 Φ に対する第6節の最大定理とを, 併せて利用せよ.]

20. $f \in L^1(\mathbb{R}^d)$ のとき, そのフーリエ変換 $\widehat{f}$ は有界で, $\widehat{f}(\xi)$ は $|\xi| \to \infty$ とすると 0 に収束する(リーマン–ルベーグの補題)が, $\widehat{f}$ の「小ささ」についてのより詳しい主張はできないことが知られている. (フーリエ級数に関する類似の結果については第I巻

---

12) 訳注: 原著では $f \notin \mathbf{H}_r^1$ とあるが, 正しくは上記の通り.

第3章の定理1.4を見よ.）しかしながら，$f \in \mathbf{H}^1_r$ に対しては，

$$\int_{\mathbb{R}^d} |\widehat{f}(\xi)| \frac{d\xi}{|\xi|^d} \le A\|f\|_{\mathbf{H}^1_r}$$

が得られることを示せ.

［ヒント：原子に対して，これを確かめよ.］

21.　$|f(x)| \le A(1+|x|)^{-d-1}$ かつ $\displaystyle\int_{\mathbb{R}^d} f(x)\,dx = 0$ ならば，$f \in \mathbf{H}^1_r(\mathbb{R}^d)$ であることを示せ.

［ヒント：これは初等的であるが，やや技巧的でもある．$f = \sum_{k=0}^{\infty} f_k$ と書き表す．ここに，$|x| \le 1$ のとき $f_0(x) = f(x)$ で，それ以外では 0 とし，$k \ge 1$ に対して $2^{k-1} < |x| \le 2^k$ のとき $f_k(x) = f(x)$ で，それ以外では 0 とする．$c_k = \int f_k\,dx$，$s_k = \sum_{j \ge k} c_j$ とおくと，$s_0 = 0$ である．$|x| \le 1$ に台をもち $\int \eta(x)\,dx = 1$ をみたす有界関数 η を固定する．ここで，$f(x) = \sum_{k=0}^{\infty} (f_k(x) - c_k\eta_k(x)) + \sum_{k=0}^{\infty} c_k\eta_k(x)$ と書き表す．ここに，$\eta_k(x) = 2^{-kd}\eta(2^{-k}x)$ であり $\int \eta_k\,dx = 1$ をみたす．一つ目の和は明らかに球 $|x| \le 2^k$ に台をもつ原子の定数倍 $(O(2^{-k}))$ の和である．二つ目の和が同様であることは，それを $\sum_{k=1}^{\infty} s_k(\eta_k - \eta_{k-1})$ と書き直すことにより見ることができる.］

22.　f は $|x| \le 1/2$ に台をもつ $\mathbb{R}$ 上の原子で，$f(x) = \mathrm{sign}(x)$ によって与えられるものとする．f に

$$f_0^*(x) = \sup_{\varepsilon > 0} |(f * \chi_\varepsilon)(x)|$$

によって定義される最大関数 f_0^* を適用せよ．ここに，χ は $|x| \le 1/2$ の特性関数で，$\chi_\varepsilon(x) = \varepsilon^{-1}\chi(x/\varepsilon)$ である.

$|x| \ge 1/2$ ならば $|f_0^*(x)| \ge 1/(2|x|)$ となり，これにより $f_0^* \notin L^1$ であることを確かめよ．したがって，χ により定義される最大関数 f_0^* は，ハーディ空間 $\mathbf{H}^1_r$ の特徴づけには使うことができない.

23.　BMO に関連した次の例を確かめよ.

(a)　$\log|x| \in \mathrm{BMO}(\mathbb{R}^d)$ である.

(b)　$x > 0$ のとき $f(x) = \log x$ で，$x \le 0$ のとき $= 0$ ならば，$f \notin \mathrm{BMO}(\mathbb{R})$ である.

(c)　$\delta \ge 0$ のとき，$(\log|x|)^\delta \in \mathrm{BMO}(\mathbb{R}^d)$ であるのは，$\delta \le 1$ のとき，かつそのときに限る.

[ヒント：$f(x)=\log|x|$ とすると，$f(rx)=f(x)+c_r$ であり，それにより (43) の条件を確かめるには球 B は半径 1 であるとしてよい．(b) については，原点を中心とする小さい区間上で f を調べよ．]

24. 練習 19 (a) と 23 を用いて，$|f(x)g(x)|$ が $\mathbb{R}^d$ 上で積分可能でないような $f\in\mathbf{H}_r^1$ と $g\in\mathrm{BMO}$ の例を与えよ．

8. 問題

1. $\mathbf{H}_r^1$ が L^1 よりも改良されているもう一つの点は，その単位球の弱コンパクト性である．次を証明することができる．$\{f_n\}$ を $\mathbf{H}_r^1$ の点列で $\|f_n\|_{\mathbf{H}_r^1}\leq A$ をみたすものとする．このとき，部分列 $\{f_{n_k}\}$ を選び，ある $f\in\mathbf{H}_r^1$ を見つけて，コンパクトな台をもつ任意の連続関数 φ に対して $k\to\infty$ のとき $\displaystyle\int f_{n_k}(x)\varphi(x)\,dx\to\int f(x)\varphi(x)\,dx$ となるようにすることができる．

これは，前章の練習 12 と 13 で述べられたように L^1 で弱コンパクト性が成立しないことと比較される．

[ヒント：前章の問題 4 (c) の結果を適用して，部分列 $\{f_{n_k}\}$ と有限測度 μ で $f_{n_k}\to\mu$ が弱 * の意味で成り立つものをとる．次に，$\displaystyle\sup_{\varepsilon>0}|\mu*\varphi_\varepsilon|\in L^1$ が適当な φ に対して成り立つならば，μ は絶対連続であるという事実を用いよ．]

2. $H^p(\mathbb{R}_+^2)$ は第 5 節で定義された複素ハーディ空間とする．$1<p<\infty$ に対して次を証明せよ．

(a) $F\in H^p(\mathbb{R}_+^2)$ ならば $\displaystyle\lim_{y\to 0}F(x+iy)=F_0(x)$ が $L^p(\mathbb{R})$ ノルムで存在する．

(b) $\|F\|_{H^p(\mathbb{R}_+^2)}=\|F_0\|_{L^p}$ が成立する．

(c) F_0 は $L^p(\mathbb{R})$ に属する実数値関数 f で $\|F_0\|_{L^p}\approx\|f\|_{L^p}$ をみたすものを用いて，$2F_0=f+iH(f)$ と表される．さらに，すべての F_0（したがって F）はこのようにして生ずる．これは，$H^p(\mathbb{R}_+^2)$ からそれと同値なノルムをもつ L^p への（実数体上の）線形同型を与える．

[ヒント：証明の概略を述べる．各 $y_1>0$ に対して，$F_{y_1}(z)=F(z+iy_1)$，$F_{y_1}^\varepsilon(z)=F_{y_1}(z)/(1-i\varepsilon z),\ \varepsilon>0$ と書き表せ．F_{y_1} は $\overline{\mathbb{R}_+^2}$ で有界であることがわかる（第 III 巻の第 5 章第 2 節を見よ）．よって，練習 9 により $F_{y_1}^\varepsilon(z)=(F_{y_1}^\varepsilon*\mathcal{P}_y)(x)$ が成立する．ここで，L^p の単位球の弱コンパクト性を用いると，（第 1 章の練習 12）$\varepsilon\to 0$ かつ $y_1\to 0$ のとき弱い意味で $F_{y_1}^\varepsilon(x)\to F_0(x)$ となる $F_0\in L^p$ を見つけることができる．この議

論は $p=1$ に対しては破綻することを観察せよ．結論 (c) は，本質的にヒルベルト変換の $1<p<\infty$ に対する有界性の言い換えである.]

3.　P は $\mathbb{R}^d$ における 0 でない k 次多項式であるとする．このとき，$f=\log|P(x)|$ は BMO に属し，$\|f\|_{\mathrm{BMO}} \leq c_k$ であり，c_k は多項式の次数 k にのみ依存する.
[ヒント：まず，$d=1$ のとき結果を確かめよ．次に，次元についての帰納法と $\mathbb{R}^2$ について述べられた次の主張を用いよ．$f(x,y)$，$(x,y)\in\mathbb{R}^2$ は，各 y に対して y について一様に x の BMO($\mathbb{R}$) 関数である．x と y の役割が交換されるときも，このことが成立することを仮定せよ．このとき $f\in \mathrm{BMO}(\mathbb{R}^2)$ である.]

4.　すべての $f\in\mathrm{BMO}(\mathbb{R}^d)$ に対して，次のジョン–ニーレンバーグ不等式を証明せよ.

(a)　すべての $q<\infty$ に対して，ある上界 b_q が存在して

$$\sup_B \frac{1}{m(B)}\int_B |f-f_B|^q dx \leq b_q^q \|f\|_{\mathrm{BMO}}^q$$

が成立する.

(b)　正定数 μ と A が存在して，$\|f\|_{\mathrm{BMO}}\leq 1$ のとき

$$\sup_B \frac{1}{m(B)}\int_B e^{\mu|f-f_B|} dx \leq A$$

が成立する.

[ヒント：(a) については，q の双対指数を p として，p–原子に対して f を検証せよ．(b) については，((38) の) $c_p=O(1/(p-1))$ $(p\to 1)$ という評価を利用して，$b_q=O(q)$ $(q\to\infty)$ を導け．このとき，$e^u=\sum_{q=0}^{\infty} u^q/q!$ と書き表せ.]

5.　有界関数のヒルベルト変換は BMO に属する．これを二つの異なった方法で示せ.

(a)　直接的な方法．f は有界（かつ，ある $L^p\,(1\leq p<\infty)$ に属する）と仮定する．このとき，$H(f)\in\mathrm{BMO}$ で，L^p や f のノルムに依存しない A が存在して

$$\|H(f)\|_{\mathrm{BMO}} \leq A\|f\|_{L^\infty}$$

が成立する.

(b)　双対性により，定理 5.4 を用いる方法.

[ヒント：(a) については，任意の球 B を固定し，B_1 をその 2 倍とする．$f\chi_{B_1}$ と $f\chi_{B_1^c}$ を別々に考察せよ.]

6.*　次は $\mathbf{H}_r^1(\mathbb{R}^d)$ の最大関数による特徴づけである．Φ はシュワルツ空間 $\mathcal{S}$ に属

し，$\int \Phi(x)dx \neq 0$ をみたすとする．$f \in L^1$ に対して $M(f)(x) = \sup_{\varepsilon>0} |(f * \Phi_\varepsilon)(x)|$ とする．このとき，

(a) $f \in \mathbf{H}^1_r$ となるのは，$M(f)$ が L^1 に属するとき，かつそのときに限られる．

(b) $\Phi \in \mathcal{S}$ という条件は，

$$|\partial_x^\alpha \Phi(x)| \leq c_\alpha (1+|x|)^{-d-1-|\alpha|}$$

が成立する，という条件に緩和することができる．

(c) 二つの興味深い例に注意せよ．一つは，$\Phi_{t^{1/2}}(x) = (4\pi t)^{-d/2} e^{-|x|^2/(4t)}$ であり，$u(x,t) = (f * \Phi_{t^{1/2}})(x)$ は熱方程式 $\triangle_x u = \partial_t u$ の解で初期値 $u(x,0) = f(x)$ をみたす．同様に，$\Phi_t(x) = \dfrac{c_d^t}{(t^2+|x|^2)^{\frac{d+1}{2}}}$ とし $c_d = \Gamma\left(\dfrac{d+1}{2}\right)/\pi^{\frac{d+1}{2}}$ とすると，$u(x,t) = (f * \Phi_t)(x)$ はラプラス方程式 $\triangle_x u + \partial_t^2 u = 0$ の解で初期値 $u(x,0) = f(x)$ をみたす．（ここに，Γ はガンマ関数である．）

7.* $p=1$ のときの $H^p(\mathbb{R}^2_+)$ を考える．問題 2 の (a) と (b) の結果は $p=1$ に対しても成立するが，異なる証明が必要である．(c) の類似は次のようになる．実ハーディ空間 $\mathbf{H}^1_r$ に属する f が存在して，$2F_0 = f + iH(f)$ となる．同様に $\|F_0\|_{L^1} \approx \|f\|_{\mathbf{H}^1_r}$ も従う．その結果として，$f \in \mathbf{H}^1_r$ となるための必要十分条件は，f と $H(f)$ の両方が L^1 に属することである．

結論 (a) と (b) は，任意の $F \in H^1(\mathbb{R}^2_+)$ は $F_j \in H^2(\mathbb{R}^2_+)$ および $\|F_j\|^2_{H^2(\mathbb{R}^2_+)} = \|F\|_{H^1(\mathbb{R}^2_+)}$ をみたす F_j を用いて $F = F_1 \cdot F_2$ のように書き表すことができることを示し，$H^2(\mathbb{R}^2_+)$ における対応する事実を用いることにより，証明されるかもしれない．

8.* $f \in L^1(\mathbb{R})$ とする．このとき，$H(f) \in L^1(\mathbb{R})$ を，ある $g \in L^1(\mathbb{R})$ が存在して，シュワルツ空間に属する任意の関数 φ に対して

$$\int_{\mathbb{R}} g\varphi\, dx = \int_{\mathbb{R}} fH(\varphi)\, dx$$

が成立するという弱い意味で定義することができる．このとき，弱い意味で $g = H(f)$ であるという．

問題 7* の結果として，$f \in \mathbf{H}^1_r(\mathbb{R})$ であることは，$f \in L^1(\mathbb{R})$ かつ弱い意味でとって $H(f)$ が $L^1(\mathbb{R})$ に属するとき，そのときに限り成立し，このとき $H(f)$ は $L^1(\mathbb{R})$ に属する．

9.* $\{f_n\}$ は $\mathbf{H}^1_r$ の点列で $\|f_n\|_{\mathbf{H}^1_r} \leq M < \infty$ がすべての n で成立するとする．f_n は f にほとんどいたるところで収束すると仮定する．このとき，

(a)　$f \in \mathbf{H}^1_r$ が成立する.

(b)　コンパクトな台をもつすべての連続関数 g に対して, $n \to \infty$ のとき $\displaystyle\int f_n g \to \int fg$ が成立する.

$p > 1$ のときの L^p に対して, 対応する結果が成立するが, $p = 1$ に対しては成立しない. 第 1 章の練習 14 を見よ.

10.[*]　次の結果は, $\mathbf{H}^1_r$ の埋め合わせコンパクト性の理論への応用のよい例になっている.

$A = (A_1, \cdots, A_d)$ と $B = (B_1, \cdots, B_d)$ は $\mathbb{R}^d$ のベクトル場で, すべての i に対して $A_i, B_i \in L^2(\mathbb{R}^d)$ であるとする. A の発散は

$$\mathrm{div}(A) = \sum_{k=1}^{d} \frac{\partial A_k}{\partial x_k}$$

によって定義され, B の回転は $d \times d$ 行列で, その ij– 成分は

$$(\mathrm{curl}(B))_{ij} = \frac{\partial B_i}{\partial x_j} - \frac{\partial B_j}{\partial x_i}$$

である. (ここでの微分は次章のように超関数の意味にとる.) もし $\mathrm{div}(A) = 0$ かつ $\mathrm{curl}(B) = 0$ ならば, $\displaystyle\sum_{k=1}^{d} A_k B_k \in \mathbf{H}^1_r$ が成立する. これは, 一般に $f, g \in L^2$ ならば $fg \in L^1$ であるという結果とは対照的である.

第3章　超関数：一般化関数

解析学の核心は関数の概念であり，関数は解析学に「属する」ものである．たとえそれが今日では，何処にでも何処においても，数学の内外，思想，認知，知覚といったものにおいてさえ登場するようになったとしても．

関数は「現代」数学すなわちルネッサンス以降の数学の一部となった．世紀を大まかに分類して，17 世紀と 18 世紀における準備の後，19 世紀には 1 変数関数が創出され，20 世紀にはそれがさらに多変数，実，複素関数へと転じていったのである．

——S. ボホナー, 1969

…… 関数の概念として現在一般に受け入れられているものがフーリエ級数の収束を論じたディリクレ（1837）の有名な論文において始めて定式化されたこと，リーマン積分の一般の形での定義が三角級数を扱ったリーマンの教授資格論文において初めて登場したこと，あるいは 19 世紀の数学における最も重要な進展の一つである集合論がカントールによる三角級数の単一性の集合の問題を解決する試みの中で生み出されたこと，これらは決して偶然のことではなかった．より近年においても，ルベーグ積分や一般化関数（超関数）の理論が，それぞれフーリエ級数の理論やフーリエ積分との密接な関係の中において進展を遂げている．

——A. ジグムント, 1959

解析学の成長は，関数とは何かについての考え方の進化からたどることができる．「一般化関数」（あるいはよく用いられる呼び方である「超関数」）の概念の定式化はその発展における重要段階を象徴するものであり，多くの異なる分野への枝分かれを伴うものである．振り返ってみれば，この概念には数々の来歴が存在することがわかる．リーマンによる三角級数の一意性の研究におけるその形式的な積分や微分，偏微分方程式の理論における弱解を用いることの必要性，関数（たとえば L^p 関数）の適当な双対空間における汎関数としての実現などがそれにあたる．超関数の重要性は，この道具を用いれば数々の技術的問題を巧妙に切り抜けて形式的な操作が実行可能となることにある．万能薬というほどではないにしろ，多くの場合において事の本質により早く到達することを可能にしてくれるのである．

超関数を二つの部分に分けて取り扱うことにしよう．まずは一般の超関数の基本的性質および操作規則を確立する．これにより，通常の関数が超関数の意味では何回の導関数でももつことになる．またその意味で，無限遠であまり早すぎない増大度をもつ関数であればフーリエ変換が可能となる．

次に，ヒルベルト変換を定める主値超関数や，より一般の斉次超関数などを始めとする，特に重要な特定の超関数について調べる．偏微分方程式の基本解として登場する超関数についても考察する．最後に，ヒルベルト変換を一般化した特異積分作用素の積分核として登場するカルデロン – ジグムント超関数を取り上げ，それに対する基本的な L^p 評価を求める．

1. 初等的性質

古典的には（$\mathbb{R}^d$ 上で定義された）関数 f とは各点 $x \in \mathbb{R}^d$ に対して確定値 $f(x)$ を割り当てるものである．さまざまな目的のためにはこの要件を緩め，ある「例外点」x において f の値を定めないままにしておくと便利であることが多い．積分論と測度論を扱う場合には特にそうである．このような事情で，測度 0 の集合上では関数の値は特に定めておかなくても構わない [1)]．

これとは対照的に，**超関数**あるいは**一般化関数** F とは「ほとんどの」点で F の値を割り当てることにより与えられるものではなく，そのかわりとして（滑ら

1）より正確に述べれば，実際には関数とはほとんどいたるところで一致する関数の同値類のことである．

かな）関数に関する平均をとることにより定められるものである．よって関数 f を超関数 F として考えたいならば，φ をある適当な「試験」関数の空間を動くものとして，

$$F(\varphi) = \int_{\mathbb{R}^d} f(x)\varphi(x)\,dx \tag{1}$$

により F を定めることになる．したがって (1) を念頭におけば，超関数 F を定義するにあたっては，F をこれら適当な試験関数の空間上の線形汎関数と考えることが出発点となる．

実際，これから（それぞれの試験関数の空間をともなった）二つの超関数のクラスを考えていくのであるが，まず最初に扱う広い方のクラスは $\mathbb{R}^d$ 上の任意の開集合 Ω 上で定義可能なものであり，後で扱う狭い方のクラスは $\mathbb{R}^d$ 上で定義され，無限遠において適度に「緩やか」であり，フーリエ変換の話の流れにおいて自然に登場するものである．

1.1　定義

$\mathbb{R}^d$ 上の開集合 Ω を一つ固定する．広い方の超関数のクラスにおける**試験関数**としては，$C_0^\infty(\Omega)$ に属する関数，すなわち Ω に台をもつ無限回微分可能な複素数値関数を考える．この話題においてよく用いられる記号法に従い，この試験関数の空間を $\mathcal{D}$ （より厳密には $\mathcal{D}(\Omega)$）で表す．さて，$\{\varphi_n\}$ を $\mathcal{D}$ の元の列とし，また $\varphi \in \mathcal{D}$ であるものとするとき，$\{\varphi_n\}$ が φ に $\mathcal{D}$ で収束するとは，これを $\mathcal{D}$ において $\varphi_n \to \varphi$[2)]とも表すことにするが，φ_n の台がある共通のコンパクト集合に含まれ，かつすべての多重指数 α に対して $n \to \infty$ のとき x に関して一様に $\partial_x^\alpha \varphi_n \to \partial_x^\alpha \varphi$ となることをいう[3)]．これらを念頭において，基本となる定義に到達する．Ω 上の**超関数** F とは，$\varphi \in \mathcal{D}(\Omega)$ に対して定義される複素数値線形汎関数 $\varphi \longmapsto F(\varphi)$ であって，$\mathcal{D}$ において $\varphi_n \to \varphi$ ならば $F(\varphi_n) \to F(\varphi)$ となる意味において連続なもののことである．Ω 上の超関数がなすベクトル空間を $\mathcal{D}^*(\Omega)$ で表す．

以下においては概ね，大文字 $F, G, \cdots$ は超関数．小文字 $f, g, \cdots$ は通常の

---

2)　訳注：英文では $\varphi_n \to \varphi$ in $\mathcal{D}$ と書かれることもよくある．

3)　$\alpha = (\alpha_1, \cdots, \alpha_d)$ に対して $\partial_x^\alpha = (\partial/\partial x)^\alpha = (\partial/\partial x_1)^{\alpha_1} \cdots (\partial/\partial x_d)^{\alpha_d}$, $|\alpha| = \alpha_1 + \cdots + \alpha_d$ および $\alpha! = \alpha_1! \cdots \alpha_d!$ という記号法を用いていることを思い出そう．

関数を表すものとして用いることにしよう．まずは，いくつかの簡単にわかる超関数の例を見ておく．

例1　<u>通常の関数</u>．f を Ω 上の任意の局所可積分関数とする[4)]．このとき，(1) により f は超関数 $F = F_f$ を定める．このようにして現れる超関数はもちろん「関数」とよばれる．

例2　μ は Ω 上の（符号付）ボレル測度で，Ω のコンパクト部分集合上では有限値となるもの（ラドン測度と呼ばれることもある）とする．このとき，

$$F(\varphi) = \int \varphi(x)\, d\mu(x)$$

は超関数であり，一般には上の例のような関数とはならない．特別な場合として，μ が原点において全質量 1 を割り当てる点質量の場合には，**ディラックの δ 関数**，すなわち $\delta(\varphi) = \varphi(0)$ を与える．（しかしながら δ は関数ではないことに注意せよ！）

これらの微分を考えることにより，さらなる例が生み出される．実際，超関数の一つの重要な特徴として，通常の関数とは対照的に，何回でも微分することが可能であることがあげられる．超関数の**導関数** $\partial_x^\alpha F$ とは，微分可能な関数のそれを一般化するものである．実際，f が Ω 上の滑らかな関数で（たとえば）$\varphi \in \mathcal{D}(\Omega)$ とするとき，部分積分により

$$\int (\partial_x^\alpha f)\, \varphi\, dx = (-1)^{|\alpha|} \int f\, (\partial_x^\alpha \varphi)\, dx$$

が従う．よって (1) を念頭に $\partial_x^\alpha F$ を

$$(\partial_x^\alpha F)(\varphi) = (-1)^{|\alpha|} F(\partial_x^\alpha \varphi) \qquad (\varphi \in \mathcal{D}(\Omega))$$

により与えられる超関数として定義する．これにより，特に f が局所可積分な関数である場合は，その偏導関数を超関数として定義することができることになる．ここで，有用と思われるいくつかの例をあげておこう．

- h を $\mathbb{R}$ 上のヘヴィサイド関数，すなわち $x > 0$ に対しては $h(x) = 1$ で，$x < 0$ に対しては $h(x) = 0$ であるものとする．このとき，dh/dx を超関数

4)　これは，f は可測であり，Ω に含まれる任意のコンパクト部分集合上でルベーグ積分可能であることを意味している．（やや異なる意味で用いられている第 III 巻の第3章における定義と比較せよ．）

の意味にとればディラックのデルタ δ と一致する．これは，$\varphi \in \mathcal{D}(\mathbb{R})$ ならば $-\int_0^\infty \varphi'(x)\,dx = \varphi(0)$ となるからである．しかしながら，h の通常の導関数は $x \neq 0$ で 0 であり，$x = 0$ では定義されないことに注意しておく．したがって，滑らかでない関数の場合には，超関数としての導関数と通常の導関数（もし存在すれば）とは注意深く区別しておく必要がある．（練習 1 と 2 も参照のこと．）

高次元版のヘヴィサイド関数の場合についても練習 15 で扱われる．

• 関数 f は Ω 上 C^k 級，すなわち $|\alpha| \leq k$ に対する通常の意味での偏導関数 $\partial_x^\alpha f$ は Ω 上で連続であるものとする．このとき，これら f の導関数は対応する超関数の意味での導関数と一致する．

• より一般に，f と g を $L^2(\Omega)$ に属する関数の対とし，第 1 章 3.1 節や第 III 巻の第 5 章 3.1 節で議論したような「弱い意味」において $\partial_x^\alpha f = g$ であるものとする．F, G を (1) によりそれぞれ f, g から与えられる超関数とすれば，$\partial_x^\alpha F = G$ が成立する．

1.2 超関数の演算

微分の場合と同様に，対応する作用を試験関数の方に回すことにより，超関数に対してもさまざまな演算を引き継ぐことができる．まずは，いくつかの単純な例を与えておく．

• F は $\mathcal{D}^*$ に属し ψ は C^∞ 級関数とするとき，積 $\psi \cdot F$ を $\varphi \in \mathcal{D}$ に対して $(\psi \cdot F)(\varphi) = F(\psi\varphi)$ として定義することができる．これは，F が関数の場合には，通常の各点における積として定義したものと一致する．

• $\mathbb{R}^d$ 上の超関数に対して，平行移動，伸長，さらにはより一般の非特異な線形変換といった作用を，「双対性」を経由した試験関数に対する対応する操作により定義することができる．たとえば，平行移動作用素 τ_h は関数に対しては $\tau_h(f)(x) = f(x-h)$，$h \in \mathbb{R}^d$ により定義されるが，超関数に対しては

$$\tau_h(F)(\varphi) = F(\tau_{-h}(\varphi)), \qquad \varphi \text{ は任意の試験関数}$$

が対応する定義となる．

同じように，関数 f に対する伸長は単純な関係式 $f_a(x) = f(ax)$，$a > 0$ により定義されるが，F_a は $F_a(\varphi) = a^{-d}F(\varphi_{a^{-1}})$ により定義される．より一般に L を非特異な線形変換とするとき，$f_L(x) = f(L(x))$ の超関数に対する拡張は，任

意の $\varphi \in \mathcal{D}$ に対する法則 $F_L(\varphi) = |\det L|^{-1} F(\varphi_{L^{-1}})$ により与えられる．

$\mathbb{R}^d$ 上のしかるべき関数に対して

$$(f * g)(x) = \int_{\mathbb{R}^d} f(x-y)g(y)\,dy$$

により定義される**畳み込み**の概念を，より広いクラスの超関数に対しても定義することが重要である．

手始めとして，F は $\mathbb{R}^d$ 上の超関数で ψ は試験関数であるものとする．このとき，$F * \psi$ の定義の仕方としては（F が関数の場合の (1) を踏まえた）2 通りの方法が考えられる．1 番目の方法は，$\psi_x^{\sim}(y) = \psi(x-y)$ として（x の）関数 $F(\psi_x^{\sim})$ として与えるものである．

2 番目の方法は，$F * \psi$ を

$$(F * \psi)(\varphi) = F(\psi^{\sim} * \varphi), \qquad \psi^{\sim} = \psi_0^{\sim}$$

により定められる超関数とするものである．

命題 1.1　F は超関数で $\psi \in \mathcal{D}$ とする．このとき，

(a)　上で与えられた $F * \psi$ に対する二つの定義は一致する．

(b)　超関数 $F * \psi$ は C^{∞} 級関数である．

証明　まずは $F(\psi_x^{\sim})$ が x に関して連続であり，実際は何回でも微分可能であることを見ておこう．$n \to \infty$ のとき $x_n \to x_0$ ならば，y に関して一様に $\psi_{x_n}^{\sim}(y) = \psi(x_n - y) \to \psi(x_0 - y) = \psi_{x_0}^{\sim}(y)$ であり，同じことがすべての導関数に対しても成立することに注意する．それゆえ（y の関数として）$n \to \infty$ のとき $\mathcal{D}$ において $\psi_{x_n}^{\sim} \to \psi_{x_0}^{\sim}$ であり，したがって F の $\mathcal{D}$ における連続性の仮定から $F(\psi_x^{\sim})$ が x に関して連続であることがわかる．同様に関連するすべての差分商が収束するので，結論として $F(\psi_x^{\sim})$ は無限回微分可能で $\partial_x^{\alpha} F(\psi_x^{\sim}) = F(\partial_x^{\alpha} \psi_x^{\sim})$ となる．

残されたのは (a) を証明することであるが，それには

$$\int F(\psi_x^{\sim})\varphi(x)\,dx = F(\psi^{\sim} * \varphi), \qquad \varphi \in \mathcal{D} \tag{2}$$

を示せば十分である．しかしながら $\psi \in \mathcal{D}$ であり，もちろん φ が連続でコンパクトな台をもつことから，$S(\varepsilon) = \varepsilon^d \sum_{n \in \mathbb{Z}^d} \psi^{\sim}(x - n\varepsilon)\varphi(n\varepsilon)$ として

$$(\psi^{\sim} * \varphi)(x) = \int \psi^{\sim}(x-y)\varphi(y)\,dy = \lim_{\varepsilon \to 0} S(\varepsilon)$$

を見ることは容易である．ここで，リーマン和 $S(\varepsilon)$ の $\psi^{\sim} * \varphi$ への収束は，$\mathcal{D}$ におけるものである．明らかに $S(\varepsilon)$ は各 $\varepsilon > 0$ ごとに有限和であり，したがって $F(S_\varepsilon) = \varepsilon^d \sum_{n \in \mathbb{Z}^d} F(\psi^{\sim}_{n\varepsilon})\varphi(n\varepsilon)$ となる．よって $x \longmapsto F(\psi^{\sim}_x)$ の連続性により，$\varepsilon \to 0$ の極限移行から (2) が導かれ，命題が証明される． ∎

この命題の簡単な応用として，$\mathbb{R}^d$ 上の任意の超関数 F は C^∞ 級関数の極限となることがわかる．超関数の列 $\{F_n\}$ が超関数 F に**弱い意味**で（あるいは**超関数の意味**で）収束するとは，任意の $\varphi \in \mathcal{D}$ に対して $F_n(\varphi) \to F(\varphi)$ となることをいう．

系 1.2 F を $\mathbb{R}^d$ 上の超関数とする．このとき，$f_n \in C^\infty$ である列 $\{f_n\}$ が存在して，弱い意味で $f_n \to F$ となる．

証明 $\{\psi_n\}$ を以下のようにして構成される近似単位元とする．$\int_{\mathbb{R}^d} \psi(x)\,dx = 1$ となる $\psi \in \mathcal{D}$ を一つ固定し，$\psi_n(x) = n^d \psi(nx)$ とおく．

$F_n = F * \psi_n$ と定める．このとき命題の 2 番目の結論から，各 F_n は C^∞ 級関数となる．しかしながら，1 番目の結論から

$$F_n(\varphi) = F(\psi^{\sim}_n * \varphi), \qquad \varphi \in \mathcal{D}$$

である．さらに，簡単に確かめられるように，$\mathcal{D}$ において $\psi^{\sim}_n * \varphi \to \varphi$ である．よって，各 $\varphi \in \mathcal{D}$ に対して $F_n(\varphi) \to F(\varphi)$ となり，系が示される． ∎

1.3 超関数の台

次は超関数の台の概念についてである．f が連続関数の場合には，その**台**は $f(x) \neq 0$ となる場所の集合の閉包として定義される．あるいは別の言い方をすれば，そこで f が消える開集合の中で最大なものの補集合のことである．超関数 F に対しては，F がある開集合上で消えるとは，その開集合内に台をもつすべての試験関数 $\varphi \in \mathcal{D}$ に対して $F(\varphi) = 0$ となることをいうものとする．かくして，**超関数 F の台**は F が消える開集合の中で最大なものの補集合として定義される．

この定義は曖昧なものではない．なぜなら，F が任意の開集合の族 $\{\mathcal{O}_i\}_{i \in \mathcal{I}}$ 上で消えるならば，F はその合併 $\mathcal{O} = \bigcup_{i \in \mathcal{I}} \mathcal{O}_i$ 上で消えるからである．実際，φ をコ

ンパクト集合 $K \subset \mathcal{O}$ に台をもつ試験関数とする．$\mathcal{O}$ はコンパクト集合 K を被覆するので，部分被覆を選ぶことにより（場合によっては集合 $\mathcal{O}_i$ の添字を付け替えて）$K \subset \bigcup_{k=1}^{N} \mathcal{O}_k$ と書くことができる．第 1 章第 7 節の単位の分割に正則化を施すことにより，滑らかな関数 η_k $(1 \leq k \leq N)$ で $0 \leq n_k \leq 1, \operatorname{supp}(\eta_k) \subset \mathcal{O}_k$ かつ $x \in K$ ならば $\sum_{k=1}^{N} \eta_k(x) = 1$ となるものが得られる．このとき，F が各 $\mathcal{O}_k$ 上で消えることより，$F(\sum_{k=1}^{N} \varphi\eta_k) = \sum_{k=1}^{N} F(\varphi\eta_k) = 0$ である．よって主張どおり F は $\mathcal{O}$ 上で消えている[5]．

超関数の台に関する以下の簡単な事実に注意しておく．$\partial_x^\alpha F$ や $\psi \cdot F$ $(\psi \in C^\infty)$ の台は F の台に含まれる．また，ディラックのデルタ関数（およびその導関数）の台は原点である．最後に，F と φ の台が互いに素ならば $F(\varphi) = 0$ である．

次に畳み込みにおける台の加法性について見ておこう．

命題 1.3　F を C_1 に台をもつ超関数とし，ψ を C_2 に台をもつ $\mathcal{D}$ に属する関数とする．このとき，$F * \psi$ の台は $C_1 + C_2$ に含まれる．

実際，$F(\psi_x^\sim) \neq 0$ となる x に対しては，F の台と $\psi_x^\sim$ の台が交わっていなくてはならない．$\psi_x^\sim$ の台は集合 $x - C_2$ であるので，このことは集合 C_1 と $x - C_2$ が共通点（それを y としよう）をもつことを意味している．$x = y + x - y$ で $y \in C_1$ かつ （$y \in x - C_2$ なので）$x - y \in C_2$ であるから, $x \in C_1 + C_2$ となり主張が示される．C_1 が閉であり C_2 がコンパクトであることから，集合 $C_1 + C_2$ は閉であることに注意しておく．

ここまで来れば，畳み込みの定義は超関数の対でどちらか一方がコンパクトな台をもつ場合にまで拡張することができる．実際，与えられた超関数 F および F_1 に対し，F_1 の台がコンパクトな場合には，$F * F_1$ を超関数 $(F * F_1)(\varphi) = F(F_1^\sim * \varphi)$ として定義する．ここで，$F_1^\sim$ は $F_1^\sim(\varphi) = F_1(\varphi^\sim)$ で定義される反射超関数である．これは $F_1 = \psi \in \mathcal{D}$ の場合に上で与えた定義の拡張となっている．C が F_1 の台ならば $-C$ は $F_1^\sim$ の台となることに注意せよ．それゆえ前命題により

5)　この台の概念は，第 III 巻第 2 章の可積分関数に対する「台」とは，それを超関数とみなした場合には一致しないことに注意する必要がある．このことは練習 5 においてさらに明確となる．

$F_1^{\sim} * \varphi$ はコンパクトな台をもち，かつ C^∞ 級となり，よって $\mathcal{D}$ に属する．写像 $\varphi \longmapsto (F * F_1)(\varphi)$ の $\mathcal{D}$ での連続性が要求されるが，それは直ちに従うことであり，検証は読者に委ねる．

上記のことから直ちに従う，畳み込みの他の性質を以下に列挙しておく：

- F_1 と F_2 がコンパクトな台をもつならば，$F_1 * F_2 = F_2 * F_1$ である．（そのため，F_1 のみがコンパクトな台をもつ場合であっても，$F * F_1$ のことをときどき $F_1 * F$ と書くことにする．）
- デルタ関数 δ に関して

$$F * \delta = \delta * F = F$$

が成り立つ．

- F_1 がコンパクトな台をもつならば，すべての多重指数 α に対して

$$\partial_x^\alpha (F * F_1) = (\partial_x^\alpha F) * F_1 = F * (\partial_x^\alpha F_1)$$

が成り立つ．

- F, F_1 の台をそれぞれ C, C_1 とし，C がコンパクトであるとき，$F * F_1$ の台は $C + C_1$ に含まれる．（このことは，前命題と練習 4 の (b) で述べられている近似から従う．）

1.4 緩増加超関数

大雑把な言い方をするが，無限遠において高々多項式増大する $\mathbb{R}^d$ 上の超関数が存在する．これら超関数の制限された増大度は，その試験関数の空間 $\mathcal{S}$ に反映される．この**試験関数**の空間 $\mathcal{S} = \mathcal{S}(\mathbb{R}^d)$ （シュワルツ空間 [6]）は，$\mathbb{R}^d$ 上の無限回微分可能な関数で，そのすべての導関数が無限遠で急減少するものからなる．より正確には，N が正の整数を動くとき，

$$\|\varphi\|_N = \sup_{x \in \mathbb{R}^d, |\alpha|, |\beta| \leq N} \left| x^\beta (\partial_x^\alpha \varphi)(x) \right|$$

により定義される N について単調増大するノルム列 $\|\cdot\|_N$ を考え [7]，$\mathcal{S}$ を任意の N に対して $\|\varphi\|_N < \infty$ となるすべての滑らかな関数 φ からなるものとして

6） 空間 $\mathcal{S}$ は第 I 巻の第 5, 6 章においてすでに現れている

7） 記号 $\|\cdot\|_N$ はこの章の全体にわたって用いることにする．L^p ノルムである $\|\cdot\|_{L^p}$ とは混同しないこと．

定義する．さらに，$k \to \infty$ のとき任意の N に対して $\|\varphi_k - \varphi\|_N \to 0$ となる場合に，$\mathcal{S}$ において $\varphi_k \to \varphi$ であるということにする．

このことを念頭において，F が**緩増加超関数**であるとはそれが $\mathcal{S}$ 上の線形汎関数であり，$\mathcal{S}$ において $\varphi_k \to \varphi$ ならば $F(\varphi_k) \to F(\varphi)$ であるという意味において連続であることとする．緩増加超関数のなすベクトル空間を $\mathcal{S}^*$ と書くことにする．試験関数の空間 $\mathcal{D} = \mathcal{D}(\mathbb{R}^d)$ は $\mathcal{S}$ に含まれ，$\mathcal{D}$ における収束から $\mathcal{S}$ における収束が導かれることから，任意の緩増加超関数は自動的に先に述べた意味で $\mathbb{R}^d$ 上の超関数となる．しかしながら逆は正しくはない（練習 9）．任意の $\varphi \in \mathcal{S}$ に対して関数列 $\varphi_k \in \mathcal{D}$ が存在して $k \to \infty$ のとき $\mathcal{S}$ において $\varphi_k \to \varphi$ となる意味において，$\mathcal{D}$ が $\mathcal{S}$ で稠密なことは注意しておくに値する．（練習 10 を見よ．）

任意の緩増加超関数が有限個のノルム $\|\cdot\|_N$ だけですでに制御されることを見るのも有用である．

命題 1.4　F を緩増加超関数とする．このとき，正整数 N と定数 $c > 0$ が存在して，

$$|F(\varphi)| \le c\|\varphi\|_N, \qquad \varphi \in \mathcal{S}$$

が成り立つ．

証明　そうではないと仮定する．そのときは結論が成り立たないので，正整数 n ごとに $\psi_n \in \mathcal{S}$ で $\|\psi_n\|_n = 1$ であるが $|F(\psi_n)| \ge n$ となるものが存在する．$\varphi_n = \psi_n / n^{1/2}$ とおく．このとき，$n \ge N$ となるや $\|\varphi_n\|_N \le \|\varphi_n\|_n$ となり，したがって $n \to \infty$ のとき $\|\varphi_n\|_N \le n^{-1/2} \to 0$ となるが，一方で $|F(\varphi_n)| \ge n^{1/2} \to \infty$ となり，F の連続性と矛盾する．■

以下は緩増加超関数の簡単な例である．

- コンパクト台をもつ超関数 F は緩増加でもある．このことは，C を F の台とすれば，ある $\eta \in \mathcal{D}$ で C のある近傍におけるすべての x に対して $\eta(x) = 1$ となるものが存在し，よって $\varphi \in \mathcal{D}$ ならば $F(\varphi) = F(\eta\varphi)$ となる事実より従う．こうして，$\mathcal{D}$ 上で定義された線形汎関数 F は，$\varphi \longmapsto F(\eta\varphi)$ により与えられる自明な $\mathcal{S}$ への拡張をもち，これが対応する超関数を与える．
- f を $\mathbb{R}^d$ 上の局所可積分とし，ある $N \ge 0$ に対して

$$\int_{|x|<R} |f(x)|\, dx = O(R^N), \qquad R \to \infty$$

をみたすものとする．このとき，f に対応する超関数は緩増加である．したがって，特に $1 \leq p \leq \infty$ をみたすある p で $f \in L^p(\mathbb{R}^d)$ ならばこのことは成立する．

• F が緩増加ならば，任意の α に対して $\partial_x^\alpha F$ も緩増加である．また，任意の多重指数 $\beta \geq 0$ に対して $x^\beta F(x)$ も緩増加である．

最後の主張は以下のように一般化される．ψ を $\mathbb{R}^d$ 上の C^∞ 級関数で，各 α ごとにある $N_\alpha \geq 0$ が存在して $\partial_x^\alpha \psi(x) = O(|x|^{N_\alpha})$ $(|x| \to \infty)$ となるという意味において**緩やかに増大**する任意の関数とする：このとき，F が緩増加超関数ならば $(\psi F)(\varphi) = F(\psi\varphi)$ で定義される ψF も緩増加である．

1.2 節および 1.3 節で議論した超関数の畳み込みに関する性質は，緩増加超関数に対しては修正が必要である．以下の主張の証明は，以前の議論を型通りに焼き直すだけである．

(a)　F が緩増加で $\psi \in \mathcal{S}$ ならば，関数 $F(\psi_x^\sim)$ として定義される $F * \psi$ は緩やかに増大する．さらに，もう一つの定義 $(F * \psi)(\varphi) = F(\psi^\sim * \varphi)$ $(\varphi \in \mathcal{S})$ はここでも引き続き有効である．その正当化には，ψ と φ が $\mathcal{S}$ に属するならば $\psi^\sim * \varphi \in \mathcal{S}$ である事実が必要となる．（練習 11 を見よ．）

(b)　F が緩増加超関数で F_1 がコンパクトな台をもつ超関数ならば，$F * F_1$ も緩増加である．$(F * F_1)(\varphi) = F(F_1^\sim * \varphi)$，およびこの主張の証明には F_1 がコンパクトな台をもち $\varphi \in \mathcal{S}$ ならば $F_1^\sim * \varphi \in \mathcal{S}$ が導かれることが必要となることに注意せよ．（練習 12 を見よ）．

1.5　フーリエ変換

緩増加超関数における最も興味深いこととして，このクラスはフーリエ変換によって自分自身に写されるが，これには，$\mathcal{S}$ もフーリエ変換に関して閉じているという事実が反映している．

$\varphi \in \mathcal{S}$ に対して，そのフーリエ変換 $\varphi^\wedge$（ときには $\widehat{\varphi}$ とも表記される）は，収束する積分として [8]

8)　ここで用いられる $\mathcal{S}$ 上のフーリエ変換に関する初等的な事実に関しては，第 I 巻の第 5, 6 章を見よ．

$$\varphi^\wedge(\xi)=\int_{\mathbb{R}^d}\varphi(x)e^{-2\pi ix\cdot\xi}\,dx$$

により定義される．写像 $\varphi\longmapsto\varphi^\wedge$ は $\mathcal{S}$ から $\mathcal{S}$ への連続な全単射であり，その逆は写像 $\psi\longmapsto\psi^\vee$, ただし

$$\psi^\vee(x)=\int_{\mathbb{R}^d}\psi(\xi)e^{2\pi ix\cdot\xi}\,d\xi$$

により与えられる．関連して，すべての $\varphi\in\mathcal{S}$ とすべての $N\geq 0$ に対して成立する簡単なノルム評価式

$$\|\widehat{\varphi}\|_N\leq C_N\|\varphi\|_{N+d+1}$$

を念頭に置いておくことは有用である．（この評価式自身は, $\sup_\xi|\widehat{\varphi}(\xi)|\leq\int_{\mathbb{R}^d}|\varphi(x)|\,dx$ $\leq A\|\varphi\|_{d+1}$ を見ることにより直ちに得られる.）

（すべての $\varphi,\ \psi\in\mathcal{S}$ に対して成立する）積に関する恒等式

$$\int_{\mathbb{R}^d}\widehat{\psi}(x)\varphi(x)\,dx=\int_{\mathbb{R}^d}\psi(x)\widehat{\varphi}(x)\,dx$$

は，緩増加超関数 F に対する**フーリエ変換** $F^\wedge$（ときには $\widehat{F}$ と表記される）の定義を示唆している．その定義とは

$$F^\wedge(\varphi)=F(\varphi^\wedge),\qquad \varphi\in\mathcal{S}$$

である．これより，写像 $F\longmapsto F^\wedge$ は緩増加超関数の空間の全単射であり，逆写像 $F\longmapsto F^\vee$ をもつ．ここで，$F^\vee$ は $F^\vee(\varphi)=F(\varphi^\vee)$ により与えれるものである．実際,

$$(F^\wedge)^\vee(\varphi)=F^\wedge(\varphi^\vee)=F((\varphi^\vee)^\wedge)=F(\varphi)$$

となる．さらに，写像 $F\longmapsto F^\wedge$ と $F\longmapsto F^\vee$ は超関数の収束を弱い意味，すなわちすべての $\varphi\in\mathcal{S}$ に対して $n\to\infty$ のとき $F_n(\varphi)\to F(\varphi)$ となるならば $F_n\to F$ とするという意味にとるならば，連続となる．（この収束は緩増加超関数の意味での収束とよばれることもある.）

次に，緩増加超関数という一般化された状況でのフーリエ変換の定義が，これまでに与えられたさまざまな特別な場合に対する定義と整合することを指摘していくことには意味があるであろう．たとえば，プランシュレルの定理を経由した L^2 的な定義[9]をとりあげよう．ある $f\in L^2(\mathbb{R}^d)$ から出発して，$F=F_f$ を対

9)　第 III 巻の第5章第1節を見よ．

応する緩増加超関数とする．ここで，f は ある $f_n \in \mathcal{S}$ による列 $\{f_n\}$ により（L^2 ノルムで）近似される．このとき，超関数として上で述べた弱い意味での収束 $f_n \to F$ が成立する．よって，これもまた弱い意味で $\widehat{f_n} \to \widehat{F}$ となるが，$\widehat{f_n}$ は L^2 ノルムで $\widehat{f}$ に収束することから，$\widehat{F}$ は関数 $\widehat{f}$ であることがわかる．同じ議論が，$1 \leq p \leq 2$ に関する $f \in L^p(\mathbb{R}^d)$ と，前章の第 2 節におけるハウスドルフ–ヤングの不等式に従って $L^q(\mathbb{R}^d), 1/p + 1/q = 1$ において定義される $\widehat{f}$ に対しても成立する．

次に，微分や単項式の掛け算に関する通常の形式的な法則は，この一般的な状況下におけるフーリエ変換に対しても適用されることに注意しておこう．したがって，$F \in \mathcal{S}^*$ ならば

$$(\partial_x^\alpha F)^\wedge = (2\pi i x)^\alpha F^\wedge$$

が成立するが，これは

$$\begin{aligned}(\partial_x^\alpha F)^\wedge(\varphi) &= \partial_x^\alpha F(\varphi^\wedge)\\ &= (-1)^{|\alpha|} F(\partial_x^\alpha(\varphi^\wedge))\\ &= F(((2\pi i x)^\alpha \varphi)^\wedge)\\ &= (2\pi i x)^\alpha F^\wedge(\varphi)\end{aligned}$$

となるからである．同様に $((-2\pi i x)^\alpha F)^\wedge = \partial_x^\alpha(F^\wedge)$ である．また，$\mathbf{1}$ を恒等的に 1 に等しい関数とすれば，緩増加超関数として

$$\widehat{\mathbf{1}} = \delta \qquad \text{および} \qquad \widehat{\delta} = \mathbf{1}$$

が成り立ち，これより

$$((-2\pi i x)^\alpha)^\wedge = \partial_x^\alpha \delta \qquad \text{および} \qquad (\partial_x^\alpha \delta)^\wedge = (2\pi i x)^\alpha$$

が成立することも注意しておくべきことである．

以下の付加的な性質は，緩増加超関数におけるフーリエ変換の本質を浮き彫りにするものである．

命題 1.5 F を緩増加超関数とし $\psi \in \mathcal{S}$ とする．このとき，$F * \psi$ は緩やかに増大する C^∞ 級関数であり，これを緩増加超関数とみなすとき $(F * \psi)^\wedge = \psi^\wedge F^\wedge$ が成立する．

証明　$F(\psi_x^\sim)$ が緩やかに増大することは，1.4 節の命題と，任意の関数 $\psi \in \mathcal{D}$ と N に対して $\|\psi_x^\sim\|_N \le c(1+|x|)^N \|\psi\|_N$，さらにより一般に

$$\|\partial_x^\alpha \psi_x^\sim\|_N \le c(1+|x|)^N \|\psi\|_{N+|\alpha|}$$

が成立することを合わせ見ることにより従う．$(F*\psi)(\varphi) = F(\psi^\sim * \varphi)$ であるので，$(F*\psi)^\wedge(\varphi) = F(\psi^\sim * \varphi^\wedge)$ が従う．一方，$\psi^\wedge F^\wedge(\varphi) = F^\wedge(\psi^\wedge \varphi) = F((\psi^\wedge \varphi)^\wedge)$ である．よって，$(\psi^\wedge \varphi)^\wedge = \psi^\sim * \varphi^\wedge$ が容易に確かめられることから，求める等式 $(F*\psi)^\wedge(\varphi) = (\psi^\wedge F^\wedge)(\varphi)$ が証明される．■

命題 1.6　F をコンパクトな台をもつ超関数とするとき，そのフーリエ変換 $F^\wedge$ は緩やかに増大する C^∞ 級関数である．実際，F の台の近傍で 1 に等しい $\mathcal{D}$ に属する関数 η を用いて，$e_\xi(x) = \eta(x)e^{-2\pi i x\xi}$ で与えられる $\mathcal{D}$ の元 e_ξ に対して，ξ の関数として $F^\wedge(\xi) = F(e_\xi)$ が成立する．

証明　命題 1.4 を持ち出すならば，直ちに $|F(e_\xi)| \le C\|e_\xi\|_N \le c'(1+|\xi|)^N$ がわかる．同じ評価により，$F(e_\xi)$ の差分商が収束し $|\partial_\xi^\alpha F(e_\xi)| \le c_\alpha(1+|\xi|)^{N+|\alpha|}$ となる．よって $F(e_\xi)$ は C^∞ であり緩やかに増大する．関数 $F(e_\xi)$ が F のフーリエ変換であることを証明するには，

$$\int_{\mathbb{R}^d} F(e_\xi)\varphi(\xi)\,d\xi = F(\widehat{\varphi}), \qquad \varphi \in \mathcal{S} \tag{3}$$

を見れば十分である．まず $\varphi \in \mathcal{D}$ に対してこれを証明しよう．

すでに示したことより，関数 $g(\xi) = F(e_\xi)\varphi(\xi)$ は連続であり確かにコンパクトな台をもつ．よって各 $\varepsilon > 0$ に対して S_ε を（有限）和 $\varepsilon^d \sum_{n\in\mathbb{Z}^d} g(n\varepsilon)$ とすれば，

$$\int_{\mathbb{R}^d} F(e_\xi)\varphi(\xi)\,d\xi = \int_{\mathbb{R}^d} g(\xi)\,d\xi = \lim_{\varepsilon\to 0} S_\varepsilon$$

が成り立つ．しかしながら $s_\varepsilon = \varepsilon^d \sum_{n\in\mathbb{Z}^d} e_{n\varepsilon}\varphi(n\varepsilon)$ とすれば $S_\varepsilon = F(s_\varepsilon)$ である．$\varepsilon \to 0$ とすれば明らかに，

$$s_\varepsilon(x) \to \eta(x)\int_{\mathbb{R}^d} e^{-2\pi i x\cdot\xi}\varphi(\xi)\,d\xi = \eta(x)\widehat{\varphi}(x)$$

がノルム $\|\cdot\|_N$ の意味で成立する．よって再び命題 1.4 を用いることにより，$S_\varepsilon \to F(\eta\widehat{\varphi})$ を得る．いま F の台の近傍において $\eta = 1$ であるので，$F(\eta\widehat{\varphi}) = F(\widehat{\varphi})$ である．これらをすべて合わせて $\varphi \in \mathcal{D}$ の場合の (3) が得られ，これを $\varphi \in \mathcal{S}$ に対する結果にまで拡張するには $\mathcal{D}$ が $\mathcal{S}$ で稠密であることを思い出すだけで十

分である. ∎

1.6 点上に台をもつ超関数

連続関数とは違い, 超関数は孤立点を台としてもつことが可能である. デルタ関数やその各導関数がこの場合にあたる. これらの例がこの現象の一般的な場合を代表することが次の定理の内容である.

定理 1.7 F を原点に台をもつ超関数とする. このとき, F は有限和

$$F = \sum_{|\alpha|\le N} a_\alpha \partial_x^\alpha \delta$$

で表される. すなわち,

$$F(\varphi) = \sum_{|\alpha|\le N} (-1)^{|\alpha|} a_\alpha (\partial_x^\alpha \varphi)(0), \qquad \varphi \in \mathcal{D}$$

である.

この議論は以下に基づいている.

補題 1.8 F_1 は原点に台をもつ超関数で, ある N に対して以下の条件をみたすものとする.

(a) すべての $\varphi \in \mathcal{D}$ に対して $|F_1(\varphi)| \le c\|\varphi\|_N$.

(b) すべての $|\alpha| \le N$ に対して $F_1(x^\alpha) = 0$.

このとき $F_1 = 0$ である.

実際, $\eta \in \mathcal{D}$ を $|x| \ge 1$ に対しては $\eta(x) = 0$ で, $|x| \le 1/2$ のときに $\eta(x) = 1$ となるものとし, $\eta_\varepsilon(x) = \eta(x/\varepsilon)$ と書く. このとき, F_1 は原点に台をもつことから $F_1(\eta_\varepsilon\varphi) = F_1(\varphi)$ である. さらに, 同じ理由ですべての $|\alpha| \le N$ に対して $F_1(\eta_\varepsilon x^\alpha) = F_1(x^\alpha) = 0$ となり, それゆえ $\varphi^{(\alpha)} = \partial_x^\alpha\varphi(0)$ に対して

$$F_1(\varphi) = F_1\left(\eta_\varepsilon(\varphi(x) - \sum_{|\alpha|\le N} \frac{\varphi^{(\alpha)}(0)}{\alpha!} x^\alpha)\right)$$

となる. $R(x) = \varphi(x) - \sum_{|\alpha|\le N} \frac{\varphi^{(\alpha)}(0)}{\alpha!} x^\alpha$ を剰余項と見れば, $|R(x)| \le c|x|^{N+1}$ かつ $|\beta| \le N$ に対して $|\partial_x^\beta R(x)| \le c_\beta |x|^{N+1-|\beta|}$ となる. しかしながら $|\partial_x^\beta \eta_\varepsilon(x)| \le c_\beta \varepsilon^{-|\beta|}$ かつ $|x| \ge \varepsilon$ のときに $\partial_x^\beta \eta_\varepsilon(x) = 0$ である. よってライプニッツの公式

により $\|\eta_\varepsilon R\|_N \leq c\varepsilon$ となり，仮定 (a) から $|F_1(\varphi)| \leq c'\varepsilon$ が得られ，$\varepsilon \to 0$ とすることにより欲しい結論が従う．

定理の証明を続けると，いま上の補題を $F_1 = F - \sum_{|\alpha| \leq N} a_\alpha \partial_x^\alpha \delta$ に対して適用するが，N は命題 1.4 の結論の成立を保証する指数にとり，a_α を $a_\alpha = \dfrac{(-1)^{|\alpha|}}{\alpha!} F(x^\alpha)$ となるように選ぶ．このとき，$\alpha = \beta$ ならば $\partial_x^\alpha(\delta)(x^\beta) = (-1)^{|\alpha|}\alpha!$ であり，それ以外は 0 であることから $F_1 = 0$ がわかり，定理が証明される．

2. 重要な超関数の例

超関数の初等的性質を述べてきたところで，それらが解析の諸分野においてどのように登場するかについて説明しておこう．

2.1　ヒルベルト変換と $\mathbf{pv}\left(\dfrac{1}{x}\right)$

実数 x で $x \neq 0$ となるものに対して定義される関数 $1/x$ を考察する．これは原点の近くでは可積分ではないので，そのままでは $\mathbb{R}$ 上の超関数とはならない．しかし，関数 $1/x$ と自然な形で対応するある超関数が存在する．それは**主値**（pv）

$$\varphi \longmapsto \lim_{\varepsilon \to 0} \int_{|x| \geq \varepsilon} \varphi(x)\, \frac{dx}{x}$$

として定義されるものである．まず，この極限がすべての $\varphi \in \mathcal{S}$ に対して存在することを見ておこう．

$\varepsilon \leq 1$ と仮定して

$$\int_{|x| \geq \varepsilon} \varphi(x)\, \frac{dx}{x} = \int_{1 \geq |x| \geq \varepsilon} \varphi(x)\, \frac{dx}{x} + \int_{|x| > 1} \varphi(x)\, \frac{dx}{x}\,. \tag{4}$$

最も右側にある積分は，φ が無限遠で（急）減少することより明らかに収束する．右辺の他の積分に関しては，$1/x$ が奇関数であるという事実により $\displaystyle\int_{1 \geq |x| \geq \varepsilon} \frac{dx}{x} = 0$ となることから

$$\int_{1 \geq |x| \geq \varepsilon} \frac{\varphi(x) - \varphi(0)}{x}\, dx$$

と書くことができるが，$|\varphi(x) - \varphi(0)| \leq c|x|$ $(c = \sup|\varphi'(x)|)$ であるので，$\varepsilon \to 0$ としたときの (4) の左辺の極限は明らかに存在する．この極限を

$$\mathrm{pv}\int_{\mathbb{R}}\varphi(x)\,\frac{dx}{x}$$

と表すことにする．上のことから

$$\left|\mathrm{pv}\int_{\mathbb{R}}\varphi(x)\,\frac{dx}{x}\right|\le c'\|\varphi\|_1$$

（ここでノルム $\|\cdot\|_1$ は 1.4 節で定義されたものである）が成り立つことも明らかで，

$$\varphi\longmapsto\mathrm{pv}\int_{\mathbb{R}}\varphi(x)\,\frac{dx}{x}$$

は緩増加超関数となる．この超関数を $\mathrm{pv}\left(\dfrac{1}{x}\right)$ であらわす．

読者が想像するように，超関数 $\mathrm{pv}\left(\dfrac{1}{x}\right)$ は前章において学んだヒルベルト変換 H と密接に関連している．まずは

$$H(f)=\frac{1}{\pi}\,\mathrm{pv}\left(\frac{1}{x}\right)*f,\qquad f\in\mathcal{S} \tag{5}$$

が成立することを見ておこう．実際，$\mathrm{pv}\left(\dfrac{1}{x}\right)$ の定義と畳み込みの定義に従って

$$\frac{1}{\pi}\,\mathrm{pv}\left(\frac{1}{x}\right)*f=\lim_{\varepsilon\to 0}\frac{1}{\pi}\int_{|y|\ge\varepsilon}f(x-y)\,\frac{dy}{y}$$

を得るが，この極限はすべての x に対して存在する．しかし前章の命題 3.1 は，$f\in L^2(\mathbb{R})$ のときには右辺が $\varepsilon\to 0$ で $H(f)$ に $L^2(\mathbb{R})$ ノルムで収束することを主張している．よって，畳み込み $\dfrac{1}{\pi}\,\mathrm{pv}\left(\dfrac{1}{x}\right)*f$ は L^2 関数 $H(f)$ に等しい．

ここで $\mathrm{pv}\left(\dfrac{1}{x}\right)$ に対するいくつかの替わりとなる定式化を与えておこう．ここで用いられている省略形の意味も，以下の定理の証明中において説明されるであろう．

定理 2.1　超関数 $\mathrm{pv}\left(\dfrac{1}{x}\right)$ は以下に等しい．

(a)　$\dfrac{d}{dx}(\log|x|)$.

(b)　$\dfrac{1}{2}\left(\dfrac{1}{x-i0}+\dfrac{1}{x+i0}\right)$.

また，そのフーリエ変換は $\dfrac{\pi}{i}\,\mathrm{sign}(x)$ に等しい．

(a) に関しては, $\log|x|$ が局所可積分関数であることに注意せよ．ここで $\dfrac{d}{dx}(\log|x|)$ は超関数としての導関数である．いまその意味において

$$\left(\frac{d}{dx}(\log|x|)\right)(\varphi) = -\int_{-\infty}^{\infty}(\log|x|)\frac{d\varphi}{dx}\,dx, \qquad \varphi \in \mathcal{S}$$

となるが，積分は $-\displaystyle\int_{|x|\geq\varepsilon}(\log|x|)\frac{d\varphi}{dx}\,dx$ の $\varepsilon \to 0$ としたときの極限であり，部分積分により

$$\int_{|x|\geq\varepsilon}\frac{\varphi(x)}{x}\,dx + \log(\varepsilon)[\varphi(\varepsilon) - \varphi(-\varepsilon)]$$

と等しいことがわかる．

さらに，特に φ は C^1 級であることから $\varphi(\varepsilon) - \varphi(-\varepsilon) = O(\varepsilon)$ となる．よって，$\varepsilon \to 0$ のとき $\log(\varepsilon)[\varphi(\varepsilon) - \varphi(-\varepsilon)] \to 0$ であり，(a) が示された．

次に (b) の結論に目を向けることにして，$\varepsilon > 0$ に対して有界関数 $1/(x - i\varepsilon)$ を考える．$\varepsilon \to 0$ のとき，関数 $1/(x - i\varepsilon)$ は超関数の意味である極限に収束することを見て，それを $1/(x - i0)$ で表すことにする．また，$1/(x - i0) = \mathrm{pv}\left(\dfrac{1}{x}\right) + i\pi\delta$ であることも示そう．同様に，$\displaystyle\lim_{\varepsilon\to 0} 1/(x + i\varepsilon) = 1/(x + i0)$ が存在して $\mathrm{pv}\left(\dfrac{1}{x}\right) - i\pi\delta$ に等しくなる．これを示すために，関数

$$\frac{1}{2}\left(\frac{1}{x - i\varepsilon} + \frac{1}{x + i\varepsilon}\right) = \frac{x}{x^2 + \varepsilon^2}$$

を考えることになる．まずは，超関数の意味で，

$$\frac{x}{x^2 + \varepsilon^2} \to \mathrm{pv}\left(\frac{1}{x}\right) \qquad (\varepsilon \to 0) \tag{6}$$

となることを主張する．

実際においては，前章の 3.1 節で定義された共役ポアソン核 $\mathcal{Q}_\varepsilon(x) = \dfrac{1}{\pi}\dfrac{x}{x^2 + \varepsilon^2}$ を扱うことになる．そこでの等式 (18) 以降の議論から，$\Delta_\varepsilon(x)$ が x についての奇関数であるので，

$$\begin{aligned}\frac{1}{\pi}\int_{|x|>\varepsilon}\varphi(x)\,\frac{dx}{x} - \int_{\mathbb{R}}\varphi(x)\mathcal{Q}_\varepsilon(x)\,dx &= \int_{\mathbb{R}}\varphi(x)\Delta_\varepsilon(x)\,dx \\ &= \int_{|x|\leq 1}[\varphi(x) - \varphi(0)]\,\Delta_\varepsilon(x)\,dx + \int_{|x|>1}\varphi(x)\Delta_\varepsilon(x)\,dx\end{aligned}$$

がわかる．この関数は評価式 $|\Delta_\varepsilon(x)| \leq A/\varepsilon$ および $|\Delta_\varepsilon(x)| \leq A\varepsilon/x^2$ をみたす．さらに $\varphi \in \mathcal{D}$ ならば，$|\varphi(x) - \varphi(0)| \leq c|x|$ であり，φ は $\mathbb{R}$ 上で有界である．そ

れゆえ

$$\left|\int_{\mathbb{R}} \varphi(x)\Delta_\varepsilon(x)\,dx\right| \le O\left\{\varepsilon^{-1}\int_{|x|\le\varepsilon}|x|\,dx + \varepsilon\int_{\varepsilon<|x|\le 1}\frac{dx}{|x|} + \varepsilon\int_{1<|x|}\frac{dx}{x^2}\right\}$$

となる．右辺の表現は明らかに $\varepsilon \to 0$ で $O(\varepsilon|\log\varepsilon|)$ であるから 0 に収束する．よって (6) が示された．次に，$\mathcal{P}_y(x)$ をポアソン核 $\dfrac{1}{\pi}\dfrac{y}{x^2+y^2}$ として，前章の等式 (15)

$$-\frac{1}{i\pi z} = \mathcal{P}_y(x) + i\mathcal{Q}_y(x), \qquad z = x+iy$$

を思い出そう．$y = \varepsilon > 0$ とし，複素共役をとることにより

$$\frac{1}{x-i\varepsilon} = \pi\mathcal{Q}_\varepsilon(x) + i\pi\mathcal{P}_\varepsilon(x)$$

がわかる．$\mathcal{P}_y$ は近似単位元をなすので（第 III 巻の第 3 章を見よ），あるいは $\mathcal{Q}_y$ に対するものと極めて同様の議論から，$\varepsilon \to 0$ のときに $\mathcal{P}_\varepsilon \to \delta$ となることがわかる．よって，

$$\frac{1}{x-i0} = \mathrm{pv}\left(\frac{1}{x}\right) + i\pi\delta$$

となる．上の等式において複素共役をとってもよく，これにより

$$\frac{1}{x+i0} = \mathrm{pv}\left(\frac{1}{x}\right) - i\pi\delta$$

も得られる．これら二つを足し合わせることで (b) の結論が得られる．ついでに，等式

$$i\pi\delta = \frac{1}{2}\left(\frac{1}{x-i0} - \frac{1}{x+i0}\right)$$

が得られたことに注意しておく．

定理の最後の主張を証明するために，$x/(x^2+\varepsilon^2)$ の超関数の意味でのフーリエ変換を考える．前章 3.1 節の (17) により，すべての $f \in L^2(\mathbb{R})$ に対して

$$\int_{\mathbb{R}} f(-x)\frac{x\,dx}{x^2+\varepsilon^2} = \pi\int_{\mathbb{R}} \widehat{f}(\xi)e^{-2\pi\varepsilon|\xi|}\frac{\mathrm{sign}(\xi)}{i}\,d\xi$$

が得られ，特に $f \in \mathcal{S}$ に対してこれは成立する．f に $f = \widehat{\varphi}$ を代入すれば（$(\varphi^\wedge)^\wedge = \varphi(-x)$ に注意して）

$$\left(\frac{x}{x^2+\varepsilon^2}\right)^\wedge(\varphi) = \left(\frac{x}{x^2+\varepsilon^2}\right)(\widehat{\varphi}) = \pi\int_{\mathbb{R}}\varphi(\xi)e^{-2\pi|\xi|}\frac{\mathrm{sign}(\xi)}{i}\,d\xi$$

を得る．$\varepsilon \to 0$ として

$$\left(\mathrm{pv}\left(\frac{1}{x}\right)\right)^\wedge(\varphi) = \pi\int_{\mathbb{R}}\varphi(\xi)\frac{\mathrm{sign}(\xi)}{i}\,d\xi$$

が従うが，これは $\left(\mathrm{pv}\left(\frac{1}{x}\right)\right)^{\wedge}$ が関数 $\frac{\pi}{i}\,\mathrm{sign}(\xi)$ であることを示しており，定理の証明が完結する．

上の議論で超関数 $1/(x-i0)$，$1/(x+i0)$，$\mathrm{pv}\left(\frac{1}{x}\right)$ は相異なるものであることを見てきたが，原点以外ではすべて関数 $1/x$ に一致していることに注意しておく．

2.2　斉次超関数

次の話題に移ることにして，$\mathrm{pv}\left(\frac{1}{x}\right)$ が斉次超関数であることを見よう．この概念を定義するために，$\mathbb{R}^d-\{0\}$ 上の関数 f が λ **次斉次**であるとは，$f_a(x)=f(ax)$ としたとき，すべての $a>0$ に対して $f_a=a^{\lambda}f$ が成り立つことであったことを思い出しておこう．さて超関数 F に対する伸長 F_a は，φ^a を φ の双対伸長すなわち $\varphi^a=a^{-d}\varphi_{a^{-1}}$ として，双対性

$$F_a(\varphi)=F(\varphi^a)$$

により定義されていた．同様に，双対伸長 F^a を $F^a(\varphi)=F(\varphi_a)$ により定義することができ，$F^a=a^{-d}F_{a^{-1}}$ が成立することに注意しておく．

上記のことを鑑みて，超関数 F が λ **次斉次**であるとは，すべての $a>0$ に対して $F_a=a^{\lambda}F$ が成り立つことをいうものとする．

さて関数 $1/x$ は明らかに -1 次斉次であるが，われわれにとって重要なのは超関数 $\mathrm{pv}\left(\frac{1}{x}\right)$ が -1 次斉次なことである．実際

$$\begin{aligned}\mathrm{pv}\left(\frac{1}{x}\right)_a(\varphi)&=\mathrm{pv}\left(\frac{1}{x}\right)(\varphi^a)=a^{-1}\lim_{\varepsilon\to 0}\int_{|x|\geq\varepsilon}\varphi(x/a)\,\frac{dx}{x}\\&=a^{-1}\lim_{\varepsilon\to 0}\int_{|x|\geq\varepsilon/a}\varphi(x)\,\frac{dx}{x}=a^{-1}\,\mathrm{pv}\left(\frac{1}{x}\right)(\varphi)\end{aligned}$$

となる．最後から 2 番目の等式は，変数変換 $x\to ax$ をして dx/x が不変であることに注意すれば得られる．読者は超関数 $1/(x-i0)$，$1/(x+i0)$，そして δ もまた -1 次斉次であることを確認してみるとよい．

斉次超関数とフーリエ変換との間には，ある重要な関連性が存在している．φ_a および φ^a を先に定義した伸長として，すべての $\varphi\in\mathcal{S}$ に対して成立する初等的な等式 $(\varphi^a)^{\wedge}=(\varphi^{\wedge})_a$ がそのヒントである．以下はこのアイデアを包含する最も単純な命題である．

命題 2.2 F を $\mathbb{R}^d$ 上の λ 次斉次な緩増加超関数とする．このとき，そのフーリエ変換 $F^\wedge$ は $-d-\lambda$ 次斉次である．

注意 F が緩増加であるという制限は不要である．任意の斉次超関数は自動的に緩増加となることが示される．この結果に関しては練習 8 を見よ．

順次 $(F^\wedge)_a$ を

$$
\begin{aligned}
(F^\wedge)_a(\varphi) &= F^\wedge(\varphi^a) = F((\varphi^a)^\wedge) = F((\varphi^\wedge)_a) \\
&= F^a(\varphi^\wedge) = a^{-d}F_{a^{-1}}(\varphi^\wedge) = a^{-d-\lambda}F(\varphi^\wedge) = a^{-d-\lambda}F^\wedge(\varphi)
\end{aligned}
$$

と書いて処理していく．これにより示すべき $(F^\wedge)_a = a^{-d-\lambda}F^\wedge$ が得られる．

特に興味深い例として登場するのが関数 $|x|^\lambda$ であるが，これは λ 次斉次であり，$\lambda > -d$ ならば局所可積分となる．対応する超関数を H_λ で表すことにするが（ただし $\lambda > -d$ の場合），これは明らかに緩増加である．

以下の等式が成立する．

定理 2.3 $-d < \lambda < 0$ ならば

$$
(H_\lambda)^\wedge = c_\lambda H_{-d-\lambda} \qquad \text{ただし} \qquad c_\lambda = \frac{\Gamma\left(\dfrac{d+\lambda}{2}\right)}{\Gamma\left(\dfrac{-\lambda}{2}\right)}\pi^{-d/2-\lambda}
$$

である．

仮定 $\lambda < 0$ が $-d-\lambda > -d$ を保証しており，$H_{-d-\lambda}$ を定義する $|x|^{-d-\lambda}$ も再び局所可積分となることに注意せよ．

この定理の証明を，$\psi(x) = e^{-\pi|x|^2}$ はそれ自身のフーリエ変換であるという事実から出発することにする．このとき，$(\psi_a)^\wedge = (\psi^\wedge)^a$ であることから（$a = t^{1/2}$ として）

$$
\int_{\mathbb{R}^d} e^{-\pi t|x|^2}\widehat{\varphi}(x)\,dx = t^{-d/2}\int_{\mathbb{R}^d} e^{-\pi|x|^2/t}\varphi(x)\,dx
$$

となる．ここで両辺に $t^{-\lambda/2-1}$ を掛けて $(0, \infty)$ 上で積分し，積分順序を交換する．$A > 0$ と $\lambda > 0$ に対し

$$
\int_0^\infty e^{-tA}t^{-\lambda/2-1}\,dt = A^{\lambda/2}\,\Gamma(-\lambda/2)
$$

となることに注意するが，これは必要な変数変換により $A = 1$ の場合に帰着させ

ることにより得られる．この等式を $A=\pi|x|^2$ に対して用いれば，

$$\int_{\mathbb{R}^d}\int_0^\infty e^{-\pi t|x|^2}\,\widehat{\varphi}(x)\,t^{-\lambda/2-1}\,dt\,dx=\pi^{\lambda/2}\,\Gamma(-\lambda/2)\int_{\mathbb{R}^d}|x|^\lambda\widehat{\varphi}(x)\,dx$$

を得る．同様に $\displaystyle\int_0^\infty t^{-d/2}t^{-\lambda/2-1}e^{-A/t}\,dt$ に対して変数変換 $t\to 1/t$ を施すことにより，この積分が

$$\int_0^\infty t^{d/2+\lambda/2-1}e^{-At}\,dt=A^{-d/2-\lambda/2}\,\Gamma\left(\frac{d}{2}+\frac{\lambda}{2}\right)$$

に等しいことがわかる．これを $\displaystyle\int_{\mathbb{R}^d}\int_0^\infty t^{-d/2}e^{-\pi|x|^2/t}\varphi(x)\,dt\,dx$ に代入すれば

$$\begin{aligned}\pi^{\lambda/2}\,\Gamma(-\lambda/2)&\int_{\mathbb{R}^d}|x|^\lambda\widehat{\varphi}(x)\,dx\\&=\pi^{-d/2-\lambda/2}\,\Gamma(d/2+\lambda/2)\int_{\mathbb{R}^d}|x|^{-d-\lambda}\varphi(x)\,dx\end{aligned}$$

となるが，これがここでの定理である．

主値超関数 $\mathrm{pv}\left(\dfrac{1}{x}\right)$ とここで考察したばかりの H_λ は，原点以外で試験すれば C^∞ 級関数と一致するという共通した性質を備えている．この概念を次の定義において定式化する．超関数 K が**正則**[10]であるとは，ある $\mathbb{R}^d-\{0\}$ で C^∞ な関数 k が存在して，原点とは交わらない台をもつ任意の $\varphi\in\mathcal{D}$ に対して $K(\varphi)=\displaystyle\int_{\mathbb{R}^d}k(x)\varphi(x)\,dx$ となることをいう．このことを，K は原点以外で C^∞ であるといった言い方もすることにし，k のことを K に**付随する**関数と呼ぶことにする．（k は K から一意的に定まることに注意せよ．）$\mathrm{pv}\left(\dfrac{1}{x}\right)$ に付随する関数は $1/x$ であることに注意しておく．

一般の場合に戻って，超関数 K が λ 次斉次ならば関数 k も自動的に λ 次斉次となることを見てとることができる．実際 $\varphi\in\mathcal{D}$ の台が原点から離れていれば $K(\varphi)=\displaystyle\int k(x)\varphi(x)\,dx$ である一方，

$$K_a(\varphi)=K(\varphi^a)=a^{-d}\int_{\mathbb{R}^d}k(x)\varphi(x/a)\,dx=\int_{\mathbb{R}^d}k_a(x)\varphi(x)\,dx$$

である．よって，そのような任意の φ に対して

10）訳注：regular の訳．正則（holomorphic）と混同しないように．

$$\int_{\mathbb{R}^d} (a^\lambda k(x) - k_a(x))\varphi(x)\,dx = 0$$

となり，これは $k_a(x) = a^\lambda k(x)$ を意味している．

上の考察と例から次の二つのことが問題となる．

問題 1. λ 次斉次で原点以外で C^∞ な関数 k を与えるとき，どのような場合に正則 λ 次斉次超関数 K で k が付随しているものが存在するか？ もしそのような超関数が存在するならば，どの程度まで k から一意的に定められるか？

問題 2. そのような K のフーリエ変換はどのように特徴づけられるか？

最初に 2 番目の問題に対しての解答を与える．

定理 2.4 正則 λ 次斉次超関数 K のフーリエ変換は正則 $-d-\lambda$ 次斉次超関数であり，逆も成立する．

証明 すでに命題 2.2 から $K^\wedge$ が $-d-\lambda$ 次斉次であることが示されている．$K^\wedge$ が原点以外で C^∞ 級関数と一致することを示すために，原点の付近に台をもつ K_0 と原点から離れた台をもつ K_1 により $K = K_0 + K_1$ と分解する．そのようにするには，C^∞ で $|x| \leq 1$ に台をもち，$|x| \leq 1/2$ 上で 1 に等しい切り落とし関数 η を一つ固定し，$K_0 = \eta K$, $K_1 = (1-\eta)K$ とすればよい．特に，$1-\eta$ は原点の近くで 0 であるので K_1 は関数 $(1-\eta)k$ である．また，$K^\wedge = K_0^\wedge + K_1^\wedge$ である．

いま，命題 1.6 により $K_0^\wedge$ は（いたるところで）C^∞ な関数である．$K_1^\wedge$ が原点以外で C^∞ であることを示すために，緩増加超関数に対して成立するフーリエ変換に対する通常の操作により

$$(-4\pi^2|\xi|^2)^N \partial_\xi^\alpha (K_1^\wedge) = (\triangle^N[(-2\pi ix)^\alpha K_1])^\wedge \tag{7}$$

が成立することを見る．ここで $\triangle$ はラプラシアン $\triangle = \partial^2/\partial x_1^2 + \cdots + \partial^2/\partial x_d^2$ のことであった．

さて，$|x| \geq 1$ のときには $K_1 = k$ であり，よって $\partial_x^\beta(K_1)$ は有界な $\lambda-|\beta|$ 次斉次関数となり，したがって $|x| \geq 1$ で $O(|x|^{\lambda-|\beta|})$ である．それゆえ，$\triangle^N[x^\alpha K_1]$ は $|x| \geq 1$ で $O(|x|^{\lambda+|\alpha|-2N})$ であり，一方 $|x| \leq 1$ では確かに有界関数である．よって十分大きな N（$2N > \lambda + |\alpha| + d$）に対して，この関数は $L^1(\mathbb{R}^d)$ に属する．結果として，そのフーリエ変換は連続となる．（第 III 巻の第 2 章を見よ．）こ

のことは (7) により，$\partial_x^\alpha(K_1^\wedge)$ が原点以外では連続関数に一致していることを示している．このことがすべての α に対して成り立つので，練習 2 から $K_1^\wedge$ は原点以外で C^∞ であることになり，これが示したいことであった．

逆フーリエ変換はフーリエ変換に引き続き反射を施したもの，すなわち $K^\vee = (K^\wedge)^\sim$ であるので，逆はいま示したばかりのことからの帰結である．■

さて，上の 1 番目の問題に戻ろう．

定理 2.5　k は $\mathbb{R}^d - \{0\}$ 上で与えられた C^∞ 級関数で λ 次斉次であるものとする．

(a)　λ が非負整数 m により $-d-m$ の形で表せないならば，ある λ 次斉次超関数 K で原点以外では k と一致するものが一意的に存在する．

(b)　$\lambda = -d-m$ で m が非負整数ならば，(a) のような超関数 K が存在するのは k が相殺条件

$$\int_{|x|=1} x^\alpha k(x)\, d\sigma(x) = 0, \qquad |\alpha| = m$$

をみたす場合であり，かつその場合に限る．

(c)　(b) で現れる任意の超関数は

$$K + \sum_{|\alpha|=m} c_\alpha \partial_x^\alpha \delta$$

の形である．

証明　まずは, k により与えられる超関数 K の構成の問題について論じよう．関数 k は自動的に有界性 $|k(x)| \le c|x|^\lambda$ をみたすことに注意する．実際，$k(x)/|x|^\lambda$ は 0 次斉次であり（k の連続性から）単位球面上で有界となるので，$\mathbb{R}^d - \{0\}$ 全体で有界となる．

よって $\lambda > -d$ ならば k は $\mathbb{R}^d$ 上で局所可積分であり，K として k により定義される超関数にとることができる．この局所可積分性は $\lambda \le -d$ の場合には不成立である．

一般の場合には，解析接続を用いて議論を進める．出発点となるのは，まずは $\mathrm{Re}(s) > -d$ となる複素数 s に対して定義される積分

$$I(s) = I(s)(\varphi) = \int_{\mathbb{R}^d} k(x)|x|^{-\lambda+s}\varphi(x)\, dx, \qquad \varphi \in \mathcal{S} \tag{8}$$

であり，これが全複素平面上の有理型関数へと接続されることを見ていくことにする．最終的に

$$K(\varphi) = I(s)|_{s=\lambda}$$

と置くことになる．

実際，われわれに与えられている斉次関数 k と，$\mathcal{S}$ の中の任意の試験関数 φ に対して，k に関する上の有界性から積分 (8) は $\mathrm{Re}(s) > -d$ のときに収束し，したがって I はその半平面上で解析的であることに注意する．さらに I は全複素平面へと接続され，$s = -d, -d-1, \cdots, -d-m, \cdots$ において高々単純な極をもつ．

このことを示すために，$I(s) = \displaystyle\int_{|x|\le 1} + \int_{|x|>1}$ と書く．φ の無限遠での急減少性があるので，$|x| > 1$ 上の積分は s の整関数となる．しかしながら，任意の $N \ge 0$ に対して，

$$\int_{|x|\le 1} k(x)|x|^{-\lambda+s}\varphi(x)\,dx = \sum_{|\alpha|<N} \frac{\varphi^{(\alpha)}(0)}{\alpha!}\int_{|x|\le 1} k(x)|x|^{-\lambda+s}x^{\alpha}\,dx + \int_{|x|\le 1} k(x)|x|^{-\lambda+s}R(x)\,dx \tag{9}$$

となる．ただし，$\varphi^{(\alpha)}(0) = \partial_x^{\alpha}\varphi(0)$ として，$R(x) = \varphi(x) - \displaystyle\sum_{|\alpha|<N}\frac{\varphi^{(\alpha)}(0)}{\alpha!}x^{\alpha}$ である．

いま，k の斉次性と極座標を用いることにより，

$$\int_{|x|\le 1} k(x)|x|^{-\lambda+s}x^{\alpha}\,dx = \left(\int_{|x|=1} k(x)x^{\alpha}\,d\sigma(x)\right)\int_0^1 r^{s+|\alpha|+d-1}\,dr$$

で, 最後の積分は $1/(s+|\alpha|+d)$ に等しくなることがわかる．さらに剰余項 $R(x)$ は $|R(x)| \le c|x|^N$ をみたし，これと $|k(x)| \le c|x|^{\lambda}$ とから，半平面 $\mathrm{Re}(s) > -d-N$ 上で $\displaystyle\int_{|x|\le 1} k(x)|x|^{-\lambda+s}R(x)\,dx$ が解析的であることが導かれる．

結論として，それぞれの非負整数 N に対して $I(s)$ は半平面 $\mathrm{Re}(s) > -d-N$ 上に接続され，そこで解析的な $E_N(s)$ と

$$C_{\alpha} = \frac{\varphi^{(\alpha)}(0)}{\alpha!}\left(\int_{|x|=1} k(x)x^{\alpha}\,d\sigma(x)\right)$$

を用いて，その半平面において

$$I(s) = \sum_{|\alpha|<N} \frac{C_\alpha}{s+|\alpha|+d} + E_N(s)$$

と表される．

さて，与えられた λ で $\lambda \neq -d, -d-1, \cdots$ となるものに対して N を $\lambda > -d-N$ となるぐらいに大きくとりさえすればよく，超関数 K を $K(\varphi) = I(\lambda)$ として定義する．（図 1 を見よ．）さらに，ここでの有界性をたどることにより，ノルム $\|\cdot\|_M$ を以前に定義したものとして，$M \geq \max(N+1, \lambda+d+1)$ に対して $|K(\varphi)| \leq c\|\varphi\|_M$ となることがわかる．よって K は緩増加超関数である．

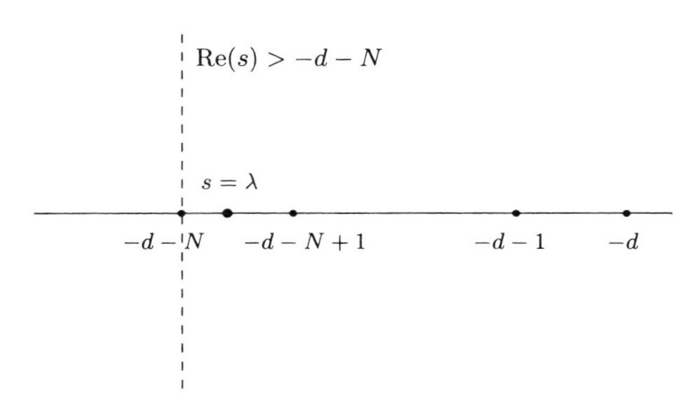

図 1　半平面 $\mathrm{Re}(s) > -d-N$ と $I(\lambda)$ の定義．

K が原点以外では k と一致することを見るため，φ が原点の近くで 0 ならば，積分 $I(s)$ はすべての複素数 s に対して収束し整関数となることに注意する．それゆえ (8) より

$$K(\varphi) = I(\lambda) = \int_{\mathbb{R}^d} k(x)\varphi(x)\,dx$$

となる．これで主張は証明された．

次に，任意の $a > 0$ に対し，$\mathrm{Re}(s) > -d$ ならば

$$\begin{aligned} I(s)(\varphi^a) &= \int_{\mathbb{R}^d} k(x)|x|^{-\lambda+s} a^{-d} \varphi(x/a)\,dx \\ &= a^s \int_{\mathbb{R}^d} k(x)|x|^{-\lambda+s}\varphi(x)\,dx = a^s I(s)(\varphi) \end{aligned}$$

となることに注意する．これは k の斉次性と変数変換 $x \longmapsto ax$ とから従う．結果として $\mathrm{Re}(s) > -d$ のときに $I(s)(\varphi^a) = a^s I(s)$ となり，これは解析接続によ

り $I(s)$ が解析的となるすべての s，よって $s=\lambda$ において成立する．それゆえ，超関数 $K=I(\lambda)$ は主張された斉次性をもち，これにより定理の (a) で述べられている存在が証明される．また，定理の (b) における相殺条件のもとでは $|\alpha|=m$ ならば $C_\alpha=0$ となることにも注意すれば，この場合における存在も同じ議論により証明される．

次に，$\lambda \neq -d, -d-1, \cdots$ の場合における超関数 K の一意性の問題を論じよう．K と K_1 がここでの λ 次の正則超関数の組で，どちらも原点以外では k と一致するものとする．このとき $D=K-K_1$ は原点に台をもつので，定理 1.7 から，ある定数 c_α により $D=\sum_{|\alpha|\leq M} c_\alpha \partial_x^\alpha \delta$ となる．ここで K と K_1 は λ 次斉次であることより $D(\varphi^a)=a^\lambda D(\varphi)$ である．一方 $\partial_x^\alpha \delta(\varphi^a)=a^{-d-|\alpha|}\partial_x^\alpha \delta(\varphi)$ であるので，結果として

$$a^\lambda D(\varphi)=\sum_{|\alpha|\leq M} c_\alpha \partial_x^\alpha \delta(\varphi) a^{-d-|\alpha|}, \qquad a>0$$

が得られる．ここで以下の簡単な考察に頼るのだが，これは後でも使える形で述べられたものである．

補題 2.6 $\lambda_1, \lambda_2, \cdots, \lambda_n$ を相異なる実数とし，定数 a_j と b_j $(1\leq j\leq n)$ に対し

$$\sum_{j=1}^{n} (a_j x^{\lambda_j}+b_j x^{\lambda_j}\log x)=0, \qquad x>0$$

であるものとする．このとき $a_j=b_j=0$ $(1\leq j\leq n)$ である．

$\lambda \neq -d, -d-1, \cdots$ に対しては，この補題を $\lambda_1=\lambda, \lambda_2=-d, \lambda_3=-d-1$ などとし $x=a$ として適用すれば，求める $D(\varphi)=0$ が得られる．もし $\lambda=-d-m$ ならば $D(\varphi)=\sum_{|\alpha|=m} c_\alpha \partial_x^\alpha \delta(\varphi)$ となり，定理の (c) の結論で述べられている一意性に準じた主張が示される．

この補題を示すには，λ_n が λ_j たちのなかで最大のものと仮定してよい．このとき，この等式に $x^{-\lambda_n}$ を掛けて x を無限遠に飛ばせば，a_n とともに b_n が 0 でなくてはならないことがわかる．よって n を $n-1$ に置き換えた場合に帰着され，この帰納法により補題が得られる．

最後に，$\lambda = -d - m$ で $|\alpha| = m$ となるある α に対して $\int_{|x|=1} k(x)x^\alpha \, d\sigma(x) \neq 0$ のときに，原点以外で $k(x)$ と一致する $-d-m$ 次の斉次超関数は存在しないことを示す．

まず最初に $m = 0$ の場合を考察することにして，(8) で与えられる $k(x) = |x|^{-d}$ という特別な場合の $I(s)$ を $s = -d$ の近くで調べよう．この場合には，$\mathrm{Re}(s) > -d-1$ に対して有効な $N = 1$ に関する (9) を用いる．$R(x) = \varphi(x) - \varphi(0)$ であるので，これは

$$(10)\quad I(s)(\varphi) = A_d \frac{\varphi(0)}{s+d} + \int_{|x|\leq 1} [\varphi(x) - \varphi(0)]|x|^s \, dx + \int_{|x|>1} \varphi(x)|x|^s \, dx$$

のことである．（ここで，$A_d = 2\pi^{d/2}/\Gamma(d/2)$ は $\mathbb{R}^d$ における単位球面積のことである．）二つの積分は $\mathrm{Re}(s) > -d-1$ で解析的であるので，$A_d\varphi(0)$ という因子は $I(s)(\varphi)$ の極 $s = -d$ での留数となっており，とくに超関数として

$$(s+d)I(s) \to A_d\delta \qquad (s \to -d)$$

である．$I(s)$ の $s \to -d$ における表現において次の項として現れる超関数を一時的に J と書くことにして，$I(s) = \dfrac{A_d\delta}{s+d} + J + O(s+d)$，すなわち

$$J = ((s+d)I(s))'_{s=-d}$$

とする．この超関数 J は，いまや $\left[\dfrac{1}{|x|^d}\right]$ と書くことにするが，(10) により

$$(11)\qquad \left[\frac{1}{|x|^d}\right](\varphi) = \int_{|x|\leq 1} \frac{\varphi(x) - \varphi(0)}{|x^d|} \, dx + \int_{|x|>1} \frac{\varphi(x)}{|x|^d} \, dx$$

で与えられるものである．

$\left[\dfrac{1}{|x|^d}\right]$ に関する以下の性質を見ておこう．

(i)　これは緩増加超関数である．実際 $\left|\left[\dfrac{1}{|x|^d}\right](\varphi)\right| \leq c\|\varphi\|_1$ となることが簡単に確認できる．

(ii)　$\left[\dfrac{1}{|x|^d}\right]$ は原点以外では関数 $1/|x|^d$ に一致する．これは，原点の近くで 0 である関数 φ で試験することにより，$\varphi(0)$ の項は (11) から消え去るためである．

(iii)　しかしながら，$\left[\dfrac{1}{|x|^d}\right]$ は斉次ではない．

成立しているのは

$$\left[\frac{1}{|x|^d}\right](\varphi^a) = a^{-d}\left[\frac{1}{|x|^d}\right](\varphi) + a^{-d}\log(a)A_d\varphi(0), \qquad a > 0 \tag{12}$$

という等号である．これを証明するには，変数変換により得られる

$$\left[\frac{1}{|x|^d}\right](\varphi^a) = a^{-d}\int_{|x|\le 1/a}[\varphi(x)-\varphi(0)]\frac{dx}{|x|^d} + a^{-d}\int_{|x|>1/a}\varphi(x)\frac{dx}{|x|^d}$$

に注意すればよい．これと $a=1$ の場合との比較により，ただちに (12) が得られる．この等式からの帰結が以下である．

系 2.7 $-d$ 次斉次であって原点以外では関数 $1/|x|^d$ と一致する超関数 K_0 は存在しない．

もしそのような超関数 K_0 が存在すれば，$K_0 - \left[\frac{1}{|x|^d}\right]$ は原点に台をもつことになり，よって $\sum_{|\alpha|\le M} c_\alpha \partial_x^\alpha \delta$ に等しい．これとの差を φ^a に作用させれば，任意の $a>0$ に対して

$$\begin{aligned} a^{-d}K_0(\varphi) - a^{-d}\left[\frac{1}{|x|^d}\right](\varphi) - a^{-d}\log(a)A_d\varphi(0) \\ - \sum_{|\alpha|\le M} c_\alpha a^{-d-|\alpha|}\partial_x^\alpha\delta(\varphi) = 0 \end{aligned}$$

となる．φ を $\varphi(0)\neq 0$ となるようにとれば，このことは補題 2.6 と矛盾する．

系 2.7 の結果は次のように述べなおすことができる．k が $-d$ 次斉次で $\int_{|x|=1} k(x)\,d\sigma(x) \neq 0$ ならば，$-d$ 次斉次な超関数 K で原点以外で k と一致するものは存在しない．

実際，

$$c\int_{|x|=1} d\sigma(x) = \int_{|x|=1} k(x)\,d\sigma(x)$$

で $c\neq 0$，一方で $\int_{|x|=1} k_1(x)\,d\sigma(x) = 0$ となるものにより，$k(x) = \frac{c}{|x|^d} + k_1(x)$ と書くことにする．今，もし K_1 を，結論 (b) でその存在が保証されるところの，付随する関数が k_1 となる超関数とするならば，$\frac{1}{c}(K-K_1)$ は $-d$ 次斉次の超関数となり，原点以外で $1/|x|^d$ と一致する．これは系 2.7 により除外される．

最後に一般の場合に目を向けることにして，K を $-d-m$ 次斉次の超関数とし，それに付随する関数を $k(x)$ とする．$|\alpha|=m$ で $\int_{|x|=1} k(x)x^{\alpha}\,d\sigma(x)\neq 0$ となる α により $K'=x^{\alpha}K$ とおく．このとき，明らかに K' は $-d-m+|\alpha|=-d$ 次斉次で，$k'(x)=x^{\alpha}k(x)$ はそれに付随する関数である．しかしながら，いま

$$\int_{|x|=1} k'(x)\,d\sigma(x)\neq 0$$

であり，これは上で考察した特別な $\lambda=-d$ の場合に矛盾する，よって定理は完全に証明された． ∎

注意 1　定理の結果は，実数と仮定している λ が複素数であることを許容しても，些細な修正を施すことにより引き続き成立する．この場合補題 2.6 の証明において若干の追加の議論が必要となるが，これは練習 20 において指摘されている．

注意 2　$\lambda=-d$ で k が相殺条件 $\int_{|x|=1} k(x)\,d\sigma(x)=0$ をみたすとき，結果としてえられる超関数 K は先に考察した $\mathbb{R}$ 上の $\mathrm{pv}\left(\dfrac{1}{x}\right)$ の自然な拡張となっている．実際，見てきたように

$$K(\varphi)=\int_{|x|\leq 1} k(x)[\varphi(x)-\varphi(0)]\,dx+\int_{|x|>1} k(x)\varphi(x)\,dx$$

であり，これは $\int_{\varepsilon\leq|x|\leq 1} k(x)\,dx=\log(1/\varepsilon)\int_{|x|=1} k(x)\,d\sigma(x)=0$ であることから「主値」

$$\lim_{\varepsilon\to 0}\int_{\varepsilon\leq|x|} k(x)\varphi(x)\,dx$$

に等しくなる．この種の超関数は ミクリン，カルデロン，ジグムントらによって最初に調べられ，しばしば $\mathrm{pv}(k)$ と表記される．

2.3　基本解

超関数の例のなかでもとりわけ重要なものとして，偏微分方程式の基本解およびこれら基本解の導関数があげられる．L を 複素係数 a_{α} をもつ $\mathbb{R}^d$ 上の偏微分作用素

$$L=\sum_{|\alpha|\leq m} a_{\alpha}\partial_x^{\alpha}$$

とする．L の**基本解**とは，超関数 F で

$$L(F) = \delta$$

となるもののことであり，ここで δ はディラックのデルタ関数である．基本解[11]の重要性は，$\mathcal{D}$ を C^∞ に写す作用素 $f \longmapsto T(f) = F * f$ が L の「逆」であることを導く点である．このことを説明する一つの方法が，$\mathcal{D}$ 上における作用としての

$$LT = TL = I$$

という主張である．このことは，この章の前の部分で見たように $\partial_x^\alpha(F * f) = (\partial_x^\alpha F) * f = F * (\partial_x^\alpha f)$ がすべての α に対して成立し，それゆえ $L(F * f) = (LF) * f = F * (Lf)$ となることと，もちろん $\delta * f = f$ であることによる．

さて

$$P(\xi) = \sum_{|\alpha| \leq m} a_\alpha (2\pi i \xi)^\alpha$$

を作用素 L の**特性多項式**とする．たとえば f が $\mathcal{S}$ に属していれば $(L(f))^\wedge = P \cdot f^\wedge$ となるので，そのような F は $\widehat{F}(\xi) = 1/P(\xi)$ を経由して定義するか，あるいは

$$F = \int_{\mathbb{R}^d} \frac{1}{P(\xi)} e^{2\pi i x \cdot \xi}\, d\xi \tag{13}$$

を適当な意味でとることにより得られると期待するかもしれない．

この方法論の一般の場合における主たる問題は，P が 0 になる点の存在と，その結果として引き起こされる $1/P(\xi)$ を超関数として定義することの困難さに起因している．しかしながらいくつもの興味深い場合において，この方法は極めて自然に実行される．

まず最初に $\mathbb{R}^d$ 上の**ラプラシアン**

$$\triangle = \sum_{j=1}^d \frac{\partial^2}{\partial x_j^2}$$

について考察しよう．ここで，$1/P(\xi) = 1/(-4\pi^2|\xi|^2)$ であり，$d \geq 3$ のときにはこの関数は局所可積分となり，基本解であることに必要な計算は定理 2.3 によ

11) 斉次方程式 $L(u) = 0$ の解をいつでも加えることができることから，基本解は一意ではないことに注意せよ．

り与えられる．このことを以下にまとめておく．

定理 2.8　$d \geq 3$ に対して，$F(x) = C_d|x|^{-d+2}$ により定義される局所可積分関数 F は作用素 $\triangle$ の基本解である．ここで $C_d = -\dfrac{\Gamma\left(\dfrac{d}{2}-1\right)}{4\pi^{\frac{d}{2}}}$ である．

これは (定理 2.3 において) $\lambda = -d+2$ とすれば従うが，このとき $\Gamma\left(\dfrac{d+\lambda}{2}\right) = \Gamma(1) = 1$ であり，一方で $\Gamma(d/2) = (d/2-1)\,\Gamma(d/2-1)$ である．それゆえ $\widehat{F}(\xi)$ は $1/(-4\pi^2|\xi|^2)$ に等しく，よって

$$(\triangle F)^\wedge = 1 \qquad \text{すなわち} \qquad \triangle F = \delta$$

となる．2 次元の場合には次のような変化形が成立する．

定理 2.9　$d = 2$ のとき，局所可積分関数 $\dfrac{1}{2\pi}\log|x|$ は $\triangle$ の基本解である．

この基本解は定理 2.3 において極限 $\lambda \to -d+2 = 0$ を考えた場合に現れる．形式的には

$$\frac{-1}{4\pi^2}\int_{\mathbb{R}^2} \frac{1}{|\xi|^2} e^{2\pi i x\cdot\xi}\, d\xi$$

で与えられるが，この収束していない積分に対する意味づけが必要である．実際 (11) で考察した超関数 $\left[\dfrac{1}{|x|^d}\right]$ として捉えることになる．まずは $-2 < \lambda < 0$ および $c_\lambda = \dfrac{\Gamma(1+\lambda/2)}{\Gamma(-\lambda/2)}\pi^{-1-\lambda}$ に関する等式

$$\int_{\mathbb{R}^2} \widehat{\varphi}(x)|x|^\lambda\, dx = c_\lambda \int_{\mathbb{R}^2} \varphi(\xi)|\xi|^{-\lambda-2}\, d\xi \tag{14}$$

から始めることにする．(14) を $\lambda = 0$ のまわりで調べることにして，ある定数 c' により $\lambda \to 0$ のときに $c_\lambda \sim -\lambda/(2\pi) + c'\lambda^2$ となる事実を用いる．このことは $\Gamma(1) = 1, \Gamma(s)$ は $s = 1$ のまわりで滑らかであること，および $s = -\lambda/2$ に関する等式 $\Gamma(s+1) = s\Gamma(s)$ から従う．($s = -\lambda-2$ に関する) (10) に立ち返り，φ と $\widehat{\varphi}$ が急減少することから正当化されるように，(14) の両辺を λ で微分する．$1/2\pi$ を掛けたあと $\lambda \to 0$ とすれば

$$\frac{1}{2\pi}\int_{\mathbb{R}^2}\widehat{\varphi}(x)\log|x|\,dx$$
$$=\frac{-1}{4\pi^2}\left\{\int_{|x|\le 1}\frac{\varphi(x)-\varphi(0)}{|x|^2}\,dx+\int_{|x|>1}\varphi(x)\,\frac{dx}{|x|^2}\right\}-c'\varphi(0)$$

が結論づけられる．すなわち，$F=\dfrac{1}{2\pi}\log|x|$ ととれば，

$$\widehat{F}=-\frac{1}{4\pi^2}\left[\frac{1}{|x|^2}\right]-c'\delta$$

となる．いま明らかに $|x|^2\delta=0$ であるが，これは $|x|^2\delta(\varphi)=|x|^2\varphi(x)|_{x=0}=0$ だからである．また，すべての $\varphi\in\mathcal{S}$ に対し，$|x|^2\left[\dfrac{1}{|x|^2}\right](\varphi)=\displaystyle\int_{\mathbb{R}^2}\varphi(x)\,dx$ であるが，これは $|x|^2\left[\dfrac{1}{|x|^2}\right]$ が関数 1 に等しいことを意味している．かくして $(\triangle F)^\wedge=-4\pi^2|x|^2\widehat{F}=1$，よって $\triangle F=\delta$ となり，F が $\mathbb{R}^2$ における $\triangle$ の基本解であることが証明された．

次に，$(x,\,t)\in\mathbb{R}^{d+1}=\mathbb{R}^d\times\mathbb{R}$ と $\mathbb{R}^{d+1}$ 上で考え，$\triangle_x$ を x 変数（$x\in\mathbb{R}^d$）に関するラプラシアンとして，熱作用素

$$L=\frac{\partial}{\partial t}-\triangle_x$$

に対する基本解を明示的に与えることにする．このことは，非斉次方程式 $L(u)=g$ を $\mathbb{R}^d$ 上の斉次な初期値問題 $L(u)=0$ $(t>0)$, $u(x,\,t)|_{t=0}=f(x)$ に関連づけることにより実行される．

第 I 巻の第 5, 6 章より，後の方の問題は熱核

$$\mathcal{H}_t^\wedge(\xi)=e^{-4\pi^2|\xi|^2t}$$

を用いて解くことができるが，ここでフーリエ変換は x 変数のみに関するものである．これより，$f\in\mathcal{S}$ ならば，$u(x,\,t)=(\mathcal{H}_t*f)(x)$ は方程式 $L(u)=0$ をみたし，$t\to 0$ のとき $\mathcal{S}$ の意味で $u(x,\,t)\to f(x)$ となる．また，

$$\frac{\partial\mathcal{H}_t}{\partial t}=\triangle_x\mathcal{H}_t(x)\qquad\text{および}\qquad\int_{\mathbb{R}^d}\mathcal{H}_t(x)\,dx=1,$$

さらには $\mathcal{H}_t$ が「近似単位元」になっていることに注意せよ．（これら $\mathcal{H}_t$ の性質に関しては，第 I 巻の第 5 章および第 III 巻の第 3 章を見よ．）

さて，$\mathbb{R}^{d+1}$ 上で F を

$$F(x,\, t) = \begin{cases} \mathcal{H}_t(x) & t > 0 \text{ のとき} \\ 0 & t \leq 0 \text{ のとき} \end{cases}$$

により定義する．このとき F は $\mathbb{R}^{d+1}$ 上で局所可積分であり（そして実際は $\displaystyle\int_{|t| \leq R} \int_{\mathbb{R}^d} F(x,\, t)\, dx\, dt \leq R$ が成り立ち），よって F は $\mathbb{R}^{d+1}$ 上の緩増加超関数を与えている．

定理 2.10　F は $L = \dfrac{\partial}{\partial t} - \triangle_x$ の基本解である．

証明　$L' = -\dfrac{\partial}{\partial t} - \triangle_x$ として $LF(\varphi) = F(L'\varphi)$ であることより，

$$\lim_{\varepsilon \to 0} \int_{t \geq \varepsilon} \int_{\mathbb{R}^d} F(x,\, t) \left(-\frac{\partial}{\partial t} - \triangle_x \right) \varphi(x,\, t)\, dx\, dt$$

に等しい $F(L'\varphi)$ が，$\delta(\varphi) = \varphi(0,\, 0)$ になることを見れば十分である．

いま，$t > 0$ のときには $F(x,\, t) = \mathcal{H}_t(x)$ であり，よって x 変数に関する部分積分により

$$\begin{aligned}
&\int_{t \geq \varepsilon} \int_{\mathbb{R}^d} F(x,\, t) \left(-\frac{\partial}{\partial t} - \triangle_x \right) \varphi(x,\, t)\, dx\, dt \\
&\qquad = -\int_{\mathbb{R}^d} \left(\int_{t \geq \varepsilon} \mathcal{H}_t \frac{\partial \varphi}{\partial t} + (\triangle_x \mathcal{H}_t) \varphi\, dt \right) dx \\
&\qquad = -\int_{\mathbb{R}^d} \left(\int_{t \geq \varepsilon} \mathcal{H}_t \frac{\partial \varphi}{\partial t} + \frac{\partial \mathcal{H}_t}{\partial t} \varphi\, dt \right) dx \\
&\qquad = \int_{\mathbb{R}^d} \mathcal{H}_\varepsilon(x) \varphi(x,\, \varepsilon)\, dx.
\end{aligned}$$

しかし，$\varphi \in \mathcal{S}$ であるので，x に関して一様に $|\varphi(x,\, \varepsilon) - \varphi(x,\, 0)| \leq O\,(\varepsilon)$ である．よって

$$\int_{\mathbb{R}^d} \mathcal{H}_\varepsilon(x) \varphi(x,\, \varepsilon)\, dx = \int_{\mathbb{R}^d} \mathcal{H}_\varepsilon(x) (\varphi(x,\, 0) + O(\varepsilon))\, dx$$

となり，$\mathcal{H}_t$ は近似単位元であることから，これは $\varphi(0,\, 0)$ に収束する．■

練習 21 にもあるように，F のフーリエ変換を計算することによる別証明も存在する．

2.4 一般の定数係数偏微分方程式に対する基本解

さて，$\mathbb{R}^d$ 上の任意の定数係数偏微分作用素 L という一般の場合に関して，(13) の際に提示された収束の問題を処理することにより取り組むことにするが，この場合の基本解 F の候補は L の特性多項式 P を用いて

$$F = \int_{\mathbb{R}^d} \frac{1}{P(\xi)} e^{2\pi i x\cdot\xi}\, d\xi$$

と書かれるものであった．しばし収束の問題には目をつむることにして，$\varphi \in \mathcal{D}$ ならば

$$F(\varphi) = \int_{\mathbb{R}^d} \varphi(x) \int_{\mathbb{R}^d} \frac{1}{P(\xi)} e^{2\pi i x\cdot\xi}\, d\xi\, dx$$

となるはずであり，よって積分の順序交換後に

$$F(\varphi) = \int_{\mathbb{R}^d} \frac{\widehat{\varphi}(-\xi)}{P(\xi)}\, d\xi \tag{15}$$

となることに注意しておく．予想される P の零点が引き起こす (15) における障害を回避するために，ξ_1 変数に関する積分路を，$\xi' = (\xi_2, \cdots, \xi_d)$ を固定した多項式 $p(z) = P(z, \xi')$ の零点を避けるように移すことにする．得られる結論は次のとおりである．

定理 2.11　$\mathbb{R}^d$ 上の任意の定数係数（線型）偏微分作用素 L は基本解をもつ．

証明　必要ならば回転や定数倍などの変数変換を行うことにより，L の特性多項式は各 Q_j' は高々 $m-j$ 次の多項式として

$$P(\xi) = P(\xi_1, \xi') = \xi_1^m + \sum_{j=0}^{m-1} \xi_1^j Q_j(\xi')$$

の形をしているものと仮定してよい．一般の多項式 P が上のように書けることの証明はたとえば第 III 巻の第 5 章第 3 節にあるが，そこでは L の「可逆性」の初期形が登場している．

各 ξ' に対して，多項式 $p(z) = P(z, \xi')$ は $\mathbb{C}$ において m 個の根をもち，$\alpha_1(\xi'), \cdots, \alpha_m(\xi')$ といった具合に辞書式に順番づけできる．このとき，整数 $n(\xi')$ を以下が成立するように選ぶことができることを主張する．

(i)　すべての ξ' に対して $|n(\xi')| \le m+1$.

(ii)　$\mathrm{Im}(\xi_1) = n(\xi')$ ならば，すべての $j = 1, \cdots, m$ に対し $|\xi_1 - \alpha_j(\xi')| \ge 1$.

(iii)　関数 $\xi' \longmapsto n(\xi')$ は可測である．

実際，各 ξ' に対して多項式 p は m 個の零点をもち，$m+1$ 個の区間 $I_\ell[-m-1+2\ell, -m-1+2(\ell+1)]$ $(\ell = 0, \cdots, m)$ のうちの少なくとも一つは，いかなる p の零点の虚部をも含まないという性質をもっている．このとき $n(\xi')$ を，上の性質をもつ区間 I_ℓ で ℓ が最小となるものの中点としておくことができる．このとき，条件 (ii) は自動的にみたされる．最後に，ルシェの定理[12]を p の零点の周りの小さい円に対して適用すれば，$\alpha_1(\xi'), \cdots, \alpha_m(\xi')$ は ξ' の連続関数であることがわかり，(iii) が得られる．

そこで，(15) のかわりに

$$(16)\qquad F(\varphi) = \int_{\mathbb{R}^{d-1}} \int_{\mathrm{Im}(\xi_1)=n(\xi')} \frac{\widehat{\varphi}(-\xi)}{P(\xi)}\, d\xi_1\, d\xi', \qquad \varphi \in \mathcal{D}$$

と定義する．上において，内側の積分は ξ_1 に関する複素平面における直線 $\{\mathrm{Im}(\xi_1) = n(\xi')\}$ に沿ったものである．

F が超関数としてきちんと定義されていることを見るため，まずは φ がコンパクトな台をもっているから $\widehat{\varphi}$ が解析的であり，実軸に平行な各直線上で急減少であることを思い出せば，P が積分する直線上では下から一様に有界であることさえ示せば十分である．これを達成するために，その直線上の ξ を固定し，1 変数多項式 $q(z) = P(\xi_1 + z, \xi')$ を考える．このとき，q は最高次の項の係数が 1 である m 次多項式であり，$\lambda_1, \cdots, \lambda_m$ を q の根とするならば $q(z) = (z-\lambda_1)\cdots(z-\lambda_m)$ となる．上の (ii) により，すべての j に対し $|\lambda_j| \geq 1$ であり，よって $|P(\xi)| = |q(0)| = |\lambda_1 \cdots \lambda_m| \geq 1$ となり，これが求めることであった．したがって F は超関数を与えている．

最後に，急減少であることは積分記号下での微分も許容するので，$L' = \sum_{|\alpha|\leq m} a_\alpha (-1)^{|\alpha|} \partial_x^\alpha$ とすれば L' の特性多項式は $P(-\xi)$ であり，したがって $(L'(\varphi))^\wedge = P(-\xi)\,\widehat{\varphi}(\xi)$ である．よって，

$$(LF)(\varphi) = F(L'(\varphi)) = \int_{\mathbb{R}^{d-1}} \int_{\mathrm{Im}(\xi_1)=n(\xi')} \widehat{\varphi}(-\xi)\, d\xi_1\, d\xi'$$

となる．ここで積分路を実軸へ戻すように変形すれば，

---

12)　たとえば第 II 巻の第 3 章を見よ．

$$(LF)(\varphi) = \int_{\mathbb{R}^d} \widehat{\varphi}(-\xi)\, d\xi = \varphi(0) = \delta(\varphi)$$

となり，定理が証明された. ∎

注意　このことより次の存在定理が得られる：$f \in C_0^\infty(\mathbb{R}^d)$ ならば，ある $u \in C^\infty(\mathbb{R}^d)$ が存在して $L(u) = f$ となる．このことは，F を上の基本解として $u = F * f$ とおくことにより明らかである[13]．第 7 章 8.3 節でも見るように，類似の可解性が L が定数係数でない場合には成立しないことも指摘しておくべきであろう．

2.5　楕円型方程式のパラメトリックスと正則性

多くの例においては，基本解の概念をより適応性のある類似のもの，すなわち「近似基本解」あるいはパラメトリックスの概念に置き換える方が便利である．定数係数をもつ微分作用素 L を与えるとき，L の**パラメトリックス**とは，超関数 Q で（たとえば）$\mathcal{S}$ に属する「誤差」r により

$$LQ = \delta + r$$

となるもののことをいう．この意味で差 $LQ - \delta$ は小さいものとなる．

特に興味深いのは，原点以外では滑らかなパラメトリックスである．前に採用した用語を用いるならば，Q が**正則**であるとは，この超関数が原点以外で C^∞ 級関数と一致することをいう．

正則なパラメトリックスをもつ偏微分作用素の重要なクラスとして，楕円型作用素があげられる．与えられた m 階の偏微分作用素 $L = \sum_{|\alpha| \le m} a_\alpha \partial_x^\alpha$ が**楕円型**であるとは，ある定数 $c > 0$ によりその特性多項式 P が $|P(\xi)| \ge c|\xi|^m$ を十分大きなすべての ξ に対してみたすことをいう．このことは，P の主要部 P_m（P の m 次斉次部分）に対して，$P_m(\xi) = 0$ となるのは $\xi = 0$ のときのみであるという性質を仮定することと同じであることに注意しておく．

たとえば，ラプラシアン $\triangle$ は楕円型であることに注意しておく．

定理 2.12　すべての楕円型作用素は正則なパラメトリックスをもつ．

---

13)　この結果を，異なる方法により必ずしも滑らかではない解が見つけられている第 III 巻の第 5 章第 3 節と比較してみるとよい．

証明　まず最初に k に関する簡単な帰納法により，$|\alpha| = k$ のとき任意の多項式 P に対して

$$\left(\frac{\partial}{\partial \xi}\right)^{\alpha}\left(\frac{1}{P(\xi)}\right) = \sum_{0 \le \ell \le k} \frac{q_\ell(\xi)}{P(\xi)^{\ell+1}}$$

となることを見よ．ここで，各 q_ℓ は $\ell m - k$ 次以下の多項式である．

いま $|\xi| \ge c_1$ のときに $|P(\xi)| \ge c|\xi|^m$ であるものとし，γ を大きな ξ に対しては 1 に等しく，$|\xi| \ge c_1$ に台をもつ C^∞ 級関数とする．このとき，上の等式より

$$\left|\partial_\xi^\alpha \left(\frac{\gamma(\xi)}{P(\xi)}\right)\right| \le A_\alpha |\xi|^{-m-|\alpha|} \tag{17}$$

となることを見よ．さて，Q を緩増加超関数で，そのフーリエ変換が（有界）関数 $\gamma(\xi)/P(\xi)$ となるものとする．定理 2.4 の証明と同様の議論を行うことにより，

$$((-4\pi^2|x|^2)^N \partial_x^\beta Q)^\wedge = \triangle_\xi^N [(2\pi i \xi)^\beta (\gamma/P)]$$

が得られる．(17) とライプニッツの公式から，上の右辺は $|\xi| \ge 1$ に対して，明らかに $A'_\alpha |\xi|^{-m-2N+|\beta|}$ で抑えられる．$|\xi| \le 1$ のときも有界である．よって，$2N + m - |\beta| > d$ となるやこの関数は可積分となり，それゆえその定数倍を無視した逆フーリエ変換として $|x|^{2N}\partial_x^\beta Q$ は連続である．これが各 β に対していえることから，Q は原点以外で C^∞ 級関数と一致していることがわかる．

さらに，$(LQ)^\wedge = P(\xi)[\gamma(\xi)/P(\xi)] = \gamma(\xi) = 1 + (\gamma(\xi) - 1)$ であることに注意せよ．その定義から $\gamma(\xi) - 1$ は $\mathcal{D}$ に属し，よってある $r \in \mathcal{S}$ により $\gamma(\xi) - 1 = \widehat{r}$ となる．最終的に $(LQ)^\wedge = 1 + \widehat{r}$ となり，これは示すべき $LQ = \delta + r$ を意味している．∎

次の変形版も有用である．

系 2.13　任意に与えた $\varepsilon > 0$ に対し，楕円型作用素 L には正則なパラメトリックス Q_ε で，球 $\{x : |x| \le \varepsilon\}$ に台をもつものが存在する

実際，η_ε を $\mathcal{D}$ に属する切り落とし関数，すなわち $|x| \le \varepsilon/2$ 上 1 で $|x| \le \varepsilon$ に台をもつものとする．$Q_\varepsilon = \eta_\varepsilon Q$ とおき，$L(\eta_\varepsilon Q) - \eta_\varepsilon L(Q)$ には η_ε の正の次数の導関数のみが関わるため $|x| < \varepsilon/2$ で 0 となることを見よ．それゆえこの差は C^∞ 級関数である．しかしながら $\eta_\varepsilon L(Q) = \eta_\varepsilon(\delta + r) = \delta + \eta_\varepsilon r$ である．これらすべてを合わせると，r_ε をある C^∞ 級関数として $L(Q_\varepsilon) = \delta + r_\varepsilon$ となる．

自動的に r_ε も $|x| \le \varepsilon$ に台をもつことに注意しておく.

楕円型作用素は以下の基本的な正則性をもつ.

定理 2.14 偏微分作用素 L は正則なパラメトリックスをもつものとする. U は開集合 $\Omega \subset \mathbb{R}^d$ において与えられた超関数とし, Ω 上の C^∞ 級関数 f に関して $L(U) = f$ であるものとする. このとき U も Ω 上の C^∞ 級関数である. 特に, このことは L が楕円型の場合に成立する.

注意 **準楕円型**という用語は, 上の正則性が成立するような作用素のことを指す際に用いられる.「準」という接頭語は, 楕円型ではない (たとえば熱作用素 $\dfrac{\partial}{\partial t} - \triangle_x$) ものの, 正則な基本解をもつという事実からの帰結としてこの性質をもみたすものが存在するという事実を反映している. しかしながら, 一般の偏微分作用素に対しては準楕円性は成立しないことに注意しておくべきであろう. 波動作用素がそのよい例である. (練習 22 と問題 7* を見よ.)

定理の証明 U が $\overline{B} \subset \Omega$ となる任意の球 B 上で C^∞ 級関数と一致することを示せば十分である, (たとえば半径 ρ の) そのような球を固定して, B_1 を中心を共有する半径 $\rho + \varepsilon$ の球とし, $\varepsilon > 0$ を十分小さくとって $\overline{B_1} \subset \Omega$ となるものとする. 次に, $\mathcal{D}$ に属する切り落とし関数 η を, Ω に台をもち, $\overline{B_1}$ の近傍上で $\eta(x) = 1$ となるように選ぶ. $U_1 = \eta U$ と定義する. このとき U_1 と $L(U_1) = F_1$ は $\mathbb{R}^d$ 上のコンパクト台をもつ超関数であり, さらに F_1 は $\overline{B_1}$ の近傍上で C^∞ 級関数 (すなわち f) と一致する. よって F_1 は $\overline{B_1}$ のより小さい近傍上で, コンパクト台をもつ C^∞ 級関数 f_1 と一致している.

ここで, $\{|x| \le \varepsilon\}$ に台をもつパラメトリックス Q_ε を作用させるが, その存在は系 2.13 により保証されている. 一方

$$Q_\varepsilon * L(U_1) = L(Q_\varepsilon) * U_1 = (\delta + r_\varepsilon) * U_1 = U_1 + r_\varepsilon * U_1$$

であり, 命題 1.1 より $r_\varepsilon * U_1 = U_1 * r_\varepsilon$ であるので, $r_\varepsilon * U_1$ は $\mathbb{R}^d$ 上の C^∞ 級関数となる. また,

$$Q_\varepsilon * L(U_1) = Q_\varepsilon * F_1 = Q_\varepsilon * f_1 + Q_\varepsilon * (F_1 - f_1)$$

である. さて再び $Q_\varepsilon * f_1$ は C^∞ 級関数である一方, 命題 1.3 により $Q_\varepsilon * (F_1 - f_1)$

は $F_1 - f_1$ の台の ε– 近傍の閉包に台をもつ．$F_1 - f_1$ は $\overline{B_1}$ の近傍上で 0 となるので，$Q_\varepsilon * (F_1 - f_1)$ は B で 0 となる．これらをすべてあわせると，U_1 は B 上の C^∞ 級関数となる．$U_1 = \eta U$ で η は B 上で 1 であるので，U は B において C^∞ 級関数であり，それゆえ定理は証明された．■

3. カルデロン–ジグムント超関数と L^p 評価

さてここでは，ヒルベルト変換の一般化でありかつ対応する L^p 理論を兼ね備えた，ある重要なクラスについて考察しよう．これらは「特異積分」，すなわち K を適当な超関数として，

$$T(f) = f * K \tag{18}$$

により与えられる畳み込み作用素 T として現れるものである．この種の核関数 K の中でもとりわけ最初に考察されたのは，2.2 節の最後にある注意 2 で述べられたものに類似の [14]，臨界の場合に相当する $-d$ 次斉次超関数である．その後だんだんとこのような作用素のさまざまな一般化や拡張が登場してきた．ここでは狭いがとりわけ有用な作用素のクラスに的を絞るが，これらは (18) によるものの他，

$$(Tf)^\wedge(\xi) = m(\xi)\,\widehat{f}(\xi) \tag{19}$$

を経由するフーリエ変換を用いた定義も可能であるという付加的な特徴を有したものである．結果として生じる核関数 K と**乗算表象** m（ただし $m = K^\wedge$）に対する条件の相互の関連性は，定理 2.4 の $\lambda = -d$ の場合の一般化とみなすことができる．

3.1　特徴的性質

2.2 および 2.5 節で用いた用語に従い，「正則」な超関数 K を考察することにする．これは原点以外で C^∞ の関数 k が存在して，K が原点以外で k と一致することを意味している．与えられたこのような K に対し，それに付随する関数 k の任意の α に対する以下の**微分不等式**

$$|\partial_x^\alpha k(x)| \le c_\alpha |x|^{-d-|\alpha|} \tag{20}$$

---

14) しかしながら k のより高い滑らかさは要求しない．

を考える．上の $\alpha=0$ の場合により，超関数 K が緩増加であることが導かれることに注意しておく．

(20) に加え，以下のように**相殺条件**を定式化しておく．与えられた整数 n に対し，φ が $C^{(n)}$– **正規化隆起関数**であるとは，φ が単位球に台をもつ C^∞ 級関数であり，

$$\sup_x |\partial_x^\alpha \varphi(x)| \le 1 \qquad (|\alpha| \le n)$$

をみたすことをいう．$r>0$ に対して φ_r を，$\varphi_r(x)=\varphi(rx)$ により定義する．このときここで課す条件は，固定された $n \ge 1$ に対してある A が存在して

$$\sup_{0<r} |K(\varphi_r)| \le A \tag{21}$$

が任意の $C^{(n)}$– 正規化隆起関数 φ に対して成り立つというものである．

命題 3.1　超関数 K に対する以下の 3 条件は同値である．

(i)　K は正則で微分不等式 (20) を相殺条件 (21) とともにみたす．

(ii)　K は緩増加であり，$m=K^\wedge$ は原点以外で C^∞ な関数で，

$$|\partial_\xi^\alpha m(\xi)| \le c'_\alpha |\xi|^{-|\alpha|} \tag{22}$$

を任意の α に対してみたす．

(iii)　K は微分不等式 (20) をみたす正則な超関数で，$K^\wedge$ は有界な関数である．

これら同値な性質をみたす核関数 K のことを**カルデロン – ジグムント超関数**[15)]と呼ぶことにする．

上の条件を満たす超関数全体の集合が伸長不変なことに注意することにより，証明は簡易化される．2.1 節で定義された超関数 K の相似変換を思い出しておこう．各 $a>0$ に対して，相似変換された超関数 K^a は $K^a(\varphi)=K(\varphi_a)$（ただし $\varphi_a(x)=\varphi(ax)$）として与えられる．これより，K が (20) と (21) をみたすならば，K^a は (20) と (21) を「同じ有界定数」でみたすことを主張する．実際，読者が容易に確認できるように，K^a に付随する関数は $a^{-d}k(x/a)$ であり，一方で $K^a(\varphi_r)=K(\varphi_{ar})$ である．さらに，$m=K^\wedge$ ならば $m_a=(K^a)^\wedge$ かつ

15)　「カルデロン – ジグムント作用素」あるいは「カルデロン – ジグムント核関数」といった用語は，理論内のさまざまな文脈において，異なるが関連する対象を指すものとして用いられてきたことに注意しておく．

$m_a(\xi) = m(a\xi)$ であるので，m_a は (22) を同じ有界定数でみたしている．

いったんこのことを見ておけば，命題の証明は定理 2.4 と同じ精神で行われ，それにあわせて手短に説明することにする．まず条件 (i) を仮定することから始めよう．最初に $m = K^\wedge$ は原点以外で C^∞ 級関数であることを見る．これは K を $K_0 = \eta K$ および $K_1 = (1-\eta)K$ （ただし η は単位球に台をもち $|x| \le 1/2$ のとき 1 に等しくなる C^∞ 切り落とし関数）として，$K_0 + K_1$ と分割することにより実行され，定理 2.4 の証明と同様に進められる．

不等式 (22) が $m(\xi) = K^\wedge$, $\xi \neq 0$ に対して成立すことを示すには，上で指摘した伸長不変性を用いれば，$|\xi| = 1$ の場合に制限して考えればよいことになる．ここで命題 1.6 により，$K_0^\wedge(\xi) = K(\eta e^{-2\pi i x\cdot\xi})$ であり，右辺は $\varphi(x) = \eta(x)e^{-2\pi i x\cdot\xi}$ に関する $K(\varphi)$ である．いま φ は $C^{(n)}$– 正規化隆起関数の（$|\xi| = 1$ となる ξ に依存しない）倍数であり，よって (20) から $|K_0^\wedge(\xi)| \le c'$ が導かれる．同じ議論により $|\partial_\xi^\alpha K_0^\wedge(\xi)| \le c'_\alpha$ が得られる．

次に，$K_1 = (1-\eta)K = (1-\eta)k$ は $|x| \ge 1/2$ に台をもつので，(7) により $2N > |\alpha|$ に対して

$$
\begin{aligned}
|\xi|^{2N}|\partial_\xi^\alpha K_1^\wedge(\xi)| &= c|(\triangle^N(x^\alpha K_1))^\wedge| \\
&\le c_{\alpha,N}\int_{|x|\ge 1/2}|x|^{-d+|\alpha|-2N}\,dx < \infty
\end{aligned}
$$

となる．こうして $|\xi| = 1$ のときには $|\partial_\xi^\alpha K_1^\wedge(\xi)| \le c'_\alpha$ となり，よって $K_0^\wedge$ と $K_1^\wedge$ に対する評価を合わせて命題の (ii) が導かれる．

(ii) から (i) が導かれることを示すために，まず m が (22) をみたし，さらに有界な台をもつことを仮定するが，m の台の大きさとは無関係な評価を求めていく．

$K(x) = \int_{\mathbb{R}^d} m(\xi)e^{2\pi i\xi\cdot x}\,d\xi$ と定義する．このとき明らかに K は $\mathbb{R}^d$ 上の C^∞ 級関数であり，超関数の意味で $K^\wedge = m$ である．微分不等式 (20) を示すには，先に用いた伸長不変性により，これを $|x| = 1$ に対して行えば十分である．ここで，$m_0(\xi) = m(\xi)\eta(\xi)$ および $m_1(\xi) = m(\xi)(1-\eta(\xi))$ として m を m_j に置き換えて K のように定義したものを K_j とし，$K = K_0 + K_1$ と書くことにする．いま，m_0 は有界で単位球に台をもつので，明らかに $|\partial_x^\alpha K_0(x)| \le c_\alpha$ である．また (7) と前の議論の類似により，$2N - |\alpha| > d$ に対して

$$|x|^{2N}|\partial_x^\alpha K_1(x)| = c\left|\int_{\mathbb{R}^d} \triangle_\xi^N(\xi^\alpha m_1(\xi))\,d\xi\right|$$
$$\leq c_{\alpha,N}\int_{|\xi|\geq 1/2}|\xi|^{|\alpha|}|\xi|^{-2N}\,d\xi < \infty$$

となる．$|x|=1$ であるので，K_0 と K_1 に対する評価から $|x|=1$ の場合，したがって $x \neq 0$ の場合の (20) が導かれる．

相殺条件を示すために，$n = d+1$ とおく．まず $(2\pi i\xi)^\alpha\widehat{\varphi}(\xi) = (\partial_x^\alpha\varphi)^\wedge(\xi)$ に注意すれば，φ が $C^{(n)}$– 正規化隆起関数 φ ならば $\sup_\xi(1+|\xi|)^{d+1}|\widehat{\varphi}(\xi)| \leq c$ となり，その結果そのような正規化隆起関数に対して

$$\int_{\mathbb{R}^d}|\widehat{\varphi}(\xi)|\,d\xi \leq c\int_{\mathbb{R}^d}\frac{d\xi}{(1+|\xi|)^d} \leq c'$$

を得る．

しかしながら, $K(\varphi_r) = K^r(\varphi) = \int m_r(-\xi)\,\widehat{\varphi}(\xi)\,d\xi$ である．よって $|K(\varphi_r)| \leq \sup_\xi|m(\xi)|\int|\widehat{\varphi}(\xi)|\,d\xi \leq A$ となり，条件 (21) が示される．

m がコンパクトな台をもつという仮定なしですませるために，$\varepsilon > 0$ とした族 $m_\varepsilon(\xi) = m(\xi)\eta_\varepsilon(\xi)$ を考える．各 m_ε はコンパクトな台をもち，ε に関して一様に条件 (22) が成立することを見よ．

$$K_\varepsilon(x) = \int_{\mathbb{R}^d} m_\varepsilon(\xi)e^{2\pi ix\cdot\xi}\,d\xi$$

とおく．このとき，$\varepsilon \to 0$ とすれば各点でかつ有界に $m_\varepsilon \to m$ となるので，この収束は緩増加超関数の意味でも成立し，これより $K^\wedge = m$ として K_ε は K に緩増加超関数の意味で収束することになる．さて，微分不等式 (20) は $x \neq 0$ と K_ε に対して ε に関し一様に成立する．よって，この評価式は K（より正確にはそれに付随する関数 k）に対しても成立する．同様に，相殺条件 (21) は K_ε に対して ε に関して一様に成立するので，これは K に対しても成立し，以上を総合すれば (ii) から (i) が導かれることがわかる．ここで行った議論から (iii) が (i) を導くこともわかる．明らかに (iii) は (i) と (ii) を合わせたものからの帰結であるので，これら 3 条件は同値であり，命題の証明は完結する．

以下の指摘は，カルデロン – ジグムント超関数に関する仮定の本質を明らかにするための手助けとなるであろう．

- n を与えたとき，$C^{(n)}$– 正規化隆起関数が相殺条件をみたすならば，$n' > n$ に対してもそれが成立することは明らかである．逆に，(20) の成立の下では，(21) がある n に対して成立することから $n = 1$ での成立が導かれ，したがってすべての $n' \geq 1$ に対して成立することが示される．このことの概略は練習 32 で与えられる．

- 微分不等式 (20) をみたす関数 k が与えられたとき，k を付随する関数としてもつカルデロン – ジグムント超関数 K が存在するかどうかが疑問となるかもしれない．その k に対する必要かつ十分な条件は

$$\sup_{0<a<b} \left| \int_{a<|x|<b} k(x)\, dx \right| < \infty$$

である．この事実の証明の概略が練習 33 で与えられる．しかし K は k から一意的に定まるわけではないことに注意が必要である．

- カルデロン – ジグムント超関数の偏微分方程式論における重要性に関する最後の注意をしておこう．それは以下のようなものである：Q を 2.5 節と同様に m 階の楕円型作用素 L のパラメトリックスとするとき，$|\alpha| \leq m$ に対して $\partial_x^\alpha Q$ はカルデロン – ジグムント超関数である．このことは評価式 (17) と命題の主張 (ii) で与えられたそのような超関数のフーリエ変換による特徴づけから直ちに従う．

3.2　L^p 理論

(18) の形の作用素に対する L^p 評価式は，以下の定理により与えられる．

定理 3.2　K を命題 3.1 におけるものとし，T を作用素 $T(f) = f * K$ とする．このとき，最初は $\mathcal{S}$ に属する f に対して定義される T が，$1 < p < \infty$ に対し $L^p(\mathbb{R}^d)$ 上の有界作用素にまで拡張される．

これは，$1 < p < \infty$ の各 p に対しある有界定数 A_p が存在して，$f \in \mathcal{S}$ に対して

$$\|Tf\|_{L^p(\mathbb{R}^d)} \leq A_p \|f\|_{L^p(\mathbb{R}^d)} \tag{23}$$

が成立することを意味している．よって第 1 章の命題 5.4 より，T は L^p すべてに対する（一意的な）拡張をもち，有界性 (23) が $f \in L^p$ に対して成立することがわかる．証明は 5 段に分けて行われる．

第 1 段：L^2 評価．　$p = 2$ の場合は $(Tf^\wedge) = f^\wedge K^\wedge$ という事実（命題 1.5 を

見よ）と，プランシュレルの定理により

$$\|Tf\|_{L^2} = \|(Tf)^\wedge\|_{L^2} \leq (\sup_\xi |K^\wedge(\xi)|) \|\widehat{f}\|_{L^2} \leq A\|f\|_{L^2}$$

となることから直ちに従う．不等式 $\sup_\xi |K^\wedge(\xi)| \leq A$ はもちろん命題 3.1 からの帰結である．

第 2 段：原子の変異型． ここでの作用素 T は（すでに前章の 3.2 節の例が示すように）一般には L^1 をそれ自身には写さず，第 2 章第 4 節で扱われた最大関数の場合と同様に，$1 < p < \infty$ の場合の L^p 理論は「弱型」L^1 評価へと繋がっている．ここでは，ハーディ空間の理論と関連する原子の変異型に対する T の作用を調べることにより，この種の評価に到達しよう．この状況下では p–原子の $p = 1$ の場合である「1–原子」（前章の系 5.3 からは明らかに除外される！）を扱うことになる．

球 B に付随する 1–**原子** $\mathfrak{a}$ とは，L^2 関数であり，

(i) $\mathfrak{a}$ は B に台をもち，$\displaystyle\int |\mathfrak{a}(x)|\, dx \leq 1$.

(ii) $\displaystyle\int_B \mathfrak{a}(x)\, dx = 0$.

となるもののことをいう．上の条件 (i) および (ii) に $\mathfrak{a}$ の L^2 ノルムは入り込んでいないことに注意しておくが，$\mathfrak{a} \in L^2$ であることの要請は単に技術的な簡便さのためだけからくるものである．

各球 B に対し B^* でその倍球，すなわち同じ中心をもつが半径が 2 倍である球を表すものとする．ここでの作用素 T と 1–原子に関する鍵となる評価式は，ある有界定数 A が存在して

$$\int_{(B^*)^c} |T(\mathfrak{a})(x)|\, dx \leq A \tag{24}$$

が任意の 1–原子 $\mathfrak{a}$ に対し成立するというものである．ここで (24) は，作用素の超関数核 K に付随する関数 k がみたす不等式，すなわち任意の $r > 0$ に対して

$$\int_{|x| \geq 2r} |k(x-y) - k(x)|\, dx \leq A \qquad (|y| \leq r) \tag{25}$$

が成り立つことからの帰結である．(25) を見るには，L を x と $x-y$ を結ぶ線分として，平均値の定理から

$$|k(x-y)-k(x)| \le |y| \sup_{z \in L} |\nabla k(z)|$$

となることに注意する．$|x| \ge 2r$ および $|y| \le r$ なので，$z \in L$ ならば $|z| \ge |x|/2$ となる．よって $|x|=1$ に対する微分不等式 (20) から $|k(x-y)-k(x)| \le c|x|^{-d-1}$ となり，(25) は $r\displaystyle\int_{|x|\ge 2r} |x|^{-d-1}\,dx$ が r に依存しない（かつ有限である）ことから従う．

これから (24) を導くには，まず f が $\mathcal{S}$ の元でかつ球 B に台をもてば，$x \notin B^*$ に対し

$$T(f)(x) = \int_B k(x-y)f(x)\,dy$$

となることを見る．これは，超関数 K が原点以外で関数 k に一致し，またここでは $|x-y| \ge r$ であるからである．$k(x-y)$ はそこで有界であるので，f が球 B に台をもち単に L^2 に属することだけを仮定しても，極限移行により同じ等式が成り立つ．よって，$\mathfrak{a}$ が B に付随する 1– 原子で $x \notin B^*$ ならば，$\displaystyle\int_B \mathfrak{a}(y)\,dy = 0$ であることから

$$T(\mathfrak{a})(x) = \int_B k(x-y)\mathfrak{a}(y)\,dy = \int_B (k(x-y)-k(x))\mathfrak{a}(y)\,dy$$

を得る．よって，

$$\int_{x\notin B^*} |T(\mathfrak{a})(x)|\,dx \le \int_B \left\{ \int_{x \notin B^*} |k(x-y)-k(x)|\,dx \right\} |\mathfrak{a}(y)|\,dy$$

となり，球 B の半径 r に関する (25) を援用することにより (24) は示される．

第 3 段：分解.　任意の可積分関数 f を，L^2 理論が適用できる「良い」関数 g と評価式 (24) が用いられる原子の定数倍の無限和との和に分解することにより，(24) を利用することにしよう．

補題 3.3　各 $L^1(\mathbb{R}^d)$ に属する f と $\alpha > 0$ に対し，開集合 E_α と分解 $f = g + b$ で以下が成り立つものを見つけることができる．

(a)　$m(E_\alpha) \le \dfrac{c}{\alpha}\|f\|_{L^1(\mathbb{R}^d)}$.

(b)　すべての x に対して $|g(x)| \le c\alpha$.

(c)　E_α は内部が互いに交わらない立方体 Q_k の合併 $\bigcup Q_k$ である．さらに $b = \displaystyle\sum_k b_k$ で，各関数 b_k は Q_k に台をもち，

$$\int |b_k(x)|\,dx \le c\alpha m(Q_k), \qquad \int_{Q_k} b_k(x)\,dx = 0$$

をみたす.

(c) から b は E_α に台をもち，よって $x \notin E_\alpha$ ならば $g(x) = f(x)$ となることが導かれることに注意せよ．また，各 b_k は $\mathfrak{a}_k$ を 1–原子として $c\alpha m(Q_k)\mathfrak{a}_k$ の形であることも見よ.

補題の証明は，前章の命題 5.1 を証明するために用いた議論の簡略版に相当する．特に，ここでは切り落とし版 $f^\dagger$ の代わりに完全な最大関数 f^* を用いる．指針となる考え方は，f の定義域を $|f(x)| > \alpha$ となる集合とその補集合とに切り分けようとすることにある．しかしながら前と同様，ここではより緻密になる必要があり，現状況下では f を $f^*(x) > \alpha$ となるところで切り落とす必要がある．そこで $E_\alpha = \{x : f^*(x) > \alpha\}$ ととる．それにより，条件 (a) は 前章の (27) で与えられた f^* に対する弱型評価のことになる.

次に，E_α は開集合であるのでこれを $\bigcup_k Q_k$ と書き，Q_k は互いに内部が交わらない閉立方体で，Q_k の E_α^c からの距離は Q_k の直径と同程度とすることができる．（これは前章の補題 5.2 である.）さて,

$$m_k = \frac{1}{m(Q_k)} \int_{Q_k} f\,dx$$

とおく．このとき，$\overline{x}_k$ を Q_k に最も近い E_α^c の点とすれば，$|m_k| \le cf^*(\overline{x}_k) \le c\alpha$ となる．$x \notin E_\alpha^c$ に対しては $g(x) = f(x)$ とおき，$x \in Q_k$ に対しては $g(x) = m_k$ とおく．その結果 $x \in E_\alpha^c$ に対しては，そこでは $f^*(x) \le \alpha$ となることより，$|f(x)| \le \alpha$ である．これらを総合すれば $|g(x)| \le c\alpha$ となり，結論 (b) が示される.

最後に，$b(x) = f(x) - g(x)$ は $E_\alpha = \bigcup_k Q_k$ に台をもち，よって b_k を Q_k に台をもち，そこでは $f(x) - m_k$ に等しいものとして $b = \sum_k b_k$ とできる.

このとき

$$\int |b_k(x)|\,dx = \int_{Q_k} |f(x) - m_k|\,dx \le \int_{Q_k} |f(x)|\,dx + |m_k| m(Q_k)$$

となる．また，前と同様

$$\int_{Q_k} |f(x)|\,dx \le cm(Q_k) f^*(\overline{x}_k) \le c\alpha m(Q_k)$$

であり，よって $|m_k| \leq c\alpha$ であるので

$$\int |b_k(x)|\,dx \leq c\alpha m(Q_k)$$

となる．明らかに，$\displaystyle\int b_k(x)\,dx = \int_{Q_k}(f(x) - m_k)\,dx = 0$ となり，分解の補題は証明された．

f が $L^2(\mathbb{R}^d)$ にも属するならば，g, b および各 b_k もまた $L^2(\mathbb{R}^d)$ に属することがわかる．b_k の台は互いに交わらないので，和 $b = \sum_k b_k$ は前の各点での意味のみならず，L^2 ノルムの意味でも収束する．

第4段：弱型評価.　ここでは，$f \in L^1 \cap L^2$ ならば

$$m(\{x : |T(f)(x)| > \alpha\}) \leq \frac{A}{\alpha}\|f\|_{L^1}, \qquad \alpha > 0 \tag{26}$$

となることを示すが，ここで A は f と α には依存しない有界定数である．そのために補題に従って $f = g + b$ と分解し，$T(f) = T(g) + T(b)$ であることから

$$\begin{aligned} m(\{x : |T(f)(x)| > \alpha\}) \leq m(\{x &: |T(g)(x)| > \alpha/2\}) \\ &+ m(\{x : |T(b)(x)| > \alpha/2\}) \end{aligned}$$

となることに注意する．さて，チェビシェフの不等式と T の L^2 評価より，

$$m(\{x : |T(g)(x)| > \alpha/2\}) \leq \left(\frac{2}{\alpha}\right)^2 \|Tg\|_{L^2}^2 \leq \frac{c}{\alpha^2}\|g\|_{L^2}^2$$

となる．しかし $\displaystyle\int |g(x)|^2\,dx = \int_{E_\alpha^c} |g(x)|^2\,dx + \int_{E_\alpha} |g(x)|^2\,dx$ である．いま E_α^c 上では $g(x) = f(x)$ で $|g(x)| \leq c\alpha$ となるので，右辺の最初の積分は $c\alpha\|f\|_{L^1}$ で抑えられる．また，補題の条件 (a) より

$$\int_{E_\alpha} |g(x)|^2\,dx \leq c\alpha^2 m(E_\alpha) \leq c\alpha\|f\|_{L^1}$$

となる．結論として

$$m(\{x : |T(g)(x)| > \alpha/2\}) \leq \frac{c}{\alpha}\|f\|_{L^1}$$

が得られる．$T(b) = \sum_k T(b_k)$ を取り扱うため，B_k を Q_k を含む最小の球とし，B_k^* を B_k の倍球とする．$E_\alpha^* = \bigcup B_k^*$ と定義する．ここで，$T(b) = \sum_k T(b_k)$ は L^2 ノルムでの収束であるので，再びチェビシェフの不等式より，有界集合 S に対して

$$m(\{x \in S \ : \ |T(b)(x)| > \alpha/2\}) \leq \frac{2}{\alpha}\int_S |T(b)(x)|\,dx$$
$$\leq \frac{2}{\alpha}\sum_k \int_S |T(b_k)(x)|\,dx$$

となる．

ここで大きな球 B により $S = (E_\alpha^*)^c \cap B$ とおく．B の半径を無限大にもっていくことにより

$$m(\{x \notin E_\alpha^* \ : \ |T(b)(x)| > \alpha/2\}) \leq \frac{2}{\alpha}\sum_k \int_{(B_k^*)^c} |T(b_k)(x)|\,dx$$

となるが，これは $E_\alpha^* = \bigcup B_k^*$ から各 k に対して $(E_\alpha^*)^c \subset (B_k^*)^c$ が導かれるためである．しかしながらすでに注意したように，b_k は球 B_k に付随する 1– 原子 $\mathfrak{a}_k$ を用いた $c\alpha m(Q_k)\mathfrak{a}_k$ の形をしている．よって評価式 (24) から

$$m(\{x \in (E_\alpha^*)^c \ : \ |T(b)(x)| > \alpha/2\}) \leq c\sum_k m(Q_k) = cm(E_\alpha) \leq \frac{c}{\alpha}\|f\|_{L^1}$$

が得られる．最後に，任意の k に対して $m(B_k^*) = cm(Q_k)$ であることから

$$m(E_\alpha^*) \leq \sum_k m(B_k^*) = c\sum m(Q_k) = cm(E_\alpha) \leq \frac{c'}{\alpha}\|f\|_{L^1}$$

となる．

$T(g)$ と $T(b)$ に対する不等式をともに集めることにより，弱型評価 (26) が示される．

第 5 段：L^p 不等式. ここで第 2 章の最大関数 f^* に対する L^p 評価の証明において用いられた考え方を借りることにするが，そこでは弱型不等式がより精巧な形へと言い換えられ，その章の不等式 (28) として与えられている．ここでのより強い形の評価は，L^1 と L^2 の両方に属する f に対して成立する．

$$(27) \quad m(\{x \ : \ |T(f)(x)| > \alpha\}) \leq A\left(\frac{1}{\alpha}\int_{|f|>\alpha} |f|\,dx + \frac{1}{\alpha^2}\int_{|f|\leq\alpha} |f|^2\,dx\right)$$

である．これを証明するために，各 $\alpha > 0$ ごとに f を f の大きさに合わせて（ここではより単純に）二つの部分に分解する．すなわち，$f = f_1 + f_2$ で，$|f(x)| > \alpha$ ならば $f_1(x) = f(x)$ で，それ以外は $f_1(x) = 0$，また $|f(x)| \leq \alpha$ ならば $f_2(x) = f(x)$ で，それ以外は $f_2(x) = 0$ とする．このとき再び

$$m(\{|T(f)(x)| > \alpha\}) \leq m(\{|T(f_1)(x)| > \alpha/2\}) + m(\{|T(f_2)(x)| > \alpha/2\})$$

である．いま示したばかりの弱型評価より

$$m(\{|T(f_1)(x)| > \alpha/2\}) \leq \frac{A}{\alpha}\|f_1\|_{L^1} = \frac{A}{\alpha}\int_{|f|>\alpha} |f|\, dx\,.$$

T の L^2 有界性とチェビシェフの不等式からは

$$m(\{|T(f_2)(x)| > \alpha/2\}) \leq \Big(\frac{2}{\alpha}\Big)^2 \|T(f_2)\|_{L^2}^2 = \frac{A}{\alpha^2}\int_{|f|\leq\alpha} |f|^2\, dx$$

となり，(27) が示される．

さて $\lambda(\alpha) = m(\{x : |T(f)(x)| > \alpha\})$ とするとき

$$\int |T(f)(x)|^p\, dx = \int_0^\infty \lambda(\alpha^{1/p})\, d\alpha$$

である（第 2 章の (29) を見よ）．よって，(27) より上の積分は

$$A\left(\int_0^\infty \alpha^{-1/p}\left(\int_{|f|>\alpha^{1/p}} |f|\, dx\right) d\alpha + \int_0^\infty \alpha^{-2/p}\left(\int_{|f|\leq\alpha^{1/p}} |f|^2\, dx\right) d\alpha\right)$$

で抑えられる．$p > 1$ ならば $a_p = p/(p-1)$ として

$$\begin{aligned}\int_0^\infty \alpha^{-1/p}\left(\int_{|f|>\alpha^{1/p}} |f|\, dx\right) d\alpha &= \int |f|\left(\int_0^{|f|^p} \alpha^{-1/p}\, d\alpha\right) dx \\ &= a_p \int |f|^p\, dx\end{aligned}$$

である．また $p < 2$ ならば $b_p = p/(2-p)$ として

$$\int_0^\infty \alpha^{-2/p}\left(\int_{|f|\leq\alpha^{1/p}} |f|^2\, dx\right) d\alpha = b_p \int |f|^p\, dx$$

である．よって，$A_p = A\cdot p\cdot\Big(\dfrac{1}{p-1} + \dfrac{1}{2-p}\Big)$ として

$$\|T(f)\|_{L^p} \leq A_p\|f\|_{L^p}$$

を得る．これが $1 < p < 2$ の場合（$p = 2$ の場合はすでに解決済みである）を与えている．

$2 \leq p < \infty$ の場合へと移行するには，最初の章の第 4 節で明らかにされた L^p 空間の双対性を用いる．

f と g が $\mathcal{S}$ に属していれば，プランシュレルの定理により

$$\int_{\mathbb{R}^d} T(f)\overline{g}\, dx = \int_{\mathbb{R}^d} m(\xi)\widehat{f}(\xi)\,\overline{\widehat{g}(\xi)}\, d\xi = \int_{\mathbb{R}^d} f\,\overline{T^*(g)}\, dx$$

となることに注意する．ここで $m = K^\wedge$ により $(K^*)^\wedge = \overline{m}$ としたとき，$T^*(g) =$

$g * K^*$ である．ここで $\overline{m}$ は m がみたすのと同じ特徴づけ (22) をみたし，よって上の結果を T^* に対して適用することができる．特に，等式

$$\int_{\mathbb{R}^d} (Tf)\overline{g}\,dx = \int_{\mathbb{R}^d} f\overline{(T^*g)}\,dx \tag{28}$$

は L^2 に属する f と g にまで拡張される．

次に $2 \leq p < \infty$ に対して，q をその双対指数（$1/p + 1/q = 1$）とすれば $1 < q \leq 2$ である．このとき，第 1 章の補題 4.2 より

$$\|T(f)\|_{L^p} = \sup_g \left| \int T(f)\overline{g}\,dx \right|$$

であるが，ここで上限は単関数 g で $\|g\|_{L^p} \leq 1$ となるものすべてにわたってとるものである．しかし，ヘルダーの不等式と T^* の L^q $(1 < q \leq 2)$ での有界性から

$$\left| \int T(f)\overline{g}\,dx \right| = \left| \int f\overline{(T^*(g))}\,dx \right| \leq \|f\|_{L^p} \|T^*(g)\|_{L^q} \leq A_q \|f\|_{L^p}$$

となる．結論はすべての $f \in \mathcal{S}$ と $1 < p < \infty$ に対する (23) であり，これで定理の証明は完結する．

いま示したばかりの定理に関して，二つのコメントでこの章を締めくくることにする．

- この結果は，楕円型方程式の解に対して L^p ソボレフ空間を用いた「内部」評価を与える．そういうわけで，これを定理 2.14 の主張を量的に述べたものとみなすことができる．このことの概略は問題 3 で与えられる．
- K の本質的な性質で L^p 理論の証明に入り込んでいるのは，第一にフーリエ変換を介在した L^2 有界性であり，第二に不等式 (25) の利用である．この不等式はさまざまな状況に適合する自然な拡張を有しているが，その状況は特に $\mathbb{R}^d$ のもつ基本構造を別の適当な「幾何」に置き換えるような応用において現れる．しかしながら，一般にはフーリエ変換は役に立たないことが多く，他の状況下で L^2 有界性を示すことには多くの問題を含んでいる．そのため，第 8 章の命題 7.4 にある準直交原理を用いるさらなるアイデアが発展してきたが，これらについてはここでは追及しない．

4. 練習

1. F を Ω 上の超関数とし，Ω 上の C^k 級関数 f に関し $F = f$ であるものとする．

$|\alpha| \le k$ に対し，超関数の意味での $\partial_x^\alpha F$ が $\partial_x^\alpha f$ と一致することを示せ.

2.　以下は前練習の逆に相当する.

(a)　f と g は $(a,b) \subset \mathbb{R}$ 上の連続関数で，（超関数の意味での）$\dfrac{df}{dx}$ が g に一致するものとする．$h \to 0$ で $(f(x+h)-f(x))/h \to g(x)$ が任意の $x \in (a,\, b)$ に対して成立することを示せ.

(b)　f と g は単に $L^1(a,\, b) \subset \mathbb{R}$ に属するものと仮定し，超関数の意味で $\dfrac{df}{dx} = g$ であるとするならば，f は絶対連続であり，$h \to 0$ で $(f(x+h)-f(x))/h \to g(x)$ がほとんどすべての x に対して成立する.

結論として，f が $\mathbb{R}$ において連続であるが，いたるところ微分不可能であるならば，f の超関数としての微分はいかなる部分区間においても局所可積分とはならない.

(c)　(a) を以下のように一般化せよ：$k \ge 1$ を整数とし，f を開集合 Ω 上の連続関数とする．$|\alpha| \le k$ となる各多重指数 α に対して超関数 $\partial_x^\alpha f$ が連続関数 g_α に等しいならば，f は C^k 級であり，$|\alpha| \le k$ に対して関数として $\partial_x^\alpha f = g_\alpha$ となる.

[ヒント：(a) を見るには，$x_0 \in (a,\, b)$, $h > 0$ とし，また η を $(a,\, b)$ 上の試験関数で $\displaystyle\int \eta = 1$ となるものとする．$\delta > 0$ に関し $\eta^\delta(x) = \delta^{-1}\eta(x/\delta)$ と定義し，

$$\varphi(x) = \int_{-\infty}^{x} (\eta^\delta(x_0+h-y) - \eta^\delta(x_0-y))\, dy$$

とおく．このとき，$\displaystyle\int f(x)\frac{d}{dx}\varphi(x)\, dx = -\int g(x)\varphi(x)\, dx$ であり，$\delta, h \to 0$ とせよ.

(b) については，まず第 1 段として，定数の不定性を除いて f が g の不定積分にほとんどいたるところ等しいことを示せ．そして，絶対連続関数のほとんどいたるところでの微分可能性に関する第 III 巻の第 3 章の定理 3.8 を用いよ.]

3.　$\mathbb{R}^d$ 上の有界関数 f がリプシッツ条件（1 次ヘルダー条件としても知られている）

$$|f(x) - f(y)| \le C|x-y| \qquad (x,\, y \in \mathbb{R}^d)$$

をみたすのは，$f \in L^\infty$ かつ超関数の意味ですべての 1 階偏導関数 $\partial f/\partial x^j$ $(1 \le j \le d)$ が L^∞ に属するときであり，かつそのときに限る.

[ヒント：ψ_n を系 1.2 における近似単位元として $f_n = f * \psi_n$ とする．このとき n に関して一様に $\partial f_n/\partial x_j \in L^\infty$ である.]

4.　F を Ω 上の超関数とする.

(a)　ある $f_n \in C^\infty$ でそれぞれが Ω にコンパクトな台をもち，超関数の意味で $f_n \to F$ となるものが存在する.

(b)　F がコンパクト集合 C に台をもつならば，任意の $\varepsilon > 0$ に対して f_n を C の

ε–近傍に台をもつようにとることができる.

5. f は $\mathbb{R}^d$ 上で局所可積分とする．このとき f の測度論的な意味での「台」とは，集合 $E = \{x : f(x) \neq 0\}$ のことである．E は本質的に測度 0 の集合の違いを無視したうえでしか定まらないことに注意せよ.

超関数としての f の台は $E - C$ が測度 0 であるすべての閉集合 C の共通部分に等しいことを示せ.

6. Ω を $\mathbb{R}^d$ における領域で，$x = (x', x_d) \in \mathbb{R}^{d-1} \times \mathbb{R}$ で φ を C^1 関数として $\Omega = \left\{x \in \mathbb{R}^d : x_d > \varphi(x')\right\}$ で定義されるものとする．f は $\overline{\Omega}$ で連続で，その最初の導関数も $\overline{\Omega}$ で連続とし，$f|_{\partial\Omega} = 0$ であるものとする.

$\widetilde{f}$ は f の $\mathbb{R}^d$ への拡張で，$x \in \overline{\Omega}$ ならば $\widetilde{f}(x) = f(x)$ で，$x \notin \overline{\Omega}$ ならば $\widetilde{f}(x) = 0$ として定義されるものとする．このとき超関数の意味での $\dfrac{\partial \widetilde{f}}{\partial x_j}$ は，$\overline{\Omega}$ で $\dfrac{\partial f}{\partial x_j}$，$\overline{\Omega}^c$ で 0 となる関数になる．$\left(\dfrac{\partial \widetilde{f}}{\partial x_j}\right.$が連続というのは必ずしも正しくはないことに注意しておく.$\Big)$

[ヒント：$-\displaystyle\int_\Omega f(x)\frac{\partial \psi}{\partial x_j}\,dx = \int_\Omega \frac{\partial f}{\partial x_j}\psi\,dx$ を $\mathbb{R}^d$ のコンパクト集合に台をもつ任意の C^∞ 級関数 ψ に対して示せ.]

7. 超関数 F が緩増加であるのは，ある整数 N と定数 A が存在して，任意の $R \geq 1$ と $|x| \leq R$ に台をもつ任意の $\varphi \in \mathcal{D}$ に対して

$$|F(\varphi)| \leq AR^N \sup_{|x| \leq R,\, 0 \leq |\alpha| \leq N} |\partial_x^\alpha \varphi(x)|$$

が成り立つときで，かつそのときに限ることを示せ.

8. F を λ 次斉次超関数とする．F は緩増加であることを示せ.
[ヒント：$\eta \in \mathcal{D}$ で，$|x| \leq 1$ に対して $\eta(x) = 1$ で $|x| \leq 2$ に台をもつものを固定する．$\eta_R(x) = \eta(x/R)$ とおく．$|\eta_1 F(\varphi)| \leq c\|\varphi\|_N$ となる N を見つけよ．そして $|(\eta_R F)(\varphi)| \leq cR^{N+|\lambda|}\|\varphi\|_N$ を導け.]

9. 実直線上で $f(x) = e^x$ を超関数として考えたものは，緩増加ではないことを確認せよ.
[ヒント：練習 7 での判定基準がすべての N に対して成立しないことを示せ.]

10. $\mathcal{D}$ は $\mathcal{S}$ で稠密であることを示せ.
[ヒント：$\eta \in \mathcal{D}$ で原点の近傍で $\eta = 1$ となるものを固定する．$\eta_k(x) = \eta(x/k)$ とおいて $\varphi_k = \eta_k \varphi$ を考えよ.]

11.　φ_1, $\varphi_2 \in \mathcal{S}$ とする.

(a)　$\varphi_1 \cdot \varphi_2 \in \mathcal{S}$ を確認せよ.

(b)　フーリエ変換を用いて, $\varphi_1 * \varphi_2 \in \mathcal{S}$ を証明せよ.

(c)　畳み込みの定義から直接 $\varphi_1 * \varphi_2 \in \mathcal{S}$ を示せ.

12.　F_1 がコンパクト台をもつ超関数で $\varphi \in \mathcal{S}$ ならば, $F_1 * \varphi \in \mathcal{S}$ であることを証明せよ.

[ヒント：各 N に対して, ある定数 c_N が存在して

$$\|\psi_y^{\sim}\|_N \leq c_N(1+|y|)^N \|\psi\|_N$$

となる.]

13.　前練習を用いて, F_1 と F は超関数で F_1 がコンパクト台をもち F が緩増加ならば

(a)　$F * F_1$ は緩増加であり,

(b)　$(F * F_1)^\wedge = F_1^\wedge F^\wedge$（$F_1^\wedge$ は C^∞ で緩やかに増大）

となることを証明せよ.

14.　$f(x) = \dfrac{1}{2}|x|$ は $\mathbb{R}$ 上の $\dfrac{d^2}{dx^2}$ に対する基本解であることを確かめよ.

15.　ヘヴィサイド関数に関する等式の d 次元版に相当するのは, 等式

$$\delta = \sum_{j=1}^{d} \left(\frac{\partial}{\partial x_j}\right) h_j$$

である. ここで $h_j(x) = \dfrac{1}{A_d}\dfrac{x_j}{|x|^d}$ で, $A_d = 2\pi^{d/2}/\Gamma(d/2)$ は $\mathbb{R}^d$ における単位球の表面積である.

[ヒント：$d > 2$ のときに, $\delta = \displaystyle\sum_{j=1}^{d} \frac{\partial}{\partial x_j}\left(\frac{\partial}{\partial x_j} C_d |x|^{-d+2}\right)$ と書け.]

16.　$z = x + iy$ に関する複素平面 $\mathbb{C} = \mathbb{R}^2$ を考える.

(a)　コーシー－リーマン作用素

$$\partial_{\bar{z}} = \frac{1}{2}\left(\frac{\partial}{\partial x} + i\frac{\partial}{\partial y}\right)$$

は楕円型であることに注意せよ.

(b)　局所可積分関数 $1/(\pi z)$ は $\partial_{\bar{z}}$ の基本解であることを示せ.

(c)　f は Ω 上連続で, 超関数の意味で $\partial_{\bar{z}} f = 0$ とする. このとき f は解析的である.

[ヒント：(b) については定理 2.9 を用い, $\partial_z = \dfrac{1}{2}\left(\dfrac{\partial}{\partial x} - i\dfrac{\partial}{\partial y}\right)$ に関し $\triangle = 4\partial_{\bar{z}}\partial_z$ と

なることに注意せよ.]

17. $f(z)$ を $\Omega \subset \mathbb{C}$ 上の有理型関数とする. 以下を証明せよ.

(a) $\log|f(z)|$ は局所可積分である.

(b) 超関数の意味でとった $\triangle(\log|f(z)|)$ は $2\pi\sum_j m_j\delta_j - 2\pi\sum_k m'_k\delta_k$ に等しい. ここで, δ_j は f の相異なる零点に置かれたデルタ関数, すなわち $\delta_j(\varphi) = \varphi(z_j)$ で, δ_k は f の極 z'_k に置かれたもの, また m_j と m'_k はそれぞれの重複度である.

[ヒント: $\dfrac{1}{2\pi}\log|z|$ は $\triangle$ の基本解である.]

18. 超関数 F が λ 次斉次であるのは

$$\sum_{j=1}^{d} x_j \frac{\partial F}{\partial x_j} = \lambda F$$

となるときであり, かつそのときに限ることを証明せよ.

[ヒント: 逆については, $a > 0, \varphi \in \mathcal{D}$ に対して $\Phi(a) = F(\varphi^a)$ を考えよ. このとき, $\Phi(a)$ は $a > 0$ に関して C^∞ であり, $\dfrac{d\Phi(a)}{da} = \dfrac{\lambda}{a}\Phi(a)$ となる.]

19. $\mathbb{R}$ 上の超関数に関する以下の事実を証明せよ.

(a) 与えられた超関数 F に対し, ある超関数 F_1 で

$$\frac{d}{dx}F_1 = F$$

となるものが存在する.

(b) F_1 は定数の和の不定性を除いて一意である.

[ヒント: (a) については, $\varphi_0 \in \mathcal{D}$ を $\int \varphi_0 = 1$ となるようにとって固定し, 各 $\varphi \in \mathcal{D}$ がある $\psi \in \mathcal{D}$ と定数 a により一意的に $\varphi = \dfrac{d\psi}{dx} + a\varphi_0$ と表されることに注意する. そして, $F_1(\varphi) = F(\psi)$ と定義せよ. (b) については, d/dx が楕円型であるという事実を用いよ.]

20. $\lambda_1, \cdots, \lambda_d$ は相異なる複素指数ですべての $x > 0$ に対して $\sum_{j=1}^{n}(a_j x^{\lambda_j} + b_j x^{\lambda_j}\log x) = 0$ であるならば, 各 $1 \leq j \leq n$ に対して $a_j = b_j = 0$ であることを示せ.

[ヒント: 補題 2.6 の証明におけるように進め, $\int_1^R x^{-1+i\mu_j}\,dx$ は $\mu_j = 0$ ならば $\log R$ に等しく, μ_j が実数で $\neq 0$ ならばこの積分は $O(1)$ となるという事実を用いよ.]

21. 定理 2.10 のように $t > 0$ に対して $F(x,t) = \mathcal{H}_t(x)$, $t \leq 0$ のときには

$F(x,\,t)=0$ とする．$(\xi,\,\tau)\in\mathbb{R}^d\times\mathbb{R}$ で ξ は x の，τ は t の双対であるとして，

$$\widehat{F}(\xi,\tau)=\frac{1}{4\pi^2|\xi|^2+2\pi i\tau}$$

となることを直接証明せよ．
［ヒント：二つの等式

$$\int_0^\infty e^{-4\pi^2|\xi|^2t}e^{-2\pi i\tau t}\,dt=\frac{1}{4\pi^2|\xi|^2+2\pi i\tau}\,,\qquad |\xi|>0$$

および

$$\int_{\mathbb{R}^d}\mathcal{H}_t(x)e^{-2\pi ix\cdot\xi}\,dx=e^{-4\pi^2|\xi|^2t},\qquad t>0$$

を用いよ．］

22.　f を $\mathbb{R}$ 上の局所可積分関数とし，u を $(x,\,t)\in\mathbb{R}^2$ に対して $u(x,\,t)=f(x-t)$ として定義する．u は，超関数の意味で，波動方程式

$$\frac{\partial^2u}{\partial x^2}=\frac{\partial^2u}{\partial t^2}$$

をみたすことを確かめよ．

より一般に，F を $\mathbb{R}$ 上の任意の超関数とする．（$f(x-t)$ と類似の方法で）U を以下のように構成する．φ が $\mathcal{D}(\mathbb{R}^2)$，$\mathbb{R}^2=\{(x,\,t)\}$ に属するとき，$U(\varphi)=\displaystyle\int_{\mathbb{R}}(F*\varphi(x,\,\cdot\,))(x)\,dx$ とおく．このとき U は

$$\frac{\partial^2U}{\partial x^2}=\frac{\partial^2U}{\partial t^2}$$

をみたす．U は $h\in\mathbb{R}$ に対する平行移動 $(h,\,h)$ の下では不変であることに注意せよ．

23.　$\mathbb{R}^3$ において関数

$$F(x)=\frac{-1}{4\pi|x|}e^{-|x|}$$

は作用素 $\triangle-I$ の基本解であることを示せ．関数 F は素粒子論における「湯川ポテンシャル」と呼ばれるものである．$\triangle$ の基本解である「ニュートン・ポテンシャル」$-1/(4\pi|x|)$ とは対照的に F は無限遠において非常に速く減衰し，よってこの理論における短距離型の力を説明している．
［ヒント：F を $-(1+4\pi^2|\xi|^2)^{-1}$ の逆フーリエ変換とせよ．$\mathbb{R}^3$ の極座標に移行して，等式

$$\int_{|\xi|=1}e^{2\pi i\xi\cdot x}\,d\sigma(\xi)=\frac{2\sin(2\pi|x|)}{|x|}$$

を，前章の (18) により与えられる共役ポアソン核のフーリエ変換とともに用いよ．］

24.　次の主張はラプラシアンの基本解の一意性を扱うものである．

(a) $d \geq 2$ の場合の $\mathbb{R}^d$ における $\triangle$ の基本解で，回転不変なものは定数の和の不定性を除いて一意であり，定理 2.8, 2.9 で与えられるものとなる．

(b) $d \geq 3$ の場合の $\mathbb{R}^d$ における $\triangle$ の基本解で，無限遠で 0 となるものは一意であり，定理 2.8 で与えられるものとなる．

25. $\Omega \subset \mathbb{R}$ 上の超関数 F が**正値**であるとは，Ω に台をもち $\varphi \geq 0$ である任意の $\varphi \in \mathcal{D}$ に対し $F(\varphi) \geq 0$ となることをいう．F が正値であるのは Ω 上のあるボレル測度でコンパクト部分集合上では有限となる $d\mu$ により $F(\varphi) = \int \varphi\, d\mu$ となるときで，かつそのときに限ることを示せ．

26. (a, b) 上の実数値関数が**凸**であるとは，$x_0, x_1 \in (a, b), 0 \leq t \leq 1$ に対して $f(x_0(1-t) + x_1 t) \leq (1-t)f(x_0) + tf(x_1)$ となることであったことを思い出しておこう．（第 III 巻の第 3 章の問題 4 も参照せよ．）$\Omega \subset \mathbb{R}^d$ 上の関数 f が凸であるとは，f の Ω 内の任意の線分への制限が凸であることをいう．

(a) f は (a, b) 上で連続とする．このときこれが凸であるのは超関数 $\dfrac{d^2 f}{dx^2}$ が正値であるときであり，かつそのときに限る．

(b) f は $\Omega \subset \mathbb{R}^d$ 上で連続とするとき，これが凸であるのは各 $\xi = (\xi_1, \cdots, \xi_d) \in \mathbb{R}^d$ に対し超関数 $\displaystyle\sum_{1 \leq i,j \leq d} \xi_i \xi_j \frac{\partial^2 f}{\partial x_i \partial x_j}$ が正値であるときであり，かつそのときに限る．

[ヒント：(a) については，$\varphi \in \mathcal{D}$, $\varphi \geq 0$, $\int \varphi\, dx = 1$ とし，$\varphi_\varepsilon(x) = \varepsilon^{-1}\varphi(x/\varepsilon)$ とおく．$f_\varepsilon = f * \varphi_\varepsilon$ を考えよ．]

27. $\mathbb{R}^d$ 上のコンパクトな台をもつ任意の超関数 F は次の意味で**有限階数**であるとする：このような各 F に対し，ある整数 M とコンパクトな台をもつ連続関数 F_α が存在して，

$$F = \sum_{|\alpha| \leq M} \partial_x^\alpha F_\alpha$$

となる．さらに F が C に台をもつとき，任意の $\varepsilon > 0$ に対して F_α を C の ε– 近傍に台をもつようにとれる．以下の 3 段階を実行することによりこれを証明せよ．

(a) N を任意の $\varphi \in \mathcal{S}$ に対して $|F(\varphi)| \leq c\|\varphi\|_N$ となるようにとり，M_0 を $2M_0 > d + N$ となるように選ぶ．Q を $1/(1 + 4\pi^2|\xi|^2)^{M_0}$ の逆フーリエ変換としたとき，Q は $(1 - \triangle)^{M_0}$ の基本解であり，また Q は C^N 級であることを見よ．

(b) 各 ε に対し，Q に応じて Q_ε を，$(1 - \triangle)^{M_0} Q_\varepsilon = \delta + r_\varepsilon$ をみたし，Q_ε は（系 2.13 と同様に）原点の ε– 近傍に台をもつように構成せよ．$|F(\varphi)| \leq c\|\varphi\|_N$ という事実を用いて，$F * Q_\varepsilon$ が連続関数であることを示せ．

(c)　よって $F=(1-\triangle)^{M_0}(Q_\varepsilon * F)-F*r_\varepsilon$ であり，結論は $M=2M_0$ に関して証明される．

28.　緩増加超関数 F でそのフーリエ変換がコンパクトな台をもつものを特徴づけることができる．

すでに命題1.6により，そのような F は実際には C^∞ で緩やかに増大する関数でなければならないことがわかっている．$d=1$ の場合の正確な特徴づけは以下の主張により与えられる．

緩増加超関数 F のフーリエ変換が区間 $[-M, M]$ に台をもつのは，F が C^∞ で緩やかに増大する関数 f と一致し，さらにその関数が指数型 $2\pi M$ の整関数（すなわち任意の $\varepsilon>0$ に対し $|f(z)|\leq A_\varepsilon e^{2\pi(M+\varepsilon)|z|}$，$z=x+iy$）として複素平面全体に解析接続されるときであり，かつそのときに限る．

（類似の主張が高次元の場合にも成立する．）

[ヒント：$\widehat{F}$ は $[-M, M]$ に台をもつとする．練習27を用いて，連続で $[-M-\varepsilon, M+\varepsilon]$ に台をもつ g_α により $\widehat{F}=\sum_{|\alpha|\leq N}\partial_x^\alpha(g_\alpha)$ と書けるので，$\widehat{F}$ が連続関数の場合に帰着できる．

逆を示すには，$\eta\in C^\infty$ を $|\xi|\leq 1$ に台をもち $\int\eta=1$ となるものとして $\gamma_\delta(x)=\frac{1}{\delta}\int e^{-2\pi ix\xi}\eta(\xi/\delta)\,d\xi$ とおき，$f_\delta=f\gamma_\delta$ を考えよ．このとき $\gamma_\delta(x)$ は指数型 $2\pi\delta$ であり，実軸上で急減少する．よって第II巻第4章の定理3.3で与えられた結果の簡略版を関数 f_δ に適用して，$\delta\to 0$ とせよ．]

29.　この練習では，L^2 ソボレフ空間を考察する．

空間 L_m^2 は，関数 $f\in L^2(\mathbb{R}^d)$ で，任意の $|\alpha|\leq m$ に対してその超関数の意味での微分 $\partial_x^\alpha f$ が $L^2(\mathbb{R}^d)$ に属するものから構成される．この空間はしばしば $H_m(\mathbb{R}^d)$ と表記される．これは第1章第3節において例として与えられたソボレフ空間の $p=2$ という特別な場合に相当することに注意しておく．しかしここでは，若干異なる（しかし同値な）ノルムで，L_m^2 をヒルベルト空間にするものを用いる．

L_m^2 に対して内積

$$(f, g)_m=\sum_{|\alpha|\leq m}(\partial_x^\alpha f, \partial_x^\alpha g)_0$$

を定義するが，ここで $(f, g)_0=\int_{\mathbb{R}^d}f(x)\overline{g(x)}\,dx$ である．このとき，L_m^2 はノルム $\|f\|_{L_m^2}=(f, f)_m^{1/2}$ をもつヒルベルト空間となる．

(a)　$f\in L_m^2$ に属するのは $\widehat{f}(\xi)(1+|\xi|)^m\in L^2$ のときで，かつそのときに限ることと，$\|f\|_{L_m^2}$ と $\|\widehat{f}(\xi)(1+|\xi|)^m\|_{L^2}$ は同値なノルムであることを示せ．

(b)　$m > d/2$ ならば f は測度 0 の集合上で修正を施すことで連続となり，実際 $k < m - d/2$ に対して C^k に属する．これはソボレフの埋蔵定理の一つの述べ方である．
［ヒント：$|\alpha| < m - d/2$ ならば $\xi^\alpha \widehat{f} \in L^1(\mathbb{R}^d)$ である．］

30.　以下の考察は $\mathbb{R}^d$ 上のカルデロン－ジグムント超関数の L^2 理論との関連において有用である．

(a)　超関数 $\left[\dfrac{1}{|x|^d}\right]$ のフーリエ変換は $c_1 \log|\xi| + c_2$ で $c_1 \neq 0$ の形をしている．

(b)　以下の (a) からの帰結を証明せよ．k は $-d$ 次斉次関数で原点以外で C^∞ かつ

$$\int_{|x|=1} k(x)\, d\sigma(x) \neq 0$$

であるものとする．もし K が原点以外で k と一致する任意の超関数ならば，K のフーリエ変換は有界関数ではない．このことの別の述べ方として，まずは $\varphi \in \mathcal{D}$ に対して $T(\varphi) = K * \varphi$ により定義される作用素 T は，$L^2(\mathbb{R}^d)$ 上の有界作用素に拡張されない．

31.　k は $-d$ 次斉次な C^∞ 級関数で恒等的に 0 ではなく，かつ

$$\int_{|x|=1} k(x)\, d\sigma(x) = 0$$

であるものとする．もし K が k で定義される主値超関数，すなわち $K = \mathrm{pv}(k)$ ならば，K はカルデロン－ジグムント超関数ではあるが，$Tf = f * K$ により定義される作用素 T は L^1 や L^∞ 上で有界ではない．

特別な場合であるヒルベルト変換に関しては第 2 章練習 7 にある．

［ヒント：$\varphi \in \mathcal{D}$ ならば $|x| \to \infty$ のとき $T\varphi(x) = ck(x) + O(|x|^{-d-1})$ である．ここで $c = \displaystyle\int \varphi$ とする．］

32.　カルデロン－ジグムント超関数のある $n > 1$ に対する相殺条件 (21) は $n = 1$ の場合の条件を導く．このことを最初に以下の事実を証明することにより示せ．K がある $n \geq 1$ に対して (20) と (21) をみたすならば，任意の $1 \leq j \leq d$ に対して超関数 $x_j K$ は局所可積分関数 $x_j k$ に等しい．
［ヒント：超関数 $x_j K - x_j k$ は原点に台をもつ．このとき定理 1.7 を用いて $x_j K - x_j k$ を適当な φ に関する φ_r に対して試験し $r \to 0$ とすれば，この差が 0 となることが結論づけられる．次に，任意の $C^{(1)}$－正規化隆起関数を $\varphi(x) = \eta(x) + \displaystyle\sum_{j=1}^d x_j \varphi_j(x)$ で η と φ_j はそれぞれ $C^{(n)}$ と $C^{(0)}$－正規化隆起関数の定数倍として表し，上の事実を用いよ．］

33.　k は $\mathbb{R}^d - \{0\}$ で C^∞ 級関数であり微分不等式 (20) をみたすものとする．このとき，あるカルデロン－ジグムント超関数 K で k を付随する関数としてもつものが

存在するのは $\sup_{0<a<b}\left|\int_{a<|x|<b} k(x)\,dx\right| < \infty$ のときで，かつそのときに限る．

［ヒント：片方向は，$\eta \in C^\infty$ を $|x| \leq 1/2$ では $\eta(x) = 1$，$x \geq 1$ では $\eta(x) = 0$ として，$|K(\eta_b - \eta_a)| \leq 2A$ に注意せよ．別方向は，

$$K(\varphi) = \int_{|x|\leq 1} k(x)(\varphi(x) - \varphi(0))\,dx + \int_{|x|\geq 1} k(x)\varphi(x)\,dx$$

と定義し，K に対する条件 (20) および (21) を確かめよ．］

34. K をカルデロン－ジグムント超関数とし，η は $\mathcal{S}$ に属するものとする．ηK がカルデロン－ジグムント超関数になることを確かめよ．

5. 問題

1. **周期超関数**とそのフーリエ級数について考察する．

(a) $\mathbb{R}^d$ 上の周期超関数の概念は二つの同値な方法で定義される．

まず最初に，$\mathbb{R}^d$ 上の超関数 F で，任意の $h \in \mathbb{Z}^d$ に対して $\tau_h(F) = F$ であるという意味において周期的なものを考えることができる．

その代わりとして，$\mathbb{R}^d$ 上の C^∞ 級周期関数の空間である $\mathcal{D}(\mathbb{T}^d)$ 上の連続線形汎関数を考えてもよい．（ここで $\mathbb{T}^d = \mathbb{R}^d/\mathbb{Z}^d$ は d 次元トーラスを表す．）

(b) $\varphi \in \mathcal{D}(\mathbb{T}^d)$ ならば φ はフーリエ級数展開

$$\varphi(x) = \sum_n a_n e^{2\pi i n\cdot x}$$

をもつことに注意する．ただしフーリエ係数 $a_n = \int_{\mathbb{T}^d} f(x)e^{-2\pi i n\cdot x}\,dx$ は急減少，すなわち任意の $N > 0$ に対し $|a_n| \leq O(|n|^{-N})$ $(|n| \to \infty)$ となる．

同様に，F が周期超関数で $a_n = F(e^{-2\pi i n\cdot x})$ がそのフーリエ係数を表すものとしたとき，ある $N > 0$ に対して $|a_n| \leq O(|n|^N)$ $(|n| \to \infty)$ となるという意味において，a_n は緩やかに増大する．

さらに，フーリエ級数 $\sum a_n e^{2\pi i n\cdot x}$ は F に超関数の意味で収束する．

［ヒント：(a) の同値性を示すには，「周期化」作用素 $P : \mathcal{D}(\mathbb{R}^d) \to \mathcal{D}(\mathbb{T}^d)$

$$P(\varphi)(x) = \sum_{h\in\mathbb{Z}^d} \tau_h(\varphi)(x) = \sum_{h\in\mathbb{Z}^d} \varphi(x-h)$$

を考えよ．そして，$\gamma \in \mathcal{D}(\mathbb{R}^d)$ で $P(\gamma) = 1$ となるものを見つけよ．これにより P が

全射であり，同様にその双対 $P^*: \mathcal{D}_2^* \to \mathcal{D}_1^*$ も全射であることが示される．（ここで，$\mathcal{D}_1^*$ と $\mathcal{D}_2^*$ は，それぞれ (a) で述べられた二つの超関数の空間のことである．）γ を構成するには，$\psi \in \mathcal{D}(\mathbb{R}^d)$ を $\psi \geq 0$ かつ $\{0 \leq x_j < 1,\ 1 \leq j \leq d\}$ 上で $\psi = 1$ となるように選び，$\gamma = \psi/P(\psi)$ とおけ．]

2. $Tf = f * K$ を第 3 節の定理 3.2 にあるような特異積分作用素とする．このとき写像 $f \longmapsto T(f)$ はハーディ空間 $\mathbf{H}_r^1$ 上で有界であり，特に $\mathbf{H}_r^1$ を L^1 に写す．
[ヒント：まず最初に単位球 B に付随する 2–原子 $\mathfrak{a}$ を考える．このとき適当な ($\mathfrak{a}$ に依存しない有界な) 定数 c により $T(\mathfrak{a}) = c(a_* + \Phi)$ となる．ここで a_* は B の倍球 B^a に対する 2–原子であり，Φ は $|\Phi(x)| \leq (1+|x|)^{-d-1}$，$\displaystyle\int_{\mathbb{R}^d} \Phi(x)\,dx = 0$ をみたすものである．これらに関し第 2 章練習 21 を適用せよ．そして，拡大縮小と平行移動により一般の 2–原子 $\mathfrak{a}$ に対して同様のものを求めよ．]

3. m 階で定数係数の楕円型作用素 L に対する以下の内部評価を証明せよ．

$\mathcal{O}$ と $\mathcal{O}_1$ は $\mathbb{R}^d$ の有界な部分集合で，$\overline{\mathcal{O}} \subset \mathcal{O}_1$ となるものとする，u と f は $\mathcal{O}_1$ 上の L^p 関数で，超関数の意味で $\mathcal{O}_1$ で $Lu = f$ となるものとする．このとき，$1 < p < \infty$ で k が非負整数ならば，微分を超関数の意味においてとるものとして

$$\sum_{|\alpha| \leq m+k} \|\partial_x^\alpha u\|_{L^p(\mathcal{O})} \leq c\left(\sum_{|\beta| \leq k} \|\partial_x^\beta f\|_{L^p(\mathcal{O}_1)} + \|u\|_{L^p(\mathcal{O}_1)}\right)$$

が成立する．
[ヒント：系 2.13 で与えられた $|x| \leq \varepsilon$ に台をもつパラメトリックス $Q_\varepsilon = \eta_\varepsilon Q$ を考える．ここで ε は，$\mathcal{O}_\varepsilon$ を $\mathcal{O}$ からの距離が $\leq \varepsilon$ である点の集合として，$\overline{\mathcal{O}}_\varepsilon \subset \mathcal{O}_1$ となるように選ぶ．

ψ を C^∞ 級関数で $\overline{\mathcal{O}}_\varepsilon$ の近傍で 1 だが $\mathcal{O}_1$ の外では 0 となるものとして，$U = \psi u$ とおく．このとき

$$L(U) = \psi L(u) + \sum_{|\gamma| < m} \psi_r \partial_x^\gamma u$$

であるが，重要なのは ψ_r が $\overline{\mathcal{O}}_\varepsilon$ で 0 となることである．いま $U + r_\varepsilon * U = Q_\varepsilon * L(U)$，$r_\varepsilon \in \mathcal{S}$ である．これより

$$\psi u = Q_\varepsilon * (\psi f) - r_\varepsilon(\psi u) + \sum_r Q_\varepsilon * (\psi_r \partial_x^\gamma u)$$

を得る．すでに指摘されているように，$|\gamma| \leq m$ ならば $\partial_x^\alpha Q$ はカルデロン–ジグムント超関数であり，同じことが Q_ε に対しても成立する．よって，定理 3.2 から結論が従う．]

4.* $P(x)$ を $\mathbb{R}^d$ における任意の実多項式とし，k を $\displaystyle\int_{|x|=1} k(x)\,d\sigma(x) = 0$ となる

$-d$ 次斉次関数とする．

(a)　緩増加超関数 $\mathrm{pv}\left(e^{iP(x)}k(x)\right)=K$ を

$$K(\varphi)=\lim_{\varepsilon\to 0}\int_{|x|\geq\varepsilon}e^{iP(x)}k(x)\varphi(x)\,dx$$

により定義することができる．

(b)　K のフーリエ変換は（P の係数に依存しない有界定数をもつ）有界関数である．

5.* 　$\mathbb{R}^d$ 上の実数値多項式 Q を固定する．最初は $\mathrm{Re}(s)>0$ に対して定義される超関数

$$I(s)(\varphi)=\int_{Q(x)>0}|Q(x)|^s\varphi(x)\,dx \qquad (\varphi\in\mathcal{S})$$

を考える．このとき，$I(s)(\varphi)$ は有理型関数であり複素 s 平面全体に接続され，高々 $s=-k/m$ に極をもつ．ここで，m は Q から定まる正整数であり，k は任意の正整数である．極の位数は d を超えない．

6.* 　問題 5* からの帰結として，以下が示される．

(a)　$L=\sum_{|\alpha|\leq m}a_\alpha\partial_x^\alpha$ を $\mathbb{R}^d$ 上の 0 でない偏微分作用素で，a_α は複素定数とする．このとき，L は「緩増加」な基本解をもつ．この系として，直ちに次も得られる．

(b)　P を $\mathbb{R}^d$ 上の複素数値多項式とする．このとき，緩増加超関数 F で $P(x)\neq 0$ となるところでは $1/P$ と一致するものが存在する．

実際，P を L の特性多項式として，前問題の結果を $Q=|P|^2$ に対して適用せよ．$I(s)$ が $s=-1$ で位数 r の極をもつとすれば，緩増加超関数 F を

$$F=\overline{P}\frac{1}{r!}\frac{d^r}{ds^r}(s+1)^rI(s)\bigg|_{s=-1}$$

で定義せよ．結論として，$PF=1$ で，F の逆フーリエ変換が求める L の基本解となる．

7.* 　$L=\sum_{|\alpha|\leq m}a_\alpha\partial_x^\alpha$ は $\mathbb{R}^d$ 上の偏微分作用素で，複素係数 a_α をもつものとする．このとき，L が準楕円型であるのは L の特性多項式 P が各 $\alpha\neq 0$ に対して

$$\frac{\partial_\xi^\alpha P(\xi)}{P(\xi)}\to 0 \qquad (|\xi|\to\infty)$$

となるときで，かつそのときに限る．

8.* 　$(x,t)\in\mathbb{R}^d\times\mathbb{R}$ および $\triangle_x=\sum_{j=1}^{d}\frac{\partial^2}{\partial x_j^2}$ として，波動作用素

$$\Box=\frac{\partial^2}{\partial t^2}-\triangle_x$$

の基本解を記述しよう．

Γ_+ を開進行錐 $= \{(x,\,t) : t > |x|\}$ とし，$\Gamma_- = -\Gamma_+$ を後退錐とする．$\mathrm{Re}(s) > -1$ となる各 s に対して，関数 F_s を

$$F_s(x,\,t) = \begin{cases} a_s(t^2 - |x|^2)^{s/2}, & (x,\,t) \in \Gamma_+ \\ 0, & \text{その他} \end{cases} \tag{29}$$

により定義する．ここで $a_s^{-1} = 2^{s+d}\pi^{\frac{d-1}{2}}\Gamma\left(\frac{s+d+1}{2}\right)\Gamma(s/2+1)$ である．このとき，$s \longmapsto F_s$ は複素 s 平面上にまで（緩増加）超関数値の整関数として解析接続される．さらに，$F_+ = F_s|_{s=-d+1}$ は $\square$ の基本解である．

F_+ から写像 $t \longmapsto -t$ により得られる F_- もまた基本解であり，F_+ と F_- はそれぞれ $\overline{\Gamma}_+$ と $\overline{\Gamma}_-$ に台をもつことに注意しておく．加えて，d が奇数で $d \geq 3$ ならば a_s は $s = -d+1$ で 0 となり，F_+ と F_- はともにこれら錐の境界に台をもつが，これはホイヘンスの原理を反映したものである．

最後に，興味深い第 3 の基本解 F_0 が

$$F_0^\wedge = \lim_{\varepsilon \to 0,\, \varepsilon > 0} \frac{1}{4\pi^2}\left(\frac{1}{|\xi|^2 - \tau^2 + i\varepsilon}\right)$$

で与えられるが，ここで極限は超関数の意味でとられるものであり，$(\xi,\,\tau)$ は $(x,\,t)$ の双対変数を表している．基本解 F_+，F_- および F_0 はそれぞれが -2 次斉次であり，行列式が 1 で Γ_+ を保存する線形変換がなすローレンツ群に関して不変である．また，これらの不変性をもつ $\square$ の各基本解は，$c_1 + c_2 + c_3 = 1$ をみたすものにより $c_1F_+ + c_2F_- + c_3F_0$ と書くことができる．

第4章　ベールのカテゴリー定理の応用

二つのカテゴリーの集合の間にある深遠な違いを見る．この違いは，可算性にも稠密性にも関連せず生じている．なぜなら，第1類集合は，連続体のべき集合ももちうるし，考えている区間で稠密にもなりうる．しかしながら，第1類集合は，ある意味で，これら二つの概念の結合物である．

——R. ベール，1899

19世紀後期，ベールは，博士論文で，実直線の部分集合に対して大きさの概念を導入した．以来，その概念は，多くの魅力的な結果を生み出してきた．実際，彼の関数に関する綿密な研究は，第1類集合・第2類集合の定義に結びついた．大雑把にいうと，第1類集合は「小さく」，第2類集合は「大きい」．この意味で，第1類集合の補集合は「普遍的」である．

時を経て，ベールのカテゴリー定理は，さまざまな抽象的な設定で，距離空間に応用されるようになった．その注目すべき応用は，特殊な反例によって初めて明かされた解析学の多くの現象が，実は普遍的な場合であったことが示されたことである．

この章は次のような構成になっている．ベールのカテゴリー定理の主張と証明から始め，続いて興味深い種々の応用を紹介する．第一の応用は，ベールが博士論文で証明した連続関数についての結果である．それは，連続関数列の各点極限が「多くの」連続点をもつというものである．次に，いたるところ微分不可能な連続関数の存在を証明し，同様に，フーリエ級数がある1点で発散するような連続関数の存在も証明する．カテゴリー定理は，このような関数が実は普遍的であることを知らしめてくれる．さらには，ベールの定理から二つの一般的事実を導く．

それは開写像定理と閉グラフ定理である．どちらの定理についても応用例を紹介する．最後に，カテゴリー定理を応用して，ベシコヴィッチ–掛谷集合が，$\mathbb{R}^2$ の自然な部分集合族の中で普遍的であることを証明する．

1. ベールのカテゴリー定理

ベールは，実直線に関して自身の定理を証明したが，その定理は，実際には完備距離空間という一般的な設定において成り立つ．われわれが想定している応用のためには，始めからこの一般形に接した方が効率がよい．幸い，一般形でも，定理の証明は非常にシンプルでエレガントである．

結果を述べるために，一連の定義から始める．X を距離空間とし，d でその距離を表す．X には，d によって誘導される自然な位相が備わっている．すなわち，X の集合 $\mathcal{O}$ が**開**であるとは，任意の $x \in \mathcal{O}$ に対して，$B_r(x) \subset \mathcal{O}$ となる $r > 0$ が存在することである．ここで，$B_r(x)$ は，中心が x で半径が r の開球を表す．つまり

$$B_r(x) = \{y \in X : d(x, y) < r\}$$

である．集合が閉であるとは，その補集合が開であることと定義する．

集合 $E \subset X$ の**内部** E° とは，E に含まれる開集合すべての和のことである．また，E の**閉包** $\overline{E}$ とは，E を含む閉集合すべての交わりのことである．簡単に確認できるように，任意個の開集合の和は開で，任意個の閉集合の交わりは閉である．これらのことから，E° は E に含まれる「最大の」開集合で，$\overline{E}$ は E を含む「最小の」閉集合である．

E を X の部分集合とする．$\overline{E} = X$ のとき，E は X で**稠密**であるという．また，E の閉包の内部が空のとき，つまり $(\overline{E})^\circ = \emptyset$ のとき，集合 E は**疎**であるという．たとえば，$\mathbb{R}^d$ の一点集合は $\mathbb{R}^d$ で疎である．また，カントル集合は $\mathbb{R}$ で疎である．一方，有理数全体 $\mathbb{Q}$ については，$\overline{\mathbb{Q}} = \mathbb{R}$ だから，疎ではない．注意として，一般に，E が閉かつ疎であるのは，$\mathcal{O} = E^c$ が開かつ稠密なとき，かつそのときに限る．

ここで，カテゴリーというベールによる主概念と，それによって導かれる二分法について説明しよう．

- 集合 $E \subset X$ は，X の可算個の疎集合の和になっているとき，X で**第1類**であるという．第1類集合は，ときに「痩せている」という．集合 E は，第1類でないとき，**第2類**であるという．
- 集合 $E \subset X$ は，その補集合が第1類のとき，**普遍的**[1]であるという．

カテゴリーという概念は，（閉包や内部などの）純粋な位相数学的用語を使って集合の「小ささ」を表現したものである．この概念は，第1類集合の元が「例外的」で，普遍的集合の元が「典型的」と考えられることを反映している．これに関連した事実として，可算個の第1類集合の和は第1類であり，可算個の普遍的集合の交わりは普遍的である．また，ここに記しておきたい便利な事実は，稠密な開集合が普遍的であるということである（このことは，前に注意したことから出る）．

一般に，集合のカテゴリーについて直観に頼ると，少々注意が必要になる．たとえば，この概念とルベーグ測度の概念とは関連がない．実際，[0, 1] の集合には，第1類なのに全測度をもつもの（それゆえ，非可算かつ稠密な集合）が存在する．同じことではあるが，測度0の普遍的集合が存在する（いくつかの例が練習1で議論される）．

ベールの主結果は「連続体が第2類である」ということである．彼の議論で用いられた鍵になる素材は，実直線が完備だという事実である．これが，彼の定理がただちに完備距離空間の設定に一般化できる主たる理由になっている．

定理 1.1　任意の空でない完備距離空間 X は，それ自身第2類である．すなわち，X は可算個の疎集合の和で表せない．

系 1.2　完備距離空間において，普遍的集合は稠密である．

定理の証明　背理法で証明する．X が可算個の疎集合 F_n の和になっていると仮定する．つまり，

$$X = \bigcup_{n=1}^{\infty} F_n \tag{1}$$

とする．F_n をその閉包に置き換えることにより，各 F_n は始めから閉集合である

1)　訳註：ジェネリック（generic）の和訳として「普遍的」の語を使った．

と仮定してよい．このとき，$x \notin \bigcup F_n$ となる点 $x \in X$ を見つければ十分である．

F_1 は閉かつ疎だから，X 全体ではなく，ある半径 $r_1 > 0$ の開球 B_1 が存在して，その閉包 $\overline{B_1}$ 全体が F_1^c に含まれる．

F_2 も閉かつ疎だから，開球 B_1 全体が F_2 に含まれることはない．なぜなら，そうでないとすると，F_2 の内部が空でなくなるからである．F_2 が閉であることから，ある半径 $r_2 > 0$ の開球 B_2 が存在して，その閉包 $\overline{B_2}$ 全体が B_1 にも F_2^c にも含まれる．明らかに，r_2 は $r_2 < r_1/2$ となるように選ぶことができる．

この操作を続けていくと，次の性質をもった開球の列 $\{B_n\}$ が得られる．

(i)　$n \to \infty$ のとき，B_n の半径は 0 に収束する．

(ii)　$B_{n+1} \subset B_n$.

(iii)　$F_n \cap \overline{B_n}$ は空である．

B_n の点 x_n を任意に選ぼう．このとき，$\{x_n\}_{n=1}^{\infty}$ は，上の性質 (i) と (ii) により，コーシー列になる．X は完備だから，この点列はある極限に収束する．それを x で表そう．(ii) より，各 n に対して $x \in \overline{B_n}$ であることがわかるから，(iii) より，すべての n に対して $x \notin F_n$ である．これは (1) に矛盾する．こうして，ベールのカテゴリー定理の証明が完成した．　■

系を証明するために，背理法を用いる．$E \subset X$ は普遍的だが稠密でないと仮定する．このとき，閉球 $\overline{B}$ が存在して，それ全体が E^c に含まれる．E は普遍的だから，疎集合 F_n を用いて $E^c = \bigcup_{n=1}^{\infty} F_n$ と表せる．よって，

$$\overline{B} = \bigcup_{n=1}^{\infty} (F_n \cap \overline{B})$$

となる．明らかに $F_n \cap \overline{B}$ も疎だから，上式は，定理 1.1 を完備距離空間 $\overline{B}$ に応用した場合に，矛盾する．こうして系も証明できた．

実は，定理は，完備でない距離空間のある場合，特に完備距離空間の開部分集合の場合に拡張できる．正確に述べよう．完備距離空間 X の部分集合 X_0 が与えられたとき，X の距離を X_0 に制限することで X から距離を引き継ぐと，X_0 自身距離空間になる．実際，X_0 が X の開部分集合のとき，それに対しても定理の結論は成り立つ．すなわち，X_0 は，（X_0 の）可算個の疎集合の和として表せない．これについては，練習 3 を参照されたい．簡単な例は，通常の距離をもった開区間 (0, 1) である．

1.1　連続関数列の極限の連続性

X を完備な距離空間とし，$\{f_n\}$ を X 上の複素数値連続関数の列とする．いま，各 $x \in X$ に対して，極限

$$\lim_{n\to\infty} f_n(x) = f(x)$$

が存在すると仮定しよう．よく知られているように，この極限が x について一様ならば，極限関数 f も連続になる．一般に，極限が各点のときに，次の問題が生じる．f は少なくとも1点で連続でなければならないか？　カテゴリー定理を簡単に応用して，この問題に肯定的に答えよう．

定理 1.3　$\{f_n\}$ は，完備距離空間 X 上の複素数値連続関数の列で，各 $x \in X$ に対して，

$$\lim_{n\to\infty} f_n(x) = f(x)$$

が存在すると仮定する．このとき，f が連続であるような点の集合は，X の普遍的集合になる．言い換えると，f の不連続点の集合は第1類である．

実のところ，f は X の「多くの」点で連続なのである．

f の不連続点の集合 $\mathcal{D}$ が第1類であることを示すために，f の連続点を，その振動を用いて特徴づけ，それを利用する．正確には，関数 f の点 x での**振動**を，

$$\mathrm{osc}(f)(x) = \lim_{r\to 0} \omega(f)(r, x)$$

と定義する．ただし，$\omega(f)(r, x) = \sup_{y,z\in B_r(x)} |f(y) - f(z)|$ である．r が0に近づくにつれ，量 $\omega(f)(r, x)$ は減少するから，上の極限は存在する．特に，x を中心にした球 B が存在して，すべての $y, z \in B$ で $|f(y) - f(z)| < \varepsilon$ となっていれば，$\mathrm{osc}(f)(x) < \varepsilon$ となることがわかる．注意事項を二つ挙げておこう．

(i)　f が x で連続なとき，かつそのときに限り，$\mathrm{osc}(f)(x) = 0$ である．

(ii)　集合 $E_\varepsilon = \{x \in X : \mathrm{osc}(f)(x) < \varepsilon\}$ は開である．

性質 (i) は，連続性の定義からただちに出る．(ii) については，$x \in E_\varepsilon$ のとき，$r > 0$ が存在して，$\sup_{y,z\in B_r(x)} |f(y) - f(z)| < \varepsilon$ となっていることに注意しよう．よって，$x^* \in B_{r/2}(x)$ ならば，

$$\sup_{y,z\in B_{r/2}(x^*)} |f(y) - f(z)| \le \sup_{y,z\in B_r(x)} |f(y) - f(z)| < \varepsilon$$

であるから，$x^* \in E_\varepsilon$ である．

補題 1.4 $\{f_n\}$ は，完備距離空間 X 上の連続関数の列で，各 x に対して $f_n(x) \to f(x)$ $(n \to \infty)$ とする．このとき，開球 $B \subset X$ と $\varepsilon > 0$ が与えられると，開球 $B_0 \subset B$ と，整数 $m \geq 1$ が存在して，すべての $x \in B_0$ について $|f_m(x) - f(x)| \leq \varepsilon$ となる．

証明 Y を B に含まれる一つの閉球とする．注意として，Y 自身，完備距離空間である．

$$E_\ell = \{x \in Y \,:\, \sup_{j,k \geq \ell} |f_j(x) - f_k(x)| \leq \varepsilon\}$$

と定めよう．各 $x \in X$ に対して $f_n(x)$ が収束することから，

$$Y = \bigcup_{\ell=1}^{\infty} E_\ell \tag{2}$$

がいえる．また，各 E_ℓ は閉である．理由は，E_ℓ が，$\{x \in Y \,:\, |f_j(x) - f_k(x)| \leq \varepsilon\}$ という形の集合の交わりで，その形の集合が，f_j と f_k の連続性により閉になるからである．そこで，定理 1.1 を完備距離空間 Y に適用すると，和 (2) の中のある集合 E_m はある開球 B_0 を含むことになる．作り方から，

$$\sup_{j,k \geq m} |f_j(x) - f_k(x)| \leq \varepsilon, \qquad x \in B_0$$

であり，k を無限大にすると，すべての $x \in B_0$ に対して $|f_m(x) - f(x)| \leq \varepsilon$ となる．補題が証明できた． ∎

定理 1.3 を証明するために，

$$F_n = \{x \in X \,:\, \mathrm{osc}(f)(x) \geq 1/n\}$$

とおく．上の (ii) の記法を用いると，$\varepsilon = 1/n$ として $F_n = E_\varepsilon^c$ と書ける．

このとき，考察 (i) から，

$$\mathcal{D} = \bigcup_{n=1}^{\infty} F_n$$

である．ここで，$\mathcal{D}$ は f の不連続点の集合であった．あとは，各 F_n が疎であることが示せれば，定理が証明できたことになる．

$n \geq 1$ を固定する．F_n は閉だから，その内部が空であることを示さなければならない．反対に，$B \subset F_n$ となる開球 B が存在したと仮定する．補題において

$\varepsilon = 1/4n$ の場合を考えると，開球 $B_0 \subset B$ と，整数 $m \geq 1$ が存在して，

$$|f_m(x) - f(x)| \leq 1/4n, \qquad x \in B_0 \tag{3}$$

となる．次に，f_m の連続性から，開球 $B' \subset B_0$ が存在して，

$$|f_m(y) - f_m(z)| \leq 1/4n, \qquad y, z \in B' \tag{4}$$

となる．三角不等式より，

$$|f(y) - f(z)| \leq |f(y) - f_m(y)| + |f_m(y) - f_m(z)| + |f_m(z) - f(z)|$$

であるが，$y, z \in B'$ のときは，(3) より，右辺の第 1 項と第 3 項が $1/4n$ 以下であり，第 2 項は (4) により $1/4n$ 以下である．よって，

$$|f(y) - f(z)| \leq \frac{3}{4n} < \frac{1}{n}, \qquad y, z \in B'$$

となる．したがって，B' の中心を x' と書くと，$\mathrm{osc}(f)(x') < 1/n$ となるが，これは $x' \in F_n$ という事実に矛盾する．こうして，定理の証明が完成した．

1.2　いたるところ微分不可能な連続関数

カテゴリー定理の次なる応用は，いたるところ微分不可能な連続関数が存在するかという問題に向けられる．

この問題にわれわれが初めて解答したのは，第 I 巻の第 4 章においてであった．そこでは，間隙フーリエ級数

$$f(x) = \sum_{n=0}^{\infty} 2^{-n\alpha} e^{i2^n x}, \qquad \text{ただし，}\ 0 < \alpha \leq 1$$

で与えられる複素数値関数 f が，連続だが，いたるところ微分不可能であることを証明した．さらに，その証明を若干修正して，f の実部も虚部もいたるところ微分不可能であることを示した．別の例は，第 III 巻の第 7 章において，コッホ曲線や空間を埋め尽くす曲線の話の中で登場した．

ここでは，このような関数の存在を証明するために，それらが適切な完備距離空間の中で普遍的なことを示す．想定される空間は $[0, 1]$ 上の実数値連続関数全体からなるもので，それを

$$X = C([0, 1])$$

で表す．このベクトル空間では上限ノルム

$$\|f\| = \sup_{x\in [0,1]} |f(x)|$$

が備わっていて，このノルムに関して，$C([0, 1])$ は完備なノルム空間（バナッハ空間）になる．完備性は，連続関数列の一様極限が必ず連続になることから出る．最後に，X 上の距離 d は $d(f, g) = \|f - g\|$ で与えられ，(X, d) は完備距離空間になる．

定理 1.5　$C([0, 1])$ の関数でいたるところ微分不可能なもの全体が作る集合は，普遍的である．

$[0, 1]$ 上の連続関数のうち，少なくともある 1 点で微分可能になるものからなる集合 $\mathcal{D}$ が，第 1 類であることを証明しなければならない．この目的のために，

$$|f(x) - f(x^*)| \leq N\,|x - x^*|, \qquad x \in [0, 1] \tag{5}$$

をみたす $0 \leq x^* \leq 1$ が存在するような連続関数 f 全体の集合を，E_N で表す．この集合は，包含関係

$$\mathcal{D} \subset \bigcup_{N=1}^{\infty} E_N$$

によって $\mathcal{D}$ と関連している．定理を証明するには，各 N に対して集合 E_N が疎であることを示せばよい．次のことを順に示すことにより，このことを達成したい．

(i)　E_N は閉集合である．

(ii)　E_N の内部は空である．

これらが示せれば $\bigcup E_N$ は第 1 類であり，それゆえ集合 $\mathcal{D}$ もそうである．

性質 (i) の証明

$\{f_n\}$ は E_N の関数の列で，$\|f_n - f\| \to 0$ とする．$f \in E_N$ を示さなければならない．f を f_n に置き換えた (5) 式が成り立つような点 x^* を x_n^* と書く．ここで，適当に部分列 $\{x_{n_k}^*\}$ を選べば，それは $[0, 1]$ においてある極限 x^* に収束する．さて，

$$|f(x) - f(x^*)| \leq |f(x) - f_{n_k}(x)| + |f_{n_k}(x) - f_{n_k}(x^*)| + |f_{n_k}(x^*) - f(x^*)|$$

である．まず，$\|f_n - f\| \to 0$ より，任意の $\varepsilon > 0$ に対して，$K > 0$ が存在して，$k > K$ のとき，右辺の第 1 項と第 3 項がともに ε 未満になる．他方，第 2 項は

$$|f_{n_k}(x) - f_{n_k}(x^*)| \leq |f_{n_k}(x) - f_{n_k}(x^*_{n_k})| + |f_{n_k}(x^*_{n_k}) - f_{n_k}(x^*)|$$

と評価できる．よって，$f_{n_k} \in E_N$ という事実を2回使って，

$$|f_{n_k}(x) - f_{n_k}(x^*)| \leq N\,|x - x^*_{n_k}| + N\,|x^*_{n_k} - x^*|$$

となる．これらの評価を合わせれば，すべての $k > K$ に対して

$$|f(x) - f(x^*)| \leq 2\varepsilon + N\,|x - x^*_{n_k}| + N\,|x^*_{n_k} - x^*|$$

となる．そこで，k を無限大にし，$x^*_{n_k} \to x^*$ となることを思い出すと，

$$|f(x) - f(x^*)| \leq 2\varepsilon + N\,|x - x^*|$$

を得る．ε は任意であったから，結局 $f \in E_N$ がわかり，(i) が証明できた．

性質 (ii) の証明

E_N の内部がないことを示すために，区分的に1次である連続関数が作る $C([0, 1])$ の部分空間を，$\mathcal{P}$ で表す．また，各 $M > 0$ に対し，区分的に1次の連続関数のうち，1次の部分の傾きが M 以上か $-M$ 以下になるもの全体を，$\mathcal{P}_M \subset \mathcal{P}$ で表す．$\mathcal{P}_M$ の関数は，グラフの形から「ジグザグ」関数と呼ばれる．鍵になる事実は，$M > N$ のとき $\mathcal{P}_M$ と E_N が交わらないことである．

補題 1.6　任意の $M > 0$ に対して，ジグザグ関数の集合 $\mathcal{P}_M$ は $C([0, 1])$ で稠密である．

証明　簡単にわかるように，任意の連続関数 f と $\varepsilon > 0$ に対して，$\|f - g\| \leq \varepsilon$ となる関数 $g \in \mathcal{P}$ が存在する．実際，f はコンパクト集合 $[0, 1]$ 上で連続だから，一様連続であり，$\delta > 0$ が存在して，$|x - y| < \delta$ のときはつねに $|f(x) - f(y)| \leq \varepsilon$ が成り立つ．そこで $1/n < \delta$ となる大きな n を選んで，各 $k = 0, \cdots, n-1$ に対して，$g(k/n) = f(k/n)$ と $g((k+1)/n) = f((k+1)/n)$ をみたす区間 $[k/n, (k+1)/n]$ 上の1次関数 g を作ると，$\|f - g\| \leq \varepsilon$ がすぐにわかる．

あとは，この g を，$\mathcal{P}_M$ のジグザグ関数で $[0, 1]$ 上近似する方法を考えればよい．実際，$0 \leq x \leq 1/n$ において $g(x) = ax + b$ と表し，二つの線分

$$\varphi_\varepsilon(x) = g(x) + \varepsilon \quad \text{と} \quad \psi_\varepsilon(x) = g(x) - \varepsilon$$

を考える．そして，点 $(0, g(0))$ から出発して，φ_ε に交わるまでは傾き $+M$ の線分を駆け上り，そのあと方向を変えて，ψ_ε に交わるまで傾き $-M$ の線分を駆

け下りる (図 1 参照).

こうして,

$$\psi_\varepsilon(x) \le h(x) \le \varphi_\varepsilon(x), \qquad 0 \le x \le 1/n$$

となる $h \in \mathcal{P}_M$ が得られた. このとき, $[0, 1/n]$ 上で $|h(x) - g(x)| \le \varepsilon$ である.

次に, 点 $(1/n, h(1/n))$ から出発し, 区間 $[1/n, 2/n]$ において同じ議論を繰り返す. この議論を続けていけば, $\|h - g\| \le \varepsilon$ となる関数 $h \in \mathcal{P}_M$ が得られる. このとき $\|f - h\| \le 2\varepsilon$ であり, 補題が証明できた. ∎

補題から, E_N が内点を含まないことが, ただちにわかる. 実際, $M > N$ を選んで固定すると, 任意の $f \in E_N$ と $\varepsilon > 0$ に対して, $\|f - h\| < \varepsilon$ となる $h \in \mathcal{P}_M$ が存在するが, $M > N$ より $h \notin E_N$ だから, f を中心にしたどんな開球も E_N に含まれず, 目的の結論が得られる. 定理 1.5 が証明できた.

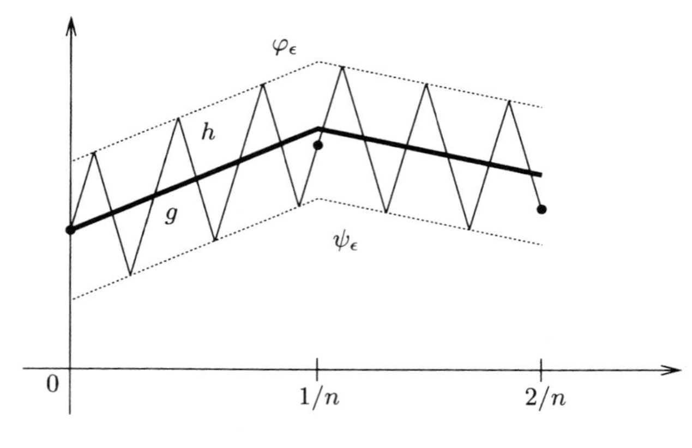

図 1　$\mathcal{P}_M$ による近似.

2. 一様有界性原理

今度は, ベールの定理の別種の系に目を向けよう. それは, それ自体一つの定理で, 多くの応用をもつものである. その主旨は, 連続線形汎関数の列が, ある「大きな」集合の点ごとに有界なら, この列そのものが有界であるというものである.

定理 2.1　$\mathcal{B}$ をバナッハ空間とし，$\mathcal{L}$ を $\mathcal{B}$ 上の連続線形汎関数のある集合とする．

(i)　各 $f \in \mathcal{B}$ に対して $\sup_{\ell \in \mathcal{L}} |\ell(f)| < \infty$ ならば，

$$\sup_{\ell \in \mathcal{L}} \|\ell\| < \infty$$

である．

(ii)　この結論は，単にある第 2 類集合内のすべての f に対して，$\sup_{\ell \in \mathcal{L}} |\ell(f)| < \infty$ であると仮定しても成り立つ．

注意を述べると，$\mathcal{L}$ は可算集合である必要はない．

証明　ベールの定理より $\mathcal{B}$ は第 2 類だから，(ii) だけ示せば十分である．そこで，E を第 2 類集合とし，各 $f \in E$ に対して $\sup_{\ell \in \mathcal{L}} |\ell(f)| < \infty$ と仮定する．

各正整数 M に対して，

$$E_M = \{f \in \mathcal{B} : \sup_{\ell \in \mathcal{L}} |\ell(f)| \leq M\}$$

と定めよう．定理の仮定から，

$$E = \bigcup_{M=1}^{\infty} E_M$$

が成り立つ．さらに，各 E_M は閉である．なぜなら，ℓ の連続性から $E_{M,\ell} = \{f : |\ell(f)| \leq M\}$ は閉で，$E_M = \bigcap_{\ell \in \mathcal{L}} E_{M,\ell}$ と書けるからである．E は第 2 類だから，ある E_M は空でない内部をもたなければならない．その M を M_0 と書こう．このとき，$f_0 \in \mathcal{B}$ と $r > 0$ が存在して，$B_r(f_0) \subset E_{M_0}$ となっている．ゆえに，すべての $\ell \in \mathcal{L}$ に対して，

$$\|f - f_0\| < r \quad \text{のとき} \quad |\ell(f)| \leq M_0$$

である．その結果，$\|g\| < r$ のときはつねに，すべての $\ell \in \mathcal{L}$ に対して，

$$|\ell(g)| \leq |\ell(g + f_0)| + |\ell(-f_0)| \leq 2M_0$$

となる．これより定理の結論 (ii) が示せた．　∎

2.1 フーリエ級数の発散

今度は，フーリエ級数がある 1 点で発散するような連続関数が存在するかという問題を考えよう．

第 I 巻では，このような関数を具体的に構成した．そのときの主たる考え方は，のこぎり歯関数のフーリエ級数 $\sum_{|n|\neq 0} e^{inx}/n$ に内在している対称性を破ることであった．

ここで紹介する解法では，単に一様有界性原理を応用するのであるが，フーリエ級数が発散する連続関数の <u>存在</u> だけが示される．一方で，連続関数からなるある普遍的集合がこの性質をもっていることも見てとれる．

$\mathcal{B} = C([-\pi, \pi])$ は，$[-\pi, \pi]$ 上の複素数値連続関数のバナッハ空間で，通常の上限ノルム $\|f\| = \sup_{x\in [-\pi,\pi]} |f(x)|$ が備わっているとする．$f \in \mathcal{B}$ のフーリエ係数は，

$$a_n = \widehat{f}(n) = \frac{1}{2\pi}\int_{-\pi}^{\pi} f(x)e^{-inx}\,dx, \qquad n \in \mathbb{Z}$$

で定義され，f のフーリエ級数は

$$f(x) \sim \sum_{n=-\infty}^{\infty} a_n e^{inx}$$

であった．また，フーリエ級数の第 N 部分和は，

$$S_N(f)(x) = \sum_{n=-N}^{N} a_n e^{inx}$$

であった．第 I 巻で見たように，この部分和には，畳み込みを使ったエレガントな表現

$$S_N(f)(x) = (f * D_N)(x)$$

がある．ここに，

$$D_N(x) = \sum_{n=-N}^{N} e^{inx} = \frac{\sin[(N+1/2)x]}{\sin(x/2)}$$

はディリクレ核で，円周上の畳み込みは，

$$(f*g)(x) = \frac{1}{2\pi}\int_{-\pi}^{\pi} f(y)g(x-y)\,dy = \frac{1}{2\pi}\int_{-\pi}^{\pi} f(x-y)g(y)\,dy$$

である．

定理 2.2　$\mathcal{B}$ は，$[-\pi, \pi]$ 上の連続関数全体のバナッハ空間で，上限ノルムが備わっているとする．

(i)　任意の点 $x_0 \in [-\pi, \pi]$ に対して，フーリエ級数が x_0 で発散するような連続関数が存在する．

(ii)　実際，フーリエ級数が $[-\pi, \pi]$ の稠密集合で発散するような連続関数の集合は，$\mathcal{B}$ において普遍的である．

この結果のより強い形については，問題 3 を参照せよ．

(i) から証明する．ここでは，$x_0 = 0$ と仮定しても一般性を失わない．ℓ_N を，

$$\ell_N(f) = S_N(f)(0) = \frac{1}{2\pi}\int_{-\pi}^{\pi} f(-y)D_N(y)\,dy$$

で定まる $\mathcal{B}$ 上の線形汎関数とする．もし (i) が成り立たないと仮定すると，すべての $f \in \mathcal{B}$ に対して $\sup_N |\ell_N(f)| < \infty$ が成り立つ．さらに，各 ℓ_N が連続であることがわかっていれば，一様有界性原理から $\sup_N \|\ell_N\| < \infty$ となる．あとは，各 ℓ_N が連続なのに，N を無限大にしたとき $\|\ell_N\| \to \infty$ となることを示せば，(i) の証明ができたことになる．

さて，各 N に対して ℓ_N が連続であることは，

$$\begin{aligned}|\ell_N(f)| &\le \frac{1}{2\pi}\int_{-\pi}^{\pi} |f(-y)|\,|D_N(y)|\,dy \\ &\le L_N\|f\|\end{aligned}$$

からわかる．ここで，

$$L_N = \frac{1}{2\pi}\int_{-\pi}^{\pi} |D_N(y)|\,dy$$

である．実は，線形汎関数 ℓ_N のノルムは，積分値 L_N にぴったり一致する．

補題 2.3　任意の $N \ge 0$ に対して，$\|\ell_N\| = L_N$ が成り立つ．

証明　上記のことから，すでに $\|\ell_N\| \le L_N$ はわかっている．逆の不等式を証明するには，$\|f_k\| \le 1$ かつ $k \to \infty$ のとき $\ell_N(f_k) \to L_N$ となる連続関数の列 $\{f_k\}$ を見つければよい．そのために，g を，D_N が正のところで値 1 をとり，D_N が負のところで値 -1 をとる関数とする．このとき，g は可測関数で，$\|g\| \le 1$ であり，

$$L_N = \frac{1}{2\pi}\int_{-\pi}^{\pi} g(-y)D_N(y)\,dy$$

が成り立つ．ここでは，D_N が偶関数で，$g(y) = g(-y)$ となることを用いた．また，明らかに，連続関数の列 $\{f_k\}$ で，$-\pi \le x \le \pi$ において $-1 \le f_k(x) \le 1$，かつ

$$\int_{-\pi}^{\pi} |f_k(y) - g(y)|\,dy \to 0, \qquad k \to \infty$$

となるものが存在する．結果として，$\|f_k\| \le 1$ と，$k \to \infty$ のとき $\ell_N(f_k) \to L_N$ がわかり，$\|\ell_N\| \ge L_N$ を得る．目的が達成した．∎

あとは，$N \to \infty$ のとき $\|\ell_N\| = L_N$ が無限大となることを示せば，定理の (i) の証明は完結するが，それはまさに次の最後の補題の内容である．

補題 2.4　定数 $c > 0$ が存在して，$L_N \ge c \log N$ が成り立つ．

証明　すべての y に対して $|\sin y|/|y| \le 1$ であることと，$\sin y$ が奇関数であることから，次のような変形ができる [2]．

$$\begin{aligned} L_N &\ge c\int_0^{\pi} \frac{|\sin(N+1/2)y|}{|y|}\,dy \\ &= c\int_0^{(N+1/2)\pi} \frac{|\sin x|}{x}\,dx \\ &\ge c\sum_{k=0}^{N-1}\int_{k\pi}^{(k+1)\pi} \frac{|\sin x|}{x}\,dx \\ &\ge c\sum_{k=0}^{N-1} \frac{1}{(k+1)\pi}\int_{k\pi}^{(k+1)\pi} |\sin x|\,dx. \end{aligned}$$

ここで，すべての k に対して $\displaystyle\int_{k\pi}^{(k+1)\pi} |\sin x|\,dx = \int_0^{\pi} |\sin x|\,dx$ だから，

$$L_N \ge c\sum_{k=0}^{N-1} \frac{1}{k+1} \ge c \log N$$

となり，補題が示せた．∎

定理 2.2 の (ii) の証明はすぐにできる．実際，たったいま示したことと，一様

2)　この変形では，行ごとに定数 c の値が変わってもよい．

有界性原理の (ii) を合わせると，$\sup_N |S_N(f)(0)| < \infty$ をみたす連続関数 f の集合が第1類であることがわかる．その結果，フーリエ級数が原点で収束するような連続関数の集合は，第1類である．よって，フーリエ級数が原点で発散するような連続関数の集合は，普遍的である．そこで，$\{x_1, x_2, \cdots\}$ を $[-\pi, \pi]$ の任意の可算集合とすると，各 j に対して，フーリエ級数が点 x_j で発散するような連続関数の集合 F_j は，同様に普遍的である．ゆえに，フーリエ級数がすべての点 $x_1, x_2, \cdots$ で発散するような連続関数の集合 $\bigcap_{j=1}^{\infty} F_j$ も普遍的であり，定理の証明が完成した．

3. 開写像定理

X と Y を，それぞれにノルム $\|\cdot\|_X$ と $\|\cdot\|_Y$ をもったバナッハ空間とし，$T : X \to Y$ を写像とする．T が連続であるのは，Y の任意の開集合 $\mathcal{O}$ に対して，$\{x \in X : T(x) \in \mathcal{O}\}$ が X における開集合になるとき，かつそのときに限ることを注意しておく．このことは，T が線形かどうかに関わらず成り立つ．特に，T の逆写像 $S : Y \to X$ が存在して，それも連続な場合，S に上記のことをあてはめると，X の任意の開集合に対して，その T による像は Y の開集合になる．このように，開集合を開集合にうつす写像 T は，**開写像**と呼ばれる．

復習をしよう．写像 $T : X \to Y$ が**全射**であるとは，$T(X) = Y$ のときで，**単射**であるとは，$T(x) = T(y)$ ならば $x = y$ が成り立つときであった．また，T が**全単射**であるとは，それが全射かつ単射のときであった．

全単射 $T : X \to Y$ には，次のように定義される逆写像 $T^{-1} : Y \to X$ が存在する．任意の $y \in Y$ に対して，$T^{-1}(y)$ を，$T(x) = y$ となるただ一つの元 $x \in X$ とする．T は全射かつ単射だから，まさにこの定義に曖昧な点はない．一般に，T が線形なら逆写像 T^{-1} も線形である．一方，T^{-1} は連続とは限らない．しかし，上の注意から，T が開写像なら T^{-1} は連続である．次の結果では，全射であることから開写像であることが導かれる．

定理 3.1　X と Y をバナッハ空間とし，$T : X \to Y$ を連続線形写像とする．T が全射なら，T は開写像になる．

証明　中心が $x \in X$ または $y \in Y$ で，半径が r の開球を，それぞれ，$B_X(x, r)$ または $B_Y(y, r)$ で表す．特に，中心が原点の場合は，簡単に $B_X(r)$ または $B_Y(r)$ と書く．T は線形だから，定理を証明するには，$T(B_X(1))$ が，原点を中心にしたある開球を含むことを示せば十分である．

はじめは，$\overline{T(B_X(1))}$ が原点を中心にしたある開球を含むという弱い主張を証明しよう．そのために，まず，T が全射であることから，

$$Y = \bigcup_{n=1}^{\infty} T(B_X(n))$$

となっていることに注意しよう．ベールのカテゴリー定理から，集合 $T(B_X(n))$ のすべてが疎にはなりえないので，ある n について，集合 $\overline{T(B_X(n))}$ は内点を含むことになる．このとき，T の線形性の結果として，

$$\overline{T(B_X(1))} \supset B_Y(y_0, \varepsilon)$$

となる $y_0 \in Y$ と $\varepsilon > 0$ が存在する．閉包の定義を考えれば，$\|y_1 - y_0\|_Y < \varepsilon/2$ と $y_1 = T(x_1)$ をみたす点 $x_1 \in B_X(1)$ がとれる．このとき，$y \in B_Y(\varepsilon/2)$ ならば，$y - y_1$ が $\overline{T(B_X(1))}$ に属すことがわかる．よって，$y = T(x_1) + y - y_1$ と書けば，$y \in \overline{T(B_X(2))}$ がわかる．こうして，球 $B_Y(\varepsilon/2)$ は $\overline{T(B_X(2))}$ に含まれる．もう一度 T の線形性を使うと，$B_Y(\varepsilon/4)$ は $\overline{T(B_X(1))}$ に含まれることになる．これで弱い主張が証明できた．ここで，T を $(4/\varepsilon)T$ に置き換えることで，

$$\overline{T(B_X(1))} \supset B_Y(1) \tag{6}$$

と仮定できる．このとき，すべての k に対して

$$\overline{T(B_X(2^{-k}))} \supset B_Y(2^{-k}) \tag{7}$$

が成り立つ．

次に，弱い主張を強くして，実際に

$$T(B_X(1)) \supset B_Y(1/2) \tag{8}$$

が成り立つことを証明しよう．任意に $y \in B_Y(1/2)$ をとる．$k = 1$ のときの (7) から，$y - T(x_1) \in B_Y(1/2^2)$ をみたす点 $x_1 \in B_X(1/2)$ がとれる．次は，$k = 2$ のときの (7) から，$y - T(x_1) - T(x_2) \in B_Y(1/2^3)$ をみたす点 $x_2 \in B_X(1/2^2)$ がとれる．この操作を続けていくと，$\|x_k\|_X < 1/2^k$ となる点列 $\{x_1, x_2, \cdots\}$ が得られる．X は完備だから，和 $x_1 + x_2 + \cdots$ はある極限 $x \in X$ に収束して，

$\|x\|_X < \sum_{k=1}^{\infty} 1/2^k = 1$ が成り立つ．さらに，

$$y - T(x_1) - \cdots - T(x_k) \in B_Y(1/2^{k+1})$$

で，T は連続だから，極限において $T(x) = y$ が成り立つ．こうして (8) が得られた．これより，明らかに，$T(B_X(1))$ は原点を中心にした開球を含む． ∎

この定理の興味深い系を二つ列挙しておこう．

系 3.2　X と Y をバナッハ空間とし，$T : X \to Y$ を全単射の連続線形写像とする．このとき，T の逆写像 $T^{-1} : Y \to X$ も連続になる．それゆえ，定数 $c, C > 0$ が存在して，

$$c\|f\|_X \leq \|T(f)\|_Y \leq C\|f\|_X, \qquad f \in X$$

が成り立つ．

定理 3.1 の前の考察から，この系はただちに出る．

復習として，ベクトル空間 V 上の二つのノルム $\|\cdot\|_1$ と $\|\cdot\|_2$ が**同値**であるとは，定数 $c, C > 0$ が存在して，

$$c\|v\|_2 \leq \|v\|_1 \leq C\|v\|_2, \qquad v \in V$$

が成り立つことであった．

系 3.3　ベクトル空間 V に二つのノルム $\|\cdot\|_1$ と $\|\cdot\|_2$ が定義されていて，どちらのノルムでも V は完備であるとする．もし

$$\|v\|_1 \leq C\|v\|_2, \qquad v \in V$$

が成り立てば，$\|\cdot\|_1$ と $\|\cdot\|_2$ は同値である．

実際，条件式より，恒等写像 $I : (V, \|\cdot\|_2) \to (V, \|\cdot\|_1)$ は連続で，明らかに全単射だから，逆写像 $I : (V, \|\cdot\|_1) \to (V, \|\cdot\|_2)$ も連続である．ゆえに，$c > 0$ が存在して，すべての $v \in V$ について $c\|v\|_2 \leq \|v\|_1$ が成り立つ．

3.1　L^1 関数のフーリエ係数の減衰

2.1 節の話題のフーリエ級数にもどって，開写像定理の面白い応用を考えよう．リーマン－ルベーグの補題を思い出すと，それは，$f \in L^1([-\pi, \pi])$ のとき

$$\lim_{|n|\to\infty} |\widehat{f}(n)| = 0$$

が成り立つというものであった．ただし，$\widehat{f}(n)$ は f の第 n フーリエ係数を表す[3]．ここで生じる自然な問題は次のものである：無限遠点で 0 になる，つまり $|n| \to \infty$ のとき，$|a_n| \to 0$ となる任意の複素数列 $\{a_n\}_{n\in\mathbb{Z}}$ に対して，すべての n で $\widehat{f}(n) = a_n$ となる $f \in L^1([-\pi, \pi])$ が存在するか？

この問題を，バナッハ空間を用いて定式化するために，$\mathcal{B}_1$ は，L^1 ノルムをもった $L^1([-\pi, \pi])$ とし，$\mathcal{B}_2$ は，$|n| \to \infty$ のとき，$|a_n| \to 0$ をみたす複素数列 $\{a_n\}$ 全体のベクトル空間とする．空間 $\mathcal{B}_2$ には通常の上限ノルム $\|\{a_n\}\|_\infty = \sup_{n\in\mathbb{Z}} |a_n|$ が定義されていて，そのノルムに関して $\mathcal{B}_2$ は明らかにバナッハ空間になる．

この設定で，問題は，

$$T(f) = \{\widehat{f}(n)\}_{n\in\mathbb{Z}}$$

で定義された写像 $T : \mathcal{B}_1 \to \mathcal{B}_2$ が全射かということになる．答は否定的である．

定理 3.4 $T(f) = \{\widehat{f}(n)\}$ で定義された写像 $T : \mathcal{B}_1 \to \mathcal{B}_2$ は，線形かつ連続で，単射であるが，全射でない．

ゆえに，無限遠点で 0 になる複素数列の中に，どの L^1 関数のフーリエ係数にもならないものが存在する．

証明 まず，T は，明らかに線形で，$\|T(f)\|_\infty \le \|f\|_{L^1}$ より連続である．さらに，$T(f) = 0$ ならば，すべての n で $\widehat{f}(n) = 0$ だから，L^1 において $f = 0$ であることが出る[4]．よって T は単射である．もし T が全射であるとするならば，系 3.2 から，定数 $c > 0$ が存在して，

$$c\|f\|_{L^1} \le \|T(f)\|_\infty, \qquad f \in \mathcal{B}_1 \tag{9}$$

が成り立つ．しかし，$D_N = \sum_{|n|\le N} e^{inx}$ により与えられる第 N ディリクレ核を $f = D_N$ とすれば，補題 2.4 から，$N \to \infty$ のときに $\|D_N\|_{L^1} = L_N \to \infty$ となるから，N を無限大にしたときに (9) が破綻する．これが所望の矛盾である． ■

3) たとえば，第 III 巻の第 2 章の問題 1 を参照せよ．

4) このことは，第 III 巻の第 4 章の定理 3.1 に見られる．

4. 閉グラフ定理

X と Y を二つのバナッハ空間とし，$\|\cdot\|_X$ と $\|\cdot\|_Y$ でそれぞれのノルムを表す．$T : X \to Y$ を線形写像とする．T の**グラフ**とは，$X \times Y$ の部分集合

$$G_T = \{(x, y) \in X \times Y : y = T(x)\}$$

のことである．T のグラフが $X \times Y$ の閉部分集合になるとき，線形写像 T は**閉**であるという．換言すると，T が閉であるとは，X と Y の二つの収束列 $\{x_n\} \subset X$, $\{y_n\} \subset Y$ に対し，$x_n \to x$, $y_n \to y$, $T(x_n) = y_n$ ならば，$T(x) = y$ となることである．

定理 4.1　X と Y を二つのバナッハ空間とする．$T : X \to Y$ が閉線形写像ならば，T は連続である．

証明　$X \times Y$ は，ノルム $\|(x, y)\|_{X\times Y} = \|x\|_X + \|y\|_Y$ を備えたバナッハ空間で，T のグラフ G_T はその閉部分空間だから，G_T 自身バナッハ空間である．二つの射影 $P_X : G_T \to X$, $P_Y : G_T \to Y$ を考えよう．それらは

$$P_X(x, T(x)) = x, \qquad P_Y(x, T(x)) = T(x)$$

で定義されている．写像 P_X と P_Y は連続かつ線形である．さらに P_X は全単射だから，系 3.2 より，逆写像 P_X^{-1} も連続である．$T = P_Y \circ P_X^{-1}$ であるから，T は連続であり，示すべき結論がいえた．■

4.1　L^p の閉部分空間に関するグロタンディークの定理

閉グラフ定理を応用して，次の結果を証明しよう．

定理 4.2　$(X, \mathcal{F}, \mu)$ を有限な測度空間とする．つまり $\mu(X) < \infty$ である．また，次のことを仮定する．

(i)　ある $1 \leq p < \infty$ について，E は $L^p(X, \mu)$ の閉部分空間である．

(ii)　E は $L^\infty(X, \mu)$ に含まれる．

このとき，E は有限次元である．

$E \subset L^\infty$ で，X は測度有限だから，$E \subset L^2$ であって，

$$\|f\|_{L^2} \leq C\,\|f\|_{L^\infty}, \qquad f \in E$$

が成り立つ．定理の証明の要になる考え方は，この不等式を逆にすることと，L^2 のヒルベルト空間の構造を利用することである．

E は $L^p(X, \mu)$ の閉部分空間だから，L^p ノルムに関してバナッハ空間になっている．そこで，

$$I : E \to L^\infty(X, \mu)$$

を恒等写像 $I(f) = f$ とする．I は線形かつ閉である．実際，E において $f_n \to f$，L^∞ において $f_n \to g$ とする．このとき，$\{f_n\}$ のある部分列は，f にほとんどすべての点で収束し（第 1 章練習 5 を参照），したがって，必要としていたように，ほとんどすべての点で $f = g$ が成り立つ．よって，閉グラフ定理から，

$$\|f\|_{L^\infty} \le M \|f\|_{L^p}, \qquad f \in E \tag{10}$$

をみたす $M > 0$ が存在する．

補題 4.3　定理の仮定のもと，

$$\|f\|_{L^\infty} \le A \|f\|_{L^2}, \qquad f \in E$$

をみたす $A > 0$ が存在する．

証明　$1 \le p \le 2$ の場合，共役指数 $r = 2/p$ と $r^* = 2/(2-p)$ に関するヘルダーの不等式から，

$$\int |f|^p \le \left(\int |f|^2\right)^{p/2} \left(\int 1\right)^{\frac{2-p}{2}}$$

がいえる．X が測度有限であることに注意し，上式の p 乗根をとれば，ある $B > 0$ が存在し，すべての $f \in E$ に対して $\|f\|_{L^p} \le B \|f\|_{L^2}$ となる．(10) と合わせれば，$1 \le p \le 2$ の場合の補題が証明できる．

$2 < p < \infty$ の場合，まず，$|f(x)|^p \le \|f\|_{L^\infty}^{p-2} |f(x)|^2$ であることに注意し，この不等式を積分すると，

$$\|f\|_{L^p}^p \le \|f\|_{L^\infty}^{p-2} \|f\|_{L^2}^2$$

となる．これと (10) を合わせ，さらに $\|f\|_{L^\infty} \ne 0$ と仮定してよいことに注意すると，ある $A > 0$ が存在して，$\|f\|_{L^\infty} \le A \|f\|_{L^2}$ $(f \in E)$ となることがわかり，補題の証明ができた．∎

定理 4.2 の証明にもどろう．$f_1, \cdots, f_n$ は E の関数で，L^2 において正規直交

系になっているとする．また，$\mathbb{C}^n$ の単位球を $\mathbb{B}$ で表す．つまり

$$\mathbb{B} = \left\{ \zeta = (\zeta_1, \cdots, \zeta_n) \in \mathbb{C}^n \ : \ \sum_{j=1}^{n} |\zeta_j|^2 \leq 1 \right\}$$

である．各 $\zeta \in \mathbb{B}$ に対して，$f_\zeta(x) = \sum_{j=1}^{n} \zeta_j f_j(x)$ とおこう．作り方から $\|f_\zeta\|_{L^2} \leq 1$ であり，補題により $\|f_\zeta\|_{L^\infty} \leq A$ となる．よって，各 ζ に対して，X で全測度をもつ (つまり $\mu(X_\zeta) = \mu(X)$ となる) 可測集合 X_ζ が存在し，

(11)　　すべての $x \in X_\zeta$ に対して，$|f_\zeta(x)| \leq A$

となる．ここで，$\mathbb{B}$ の稠密可算部分集合をとり出し，次に，写像 $\zeta \longmapsto f_\zeta(x)$ の連続性を使うと，(11) の結果として，X で全測度をもつ集合 X' が存在して，

(12)　　すべての $\zeta \in \mathbb{B}$ とすべての $x \in X'$ に対して，$|f_\zeta(x)| \leq A$

となる．ここで，

(13)　　すべての $x \in X'$ に対して，$\displaystyle\sum_{j=1}^{n} |f_j(x)|^2 \leq A^2$

となることを見よう．実際，この不等式は，左辺が 0 でない場合に証明すれば十分である．$\sigma = \left(\sum_{j=1}^{n} |f_j(x)|^2 \right)^{1/2}$ とし，(12) において $\zeta_j = \overline{f_j(x)}/\sigma$ とすると，すべての $x \in X'$ に対して，

$$\frac{1}{\sigma} \sum_{j=1}^{n} |f_j(x)|^2 \leq A$$

となり，主張したように $\sigma \leq A$ が出る．

最後に，(13) を積分し，$\{f_1, \cdots, f_n\}$ が正規直交系であることを思い出すと，$n \leq A^2$ であることがわかる．ゆえに，E の次元は有限でなければならない．

注意　この定理における空間 L^∞ は，いかなる $1 \leq q < \infty$ に対する L^q にも置き換えられないことを問題 6 で示す．

5. ベシコヴィッチ集合

第 III 巻の第 7 章 4.4 節で，$\mathbb{R}^2$ の**ベシコヴィッチ集合**（別名「掛谷集合」）の例を構成した．それは，すべての方向の単位線分を含むコンパクト集合で，2 次元

ルベーグ測度が 0 のものである．構成方法を思い出すと，その例は，一つの特定の集合をある角度だけ回転させたもの有限個の和として得られた．そして，その特定の集合は，直線 $\{y=0\}$ 上のカントル型集合の点と，直線 $\{y=1\}$ 上の別のカントル型集合の点を結んだ線分全部の和集合であった．ここでの目標は，ベシコヴィッチ集合の存在を，ベールのカテゴリー定理を用いて証明するケルナーの巧妙なアイデアを紹介することである．実際には，このような集合の族が，ある適当な距離空間において普遍的であることを証明することになる．

解析の出発点は，$\mathbb{R}^2$ の集合からなる適切な完備距離空間を用意することである．A を $\mathbb{R}^2$ の部分集合とし，$\delta>0$ とする．A の **$\boldsymbol{\delta}$–近傍**は，

$$A^\delta=\{x\,:\,d(x,\,A)<\delta\}$$

で定める．ただし，$d(x,\,A)=\inf_{y\in A}|x-y|$ である．いま，$\mathbb{R}^2$ の部分集合 A,B に対して，A と B の間の**ハウスドルフ距離** 5) を，

$$\mathrm{dist}(A,\,B)=\inf\{\delta\,:\,B\subset A^\delta\ \text{かつ}\ A\subset B^\delta\}$$

により定義する．ここでは，対象にする集合を $\mathbb{R}^2$ のコンパクト部分集合に絞る．すると，距離 dist は次の性質をもつ．

A,B,C を $\mathbb{R}^2$ の空でないコンパクト集合とすると，

(i) $\mathrm{dist}(A,\,B)=0$ となるのは $A=B$ のとき，かつそのときに限る．

(ii) $\mathrm{dist}(A,\,B)=\mathrm{dist}(B,\,A)$.

(iii) $\mathrm{dist}(A,\,C)\le\mathrm{dist}(A,\,B)+\mathrm{dist}(B,\,C)$.

(iv) $\mathbb{R}^2$ の（空でない）コンパクト部分集合全体の族は，ハウスドルフ距離に関して完備な距離空間になる．

(i), (ii), (iii) の確認は読者に委ねよう．(iv) の証明は，少々わかりにくいので後回しにし，この節の末尾に載せる．

われわれが注目する集合は，正方形 $[-1/2,\,1/2]\times[0,\,1]$ のコンパクト部分集合のうち，$L_0=\{-1/2\le x\le 1/2,\ y=0\}$ の点と $L_1=\{-1/2\le x\le 1/2,\ y=1\}$ の点を結んだ線分の和集合になっていて，しかも起こりうるすべての方向の線分を含んだものである．より正確にいえば，正方形 $Q=[-1/2,\,1/2]\times[0,\,1]$ の閉

5) 参考までに，この距離はすでに第 III 巻の第 7 章で登場している．

部分集合 K のうち次の性質をもつようなものの集まりを考え，これを $\mathcal{K}$ で表す.

(i)　K は L_0 の点と L_1 の点を結んだいくつかの線分 ℓ の和集合である.

(ii)　任意の角度 $\theta \in [-\pi/4, \pi/4]$ に対して，y 軸と有向角 θ をなす線分 ℓ が K を構成する線分の中に存在する.

極限を用いた簡単な議論をすれば，$\mathbb{R}^2$ の（空でない）コンパクト部分集合全体からなる距離 dist に関する距離空間において，$\mathcal{K}$ が閉部分集合になることが示せる．よって，$\mathcal{K}$ は，ハウスドルフ距離に関して完備な距離空間になる.

目標は次の定理を証明することである.

定理 5.1　$\mathcal{K}$ の集合のうち，2 次元ルベーグ測度が 0 のものの族は，普遍的である.

特に，この族は空ではなく，実際には稠密である.

議論の鍵を噛み砕いていうと，$\mathcal{K}$ の集合 K で，横の切り口 $\{x : (x, y) \in K\}$ のルベーグ測度が「小さい」ものの族が普遍的であることを示すのである．議論は，K の「拡幅」版 K^η を用いると，うまく進めることができる.

この目的のために，$0 \leq y_0 \leq 1$, $\varepsilon > 0$ とする．$\mathcal{K}$ のコンパクト部分集合 K のうち，$\eta > 0$ が存在して，η 近傍 K^η が次の条件をみたすものの全体を，$\mathcal{K}(y_0, \varepsilon)$ で表す：任意の $y \in [y_0 - \varepsilon, y_0 + \varepsilon]$ に対して，横の切り口 $\{x : (x, y) \in K^\eta\}$ の 1 次元ルベーグ測度が 10ε 未満である．つまり，

$$m_1(\{x : (x, y) \in K^\eta\}) < 10\varepsilon, \qquad y \in [y_0 - \varepsilon, y_0 + \varepsilon] \tag{14}$$ [6)]

である.

補題 5.2　任意に固定した y_0 と ε に対して，集合族 $\mathcal{K}(y_0, \varepsilon)$ は，$\mathcal{K}$ において開かつ稠密である.

$\mathcal{K}(y_0, \varepsilon)$ が開集合であることを示すために，$K \in \mathcal{K}(y_0, \varepsilon)$ として，η を，K^η が上の条件をみたすようにとる．$K' \in \mathcal{K}$ を $\mathrm{dist}(K, K') < \eta/2$ となるものとする．このとき，特に $K' \subset K^{\eta/2}$ であり，三角不等式により $(K')^{\eta/2} \subset K^\eta$ となる．よって，

---

6)　(14) に出てくる定数 10 に特別深い意味はない．実際には，もう少し小さい定数値でもよい.

$$m_1(\{x : (x, y) \in (K')^{\eta/2}\}) \leq m_1(\{x : (x, y) \in K^\eta\}) < 10\varepsilon$$

であり，結果として $K' \in \mathcal{K}(y_0, \varepsilon)$ がわかる．

補題の残りの部分を証明するには，$K \in \mathcal{K}$, $\delta > 0$ として，$\mathrm{dist}(K, K') \leq \delta$ となる $K' \in \mathcal{K}(y_0, \varepsilon)$ が存在することを示す必要がある．実際，集合 K' は，二つの集合 A と A' の和として与えられることになる．そして，集合 A は，K の線分 ℓ をいくつか選び出し，$y = y_0$ との交点を中心に，小さな角度だけ線分 ℓ を回転させて得られる扇形を調べることにより，構成される．これは，$y = y_0$ 上に頂点をもつ二つの閉三角形からできていて，x 軸に平行ないろいろな直線がこれらの三角形に重なる部分の長さを評価してみる（図 2）．

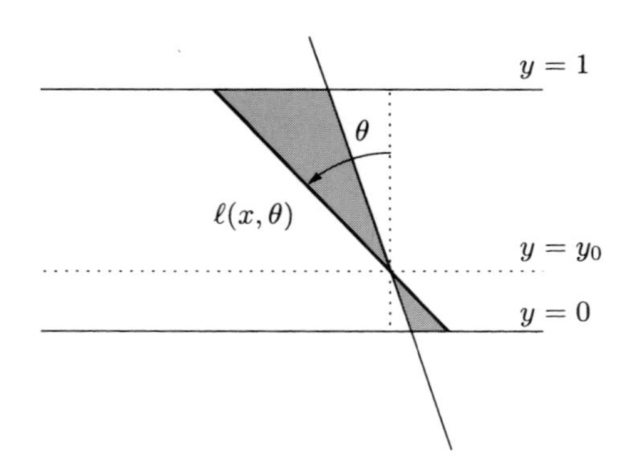

図 2　$\ell(x, \theta)$ を，$y = y_0$ との交点を中心に回転させたもの．

正確に話を進めよう．N を正整数として，区間 $[-\pi/4, \pi/4]$ の分割点

$$\theta_n = \frac{-\pi}{4} + \frac{n}{N}\frac{\pi}{2}, \qquad n = 0, 1, \cdots, N-1$$

を考える．このとき，角 θ_n は $[-\pi/4, \pi/4]$ に均等に並んでいて，N 個の小区間

$$I_n = [\theta_n, \theta_n + \pi/(2N)]$$

は区間 $[-\pi/4, \pi/4]$ を覆っている．さらに，各小区間の長さは $\pi/(2N)$ である．

いま，直線 $\{y = 0\}$ の点と直線 $\{y = 1\}$ の点を結ぶ線分のうち，点 (x, y_0) を通り，y 軸と有向角 θ をなすものを，記号 $\ell(x, \theta)$ で表そう．上で定めた各 θ_n に対して，集合 K の性質 (ii) から，$\ell(x_n, \theta_n) \in K$ となる数 $-1/2 \leq x_n \leq 1/2$ が存在する．各 $n = 0, \cdots, N-1$ に対して，コンパクト集合

$$S_n = \bigcup_{\varphi \in I_n} \ell(x_n,\, \varphi)$$

を考えよう．各 S_n は，頂点の一つが $(x_n,\, y_0)$ の（高々）二つの閉三角形からできている．そこで，

$$A = \bigcup_{n=0}^{N-1} S_n$$

とおく．

（十分大きなある定数 c に対して）$N \geq c/\delta$ であれば，集合 S_n のうち Q に完全に含まれていないものを左か右にわずかに平行移動して，その結果得られる集合 A が Q に含まれ，さらに A の各点が K のある点から δ より小さな距離にあるようにできる．つまり $A \subset K^\delta$ とできる．

A の定義においては，K を構成する線分の一部 $\ell(x_n,\, \theta_n)$ だけしか用いていないから，K のすべての点が A に近いとは必ずしもいえない．この点を補正するために，有限本の線分からなる集合 A' を追加で作り，それがハウスドルフ距離で K に近くなるようにしてみよう．詳しくは，K を，線分の和集合として $K = \bigcup \ell$ と表し，ℓ の δ–近傍を ℓ^δ と書くと，$\bigcup \ell^\delta$ は K の開被覆だから，K の有限部分開被覆 $\bigcup_{m=1}^{M} \ell_m^\delta$ が選べる．そこで，$A' = \bigcup_{m=1}^{M} \ell_m$ と定め，

$$K' = A \cup A'$$

とおく．まず，$K' \in \mathcal{K}$ となっていることに注意しておこう．次に，定義から $A' \subset K$ であるが，$(A')^\delta \supset K$ である．したがって $(K')^\delta \supset K$ である．前に述べたように $K^\delta \supset A$ であり，一方で $K^\delta \supset K \supset A'$ であるから，$K^\delta \supset K'$ でもある．ゆえに $\mathrm{dist}(K',\, K) \leq \delta$ が成り立つ．

次に，$y_0 - \varepsilon \leq y \leq y_0 + \varepsilon$ として，$m_1(\{x : (x,\, y) \in (K')^\eta\})$ を評価しよう．そのためには，上式の K' を A と A' に置き換えて，それぞれを評価し，加えればよい．固定した y に対して，集合 $\{x : (x,\, y) \in A\}$ は，高さ y の横線と，高さ y_0 に頂点をもつ N 個の三角形との交わりにできる N 個の区間からなる．ここで，$|y - y_0| \leq \varepsilon$ と，三角形の頂角の大きさが $\pi/(2N)$ であることに注意して，三角形に関する初等的な議論をすれば，$(S_n)^\eta$ に対応する区間の長さは $8\varepsilon/N + 2\eta$ 以下になる．よって，

$$m_1(\{x : (x,\, y) \in A^\eta\}) \leq 8\varepsilon + 2\eta N$$

である．

次に，A' は M 本の線分からなるから，集合 $\{x : (x, y) \in A'\}$ は M 個の点からなる．よって，集合 $\{x : (x, y) \in (A')^\eta\}$ は，長さ 2η の M 個の区間の和になり，その測度は $2\eta M$ 以下である．これらのことから，$m_1(\{x : (x, y) \in (K')^\eta\}) \leq 8\varepsilon + 2\eta(M+N)$ となる．よって，$\eta < \varepsilon/(M+N)$ をとれば，K' に対して (14) の評価を得る．これで補題の証明ができた．

ようやく，定理の証明の最後の詰めができるようになった．各 M に対して，集合

$$\mathcal{K}_M = \bigcap_{m=1}^{M} \mathcal{K}(m/M, 1/M)$$

を考えよう．各 $\mathcal{K}_M$ は開かつ稠密で，さらに $K \in \mathcal{K}_M$ については，任意の $0 \leq y \leq 1$ に対して，高さ y での K の切り口は，1 次元ルベーグ測度が $O(1/M)$ になっている．さて，開かつ稠密な集合は普遍的集合で，可算個の普遍的集合の交わりは普遍的だから，集合

$$\mathcal{K}_* = \bigcap_{M=1}^{\infty} \mathcal{K}_M$$

は $\mathcal{K}$ において普遍的である．また，$K \in \mathcal{K}_*$ のとき，前の考察から，K の各切り口 $K^y = \{x : (x, y) \in K\}$ $(0 \leq y \leq 1)$ は 1 次元ルベーグ測度が 0 になるから，フビニの定理により，K の 2 次元ルベーグ測度も 0 である．これで定理 5.1 の証明が完成した．

この節の締め括りに，ハウスドルフ距離の性質 (iv) である距離の完備性の証明を与えよう．

$\{A_n\}$ は（空でない）コンパクト集合の列で，ハウスドルフ距離に関してコーシー列になっているとする．$\mathcal{A}_n = \overline{\bigcup_{k=n}^{\infty} A_k}$ とし，$\mathcal{A} = \bigcap_{n=1}^{\infty} \mathcal{A}_n$ とおく．いまから，$\mathcal{A}$ が空でないコンパクト集合で，$A_n \to \mathcal{A}$ となることを証明しよう．

$\varepsilon > 0$ が与えられたとき，N_1 が存在して，すべての $n, m \geq N_1$ について $\mathrm{dist}(A_n, A_m) < \varepsilon$ が成り立つ．結果として，$n \geq N_1$ のときは，明らかに $\bigcup_{k=n}^{\infty} A_k \subset (A_n)^\varepsilon$ であり，それゆえ $\mathcal{A}_n \subset (A_n)^{2\varepsilon}$ となる．これより，

$$n \geq N_1 \text{ のとき，} \quad \mathcal{A} \subset (A_n)^{2\varepsilon} \tag{15}$$

となる．各 $\mathcal{A}_n$ は空でないコンパクト集合で，$\mathcal{A}_{n+1} \subset \mathcal{A}_n$ だから，$\mathcal{A}$ も空でないコンパクト集合である．さらに $\mathrm{dist}(\mathcal{A}_n, \mathcal{A}) \to 0$ がいえる．実際，$\mathrm{dist}(\mathcal{A}_n, \mathcal{A})$ が 0 に収束しないと仮定してみる．すると，$\varepsilon_0 > 0$ と，正整数の増加列 n_k と，点 $x_{n_k} \in \mathcal{A}_{n_k}$ が存在して，$d(x_{n_k}, \mathcal{A}) \geq \varepsilon_0$ となっている．このとき $\{x_{n_k}\} \subset \mathcal{A}_1$ で，$\mathcal{A}_1$ はコンパクトだから，（必要に応じ部分列をとって添字を変更することにより，）$\{x_{n_k}\}$ はある極限 x に収束すると仮定してよい．このとき，明らかに $d(x, \mathcal{A}) \geq \varepsilon_0$ である．さて，任意に M をとると，十分大きなすべての n_k について $x_{n_k} \in \mathcal{A}_M$ となっていて，$\mathcal{A}_M$ はコンパクトだから，$x \in \mathcal{A}_M$ である．よって，$x \in \mathcal{A}$ となる．このことは，$d(x, \mathcal{A}) \geq \varepsilon_0$ という事実に矛盾する．ゆえに，$\mathrm{dist}(\mathcal{A}_n, \mathcal{A}) \to 0$ でなければならない．

(iv) の証明に戻って，N_2 を，すべての $n \geq N_2$ について $\mathrm{dist}(\mathcal{A}_n, \mathcal{A}) < \varepsilon$ となるようにとる．すると，$n \geq N_2$ のとき $\mathcal{A}_n \subset \mathcal{A}^{2\varepsilon}$ だから，

$$n \geq N_2 \text{ のとき，} \quad A_n \subset \mathcal{A}^{2\varepsilon} \tag{16}$$

である．(15) と (16) を合わせれば，$n \geq \max(N_1, N_2)$ のとき $\mathrm{dist}(A_n, \mathcal{A}) \leq 2\varepsilon$ となり，$A_n \to \mathcal{A}$ が出る．これで証明が終了した．

6. 練習

1.　以下，普遍的集合と第 1 類集合の例を挙げる．

(a)　$\mathbb{R}$ において，$\{x_j\}_{j=1}^{\infty}$ を有理数全体の可算集合とし，次の集合を考えよう．

$$U_n = \bigcup_{j=1}^{\infty} \left(x_j - \frac{1}{n2^j},\ x_j + \frac{1}{n2^j} \right), \qquad U = \bigcap_{n=1}^{\infty} U_n$$

U は普遍的だが，ルベーグ測度 0 であることを示せ．

(b)　カントル型集合（たとえば第 III 巻の第 1 章の練習 4 に解説がある）を用いて，[0, 1] でルベーグ全測度をもった第 1 類部分集合の例を作れ．この集合は，自動的に稠密な非可算集合になる．また，その補集合は，普遍的かつ測度 0 であり，(a) の集合 U と同主旨の別の例になる．

2.　完備距離空間において，F を閉部分集合，$\mathcal{O}$ を開部分集合とする．次のことを示せ．

(a)　F が第 1 類であることは，F の内部が空であることと同値である．

(b)　$\mathcal{O}$ が第 1 類であることは，$\mathcal{O}$ が空であることと同値である．

(c) 結果として，F が普遍的であることは，$F = X$ であることと同値であり，$\mathcal{O}$ が普遍的であることは，$\mathcal{O}^c$ が内点を含まないことと同値である．

［ヒント：(a) については背理法で示せ．閉球 $\overline{B}$ が F に含まれていると仮定し，完備距離空間 $\overline{B}$ にカテゴリー定理を適用せよ．］

3. X_0 を，完備距離空間 X の開部分集合として生じる距離空間とするとき，X_0 についても，ベールのカテゴリー定理の結論が成り立つことを示せ．

［ヒント：X における X_0 の閉包にベールのカテゴリー定理を適用せよ．］

4. [0, 1] 上の任意の連続関数が，いたるところ微分不可能な連続関数によって一様に近似できることを，次のどちらかの方法で証明せよ．

(a) 定理 1.5 を用いる．

(b) いたるところ微分不可能な連続関数が存在するという事実だけを用いる．

5. X を完備距離空間とする．X において，G_δ 集合とは，可算個の開集合の交わりになっている集合である．また F_σ 集合とは，可算個の閉集合の和になっている集合である．

(a) 稠密な G_δ 集合が普遍的であることを示せ．

(b) ゆえに，稠密な可算集合は F_σ であるが G_δ でない．

(c) (a) の部分的な逆である次のことを証明せよ．E が普遍的集合ならば，稠密な G_δ 集合 $E_0 \subset E$ が存在する．

6. 関数

$$f(x) = \begin{cases} 0, & x \text{ が無理数のとき}, \\ 1/q, & x \text{ が有理数で，} x = p/q \text{ が既約表現のとき} \end{cases}$$

は，ちょうど無理数でだけ連続である．対照的に，ちょうど有理数でだけ連続になる $\mathbb{R}$ 上の関数は存在しないことを証明せよ．

［ヒント：関数が連続になる点の集合が G_δ であることを示し（定理 1.3 の証明を参照），練習 5 を応用せよ．］

7. E を [0, 1] の部分集合とする．また，I は [0, 1] 内の任意の非自明な閉区間を表す．

(a) E は [0, 1] において第 1 類とする．任意の I に対して，集合 $E \cap I$ が I で第 1 類になることを示せ．

(b) E は [0, 1] において普遍的とする．任意の I に対して，集合 $E \cap I$ が I で普遍的になることを示せ．

(c)　$[0, 1]$ の集合 E のうち，任意の I に対して $E \cap I$ が I で第1類でも普遍的でもないものを構成せよ．

［ヒント：$[0, 1]$ のカントル集合を考えよ．その補集合の各開区間に，カントル集合の縮小版をおき，それを無限回繰り返す．測度論的な関連結果については，第III巻の第1章の練習36を参照せよ．］

8.　ベクトル空間 X において，ベクトルの集合 $\mathcal{H}$ が X の**ハーメル基底**であるとは，任意の $x \in X$ が $\mathcal{H}$ の元の有限1次結合で一意的に表されることである．

無限次元バナッハ空間では，可算個の元のハーメル基底が存在しえないことを証明せよ．

［ヒント：さもなくば，バナッハ空間自体が第1類になってしまうことを示せ．］

9.　ルベーグ測度による $L^p([0, 1])$ を考えよう．$p > 1$ で $f \in L^p$ ならば $f \in L^1$ であることに注意しよう．$f \notin L^p$ である $f \in L^1$ 集合が普遍的であることを示せ．

より一般的な結果が問題1に見られる．

［ヒント：集合 $E_N = \{f \in L^1$: 任意の区間 I に対して $\int_I |f| \leq Nm(I)^{1-1/p}\}$ を考えよう．各 E_N は閉で，$L^p \subset \bigcup_N E_N$ となることに注意せよ．最後に，$0 < \delta < 1 - 1/p$ かつ $g(x) = x^{-(1-\delta)}$ として $f_0 + \varepsilon g$ を考え，E_N が疎であることを示せ．］

10.　$0 < \alpha < 1$ として，$\Lambda^\alpha(\mathbb{R})$ を考えよう．$\Lambda^\alpha(\mathbb{R})$ において，いたるところ微分不可能な関数の集合が普遍的であることを示せ．

対照的に，$\alpha = 1$ の場合の関数であるリプシッツ関数は，ほとんどいたるところ微分可能になることを注意しておく（第III巻の第3章の練習32を参照）．

11.　実バナッハ空間 $X = C([0, 1])$，ただし X 上の上限ノルムを備えているものを考える．どんな区間 $[a, b]$ $(0 \leq a < b \leq 1)$ でも単調（単調増加または単調減少）にならない関数からなる X の部分集合を，$\mathcal{M}$ で表す．$\mathcal{M}$ が X において普遍的であることを証明せよ．

［ヒント：$[a, b]$ で単調でない関数からなる X の部分集合を $\mathcal{M}_{[a,b]}$ で表す．$\mathcal{M}_{[a,b]}$ は X で稠密で，$\mathcal{M}^c_{[a,b]}$ は閉である．］

12.　X, Y, Z はバナッハ空間で，写像 $T : X \times Y \to Z$ は次の2条件をみたすとする．

(i)　各 $x \in X$ に対して，写像 $y \longmapsto T(x, y)$ は Y 上で線形かつ連続である．

(ii)　各 $y \in Y$ に対して，写像 $x \longmapsto T(x, y)$ は X 上で線形かつ連続である．

このとき，T は（2変数写像として）$X \times Y$ 上で連続になる．実際には，定数 $C > 0$

が存在して，すべての $x \in X$ と $y \in Y$ に対し

$$\|T(x, y)\|_Z \leq C\,\|x\|_X\,\|y\|_Y$$

となる．これを証明せよ．

13. $(X, \mathcal{F}, \mu)$ を測度空間とし，$\{f_n\}$ を $L^p(X, \mu)$ の関数列とする．第 1 章の練習 12 では次のことを見た．$1 < p < \infty$ で，$\sup_n \|f_n\|_{L^p} < \infty$ のとき，$\{f_n\}$ のある部分列は L^p で弱収束する．詳しくいうと，$\{f_n\}$ の部分列 $\{f_{n_k}\}$ と $f \in L^p$ が存在して，任意の $g \in L^q$ に対して，

$$\int_X f_{n_k}(x) g(x)\, d\mu(x) \to \int_X f(x) g(x)\, d\mu(x)$$

が成り立つ．ただし，q は p の共役指数，つまり $1/p + 1/q = 1$ である．より一般的に，L^p の列 $\{f_n\}$ が**弱有界**であるとは，任意の $g \in L^q$ に対して，

$$\sup_n \left| \int_X f_n(x) g(x)\, d\mu(x) \right| < \infty$$

となることである．

$1 < p < \infty$ とする．L^p の関数列 $\{f_n\}$ が弱有界ならば，

$$\sup_n \|f_n\|_{L^p} < \infty$$

が成り立つことを証明せよ．特に，$\{f_n\}$ が L^p で弱収束すれば，同じ結論が成り立つ．
[ヒント：$\ell_n(g) = \displaystyle\int_X f_n(x) g(x)\, d\mu(x)$ に，一様有界性原理を適用せよ．]

14. X は，距離 d をもった完備距離空間で，$T : X \to X$ を連続写像とする．X の元 x^* が T に関して**全巡回**であるとは，軌道集合 $\{T^n(x^*)\}_{n=1}^{\infty}$ が X で稠密になることである．ここで，T^n は T の n 回合成 $T^n = T \circ T \circ \cdots \circ T$ を表す．

T に関して全巡回である X の元の集合は，空であるか普遍的であるかのどちらかである．このことを示せ．
[ヒント：x^* は T に関して全巡回とする．$\{y_j\}$ を X で稠密な集合とし，$F_{j,k,N} = \{x \in X :$ ある $n \geq N$ で $d(T^n x, y_j) < 1/k\}$ とおく．$F_{j,k,N}$ が開かつ稠密であることを示せ．]

15. $\mathbb{R}^d$ の単位球の閉包を $\overline{B}$ で表し，$\overline{B}$ の（空でない）コンパクト部分集合からなるハウスドルフ距離による距離空間 $\mathcal{C}$ を考えよう．（第 5 節参照．）$\mathcal{C}$ において，次の部分集合が作る二つの部分族が普遍的であることを示せ．

(a) ルベーグ測度 0 の部分集合

(b) 疎な部分集合

［ヒント：(a) については，$m(C) < 1/n$ となる集合 C の族が，開かつ稠密になることを示せ．実際，このような集合 C については，$\sum |Q_j| > 1 - 1/n$ をみたす交わらない開立方体 Q_j を用いて，$C^c \supset \bigcup_{j=1}^{M} Q_j$ とできる．そして Q_j を小さくせよ．(b) については，開集合 $\mathcal{O}$ を固定し，$\mathcal{O}$ を含む $\mathcal{C}$ の集合の族 $\mathcal{C}_{\mathcal{O}}$ が，閉かつ疎であることを示せ.］

7. 問題

1.　$T : \mathcal{B}_1 \to \mathcal{B}_2$ を，バナッハ空間 $\mathcal{B}_1$ からバナッハ空間 $\mathcal{B}_2$ への有界線形変換とする．

(a)　T は全射であるか，もしくは，像 $T(\mathcal{B}_1)$ が $\mathcal{B}_2$ で第1類になるかのどちらかである．このことを証明せよ．

(b)　(a) の結果として次のことを証明せよ．(X, μ) を有限な測度空間とし，$1 \leq p_1 < p_2 \leq \infty$ とする．このとき，もちろん $L^{p_2}(X) \subset L^{p_1}(X)$ である．(L^{p_1} のすべての元が L^{p_2} に属す自明な場合を除けば，) $L^{p_2}(X)$ は $L^{p_1}(X)$ において第1類集合になる．
［ヒント：(a) については，$T(\mathcal{B}_1)$ が第2類であると仮定し，定理 3.1 の証明と同様の議論をして，$\mathcal{B}_1$ の原点を中心にした球の T による像が，$\mathcal{B}_2$ の原点を中心にしたある球を含むことを示せ.］

2.　各整数 $n \geq 2$ に対して，集合 Λ_n を次のように定める．実数 x に対して，

$$|x - p/q| \leq 1/q^n$$

をみたす異なる分数 p/q が無限個存在するとき，$x \in \Lambda_n$ とする．次のことを示せ．

(a)　Λ_n は $\mathbb{R}$ の普遍的集合である．

(b)　しかし，Λ_n のハウスドルフ次元は $2/n$ に等しい．

(c)　ゆえに，$n > 2$ のとき $m(\Lambda_n) = 0$ である．ただし m はルベーグ測度を表す．

$\Lambda = \bigcap_{n \geq 2} \Lambda_n$ の元は**リューヴィル数**と呼ばれる．Λ の任意の元が超越数であることを見るのは難しくないが，$n > 2$ のときに Λ_n の各元に対して同じことが成り立つのは，深淵な事実である．($n = 2$ のとき，集合 Λ は無理数からなることに注意せよ.)

3.　円周上の連続関数全体のバナッハ空間 $\mathcal{B}$（上限ノルム）を考えよう．フーリエ級数が円周の普遍的集合で発散するような $f \in \mathcal{B}$ の集合は，それ自身 $\mathcal{B}$ の普遍的集合になる．これを証明せよ．
［ヒント：$\{x_i\}$ を $[-\pi, \pi]$ で稠密になるように選び，$E_i = \{f \in \mathcal{B} : \sup_N |S_N(f)(x_i)| =$

$\infty\}$，そして $E = \bigcap E_i$ とおく．このとき E は普遍的である．次に，各 $f \in E$ に対し，$\mathcal{O}_n = \{x : ある\ N\ で\ |S_N(f)(x)| > n\}$ とおく．$\bigcap \mathcal{O}_n$ が普遍的であることを示せ．]

4. 複素平面の単位開円板を $\mathbb{D}$ で表す．$\mathbb{D}$ 上で正則，かつ，$\overline{\mathbb{D}}$ 上で連続な複素数値関数全体の上限ノルムによるバナッハ空間を，$\mathcal{A}$ と書く．$\mathbb{D}$ のどの境界点もそれを超えて解析的に拡張できない $\mathcal{A}$ の関数が作る空間は，普遍的である．このことを証明するために，次のことを確かめよ．

(a) 集合 $\mathcal{A}_N = \{f \in \mathcal{A} : |f(e^{i\theta}) - f(1)| \leq N|\theta|\}$ は閉である．

(b) $\mathcal{A}_N$ は疎である．

[ヒント：(b) については，関数 $f_0(z) = (1-z)^{1/2}$ を用い，$f + \varepsilon f_0$ を考えよ．]

5. $I = [0, 1]$ を単位区間とする．$C^\infty(I)$ は，I 上の滑らかな関数全体のベクトル空間で，

$$d(f, g) = \sum_{n=0}^{\infty} \frac{1}{2^n} \frac{\rho_n(f-g)}{1+\rho_n(f-g)}$$

によって与えられる距離 d が備わっているとする．ただし，$\rho_n(h) = \sup_{x \in I} |h^{(n)}(x)|$ である．関数 $f \in C^\infty(I)$ が点 $x_0 \in I$ で解析的であるとは，そのテイラー級数

$$\sum_{n=0}^{\infty} \frac{f^{(n)}(x_0)}{n!}(x - x_0)^n$$

が関数 f に x_0 のある近傍で収束することである．テイラー級数が x_0 で発散するとき，関数 f は x_0 で特異であるという．

(a) $(C^\infty(I), d)$ が完備距離空間になることを示せ．

(b) すべての点で特異な $C^\infty(I)$ の関数の集合が，普遍的であることを証明せよ．

[ヒント：(b) については，ある x^* とすべての n に対して $|f^{(n)}(x^*)|/n! \leq K^n$ となる滑らかな関数 f の集合 F_K を考え，F_K が閉かつ疎であることを示せ．]

6. 定理 4.2 の空間 L^∞ は，$1 \leq q < \infty$ に対する L^q のどれにも置き換えることができない．実際，$L^1([0, 1])$ の無限次元閉部分空間で，すべての $1 \leq q < \infty$ で L^q に属す関数からなるものが存在する．

[ヒント：次章の練習 19 を用いてもよい．]

7.* 練習 14 の応用のために，$\mathcal{H}$ を整関数からなるベクトル空間，すなわち $\mathbb{C}$ 全体で正則であるような関数の集合とする．複素平面のコンパクト部分集合 K と $f \in \mathcal{H}$ に対して，$\|f\|_K = \sup_{z \in K} |f(z)|$ とおく．中心が原点で，半径が n の閉円板を K_n と書き，

$$d(f, g) = \sum_{n=1}^{\infty} \frac{1}{2^n} \frac{\|f-g\|_{K_n}}{1+\|f-g\|_{K_n}}, \qquad f, g \in \mathcal{H}$$

と定めよう．すると, d は距離で, $\mathcal{H}$ は d に関して完備距離空間になる．また, $d(f_n, f) \to 0$ であることは，f_n が f に $\mathbb{C}$ のすべてのコンパクト部分集合上で一様収束することと同値である．

バーコフの定理（第 II 巻の第 2 章の問題 5）は，整関数 F で，集合 $\{F(z+n)\}_{n=1}^{\infty}$ が $\mathcal{H}$ で稠密になるものが存在すると主張している．また，マクレーンの定理 (第 II 巻の同じ問題の最後を参照) は，整関数 G で，導関数の集合 $\{G^{(n)}(z)\}_{n=1}^{\infty}$ が $\mathcal{H}$ で稠密になるものが存在するといっている．

練習 14 から，これらの性質のどちらかをもった $\mathcal{H}$ の関数の集合は，$\mathcal{H}$ において普遍的であり，よって 両方の 性質をもった整関数の集合も普遍的である．

第5章　確率論の基礎

確率論についてヒンチンと共同で行った仕事をはじめ，この理論の初期の仕事全般に関しては，関数の距離理論で培った方法を使ったことが特徴的な点としてあげられる．大数の法則が適用可能な条件や独立確率変数からなる級数の収束条件のような話題は，三角級数の一般論において練られた方法を取り込んだ…….

——A. N. コルモゴロフ，1987

独立な関数の定義は，有限個であれ無限個であれ，シュタインハウスによるものである．この定義，これははじめてここで出版されたものだが，それより，ラーデマッヘルを含むある種の直交関数系は独立関数からなることが従う．

——M. カッツ，1936

確率論の基本的な概念を導入する最も単純な方法は，（たとえばコイン投げのような）ベルヌーイ試行から始め，試行の回数を無限にしていった極限ではどのようなことが起こるのかを調べることである．本質的に，ここに独立事象のアイデアがあり，それはより精密な意味での互いに独立な確率変数[1]という概念に包括されることになる．

毎回の確率が 1/2 であるベルヌーイ試行の場合は，ラーデマッヘル関数の研究に言い換えることができる．これから学んでいくことだが，これらの互いに独立な関数の性質は，確率変数列に関する注目すべき結論を引き出していく．特筆で

1)　以下の多くの箇所では，「確率変数」の代わりに「関数」という用語を用いていくことにしたい．

きる例としては，形式的なフーリエ級数がラーデマッヘル関数によってランダム化されると，次のような「0 – 1 法則」の印象的な例証が得られる：結果として生ずる級数はほとんどいたるところで，$p < \infty$ に対するある L^p 関数と一致するか，ほとんどいたるところ L^1 関数のフーリエ級数にはなっていないかのどちらである．

この独立関数の特別な族から，一般論的な事柄に向かっていくが，本書では，より一般の独立な関数の和の挙動に焦点をあてる．最初の例は，これらの関数が一様に分布している（なおかつ 2 乗可積分である）とき，より拡張された設定で「中心極限定理」を得ることである．また，エルゴード定理との緊密な関係もわかり，「大数の法則」の一形態を証明することができる．

次に，必ずしも一様に分布されているとは限らない独立な関数について考察する．ここで利用される主な性質は，対応する和が「マルチンゲール列」を形成することである．実際，興味深い一例は，ラーデマッヘル関数を含む和の解析に見ることができる．この点での重要事項は，第 2 章の最大定理と類似のマルチンゲールに対する最大定理である．

再びベルヌーイ試行に戻り，この章を終える．今度は，直線上のランダム・ウォークとしてとらえる．自然に考えられることは d 次元の類似のランダム・ウォークである．これについては，$d \leq 2$ と $d \geq 3$ の場合で，再帰性についてきわだった違いがあることがわかる．

1. ベルヌーイ試行

コイン投げに関するいくつかの問題を研究することから，確率論のいくつかの概念の最も簡単な例が生まれた．

1.1　コイン投げ

最も単純な賭け事のゲームから始めよう．二人のプレーヤー，A と B が公平なコインを N 回投げるものとする．各回，コインが「表」であればプレーヤー A が 1 ドルを得る．そして各回，「裏」が出れば A は 1 ドルを失う．毎回投げた結果には二つの可能性があるので，彼らのゲームの結果は 2^N 通りの可能性がある．結果として得られるこの可能性を考慮に入れると，問題は次のようになる．（たとえば）A が勝つチャンスはどのようなものか，特に彼がある k に対して，k ドルを勝ち取るチャンスはどのくらいあるか.

この問題に答えるために，まず上記の状況を形式化して，いくつかの用語を導入する．それは後でより一般的な使い方をする．考え得る 2^N の可能なシナリオ（あるいは結果）は，0 は表を表し，1 は裏を表すものとして，2 点からなる空間 $\mathbb{Z}_2 = \{0, 1\}$ の N 個の直積 $\mathbb{Z}_2^N$ の点とみなすことができる．すなわち

$$\mathbb{Z}_2^N = \{x = (x_1, \cdots, x_N),\ x_j = 0 \text{ または } 1,\ 1 \leq j \leq N\}$$

である.

各 n に対して，n 回目に投げたときの表か裏が出る可能性が等しいとき（したがってそれぞれの確率が 1/2 のとき），すぐに次の定義に至る．空間 $\mathbb{Z}_2^N$ は基礎をなす「確率空間」であり，そこには $\mathbb{Z}_2^N$ の各点に 2^{-N} を割り当てるような測度 m があり，それは $m(\mathbb{Z}_2^N) = 1$ の「確率測度」である．E_n は n 回目のコイン投げで表の出る事象の集まりを表す．すなわち，$E_n = \left\{x \in \mathbb{Z}_2^N : x_n = 0\right\}$ とする．このとき，$1 \leq n \leq N$ に対して $m(E_n) = 1/2$ である．また，$n \neq m$ をみたす任意の n, m に対して，$m(E_n \cap E_m) = m(E_n)m(E_m)$ である．この等式は，n 回目と m 回目のコイン投げの結果が「独立」であるという事実を反映している.

この確率空間上である種の関数を考える必要性も出てくる（確率論の用語では，確率空間の上の関数は**確率変数**と呼ばれることが多いが，ここでは「関数」という呼び方をすることにする）．r_n を n 回目のコイン投げでプレーヤー A が勝ったとき得られる額（あるいは負けたときは失った額）を表すものとする．すなわち，$x = (x_1, \cdots, x_n)$ において，$x_n = 0$ ならば $r_n(x) = 1$ であり，$x_n = 1$ ならば $r_n(x) = -1$ である．すると和

$$S_N(x) = S(x) = \sum_{n=1}^{N} r_n(x)$$

は N 回投げ終わったときの A が得た（あるいは失った）額となっている.

次に，与えられた整数 k に対して，$S(x) = k$ となる確率を求める考え方を述べる．与えられた点 $x \in \mathbb{Z}_2^N$ の座標の中に N_1 個の 0 と N_2 個の 1 がある（すなわちプレーヤー A が N_1 回勝ち，N_2 回負けた）とき，$S(x) = k$ は $k = N_1 - N_2$ ということであり，また $N_1 + N_2 = N$ である．したがって

$$N_1 = (N+k)/2 \quad \text{であり} \quad N_2 = (N-k)/2$$

となり，k は N と同じ偶奇性をもつ．さらに議論を続けるにあたり，N は偶数であると仮定する．N が奇数の場合の議論も同様である（練習1参照）.

上に述べたように，この確率空間においては $S(x) = k$ をみたす x の個数は，0 か 1 かを N 回選んだとき N_1 回が 0 となる場合の数である．この数は 2 項係数

$$\binom{N}{N_1} = \frac{N\,!}{N_1\,!\,(N-N_1)\,!} = \frac{N\,!}{\left(\dfrac{N+k}{2}\right)!\left(\dfrac{N-k}{2}\right)!}$$

である．したがって，各点の測度は 2^{-N} であるから，

$$m\left(\{x\,:\,S(x)=k\}\right) = 2^{-N}\frac{N\,!}{\left(\dfrac{N+k}{2}\right)!\left(\dfrac{N-k}{2}\right)!} \tag{1}$$

である．この数の相対的な大きさは，（偶数）k を $-N$ から N まで動かしたときどのようになるだろうか？ (1) は端点 $k=-N$ または $k=N$ で最小値となり，$m\left(\{x\,:\,S(x)=N\}\right) = m\left(\{x\,:\,S(x)=-N\}\right) = 2^{-N}$ である．（偶数）k が $-N$ から 0 に動くとき，$m\left(\{x\,:\,S(x)=k\}\right)$ は増加し，k が 0 から N に動くときは減少する．なぜならば

$$\frac{m\left(\{x\,:\,S(x)=k+2\}\right)}{m\left(\{x\,:\,S(x)=k\}\right)} = \frac{N-k}{N+k+2}$$

であり，この右辺は $k \le -2$ のときは 1 より大きく，$k \ge 0$ のときは 1 より小さいからである．したがって (1) は $k=0$ のときに最大値をとり，それは

$$2^{-N}\frac{N\,!}{((N/2)\,!)^2}$$

である．スターリングの公式（これについて詳しくは後述）より，この量は近似的に $\dfrac{2}{\sqrt{2\pi}}N^{-1/2}$ であり，最小値 2^{-N} よりはかなり大きい.

ここで，これらの初歩的な考察はやめ，次に $N \to \infty$ の極限的な状況で起こる確率論の問題にとりかかる.

1.2　$N = \infty$ の場合

ここでは確率空間として $\mathbb{Z}_2$ の無限直積を考える．これを $\mathbb{Z}_2^\infty$ と書き，記述を簡単にするため X と表す．すなわち

$$X = \{x = (x_1, \cdots, x_n, \cdots), \quad n \ge 1 \text{ に対し } x_n = 0 \text{ または } x_n = 1\}$$

である．この空間 X には測度が上記の部分積 $\mathbb{Z}_2^N$（$\mathbb{Z}_2$ を因子とする）上の自然な直積測度から次のように誘導される．ある集合 E が X における**シリンダー集合**とは，（有限の）N と $E' \subset \mathbb{Z}_2^N$ が存在し，$x \in E$ であるのは $(x_1, \cdots, x_N) \in E'$ であるとき，かつそのときに限ることである．この定義により，シリンダー集合の集まりは，有限個の集合としての和および交わり，そして補集合をとる操作により X 上の代数をなしている．そこで，議論の主要な点は，これらの集合上で，$m(E) = m_N(E')$（ここで $m_N = m$ は前節で述べた $\mathbb{Z}_2^N$ 上の測度）により定義される関数 m をシリンダー集合から生成される σ – 代数上の測度に拡張することである．明らかに $m(X) = 1$ である．（これらに関しては第 III 巻第 6 章の練習 14 と 15 を参考にすることができる．）

より一般的には，X の部分集合（「可測」集合あるいは「事象」）からなる σ – 代数とその σ – 代数上の測度 m で $m(X) = 1$ となるものが与えられたとき，組 (X, m) を考える．前の用語を再度使って，X を**確率空間**，m を**確率測度**という．この設定のときは，「ほとんどいたるところ (almost everywhere)」を「ほとんど確かに (almost surely)」という．

上に定義した直積測度をもつ $X = \mathbb{Z}_2^\infty$ の場合に話を戻す．$1 \leq n < \infty$ に対する関数 r_n をこの設定に拡張することができる．つまり，$x = (x_1, \cdots, x_n, \cdots)$ で，各 n に対して，$x_n = 0$ または 1 であるとき，$r_n(x) = 1 - 2x_n$ とする．これらの関数は，X と区間 $[0, 1]$ の間の対応で，X 上の測度 m と $[0, 1]$ 上のルベーグ測度とを同一視できるように設定するものとも考えられる．実際，

$$D : (x_1, \cdots, x_n, \cdots) \longmapsto \sum_{j=1}^{\infty} \frac{x_j}{2^j} = t \in [0, 1] \tag{2}$$

により与えられる写像 $D : X \to [0, 1]$ を考える．Z_1 を X の点で，その座標が有限個を除いたところですべて 0 であるか，すべて 1 であるようなものからなる可算集合とし，Z_2 をすべての 2 進有理数（$[0, 1]$ 内の点で，整数 ℓ と m に対して $\ell/2^m$ の形をしている）からなる可算集合とする．対応 D は X から集合 Z_1 を除き，$[0, 1]$ から集合 Z_2 を除けば，この間の全単射になる．さらに 0 または 1 からなる有限個の a_j が与えられたとき，$E \subset X$ がシリンダー集合 $E = \{x : x_j = a_j,\ 1 \leq j \leq N\}$ ならば，$m(E) = 2^{-N}$ であることに注意する．さらに D は E を $\ell = \sum_{j=1}^{N} 2^{N-j} a_j$ に対する 2 進区間 $\left[\frac{\ell}{2^N}, \frac{\ell+1}{2^N}\right]$ に写す．も

ちろんこの区間のルベーグ測度は 2^{-N} である．この考察から，上に述べたように X と $[0, 1]$ の対応に関する主張が導かれる．

X と $[0, 1]$ のこの同一視により，関数 r_n を $t \in [0, 1]$ の関数として表すことができる（それぞれ有限集合上では定義されていない）．したがって，$r_n(x)$ と $r_n(t)$（$x \in X$ または $t \in [0, 1]$）を互換性があるものとして書く．$0 < t < 1/2$ に対して $r_1(t) = 1$ であり，$1/2 < t < 1$ に対して，$r_1(t) = -1$ である．r_1 を $\mathbb{R}$ 上に周期 1 の周期関数となるように拡張すると，$r_n(t) = r_1(2^{n-1}t)$ である．$[0, 1)$ 上の関数 $\{r_n\}$ は**ラーデマッヘル関数**である．

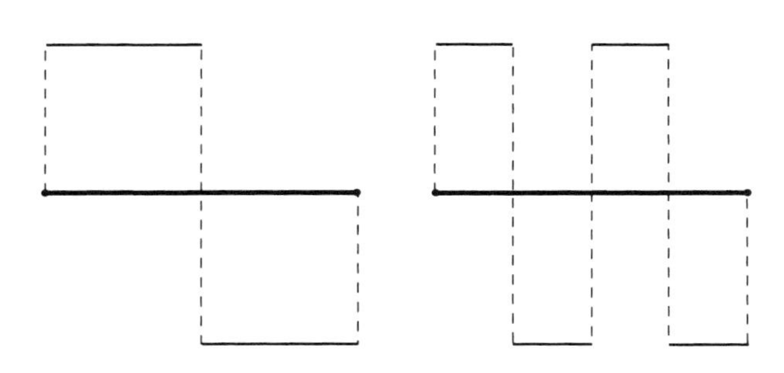

図 1　ラーデマッヘル関数 r_1 と r_2.

これらの関数のもつ重要な性質は，次に定義する「互いに独立」なことである．確率空間 (X, m) が与えられたとき，X 上の実数値可測関数列 [2] $\{f_n\}_{n=1}^{\infty}$ が**互いに独立**であるとは，$\mathbb{R}$ の任意のボレル集合 B_n に対して，

$$m\left(\bigcap_{n=1}^{\infty} \{x : f_n(x) \in B_n\}\right) = \prod_{n=1}^{\infty} m\left(\{x : f_n(x) \in B_n\}\right) \tag{3}$$

となることである．同様に，集合の族 $\{E_n\}$ は，それらの特性関数が互いに独立なときに，互いに独立であるという．もちろんのこと，有限個の関数の族 $f_1, \cdots, f_N$ あるいは有限個の集合の族 $E_1, \cdots, E_N$ に対しても同様の定義をする．集合 E_n と E_m の組については，この用語は先に使ったものと一致する．しかし，関数（あるいは集合）の族は，その任意の二つの組が独立でも，独立とは限らない．（練習 2 を参照．）また，関数 $f_1, \cdots, f_n$ が（たとえば）有界であり，互いに独立であ

2)　これから現れる関数（と集合）はすべて可測であると仮定する．また関数（確率変数）は後出の 1.7 節と 2.6 節を除き実数値であると仮定しておく．

るとき，それらの積の積分は，それらの積分の積になる，つまり

$$\int_X f_1(x)\cdots f_n(x)\,dm = \left(\int_X f_1(x)\,dm\right)\cdots\left(\int_X f_n(x)\,dm\right). \tag{4}$$

このことは，まず等式を f_j が特性関数の有限線形結合であるときについて証明し，次に極限をとれば示せる．

一般に独立な関数は次のように現れる．(X, m) を確率空間 (X_n, m_n)，$n = 1, 2, \cdots$ の直積で，m は m_n の直積測度と等しいものとする．$f_n(x)$ を $x \in X$ に対して定義された関数で，x の n 番目の座標にのみ依存するものと仮定する．すなわち，$f_n(x) = F_n(x_n)$ とする．ただし，F_n は X_n 上に与えられた関数であり，$x = (x_1, x_2, \cdots, x_n, \cdots)$ である．このとき，$\{f_n\}$ は互いに独立である．これを示すため，$E_n = \{x : f_n(x) \in B_n\}$ とすると，$E_n \subset X$ であり，同様に $E'_n = \{x_n : F_n(x_n) \in B_n\}$ とすると，$E'_n \subset X_n$ である．このとき，$E_n = \{x : x_n \in E'_n\}$ は $m(E_n) = m_n(E'_n)$ をみたすシリンダー集合である．したがって明らかに，各 N に対して

$$m\left(\bigcap_{n=1}^{N} E_n\right) = \prod_{n=1}^{N} m_n(E'_n) = \prod_{n=1}^{N} m(E_n)$$

である．$N \to \infty$ とすると，(3) が得られ，主張が証明される．このことは，当然ラーデマッヘル関数に適用され，それらが互いに独立であることが示される．

ちなみに，ある意味でこの互いに独立な確率変数の例は一般的な状況を表している．（練習 6 を参照.）

1.3 $N \to \infty$ のときの S_N の挙動，最初の結果

これらの準備の下に，プレーヤー A の N 回コインを投げた後の勝ち数を表す

$$S_N(x) = \sum_{n=1}^{N} r_n(x)$$

の挙動を考察しよう．すると $N \to \infty$ のときの S_N の増大度は N よりもかなり小さいことがわかる．どのようなことが期待できるかは次の考察からヒントが得られる．

命題 1.1 整数 $N \geq 1$ に対して

$$\|S_N\|_{L^2} = N^{1/2} \tag{5}$$

である．

この命題は，$\{r_n(t)\}$ が $L^2([0,1])$ の正規直交系であるということから導かれる．実際，各 r_n は測度 1/2 のある集合上で 1 であり，また測度 1/2 のある集合上で -1 であるから，$\int_0^1 r_n(t)\,dt = 0$ である．さらにそれらが互いに独立であることと (4) より

$$\int_0^1 r_n(t)r_m(t)\,dt = 0, \qquad n \neq m$$

である．これに加えて，$\int_0^1 r_n^2(t)\,dt = 1$ である．ゆえに

$$\Big\|\sum_{n=1}^{N} a_n r_n\Big\|_{L^2}^2 = \sum_{n=1}^{N} |a_n|^2$$

であり，$1 \leq n \leq N$ に対して $a_n = 1$ とすれば主張が示される．

注意　関数列 $\{r_n\}$ は $L^2([0,1])$ において完備からはかなり外れている．練習 13 と 16 を参照.

直接の結果として，S_N/N が 0 に「確率」収束していることが得られる．その定義は次のものである．関数列 $\{f_n\}$ が f に**確率収束する**とは，任意の $\varepsilon > 0$ に対して

$$m(\{x : |f_N(x) - f(x)| > \varepsilon\}) \to 0, \qquad N \to \infty$$

となることである[3]．

系 1.2　S_N/N は 0 に確率収束する．

実際，チェビシェフの不等式から

$$m(\{|S_N(x)/N| > \varepsilon\}) = m(\{|S_N(x)| > \varepsilon N\}) \leq \frac{1}{\varepsilon^2 N^2}\int |S_N(x)|^2\,dm$$

である．ゆえに $m(\{x : |S_N(x)/N| > \varepsilon\}) \leq 1/(\varepsilon^2 N)$ であり，系が証明される．同様の議論により，$\alpha > 1/2$ のとき，S_N/N^α が $N \to \infty$ のとき 0 に確率収束することに注意しておく．この結果のより強いものは，後述の系 1.5 で与えられる．

3)　測度論では，通常，「測度収束」といわれている．

1.4 中心極限定理

等式 (5) が示唆することは，大きな N に対する S_N をより注意深く見るためには，$S_N/N^{1/2}$ 以外の正規化をする方法を考案することである．この量の適切な意味での極限を研究することから，**中心極限定理**が導かれる．これは，次に定義する関数の**分布測度**の概念を用いて表される．f がある確率空間 (X, m) 上の（実数値）関数であるとき，その分布測度 $\mu = \mu_f$ は

$$\mu(B) = m\left(\{x : f(x) \in B\}\right), \qquad B \subset \mathbb{R} \text{ はボレル集合}$$

により定義される $\mathbb{R}$ 上の（ボレル）測度で，f から一意的に定められるものである．$\mu(\mathbb{R}) = 1$ であるから，分布測度は自ずと $\mathbb{R}$ 上の確率測度になる．ところで，分布測度は第 2 章の 4.1 節に現れた分布関数 λ と密接に関係している．なぜならば

$$\lambda_f(\alpha) = m\left(\{x : |f(x)| > \alpha\}\right) = \mu_{|f|}\left((\alpha, \infty)\right)$$

である．

その節の (29) を証明するために使った議論は，以下の主張を証明するのに適用できる．まず，$\int_{-\infty}^{\infty} |t|\, d\mu(t) < \infty$ であるときちょうど f は X 上で可積分であり，$\int_X f(x)\, dm = \int_{-\infty}^{\infty} t\, d\mu(t)$ である．同様に $\int_{-\infty}^{\infty} |t|^p\, d\mu(t)$ が有限であるときちょうど f は $L^p(X, m)$ に属し，この積分は $\|f\|_{L^p}^p$ に等しい．

より一般的には，G が $\mathbb{R}$ 上の非負値連続関数（あるいは連続かつ有界）であるとき，

$$\int_X G(f)(x)\, dm = \int_{\mathbb{R}} G(t)\, d\mu(t) \tag{6}$$

が成り立つ．練習 12 参照．

（確率論の用語法を使えば）f が可積分のとき，f は**平均をもつ**といい，その**平均** m_0（**期待値**とも呼ばれる）は

$$m_0 = \int_X f(x)\, dm = \int_{-\infty}^{\infty} t\, d\mu(t)$$

として定義される．f が X 上で 2 乗可積分であるとき，その**分散** σ^2 は

$$\sigma^2 = \int_X (f(x) - m_0)^2\, dm$$

により定義される．特に $m_0 = 0$ のときは，

$$\sigma^2 = \|f\|_{L^2}^2 = \int_{-\infty}^{\infty} t^2 d\mu(t)$$

である.

この文脈で自然に現れる測度 μ は**ガウス分布**（あるいは**正規分布**）であり，それは密度関数が $\frac{1}{\sqrt{2\pi}} e^{-t^2/2}$ の $\mathbb{R}$ 上の測度である．すなわち，

$$\nu((a, b)) = \int_a^b \frac{1}{\sqrt{2\pi}} e^{-t^2/2} dt$$

である，より一般的に，分散 σ^2 の正規測度が

$$\nu_{\sigma^2}((a, b)) = \int_a^b \frac{1}{\sigma\sqrt{2\pi}} e^{-t^2/(2\sigma^2)} dt$$

により与えられる.

1.5　定理と証明

ここで，コイン投げという特別な状況での中心極限定理であるド・モアブルの定理の説明に入る．これは $S_N/N^{1/2}$ の分布測度が次の意味で正規分布に収束するというものである.

定理 1.3　$a < b$ に対して，

$$m\left(\left\{x : a < S_N(x)/N^{1/2} < b\right\}\right) \to \int_a^b \frac{e^{-t^2/2}}{\sqrt{2\pi}}\, dt, \qquad N \to \infty$$

が成り立つ.

この結果を証明するのに，まずは N が偶数という制限をつけて考える．N が奇数であると制限するときも，若干の変更をすれば，極限は同様の方法で扱える．この二つの場合を合わせれば，求める結果が与えられる.

証明　r を整数とし，$k = 2r$，そして $\alpha < \beta$ として，(1) より

$$m(\{x : \alpha < S_N(x) < \beta\}) = \sum_{\alpha < 2r < \beta} P_r, \quad \text{ここで} \quad P_r = \frac{2^{-N} N!}{(N/2 + r)!\,(N/2 - r)!}.$$

ゆえに

$$m\left(\left\{x : a < S_N(x)/N^{1/2} < b\right\}\right) = \sum_{aN^{1/2} < 2r < bN^{1/2}} P_r$$

である．a, b を固定すると，この式は，r が $r = O(N^{1/2})$ に制限されることを示

している．この制限のもとに，

$$P_r = \frac{2}{\sqrt{2\pi}N^{1/2}}\, e^{-2r^2/N}\left(1 + O\left(1/N^{1/2}\right)\right), \qquad N \to \infty \tag{7}$$

であることを主張する．この主張を証明するために，スターリングの公式の変形版 4)

$$N\,! = \sqrt{2\pi}N^{N+1/2}\, e^{-N}\left(1 + O\left(1/N^{1/2}\right)\right), \qquad N \to \infty$$

を使う．この事実から

$$P_r = \frac{2}{\sqrt{2\pi}}\frac{1}{N^{1/2}}\frac{1}{\left(1+\dfrac{2r}{N}\right)^{N/2+r+1/2}}\frac{1}{\left(1-\dfrac{2r}{N}\right)^{N/2-r+1/2}}\left(1 + O\left(1/N^{1/2}\right)\right)$$

が従う．

さて $\log(1+x) = x - x^2/2 + O(|x|^3)$，$x \to 0$ であるから，

$$A_r = \left(\frac{N}{2} + r + \frac{1}{2}\right)\log(1 + 2r/N)$$

とおけば，$r = O(N^{1/2})$ より

$$A_r = \left(\frac{N}{2} + r + \frac{1}{2}\right)\left(\frac{2r}{N} - \frac{2r^2}{N^2}\right) + O(N^{-1/2})$$

である．ゆえに $A_r + A_{-r} = \dfrac{2r^2}{N} + O(N^{-1/2})$ であり，

$$\left[\left(1+\frac{2r}{N}\right)^{N/2+r+1/2}\left(1-\frac{2r}{N}\right)^{N/2-r+1/2}\right] = e^{A_r + A_{-r}}$$

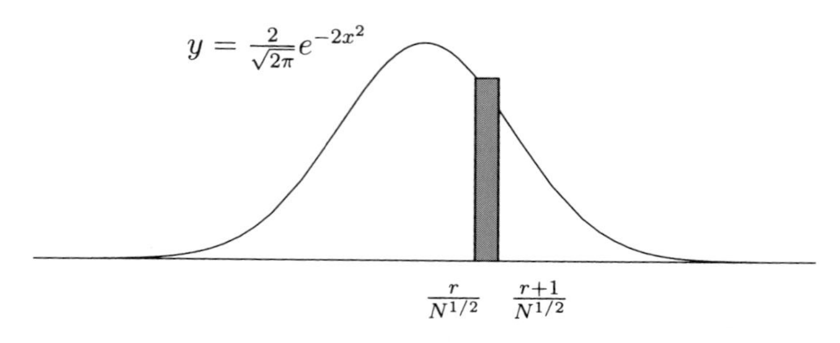

図 2　ガウス関数の積分の近似．

4)　たとえば第 II 巻の付録 A における定理 2.3 を見よ．誤差項 $O(1/N^{1/2})$ は改良されうるが，ここでの目的のためにはより弱い評価でも十分である．

であるから，先に主張した (7) を得る． ∎

さて，$t \in \left[r/N^{1/2},\, (r+1)/N^{1/2}\right]$ であれば，$r = O(N^{1/2})$ より，$e^{-2r^2/N} - e^{-2t^2} = O(e^{-2t^2}/N^{1/2})$ である．ゆえに

$$\frac{1}{N^{1/2}} e^{-2r^2/N} = \int_{r/N^{1/2}}^{(r+1)/N^{1/2}} e^{-2t^2} dt\ \left(1 + O(N^{-1/2})\right).$$

(7) を用いて

$$\begin{aligned} m\left(\left\{x : a < S_N(x)/N^{1/2} < b\right\}\right) &= \sum_{aN^{1/2} < 2r < bN^{1/2}} P_r \\ &= \int_{a/2}^{b/2} \frac{2}{\sqrt{2\pi}} e^{-2t^2} dt + O\left(N^{-1/2}\right) \\ &= \int_a^b \frac{1}{\sqrt{2\pi}} e^{-t^2/2} dt + O\left(N^{-1/2}\right) \end{aligned}$$

が得られるが，最後の等式では $t \to t/2$ の変数変換を行った．$N \to \infty$ とすれば，求める結果が得られる．

1.6　ランダム級数

ラーデマッヘル関数のもつランダム性の顕著な例は，級数 $\sum_{n=1}^{\infty} 1/n$ がたとえ発散しても，$\pm$ の符号を n によって独立かつ一様な確率で選ぶ場合，「ほとんどすべて」の $\pm$ の符号の選び方に対して，級数 $\sum_{n=1}^{\infty} (\pm)\, 1/n$ が収束するということである．

正確かつより一般的な定式化は次のものである．

定理 1.4

(a)　$\sum_{n=1}^{\infty} |a_n|^2 < \infty$ とする．このとき，ほとんどすべての $t \in [0, 1]$ に対して，級数 $\sum_{n=1}^{\infty} a_n r_n(t)$ は収束する．

(b)　しかしながら，$\sum_{n=1}^{\infty} |a_n|^2$ が発散するならば，ほとんどすべての $t \in [0, 1]$ に対して，級数 $\sum_{n=1}^{\infty} a_n r_n(t)$ は発散する．

注意　これらの結果は（もし正の測度で成り立つならば）ほとんどいたるとこ

ろで成り立たなければならないということなので，「0−1 法則」の特別な場合である．より詳しくは 2.3 節を参照．

この定理を証明するために，$\{r_n\}$ が $L^2([0,1])$ の正規直交列であることを想起しておく．したがって，$\sum_{n=1}^{\infty}|a_n|^2<\infty$ であれば，$\left\{\sum_{n=1}^{N}a_nr_n(t)\right\}$ は $N\to\infty$ とするとき L^2 ノルムである関数 $f\in L^2([0,1])$ に収束する．この f に対して，便宜上

$$f\sim\sum_{n=1}^{\infty}a_nr_n \quad \text{と表し，}\quad S_N(f)=\sum_{n=1}^{N}a_nr_n \ \text{とおく．}$$

S_N がほとんどいたるところで収束することを示すため，以下に定義する 2 進区間上の平均化作用素を導入しておく．正の整数 n に対して，長さ 2^{-n} の **2 進区間**とは，$\left(\frac{\ell}{2^n},\frac{\ell+1}{2^n}\right]$, $0\le\ell<2^n$ の形の $[0,1]$ の 2^n 個の部分区間のことである．明らかにこれらは $[0,1]$（ただし原点を除く）の互いに交わらない被覆になっている．$[0,1]$ 上で可積分な f と n に対して，I が長さ 2^{-n} の 2 進区間で，$t\in I$ の場合には

$$\mathbb{E}_n(f)(t)=\frac{1}{m(I)}\int_I f(s)\,ds$$

とおく．（$t=0$ の場合には $\mathbb{E}_n(f)(t)$ は定義されていないが，そのことは問題にはならない．）

関数 f が上に述べたように（つまり，r_n の有限線形結合の L^2 極限として）出てくる場合は，基本的な等式

$$\text{(8)}\qquad \text{すべての } N \text{ に対して，}\ \mathbb{E}_N(f)=S_N(f)$$

が成り立っている．このことを示すために，まず $N\ge n$ ならば $\mathbb{E}_N(r_n)=r_n$ であることに注意する．実際，$N\ge n$ ならば，各 r_n は長さ 2^{-N} の 2 進区間上で定数である．また，$n>N$ ならば，r_n の長さ 2^{-N} の 2 進区間上で r_n の積分は 0 になっているから，$\mathbb{E}_N(r_n)=0$ である．これらのことは等式 $r_n(t)=r_1(2^{n-1}t)$ を用いることによって，$n=1$ の場合に容易に帰着される．よってラーデマッヘル関数の有限線形結合に対しては (8) が示された．したがって，$n\ge N$ ならば $S_N(f)=\mathbb{E}_N(S_n(f))$ であり，$n\to\infty$ と極限をとれば (8) が証明される．

いま，ルベーグの微分定理[5]より，f のルベーグ集合のすべての点，つまりほとんどすべての点では，$\lim_{N\to\infty} \mathbb{E}_n(f)(t)$ が存在し，$f(t)$ と一致している．よって (8) よりこの級数はほとんどいたるところで収束し，(a) の部分が証明される．

逆に (b) の証明に入る前に，脇道にそれて，1.3 節で得られた結果を強める．そこでは和 $S_N(t)=\sum_{n=1}^{N} r_n(t)$ を考え，確率収束の意味で $S_N/N \to 0$ となることを示した．この結果そのものは，「大数の強法則」から導かれるが，今回の設定では次の形のものとなる．

系 1.5　$S_N(t)=\sum_{n=1}^{N} r_n(t)$ とする．ほとんどすべての t に対して，$N\to\infty$ のとき $S_N(t)/N \to 0$ となる．実際，$\alpha > 1/2$ ならば，ほとんどすべての t に対して $S_N(t)/N^{\alpha} \to 0$ である．

証明　$1/2<\beta<\alpha$ とし，$a_n=n^{-\beta}$，$b_n=n^{\beta}$ とおく．明らかに $\sum a_n^2<\infty$ である．$\widetilde{S}_N(t)=\sum_{n=1}^{N} a_n r_n(t)$ とおく．$\widetilde{S}_0=0$ とおくと，部分和の公式[6]より

$$
\begin{aligned}
S_N(t) &= \sum_{n=1}^{N} r_n = \sum_{n=1}^{N} a_n r_n b_n \\
&= \sum_{n=1}^{N} \left(\widetilde{S}_n - \widetilde{S}_{n-1}\right) b_n \\
&= \widetilde{S}_N b_N + \sum_{n=1}^{N-1} \widetilde{S}_n (b_n - b_{n+1}).
\end{aligned}
$$

しかし，$|b_n-b_{n+1}|=b_{n+1}-b_n$ であり，$\sum_{n=1}^{N-1}(b_{n+1}-b_n)=b_N-1=O(N^{\beta})$ であり，一方 $\sum_{n=1}^{\infty} a_n r_n(t)$ のほとんどすべての t に対する収束は，ほとんどすべての t に対して $\left|\widetilde{S}_N(t)\right|=O(1)$ であることを示している．その結果として，このような t に対しては $S_N(t)=O(N^{\beta})$ であり，このことからほとんどすべての t に対して $S_N(t)/N^{\alpha}\to 0$ が得られ，系が証明される．　■

定理の (b) の証明を行おう．これは次の補題に基づいている．

---

5)　たとえば第 III 巻の定理 1.3 と第 3 章におけるその系を参照．

6)　訳注：第 I 巻第 2 章の練習 7 参照．

補題 1.6 E を $[0, 1]$ の部分集合で，$m(E) > 0$ とする．このときある定数 $c > 0$ とある正整数 N_0 が存在し，F が

$$F(t) = \sum_{n \geq N_0} a_n r_n(t)$$

の形の任意の有限和ならば，

$$\int_E |F(t)|^2 \, dt \geq c \sum_{n \geq N_0} a_n^2$$

が成り立つ．

すでに用いた $\{r_n\}$ の直交性のほかに，この証明では，ラーデマッヘル関数の互いに独立であることを使った強い直交性を用いる．

$n < m$ をみたす組 (n, m) に対して，$\varphi_{n,m}(t) = r_n(t) r_m(t)$ とおく．このとき関数族 $\{\varphi_{n,m}\}$ は $L^2([0, 1])$ の正規直交列である．これを示すため，$\int_0^1 \varphi_{n,m}(t) \, \varphi_{n',m'}(t) \, dt$ を考える．$(n, m) = (n', m')$ のとき，明らかにこの積分は 1 である．$(n, m) \neq (n', m')$ であり，n または m が n' または m' のときは，（どちらのときも）$\{r_n\}$ の直交性から積分は 0 になる．最後に n も m もそれぞれ n' または m' と等しくない場合，互いに独立な四つの関数 $r_n, r_m, r_{n'}, r_{m'}$ に (4) を適用して主張が証明される．

F が $\sum_n a_n r_n(t)$ の形の有限線形和であるとすると，

$$(F(t))^2 = \sum_n a_n^2 r_n^2(t) + 2 \sum_{n<m} a_n a_m r_n(t) r_m(t)$$

であり，したがって $\gamma_{n,m} = \int_E r_n(t) r_m(t) \, dt = \int_0^1 \chi_E(t) \varphi_{n,m}(t) \, dt$ とおくと

$$\int_E (F(t))^2 \, dt = m(E) \sum_n a_n^2 + 2 \sum_{n<m} a_n a_m \gamma_{n,m} \tag{9}$$

を得る．ここで，$\{\varphi_{n,m}\}$ の直交性とベッセルの不等式[7] より，$\sum_{n,m} \gamma_{n,m}^2 \leq m(E) \leq 1$ である．ゆえに任意に固定された $\delta > 0$（δ は少し後で選ぶ）に対して，ある N_0 で，$\sum_{N_0 \leq n < m} \gamma_{n,m}^2 \leq \delta$ なるものが存在する．F を $F(t) = \sum_{n \geq N_0} a_n r_n(t)$ の形

7) ベッセルの不等式については第 III 巻の第 4 章，2.1 節を参照．

のものに制限して，(9) の最後の項にこのこととシュヴァルツの不等式を適用する．その結果，この項が

$$2\left(\sum_{N_0\le n<m}(a_na_m)^2\right)^{1/2}\delta^{1/2}\le 2\delta^{1/2}\sum_{n\ge N_0}a_n^2$$

により抑えられることがわかる．δ を $2\delta^{1/2}\le m(E)/2$ となるようにとれば，(9) から

$$\int_E |F(t)|^2\,dt\ge \frac{1}{2}m(E)\sum_{n\ge N_0}a_n^2$$

が得られ，$c=m(E)/2$ とすれば補題が証明される．

定理 1.4 の (b) の証明を終えるために，逆を仮定する．すなわち，$\{S_N(t)\}$ がある正の測度をもつ集合上で収束しているとする．このときこの列はある正の測度をもつ集合上で一様に有界，つまり，ある数 M と $m(E)>0$ なるある集合 E が存在し，$t\in E$ のとき，すべての N に対して $|S_N(t)|\le M$ となっている．したがって，ある M' が存在し，すべての $N\ge N_0$ に対して，$t\in E$ のとき $\left|\sum_{N_0\le n\le N}a_nr_n(t)\right|\le M'$ が成り立つ．

補題 1.6 より，$\sum_{N_0\le n\le N}a_n^2\le c^{-1}(M')^2$ がすべての N に対して成り立つので，$N\to\infty$ とすれば，$\sum a_n^2$ が収束することになる．これは矛盾であり，定理の証明が終了した．

1.7　ランダム・フーリエ級数

これまでのアイデアはランダム・フーリエ級数，すなわち $[0, 2\pi]$ 上の

$$\sum_{n=-\infty}^{\infty}\pm c_ne^{in\theta}$$

の形のフーリエ級数に関する注目すべき結果を得るのに使うこともできる．ラーデマッヘル関数の概念を使って符号 $\pm$ の選び方をパラメトライズするために，この関数の添え字が整数全体 $\mathbb{Z}$ を動くように再編しなければならない．このために，記号を変えて，$n\in\mathbb{Z}$ が，$n\ge 0$ のときは $\rho_n(t)=r_{2n+1}(t)$ により関数 ρ_n を定義し，$n<0$ のときは，$\rho_n(t)=r_{-2n}(t)$ により定義する．係数 c_n は複素数であるとする．つまり，ここでは複素数値関数を扱う．

定理 1.7

(a) $\sum_{n=-\infty}^{\infty} |c_n|^2 < \infty$ のとき，ほとんどすべての $t \in [0, 1]$ に対して，関数

$$f_t(\theta) \sim \sum_{n=-\infty}^{\infty} \rho_n(t) c_n e^{in\theta} \tag{10}$$

は，すべての $p < \infty$ について $L^p([0, 2\pi])$ に属する．

(b) $\sum_{n=-\infty}^{\infty} |c_n|^2 = \infty$ のとき，ほとんどすべての $t \in [0, 1]$ に対して級数 (10) はある可積分関数のフーリエ級数にはならない．

証明はヒンチンの不等式に基づく．これは補題 1.6 と類似しており，ラーデマッヘル関数の独立性をさらに活用したものである．

$\{a_n\}$ を $\sum_{n=-\infty}^{\infty} |a_n|^2 < \infty$ をみたす複素数列とする．$F(t) = \sum_{n=-\infty}^{\infty} a_n \rho_n(t)$ とおくが，F は部分和の $L^2([0, 1])$ における L^2 極限として得られるものである．

補題 1.8 すべての $p < \infty$ に対して [8]，ある定数 A_p が存在し，$F(t) = \sum_{n=-\infty}^{\infty} a_n \rho_n(t)$ なる形の $F \in L^2([0, 1])$ に対して，

$$\|F\|_{L^p} \leq A_p \|F\|_{L^2}$$

である．

明らかに，a_n が実数値であり，$\|F\|_{L^2}^2 = \sum_{n=-\infty}^{\infty} a_n^2 = 1$ となるように正規化されている場合を示せば十分である．

典型的な独立性の性質 (3) から，$\{f_n\}$ が互いに独立な（実数値）関数の列であるならば，$\mathbb{R}$ から $\mathbb{R}$ への連続関数列 $\{\Phi_n\}$ に対して，$\{\Phi_n(f_n)\}$ も互いに独立であることがわかる．したがって，関数 $\left\{e^{a_n \rho_n(t)}\right\}$ は互いに独立である．よって $F_N(t) = \sum_{|n| \leq N} a_n \rho_n(t)$ のとき，

$$\int_0^1 e^{F_N(t)} dt = \int_0^1 \left(\prod_{n=-N}^{N} e^{a_n \rho_n(t)} \right) dt = \prod_{n=-N}^{N} \left(\int_0^1 e^{a_n \rho_n(t)} dt \right) \tag{11}$$

8） 訳注：$0 < p$ は仮定されている．

である．しかし，各 ρ_n は測度 1/2 の集合上のそれぞれで $+1$ か -1 の値をとるので，$\displaystyle\int_0^1 e^{a_n\rho_n(t)}dt = \cosh(a_n)$ である．また，すべての実数 x に対して，$\cosh(x) \leq e^{x^2}$ であることが，両方のべき級数を比較することにより示される．したがって

$$\int_0^1 e^{F_N(t)}dt \leq \prod_{n=-N}^{N} e^{a_n^2} \leq e^{\sum a_n^2} \leq e.$$

同様の不等式が a_n の代わりに $-a_n$ について成り立つ．これらをまとめて

$$\int_0^1 e^{|F_N(t)|}\,dt \leq 2e$$

が得られる．単純に $N \to \infty$ の極限をとれば，$e^{|F(t)|}$ が $[0,\, 1]$ 上で可積分で，$\displaystyle\int_0^1 e^{|F(t)|}dt \leq 2e$ となる．しかし，p に対してある定数 c_p が存在し，すべての $u \geq 0$ に対して $u^p \leq c_p e^u$ である．よって $\|F\|_{L^p}^p \leq 2ec_p$ となり，補題が $A_p = (2ec_p)^{1/p}$ として証明される．

定理 1.7 の (a) の部分の証明を行う．$\displaystyle\sum_{n=-\infty}^{\infty} |c_n|^2 = 1$ を仮定することができ，θ を固定して $F(t) = f_t(\theta)$, $a_n = c_n e^{in\theta}$ とおく．今，補題より

$$\int_0^1 |F(t)|^p\,dt = \int_0^1 |f_t(\theta)|^p\,dt \leq A_p^p$$

である．したがって，$\theta \in [0,\, 2\pi]$ について積分すると

$$\int_0^{2\pi}\int_0^1 |f_t(\theta)|^p\,dt\,d\theta \leq 2\pi A_p^p$$

であり，フビニの定理より，ほとんどすべての $t \in [0,\, 1]$ に対して

$$\int_0^{2\pi} |f_t(\theta)|^p\,d\theta < \infty$$

である．このことが証明すべきことであった．

この逆, すなわち定理の (b) を証明するために, ある正測度をもつ集合 $E_1 \subset [0,\, 1]$ に対して，$t \in E_1$ のとき $f_t(\theta) \in L^1([0,\, 2\pi])$ であるとする．$L^1([0,\, 2\pi])$ の関数のフーリエ級数はほとんどいたるところでチェザロ総和可能であるから，ある 2 次元正測度をもつ集合 $\widetilde{E} \subset [0,\, 1] \times [0,\, 2\pi]$ とある数 M が存在して，

$$\sup_N |\sigma_N(f_t)(\theta)| \leq M, \qquad (t,\, \theta) \in \widetilde{E} \tag{12}$$

が成り立つ．ここで σ_N は $\sigma_N(f_t)(\theta) = \sum_{|n|<N} \rho_n(t)c_n e^{in\theta}(1-|n|/N)$ により定義されるチェザロ和である．しかし，フビニの定理により，(12) が少なくとも一つの θ_0 とすべての $t \in E$ に対して成り立つ，ただし E は $m(E) > 0$ なる集合である．今，実数 α_n, β_n により，$c_n e^{in\theta_0} = \alpha_n + i\beta_n$ と書き，補題 1.6 を適用する．ある M' とある N_0 が存在し，

$$\sup_{N_0 \leq |n| \leq N} \sum \alpha_n^2 \leq M'$$

であり，$N \to \infty$ とすると，$\sum_{n=-\infty}^{\infty} \alpha_n^2$ が収束することがわかる．同様にして $\sum_{n=-\infty}^{\infty} \beta_n^2$ が収束し，定理が証明される．

1.8 ベルヌーイ試行

1.1 節から 1.5 節で証明された結果は，表と裏の出る確率が等しい場合であったが，これをそれぞれの確率が p, q，ただし $p+q=1$ の場合に置き換えても，形を修正してそのまま成り立つ．このより一般的な設定は，しばしば**ベルヌーイ試行**といわれている．

これを考察するため，$\mathbb{Z}_2^\infty$ 上の確率測度を，各因子 $\mathbb{Z}_2 = \{0, 1\}$ に対して，点 0 には測度 p があてがわれ，点 1 は測度 q があてがわれるように定めた $\mathbb{Z}_2^\infty$ 上の直積測度 m_p に置き換える．（なお，$p \neq 1/2$ のときは，写像 $D : \mathbb{Z}_2^\infty \to [0, 1]$ のもとで，この測度 m_p は $[0, 1]$ 上の特異測度 $d\mu_p$ に対応する．これについては問題 1 を参照.）

この設定では，系 1.2 と 1.5 と似て，大数の法則は $S_N/N \to p-q$ の形をとる．前者の系と似た方の証明は，前に述べたものとほとんど同じようにできる．2 番目の系を変形したものは，いくつかの別のアイデアが必要で，それは次節でより一般的な設定で述べる．さらに定理 1.3 の証明の修正から，その類似の結果として，$N \to \infty$ としたとき

$$m_p(\{x : a < \frac{S_N(x) - N(p-q)}{N^{1/2}} < b\}) \to \frac{1}{\sigma\sqrt{2\pi}} \int_a^b e^{-t^2/(2\sigma^2)} dt$$

が得られる．ただしここで $\sigma^2 = 1 - (p-q)^2$ である．

この結果は次節の最後の部分で証明される中心極限定理の一般形に含まれる．

2. 独立確率変数の和

この節の目標は，最初の節で述べたコイン投げとベルヌーイ試行に対するいくつかの結果をより一般的かつ抽象的な形にすることである．最初に，大数の法則のある変形版を与える．

2.1　大数の法則とエルゴード定理

ここではエルゴード定理[9]から件の法則の一般的な形を導く．別の形は，マルチンゲール理論から導かれるもので，後述の2.2節で与えられる．

関数の列 $(f_0, f_1, \cdots, f_n, \cdots)$ が**同分布**であるとは，f_n の（1.4節で定義された）分布測度 μ_n が n に依存しないこと，すなわち，すべての n に対してとすべてのボレル集合 B に対してとで，測度 $m(\{x : f_n(x) \in B\})$ が同じであることである．もし列 $\{f_n\}$ が同分布であり，f_0 がある平均をもつならば（それが m_0 のとき），もちろんすべての f_n は m_0 に等しい平均をもつ．最初の主要定理は次のものである．

定理 2.1　$\{f_n\}$ が互いに独立な関数列で，同分布で，平均 m_0 をもつとする．このとき，ほとんどすべての $x \in X$ に対して

$$\frac{1}{N}\sum_{n=0}^{N-1} f_n(x) \to m_0, \qquad N \to \infty$$

である．

列 $\{f_n\}$ を次の意味で「等可測」な列に置き換えるという方法をとると，この定理をエルゴード定理に帰着できる可能性が出てくる．

与えられた関数 $f_1, \cdots, f_N$ に対して，その**結合分布測度**とは，ボレル集合 $B \subset \mathbb{R}^N$ に対して

$$\mu_{f_1,\cdots,f_N}(B) = m(\{x : (f_1(x), \cdots, f_N(x)) \in B\})$$

をみたす $\mathbb{R}^N$ 上の測度として定義される．$\{g_n\}$ をある確率空間 (Y, m^*)（これはもとの確率空間とは異なることもある）上の関数列とする．このとき，任意の

9)　ここで必要なエルゴード定理の論述は第 III 巻の第6章，第 5* 節にある．

N に対して

$$\mu_{f_1,\cdots,f_N}(B) = \mu_{g_1,\cdots,g_N}(B), \qquad B \subset \mathbb{R}^N \text{ は任意のボレル集合}$$

となるとき，$\{f_n\}$ と $\{g_n\}$ が**同一の結合分布**をもつという．

この定義によって，適切な空間 Y を見いだせる．それは，無限直積 $Y = R^\infty = \prod_{j=0}^{\infty} R_j$ である．ただしここで，R_j は $\mathbb{R}$ である．f_n の分布測度 μ はどの n に対しても同じもので，それを各 R_j 上で考え，m^* をそれに対応する Y 上の直積測度とする．

また，$y = (y_n)_{n=0}^\infty$ のとき，$\tau(y) = (y_{n+1})_{n=0}^\infty$ により定義されるシフト $\tau : Y \to Y$ を考える．最後に $\{g_n\}$ を，$y = (y_n)_{n=0}^\infty$ のとき，$g_n(y) = y_n$ により定義される Y の座標関数とする．

すべては次の四つのステップで得られる結果である．

考察 1. すべての $n \geq 0$ に対して，$g_n(\tau(y)) = g_{n+1}(y)$ である，したがって $g_n(y) = g_0(\tau^n y)$.

考察 2. τ は保測的であり，かつエルゴード的である．

結論 1. ほとんどすべての $y \in Y$ に対して $\lim_{N\to\infty} \frac{1}{N} \sum_{n=0}^{N-1} g_n(y) = m_0$.

結論 2. ほとんどすべての $x \in X$ に対して $\lim_{N\to\infty} \frac{1}{N} \sum_{n=0}^{N-1} f_n(y) = m_0$.

最初の考察は定義から直接得られる．

τ が保測的とは，任意の（可測）集合 $E \subset Y$ に対して $m^*(\tau^{-1}(E)) = m^*(E)$ を意味している．Y は直積空間であるから，このことをシリンダー集合 E に対して証明すれば十分で，あとは単純な極限を用いた議論で一般の集合 E に対して証明できる．もし E がシリンダー集合ならば，ある N に対して，E は最初の N 番目までの座標にのみ依存する．これは $E = E' \times \prod_{j=N}^{\infty} R_j$ で，E' は $\prod_{j=0}^{N-1} R_j$ の部分集合であり，$m^*(E) = \mu^{(N)}(E')$ であることを意味する．ここで $\mu^{(N)}$ は μ の最初の N 番目までの直積測度である．しかし，

$$\tau^{-1}(E) = R_0 \times E'' \times \prod_{j=N+1}^{\infty} R_j$$

であり，$(y_1'', \cdots, y_N'') \in E''$ であるのは $(y_0', \cdots, y_{N-1}') \in E'$ のとき，かつそのときに限るもので，ここで $0 \leq n \leq N-1$ に対して，$y_{n+1}'' = y_n'$ である．よって $m^*(\tau^{-1}(E)) = \mu^{(N+1)}(R_0 \times E'') = \mu^{(N)}(E')$ であり，主張 $m^*(\tau^{-1}(E)) = m^*(E)$ が証明された．

τ のエルゴード性は τ が**混合的**[10]であることからわかる．混合的とは，すべての組 $E, F \subset Y$ に対して

$$\lim_{n \to \infty} m^*(\tau^{-n}(E) \cap F) = m^*(E) m^*(F) \tag{13}$$

となることである．

この混合的であることを証明するには，前と同様，E と F がシリンダー集合であることを仮定しても十分である．したがって，十分大きな N に対して，$E = E' \times \prod_{j=N}^{\infty} R_j$, $F = F' \times \prod_{j=N}^{\infty} R_j$ である．ただしここで，E', F' は $\prod_{j=0}^{N-1} R_j$ の部分集合である．いま，上述のように，$n \geq 1$ に対して

$$\tau^{-n}(E) = \prod_{j=0}^{n-1} R_j \times E'' \times \prod_{j=N+n}^{\infty} R_j$$

である．ただしここで E'' は $\prod_{j=n}^{N+n-1} R_j$ の部分集合で，E' に対応するものである．よって $n > N$ のとき，

$$\tau^{-n}(E) \cap F = F' \times \prod_{j=N}^{n-1} R_j \times E'' \times \prod_{j=N+n}^{\infty} R_j$$

である．結局，$n > N$ のとき，$m^*(\tau^{-n}(E) \cap F) = m^*(E) m^*(F)$ となり (13) が証明された．

$F = E$ ととれば，(13) からただちに，E が**不変集合**ならば，すなわちほとんどいたるところで $\tau^{-1}(E) = E$ ならば，$m^*(E) = (m^*(E))^2$ であることがわかり，したがって $m^*(E) = 0$ または $m^*(E) = 1$ である．したがって，X の真部分集合で τ に対して不変であるものは存在しない．このことは τ が**エルゴード的**であることを意味し，2 番目の考察が証明される．

さて，関数 g_0 は Y 上で可積分である．というのは，μ が可積分な f_0 の分布測度であるから

---

10) 「強混合的」といわれることもある．第 III 巻の第 6 章参照．

$$\int_Y |g_0(y)|\, dm^*(y) = \int_{\mathbb{R}} |y_0|\, d\mu(y_0) = \int_X |f_0(x)|\, dm(x) < \infty$$

だからである．いま，第 III 巻第 6 章の系 5.6 におけるエルゴード定理を適用することができ，1 番目の結論が $m_0 = \int_Y g_0\, dm^* = \int_X f_0\, dm$ として得られる．

2 番目の結論を導くためには，次の補題が必要である．

補題 2.2 $\{f_N\}$ と $\{g_N\}$ が同じ結合分布をもつとき，列 $\{\Phi_N(f)\}$ と $\{\Phi_N(g)\}$ も同様である．ただしここで Φ_N は $\mathbb{R}^N$ から $\mathbb{R}$ への連続関数であり，$\Phi_N(f) = \Phi_N(f_1, \cdots, f_N)$，$\Phi_N(g) = \Phi_N(g_1, \cdots, g_N)$ である．

これを見るため，もし $B \subset \mathbb{R}^N$ がボレル集合であり，$\Phi = (\Phi_1, \cdots, \Phi_N)$ であるとき，$B' = \Phi^{-1}(B)$ も $\mathbb{R}^N$ のボレル集合であり，したがって $f = (f_1, \cdots, f_N)$，$g = (g_1, \cdots, g_N)$ のとき，$\mu_{\Phi(f)}(B) = \mu_f(B')$ かつ $\mu_{\Phi(g)}(B) = \mu_g(B')$ であることに注意する．f と g が同じ結合分布をもっているから，$\mu_f(B') = \mu_g(B')$ であり，補題が証明された．

補題 2.3 $\{F_N\}$ と $\{G_N\}$ が同じ結合分布をもっているならば，$N \to \infty$ のときほとんどいたるところで $F_N(x) \to m_0$ になるのは，$N \to \infty$ のときほとんどいたるところで $G_N(y) \to m_0$ になるとき，かつそのときに限る．

この補題を証明するために，$E_{N,k} = \left\{x \,:\, \sup_{r \geq N} |F_r(x) - m_0| \leq 1/k\right\}$ と定めると，ほとんどいたるところで $F_N \to m_0$ であるのは，$N \to \infty$ のとき，各 k に対して $m(E_{N,k}) \to 1$ となるとき，かつそのときに限ることに注意しておく．$E'_{N,k} = \left\{y \,:\, \sup_{r \geq N} |G_r(x) - m_0| \leq 1/k\right\}$ とおくと，$m(E_{N,k}) = m^*(E'_{N,k})$ であり，求める結果が導かれる．

そこで $\Phi_N(t_1, \cdots, t_N) = \dfrac{1}{N} \sum_{k=1}^{N} t_k$，$F_N(x) = \dfrac{1}{N} \sum_{k=0}^{N-1} f_k(x)$, そして $G_N(y) = \dfrac{1}{N} \sum_{k=0}^{N-1} g_k(y)$ とおくと，これらの補題から定理の証明が完了する．

2.2 マルチンゲールの役割

さて，独立な関数（確率変数）の和を別の角度から眺め，その和をマルチンゲールの概念と結びつけよう．基本的な定義で必要なものは X の可測集合からなる

σ–代数 $\mathcal{M}$ の σ–部分代数 $\mathcal{A}$ に関する関数 f の条件付き期待値である．実際，記号を簡略にするために，以下では形容詞的な「σ」を略し，「代数」と「部分代数」でそれぞれ σ–代数と σ–部分代数を意味することにする．

$\mathcal{A}$ をある与えられた部分代数とする．X 上の関数 F が，$\mathbb{R}$ のすべてのボレル部分集合 B に対して $F^{-1}(B) \in \mathcal{A}$ であるとき，$\mathcal{A}$ に関して**可測**（あるいは $\mathcal{A}$–可測）であるという．代数 $\mathcal{A}$ が F によって**決定される**とは，$\mathcal{A}$ が F を可測にするような最小の代数となることである．つまり，$\mathcal{A}_F = \{F^{-1}(B)\}$，ただしここで B は $\mathbb{R}$ のボレル集合全体にわたるものとして，$\mathcal{A} = \mathcal{A}_F$ となることである．

X 上のある可積分関数 f と部分代数 $\mathcal{A}$ が与えらえたとき，$\mathbb{E}_{\mathcal{A}}(f)$ あるいは $\mathbb{E}(f|\mathcal{A})$ とも書くが，これは下記の命題により定義される一意的な関数 F であり，f の $\mathcal{A}$ に関する**条件付き期待値**という．

命題 2.4　ある可積分関数 f と $\mathcal{M}$ の部分代数 $\mathcal{A}$ が与えられたとき，

(i)　F は $\mathcal{A}$–可測であり，

(ii)　任意の $A \in \mathcal{A}$ に対して，$\displaystyle\int_A F\,dm = \int_A f\,dm$

をみたす関数 F が一意的[11]に存在する．

一般に，条件付き期待値は $\mathcal{A}$ の情報が与えられたときの関数 f の「最も良い推測」と考えることができる．単純な例としては，1.6 節で与えた $\mathbb{E}_{\mathcal{A}}(f) = \mathbb{E}_n(f)$ をイメージとしておくことができるものである．この場合，$\mathcal{A}$ は $[0, 1]$ 上の長さ 2^{-n} の 2 進区間により生成される（有限）代数である．

証明　m' により，測度 m を $\mathcal{A}$ に制限したものとする．$\mathcal{A}$ 上の（σ–有限な）符号付き測度 ν を $A \in \mathcal{A}$ に対して，$\nu(A) = \displaystyle\int_A f\,dm$ により定義する．このとき，ν は明らかに m' に対して絶対連続であるから，ルベーグ–ラドン–ニコディムの定理[12]により，ある関数 F で，F は $\mathcal{A}$–可測であり，$\nu(A) = \displaystyle\int_A F\,dm' = \int_A F\,dm$ をみたすものが存在することが保証されている．ν の定義が与えられているので，したがって求める F の存在が証明された．その一意性は，G が $\mathcal{A}$–可測であり，

11）　一意的とは，もちろん測度 0 の集合を除いて決まるということである．

12）　たとえば第 III 巻第 6 章の定理 4.3 を見よ．

任意の $A \in \mathcal{A}$ に対して，$\displaystyle\int_A G\,dm = 0$ ならば必然的に $G = 0$ となることから明らかである． ∎

代数 $\mathcal{A}$ が固定されているとき，条件付き期待値のこの代数に依存していることを示さずに，$\mathbb{E}_{\mathcal{A}}$ の代わりに $\mathbb{E}$ と表すことにする．

条件付き期待値 $\mathbb{E}$ に関する初等的な多くの結果は，$F = \mathbb{E}(f)$ を定義する命題の直接的な帰結である．これらの証明は読者にゆだねる．

- 写像 $f \longmapsto \mathbb{E}(f)$ は線形である．
- $\displaystyle\int_X \mathbb{E}(f)\,dm = \int_X f\,dm$ であり，$\mathbb{E}(1) = 1$．
- $f \geq 0$ ならば $\mathbb{E}(f) \geq 0$ であり，$|f_1| \leq f$ ならば $|\mathbb{E}(f_1)| \leq \mathbb{E}(f)$ である．
- $\mathbb{E}^2 = \mathbb{E}$ であり，特に f が $\mathcal{A}$–可測ならば，$\mathbb{E}(f) = f$ である．
- g が有界かつ $\mathcal{A}$–可測ならば，$\mathbb{E}(gf) = g\mathbb{E}(f)$ である．

このほかに $\mathbb{E}$ の顕著な性質が二つあり，それは次のものである．

補題 2.5

(a)　$f \in L^2$ ならば $\mathbb{E}(f) \in L^2$ であり，$\|\mathbb{E}(f)\|_{L^2} \leq \|f\|_{L^2}$ である．

(b)　$f, g \in L^2$ ならば $\displaystyle\int_X \mathbb{E}(f)g\,dm = \int_X f\mathbb{E}(g)\,dm$ である．

注意　この補題の結論 (b) は，$\mathbb{E}^2 = \mathbb{E}$ の性質と合わせれば，$\mathbb{E}$ がヒルベルト空間 $L^2(X, m)$ 上の直交射影であることを示している．

証明　(a) を証明するために，g が有界かつ $\mathcal{A}$–可測ならば，上の命題から，$\displaystyle\int_X gf\,dm = \int_X \mathbb{E}(gf)\,dm = \int_X g\mathbb{E}(f)\,dm$ であることに注意しておく．しかし $\mathbb{E}(f)$ が $\mathcal{A}$–可測であることから，

$$\|\mathbb{E}(f)\|_{L^2} = \sup_g \left| \int_X g\mathbb{E}(f)\,dm \right|$$

である．ただし，ここで g は有界 $\mathcal{A}$–可測関数で，$\|g\|_{L^2} \leq 1$ なるものすべてを動く（第 1 章の補題 4.2 を参照）．さらにこのような g に対して，$\displaystyle\left|\int_X gf\,dm\right| \leq \|f\|_{L^2}$ であり，(a) が与えられる．

次に g が有界であるとき，$\displaystyle\int_X \mathbb{E}(g)f\,dm = \int_X \mathbb{E}(\mathbb{E}(g)f)\,dm = \int_X \mathbb{E}(g)\mathbb{E}(f)\,dm$

である．f と g がともに有界であれば，f と g の役割の対称性から (b) が与えられるが，(a) で示された連続性から，f, g が L^2 の場合に拡張できる．■

これらの準備ができたので，当面の目標に向かうことにする．いま，$\mathcal{M}$ の部分代数の増大列

$$\mathcal{A}_0 \subset \mathcal{A}_1 \subset \cdots \subset \mathcal{A}_n \subset \cdots \subset \mathcal{M}$$

が与えられたとする．各部分代数に対してその条件付き期待値を

$$\mathbb{E}_n = \mathbb{E}_{\mathcal{A}_n}, \qquad n = 0, 1, 2, \cdots$$

とする．$\mathcal{A}_n$ の増大性から条件付き期待値作用素は，任意の n, m に対して

$$\mathbb{E}_n \mathbb{E}_m = \mathbb{E}_{\min(n,m)}$$

の意味で増大列になっている．実際，$m \leq n$ ならば $\mathcal{A}_m \subset \mathcal{A}_n$ であり，$g = \mathbb{E}_m(f)$ は $\mathcal{A}_n$ – 可測であり，したがって $\mathbb{E}_n(g) = g$ である．一方，$n \leq m$ で $A \in \mathcal{A}_n$ ならば

$$\int_A \mathbb{E}_n(f) = \int_A f = \int_A \mathbb{E}_m(f)$$

であるが，ここで2番目の等式は A が $\mathcal{A}_m$ – 可測であることによる．ゆえに条件付き期待値の定義は $\mathbb{E}_n(\mathbb{E}_m(f)) = \mathbb{E}_n(f)$ であることを示している．

こういったことをもとに重要な定義がされることになる．代数の増大列 $\{\mathcal{A}_n\}$ とその結果得られる条件付き期待値を固定して考える．X 上の可積分関数の列 $\{s_n\}$ が，任意の k, n に対して

$$k \leq n \quad \text{ならば} \quad s_k = \mathbb{E}_k(s_n) \tag{14}$$

であるとき，**マルチンゲール列**をなすという．この定義から，s_k は自動的に $\mathcal{A}_k$ – 可測である．

もしこの列が有限である（$s_0, s_1, \cdots, s_m$ から成っている）ならば，この定義はすべての $k \leq m$ に対して $s_k = \mathbb{E}_k(s_m)$ となることと同値である．マルチンゲール列の重要なクラスは，**完備**なるものである．これは，ある可積分関数 s_∞ が存在して，すべての k に対して $s_k = \mathbb{E}_k(s_\infty)$ となるものである．

独立な確率変数の和とマルチンゲールとの基本的な関係は次の主張に含まれている．

命題 2.6 $\{f_k\}$ を可積分関数の列で，互いに独立であり，各平均が 0 であるとする．このとき，ある部分代数の増大列 $\mathcal{A}_n$ が存在し，$s_n = \sum_{k=0}^{n} f_n$ がそれに関してマルチンゲール列になる．

これを見るため，さらに用語が必要になる．$\{\mathcal{B}_n\}$ を $\mathcal{M}$ の部分代数の列であるとする．ただし増大していることは仮定しない．これらが，任意に選んだ $B_j \in \mathcal{B}_j$ に対して

$$m(\bigcap_{j=0}^{N} B_j) = \prod_{j=0}^{N} m(B_j)$$

をみたすとき，**互いに独立**であるという．$\mathcal{A}_{f_n}$ が f_n により定まる部分代数であるとき，(3) で与えられた定義により，$\{\mathcal{A}_{f_n}\}$ が互いに独立であることは，$\{f_n\}$ が互いに独立であることと同値である．

さて，ここでの独立な関数 $f_0, f_1, \cdots, f_n, \cdots$ から始める．$\mathcal{A}_n$ を $\mathcal{A}_{f_0} \cup \mathcal{A}_{f_1} \cup \cdots \cup \mathcal{A}_{f_n}$ により生成される代数とする．$\mathcal{B}_0 \cup \mathcal{B}_1 \cup \cdots \cup \mathcal{B}_n$ により生成される代数を簡潔に $\bigvee_{j=0}^{n} \mathcal{B}_j$ と記す方法が便利である．これを使えば $\mathcal{A}_n = \bigvee_{j=0}^{n} \mathcal{A}_{f_j}$ とおいたことになる．われわれの主張したいことは $\bigvee_{j=0}^{n-1} \mathcal{A}_{f_j}$ が $\mathcal{A}_{f_n}$ と互いに独立であるということである．このことは次の補題からの直接的な一つの帰結である．

補題 2.7 $\mathcal{B}_0, \cdots, \mathcal{B}_n$ が互いに独立な代数であるとする．このとき，任意の $k < n$ に対して，代数 $\bigvee_{j=0}^{k} \mathcal{B}_j$ と $\mathcal{B}_n$ は互いに独立である．

練習 7 を参照.

さて，明らかに $\{\mathcal{A}_n\}$ は代数の増大列であり，$k \geq \ell$ ならば各 f_ℓ は $\mathcal{A}_k$ – 可測であるから，$\mathbb{E}_k(f_\ell) = f_\ell$ である．次に $k < \ell$ ならば $\mathbb{E}_k(f_\ell) = 0$ であることを見てみよう．実際，まず $F = \mathbb{E}_k(f_\ell)$ が $\mathcal{A}_k$ – 可測であり，

$$\int_{A_k} F dm = \int_{A_k} f_\ell \, dm, \qquad A_k \in \mathcal{A}_k$$

であることに留意しておこう．しかし，$\mathcal{A}_k$ と $\mathcal{A}_{f_\ell}$ の独立性と f_ℓ の平均が 0 であることより

$$\int_{A_k} f_\ell \, dm = \int_X \chi_{A_k} f_\ell \, dm = m(\chi_{A_k}) \int_X f_\ell \, dm = 0$$

である．ゆえに $F=0$ である．最後に $k \leq n$ に対して

$$\begin{aligned}\mathbb{E}_k(s_n) &= \mathbb{E}_k(f_0+f_1+\cdots+f_k)+\mathbb{E}_k(f_{k+1}+\cdots+f_n)\\ &= f_0+\cdots+f_k = s_k.\end{aligned}$$

よって (14) が成り立ち，命題が証明される．

この点までくると，マルチンゲールの考え方を使って 1.6 節の結果を拡張することができるようになる．

定理 2.8　$f_0, \cdots, f_n, \cdots$ を独立な関数で，2 乗可積分であり，それぞれの平均が 0 であり，分散を $\sigma_n^2 = \|f_n\|_{L^2}^2$ とする．

$$\sum_{n=0}^{\infty} \sigma_n^2 < \infty$$

であると仮定する．このとき，$s_n = \sum_{k=0}^{n} f_k$ は（$n \to \infty$ のとき）ほとんどいたるところで収束する．

この結果の一つの系は，$\{\sigma_n\}$ が有界であるという仮定をするだけで，次のような設定での大数の強法則が与えらえることである．

系 2.9　$\sup_n \sigma_n < \infty$ であれば $\alpha > 1/2$ に対して，$n \to \infty$ のとき，ほとんどいたるところで

$$\frac{s_n}{n^\alpha} \to 0$$

が成り立つ．

ここでは，定理 2.1 と異なって，f_n が同一に分布していることを仮定していないことに注意してほしい．ただその一方，2 乗可積分を要求するという，より制限した仮定をしている．

定理の証明を始めるが，まず定理の仮定のもとに列 $s_n = \sum_{k=0}^{n} f_k$ が $n \to \infty$ のときに L^2 ノルムで収束していることを示す．実際，f_n が互いに独立であり，$\int_X f_n\,dm = 0$ であるから，(4) より互いに直交している．それゆえピタゴラスの定理により，$m < n$ ならば，$n, m \to \infty$ のとき，$\|s_n - s_m\|_{L^2}^2 = \sum_{k=m+1}^{n} \|f_k\|_{L^2}^2 =$

$\sum_{k=m+1}^{n} \sigma_k^2 \to 0$ である．よって s_n は L^2 ノルムである極限（それを s_∞ とする）に収束する．(14) と補題 2.5 により各 $\mathbb{E}_n$ が L^2 ノルムで連続であることより，任意の n に対して

$$s_n = \mathbb{E}_n(s_\infty)$$

であることが得られる．求める結果は，ほとんどいたるところでの収束を保証するマルチンゲールに対するある基本的な最大定理とその系から導かれる．

定理 2.10　s_∞ を可積分関数であり，$s_n = \mathbb{E}_n(s_\infty)$ とする．ただしここで $\mathbb{E}_n$ は $\mathcal{M}$ の部分代数の増大列 $\{\mathcal{A}_n\}$ に関する条件付き期待値である．このとき

(a)　$\alpha > 0$ に対して，$m(\{x : \sup_n |s_n(x)| > \alpha\}) \leq \dfrac{1}{\alpha} \|s_\infty\|_{L^1}$．

(b)　$n \to \infty$ のとき，s_n が L^1 ノルムで収束しているならば，同じ極限にほとんどいたるところで収束している．

注意　(b) の仮定は実際には余計なものである．なぜならば，$s_\infty \in L^1$ で，$s_n = \mathbb{E}_n(s_\infty)$ であるから，いつでも s_n は L^1 ノルムで収束している．ただし一般にはその極限は s_∞ とは限らない．（練習 27 を参照．）しかし，この定理を使おうとしている設定では，L^2 ノルムで $s_n \to s_\infty$ であることがわかっているので，L^1 ノルムでも収束している．

(a) の証明のため，s_∞ が非負値であると仮定することができる．なぜならば，もしそうでない場合は s_∞ の代わりに $|s_\infty|$ で証明を行い，それから，$|\mathbb{E}_n(s_\infty)| \leq \mathbb{E}_n(|s_\infty|)$ を考えれば結果がすぐに得られる．固定された α に対して $A = \left\{x : \sup_n s_n(x) > \alpha\right\}$ とする．このとき，A_n を $s_n(x) > \alpha$ となる最初の時刻が n であるような集合，すなわち，$A_n = \{x : s_n(x) > \alpha,\ k < n \text{ならば} s_k(x) \leq \alpha\}$ とすると，$A = \bigcup_{n=0}^{\infty} A_n$ と分割することができる．$A_n \in \mathcal{A}_n$ であることに注意する．また

$$\int_A s_\infty dm = \sum_{n=0}^{\infty} \int_{A_n} s_\infty dm = \sum_{n=0}^{\infty} \int_{A_n} \mathbb{E}_n(s_\infty) dm = \sum_{n=0}^{\infty} \int_{A_n} s_n dm$$

$$> \alpha \sum_n \int_{A_n} dm = \alpha m(A)$$

であるが，等式 $\int_{A_n} \mathbb{E}_n(s_\infty)dm = \int_{A_n} s_\infty\, dm$ は条件付き期待値 $\mathbb{E}_n(s_\infty)$ の定義から得られるものである．よって

$$(15) \qquad m(A) \leq \frac{1}{\alpha}\int_A s_\infty\, dm, \qquad ここで \quad A = \{x : \sup_n s_n(x) > \alpha\}$$

が得られ，(a) が証明される．（読者は，(15) と第2章の (28) におけるハーディ－リトルウッドの最大定理の対応する評価を比較すると有益であろう．）

(b) を証明するため，まず L^1 ノルムで $s_n \to s_\infty$ であることを仮定する．$n \geq k$ ならば $\mathbb{E}_n(s_k) = s_k$ より，つねに $s_n - s_\infty = \mathbb{E}_n(s_\infty - s_k) + s_k - s_\infty$ であることに注意する．$A_\alpha = \left\{x : \limsup_{n\to\infty} |s_n(x) - s_\infty(x)| > 2\alpha\right\}$ とするとき，任意の $\alpha > 0$ に対して $m(A_\alpha) = 0$ であることを示そう．これにより極限の存在に関する結論が証明される．いま α が与えられており，$\varepsilon > 0$ を任意とする．このとき十分大きな k を $\|s_k - s_\infty\|_{L^1} < \varepsilon$ となるように選べる．また

$$\limsup_{n\to\infty} |s_n - s_\infty| \leq \sup_{n\geq k} |\mathbb{E}_n(s_\infty - s_k)| + |s_k - s_\infty|$$

である．$A_\alpha^1 = \left\{x : \sup_n |\mathbb{E}_n(s_\infty - s_k)(x)| > \alpha\right\}$ とおき，$A_\alpha^2 = \{x : |s_k(x) - s_\infty(x)| > \alpha\}$ とおくと，

$$m(A_\alpha) \leq m(A_\alpha^1) + m(A_\alpha^2)$$

である．(a) に s_∞ の代わりに $s_\infty - s_k$ を適用することにより，$m(A_\alpha^1) \leq \varepsilon/\alpha$ が得られる．またチェビシェフの不等式により $m(A_\alpha^2) \leq \varepsilon/\alpha$ である．これらを合わせれば，$m(A_\alpha) \leq 2\varepsilon/\alpha$ であり，ε は任意であったから，$m(A_\alpha) = 0$ がすべての α に対して成り立つので，s_n が s_∞ に L^1 ノルムで収束するという付加的な仮定のもとに結果が証明された．この仮定をせずとも列 $\{s_n\}$ の L^1 ノルムでの極限 s'_∞ を定義することができる．その存在は仮定されている．このとき (14) と $\mathbb{E}_k$ の L^1 ノルムでの連続性により，$s_k = \mathbb{E}_k(s'_\infty)$ を得る．そこで，s_∞ のところを s'_∞ で置き換えて，前述の議論に戻る．これにより定理が完全に証明される．

系は系 1.5 の証明に使われたのと同様の議論により導かれる．

2.3　0−1 法則

アイデアの核心は，$\mathcal{A}_1$ と $\mathcal{A}_2$ が二つの独立な代数で，集合 A が $\mathcal{A}_1$ と $\mathcal{A}_2$ に同時に属するならば，$m(A)=0$ かさもなくば $m(A)=1$ でなければならないということである．

実際，この状況では，独立性より $m(A)=m(A\cap A)=m(A)m(A)$ であるから，この主張が証明される．このアイデアは，これから定式化するコルモゴロフの **0−1 法則**へと昇華される．

$\mathcal{A}_0, \mathcal{A}_1, \cdots, \mathcal{A}_n, \cdots$ を $\mathcal{M}$ の部分代数の列とする．ただし増大している必要はない．$\bigvee_{k=n}^{\infty} \mathcal{A}_k$ により $\mathcal{A}_n, \mathcal{A}_{n+1}, \cdots$ で生成される代数[13]を表し，**末尾代数**を

$$\bigcap_{n=0}^{\infty} \bigvee_{k=n}^{\infty} \mathcal{A}_k$$

として定義する．

定理 2.11　代数 $\mathcal{A}_0, \mathcal{A}_1, \cdots, \mathcal{A}_n, \cdots$ が互いに独立であるならば，末尾代数に属する任意の元は測度が 0 か 1 のいずれかである．

証明　$\mathcal{B}$ を末尾代数とする．補題 2.7 より $\mathcal{A}_r$ は $\bigvee_{k=r+1}^{\infty} \mathcal{A}_k$ と互いに独立である．したがって $\mathcal{A}_r$ は $\mathcal{B}$ と独立であり，よって $\mathcal{B}$ は $\mathcal{B}$ と互いに独立であるから，B の任意の元の測度は 0 か 1 である．∎

簡単な帰結は次のものである．

系 2.12　$f_0, f_1, \cdots, f_n, \cdots$ を互いに独立な関数とする．このとき $\sum_{k=0}^{\infty} f_k$ が収束する点の集合の測度は 0 か 1 のいずれかである．

証明　$\mathcal{A}_n = \mathcal{A}_{f_n}$ とおく．このとき，これらの代数は独立である．$s_n=\sum_{k=0}^{n} f_k$ と，固定された正整数 n_0 について，コーシーの判定法より

$$\begin{aligned}&\{x : \lim s_n(x) \text{ が存在}\}\\ &\quad = \bigcap_{\ell=1}^{\infty} \bigcup_{r=n_0}^{\infty} \left\{x : \text{すべての } n, m \geq r \text{ に対し } |s_n(x)-s_m(x)| < \frac{1}{\ell}\right\}\end{aligned}$$

13）「$\sigma-$代数」の略記として「代数」を使っていることを想起せよ．

である．$r \geq n_0$ ならば $\left\{x : \text{すべての } n, m \geq r \text{ に対し } |s_n(x) - s_m(x)| < \frac{1}{\ell}\right\}$ $\in \bigvee_{k=n_0}^{\infty} \mathcal{A}_k$ であるから，示したいとおり，収束する集合は末尾集合である．■

2.4　中心極限定理

1.4 節で与えらえたこの定理の特別な場合を，あるエレガントな方法でフーリエ変換とその証明を結びつけて一般化する．

設定は次のものである．確率空間 (X, m) 上に同分布で 2 乗可積分，かつ互いに独立で，平均 m_0，分散 σ^2 の関数（確率変数）の列 $f_1, f_2, \cdots$ が与えられている．

定理 2.13　$S_N = \sum_{n=1}^{N} f_n$ とする．上記の条件のもとに，$N \to \infty$ のとき，$a < b$ に対して

$$m\left(\left\{x : a < \frac{S_N - Nm_0}{N^{1/2}} < b\right\}\right) \to \frac{1}{\sigma\sqrt{2\pi}} \int_a^b e^{-t^2/(2\sigma^2)} dt$$

である．

この定理の証明において，各 n について，f_n の代わりに $f_n - m_0$ と置き換えることにより，平均 m_0 が 0 の場合にすぐに帰着することができる．いま μ をすべての f_n に共通な分布測度とし，μ_N を $S_N/N^{1/2}$ の分布測度，ν_{σ^2} を平均 0，分散 σ^2 のガウス関数の分布測度とする．これらの測度のフーリエ変換，つまりそれらの**特性関数**と呼ばれるものを考える．μ の場合にそれは

$$\widehat{\mu}(\xi) = \int_{-\infty}^{\infty} e^{-2\pi i \xi t} d\mu(t)$$

で与えられる [14]．$\widehat{\mu}_N$ と $\widehat{\nu}_{\sigma^2}$ も同様の式で定義される．

最初に $\widehat{\nu}_{\sigma^2}$ は具体的に計算できることに注意する．それは次の式 [15]

$$\widehat{\nu}_{\sigma^2}(\xi) = e^{-2\sigma^2\pi^2\xi^2}$$

で与えられている．

---

14)　本書でのフーリエ変換と整合性をもたせるために，指数関数に因子 2π を掛けているが，これは確率論の通常の用法とは異なる．

訳者注：第 III 巻第 1 章第 4 節で定義された特性関数とは異なるものである．ともに特性関数 (characteristic function) であるが，前後の文脈から混乱はないだろう．

15)　たとえば第 I 巻第 5 章を見よ．

定理の証明は比較的容易な三つのステップに分けられる．

(i)　各 N に対する等式 $\widehat{\mu}_N(\xi)=\widehat{\mu}(\xi/N^{1/2})^N$.

(ii)　$N\to\infty$ のとき，各 ξ に対して $\widehat{\mu}_N(\xi)\to\widehat{\nu}_{\sigma^2}(\xi)$ となること．

(iii)　その結果として，すべての区間 (a, b) に対して，$N\to\infty$ とすると，$\mu_N((a, b))\to\nu_{\sigma^2}((a, b))$ となること．

さて，μ がすべての f_n に共通な分布測度ならば，(6) で述べたように，任意の（たとえば）連続で有界な $G:\mathbb{R}\to\mathbb{R}$ に対して

$$\int_X G(f_n)(x)\,dm=\int_{-\infty}^{\infty}G(t)\,d\mu(t)$$

である．特に実数 ξ に対して $G(t)=e^{-2\pi it\xi}$ とすると，

$$\widehat{\mu}(\xi)=\int_X e^{-2\pi i\xi f_n(x)}dm$$

を得る．同様に $\widehat{\mu}_N(\xi)=\displaystyle\int_X e^{-2\pi i\xi S_N(x)/N^{1/2}}dm$ である．しかし，$S_N(x)=\displaystyle\sum_{n=1}^{N}f_n(x)$ であるから，f_n が互いに独立であることより

$$\int_X e^{-2\pi i\xi S_N(x)/N^{1/2}}dm=\prod_{n=1}^{N}\left(\int_X e^{-2\pi i\xi f_n(x)/N^{1/2}}dm\right)=\widehat{\mu}(\xi/N^{1/2})^N$$

である．（ここで等式 (11) との類似性に注意する．）ゆえに等式 (i) は証明された．

第 2 段階に進むために次を証明する．

補題 2.14　$N\to\infty$ のとき，$\widehat{\mu}(\xi/N^{1/2})=1-2\sigma^2\pi^2\xi^2/N+o(1/N)$.

証明　実際，ξ を固定すると

$$e^{-2\pi i\xi t/N^{1/2}}=1-2\pi i\xi t/N^{1/2}-2\pi^2\xi^2t^2/N+E_N(t)$$

であり，$E_N(t)=o(t^2/N)$ であるが，また $E_N(t)=O(t^3/N^{3/2})$ である．上式を t で積分すると

$$\widehat{\mu}(\xi/N^{1/2})=1-\frac{2\pi^2\xi^2}{N}\sigma^2+\int_{-\infty}^{\infty}E_N(t)\,d\mu(t)$$

である．なぜならば $m_0=\displaystyle\int_{-\infty}^{\infty}t\,d\mu(t)=0$ であり，$\sigma^2=\displaystyle\int_{-\infty}^{\infty}t^2d\mu(t)$ である．この補題は $\displaystyle\int_{-\infty}^{\infty}E_N(t)\,d\mu(t)=o(1/N)$ がわかれば，直ちに証明することができ

る．しかしながら，この問題の積分は $t^2 < \varepsilon_N N$ と残りの部分 $t^2 \geq \varepsilon_N N$ に分けることができる．ここで ε_N は $N \to \infty$ のときに $\varepsilon_N \to 0$ となるが，$\varepsilon_N N \to \infty$ となるように選ぶ．（たとえば $\varepsilon_N = N^{-1/2}$ と選べばよい．）すると，1番目の部分は

$$\int_{t^2<\varepsilon_N N} E_N(t)\,d\mu(t) = O\left(\int_{t^2<\varepsilon_N N} t^3/N^{3/2} d\mu(t)\right)$$
$$= O\left(\frac{\varepsilon_N^{1/2}}{N}\int_{-\infty}^{\infty} t^2 d\mu(t)\right)$$
$$= o(1/N).$$

さらに，2番目の部分に対しては

$$\int_{t^2\geq\varepsilon_N N} E_N(t)\,d\mu(t) = O\left(\frac{1}{N}\int_{t^2\geq\varepsilon_N N} t^2 d\mu(t)\right) = o(1/N)$$

と評価できる．

よって補題を証明したが，

$$\widehat{\mu}_N(\xi) = \widehat{\mu}(\xi/N^{1/2})^N = \left(1 - 2\sigma^2\pi^2\xi^2/N + o(1/N)\right)^N$$

がわかり，これが $e^{-2\sigma^2\pi^2\xi^2}$ に収束するから，第2段階 (ii) の証明が終わる．■

定理の証明を完了するために，次の補題が必要である．各点の測度が 0 であるとき，測度は**連続**であるという．

補題 2.15　μ_N, $N = 1, 2, \cdots$ と ν が $\mathbb{R}$ 上の非負の有限なボレル測度で，ν は連続であるとする．各 $\xi \in \mathbb{R}$ に対して，$N \to \infty$ のとき $\widehat{\mu}_N(\xi) \to \widehat{\nu}(\xi)$ であるとする．このとき，すべての $a < b$ に対して $\mu_N((a, b)) \to \nu((a, b))$ である．

証明　まず任意のコンパクト台をもつ C^∞ 関数 φ に対して，

$$\mu_N(\varphi) \to \nu(\varphi), \qquad N \to \infty \tag{16}$$

を証明する．ここで $\mu_N(\varphi) = \int_{-\infty}^{\infty} \varphi(t)\,d\mu_N(t)$, $\nu(\varphi) = \int_{-\infty}^{\infty} \varphi(t)\,d\nu(t)$ なる記法を用いている．

$\widehat{\mu}_N(0) = \int_{-\infty}^{\infty} d\mu_N(t)$ であるから，収束列 $\int_{-\infty}^{\infty} d\mu_N(t)$ は有界である．結局，ある M が存在し，すべての N に対して，$|\widehat{\mu}_N(\xi)| \leq M$ であり，また $|\widehat{\nu}(\xi)| \leq M$ である．

次に関数 φ は $\varphi^\vee(\xi) = \widehat{\varphi}(-\xi)$ が必然的にシュワルツ空間 S に属し，逆フーリエ変換により $\varphi(t) = \displaystyle\int_{-\infty}^{\infty} e^{-2\pi it\xi}\varphi^\vee(\xi)\,d\xi$ により表される．$\varphi^\vee$ が急減少であることからフビニの定理を $\displaystyle\int\int e^{-2\pi it\xi}\varphi^\vee(\xi)\,d\mu_N(t)\,d\xi$ に適用することが正当化され，

$$\int_{\mathbb{R}} \varphi(t)\,d\mu_N(t) = \int_{\mathbb{R}} \varphi^\vee(\xi)\,\widehat{\mu}_N(\xi)\,d\xi$$

が示される．同様にして $\displaystyle\int \varphi\,d\nu = \int \varphi^\vee(\xi)\,\widehat{\nu}(\xi)\,d\xi$ である．各点かつ有界に $\widehat{\mu}_N(\xi) \to \widehat{\nu}(\xi)$ であるから，(16) を得る． ∎

さて，固定された (a, b) に対して，φ_ε を非負の C^∞ 関数列で，$\varphi_\varepsilon \le \chi_{(a,b)}$ かつ $\varepsilon \to 0$ のとき，各 t に対して $\varphi_\varepsilon(t) \to \chi_{(a,b)}(t)$ であるとする．このとき，

$$\mu_N((a,\,b)) \ge \mu_N(\varphi_\varepsilon) \to \nu(\varphi_\varepsilon), \qquad N \to \infty$$

である．

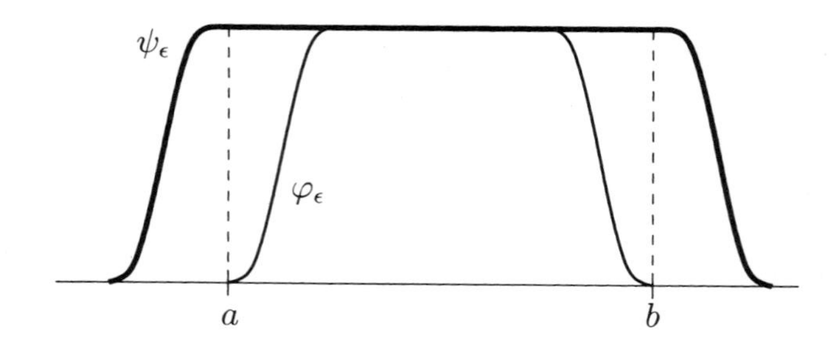

図 3　補題 2.15 における関数 φ_ε と ψ_ε.

結果，$\displaystyle\liminf_{N\to\infty} \mu_N((a,\,b)) \ge \nu(\varphi_\varepsilon)$ であり，$\varepsilon \to 0$ とすると

$$\liminf_{N\to\infty} \mu_N((a,\,b)) \ge \nu((a,\,b))$$

である．

同様に ψ_ε を，コンパクト台をもつ C^∞ 関数の列で，$\varepsilon \to 0$ のとき，各 t に対して，$\psi_\varepsilon \ge \chi_{[a,b]}$ かつ $\psi_\varepsilon(t) \to \chi_{[a,b]}(t)$ であるとする．同様の理由で，ν の連続性から，$\displaystyle\limsup_{N\to\infty} \mu_N((a,\,b)) \le \nu([a,\,b]) = \nu((a,\,b))$ である．よって補題が証明された．これにより $\nu = \nu_{\sigma^2}$ とおけば定理が証明される．

この定理の結論は，測度の弱収束の概念を用いて別の述べ方をすることができる．確率測度 $\{\mu_N\}$ がある確率測度 ν に**弱収束**するというのは，(16) が $\mathbb{R}$ 上有界であるようなすべての連続関数 φ に対して成り立つことである．

系 2.16　μ_N が $(S_N - Nm_0)/N^{1/2}$ の分布測度であるとき，μ_N は $\nu = \nu_{\sigma^2}$ に弱収束する．

まず，(16) が連続かつコンパクト台をもつすべての関数 φ に対して成り立つことに注意する．実際，φ はコンパクト台をもつ C^∞ 関数の列 $\{\varphi_\varepsilon\}$ により一様近似できる[16]．いま

$$\mu_N(\varphi) - \nu(\varphi) = \mu_N(\varphi - \varphi_\varepsilon) - \nu(\varphi - \varphi_\varepsilon) + (\mu_N - \nu)(\varphi_\varepsilon)$$

である．右辺の最初の二つの項は $2\sup_t |\varphi(t) - \varphi_\varepsilon(t)|$ により抑えられ，これは ε を適切に選べば小さくすることができる．一度 ε が選ばれれば，あとは $N \to \infty$ とするだけで，φ_ε に (16) を適用すればよい．

コンパクト台をもたないような φ で示すために，次のことに注意する．

$$\limsup_{N\to\infty} \mu_N(\chi_{(I_R)^c}) \le \varepsilon(R). \tag{17}$$

ただしここで，$R \to \infty$ のとき $\varepsilon(R) \to 0$ であり，I_R は $|t| \le R$ なる区間である．実際，η_R が連続で，$0 \le \eta_R \le \chi_{I_R}$ であり，$|t| \le R/2$ に対して $\eta_R(t) = 1$ であるとき，$\mu_N(\chi_{I_R}) \ge \mu_N(\eta_R) \to \nu(\eta_R)$, $N \to \infty$. ゆえに $\liminf_{N\to\infty} \mu_N(\chi_{I_R}) \ge 1 - \nu(1 - \eta_R)$ であるが，$\nu(1 - \eta_R) = \varepsilon(R) \to 0$, $R \to \infty$, であるから (17) が成り立つ．

さて，φ を $\mathbb{R}$ 上の与えらえた連続かつ有界な関数とする．$0 \le \varphi \le 1$ を仮定することができる．各 R に対して，φ_R を連続関数で，$|t| \le R$ のとき $\varphi_R(t) = \varphi(t)$ であり，$|t| \ge 2R$ のとき $\varphi_R(t) = 0$ であり，いたるところで $0 \le \varphi_R(t) \le \varphi(t)$ であるとする．

このとき，$\varphi \le \varphi_R + \chi_{(I_R)^c}$ であるから，

$$\mu_N(\varphi) \le \mu_N(\varphi_R) + \mu_N(\chi_{(I_R)^c})$$

である．ゆえに $\limsup_{N\to\infty} \mu_N(\varphi) \le \nu(\varphi_R) + \varepsilon(R)$ であり，$R \to \infty$ とすれば

16)　たとえば，第 III 巻の第5章，補題 4.10 参照．

$\limsup_{N\to\infty} \mu_N(\varphi) \le \nu(\varphi)$ である．一方，

$$\liminf_{N\to\infty} \mu_N(\varphi) \ge \lim_{N\to\infty} \mu_N(\varphi_R) = \nu(\varphi_R) \to \nu(\varphi), \qquad R \to \infty$$

である．よって $\lim_{N\to\infty} \mu_N(\varphi) = \nu(\varphi)$ となり，系が証明される．

2.5 $\mathbb{R}^d$ に値をとる確率変数

これまで，1.7 節を除いて，関数は実数値であることが仮定されていた．しかし，いろいろな用途を考えると，理論を関数が $\mathbb{R}^d$ に値をとるような設定（特に $d=2$ の場合に対応する複素数値関数）に拡張しておくと便利である．ただこの拡張はしばしば決まった型通りのものである．以下では，中心極限定理の d 次元版に話を限ることにする．最初にいくつかの記号を決める．

f を確率空間 (X, m) 上の $\mathbb{R}^d$ 値関数とする．これを $f = (f^{(1)}, f^{(2)}, \cdots, f^{(d)})$ のように座標で表す．ここで各 $f^{(k)}$ は実数値である．f の**分布測度**は $\mathbb{R}^d$ 上の非負ボレル測度 μ で，ボレル集合 $B \subset \mathbb{R}^d$ に対して

$$\mu(B) = m\left(f^{-1}(B)\right) = m(\{x : f(x) \in B\})$$

により定義される．明らかに $\mu(\mathbb{R}^d) = 1$ であるから，μ は確率測度である．

関数 f が**可積分**とは，$|f| = \left(\sum_{k=1}^{d} \left|f^{(k)}\right|^2\right)^{1/2}$ が可積分なことである．f の **2 乗可積分性**も同様にして定義される．f が可積分であるとき，その平均（あるいは期待値）はベクトル $m_0 = (m_0^{(k)})$ として定義される．ここで $m_0^{(k)} = \int_X f^{(k)}(x)\,dm$ である．

f が 2 乗可積分であるとき，f の**共分散行列**は，$d \times d$ 行列 $\{a_{ij}\}$ で，

$$a_{ij} = \int_X (f^{(i)}(x) - m_0^{(i)})(f^{(j)}(x) - m_0^{(j)})\,dm$$

なるものである．$a_{ij} = \int_{\mathbb{R}^d} (t_i - m_0^{(i)})(t_j - m_0^{(j)})\,d\mu(t)$ であり，この行列は対称かつ非負定値である．これは（一意的な）平方根 σ をもつ．これは対称かつ非負定値であり，したがって f の共分散行列は σ^2 と書ける．

次に $\mathbb{R}^d$ 値の関数列 $f_1, \cdots, f_n, \cdots$ は，代数

$$\mathcal{A}_n = \mathcal{A}_{f_n} = \{f_n^{-1}(B) : B \text{ は } \mathbb{R}^d \text{ のすべてのボレル集合}\}$$

が互いに独立であるとき，互いに独立であるという．このことは，各ベクトル $\xi =$

$(\xi_1, \cdots, \xi_d) \in \mathbb{R}^d$ に対してスカラー値関数 $\xi{\cdot}f_1, \cdots, \xi{\cdot}f_n, \cdots$ が互いに独立であることを示すことに留意してほしい．ここで $\xi{\cdot}f_n = \xi_1{\cdot}f_n^{(1)} + \xi_2{\cdot}f_n^{(2)} + \cdots + \xi_d{\cdot}f_n^{(d)}$ である．

二つの準備的なことを述べる．与えられた $\mathbb{R}^d$ 値確率変数（関数）f に対して，その**特性関数**とは，μ を f の分布測度として，d 次元フーリエ変換 $\widehat{\mu}(\xi) = \int_{\mathbb{R}^d} e^{-2\pi i\xi\cdot t}d\mu(t)$, $\xi \in \mathbb{R}^d$，のことである．もちろん $\widehat{\mu}(\xi) = \int_X e^{-2\pi i\xi\cdot f(x)}dm$ である．

前述の用語を適応させ，$\mathbb{R}^d$ 上の確率測度の列 $\{\mu_N\}$ と $\mathbb{R}^d$ 上の別の確率測度 ν に対して $\mu_N \to \nu$ **弱**とは，$\mathbb{R}^d$ 上のすべての連続かつ有界な関数 φ に対して

$$\int_{\mathbb{R}^d} \varphi\, d\mu_N \to \int_{\mathbb{R}^d} \varphi\, d\nu, \qquad N \to \infty$$

が成り立つこととする．

さて，定理を述べることができるようになった．$\mathbb{R}^d$ 値の関数列 $\{f_n\}$ が互いに独立であるとし，それらは同分布であり，平均が 0 で，2 乗可積分であるとする．σ^2 が共通の共分散行列を表すとき，σ が可逆であることを仮定し，逆行列を σ^{-1} で表す．

μ_N を $\dfrac{1}{N^{1/2}} \displaystyle\sum_{n=1}^{N} f_n$ の分布測度とし，ν_{σ^2} を $\mathbb{R}^d$ 上の測度で，ボレル集合 $B \subset \mathbb{R}^d$ に対して

$$\nu_{\sigma^2}(B) = \frac{1}{(2\pi)^{d/2}(\det\sigma)} \int_B e^{-\frac{\left|\sigma^{-1}(x)\right|^2}{2}}\, dx$$

で与えられているとする．

定理 2.17　$\{f_n\}$ の上記の条件のもとに，測度 μ_N は $N \to \infty$ のとき，ν_{σ^2} に弱収束する．

証明は本質的には実数値関数の場合と同じように進み，まずはコンパクト台をもつ滑らかな関数に対して，(16) の類似が示され，それから連続関数に対する系 2.16 のような議論を続ける．ガウス関数に対する特性関数の計算は練習 32 で与えられている．

注意　次の一般化は定理 2.17 の証明の簡単な修正により導くことができる．$\{f_n\}$ を定理の条件をみたすものとし，$t > 0$ とし，

$$S_{N,t} = \frac{1}{N^{1/2}} \sum_{n=1}^{[Nt]} f_n$$

と定義する．（ここで $[x]$ は x の整数部分を表す．）このとき，$S_{N,t}$ の分布測度は $N \to \infty$ とするとき $\nu_{t\sigma^2}$ に弱収束する．実際，$0 \leq s < t$ ならば，$S_{N,t} - S_{N,s}$ は $N \to \infty$ のとき $\nu_{(t-s)\sigma^2}$ に弱収束する．

2.6 ランダム・ウォーク

1.1 節で考察したコイン投げ（あるいはラーデマッヘル関数の和））は実数直線上のランダム・ウォークを表していると考えることができる．これは次のようなものである．

ある人が原点を出発し，1 ステップずつ単位長だけ直線上を移動する．どのステップも右にいくのか左にいくのかは等確率で，それぞれ別のステップは独立な確率をもっている．n ステップを進んだ後の位置は $s_n = \sum_{k=1}^{n} r_k$ で表される．s_n は常に整数値であることに注意する．

$\mathbb{R}^d$ で上記のものの最も単純な一般化を行い，**ランダム・ウォーク**の特別な場合を考えよう．それは原点を出発し，n ステップ目の位置はその前のところから座標軸のいずれか一つの方向に単位長だけ移動することによって得られるが，どの方向かは等確率（すなわち確率 $1/(2d)$）である．どのステップの進行も，前のステップとは独立であることが仮定されている．この状況を次のように定式化する．

$e_j = (0, \cdots, 0, 1, 0, \cdots, 0)$ を j 番目の座標は 1 であり，それ以外では 0 となるものとし，$\mathbb{Z}_{2d}$ を $\{\pm e_1, \pm e_2, \cdots, \pm e_d\}$ と表される $\mathbb{R}^d$ 内の $2d$ 個の点の集合とする．$\mathbb{Z}_{2d}$ には，各点に重み $1/(2d)$ を与える測度を付与し，$X = \mathbb{Z}_{2d}^{\infty}$ を $\mathbb{Z}_{2d}$ のコピーの無限直積で，直積測度があてがわれているとする．その測度を m と表す．したがって X は $x = (x_n)_{n=1}^{\infty}$，ただし $x_n \in \mathbb{Z}_{2d}$ であるような点からなっている．いま各 n に対して $\mathfrak{r}_n(x) = x_n$ と定義する．各 n に対して，$\mathfrak{r}_n(x)$ は $\pm e_j$ の一つであり，したがって，実際にはその値は $\mathbb{R}^d$ の格子 $\mathbb{Z}^d$ に値をとる．また，$\{\mathfrak{r}_n\}$ は互いに独立な関数である．なぜならば $\mathfrak{r}_n(x)$ が x の第 n 座標にのみ依存しているからである．最後に，各 $\mathfrak{r}_n$ が平均 0 で，その共分散行列は単位行列であることに注意しておく．

和

$$s_n(x)=\sum_{k=1}^{n}\mathfrak{r}_k(x)$$

がわれわれが扱うランダム・ウォークを表し，ここでは x は可能な一つの**路**にラベルづけしていて，$s_n(x)$ はこの路における第 n ステップでの位置を与えている．扱いやすくするため，すべての x に対して $s_0(x)=0$ とおく．

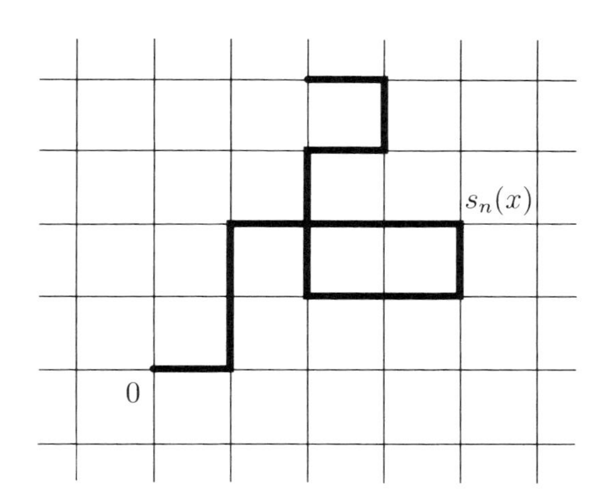

図 4　2 次元におけるランダム・ウォーク s_n.

ここでは，このランダム・ウォークが示す興味深い性質をひとつだけ調べる．それは次元が $d\le 2$ の場合と $d\ge 3$ の場合との間の重要な相反する性質を示すものである．

定理 2.18　上記のランダム・ウォークに対して，次が成り立つ．

(a)　$d=1$ または 2 のとき，ランダム・ウォークは，ほとんどすべての路が無限個の n について原点に戻ってくるという意味で，**再帰的**である．

(b)　$d\ge 3$ のとき，ほとんどすべての路は原点に戻ってくるにしても，多くとも有限回しか戻ってこない．さらに原点には決して戻らない確率は正である．

実際，$d=1$ または 2 のとき，ランダム・ウォークはほとんど確かに $\mathbb{Z}^d$ の各点を無限回訪れる．しかし $d\ge 3$ のときは，ほとんど確かに $\lim_{n\to\infty}|s_n|=\infty$ である．これらの発展的な結果の証明は練習 34 と 35 で概略を記してある．

証明　μ をどの $\mathfrak{r}_n$ にも共通の分布測度とする．このとき，μ は $\mathbb{R}^d$ 上の測度で，点 $\pm e_1, \pm e_2, \cdots, \pm e_d$ に集中していて，これらの各点には測度 $1/(2d)$ があてがわれている．μ_n を s_n の分布測度とする．μ と同じく，μ_n も台は $\mathbb{Z}^d$ 上にある．

$$\widehat{\mu}(\xi) = \sum_{k \in \mathbb{Z}^d} m(\{x : \mathfrak{r}_n(x) = k\}) e^{-2\pi i k \cdot \xi}$$

が μ の特性関数であり，

$$\widehat{\mu}_n(\xi) = \sum_{k \in \mathbb{Z}^d} m(\{x : s_n(x) = k\}) e^{-2\pi i k \cdot \xi}$$

が μ_n の特性関数であるとき，これまで何度も使った独立性の議論により，$\widehat{\mu}_n(\xi) = (\widehat{\mu}(\xi))^n$ である．（たとえば (11) を参照．）さらに容易にわかるように

$$\widehat{\mu}(\xi) = \frac{1}{d}(\cos 2\pi\xi_1 + \cdots + \cos 2\pi\xi_d)$$

である．しかし，$\widehat{\mu}_n(\xi)$ は，$\widehat{\mu}(\xi)$ のように $e_1, e_2, \cdots, e_d$ の周期をもち，Q を $Q = \{\xi : -1/2 < \xi_j \leq 1/2,\ j = 1, \cdots, d\}$ で定義される基本立方体とすると，各 n に対して

$$m(\{x : s_n(x) = 0\}) = \int_Q \widehat{\mu}_n(\xi)\, d\xi = \int_Q (\widehat{\mu}(\xi))^n d\xi \tag{18}$$

である．

これらのことから

$$\sum_{n=0}^{\infty} m(\{x : s_n(x) = 0\}) = \int_Q \frac{d\xi}{1 - \widehat{\mu}(\xi)} \tag{19}$$

である．まず $\widehat{\mu}(\xi) \leq 1$ であるから，右辺の被積分関数は常に非負値（あるいは $+\infty$）であることに注意する．この主張は両辺が同時に無限大になるか，有限でかつ等しいということである．実際，(18) の両辺に r^n, $0 < r < 1$, を掛けて，和をとれば

$$\sum_{n=0}^{\infty} r^n m(\{x : s_n(x) = 0\}) = \int_Q \frac{d\xi}{1 - r\widehat{\mu}(\xi)}$$

となり，$r \to 1$ とすれば (19) が導かれる．

さて

$$\begin{aligned} 1 - \widehat{\mu}(\xi) &= 1 - \frac{1}{d}(\cos 2\pi\xi_1 + \cdots + \cos 2\pi\xi_d) \\ &= \frac{2\pi^2}{d}\,|\xi|^2 + O(|\xi|^4), \qquad \xi \to 0 \end{aligned}$$

であり，適切な正定数 c_1 と c_2 に対して $c_2 \le |\xi|$，$\xi \in Q$ ならば $1-\widehat{\mu}(\xi) \ge c_1$ であるから，積分

$$\int_Q \frac{d\xi}{1-\widehat{\mu}(\xi)}$$

は $d=1$ または $d=2$ のときに発散するが，$d \ge 3$ のときは収束する．このことは $\sum_{n=0}^{\infty} m(\{x : s_n(x)=0\})$ が $d \le 2$ か $d \ge 3$ であるかによって発散したり収束したりすることを意味する．

上記のことは次のように解釈される．$A_n = \{x : s_n(x)=0\}$ とし，χ_{A_n} をその特性関数とする．このとき，$\#(x) = \sum_{n=0}^{\infty} \chi_{A_n}(x)$ は路 x が原点を訪れる回数である．ゆえに $\int_X \#(x)\,dm$ は原点を訪ねるすべての路に期待される戻ってくる回数である．ところが，

$$\int_X \#(x)\,dm = \sum_{n=0}^{\infty} m(\{x : s_n(x)=0\}) = \sum_{n=0}^{\infty} m(A_n)$$

であり，$d \ge 3$ のときこの期待値は有限であるから，ほとんどすべての路は原点に有限回だけ戻ってくる．これで定理の結論 (b) の最初の部分が証明された．

一方，この期待値は $d \le 2$ のときは無限大であるが，このこと自身によっては，ほとんどすべての路が無限回原点に戻ってくることを示していない．無限回原点に戻ってくることをこれから示そう．このため F_k を最初に $s_k(x)=0$ となる路の集合

$$F_k = \{x : s_k(x)=0 \text{ だが } 1 \le \ell < k \text{ に対して } s_\ell(x) \ne 0\}$$

と定義する（ここで $F_1 = \emptyset$ とおく）．F_k は交わらないので，$\sum_{k=1}^{\infty} m(F_k) \le 1$ である．$d=1$ または $d=2$ に対しては実際に $\sum_{k=1}^{\infty} m(F_k) = 1$ であることを示す．このことは，ほとんどすべての路が原点に少なくとも 1 回は戻ってくることを意味している．$d \ge 3$ はこれと対照的な結果で，ここで $\sum_{k=1}^{\infty} m(F_k) < 1$ であり，この場合は確率が正の集合に対して，路は決して原点に戻ってこないことを意味している．

まずこれらの主張を示すために

$$m(A_n) = \sum_{1 \le k \le n} m(F_k)\, m(A_{n-k}), \qquad n \ge 1 \tag{20}$$

を示す．実際，$A_n = \bigcup_{1 \le k \le n} (F_k \cap A_n)$ で，ここでこの和は互いに交わっていないものである．ゆえに $m(A_n) = \sum_{1 \le k \le n} m(F_k \cap A_n)$ である．しかしながら

$$F_k \cap A_n = F_k \cap \{x : s_n(x) - s_k(x) = 0\}$$

である．F_k と $\{x : s_n(x) - s_k(x) = 0\} = \{x : \sum_{\ell=k+1}^{n} r_\ell(x) = 0\}$ は明らかに独立であるから $m(F_k \cap A_n) = m(F_k)\, m(\{x : s_n(x) - s_k(x) = 0\})$ となる．しかし，直積空間 $\mathbb{Z}_{2d}^{\infty}$ 上の測度 m のシフト不変性（この種の不変性については 2.1 節で別の設定ですでに考察した）から

$$m(\{x : s_n(x) - s_k(x) = 0\}) = m(\{x : s_{n-k}(x) = 0\}) = m(A_{n-k})$$

である．ゆえに $m(F_k \cap A_n) = m(F_k)\, m(A_{n-k})$ であり，これより (20) を得る．

$A(r) = \sum_{n=0}^{\infty} r^n m(A_n)$，$F(r) = \sum_{n=1}^{\infty} r^n m(F_n)$，$0 < r < 1$ とおくと，(20) から $A(r) = A(r)F(r) + 1$ と表せる．すなわち $F(r) = 1 - 1/A(r)$ である．まず，$d \le 2$ のときは，級数 $\sum_{n=0}^{\infty} m(A_n)$ が発散するから，$r \to 1$ とすると $A(r) \to \infty$ であり，これより $F(1) = \sum_{n=1}^{\infty} m(F_n) = 1$ であり，このことはほとんどすべての路が少なくとも 1 回は原点に戻ってくることを証明している．次に，$d \ge 3$ のときは，級数 $\sum_{n=0}^{\infty} m(A_n)$ は収束するから，$F(1) = \sum_{n=1}^{\infty} m(F_n) < 1$ となり，それゆえ正の確率をもつ集合で，そこに属する路が決して原点には戻ってこない．

$d \le 2$ の場合に対して，無限再帰を証明するために，$\ell \ge 1$ に対して

$$F_n^{(\ell)} = \{x : s_n(x) = 0,\ s_k(x) = 0 \text{ となる } 1 \le k < n \text{ は } \ell - 1 \text{ 個}\}$$

とおく．（ここで $F_1^{(\ell)} = \emptyset$ とおく．）$F_n^{(1)} = F_n$ であり，$\sum_{n=1}^{\infty} m(F_n^{(\ell)}) = 1$ がほとんどすべての路が原点に少なくとも ℓ 回戻ってくることを意味していることに注意する．このとき，(20) を示した議論とほぼ同様に，$\ell \ge 2$ のとき

$$m(F_n^{(\ell)}) = \sum_{1 \le k \le n} m(F_k^{(\ell-1)})\, m(F_{n-k}^{(1)})$$

である．$F^{(\ell)}(r)$ が $\sum_{n=1}^{\infty} r^n m(F_n^{(\ell)})$ により定義されるならば，

$$F^{(\ell)}(r) = F^{(\ell-1)}(r)\, F^{(1)}(r)$$

である．ここで，繰り返しの議論により $F^{(\ell)}(r) = (F^{(1)}(r))^{\ell}$ が導かれる．$r \to 1$ とすると，$\sum_{n=1}^{\infty} m(F_n^{(\ell)}) = 1$ が与えられ，したがってほとんどすべての路が原点に少なくとも ℓ 回戻ってくる．これがすべての $\ell \geq 1$ に対して成り立つのであるから，定理の (a) の結論も証明された． ■

ここで述べてきたランダム・ウォークについて，時間幅を $1/n$ となるようにし，路を因子 $1/n^{1/2}$ で再スケールし，そして中心極限定理に従って極限 $n \to \infty$ をとったとき，どのようなことが起こるかという問題は興味深い．この問題の答えは，ブラウン運動へとつながっている．これは次の重要なテーマとなる．

3. 練習

1.　N を奇数とし，$S_N(x) = \sum_{n=1}^{N} r_n(x)$ を考える．

(a)　$m(\{x : S_N(x) = k\})$ を計算せよ．そして，k が整数上を動くとき，最大値が $k = -1$ か $k = 1$ で達成されることを示せ．

(b)　N が偶数であるときの証明を直して，奇数 N に対して，$N \to \infty$ のとき

$$m\Big(\Big\{x : a < \frac{S_N(x)}{N^{1/2}} < b\Big\}\Big) \to \frac{1}{\sqrt{2\pi}} \int_a^b e^{-t^2/2} dt$$

であることを示せ．

2.　三つの関数 f_1, f_2，そして f_3 で，いかなるペアも互いに独立であるが，三つは互いに独立でないものを見つけよ．
［ヒント：$f_1 = r_1$，$f_2 = r_2$ とし，f_3 を r_1 と r_2 を用いて求めよ．］

3.　[0, 1] 上の互いに独立な関数系 $\{r_n\}$ は互いに独立であることを保って，より拡張することはできない．実際，ある関数 f をこの系 $\{r_n\}$ に付加すると，得られた系は f は定数関数のときにのみまた互いに独立になることを証明せよ．
［ヒント：練習 16 を参照．］

4.　空間 X 上の二つの有限測度 μ と ν がある集合族 $\mathcal{C}$ 上で一致しているとする．$\mathcal{C}$ が X を含み，有限個の元の共通部分をとることに関して閉じているならば，$\mathcal{C}$ によっ

て生成される σ－代数上で $\mu=\nu$ であることを示せ．
［ヒント：等式 $\mu=\nu$ は $\mathcal{C}$ に含まれる集合の有限和上で成り立つ．なぜならば

$$\mu\Big(\bigcup_{j=1}^{k} C_j\Big)=\sum_{j=1}^{k}\mu(C_j)-\sum_{i<j}\mu(C_i\cap C_j)$$
$$+\sum_{i<j<\ell}\mu(C_i\cap C_j\cap C_\ell)+\cdots+(-1)^{k-1}\mu\Big(\bigcap_{j=1}^{k} C_j\Big).］$$

5.　$\mathbb{R}^d$ 値関数 $f_1,\cdots,f_n$ が互いに独立であるのは，それらの結合分布測度が個々の分布測度の積に等しいとき，かつそのときに限ることを証明せよ．すなわち $\mathbb{R}^{nd}=\mathbb{R}^d\times\cdots\times\mathbb{R}^d$ 上の測度として

$$\mu_{f_1,\cdots,f_n}=\mu_{f_1}\times\cdots\times\mu_{f_n}$$

となることである．
［ヒント：$\mathbb{R}^{nd}$ におけるシリンダー集合上で等しいことを確認し，前練習を用いよ．］

6.　$\{f_n\}$ を確率空間 (X,m) 上の互いに独立な関数列とする．ある確率空間 (X',m') で，X' は無限直積 $X'=\prod_{n=1}^{\infty}X_n$，$(X_n,m_n)$ は確率空間，そして m' は m_n の直積測度であり，次のことが成り立つようなものが存在することを証明せよ．X' 上の関数 $\{g_n\}$ で，$\{f_n\}$ と $\{g_n\}$ が同じ結合分布をもつが，各 g_n は X' の n 番目の座標にのみ依存している．
［ヒント：各 n に対して $(X_n,m_n)=(X,m)$ ととり，g_n をそれに対応して f_n で定義し，前練習を用いよ．］

7.　$\mathcal{B}_0,\cdots,\mathcal{B}_n$ が互いに独立な代数のとき，各 $k<n$ に対して，代数 $\bigvee_{j=0}^{k}\mathcal{B}_j$ と $\mathcal{B}_n$ が互いに独立であることを示せ．

このことを次のことに注意して証明せよ．まず，$B_j\in\mathcal{B}_j$ のとき，$B_0\cap\cdots\cap B_k$ が B_n と独立であることを示すのに帰納法を用いよ．いま $B\in\mathcal{B}_n$ を固定し，二つの有限測度 $\mu(E)=m(E\cap B)$ と $\nu(E)=m(E)\,m(B)$，そして $B_j\in\mathcal{B}_j$ に対して $E=B_0\cap\cdots\cap B_k$ の形の集合族 $\mathcal{C}$ を考えよ．それから練習 4 を適用せよ．

8.　確率分布測度についてさらに次の事実を証明せよ．

(a)　$f=(f_1,\cdots,f_k)$，ただし f_j は $\mathbb{R}^d$ 値関数とする．μ を f の確率分布測度とし，L を $\mathbb{R}^{dk}$ からそれ自身への線形変換とする．このとき $L(f)$ の分布測度は，任意のボレル集合 $A\subset\mathbb{R}^{dk}$ に対して $\mu_L(A)=\mu(L^{-1}A)$ により定義される μ_L である．

(b)　f_j の分布測度が共分散行列 σ_j^2I, $1\le j\le k$，のガウス測度であるとする．また $\{f_j\}$ が互いに独立であるとする．このとき，$c_1f_1+\cdots+c_kf_k$ の分布測度は共分散行列

$(c_1^2\sigma_1^2+\cdots+c_k^2\sigma_k^2)I$ のガウス測度である．
[ヒント：(b) については問題の測度のフーリエ変換（特性関数）を計算せよ．]

9.　確率空間 (Ω, P) 上の $\mathbb{R}^d$ 値 2 乗可積分関数からなる空間 $L^2(\Omega, \mathbb{R}^d)$ を考える．この空間の閉部分空間 $\mathcal{G}$ が，互いに独立な関数 $\{f_n\}$ で，平均 0，共分散行列 $\{\sigma_n^2 I\}$ のガウス分布測度をもつようなもので張られるとき，**ガウス部分空間**という．

$F_1, F_2, \cdots, F_k$ が互いに直交する $\mathcal{G}$ の要素であるとき，互いに独立であることを証明せよ．この逆はすぐにわかることに注意．
[ヒント：$\mathcal{G}$ が有限次元で，$f_1, \cdots, f_N$ により張られる場合を考えよ．適切なスカラーを掛けることにより f_j と F_j はいずれも L^2 ノルム 1 をもつとしてよい．このとき $L(f_j)=F_j$ をみたす直交線形変換 L が存在する．それから練習 5 と 8 を適用せよ．]

10.　確率空間上で，f を極限とする列 $\{f_n\}$ の次の二つのタイプの収束を考える．

(i)　ほとんどいたるところで $f_n \to f$.
(ii)　分布測度が弱収束する意味で $f_n \to f$.

(i) ならば (ii) が成り立つが，逆は成り立たないことを証明せよ．
[ヒント：φ が連続かつ有界であるとき，f の分布測度 μ_f に対して $\int \varphi(f)\,d\mu = \int \varphi\,d\mu_f$ であることを想起せよ．そして優収束定理を適用せよ．]

11.　ルベーグ測度に関して，$[0, 1]$ 上で分布測度が正規分布の関数 f を構成せよ．
[ヒント：「誤差関数」$\mathrm{Erf}(x)=\dfrac{1}{\sqrt{2\pi}}\displaystyle\int_{-\infty}^{x} e^{-t^2/2}dt$ とその逆関数を考えよ．]

12.　等式 (6) を証明せよ．これは，G が $\mathbb{R}$ 上の非負値連続関数（あるいは連続かつ有界）であり，f が（確率空間 (X, m) 上の）分布測度 $\mu=\mu_f$ をもつ実数値可測関数であるとき，

$$\int_X G(f)(x)\,dm = \int_{\mathbb{R}} G(t)\,d\mu(t)$$

であることを主張している．
[ヒント：f が有界であるとき，$\displaystyle\sum_k G(k/n)\,m(\{k/n < f < (k+1)/n\})$ は $n \to \infty$ とするとき両方の積分に収束することに注意．]

13.　ラーデマッヘル関数列 $\{r_n\}$ は $L^2([0, 1])$ の完備性からはかけ離れたものである．実際，それはいかなる関数の有限個の族を付加しても完備にはなりえない．このことを二つの方法で証明せよ．

(a)　$n < m$ に対して関数 $\{r_n r_m\}$ を考えることによるもの．
(b)　補題 1.8 の L^p 不等式を用いることによるもの．

練習 16 も参照.

14. べき級数

$$\sum_{n=1}^{\infty} \pm a_n z^n = \sum_{n=1}^{\infty} r_n(t) a_n z^n = F(z, t),$$

ただし $\sum |a_n|^2 = \infty$ かつ $\limsup |a_n|^{1/n} \leq 1$ を考える.

ほとんどすべての t について $F(z, t)$ が単位円の外側に解析接続できないことを示せ.
[ヒント：チェザロ総和法ではなくアーベル総和法を用いて定理 1.7 の (b) と同じように論ぜよ.]

15. $\{r_n\}$ の $L^2([0, 1])$ 線形包が, すべての N に対して

$$\mathbb{E}_N(f) = S_N(f)$$

をみたす関数 f からなる L^2 の部分空間として特徴づけられることを示せ. ただしここで $\mathbb{E}_N$ は長さ 2^{-N} の 2 進区間に対応する条件付き期待値である.

16. ラーデマッヘル関数系の自然な完備化が**ウォルシュ－ペイリー関数**である. この $[0, 1]$ 上の関数系, これを $\{w_n\}$ と表すが, 次のような方法で定義される.

まず $w_0(t) = 1$, $w_1(t) = r_1(t)$, $w_2(t) = r_2(t)$, そして $w_3(t) = r_1(t)r_2(t)$ とおく. より一般的には, $n \geq 1$, $n = 2^{k_1} + 2^{k_2} + \cdots + 2^{k_\ell}$, ただし $0 \leq k_1 < \cdots < k_\ell$ のとき,

$$w_n(t) = \prod_{j=1}^{\ell} r_{k_j+1}(t)$$

と定義する. 特に $w_{2^{k-1}} = r_k$ である.

(a) $\{w_n\}_{n=0}^{\infty}$ は $L^2([0, 1])$ の完全正規直交系であることを証明せよ.

(b) ウォルシュ－ペイリー関数の次の別の興味深い性質を証明せよ. これらはコンパクト・アーベル群 $\mathbb{Z}_2^{\infty}$（2 点アーベル群 $\mathbb{Z}_2$ の直積と考える）の連続指標である.
[ヒント：$\mathbb{Z}_2^{\infty}$ に $x = (x_j)$ と $y = (y_j)$ のときに加法 $x + y$ を $(x + y)_j = x_j + y_j \mod 2$ により定義する. このとき, $r_k(x + y) = r_k(x) r_k(y)$ である.

また「ディリクレ核」$K_N(t) = \sum_{k=0}^{N-1} w_k(t)$ を考え, $N = 2^n$ のとき, $K_N(t) = \prod_{j=1}^{n}(1 + r_j(t))$ であり, したがって $0 \leq t \leq 2^{-n}$ のとき $K_{2^n}(t) = 2^n$ であり, その他のときは 0 であることを示せ. その結果として, 畳み込み $\int f(y) K_N(x + y)\, dy$ を用いて, $f \sim \sum a_k w_k$ のとき, $\sum_{k<2^n} a_k w_k = \mathbb{E}_n(f)$ であることに注意せよ. ただしここで $\mathbb{E}_n$ は 1.6 節で定義されたものである. 問題 2* も参照.]

17.　補題1.8の不等式は次のように強化することができる．$F(t)=\sum_{n=1}^{\infty} a_n r_n(t)$, a_n は実数で，$\sum_{n=1}^{\infty} a_n^2 = 1$ とする．このとき

(a)　すべての $0 \leq \mu$ に対して，$\int_0^1 e^{\mu|F(t)|}\, dt \leq 2e^{\mu^2}$.

(b)　この結果，ある $c>0$ に対して，$\int_0^1 e^{c|F(t)|^2} dt < \infty$.

［ヒント：(a) の部分は $m(\{t : |F(t)| > \alpha\}) \leq 2e^{\mu^2-\mu\alpha}$ を示している．$\mu=\alpha/2$ と選べ．そして $c<1/4$ として (b) を得よ.］

18.　すべての $p<\infty$ に対して，$L^p([0, 2\pi])$ に属する f で，$f \sim \sum_{n=-\infty}^{\infty} c_n e^{in\theta}$ であり，$q<2$ に対しては $\sum |c_n|^q = \infty$ であるものが存在することを証明せよ．したがって第2章の2.1節のハウスドルフ－ヤングの不等式は $p>2$ に対しては正しくない.
［ヒント：定理1.7を用いよ.］

19.　$\sum_{n=1}^{\infty} |a_n|^2 < \infty$ で，$F(t)=\sum_{n=1}^{\infty} a_n r_n(t)$ とする.

(a)　ある定数 A で，

$$\|F\|_{L^4} \leq A\,\|F\|_{L^2}$$

をみたすものが存在することを直接証明せよ.

(b)　この結果，$\|F\|_{L^2} \leq A'\,\|F\|_{L^1}$ をみたす定数 A' が存在すること証明せよ.

(c)　$1 \leq p < \infty$ に対して，$\|F\|_{L^p} \leq A_p\,\|F\|_{L^1}$ を導け.

［ヒント：(a) については，$\int_0^1 F^4(t)\,dt$ を和で表し，$r_n(t)r_m(t)$ の直交性を用いよ．(b) についてはヘルダーの不等式を用いよ．(c) については補題1.8を用いよ.］

20.　$\{A_n\}$ を確率空間 X 上の部分集合の列とする.

(a)　$\sum m(A_n) < \infty$ ならば $m(\limsup_{n\to\infty} A_n) = 0$ である．ただし $\limsup_{n\to\infty} A_n$ は $\bigcap_{n=1}^{\infty} \bigcup_{k=n}^{\infty} A_k$ と定義する．（訳注：m は確率空間の測度.）

(b)　しかし，$\sum m(A_n) = \infty$ であり，$\{A_n\}$ が互いに独立のときは，$m(\limsup_{n\to\infty} A_n) = 1$ である.

この対立的な主張はしばしばボレル－カンテリの補題と呼ばれている．（第III巻も参照.）
［ヒント：(b) については，$m(\bigcap_{k=r}^{n} A_k^c) = \prod_{k=r}^{n} (1-m(A_k))$.］

21. ある可算集合（2 進有理数）を除いて，[0, 1] 内の各実数 α に対して一意的な 2 進展開を割り当てることができる．すなわち，$x_j = 0$ または 1 で，

$$\alpha = \sum_{j=1}^{\infty} \frac{x_j}{2^j}.$$

このような与えられた数 α に対して $\#_N(\alpha)$ で α の 2 進展開の最初の N 項において 1 の現れる個数を表す．もしこの 2 進展開が 0 の密度と等しい 1 の密度を含むとき，すなわち

$$\lim_{N\to\infty} \frac{\#_N(\alpha)}{N} = 1/2$$

であるとき，α は**正規**であるという．

(a)（ルベーグ測度に関して）[0, 1] 内のほとんどすべての数は正規であることを証明せよ．

(b) より一般に，与えられた整数 $q \geq 2$ に対して，[0, 1] 内の実数 α の q−展開

$$\alpha = \sum_{j=1}^{\infty} \frac{x_j}{q^j}, \qquad x_j = 0, 1, \cdots, q-1 \tag{21}$$

を考える．再び，ある可算集合を除いて，この展開は一意的である．このような与えられた実数 α と $0 \leq p \leq q-1$ に対して，$\#_{p,N}(\alpha)$ を α の q−展開において，$0 \leq j \leq N$ のうち $x_j = p$ をみたす j の個数とする．$0 \leq p \leq q-1$ に対して

$$\lim_{N\to\infty} \frac{\#_{p,N}(\alpha)}{N} = 1/q$$

をみたす数を q を基として**正規**であるということにする．

[0, 1] 内のほとんどすべての実数はこの性質をもつことを示せ．

［ヒント：無限直積 $\prod \mathbb{Z}_q$ で，各因子に一様測度が与えられているものを考えよ．(21) のもと，直積測度は [0, 1] 上のルベーグ測度に対応する．定理 2.1 におけるような大数の法則を適用せよ．］

22. X 上の関数列 $\{f_n\}_{n=0}^{\infty}$ は，各 N に対して $f_r, f_{r+1}, \cdots, f_{r+N}$ の結合確率分布が r に依存しないときに，（離散）**定常過程**と呼ばれる．

定理 2.1 の証明で構成された確率空間 Y を考える．$\{f_n\}$ が定常過程ならば，列 $\{g_0(\tau^n(y))\}$ と同じ結合分布をもつことを示せ．ただし，g_0 は適切にとった Y 上の関数で，τ はシフトである．したがって，エルゴード定理はより一般の設定に同様に適用可能である．

23. 定理 2.1 における条件は次の意味で抜け目がないものであることを証明せよ．$\{f_n\}_{n=0}^{\infty}$ が互いに独立で，同分布であり，しかし $\int_X |f_0(x)|\, dm = \infty$ であるとすると

き，ほとんどすべての x に対して，平均 $\dfrac{1}{N}\displaystyle\sum_{n=0}^{N-1} f_n(x)$ は $N \to \infty$ としたとき収束しない．

[ヒント：$A_n = \{x : |f_n(x)| > n\}$ とする．集合 A_n は独立である．しかし，$\displaystyle\sum_{n=0}^{\infty} m(A_n) = \sum_{n=0}^{\infty} m(\{x : |f_0(x)| > n\}) \approx \int_X |f_0(x)|\,dm = \infty$．それから練習 20 を用いよ．]

24.　次のものは条件付き期待値の例である．

(a)　$X = \bigcup A_n$ を X の有限（あるいは可算）分割とし，A_n が空でない集合ならば $m(A_n) > 0$ であるとする．$\mathcal{A}$ を集合族 $\{A_n\}$ により生成される代数とする．このとき $x \in A_n$ ならば $\mathbb{E}_{\mathcal{A}}(f)(x) = \dfrac{1}{m(A_n)}\displaystyle\int_{A_n} f\,dm$ である．

(b)　$X = X_1 \times X_2$ とし，X 上の測度 m を X_i 上の測度 m_i の直積測度とする．$\mathcal{A} = \{A \times X_2\}$，ただしここで A は X_1 の任意の可測集合にわたるものとする．このとき，$\mathbb{E}_{\mathcal{A}}(f)(x_1, x_2) = \displaystyle\int_{X_2} f(x_1, y)\,dm_2(y)$ である．

25.　以下の四つの練習では，$\{s_n\}$ は代数 $\mathcal{A}_n$ の増加列とその条件付き期待値 $\mathbb{E}_n$ に関するマルチンゲール列を表す．

$s_\infty \in L^2$ に対して $s_n = \mathbb{E}_n(s_\infty)$ とする．このとき $\{s_n\}$ は L^2 で収束する．

[ヒント：$f_n = s_n - s_{n-1}$ のとき，f_n は互いに直交し，$s_n - s_0 = \displaystyle\sum_{k=1}^{n} f_k$ である．]

26.　次のことを証明せよ．

(a)　$1 \le p \le \infty$ をみたす p に対して，$s_\infty \in L^p$ ならば，$s_n = \mathbb{E}_n(s_\infty) \in L^p$ かつ $\|s_n\|_{L^p} \le \|s_\infty\|_{L^p}$ である．

(b)　逆に，$1 < p \le \infty$ のとき，$\{s_n\}$ がマルチンゲールで，$\sup_n \|s_n\|_{L^p} < \infty$ ならば，$s_\infty \in L^p$ で $s_n = \mathbb{E}_n(s_\infty)$ をみたすものが存在する．

(c)　しかしながら (b) の結論は $p = 1$ では成り立つとは限らないことを示せ．

[ヒント：(a) については補題 2.5(a) の証明と同様の議論をせよ．(b) については，補題 2.5 と第 1 章の練習 12 と同様，L^p, $p > 1$ の弱コンパクト性も用いよ．(c) については，$X = [0, 1]$ をルベーグ測度を備えたものとし，$0 \le x \le 2^{-n}$ に対しては $s_n(x) = 2^n$，それ以外は $s_n(x) = 0$ としたものを考えよ．]

27.　X 上可積分な s_∞ に対して $s_n = \mathbb{E}(s_\infty)$ とする．

(a)　$n \to \infty$ のとき，s_n が L^1 ノルムで収束することを示せ．

(b)　さらに s_∞ が代数 $\mathcal{A}_\infty = \displaystyle\bigvee_{n=1}^{\infty} \mathcal{A}_n$ に関して可測のとき，そしてそのときに限り

L^1 で $s_n \to s_\infty$ である.
［ヒント：(a) に対しては練習 26(a) を用いよ．このとき $\lim s_n = \mathbb{E}_{\mathcal{A}_\infty}(s_\infty)$ であり，前練習を用いよ.］

28. $s_\infty \in L^1$ で $s_n = \mathbb{E}_n(s_\infty)$ とする.

(a)
$$m(\{x : \sup_n |s_n(x)| > \alpha\}) \leq \frac{1}{\alpha} \int_{|s_\infty(x)|>\alpha} |s_\infty(x)|\, dx$$
を示せ.

(b) その結果として，$s_\infty \in L^p$，$1 < p \leq \infty$ のとき $\| \sup_n |s_n| \|_{L^p} \leq A_p \|s_\infty\|_{L^p}$ を証明せよ.
［ヒント：(a) については，$s_\infty \geq 0$ のとき，これは (15) の帰結であることに注意せよ. (b) を導くには，第 2 章の最大関数 f^* に対する定理 4.1 の証明の議論を適用せよ.］

29. 2.2 節で議論した実数値マルチンゲール列 $\{s_n\}$ に対する結果は，s_n が $\mathbb{R}^d$ に値をとると仮定した場合にも成り立つ．特に等式 (14) の次の帰結が成り立つことを証明せよ.

(a) $k \leq n$ のとき，$|s_k| \leq \mathbb{E}_k(|s_n|)$.

(b) $m(\{x : \sup_n |s_n(x)| > \alpha\}) \leq \dfrac{1}{\alpha} \displaystyle\int_{|s_\infty(x)|>\alpha} |s_\infty(x)|\, dx$.

ここで $|\cdot|$ は $\mathbb{R}^d$ のユークリッド・ノルムを表す.
［ヒント：(a) を証明するには，$(s_k, v) = \mathbb{E}_k((s_n, v))$ に注意せよ．ここで $(\cdot, \cdot)$ は $\mathbb{R}^d$ のユークリッド内積で，v は $\mathbb{R}^d$ の任意に固定したベクトルである．それから単位ベクトル v にわたる上限をとる．結論 (b) は (a) と練習 28 の (a) の部分の帰結である.］

30. 条件付き期待値の考え方は，全測度が有限とは限らない空間 (X, m) に拡張される．次の例を考える．$X = \mathbb{R}^d$ にはルベーグ測度 m が備わっているとする．各 $n \in \mathbb{Z}$ に対して，$\mathcal{A}_n$ を 1 辺の長さが 2^{-n} の 2 進立方体全体で生成される代数とする．2 進立方体は，頂点が $2^{-n}\mathbb{Z}^d$ の点であり，辺の長さが 2^{-n} の開立方体である．明らかにすべての n に対して $\mathcal{A}_n \subset \mathcal{A}_{n+1}$ である．f を $\mathbb{R}^d$ 上可積分であるとし，$\mathbb{E}_n(f) = \mathbb{E}_{\mathcal{A}_n}(f)$ を，辺の長さが 2^{-n} の 2 進立方体 Q に対して，$x \in Q$ のとき
$$\mathbb{E}_n(f)(x) = \frac{1}{m(Q)} \int_Q f\, dm$$
とおく.

(a) 定理 2.10 の最大不等式がこの場合に拡張できることを示せ.

(b) $f \geq 0$ のとき，適切な定数 c と第 2 章で論じたハーディ－リトルウッド最大関数

f^* に対して，$\sup_{n\in\mathbb{Z}} \mathbb{E}_n(f)(x) \le cf^*(x)$ である．

(c)　これとは逆の不等式 $f^*(x) \le c' \sup_{n\in\mathbb{Z}} \mathbb{E}_n(f)(x)$ が偽であることを例をあげることにより示せ．しかし代替の結果

$$m(\{x : f^*(x) > \alpha\}) \le c_1 m(\{x : \sup_{n\in\mathbb{Z}} \mathbb{E}_n(f)(x) > c_2\alpha\})$$

がすべての $\alpha > 0$ に対して成り立つことを証明せよ．ここで c_1 と c_2 は適切な定数である．

31.　$\{\mu_N\}_{N=1}^{\infty}$ と ν を $\mathbb{R}^d$ 上の確率測度とする．$N \to \infty$ とするとき次のことが同値であることを証明せよ．

(a)　すべての $\xi \in \mathbb{R}^d$ に対して $\widehat{\mu}_N(\xi) \to \widehat{\nu}(\xi)$.

(b)　弱収束 $\mu_N \to \nu$ する．

(c)　$\mathbb{R}$ においては，測度 ν が連続であることを仮定すれば，すべての開区間 (a, b) に対して，$\mu_N((a, b)) \to \nu((a, b))$ である．

(d)　$\mathbb{R}^d$ においては，測度 ν がルベーグ測度に関して絶対連続であることを仮定すれば，すべての開集合 $\mathcal{O}$ に対して，$\mu_N(\mathcal{O}) \to \nu(\mathcal{O})$ である．

[ヒント：$\mathbb{R}$ においては，(a), (b) と (c) の同値性は補題 2.15 と系 2.16 の証明で与えられた議論に暗に含まれている．(a) から (d) を $\mathcal{O}$ が開立方体の場合に示すには，本文で述べた議論を $\mathbb{R}^d$ に拡張せよ．それから (d) の類似が閉立方体で成り立つことを証明せよ．最後に任意の開集合が閉立方体のほとんど交わらない合併であることを用いよ．(d) から (b) を示すには，コンパクト台をもつ連続関数 φ を立方体上で一様に定数となる階段関数により近似せよ．]

32.　定理 2.17 の証明では次の計算が必要である．σ を正定値かつ対称な行列で，σ^{-1} でその逆を表す．ν_{σ^2} を $\mathbb{R}^d$ 上の測度で，その密度関数が $\frac{1}{(2\pi)^{d/2}(\det\sigma)} e^{-\frac{|\sigma^{-1}(x)|^2}{2}}$，$x \in \mathbb{R}^d$ であるものとする．このとき $\widehat{\nu}_{\sigma^2}(\xi) = e^{-2\pi^2|\sigma(\xi)|^2}$ である．

[ヒント：σ を対角行列にする直交変換による変数変換をして示せ．これにより問題の d 次元積分が 1 次元積分の積に帰着する．]

33.　2.6 節で考えた d 次元ランダム・ウォーク $\{s_n(x)\}$ に対して，$s_n(x)/n^{1/2}$ の分布測度の $n \to \infty$ としたときの極限を求めよ．

34.　k を $\mathbb{Z}^d$ の格子点で $d = 1$ または 2 とするとき，このランダム・ウォークがほとんどすべての路に対して無限回 k に到達すること，すなわち

$$m(\{x : \text{無限個の } n \text{ に対して } s_n(x) = k\}) = 1$$

を示せ.

[ヒント：$m(\{s_{\ell_0}=-k\})>0$ をみたす ℓ_0 が存在する．もし結論が偽であれば，$m(\{$ すべての $n\ge r_0$ に対して $s_n\ne k\})>0$ となる r_0 が存在する．このとき

$$\begin{aligned}&\{\text{すべての } n\ge \ell_0+r_0 \text{ に対して } s_n\ne 0\}\\ &\quad\supset\{s_{\ell_0}=-k\}\cap\{\text{すべての } n\ge \ell_0+r_0 \text{ に対して } s_n-s_{\ell_0}\ne k\}\end{aligned}$$

であることと，右辺にある集合が独立であることに注意せよ.]

35. $d\ge 3$ のとき，ランダム・ウォーク s_n は，ほとんどいたるところで $\lim_{n\to\infty}|s_n|=\infty$ をみたすことを証明せよ.

[ヒント：任意に固定された $R>0$ に対して，集合

$$B=\{x : \liminf_{n\to\infty}|s_n(x)|\le R\}$$

が測度 0 であることを証明すれば十分である．そのために，各格子点 k に対して，

$$B(k,\,\ell)=\{x : s_\ell(x)=k \text{ かつ 無限個の } n \text{ に対して } s_n(x)=k\}$$

と定める．明らかに $B\subset\bigcup_{\ell,|k|\le R}B(k,\,\ell)$ である．しかし $d\ge 3$ の場合，$m(B(k,\,\ell))=0$ である.]

4. 問題

1. $0<p,\,q<1,\ p+q=1$ を確率とするベルヌーイ試行の設定のもとに，$D:\mathbb{Z}_2^\infty\to[0,\,1]$ を

$$x=(x_1,\,\cdots,\,x_n,\,\cdots) \text{ のとき } \quad D(x)=\sum_{n=1}^{\infty}x_n/2^n$$

により与えられるものとする．この写像のもとに，測度 m_p は「リース積」，$\mu_p=\prod_{n=1}^{\infty}(1+(p-q)r_n(t))\,dt$ としてシンボリックに書かれる測度 μ_p に移る．この意味は次のようなものである．各 N に対して

$$F_N(t)=\int_0^t\prod_{n=1}^{N}(1+(p-q)r_n(s))\,ds$$

とする．このとき，次のことが示せる.

(a) 各 F_N は $[0,\,1]$ 上で増加している.

(b) $F_N(0)=0,\ F_N(1)=1$.

(c) F_N は $N\to\infty$ のとき，ある関数 F に一様収束する.

(d) $\mu_p((a,\,b))=F(b)-F(a)$ の意味で $\mu_p=dF$ である.

(e)　$p \neq 1/2$ のとき，μ_p は完全に特異である（すなわち，ほとんどいたるところで $dF/dt = 0$ である）．
［ヒント：$I = (a, b)$ が長さ 2^{-n} の 2 進区間で，$a = \ell/2^n$，$b = (\ell+1)/2^n$，$N \geq n$ のとき

$$F_N(b) - F_N(a) = p^{n_0} q^{n_1},$$

ただし n_0 は $\ell/2^n$ の 2 進展開の最初の n 項までの 0 の個数であり，n_1 は 1 の個数であり，$n_0 + n_1 = n$ であることを示せ.］

2.*　ウォルシュ－ペイリー展開（練習 16 参照）とフーリエ展開の間，すなわち $\{w_n\}_{n=0}^{\infty}$ と $\{e^{in\theta}\}_{n=-\infty}^{\infty}$ には類似性がある．この類似では，ラーデマッヘル関数 $r_k = w_{2^{k-1}}$ は間隙周波数 $\{e^{i2^k\theta}\}_{k=0}^{\infty}$ に対応している．実際，次のことが知られている．

(a)　$\sum_{k=0}^{\infty} c_k e^{i2^k\theta}$ が $L^2([0, 2\pi])$ 関数ならば，それはすべての $p < \infty$ に対して L^p に属する．

(b)　$\sum_{k=0}^{\infty} c_k e^{i2^k\theta}$ がある可積分関数のフーリエ級数であれば，それは L^2 に属し，したがってすべての $p < \infty$ に対して L^p に属す.

(c)　この関数は，$\sum_{k=0}^{\infty} |c_k| < \infty$ のとき，かつそのときに限り L^∞ に属する．

(d)　(c) より定理 1.7 の (a) は $p = \infty$ に拡張できるとは限らない．

3.　次のものは中心極限定理の一般的な形である．$f_1, \cdots, f_n, \cdots$ を X 上の互いに独立な 2 乗可積分関数とし，簡単のためにどれも平均が 0 であると仮定する．μ_n を f_n の分布測度であり，σ_n^2 をその分散とする．$S_n^2 = \sum_{k=1}^{n} \sigma_k^2$ とおく．重要な仮定として，任意の $\varepsilon > 0$ に対して

$$\lim_{n\to\infty} \frac{1}{S_n^2} \sum_{k=1}^{n} \int_{|t| \geq \varepsilon S_n} t^2 \, d\mu_k(t) = 0$$

が成り立つこととする．これらの条件のもとに $\frac{1}{S_n} \sum_{k=1}^{n} f_k$ の分布測度は分散 1 の正規分布 ν に弱収束する．

4.*　$\{f_n\}$ を同一分布で，2 乗可積分かつ互いに独立で，平均が 0，分散 1 であるとする．$s_n = \sum_{k=1}^{n} f_k$ とする．このとき a.e. x に対して

$$\limsup_{n\to\infty} \frac{s_n(x)}{(2n \log\log n)^{1/2}} = 1$$

である．これは「重複対数」の法則である．

5. n 回目の単位長の移動を（単位球面の）すべての方向までゆるすような $\mathbb{R}^d$ のランダム・ウォークの興味深い変種（しばしば「ランダム・フライト」と呼ばれている）がある．より正確にいえば

$$s_n = f_1 + \cdots + f_n$$

で，ただし f_n が互いに独立で，f_n が単位球面 $S^{d-1} \subset \mathbb{R}^d$ 上に一様に分布しているようなものである．基礎となる確率空間は無限積 $X = \prod_{j=1}^{\infty} S_j$ であるが，ここで各 $S_j = S^{d-1}$ は積分が 1 となるような正規化された曲面積測度が備わっているとする．

(a)　μ が各 f_n の分布測度であるとき，$\widehat{\mu}(\xi)$ はベッセル関数と関係している．

(b)　共分散行列はどのようなものか．

(c)　$s_n(x)/n^{1/2}$ の極限分布は何か．

［ヒント：第 I 巻の第 6 章，問題 2 の公式を使って，

$$\widehat{\mu}(\xi) = \Gamma(d/2)\,(\pi\,|\xi|)^{(2-d)/2}\,J_{(d-2)/2}(2\pi\,|\xi|)$$

を示せ．］

第6章　ブラウン運動入門

ノーバート・ウィーナー．早熟の天才……．彼の物理に対する感性とルベーグ積分についての眼識は深く，ブラウン運動の必要性と厳密な定義をするにあたっての適切なコンテクストを最初に理解した人である．彼はそれを編み出し，続けて確率積分の基本的で重要な理論を創始した．しかし，彼は標準的な確率論の初歩的なレベルの技術にすら詳しくなく，彼の方法が不格好で迂遠であるため，彼自身の博士課程の学生が師匠のブラウン運動が独立な増分をもつことを悟れなかったほどである．また彼はポテンシャル論的な容量の一般的な定義を与えた．しかし，彼の確率論とポテンシャル論における偉業はあまり知られていない雑誌に掲載され，そのため，この仕事は知られないままとなり，相応の影響力をもつには手遅れとなってしまった……．

——J. L. ドゥーブ，1992

19 世紀と 20 世紀の移り変わりに際して、自然界の科学的な見方にある変化が起こった。自然には決定的な秩序があり、自然を予測できるという信念が，自然に内在する不規則性，不確定性，ランダム性の認識にとってかわられていったのである．ブラウン運動の確率過程よりも，より良くこのランダム性の考えを含んだ数学的構成はなく，また広く関心をもたれたものはない．

ブラウン運動の構成には異なった方法があるが，本書では $\mathbb{R}^d$ に路をもつブラウン運動をランダム・ウォークの路の適切なスケーリングによる極限としてとらえるアプローチをとることにする．このとき，扱わなければならない解析的な問題は，ランダム・ウォークにより誘導される測度が路の空間 $\mathcal{P}$ 上の「ウィーナー測度」に収束するかどうかということである.

ブラウン運動の顕著な一つの応用は，ある一般的な設定[1]におけるディリクレ問題の解に関するものである．これは角谷の仕事にさかのぼるのだが，次のような洞察に基づいている．つまり，$\mathcal{R}$ を $\mathbb{R}^d$ の有界領域，x をその中の固定された点，そして E を $\partial\mathcal{R}$ の部分集合とするとき，x を出発点とするブラウン運動の路が $\mathcal{R}$ を最初に出るとき，E を通る確率が，x に対する「調和測度」になっているのである.

このアプローチを理解するカギは,「停止時間」の概念である．ここでの基本的な例は x を出発点とする路が最初に境界に当たる時間である．ちなみに停止時間はすでに前章でマルチンゲール最大定理の証明に暗に使われていた.

またブラウン運動の「強マルコフ」性にも取り組む必要がある．これは本質的には次のようなことである．ブラウン運動がある停止時間から再出発しても，その結果は同じくブラウン運動と同等のものである．このマルコフ性の応用は，少し入り組んでいて，二つの停止時間に関するある等式を使って理解するのが最もよいだろう.

1. 枠組み

ここではブラウン運動の本書での構成の概略を述べることから始める．まず状況を少し不正確ではあるが記して，正確な定義と命題は第 2 節と第 3 節にまわすことにする.

前章（の 2.6 節）で学んだ $\mathbb{R}^d$ のランダム・ウォークについて復習しておく．それは

$$s_n = s_n(x) = \sum_{k=1}^{\infty} \mathfrak{r}_k(x)$$

という列 $\{s_n\}_{n=1}^{\infty}$ によって与えられた．ここで，確率空間 $\mathbb{Z}_{2d}^{\infty}$ 内の各 x に対して，$s_n(x) \in \mathbb{Z}^d$ である．この確率空間は，$\mathbb{Z}_{2d}^{\infty}$ 上の直積測度である確率測度 m を備えている．このランダム・ウォークは，$\mathbb{Z}^d$ の点を訪れるが，ある点から単位「時間」に単位「距離」だけ近隣の点へと移動している.

1） 円板については第 I 巻のフーリエ級数による議論，等角写像に関連したことは第 II 巻，そして第 III 巻におけるディリクレの原理を使ったものも参照.

次にこの点を順次結ぶことにより作られる折れ線を考え，時間と距離の両方をスケール変換するのだが，二つの連続したステップ間では，経過時間は $1/N$ であり，移動距離は $1/N^{1/2}$ である．これはすべて中心極限定理での知見に基づいている．すなわち，各 N に対して

$$(1)\qquad S_t^{(N)}(x)=\frac{1}{N^{1/2}}\sum_{1\leq k\leq [Nt]}\mathfrak{r}_k(x)+\frac{(Nt-[Nt])}{N^{1/2}}\mathfrak{r}_{[Nt]+1}(x)$$

を考える．各 N に対して，$S_t^{(N)}$ は**確率過程**である．すなわち，各 $0\leq t<\infty$ に対して，$S_t^{(N)}$ はある固定された確率空間（ここでは $(\mathbb{Z}_{2d}^{\infty}, m)$）上の関数（確率変数）である．

目標は，適切な定式化をして，これが

$$(2)\qquad S_t^{(N)}\longrightarrow B_t,\qquad N\to\infty$$

のように $\mathbb{R}^d$ 内のブラウン運動 B_t に収束するという主張を証明することである．

この議論をしていくために，初めにブラウン運動を特徴づける性質を記しておく．ブラウン運動 B_t はある確率空間 (Ω, P) を使って定義される．ここで P は確率測度で，今後 ω により Ω の元を表す．各 t, $0\leq t<\infty$ に対して，関数 B_t は Ω 上で定義され，$\mathbb{R}^d$ に値をとるものとする．**ブラウン運動** $B_t=B_t(\omega)$ はほとんどいたるところで $B_0(\omega)=0$ であり，さらに次をみたすものと仮定される．

B−1　増分は独立である．すなわち，$0\leq t_1<t_2<\cdots<t_k$ のとき，B_{t_1}, $B_{t_2}-B_{t_1}$, $\cdots$, $B_{t_k}-B_{t_{k-1}}$ は互いに独立である．

B−2　$0\leq t<\infty$ に対して，増分 $B_{t+h}-B_t$ は共分散が hI で，平均が 0 [2)] のガウス分布に従う．ここで I は $d\times d$ の単位行列である．

B−3　ほとんどすべての $\omega\in\Omega$ に対して，路 $t\longmapsto B_t(\omega)$ は $0\leq t<\infty$ で連続である．

特に B_t は平均 0，共分散 tI の正規分布であることに注意する．

さて，この過程は確率空間 Ω を自然に選ぶならば標準的な方法で実現できることがわかる．その確率空間は $\mathbb{R}^d$ 内の連続な路で原点を出発点とするようなものの全体であり，これを $\mathcal{P}$ によって表す．つまり，$[0,\infty)$ から $\mathbb{R}^d$ への連続関数

---

2)　前章の記法に従って，増分は分布 ν_{hI} をもつ．

$t \longmapsto \mathsf{p}(t)$ で $\mathsf{p}(0) = 0$ をみたすものからなっている．

仮定 B－3 より，ほとんどすべての $\omega \in \Omega$ に対して関数 $t \longmapsto B_t(\omega)$ はそのような連続的な路であり，ある包含写像 $i : \Omega \longmapsto \mathcal{P}$ を与え，それから確率測度 P は，後で見るように，$\mathcal{P}$ [3] 上のある対応する測度 W （「ウィーナー測度」）を与える．

実際は，空間 $\mathcal{P}$ とその上の確率測度 W から始めて，この議論の論理を逆にたどることができる．この方法により，$\mathcal{P}$ 上の過程 $\widetilde{B}_t$ を

$$\widetilde{B}_t(\mathsf{p}) = \mathsf{p}(t) \tag{3}$$

により定義することができる．このとき，$\mathcal{P}$ 上の測度 W が**ウィーナー測度**であるとは，(3) により定義される過程 $\widetilde{B}_t$ が B－1, B－2, B－3 に記したブラウン運動の性質をみたすことである．よってウィーナー測度の存在が，ブラウン運動の存在と同義になる．そこで，ウィーナー測度の構成に焦点をあて，$\widetilde{B}_t$ の表記を変えて，B_t により表す．さらに $\mathcal{P}$ 上のこのようなウィーナー測度の一意性を示し，ウィーナー測度がいくつかのもののうちの一つではなく，一個の固有なものとして話を進める．

さて，ランダム・ウォークとそれらを (1) で与えられたスケール変換したものに戻ろう．すでに $x \in \mathbb{Z}_{2d}^{\infty}$ に対して，$0 \leq t < \infty$ 上の連続な路 $t \longmapsto S_t^{(N)}(x)$ を定義した．それゆえ $\mathbb{Z}_{2d}^{\infty}$ 上の確率測度 m は，$\mathcal{P}$ 上の確率測度 μ_N を，$\mathcal{P}$ に属する路のボレル部分集合 A に対して

$$\mu_N(A) = m(\{x \in \mathbb{Z}_{2d}^{\infty} : S_t^{(N)}(x) \in A\})$$

とすることにより導入される．ここでの最終目標は次の主張である．

測度 μ_N はウィーナー測度 W に $N \to \infty$ のときに弱収束する．

これは (2) における収束がほとんどすべての点での収束のようなものを主張しているのではなく，誘導された測度 [4] の収束という概念により，外見上本質的に弱い命題を主張しているに過ぎない．

---

3) より正確には，包含 i は Ω の全測度をもつ部分集合上で定義される．

4) $S_t^{(N)}$ と B_t は異なる確率空間上で定義されるので，同一空間の点に関する概収束としては意味がない．また $S_t^{(N)}$ に対する折れ線については，$\mathcal{P}$ の W－測度 0 の部分集合であることにも注意しておく．

2. 技術的な準備

$\mathcal{P}$ により $[0, \infty)$ から $\mathbb{R}^d$ への連続な路 $t \longmapsto \mathsf{p}(t)$ で $\mathsf{p}(0) = 0$ なるものの集まりを表し，$\mathcal{P}$ にはある距離で，それによる収束が $[0, \infty)$ のコンパクト部分集合上の一様収束と同値なものであるようなものを付与する．

$\mathcal{P}$ に属する二つの路 p と p' に対して，

$$d_n(\mathsf{p}, \mathsf{p}') = \sup_{0 \le t \le n} |\mathsf{p}(t) - \mathsf{p}'(t)|$$

とおき，

$$d(\mathsf{p}, \mathsf{p}') = \sum_{n=1}^{\infty} \frac{1}{2^n} \frac{d_n(\mathsf{p}, \mathsf{p}')}{1 + d_n(\mathsf{p}, \mathsf{p}')}$$

とおく．d が $\mathcal{P}$ 上の距離であることは容易に証明できる．ここでは d の簡単な性質を記しておく．証明は読者に委ねる．

- $k \to \infty$ のとき，$d(\mathsf{p}_k, \mathsf{p}) \to 0$ であるのは，$[0, \infty)$ の任意のコンパクト部分集合上で一様に $\mathsf{p}_k \to \mathsf{p}$ となるとき，かつそのときに限る．
- 空間 $\mathcal{P}$ は距離 d に関して完備である．
- $\mathcal{P}$ は可分である．

（練習 2 を参照.）

次に $\mathcal{P}$ の**ボレル集合** $\mathcal{B}$ を考える．これは開集合から生成される $\mathcal{P}$ の部分集合からなる σ – 代数である．$\mathcal{P}$ は可分であるから，σ – 代数 $\mathcal{B}$ は $\mathcal{P}$ の開球から生成される σ – 代数と同じものである．

$\mathcal{B}$ に属する初等的な集合で有用なクラスの一つであるシリンダー状集合は次のように定義される．数列 $0 \le t_1 \le t_2 \le \cdots \le t_k$ と $\mathbb{R}^{dk} = \mathbb{R}^d \times \cdots \times \mathbb{R}^d$（$\mathbb{R}^d$ の項が k 個）内のボレル集合 A に対して，

$$\{\mathsf{p} \in \mathcal{P} : (\mathsf{p}(t_1), \mathsf{p}(t_2), \cdots, \mathsf{p}(t_k)) \in A\}$$

を**シリンダー状集合**という [5]．このような集合（ただし k はすべての正の整数，A は $\mathbb{R}^{dk}$ のすべてのボレル集合にわたる）により生成される $\mathcal{P}$ の σ – 代数を $\mathcal{C}$ により表す．

補題 2.1　σ – 代数 $\mathcal{C}$ はボレル集合からなる σ – 代数 $\mathcal{B}$ と同じものである．

---

5)　この用語は，直積空間に現れる「シリンダー集合」と区別するために使う．

証明　$\mathcal{O}$ が $\mathbb{R}^{dk}$ のある開集合であるとき，明らかに

$$\{\mathsf{p} \in \mathcal{P} : (\mathsf{p}(t_1), \mathsf{p}(t_2), \cdots, \mathsf{p}(t_k)) \in \mathcal{O}\}$$

は $\mathcal{P}$ における開集合であり，したがってこの集合は $\mathcal{B}$ に属する．その結果，シリンダー状集合は $\mathcal{B}$ に属し，よって $\mathcal{C} \subset \mathcal{B}$ である．

逆の包含関係を見るため，次のことに注意しておく．任意に固定された n と a と与えられた路 p_0 に対して，集合 $\{\mathsf{p} \in \mathcal{P} : \sup_{0 \le t \le n} |\mathsf{p}(t) - \mathsf{p}_0(t)| \le a\}$ は，これに対応する集合で，ただし $[0, n]$ 内の t を有理数に制限して上限をとったものと同じであるから，この集合は $\mathcal{C}$ に属する．これより任意の $\delta > 0$ に対して，球 $\{\mathsf{p} \in \mathcal{P} : d(\mathsf{p}, \mathsf{p}_0) < \delta\}$ が $\mathcal{C}$ 内にあることを示すのはそれほど難しいことではない．開球は $\mathcal{B}$ を生成しているので，$\mathcal{B} \subset \mathcal{C}$ が得られ，補題が証明された． ∎

さて，$\mathcal{P}$ 上のいろいろな確率測度を考えていくが，以下ではこれらは常に**ボレル測度**，つまり $\mathcal{P}$ のボレル部分集合族 $\mathcal{B}$ 上で定義されているものと仮定する．このような測度 μ と任意に選んだ $0 \le t_1 \le t_2 \le \cdots \le t_k$ に対して，μ の**断面** $\mu^{(t_1, t_2, \cdots, t_k)}$ を，$\mathbb{R}^{dk}$ の任意のボレル集合 A に対して

$$\mu^{(t_1, t_2, \cdots, t_k)}(A) = \mu(\{\mathsf{p} \in \mathcal{P} : (\mathsf{p}(t_1), \mathsf{p}(t_2), \cdots, \mathsf{p}(t_k)) \in A\}) \tag{4}$$

により与えられる $\mathbb{R}^{dk}$ 上の測度と定義する．

補題 2.1 と前章の練習 4 より，$\mathcal{P}$ 上の二つの測度 μ と ν は，すべての $0 \le t_1 \le t_2 \le \cdots \le t_k$ に対して $\mu^{(t_1, t_2, \cdots, t_k)} = \nu^{(t_1, t_2, \cdots, t_k)}$ であれば等しい．なぜなら，μ と ν はすべてのシリンダー状集合上で一致することになる（そして二つのシリンダー状集合の共通部分はまたシリンダー状集合になる）からである．この逆，つまり $\mu = \nu$ ならばそれらのすべての断面が等しいことは明らかに正しい．

$\mathcal{P}$ 上のある測度の列 $\{\mu_N\}$ について，この列が**弱収束**するかどうか，すなわちある確率測度 μ が存在し，任意の $f \in C_b(\mathcal{P})$ に対して

$$\int_{\mathcal{P}} f \, d\mu_N \to \int_{\mathcal{P}} f \, d\mu, \qquad N \to \infty \tag{5}$$

となるかどうかを考えていくことにしよう．ただしここで $C_b(\mathcal{P})$ は $\mathcal{P}$ 上の連続な有界関数からなる集合を表す．

ここで扱っている距離空間 $\mathcal{P}$ に固有の特長は，$\mathcal{P}$ が $\sigma-$コンパクトではないということであり，このことは (5) に関してある種のコンパクト性の議論を適用

することを妨げている．（練習3を見よ．）このため，次にあげるプロコロフの補題が重要になる．

X を距離空間とする．$\{\mu_N\}$ を X 上の確率測度の列とし，この列が**緊密**とする．緊密とは，各 $\varepsilon > 0$ に対して，あるコンパクト集合 $K_\varepsilon \subset X$ が存在し，すべての N に対して

$$\mu_N(K_\varepsilon^c) \le \varepsilon \tag{6}$$

が成り立つということである．言い換えれば，すべての N に対して測度 μ_N が K_ε に少なくとも $1-\varepsilon$ の確率を付与しているということである．

補題 2.2　$\{\mu_N\}$ が緊密であるとき，ある部分列 $\{\mu_{N_k}\}$ が存在し，これが X 上である確率測度 μ に弱収束している．

証明　(6) において，$\varepsilon = 1/m$ として現れるコンパクト集合 $K_{1/m}$ に対して，関数のある可算集合 $\mathcal{D}_m \subset C_b(X)$ として

(i)　$g \in \mathcal{D}_m$ に対し，$g|_{K_{1/m}}$ としたものは $C(K_{1/m})$ で稠密である．
(ii)　$g \in \mathcal{D}_m$ ならば $\sup_{x\in X} |g(x)| = \sup_{x\in K_{1/m}} |g(x)|$．

をみたすものを構成する．$\mathcal{D}_m$ は次のようにして得られる．$K_{1/m}$ はコンパクトであるから，$K_{1/m}$ も $C(K_{1/m})$ も可分である．（練習4参照．）さて，$\{g'_\ell\}$ が $C(K_{1/m})$ の可算で稠密な部分集合であるとき，$K_{1/m}$ 上で定義されている各 g'_ℓ を，ティーツェの拡張原理で X 上の連続関数 g_ℓ に拡張することができる．（練習5参照．）この結果得られる関数の集合を $\mathcal{D}_m$ とする．

さて，$\mathcal{D} = \bigcup_{m=1}^{\infty} \mathcal{D}_m$ は $C_b(X)$ 内の関数の可算集合であるから，通常の対角線論法を使って，測度の列 $\{\mu_N\}$ のある部分列で，ただしその部分列の番号を付け替えて改めて $\{\mu_N\}$ とすると，各 $g \in \mathcal{D}$ に対して，$N \to \infty$ としたとき

$$\mu_N(g) = \int g\, d\mu_N$$

がある極限に収束するようなものを見出すことができる．

次に $f \in C_b(X)$ を固定し，

$$\mu_N(f) = \mu_N(f-g) + \mu_N(g)$$

としておく．いま，任意に与えられた m に対して，$g \in \mathcal{D}_m$ を $x \in K_{1/m}$ のと

き，$|(f-g)(x)| \leq 1/m$ となるように見つけることができる．したがって，$\|\cdot\|$ で X 上の上限ノルムを表すと，

$$|\mu_N(f-g)| \leq \int_{K_{1/m}} |f-g|\, d\mu_N + \int_{K_{1/m}^c} |f-g|\, d\mu_N$$
$$\leq \frac{1}{m} + \frac{1}{m}\|f-g\|$$
$$\leq \frac{1}{m} + \frac{1}{m}\left(2\|f\| + \frac{1}{m}\right)$$

であるが，ただしここで上述の (ii) を用いた．このことから明らかに

$$\limsup_{N\to\infty} \mu_N(f) - \liminf_{N\to\infty} \mu_N(f) = O(1/m)$$

であり，m は任意であったから，極限 $\lim_{N\to\infty} \mu_N(f)$ が存在するという結論になる．これより $C_b(X)$ 上の線形汎関数 ℓ が

$$\ell(f) = \lim_{N\to\infty} \mu_N(f)$$

により定義される．さて，ℓ が第 1 章の定理 7.4 の仮定をみたすことに注意する．実際，与えられた $\varepsilon > 0$ に対して，K_ε を緊密の定義におけるものとすると，

$$|\mu_N(f)| \leq \int_{K_\varepsilon} |f|\, d\mu_N + \int_{K_\varepsilon^c} |f|\, d\mu_N$$

であり，したがって不等式 (6) から

$$|\mu_N(f)| \leq \sup_{x\in K_\varepsilon} |f(x)| + \varepsilon\|f\|$$

が導かれ，よって同様の評価が $\ell(f)$ に対しても成り立ち，第 1 章の関連した定理の (21) の仮定がみたされる．このことから，線形汎関数 ℓ がある測度 μ により表現可能で，すべての $f \in C_b(X)$ に対して $\mu_N(f) \to \mu(f)$ を得るから，弱収束 $\mu_N \to \mu$ が示される． ∎

系 2.3　確率測度の列 $\{\mu_N\}$ が緊密であり，各 $0 \leq t_1 \leq t_2 \leq \cdots \leq t_k$ に対して，$N \to \infty$ のとき測度 $\mu_N^{(t_1,\cdots,t_k)}$ がある測度 $\mu_{t_1,\cdots,t_k}$ に弱収束するものとする．このとき，列 $\{\mu_N\}$ はある測度 μ に弱収束し，さらに $\mu^{(t_1,\cdots,t_k)} = \mu_{t_1,\cdots,t_k}$ である．

証明　まず補題 2.2 より，ある測度 μ に弱収束するような，ある部分列 $\{\mu_{N_m}\}$ が存在する．次に $\mu_{N_m}^{(t_1,\cdots,t_k)} \to \mu^{(t_1,\cdots,t_k)}$ が弱収束する．実際，$\pi^{t_1,t_2,\cdots,t_k}$ が

$\mathsf{p} \in \mathcal{P}$ に点 $(\mathsf{p}(t_1), \mathsf{p}(t_2), \cdots, \mathsf{p}(t_k)) \in \mathbb{R}^{kd}$ を対応させる $\mathcal{P}$ から $\mathbb{R}^{kd}$ への連続写像であるとき，定義により任意のボレル集合 $A \subset \mathbb{R}^{dk}$ に対して $\mu^{(t_1,\cdots,t_k)}(A) = \mu((\pi^{t_1,\cdots,t_k})^{-1}(A))$ である．結局，任意の $f \in C_b(\mathbb{R}^{dk})$ に対して

$$\int_{\mathbb{R}^{dk}} f\, d\mu^{(t_1,\cdots,t_k)} = \int_{\mathcal{P}} (f \circ \pi^{t_1,\cdots,t_k})\, d\mu$$

であり，同様の等式が μ を μ_{N_m} に置き換えても成り立つ．このことと，μ_{N_m} が μ に弱収束していることから，$\mu^{(t_1,\cdots,t_k)} = \mu_{t_1,\cdots,t_k}$ が成り立つ．

さて，部分列でなく全部の列 $\{\mu_N\}$ が μ に弱収束しなければならないことを見ていこう．もしそうでないと仮定する．このとき，ある別の列 $\mu_{N'_n}$ と $\mathcal{P}$ 上のある有界連続関数 f が存在し，$\int f\, d\mu_{N'_n}$ が $\int f\, d\mu$ に等しくない極限に収束する．補題 2.2 をもう一度使って，さらに部分列 $\{\mu_{N''_n}\}$ とある測度 ν が存在し，$\mu_{N''_n}$ が ν に弱収束するが，$\nu \neq \mu$ である．しかし先の議論により，すべての $0 \leq t_1 \leq t_2 \leq \cdots \leq t_k$ に対して $\nu^{(t_1,\cdots,t_k)} = \mu^{(t_1,\cdots,t_k)}$ である．それゆえ $\nu = \mu$ であり，$\int f\, d\mu = \int f\, d\nu$ である．この矛盾により系の証明がなされた．

∎

この補題とその系を使う際には，路の空間 $\mathcal{P}$ の適切な部分集合 K がコンパクトであることの証明が必要になる．次の補題は，K が閉であるときにこれについてある十分条件を与えている．（必要であることも証明できる．練習 6 を見よ．）

補題 2.4　閉集合 $K \subset \mathcal{P}$ がコンパクトであるのは，各正数 T に対し，$h \in (0, 1]$ に対して定義された正値有界関数 $h \longmapsto w_T(h)$ で，$h \to 0$ のとき $w_T(h) \to 0$ なるものが存在し，

$$\sup_{\mathsf{p} \in K} \sup_{0 \leq t \leq T} |\mathsf{p}(t+h) - \mathsf{p}(t)| \leq w_T(h), \qquad h \in (0,1] \tag{7}$$

が成り立つときである．

条件 (7) は，K 上の関数が区間 $[0, T]$ で同程度連続であることを示している．なので，この補題は本質的にはアルツェラ－アスコリの判定法から導かれる．（この判定法は，第 II 巻の第 8 章第 3 節におけるある特別な設定で使われたことを想起してほしい．）

3. ブラウン運動の構成

さて，次をみたす $\mathcal{P}$ 上の確率測度 W の存在を証明しよう．確率空間 $(\mathcal{P}, W)$ 上の過程 B_t を

$$B_t(\mathsf{p}) = \mathsf{p}(t), \qquad \mathsf{p} \in \mathcal{P}$$

により定義すると，B_t は本章の初めに列記したブラウン運動を定義する性質 B–1，B–2，B–3 をみたす（ただし (Ω, P) の代わりに $(\mathcal{P}, W)$ を考える）．もしこのような W の存在が保証されたとすると，$W^{(t_1,t_2,\cdots,t_k)}$ が $(B_{t_1}, \cdots, B_{t_k})$ の分布測度になっている．それゆえ第 5 章の練習 8 より，この分布測度が性質 B–1 と B–2 により決定される．ゆえに，補題 2.1 の後で注意したように，このデータでウィーナー測度 W が一意的に決まる．

W を構成するために，本章の最初で議論した確率空間 $(\mathbb{Z}_{2d}^\infty, m)$ 上のランダム・ウォーク $\{s_n\}$ に戻ろう．いま，各 $x \in \mathbb{Z}_{2d}^\infty$ に対して (1) により与えられた路 $t \longmapsto S_t^{(N)}(x)$ がある．これは単射 $i_N : \mathbb{Z}_{2d}^\infty \to \mathcal{P}$ を与えている．$\mathcal{P}_N$ が i_N の像（ランダム・ウォークの路を $N^{-1/2}$ でスケールしたものの集まり）を表すとき，$\mathcal{P}_N$ は明らかに $\mathcal{P}$ の閉部分集合である．i_N を経由して，$\mathbb{Z}_{2d}^\infty$ 上の直積測度 m が $\mathcal{P}_N$ に台をもつような $\mathcal{P}$ 上の確率ボレル測度 μ_N を等式 $\mu_N(A) = m(i_N^{-1}(A \cap \mathcal{P}_N))$ により誘導する．（$i_N^{-1}(A \cap \mathcal{P}_N)$ は A が $\mathcal{P}$ におけるシリンダー状集合のとき，直積空間 $\mathbb{Z}_{2d}^\infty$ におけるシリンダー集合になっている．）

定理 3.1 $\mathcal{P}$ 上の測度 μ_N は $N \to \infty$ のときある測度に弱収束している．この極限がウィーナー測度 W である．

この証明は 2 段に分かれている．第 1 段は，測度の列 μ_N が緊密の条件をみたすことを示すもので，少し入り組んでいる．第 2 段は，μ_N がウィーナー測度に収束することで，より直接的な議論である．第 2 段階は中心極限定理に基づいたものとなっている．

第 1 段では，次の補題が鍵となる．これは前章で扱った独立な確率変数の和のマルチンゲール性の帰結である．スケールしていないランダム・ウォーク

$$s_n(x) = \sum_{1 \le k \le n} \mathfrak{r}_k(x)$$

を考える．これは (1) の $S_t^{(N)}$ において，$N=1$, $t=n$ としたものである．

補題 3.2　$\lambda \to \infty$ のとき，任意の $p \geq 2$ に対して

$$\sup_{n\geq 1} m(\{x : \sup_{k\leq n} |s_k(x)| > \lambda n^{1/2}\}) = O(\lambda^{-p}) \tag{8}$$

が成り立つ．

注意　次に述べる最初の応用では，$p>2$ となるある p に対して結論が得られれば十分である．

この補題を証明するために，前章のマルチンゲールの最大定理（練習問題 29, (b) で得た形の定理 2.10）を次に定義する停止時間の列 $\{s_k'\}$ に応用する．s_k' は $k \leq n$ ならば $s_k' = s_k$，$k \geq n$ ならば $s_k' = s_n$，そして $s_\infty' = s_n$ と定義される．$s_n^* = \sup_{k\leq n} |s_k| = \sup_k |s_k'|$ とすると，

$$m(\{x : s_n^* > \alpha\}) \leq \frac{1}{\alpha} \int_{|s_n|>\alpha} |s_n|\, dm \tag{9}$$

を得る．両辺に $p\alpha^{p-1}$ を掛けて積分すると，第 2 章の 4.1 節で用いたそれと同様の議論で，

$$\int (s_n^*)^p dm \leq \frac{p}{p-1} \int |s_n|^p\, dm$$

が導かれる．前章の補題 1.8 のヒンチンの不等式で，練習 10 で述べたより一般的な場合に適用されたものが

$$\int |s_n|^p\, dm \leq A \left(\int |s_n|^2\, dm \right)^{p/2}$$

を与える．よって

$$m(\{s_n^* > \alpha\}) \leq \frac{1}{\alpha^p} \|s_n^*\|_{L^p}^p \leq \frac{A'}{\alpha^p} \|s_n\|_{L^2}^p$$

となる．$\alpha = \lambda n^{1/2}$ とおき，$\|s_n\|_{L^2} = n^{1/2}$ であることを想起すれば，補題の証明を完了する．

さて，列 $\{\mu_N\}$ がある測度 μ に弱収束することを証明しよう．このために系 2.3 を用いるが，まず列 $\{\mu_N\}$ が緊密であること，すなわち，任意の $\varepsilon > 0$ に対して，$\mathcal{P}$ のあるコンパクト部分集合 K_ε で，すべての N に対して $\mu_N(K_\varepsilon^c) \leq \varepsilon$ をみたすものが存在することを示すことから始める．

この目的のため，補題2.4に頼ることにし，まず $T=1$ の設定で考える．この定理の証明の残りの部分を通して，$0<a<1/2$ を固定する．このとき，与えられた ε について，十分大きな定数 c_1 を

$$(10)\qquad m(\{x: \text{ある } \delta\le 1 \text{ に対し，} \sup_{0\le t\le 1,\,0\le h\le\delta} |S_{t+h}^{(N)}-S_t^{(N)}|>c_1\delta^a\})\le\varepsilon$$

となるように選べることを見ていく．これより，

$$\mathcal{K}^{(1)}=\{x: \text{すべての } \delta\le 1 \text{ に対し，} \sup_{0\le t\le 1,\,0\le h\le\delta} |S_{t+h}^{(N)}-S_t^{(N)}|\le c_1\delta^a\}$$

と

$$K^{(1)}=\{\mathsf{p}: \text{すべての } \delta\le 1 \text{ に対し，} \sup_{0\le t\le 1,\,0\le h\le\delta} |\mathsf{p}(t+h)-\mathsf{p}(t)|\le c_1\delta^a\}$$

を定義すると，$m((\mathcal{K}^{(1)})^c)=\mu_N((K^{(1)})^c)\le\varepsilon$ である．このとき，(7) が $K=K^{(1)}$，$T=1$，$w_1(\delta)=c_1\delta^a$ で成り立っていることにも注意する．ゆえに $K^{(1)}$ はコンパクトである．

(10) を証明するにあたって，まずこの集合の類似物として，ある非負整数 k について $\delta=2^{-k}$ の形の δ を固定したものを考える．そして区間 $[0,1]$ を 2^k+1 個の分割点 $\{t_j\}$ で分割する．ただし $t_j=j\delta=j2^{-k}$，$0\le j\le 2^k$ である．次に $[0,1+\delta]$ 上の任意の関数 f に対して

$$\sup_{0\le t\le 1,\,0\le h\le\delta} |f(t+h)-f(t)|\le 2\max_j\{\sup_{0\le h\le\delta} |f(t_j+h)-f(t_j)|\}$$

であることに注意する．よって $f(t)=S_t^{(N)}$ とすると，任意の固定された $\sigma>0$ に対して

$$m(\{\sup_{0\le t\le 1,\,0\le h\le\delta} |S_{t+h}^{(N)}-S_t^{(N)}|>\sigma\})\le\sum_{j=0}^{2^k} m\left(\left\{\sup_{0\le h\le\delta} |S_{t_j+h}^{(N)}-S_{t_j}^{(N)}|>\frac{\sigma}{2}\right\}\right)$$

である．しかし，$m(\{x: \sup_{0\le h\le\delta} |S_{t_j+h}^{(N)}-S_{t_j}^{(N)}|>\sigma/2\})$ は t_j を 0 に置き換えた同じものと等しい，つまり，

$$m\left(\left\{x: \sup_{0\le h\le\delta} |S_h^{(N)}|>\frac{\sigma}{2}\right\}\right)$$

と等しい．そしてこれ自身は，$m(\{x: \sup_{n\le\delta N} |s_n(x)|>(\sigma/2)N^{1/2}\})$ と等しい．これらの主張は定義 (1) とランダム・ウォークの「定常性」，すなわち，すべての $m\ge 1$ と $n\ge 0$ に対して，$(\mathfrak{r}_m,\mathfrak{r}_{m+1},\cdots,\mathfrak{r}_{m+n})$ の結合確率分布が m につい

て独立であることから従う．（$\{\mathfrak{r}_n\}$ は前章の 2.6 節で定義されたもの．）

よって $\lambda = \sigma/(2\delta^{1/2})$ にとると，$N^{1/2}\dfrac{\sigma}{2} = \lambda(\delta N)^{1/2}$ であり，補題 3.2 より

$$m(\{x : \sup_{0\le t\le 1,\, 0\le h\le\delta} |S_{t+h}^{(N)} - S_t^{(N)}| > \sigma\}) = O\left(\frac{1}{\delta}\left(\frac{\sigma}{2\delta^{1/2}}\right)^{-p}\right)$$

である．ここで p は随意なものでよい[6]．そこで，固定された $0 < a < 1/2$ について，$\sigma = c_1\delta^a$ とおく．このとき $b = -1 + \left(\dfrac{1}{2} - a\right)p$ として O の項は $O(c_1^{-p}\delta^b)$ となる．したがって，$a < 1/2$ であるから，p を十分大きくとれば，b は真に正であり，そのように p を固定する．まとめると，$\delta = 2^{-k}$ として，

$$m(\{x : \sup_{0\le t\le 1,\, 0\le h\le\delta} |S_{t+h}^{(N)} - S_t^{(N)}| > c_1\delta^a\}) = O(c_1^{-p}2^{-kb})$$

が証明された．さて，$0 < \delta \le 1$ となるどの δ もある整数 $k \ge 0$ について，2^{-k+1} と 2^{-k} の間にある．それゆえ，対応する集合の和集合をとり，それらの測度を（k に関して）加えれば，全測度が $O(c_1^{-p})$ であることを得るが，c_1 を十分大きくとれば，それは ε より小さくなる．このようにして，求める結論 (10) が得られる．

同様の方法で，この結果の次のような類似を証明することができる．任意の $T > 0$ と $\varepsilon_T > 0$ に対して，十分大きなある定数 c_T が存在し，$m((\mathcal{K}^{(T)})^c) \le \varepsilon_T$ をみたす．ただしここで

$$\mathcal{K}^{(T)} = \{x : \text{すべての } \delta \le 1 \text{ に対し，} \sup_{0\le t\le T,\, 0\le h\le\delta} |S_{t+h}^{(N)} - S_t^{(N)}| \le c_T\delta^a\}$$

とする．このことは次のように言い換えることができる．もし

$$K^{(T)} = \{\mathsf{p} \in \mathcal{P} : \text{すべての } \delta \le 1 \text{ に対し，} \sup_{0\le t\le T,\, 0\le h\le\delta} |\mathsf{p}(t+h) - \mathsf{p}(t)| \le c_T\delta^a\}$$

とすると，$\mu_N((K^{(T)})^c) = m((\mathcal{K}^{(T)})^c) \le \varepsilon_T$ である．

したがって T が正整数を動くとして，$\varepsilon_n = \varepsilon/2^n$，$K = \bigcap_{n=1}^{\infty} K^{(n)}$ とすると，$\mu_N(K^c) \le \varepsilon$ であり，したがって K のコンパクト性から補題 2.4 より列 $\{\mu_N\}$ の緊密性が示される．

さて，この測度が弱収束することを示すには，系 2.3 より，各 $0 \le t_1 \le t_2 \le \cdots \le t_k$ に対して測度 $\mu_N^{(t_1,\cdots,t_k)}$ が想定される測度 $W^{(t_1,\cdots,t_k)}$ に弱収束することを示せば十分である．しかしながら中心極限定理（前章の定理 2.17 と後述の練

6)　訳注：補題 3.2 での p の制限はある．

習 1）は $S_{t_j}^{(N)} - S_{t_{j-1}}^{(N)}$ の分布測度がガウス測度 $\nu_{t_j - t_{j-1}}$ に弱収束することを示している（練習 1 参照）．さらに

$$S_{t_\ell}^{(N)} = S_{t_1}^{(N)} + (S_{t_2}^{(N)} - S_{t_1}^{(N)}) + \cdots + (S_{t_\ell}^{(N)} - S_{t_{\ell-1}}^{(N)})$$

であるから，前章の練習 8(a) は確率変数のベクトル $(S_{t_1}^{(N)}, S_{t_2}^{(N)}, \cdots, S_{t_k}^{(N)})$ の分布測度が推定される測度 $W^{(t_1, \cdots, t_k)}$ に $N \to \infty$ とするとき弱収束していることを示している．よって列 $\{\mu_N\}$ はある測度に弱収束し，その測度が求めるウィーナー測度 W であり，定理の証明が完了する．

ここでのブラウン運動の構成は前章 2.6 節で扱った単純なランダム・ウォークのスケーリングの極限によってなされた．しかし，ブラウン運動はより一般のランダム・ウォークの対応するスケーリングとして，次のようにも得られる．

$f_1, \cdots, f_n, \cdots$ を確率空間 (X, m) 上の同分布かつ互いに独立な $\mathbb{R}^d$ 値の 2 乗可積分関数で，それぞれ平均が 0，共分散行列が単位行列であるようなものの列とする．(1) と同様に

$$S_t^{(N)} = \frac{1}{N^{1/2}} \sum_{1 \le k \le [Nt]} f_k + \frac{(Nt - [Nt])}{N^{1/2}} f_{[Nt]+1}$$

と定義し，μ_N を X 上の測度 m から誘導される $\mathcal{P}$ 上の対応する測度とする．このとき結論は $\{\mu_N\}$ がウィーナー測度 W に $N \to \infty$ のとき弱収束することである．

より一般の設定で，この結果は**ドンスカーの不変原理**として知られている．この一般化の証明に必要な修正は問題 2 に概略がある．ブラウン運動への収束のとりわけ著しい例は，f_n として前章の問題 5 で論じた「ランダム・フライト」の過程で現れる $\{f_n\}$ を選ぶときに現れる．

4. ブラウン運動のそのほかの性質

ここではブラウン運動のいくつかの興味深い性質を述べる．一般に，この確率過程を条件 B－1, B－2, B－3 をみたす (Ω, P) 上の抽象的な実現 B_t として考えるか，あるいは W をウィーナー測度とし，その $(\mathcal{P}, W)$ 上の具体的な実現，すなわち ω は p の元と同一視し，$B_t(\omega) = \mathsf{p}(t)$ と考えるのが便利である．この同一視についてのより詳しいことは練習 8 と 9 に見出せる．また，$\mathcal{P}$ のボレル σ－代

数を，W – 測度 0 のボレル集合のすべての部分集合を付加して拡張することも有効になるだろう[7]．

三つの重要な不変性を見ていくことから始める．（ブラウン運動の別の対称性は練習 13 で詳述する．）

定理 4.1　次のものはまたブラウン運動となっている．

(a)　任意に固定された $\delta > 0$ に対する $\delta^{-1/2}B_{t\delta}$．

(b)　$\mathfrak{o}$ が $\mathbb{R}^d$ 上の直交線形変換であるときの $\mathfrak{o}(B_t)$．

(c)　$\sigma_0 \geq 0$ を定数としたときの $B_{t+\sigma_0} - B_{\sigma_0}$．

これらの新しい確率過程がブラウン運動を定義する B – 1, B – 2, B – 3 の条件をみたすことの確認が必要なだけである．定理の主張 (a) は，任意の関数 f に対して，$\delta^{-1/2}f$ の共分散行列が，f の共分散行列に δ^{-1} を掛けたものであることを見ておけば明らかである．主張 (b) もまた，$\mathfrak{o}(f)$ の共分散行列が f のそれと同じであること，そして $f_1, \cdots, f_n, \cdots$ が互いに独立ならば $\mathfrak{o}(f_1), \mathfrak{o}(f_2), \cdots, \mathfrak{o}(f_n), \cdots$ が互いに独立であることを見れば明らかである．最後に (c) はブラウン運動の定義からすぐにわかる．

次の結果はブラウン運動の路の滑らかさに関するものである．結論をいえば，ほとんどすべての路は $a < 1/2$ なる a を指数とするヘルダー連続性をみたす．しかしながら，$a > 1/2$ の場合には不成立である．（これが不成立であることは，臨界的な $a = 1/2$ の場合にまで拡張できる．このことは別に練習 14 で論ずる．）さらに，ほとんどすべての路はいたるところ微分不可能である．これらの結論は下記の定理に含まれている．

定理 4.2　$\mathcal{P}$ 上のウィーナー測度 W について次のことを得る．

(a)　$0 < a < 1/2$, $T > 0$ のとき，W に関してほとんどすべての路 p は

$$\sup_{0 \leq t \leq T,\, 0 < h \leq 1} \frac{|\mathsf{p}(t+h) - \mathsf{p}(t)|}{h^a} < \infty.$$

(b)　一方，$a > 1/2$ のとき，ほとんどすべての路 p について，すべての $t \geq 0$ に対して

---

7)　これは第 III 巻，第 6 章の練習 2 で概説した測度空間の完備化である．

$$\limsup_{h\to 0} \frac{|\mathsf{p}(t+h)-\mathsf{p}(t)|}{h^a} = \infty.$$

最初の結論はブラウン運動の本書で述べた構成に暗に含まれている．実際，$K^{(T)}$ が定理 3.1 の証明に現れる集合とする．このとき，任意の N に対して $\mu_N(K^{(T)}) \geq 1-\varepsilon$ であることがわかった．よって，同様のことが $\{\mu_N\}$ の弱極限に対しても成り立つ．ゆえに $W(K^{(T)}) \geq 1-\varepsilon$ である．しかし，$K^{(T)}$ の定義によりすべての $\mathsf{p} \in K^{(T)}$ に対して (a) の不等式が成り立つ．ε は任意であるから，最初の結論が成り立つ．

2 番目の結論を証明するために，$a > 1/2$ と正の整数 k を $dk(a-1/2) > 1$ となるように固定する．

さて，すべての正整数 n に関して，

$$\sup_{0<h\leq(k+1)/n} \frac{|\mathsf{p}(t_0+h)-\mathsf{p}(t_0)|}{h^a} \leq \lambda \tag{11}$$

をみたすある $t_0 \in [0,\,1]$ が存在するならば，ある整数 j_0，$0 \leq j_0 \leq n-1$ で

$$\max_{1\leq\ell\leq k} \left|\mathsf{p}\left(\frac{j_0+\ell+1}{n}\right) - \mathsf{p}\left(\frac{j_0+\ell}{n}\right)\right| \leq C_k\lambda n^{-a}$$

をみたすものが存在する．ただしここで $C_k = 2(k+1)^a$ である．λ を取り直すことにより，$C_k = 1$ を仮定して証明を続けてよい．それゆえ E_n^λ を (11) が成り立つような路 p の集合とすると，

$$\widetilde{E}_n^\lambda = \bigcup_{j_0=0}^{n-1} \left\{\mathsf{p}\in\mathcal{P} :\ \max_{1\leq\ell\leq k} \left|\mathsf{p}\left(\frac{j_0+\ell+1}{n}\right) - \mathsf{p}\left(\frac{j_0+\ell}{n}\right)\right| \leq \lambda n^{-a}\right\}$$

として，$E_n^\lambda \subset \widetilde{E}_n^\lambda$ である．しかし k 個の集合

$$\left\{\mathsf{p}\in\mathcal{P} :\ \left|\mathsf{p}\left(\frac{j_0+\ell+1}{n}\right) - \mathsf{p}\left(\frac{j_0+\ell}{n}\right)\right| \leq \lambda n^{-a}\right\}, \qquad 1 \leq \ell \leq k$$

は互いに独立であり，またこれらの集合の測度は ℓ と j_0 が動いても同じである．したがって

$$W(\{\mathsf{p}\in\mathcal{P} :\ \max_{1\leq\ell\leq k} \left|\mathsf{p}\left(\frac{j_0+\ell+1}{n}\right) - \mathsf{p}\left(\frac{j_0+\ell}{n}\right)\right| \leq \lambda n^{-a}\})$$

$$= (W\{\mathsf{p}\in\mathcal{P} :\ |\mathsf{p}(1/n)| \leq \lambda n^{-a}\})^k$$

である．したがって $W(E_n^\lambda) \leq W(\widetilde{E}_n^\lambda) = n(W\{\mathsf{p}\in\mathcal{P} :\ |\mathsf{p}(1/n)| \leq \lambda n^{-a}\})^k$ となる．

しかし，前定理のスケーリングの性質 (a) より

$$W\{\mathsf{p} \in \mathcal{P} : |\mathsf{p}(1/n)| \le \lambda n^{-a}\} = W\{\mathsf{p} \in \mathcal{P} : |\mathsf{p}(1)| \le \lambda n^{1/2-a}\}$$

である．しかし $\mathsf{p}(1)$ はその分布測度としてガウス分布をもつ．したがって最後の量は $n \to \infty$ のとき $O(\lambda^d n^{d(1/2-a)})$ である．結果として

$$W(E_n^\lambda) = O(\lambda^{dk} n n^{dk(1/2-a)})$$

であり，$n \to \infty$ のときこれは 0 に収束する．それゆえ各正の λ に対して，(11) が成り立つような p の集合は，$a > 1/2$ であるから $n \to \infty$ のとき 0 に収束するような測度をもつ．これで，定理の (b) の結論が示された．

この時点で，本講義シリーズの巻においていたるところ微分不可能な関数が異なった設定でさまざまな方法で現れたことに注意しておくことは価値があるだろう．最初に第 I 巻において間隙フーリエ級数の特別な例として現れ，次に第 III 巻においてフォン・コッホのフラクタルとして，さらに本巻の第 4 章ではベールのカテゴリー定理による一般的な連続関数として現れ，そして今最後にほとんどすべてのブラウン運動の路として現れた．

最後に注意を一つ．ここで与えた構成を見ると，ほとんどすべてのブラウン運動の路を適切なランダム・ウォークの路の集まり（$N \to \infty$ としたときの $\mathcal{P}_N$ に属する路）の「極限」として考えたくなる．しかしながら，この考え方をどのように正確なものにすればよいのかは明らかではない．それにもかかわらず，定理 3.1 の直接の帰結ではあるが，あまり満足のいかない代替を示す．

$\mathsf{q} \in \mathcal{P}$ を任意に固定された路とする．$\varepsilon > 0$ とし，$0 \le t_1 \le t_2 \le \cdots \le t_n$ が与えられたものとする．q に近い路の開集合

$$\mathcal{O}_\varepsilon = \{\mathsf{p} \in \mathcal{P} : |\mathsf{p}(t_j) - \mathsf{q}(t_j)| < \varepsilon,\ 1 \le j \le n\}$$

を考え，$\mathcal{O}_\varepsilon^{(N)} = \mathcal{O}_\varepsilon \cap \mathcal{P}_N$，すなわち対応するランダム・ウォークの束とする．このとき

$$(12) \qquad m(\{x \in \mathbb{Z}_{2d}^\infty : S_t^{(N)}(x) \in \mathcal{O}_\varepsilon^{(N)}\}) \to W(\mathcal{O}_\varepsilon), \qquad N \to \infty$$

である．実際，(12) は単に主張 $\mu_N(\mathcal{O}_\varepsilon) \to W(\mathcal{O}_\varepsilon)$，$N \to \infty$ の言い換えである．このことは，$W(\overline{\mathcal{O}}_\varepsilon - \mathcal{O}_\varepsilon) = 0$ が容易に確認できるから，練習 7 を用いて，$N \to \infty$ のとき弱収束 $\mu_N \to W$ していることによる．

5. 停止時間と強マルコフ性

この章の目標はディリクレ問題を解く際のブラウン運動が果たす顕著な役割を示すことである．この問題の一般的な設定は次のものである．

$\mathbb{R}^d$ 内の有界な開集合 $\mathcal{R}$ と境界 $\partial\mathcal{R} = \overline{\mathcal{R}} - \mathcal{R}$ 上の連続関数 f が与えられているとする．このとき問題は，$\overline{\mathcal{R}}$ 上連続で，$\mathcal{R}$ 上で調和，すなわち $\Delta u = 0$ であり，境界条件 $u|_{\partial\mathcal{R}} = f$ をみたす関数 u を見出すことである．

この問題とブラウン運動とのつながりは，ある点 $x \in \mathcal{R}$ を固定し，x から出発するブラウン運動，すなわち $B_t^x = x + B_t$ を考えると現れる．各 $\omega \in \Omega$ に対して，ブラウン運動の路 $t \longmapsto B_t^x(\omega)$ が $\mathcal{R}$ を出る最初の時間 $t = \tau(\omega) = \tau^x(\omega)$ を考える（特に $B^x_{\tau(\omega)}(\omega) = B^x_{\tau^x(\omega)}(\omega) \in \partial\mathcal{R}$ である）．

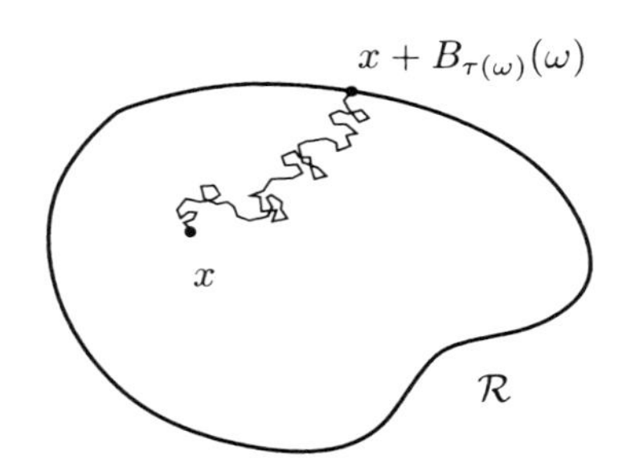

図 1　路 ω，時刻 $\tau = \tau(\omega)$ で外に出る．

このとき，

$$\mu^x(E) = P(\{\omega : B^x_{\tau(\omega)}(\omega) \in E\})$$

により，$\partial\mathcal{R}$ 上の測度 $\mu^x = \mu$ が誘導され（「調和測度」とも呼ばれる），これから問題の解が導かれる．つまり，集合 $\mathcal{R}$ に関する適切な制限のもとに

$$u(x) = \int_{\partial\mathcal{R}} f(y)\, d\mu^x(y), \qquad x \in \mathcal{R}$$

が求める調和関数となる．

さて，関数 $\omega \longmapsto \tau(\omega)$ が「停止時間」であることを見ていくのだが，まずこの概念について論ずることから始める．これは前章の定理 2.10 においてマルチンゲール列に対する最大定理を証明したときに暗に現れていたものである．

5.1 停止時間とブルメンタールの0−1法則

$\{s_n\}_{n=0}^{\infty}$ を確率空間 (X, m) 上の σ−代数の増大列 $\{\mathcal{A}_n\}_{n=0}^{\infty}$ に関するマルチンゲール列であるとする．このとき整数値関数 $\tau : x \longmapsto \tau(x)$ が**停止時間**であるとは，任意の $n \geq 0$ に対して $\{x : \tau(x) = n\} \in \mathcal{A}_n$ となること，あるいはこれと同値だが，すべての n に対して $\{x : \tau(x) \leq n\} \in \mathcal{A}_n$ となることである．

ここで，基本的な事実を記しておく．(たとえば) すべての x に対して $\tau(x) \leq N < \infty$ ならば

$$\int s_{\tau(x)}(x)\,dm = \int s_N(x)\,dm \tag{13}$$

である．実際，左辺は $A_n = \{x : \tau(x) = n\}$ に対して，$\displaystyle\sum_{n=0}^{N} \int_{A_n} s_n(x)\,dm$ である．しかし，マルチンゲール性 (すなわち，前章の (14)) により，$\displaystyle\int_{A_n} s_n(x)\,dm = \int_{A_n} s_N(x)\,dm$ であり，n について和をとると上記の (13) が得られる．

同様にして，部分集合 A に対して，A 上で定義された整数値関数 $x \longmapsto \tau(x)$ が **A に関する停止時間**であるとは，すべての n に対して $\{x \in A : \tau(x) = n\} \subset A_n$ となることである．この場合は $\displaystyle\int_A s_{\tau(x)}(x)\,dm = \int_A s_N(x)\,dm$ である．これが $A = \{x : \sup_{n \leq N} s_n(x) > \alpha\}$ に適用されたとき，本質的に前章の最大不等式 (15) を導く．

マルチンゲールはブラウン運動と関連している．なぜならばマルチンゲールの連続版の一つがブラウン運動だからである．各 $t \geq 0$ に対して，$\mathcal{A}_t$ を $0 \leq s \leq t$ なるすべての関数 B_s で生成される σ−代数，すなわち，すべての $0 \leq s \leq t$ についての $\mathcal{A}_{B_s}$ を含む最小の σ−代数とする[8)]．このとき次を得る．

(a) 任意の列 $0 \leq t_0 < t_1 < \cdots < t_n < \cdots$ に対して，列 $\{B_{t_n}\}_{n=0}^{\infty}$ は σ−代数 $\{\mathcal{A}_{t_n}\}_{n=0}^{\infty}$ に関するマルチンゲールである．

(b) ほとんどすべての ω に対し，路 $B_t(\omega)$ は t に関して連続である．

(a) は前章の命題 2.6 の証明と確率過程 B_t が独立な増分をもち，各 B_t が平均 0 であることから直接従う．また，(b) はブラウン運動の定義で現れた条件 B−3

8) 正確に述べると，$\mathcal{A}_t$ はすべての関数 B_s，$0 \leq s \leq t$ とすべての測度 0 の部分集合とから生成される σ−代数である．前脚注も参照のこと．

のことである.

ここで, 以下において有用になることから, 最大不等式 (9) がすべての $T > 0$ と $\alpha > 0$ に対して

$$P(\{\omega : \sup_{0 \le t \le T} |B_t(\omega)| > \alpha\}) \le \frac{1}{\alpha} \|B_T\|_{L^1} \tag{14}$$

なるブラウン運動の不等式を導くことに注意しておく.

上述の離散の場合に類似して, 非負値関数 $\omega \longmapsto \tau(\omega)$ が, 任意の $t \ge 0$ に対して $\{\omega : \tau(\omega) \le t\} \in \mathcal{A}_t$ であるとき**停止時間**であるという.

さて $\mathcal{R}$ を $\mathbb{R}^d$ の有界な開集合で, 路 $B_t^x(\omega) = x + B_t(\omega)$ の最初の「脱出時間」を

$$\tau(\omega) = \tau^x(\omega) = \inf\{t \ge 0,\ B_t^x(\omega) \notin \mathcal{R}\}$$

として定義する. また「狭義」脱出時間 $\tau_* = \tau_*^x$ を

$$\tau_*^x(\omega) = \inf\{t > 0,\ B_t^x(\omega) \notin \mathcal{R}\}$$

により定義する.

命題 5.1 τ^x と τ_*^x は停止時間である.

τ も τ^* もほとんどいたるところ有限なものとして定義される. なぜならば, ほとんどすべての路は有界開集合 $\mathcal{R}$ を結局は脱出するからである (練習 14 参照).

証明 記号を簡略化するために $x = 0$ とする. 一般の場合は, $\mathcal{R}$ を $\mathcal{R} - x$ に置き換えた状況に帰着される. $\mathbb{R}^d$ 内の任意の開集合 $\mathcal{O}$ に対して $\tau_{\mathcal{O}}(\omega) = \inf\{t \ge 0 : B_t(\omega) \in \mathcal{O}\}$ と定義する. このとき, 測度 0 の集合を除いて

$$\{\tau_{\mathcal{O}}(\omega) < t\} = \bigcup_{r<t} \{B_r(\omega) \in \mathcal{O}\},$$

ここで和集合は指示された範囲の有理数 r 全体にわたるものである. このことは連続な路が時刻 t より前に $\mathcal{O}$ に属すのは, $r < t$ なるある有理数時間 r で $\mathcal{O}$ 内に入っているとき, かつそのときに限るからである. よって $\{\tau_{\mathcal{O}}(\omega) < t\} \in \mathcal{A}_t$ である. 次に $\mathcal{O}_n = \{x : d\,(x, \mathcal{R}^c) < 1/n\}$ とする. $t > 0$ のとき

$$\{\tau(\omega) \le t\} = \bigcap_n \{\tau_{\mathcal{O}_n}(\omega) < t\} \tag{15}$$

である. なぜならば時刻 t に路が $\mathcal{R}$ を脱出するのは, 任意の n に対して, 時刻 t

より前に $\mathcal{O}_n$ に入っているとき，かつそのときに限るからである．ゆえに $t>0$ に対して $\{\tau(\omega)\le t\}\in\mathcal{A}_t$ を得る．しかしながら $\{\tau(\omega)=0\}$ は空集合か Ω であり，それは $x\in\mathcal{R}$ かそうでないかに依存する．よって τ は停止時間である．

$x\in\mathcal{R}$ のときは，すべての ω に対して $\tau_*^x(\omega)=\tau^x(\omega)>0$ であり，一方，$x\notin\overline{\mathcal{R}}$ に対しては $\tau_*^x(\omega)=\tau^x(\omega)=0$ である．ゆえに τ_*^x と τ^x が違うのは x が境界 $\partial\mathcal{R}=\overline{\mathcal{R}}-\mathcal{R}$ 上にあるときにのみ起こりうる．上と同様に，$t>0$ のとき

$$\{\tau_*^x(\omega)\le t\}\in\mathcal{A}_t$$

である．しかし，$\{\tau_*^x(\omega)=0\}\in\bigcap_t\mathcal{A}_t$ である．$\sigma-$代数 $\mathcal{A}_t$ の増大するという特性が与えられているので，$\mathcal{A}_{0+}=\bigcap_t\mathcal{A}_t$ と表すのは自然である．さて，命題は次の補題から導かれる．■

補題 5.2　$\mathcal{A}_{0+}=\mathcal{A}_0$.

この見た目単純な事実の証明は，しかしながら若干迂遠である．この結論，つまりいかなる集合 $A\in\bigcap_{t>0}\mathcal{A}_t$ も自明である（つまり測度が 0 か 1 という）ことは，ブルメンタールの 0–1 法則といわれている．（ある一般化が練習 16 で与えられている．）

この結果として，$\mathcal{R}$ の境界における点 x に対して，対立的な結果を得る．つまり，$\{\tau_*^x(\omega)=0\}$ は測度 0 か 1 である．前者の場合，点 x を境界上の**正則**点と呼ぶ．要するに境界点が正則であるとは，その点を出発するほとんどすべての路が任意の小なる正の時間に対しては $\mathcal{R}$ の外部にあるということである．この性質は $\mathcal{R}$ に対するディリクレ問題で重要な役割を果たす．

補題の証明　$\mathbb{R}^{kd}$ 上の有界連続関数 f と数列 $0\le t_1<t_2<\cdots<t_k$ を固定する．任意の $\delta\ge 0$ に対して

$$f_\delta=f(B_{t_1+\delta}-B_\delta,\,B_{t_2+\delta}-B_{t_1+\delta},\,\cdots,\,B_{t_k+\delta}-B_{t_{k-1}+\delta})$$

とおく．A が $\mathcal{A}_{0+}$ に属する任意の集合であるとき，ある $\delta>0$ に対して $A\in\mathcal{A}_\delta$ である．このとき上記の増分と B_δ との独立性より，

$$\int_A f_\delta\,dP=P(A)\int_\Omega f_\delta\,dP$$

である．それゆえ路の連続性から，$\delta\to 0$ とすると

$$\int_A f_0\,dP = P(A)\int_\Omega f_0\,dP$$

を得る．さて $\mathbb{R}^{kd}$ 上の任意の有界連続関数 g はある別のそのような関数 f により $g(x_1, \cdots, x_k) = f(x_1, x_2 - x_1, \cdots, x_k - x_{k-1})$ の形に表せる．結局

$$\int_A g(B_{t_1}, \cdots, B_{t_k})\,dP = P(A)\int_\Omega g(B_{t_1}, \cdots, B_{t_k})\,dP$$

である．極限をとる議論により，このことは g が $\mathbb{R}^{kd}$ のボレル集合の特性関数のとき成り立つ．それゆえ E がシリンダー状集合であれば $P(A \cap E) = P(A)P(E)$ が成り立つ．このことから前章の練習 4 を用いることにより，任意のボレル集合 E に対して同様の等式を導ける．したがって $P(A) = P(A)^2$ であり，これより $P(A) = 0$ または $P(A) = 1$ となる．A は $\mathcal{A}_{0+}$ の任意の部分集合であるから，補題，また命題も証明された． ∎

注意 最後に以下において重要となる注意をする．それは，停止時間 $\tau^x(\omega)$ が x と ω について両可測ということである．このことは

$$\{(x, \omega) : \tau^x(\omega) > \rho\} = \bigcup_{n=1}^{\infty} \bigcap_{r \le \rho,\, r \in \mathbb{Q}} \{\omega : x + B_r(\omega) \in \mathcal{R}_n\}$$

より得られる．ただし，$\mathcal{R}_n = \{x : d(x, \mathcal{R}^c) > 1/n\}$ である．

5.2 強マルコフ性

σ を（σ–代数 $\{\mathcal{A}_t\}_{t \ge 0}$ に関する）停止時間とする．$\mathcal{A}_\sigma$ をすべての $t \ge 0$ に対して $A \cap \{\sigma(\omega) \le t\} \in \mathcal{A}_t$ であるような集合 A の集まりとする．$\mathcal{A}_\sigma$ が σ–代数であること，$\sigma(\omega)$ が定数で σ_0 に等しいとき $\mathcal{A}_\sigma = \mathcal{A}_{\sigma_0}$ であること，σ が $\mathcal{A}_\sigma$ に関して可測であることに注意する．（練習 18 も参照．）

ディリクレ問題を調べるために停止時間 τ（$\mathcal{R}$ から脱出する最初の時間）に加えて，別の停止時間 σ が必要になる．ブラウン運動が時刻 σ の後に再出発したとき何が起こるかということが，「強マルコフ性」の主題であり，その一つの形が次のものである．

定理 5.3 B_t をブラウン運動とし，σ が停止時間であるとする．このとき

$$B_t^*(\omega) = B_{t+\sigma(\omega)}(\omega) - B_{\sigma(\omega)}(\omega)$$

で定義される確率過程 B_t^* もブラウン運動である．さらに B_t^* は $\mathcal{A}_\sigma$ と独立で

ある.

別の言い方をすれば，あるブラウン運動が時刻 $\sigma(\omega)$ で停止するならば，ちょうどよく再出発した確率過程はまたブラウン運動で，それは過去 $\mathcal{A}_\sigma$ の事象と独立である [9].

証明　$\sigma(\omega)$ が定数，たとえば $\sigma(\omega)=\sigma_0$ であるとき，$B_{t+\sigma_0}-B_{\sigma_0}$ がブラウン運動であることはすでに述べた（定理 4.1 参照）．したがって，定理の主張はこの場合には成り立つ.

次に σ が離散の場合，すなわち，それが可算な値 $\sigma_1<\sigma_2<\cdots<\sigma_\ell<\cdots$ のみをとると仮定する．また $0\le t_1<t_2<\cdots<t_k$ を固定する．便宜的な記法として

$$
\begin{aligned}
\mathbf{B} &= (B_{t_1},\, B_{t_2},\, \cdots,\, B_{t_k})\\
\mathbf{B}^* &= (B^*_{t_1},\, B^*_{t_2},\, \cdots,\, B^*_{t_k})\\
\mathbf{B}^*_\ell &= (B_{t_1+\sigma_\ell}-B_{\sigma_\ell},\, B_{t_2+\sigma_\ell}-B_{\sigma_\ell},\, \cdots,\, B_{t_k+\sigma_\ell}-B_{\sigma_\ell})
\end{aligned}
$$

を用いることにする．ここで太字のベクトルは $\mathbb{R}^{kd}$ に値をとるものである．E を $\mathbb{R}^{kd}$ 内のボレル集合とするとき，

$$\{\omega:\mathbf{B}^*\in E\}=\bigcup_\ell\{\omega:\mathbf{B}^*_\ell\in E,\ \text{かつ}\ \sigma=\sigma_\ell\}$$

である．したがって，

$$\{\omega\,:\,\mathbf{B}^*\in E\}\cap A=\bigcup_\ell(\{\omega\,:\,\mathbf{B}^*_\ell\in E\}\cap A\cap\{\sigma=\sigma_\ell\})$$

であり，明らかに互いに交わらないものの和集合である.

一方，$A\in\mathcal{A}_\sigma$ ならば $A\cap\{\sigma=\sigma_\ell\}\in\mathcal{A}_{\sigma_\ell}$ である．$\sigma=\sigma_\ell$ が常に定数であるという特別な場合により，$\{\omega\,:\,\mathbf{B}^*\in E\}\cap A$ の測度が

$$\sum_\ell P(\mathbf{B}^*_\ell\in E)\,P(A\cap\{\sigma=\sigma_\ell\})$$

に等しい．なぜならば $A\cap\{\sigma=\sigma_\ell\}\in\mathcal{A}_{\sigma_\ell}$ であり，この集合が $\{\mathbf{B}^*_\ell\in E\}$ と独立だからである．しかしながら $P(\mathbf{B}^*_\ell\in E)=P(\mathbf{B}\in E)$ であり，

$$P(\{\omega\,:\,\mathbf{B}^*\in E,\ \omega\in A\})=P(\{\omega\,:\,\mathbf{B}\in E\})P(A) \tag{16}$$

9)　σ が任意の正定数である場合に対応する独立性が「マルコフ」過程の特徴である.

である．そこで $A=\Omega$ の場合に (16) を使って，$\mathbf{B}^*$ がブラウン運動の条件 B−1 と B−2 をみたすことがわかる．また B−3 は明らかである．最後に，任意の $A \in \mathcal{A}_\sigma$ に対して (16) を使って，$\mathbf{B}^*$ の $\mathcal{A}_\sigma$ に対する所望の独立性が与えられる．

一般的な停止時間 σ の場合に移行するのに，停止時間 σ を上記のような可算集合に値をとるような停止時間 $\sigma^{(n)}$ の列 $\{\sigma^{(n)}\}$ で近似する．すなわち

(i) $n \to \infty$ のとき，任意の ω に対して $\sigma^{(n)}(\omega) \searrow \sigma(\omega)$，さらに

(ii) $\mathcal{A}_\sigma \subset \mathcal{A}_{\sigma^{(n)}}$

をみたすようなものである．各 n に対してこれを次のように定義する．$k=1,2,\cdots$ に対して $(k-1)2^{-n} < \sigma(\omega) \leq k2^{-n}$ のときは $\sigma^{(n)}(\omega)=k2^{-n}$，$\sigma(\omega)=0$ のときは $\sigma^{(n)}(\omega)=0$. 性質 (i) は明らかである．次に，各 t に対して $k2^{-n} \leq t < (k+1)2^{-n}$ をみたす k が存在する．このとき $\{\sigma^{(n)} \leq t\} = \{\sigma \leq k2^{-n}\} \in \mathcal{A}_{k2^{-n}} \subset \mathcal{A}_t$ である．それゆえ $\sigma^{(n)}$ は停止時間である．

また $A \in \mathcal{A}_\sigma$ とすると $A \cap \{\sigma^{(n)} \leq t\} = A \cap \{\sigma \leq k2^{-n}\} \in \mathcal{A}_{k2^{-n}} \subset \mathcal{A}_t$ であり，それゆえ $A \in \mathcal{A}_{\sigma^{(n)}}$ である．よって (ii) が示された．

さて，$B_t^{*(n)}$ を σ を $\sigma^{(n)}$ で置き換えたときの B_t^* のアナロジーとし，$\mathbf{B}^{*(n)} = (B_{t_1}^{*(n)}, \cdots, B_{t_k}^{*(n)})$ とする．$A \in \mathcal{A}_\sigma$（このとき $A \in \mathcal{A}_{\sigma^{(n)}}$）とする．このとき離散の場合に証明したことから

$$P(\{\mathbf{B}^{*(n)} \in E,\, \omega \in A\}) = P(\mathbf{B} \in E)P(A)$$

が成り立つ．極限をとって (16) が一般の σ に対して成り立つことが示せる．この極限の議論は前章の練習で使った 2 段階に分けて進められる．はじめに $\mathbf{B}^{*(n)}$ が $\mathbf{B}^*$ に各点収束するから，練習 10 と練習 31 の (d) の部分より，E が開集合のときに (16) が成り立つことが得られる．この等式がすべてのボレル集合 E に対して成り立つことを示すのは，前章の練習 4 を適用すればよい．∎

任意に与えられた停止時間 σ に対して，関数 $\omega \longmapsto B_{\sigma(\omega)}(\omega)$ を B_σ で表す．停止時間を近似する上の議論から，B_σ が $\mathcal{A}_\sigma$ −可測であることがわかる（練習 18 を参照）．

5.3 強マルコフ性の別の形

強マルコフ性の別の形はすべての路上で定義された関数の積分に関するものである．これを詳しく述べるために，若干付加的な概念が必要である．$\widetilde{\mathcal{P}}$ をすべて

の路，すなわち $[0, \infty)$ から $\mathbb{R}^d$ へのすべての連続関数からなる空間とする．空間 $\widetilde{\mathcal{P}}$ は前に考えた原点を出発点とするすべての路からなる $\mathcal{P}$ とは異なる．$\widetilde{\mathcal{P}}$ に属する路 $\widetilde{\mathsf{p}}$ は $\mathsf{p} \in \mathcal{P}$ と $x \in \mathbb{R}^d$ との組 (p, x) として書くことができる．ここで，$\mathsf{p} = \widetilde{\mathsf{p}} - \widetilde{\mathsf{p}}(0)$ であり，$x = \widetilde{\mathsf{p}}(0)$ である．したがって $\widetilde{\mathcal{P}} = \mathcal{P} \times \mathbb{R}^d$ であり，$\widetilde{\mathcal{P}}$ 上の関数 f は $f(\widetilde{\mathsf{p}}) = f_1(\mathsf{p}, x)$ と書ける．ただし f_1 は直積 $\mathcal{P} \times \mathbb{R}^d$ 上の関数である．さらに，$\widetilde{\mathcal{P}}$ は $\mathcal{P}$ と $\mathbb{R}^d$ 上の距離から定義される距離をもち，それに対するボレル部分集合の族を有している．

また，$t \longmapsto B_t(\omega)$ を単に $B_{\boldsymbol{\cdot}}(\omega)$ により表す．同様にして路 $t \longmapsto B_{\sigma(\omega)+t}(\omega)$ は $B_{\sigma(\omega)+\boldsymbol{\cdot}}(\omega)$ と書く．また定理 5.3 に現れる路 $t \longmapsto B_{\sigma(\omega)+t}(\omega) - B_{\sigma(\omega)}(\omega)$ は $B^*_{\boldsymbol{\cdot}}(\omega)$ と表される．これらの定義を使うと，結果は次のようになる．

定理 5.4　f をすべての路の空間 $\widetilde{\mathcal{P}}$ 上の有界ボレル関数とする．このとき

$$
\begin{aligned}
(17)\qquad & \int_\Omega f(B_{\sigma(\omega)+\boldsymbol{\cdot}}(\omega))\,dP(\omega) \\
&\quad = \iint_{\Omega\times\Omega} f(B_{\boldsymbol{\cdot}}(\omega) + B_{\sigma(\omega')}(\omega'))\,dP(\omega)\,dP(\omega').
\end{aligned}
$$

証明　上と同様にして，$f(\widetilde{p}) = f_1(\mathsf{p}, x)$ と表す．このとき，$B_{\sigma(\omega)+t}(\omega) = B^*_t(\omega) + B_{\sigma(\omega)}(\omega)$ であるから，(17) は

$$
\begin{aligned}
(18)\qquad & \int_\Omega f_1(B^*_{\boldsymbol{\cdot}}(\omega),\, B_{\sigma(\omega)}(\omega))\,dP(\omega) \\
&\quad = \iint_{\Omega\times\Omega} f_1(B_{\boldsymbol{\cdot}}(\omega),\, B_{\sigma(\omega')}(\omega'))\,dP(\omega)\,dP(\omega')
\end{aligned}
$$

となる．

はじめに f_1 が $f_1(\mathsf{p}, x) = f_2(\mathsf{p})f_3(x)$ のような積の形 $f_1 = f_2 \cdot f_3$ の場合を考える．このとき (18) の右辺は

$$
\int_\Omega f_2(B_{\boldsymbol{\cdot}}(\omega))\,dP(\omega) \times \int_\Omega f_3(B_{\sigma(\omega')}(\omega'))\,dP(\omega')
$$

である．しかし，定理 5.3 より B^*_t はブラウン運動で，B_t と同じ分布測度をもつので $\int_\Omega f_2(B_{\boldsymbol{\cdot}}(\omega))\,dP(\omega) = \int_\Omega f_2(B^*_{\boldsymbol{\cdot}}(\omega))\,dP(\omega)$ である．また，その定理により保証された独立性（と $B_{\sigma(\omega')}(\omega')$ が $\mathcal{A}_\sigma$－可測であること）より，積

$$
\int_\Omega f_2(B^*_{\boldsymbol{\cdot}}(\omega))\,dP(\omega) \times \int_\Omega f_3(B_{\sigma(\omega')}(\omega'))\,dP(\omega')
$$

は

$$\int_{\Omega} f_2(B^*_{\boldsymbol{\cdot}}(\omega)) f_3(B_{\sigma(\omega)}(\omega))\, dP(\omega)$$

と等しい．これは (18) の左辺である．

一般の f の場合に示すために次のような議論ができる．μ と ν を $\widetilde{\mathcal{P}}$ 上の測度で，f が $\widetilde{\mathcal{P}}$ のボレル集合 E の特性関数のとき，(18) の左辺（(18) の右辺）を $\mu(E)\,(\nu(E))$ とすることにより定める．このとき，すでに証明したことは，$E = E_2 \times E_3$, $E_2 \subset \mathcal{P}$, $E_3 \subset \mathbb{R}^d$ の形のボレル集合に対して $\mu(E) = \nu(E)$ となることを示している．前章の練習 4 により，この等式はこれらの集合から生成される σ－代数，それゆえ $\widetilde{\mathcal{P}}$ のすべてのボレル集合に拡張される．なぜならばこの σ－代数は開集合を含んでいるからである．結局，$\widetilde{\mathcal{P}}$ 上の任意の有界なボレル関数は，ボレル集合の特性関数の有限線形和の有界な各点極限であるから (18) はすべてのこのような $f_1 = f$ に対して成り立つことがわかり，定理が証明される．■

強マルコフ性の最終的な形を与えるが，それはディリクレ問題への応用に直接適用できるものである．これは二つの停止時間 σ と τ に関連する．ただしここで，$\sigma \leq \tau$ であり，τ は有界な開集合 $\mathcal{R}$ の脱出時間である．$B^y_t(\omega) = y + B_t(\omega)$ であり，$\tau^y(\omega) = \inf\{t \geq 0,\ B^y_t(\omega) \notin \mathcal{R}\}$ と定めたことを想起しておいてほしい．**停止過程**を

$$\widehat{B}^y_t(\omega) = y + B_{t \wedge \tau^y(\omega)}(\omega)$$

と定義する．ただし $t \wedge \tau^y(\omega) = \min(t, \tau^y(\omega))$ である．$y = 0$ のときは，定義の上付き y を省く．

定理 5.5 σ と τ をすべての ω に対して $\sigma(\omega) \leq \tau(\omega)$ をみたす停止時間とする．F が $\mathbb{R}^d$ 上の有界ボレル関数のとき，任意の $t \geq 0$ に対して

$$\int_{\Omega} F(\widehat{B}_{\sigma(\omega)+t}(\omega))\, dP(\omega) = \iint_{\Omega \times \Omega} F(\widehat{B}^{y(\omega')}_t(\omega))\, dP(\omega)\, dP(\omega') \tag{19}$$

が成り立つ．ただしここで，$y(\omega') = \widehat{B}_{\sigma(\omega')}(\omega')$ である．

証明 (19) の左辺から始める．これは次のものに等しい．

$$\int_{\tau(\omega) \geq \sigma(\omega)+t} F\left(\widehat{B}_{\sigma(\omega)+t}(\omega)\right)\, dP(\omega) + \int_{\tau(\omega) < \sigma(\omega)+t} F\left(\widehat{B}_{\sigma(\omega)+t}(\omega)\right)\, dP(\omega)$$

$$= \int_{\tau(\omega) \geq \sigma(\omega)+t} F\left(B_{\sigma(\omega)+t}(\omega)\right)\, dP(\omega) + \int_{\tau(\omega) < \sigma(\omega)+t} F\left(B_{\tau(\omega)}(\omega)\right)\, dP(\omega)$$

$$= I_1 + I_2.$$

まず

$$I_1 = \int_\Omega F\left(B_{\sigma(\omega)+t}(\omega)\right)\chi_{\tau(\omega)\geq\sigma(\omega)+t}\,dP(\omega)$$

であることに注意する．路の上の次の実数値関数を考える．

$$f(\widetilde{\mathsf{p}}) = F(\widetilde{\mathsf{p}}(t))\chi_{\tau(\mathsf{p})\geq t}\,.$$

ここで，任意の路 $\widetilde{\mathsf{p}}$ に対して $\tau(\widetilde{\mathsf{p}}) = \inf\{s \geq 0 : \widetilde{\mathsf{p}}(s) \notin \mathcal{R}\}$ なる量を定義する．特に $\widetilde{\mathsf{p}}(\,\cdot\,) = B_{\bullet}(\omega)$ であるときは，$\tau(\widetilde{\mathsf{p}}) = \tau(\omega)$ であることに注意する．与えられた ω に対して，$\widetilde{\mathsf{p}}(\,\cdot\,) = B_{\sigma(\omega)+\bullet}(\omega)$ とおく．このとき

$$f(\widetilde{\mathsf{p}}) = f(B_{\sigma(\omega)+\bullet}(\omega)) = F(B_{\sigma(\omega)+t}(\omega))\chi_{\tau(\omega)-\sigma(\omega)\geq t}$$

である．実際，

$$\tau(B_{\sigma(\omega)+\bullet}(\omega)) = \inf\{s \geq 0 : B_{\sigma(\omega)+s}(\omega) \notin \mathcal{R}\} = \tau(\omega) - \sigma(\omega)$$

となっている．このことは, 路 $B_{\bullet}(\omega)$ が時刻 $\tau(\omega)$ で脱出し, それゆえ路 $B_{\sigma(\omega)+\bullet}(\omega)$ は時刻 $\tau(\omega) - \sigma(\omega)$ で脱出するから成り立つ．ゆえに

$$f(B_{\sigma(\omega)+\bullet}(\omega)) = F(B_{\sigma(\omega)+t}(\omega))\chi_{\tau(\omega)\geq\sigma(\omega)+t}$$

であり，これは I_1 における被積分関数である．そのため (17) を適用して

$$I_1 = \int_\Omega\int_\Omega f(B_{\sigma(\omega')}(\omega') + B_{\bullet}(\omega))\,dP(\omega)\,dP(\omega')$$

を得る．しかし，ここで上記の被積分関数が

$$F(B_{\sigma(\omega')}(\omega') + B_t(\omega))\chi_{\tau(B_{\sigma(\omega')}(\omega')+B_{\bullet}(\omega))\geq t}$$

であることに注意する．I_1 の計算を終わらせるためには, 量 $\tau(B_{\sigma(\omega')}(\omega')+B_{\bullet}(\omega))$ が $\tau^{y(\omega')}(\omega)$ と等しいことに注意すれば十分である．ゆえに

$$\begin{aligned}
I_1 &= \int_\Omega\int_\Omega F(B_{\sigma(\omega')}(\omega') + B_t(\omega))\chi_{\tau^{y(\omega')}(\omega)\geq t}\,dP(\omega)\,dP(\omega') \\
&= \int_\Omega\int_\Omega F(B_t^{y(\omega')}(\omega))\chi_{\tau^{y(\omega')}(\omega)\geq t}\,dP(\omega)\,dP(\omega') \\
&= \int_\Omega\int_\Omega F(\widehat{B_t}^{y(\omega')}(\omega))\chi_{\tau^{y(\omega')}(\omega)\geq t}\,dP(\omega)\,dP(\omega')\,.
\end{aligned}$$

さて，

$$I_2 = \int_\Omega F\left(B_{\tau(\omega)}(\omega)\right)\chi_{\tau(\omega)<\sigma(\omega)+t}\,dP(\omega)$$

により定義される 2 番目の積分 I_2 を見ていく．ここで路の上の実数値関数

$$g(\widetilde{\mathsf{p}}) = F(\widetilde{\mathsf{p}}(\tau(\widetilde{\mathsf{p}})))\chi_{\tau(\widetilde{\mathsf{p}})<t}$$

を定義する．$\widetilde{\mathsf{p}}(\,\cdot\,) = B_{\sigma(\omega)+\boldsymbol{.}}(\omega)$ とおくと

$$g(B_{\sigma(\omega)+\boldsymbol{.}}(\omega)) = F(B_{\tau(\omega)}(\omega))\chi_{\tau(\omega)<\sigma(\omega)+t}$$

である．特性関数 χ に対しては，議論は上と同様である．最初の部分（すなわち $F(\cdots)$ の部分）について，$\tau(\widetilde{\mathsf{p}})$ は 路 $\widetilde{\mathsf{p}}$ の $\mathcal{R}$ の脱出時間を与えており，$\mathsf{p}(\tau(\mathsf{p}))$ は（$\mathbb{R}^d$ 内の）値をとり，そこで路が脱出している．$B_{\sigma(\omega)+\boldsymbol{.}}(\omega)$ も $B_{\boldsymbol{.}}(\omega)$ も（時間がそれぞれ $\tau(\omega)-\sigma(\omega)$ と $\tau(\omega)$ で異なるが）空間の同じ点で脱出するから，上記のことが得られる．それゆえ (17) により

$$I_2 = \int_\Omega \int_\Omega g(B_{\sigma(\omega')}(\omega') + B_{\boldsymbol{.}}(\omega))\, dP(\omega)\, dP(\omega')$$

である．さて，

$$g(B_{\sigma(\omega')}(\omega') + B_{\boldsymbol{.}}(\omega)) = F(B_{\sigma(\omega')}(\omega') + B_{\tau^{y(\omega')}(\omega)}(\omega))\chi_{\tau^{y(\omega')}(\omega)<t}$$

であることに注意する．ゆえに

$$\begin{aligned}
I_2 &= \int_\Omega \int_\Omega g(B_{\sigma(\omega')}(\omega') + B_{\boldsymbol{.}}(\omega))\, dP(\omega)\, dP(\omega') \\
&= \int_\Omega \int_\Omega F(B_{\sigma(\omega')}(\omega') + B_{\tau^{y(\omega')}(\omega)}(\omega))\chi_{\tau^{y(\omega')}(\omega)<t}\, dP(\omega)\, dP(\omega') \\
&= \int_\Omega \int_\Omega F(\widehat{B}_t^{y(\omega')}(\omega))\, \chi_{\tau^{y(\omega')}(\omega)<t}\, dP(\omega)\, dP(\omega').
\end{aligned}$$

よって，この二つの積分 I_1 と I_2 を両方まとめて

$$I_1 + I_2 = \int_\Omega \int_\Omega F(\widehat{B}_t^{y(\omega')}(\omega))\, dP(\omega)\, dP(\omega')$$

が導かれ，(19) の証明が完了する． ∎

最後の注意　議論をほとんど変えずにこの上記の二つの定理の一般化を，(17) と (19) の左辺が Ω の代わりに，$\mathcal{A}_\sigma$ の任意の集合 A 上の積分に一般化することができる．(17) に対応する結果は，条件付き期待値 $\mathbb{E}_{\mathcal{A}_\sigma}$ を使って次のように言い換えることができる．

$$\mathbb{E}_{\mathcal{A}_\sigma}(f(B_{\sigma(\omega)+\boldsymbol{.}})) = \int_\Omega f(B_{\boldsymbol{.}}(\omega) + x)\, dP(\omega)\Big|_{x=B_{\sigma(\omega')}(\omega')}.$$

(19) に対応する結果は，$A \in \mathcal{A}_\sigma$ のとき

$$\int_A F\left(\widehat{B}_{\sigma(\omega)+t}(\omega)\right)\,dP(\omega) = \int_A \int_\Omega F\left(\widehat{B}_t^{y(\omega')}(\omega)\right)\,dP(\omega)\,dP(\omega')$$

である．

6. ディリクレ問題の解

第 5 節の初めに与えた定義を思い出しておこう．ここで $\mathcal{R}$ は $\mathbb{R}^d$ 内の有界な開集合であり，各 $x \in \mathcal{R}$ に対して，μ^x を $\mathcal{R}$ の境界 $\partial\mathcal{R}$ 上の測度で，

$$\mu^x(E) = P(\{\omega : B^x_{\tau^x(\omega)}(\omega) \in E\})$$

により定義されるものである．ただし $\tau^x(\omega)$ は路 $B^x_t(\omega)$ の最初の脱出時間とする．ここで E は $\partial\mathcal{R}$ のボレル集合である．$\partial\mathcal{R}$ 自身は $\mathbb{R}^d$ のコンパクト部分集合である．$\partial\mathcal{R}$ 上の連続関数 f に対して

$$u(x) = \int_{\partial\mathcal{R}} f(y)d\mu^x(y), \qquad x \in \mathcal{R} \tag{20}$$

と定義する．

$$u(x) = \int_\Omega f(x + B_{\tau^x(\omega)}(\omega))\,dP(\omega)$$

であり，5.1 節の最後に述べたように $\tau^x(\omega)$ が x と ω について両可測であるから，u は可測（実際，ボレル可測）である．

主定理は次のものである．

定理 6.1　u を (20) により定義されたものとする．このとき，

(a)　u は $\mathcal{R}$ において調和関数である．

(b)　y が $\partial\mathcal{R}$ の正則点であれば，$x \in \mathcal{R}$ が $x \to y$ のとき $u(x) \to f(y)$ である．

証明　(a) を証明するために，$x \in \mathcal{R}$ を固定し，S を x を中心とする球面で，その内側の閉球が $\mathcal{R}$ に含まれているものとする．平均値の性質

$$u(x) = \int_S u(y)\,dm(y) \tag{21}$$

を示そう．ここで m は球面上の標準的な測度で，全測度が 1 になるように正規化されているものとする．(21) を証明するために，σ を $B^x_t(\omega)$ が S と出会う最初の時間として定義された停止時間とする．

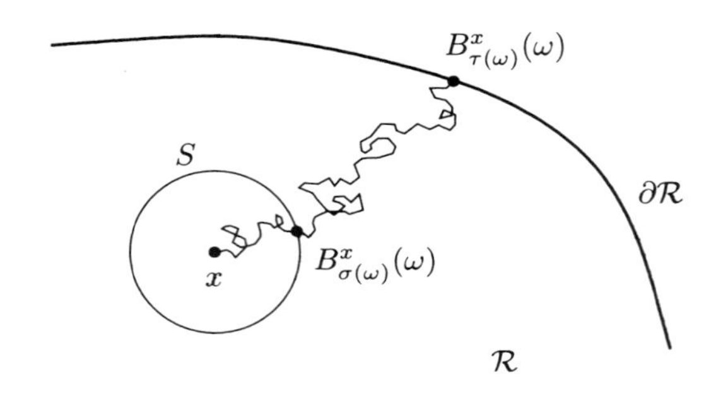

図 2　S で停止され，それから $\partial\mathcal{R}$ で停止されたブラウン運動.

S 上の任意の連続関数 G に対して

$$\int_\Omega G(B^x_{\sigma(\omega_1)}(\omega_1))\,dP(\omega_1) = \int_S G(y)\,dm(y) \tag{22}$$

が成り立つ．これを示すため，$x = 0$ の場合を考える．左辺は S 上の連続関数からなる空間上の連続な線形汎関数を定義することを注意すると，S 上のある測度 μ に対して，$\displaystyle\int_S G(y)\,d\mu(y)$ の形をしている．ブラウン運動の回転不変性より，μ の回転不変性が導かれ，したがって第 III 巻の第 6 章の問題 4 より $\mu = m$ を得る.

$\widehat{B}^x_t = B^x_{t\wedge\tau^x}$ を停止過程とする．$\widehat{B}^x_{\sigma(\omega_1)}(\omega_1) = B^x_{\sigma(\omega_1)}(\omega_1) = y(\omega_1) \in S$ である．なぜならば，x を出発する路は $\partial\mathcal{R}$ に出会う前に S に出会うからである.

さて (19) を使う．F を f の $\mathbb{R}^d$ への任意の有界連続な拡張とし，$t \to \infty$ とすると

$$\iint_{\Omega\times\Omega} F(B^{y(\omega_1)}_{\tau^{y(\omega_1)}(\omega_2)}(\omega_2))\,dP(\omega_2)\,dP(\omega_1) = \int_\Omega F(B^x_{\tau^x(\omega)}(\omega))\,dP(\omega) \tag{23}$$

を得る．(23) の右辺は $u(x)$ であるが，一方左辺は

$$\int_\Omega u(y(\omega_1))\,dP(\omega_1)$$

に等しい．$B^x_{\sigma(\omega_1)}(\omega_1) = y(\omega_1)$ であるから，(22) を $u = G$ について適用でき，

$$\int_\Omega u(y(\omega_1))\,dP(\omega_1) = \int_S u(y)\,dm(y)$$

を導くことができる．これで平均値の等式 (21) の証明が終わり，これより，u が調和であることが得られる．このよく知られた事実の証明の背景にあるアイデアは練習 19 にまとめられている.

(b) を証明するために，まず $y \in \partial\mathcal{R}$ で，y が正則であるとき，

$$(24) \qquad \text{すべての } \delta > 0 \text{ に対して，} \lim_{x \to y,\, x \in \mathcal{R}} P(\{\tau^x > \delta\}) = 0$$

を示す．実際，$\varepsilon > 0$ に対して，$P(\{$ すべての $\varepsilon \le t \le \delta$ に対して，$B_t^x \in \mathcal{R}\})$ は x に関して連続である．なぜならば，B_t が連続であるような各 ω に対して，$\{$ すべての $\varepsilon \le t \le \delta$ に対して，$B_t^x \in \mathcal{R}\}$ の特性関数は ω で，$x \to y$ のとき，$\{$ すべての $\varepsilon \le t \le \delta$ に対して，$B_t^y \in \mathcal{R}\}$ の特性関数に収束する．しかし，関数 $P(\{$ すべての $\varepsilon \le t \le \delta$ に対して，$B_t^x \in \mathcal{R}\})$ は $\varepsilon \searrow 0$ のときに減少する．極限は

$$P(\{\omega : \text{すべての } 0 < t \le \delta \text{ に対して，} B_t^x(\omega) \in \mathcal{R}\}) = P(\{\tau^x > \delta\})$$

であり，それゆえ，これは x に関して上半連続である．したがって，y が正則点であることより $\limsup_{x \to y} P(\{\tau^x > \delta\}) \le P(\{\tau^y > \delta\}) = 0$ である．よって (24) が証明された．結果として，与えられた $s > 0$ と $\varepsilon > 0$ に対して，x が十分 $y \in \partial\mathcal{R}$ に近いとき

$$(25) \qquad P\left(\left\{\omega : \left|y - B^x_{\tau^x(\omega)}(\omega)\right| > s\right\}\right) < \varepsilon$$

が成り立つ．実際，$\|B_\delta\|_{L^1} = c\delta^{1/2}$ であるから，最大不等式 (14) により，$P(\{\omega : \sup_{t \le \delta} |B_t(\omega)| > s/2\}) \le \varepsilon/2$ となる $\delta > 0$ を見つけることができる．また (24) より，x が y に十分近ければ，$P(\{\tau^x > \delta\}) \le \varepsilon/2$ である．結局，x が y に十分近ければ，(25) が成り立つ．

さて，

$$u(x) - f(y) = \int_{\partial\mathcal{R}} (f(y') - f(y))\, d\mu^x(y') = \int_{\partial\mathcal{R}_1} + \int_{\partial\mathcal{R}_2} = I_1 + I_2$$

である．ここで $\partial\mathcal{R}_1$ は $\partial\mathcal{R}$ に属する点 y' で $|y' - y| \le s$ をみたす集合であり，$\partial\mathcal{R}_2$ は $\partial\mathcal{R}$ におけるその補集合とする．いま点 $y' \in \partial\mathcal{R}$ は $y' = B^x_{\tau^x(\omega)}(\omega)$ の形のものを考えればよく，一方，$\mu^x(\partial\mathcal{R}_2) = P\left(\left\{\omega : \left|y - B^x_{\tau^x(\omega)}(\omega)\right| > s\right\}\right)$ である．(25) より x が y に十分近ければ $\mu^x(\partial\mathcal{R}_2) \le \varepsilon$ である．そのため，I_2 の寄与は $2\sup|f|\,\mu^x(\partial\mathcal{R}_2)\varepsilon = O(\varepsilon)$ で抑えられる．また $|y - y'| \le s$ で s が十分小さければ $|f(y) - f(y')| < \varepsilon$ であり，そのため I_1 の貢献は ε よりも小さくなる．これらを合わせると，$u(x) - f(y)$ は x が y に十分近いならば ε の定数倍で抑えられることを示している．ε は任意であったから，定理の 2 番目の主張が証

明された. ∎

最後の結果は境界点の正則性に関する非常に便利な十分条件である. **(切断された) 錐** Γ とは開集合

$$\Gamma = \{y \in \mathbb{R}^d : |y| < \alpha(y \cdot \gamma),\ |y| < \delta\}$$

のことである. ここで γ は単位ベクトル, $\alpha > 1$, $\delta > 0$ は固定され, $y \cdot \gamma$ は y と γ の内積である. ベクトル γ は錐の方向を定め, 定数 α はその開きのサイズを与えている.

命題 6.2 $x \in \partial\mathcal{R}$ で, ある切断された錐 Γ に対して, $x + \Gamma$ は $\mathcal{R}$ と交わっていないとする. このとき, x は正則点である.

証明 $x = 0$ を仮定し, A を原点を出発するブラウン運動の路で, 0 に収束するある時刻の無限列に対して, その時刻で Γ に入っているようなものの集合とする. $A_n = \bigcup_{r_k < 1/n} \{\omega : B_{r_k}(\omega) \in \Gamma\}$ で, ただしここで r_k は正の有理数を番号づけしたものとする. このとき, $A = \bigcap_{n=1}^{\infty} A_n$ である. しかし各 n に対して $A_n \in \mathcal{A}_n$ であり, したがって 0–1 法則より $A \in \mathcal{A}_{0+} = \mathcal{A}_0$ である. ゆえに $m(A) = 0$ か $m(A) = 1$ であるが, $m(A) = 1$ であることを示す. 反対に $m(A) = 0$ を仮定する. ブラウン運動の回転不変性から, 同様のことが切断された錐を任意に回転させても成り立つ. このような錐の有限個の回転で, 原点を除いた半径 δ の球を覆うことができる. 一方, 任意の十分小さな時刻に対して, どの路もこの球に入っている. これは矛盾である.

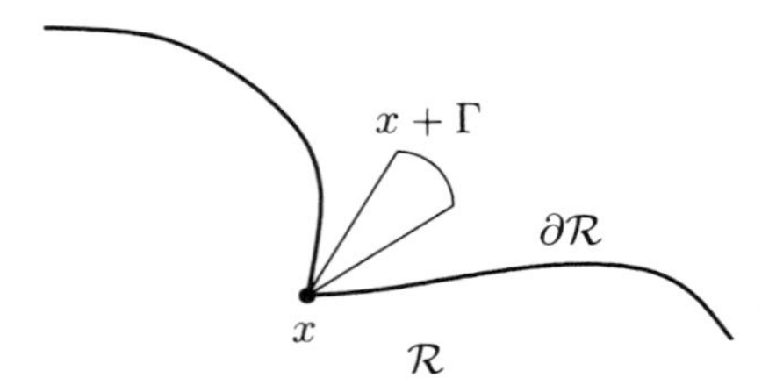

図 3 $\mathcal{R}$ と交わらない x での切断された錐.

さて, 境界点 x に戻ると, $x + \Gamma$ が $\mathcal{R}$ と交わっていないので, 各 ω に対して, $B_t(\omega) \in \Gamma$ となるような任意に十分小さな時刻が存在するので, $B_t^x(\omega) \notin \mathcal{R}$ で

ある．よって x は正則である． ∎

上記のことを考慮に入れて，有界な開集合 $\mathcal{R}$ が**外部錐条件**をみたすというのは，どのような $x \in \partial\mathcal{R}$ に対しても，ある切断された錐 Γ で，$x+\Gamma$ と $\mathcal{R}$ が交わらないようなものが存在することとする．最後の結果は，第 III 巻第 5 章でかなり異なる方法で，2 次元の特別な場合に対してのみ証明した定理を一般化するものである．

系 6.3　有界な開集合 $\mathcal{R}$ が外部錐条件をみたすとする．f を $\partial\mathcal{R}$ 上の与えられた連続関数とする．このとき，$\overline{\mathcal{R}}$ 上で連続，$\mathcal{R}$ 上で調和な関数 u で，$u|_{\partial\mathcal{R}} = f$ をみたすものがただ一つ存在する．

証明　定理 6.1 と命題 6.2 は，u が $\overline{\mathcal{R}}$ 上で連続かつ $u|_{\partial\mathcal{R}} = f$ であることを示している．一意性はよく知られた最大値の原理から帰結される[10]． ∎

7. 練習

1.　$t>0$ のとき，$N \to \infty$ とすると $S_t^{(N)}$ の分布測度が平均 0，分散 t のガウス測度 ν_t に弱収束することを示せ．より一般に，$t > s \geq 0$ のとき，$S_t^{(N)} - S_s^{(N)}$ の分布測度が平均 0，共分散行列 $(t-s)I$ のガウス測度 ν_{t-s} に弱収束する．

[ヒント：第 5 章の定理 2.17 の後の注意の記号を用いて，$f_k = \mathfrak{r}_k$ とおけば，$S_t^{(N)} - S_{N,t} = \dfrac{(Nt-[Nt])}{N^{1/2}}\mathfrak{r}_{[Nt]+1}$.]

2.　$(\mathcal{P}, d)$ を第 2 節で定義した距離空間とする．次のことを証明せよ．

(a)　この空間は完備である．

(b)　この空間は可分である．

[ヒント：(b) については，$e_1, \cdots, e_d$ を $\mathbb{R}^d$ の基底として，多項式 $p(t) = e_1p_1(t) + \cdots + e_dp_d(t)$ を考える．ただし，p_j は有理係数である．]

3.　距離空間 $(\mathcal{P}, d)$ が σ－コンパクトでないことを示せ．

[ヒント：そうではないと仮定する．このときベールのカテゴリー定理より空でない内部をもつコンパクト集合が存在する．その結果として，閉包がコンパクトであるような開球が存在する．しかし，たとえば中心が 0 で半径が 1 の球と，区分的に線形な連続関数

10)　たとえば，第 III 巻第 5 章の系 4.4 を見よ．

列 $\{f_n\}$ で，$f_n(0)=1$，$x \geq 1/n$ のとき $f_n(x)=0$ となるようなものを考えよ．]

4.　X をコンパクト距離空間とする．次のことを示せ．

(a)　X は可分である．

(b)　$C(X)$ は可分である．

[ヒント：各 m に対して，開球の有限個の族 $\mathcal{B}_m$ で，球の半径が $1/m$ で，$\mathcal{B}_m$ の球で X が覆えるようなものを見つけよ．(a) に対しては，$\bigcup_{m=1}^{\infty} \mathcal{B}_m$ に属する球の中心をとれ．(b) については，（たとえば第 1 章で与えたような）$\mathcal{B}_m$ による X の被覆に対する 1 の分割 $\{\eta_k^{(m)}\}$ を考えよ．$\eta_k^{(m)}$ の有理係数の有限線形結合が $C(X)$ で稠密であることを示せ．]

5.　X を距離空間とし，$K \subset X$ をコンパクト部分集合とし，f を K 上の連続関数とする．X 上の連続関数 F で，

$$F|_K = f,\ \text{かつ}\ \sup_{x\in X} |F(x)| = \sup_{x \in K} |f(x)|$$

となるものが存在する．

[ヒント：$X=\mathbb{R}^d$ に対する第 III 巻の第 5 章，補題 4.11 で与えた議論を，この一般的な設定に対してまねて行うことができる．]

6.　K を $\mathcal{P}$ のコンパクト部分集合とする．各 $T>0$ に対して，$h \in (0, 1]$ に対して定義されるある関数 $w_T(h)$ で，$h \to 0$ のとき $w_T(h) \to 0$ であり，

$$\sup_{\mathsf{p}\in K} \sup_{0\leq t \leq T} |\mathsf{p}(t+h)-\mathsf{p}(t)| \leq w_T(h), \qquad h \in (0, 1]$$

をみたすものが存在する．

[ヒント：$T>0$ と $\varepsilon>0$ を固定する．各 p は有界閉区間上では一様連続であり，したがって，ある $\delta=\delta(\mathsf{p})>0$ が存在し，$0<h\leq\delta$ ならば $\sup_{0\leq t\leq T}|\mathsf{p}(t+h)-\mathsf{p}(t)| \leq \varepsilon$ をみたす．そこで K がコンパクトであるから，被覆 $K \subset \bigcup_{\mathsf{p}} \{\mathsf{p}' \in \mathcal{P} : d(\mathsf{p}', \mathsf{p}) < \varepsilon\}$ が有限部分被覆をもつことを用いる．]

7.　$\mu_N \to \mu$ が弱収束であるとする．このことから次を示せ．

(a)　どのような開集合 $\mathcal{O}$ に対しても，$\liminf_{N\to\infty} \mu_N(\mathcal{O}) \geq \mu(\mathcal{O})$．

(b)　$\mathcal{O}$ が開集合で，$\mu(\overline{\mathcal{O}}-\mathcal{O})=0$ をみたすとき $\lim_{N\to\infty} \mu_N(\mathcal{O}) = \mu(\mathcal{O})$．

[ヒント：$\mu(\mathcal{O}) = \sup_f \left\{ \int f\,d\mu,\ 0 \leq f \leq 1\ \text{かつ}\ \mathrm{supp}(f) \subset \mathcal{O} \right\}$.]

8.　$\mathcal{P}$ における与えられたウィーナー測度 W に対して，(B−1，B−2, そして B−3 をみ

たす）ブラウン運動の実現 $B_t(\omega)=\mathsf{p}(t)$, $\Omega=\mathcal{P}$, $P=W$ が得られる．逆に，B−1, B−2, B−3をみたす $\{B_t\}$ から出発するとする．$\mathcal{P}$ 内の任意のシリンダー状集合 $C=\{\mathsf{p}\in\mathcal{P}:(\mathsf{p}(t_1),\cdots,\mathsf{p}(t_k))\in A\}$ に対して，$W^o(C)=P(\{\omega:(B_{t_1}(\omega),\cdots,B_{t_k}(\omega))\in A\})$ と定義する．初めにシリンダー状集合上で定義された W^o が $\mathcal{P}$ 上のウィーナー測度に拡張できることを証明せよ．

9.　この練習はブラウン運動が性質 B−1, B−2, B−3 により一意的に決まる度合いを扱うものである．

上記の性質に加えて次の二つの条件をみたすとき，この確率過程は「狭義」であるという．

(i)　すべての t に対して，$B_t(\omega_1)=B_t(\omega_2)$ ならば $\omega_1=\omega_2$ である．

(ii)　(Ω, P) の可測集合の集まりがちょうど，$t<\infty$ に対する $\mathcal{A}_t$ で生成される σ−代数である $\mathcal{A}_\infty$ になっている．

いま，(Ω, P) 上の任意のブラウン運動 B_t が与えられているとき，それが $(\Omega^\#, P^\#)$ 上の狭義の確率過程 $B_t^\#$ を次のように誘導する．すべての t に対して $B_t(\omega_1)=B_t(\omega_2)$ のとき $\omega_1\sim\omega_2$ とする同値関係のもとでの Ω の同値類の集合を $\Omega^\#$ とする．ω が属する同値類を $\{\omega\}$ により表す．$\Omega^\#$ 上で $B_t^\#(\{\omega\})=B_t(\omega)$ と定義し，$A\in\mathcal{A}_\infty$ に対して，$P^\#(\{A\})=P(A)$ とする．以下を証明せよ．

(a)　$B_t^\#$ は $(\Omega^\#, P^\#)$ 上の狭義ブラウン運動である．

(b)　第3節で定義された確率過程 $(\mathcal{P}, W)$ は狭義ブラウン運動である．

(c)　もし (B_t^1, Ω^1, P^1) と (B_t^2, Ω^2, P^2) がブラウン運動の組ならば，測度0の集合の部分集合を除いて，全単射 $\Phi:(\Omega^1)^\#\longrightarrow(\Omega^2)^\#$ で，$(P^2)^\#(\Phi(A))=(P^1)^\#(A)$ であり，$(B_t^2)^\#(\Phi(\omega))=(B_t^1)^\#(\omega)$ となるものが存在する．

10.　ヒンチンの不等式（前章における補題1.8）の次の形のものを証明せよ．$\{f_n\}$ を $\mathbb{R}^d$ 値関数で，同分布であり，有界で，平均が0であり，互いに独立であるとする．このとき $p<\infty$ に対して

$$\left\|\sum\ a_n f_n\right\|_{L^p}\le A_p\left(\sum\ |a_n|^2\right)^{1/2}.$$

［ヒント：$d=1$ の場合に帰着できる．$\sum|a_n|^2\le 1$ とし，$\displaystyle\int e^{\sum a_n f_n}=\prod_n\int e^{a_n f_n}$ と表し，$|u|\le M$ のとき $e^u=1+u+O(u^2)$ を用いよ．すると上記の最初の積分が，すべての n に対して $|f_n|\le M$ のとき $\prod(1+M'a_n^2)$ で抑えられる（M' は M に依存）．］

11.　補題3.2の次の変形を証明せよ．$\{f_k\}_{k=1}^\infty$ が確率空間 (X, m) 上の同分布で，互いに独立で，平均が0，共分散行列が単位行列であるような $\mathbb{R}^d$ 値関数の列であるとす

る．$s_n = \sum_{k=1}^{n} f_k$ のとき

$$\limsup_{n\to\infty} m(\{x : \sup_{1\le k\le n} |s_k(x)| > \lambda n^{1/2}\}) = O(\lambda^{-p}), \qquad p > 0.$$

[ヒント：ν_n を $s_n/n^{1/2}$ の分布測度とし，$\alpha = \lambda n^{1/2}$ とするとき，(9) の右辺は $\frac{1}{\lambda}\int_{|t|>\lambda} |t|\, d\nu_n(t)$ に等しい．$\lambda \ge 1$ にして $M \ge 1$ を固定し，最後の積分を二つの項の和 $\lambda^{-1}\int_{|t|>\lambda^M} + \lambda^{-1}\int_{\lambda^M \ge |t| > \lambda}$ で表す．$\int \frac{|s_n|^2}{n}\, dm = 1$ という事実を用いると，最初の項は $O(\lambda^{-1-M})$ である．中心極限定理から

$$\lim_{n\to\infty} \lambda^{-1}\int_{\lambda^M \ge |t| > \lambda} |t|\, d\nu_n(t) = O\left(\lambda^{-1}\int_{|t|>\lambda} |t|\, e^{-|t|^2/2} dt\right)$$

であり，したがって 2 番目の項の極限はまた $O(\lambda^{-1-M})$ である．]

12.　各 $\varepsilon > 0$ に対して，ほとんどいたるところ

$$|B_t(\omega)| = O(t^{1/2+\varepsilon}), \qquad t \to \infty$$

であることを証明せよ．これは前章の系 2.9 で与えられた大数の強法則の類似である．
[ヒント：$\sup_{0\le t\le T} |B_t(\omega)|$ を $B_T^*(\omega)$ と表すとき，最大不等式 (14) より $W(\{B_T^* > \alpha\}) \le \frac{1}{\alpha}\|B_T\|_{L^1} = c'\frac{T^{1/2}}{\alpha}$．$E_k = \{B_{2^k}^* > 2^{\frac{k}{2}(1+\varepsilon)}\}$ とするとき，$\sum_{k\ge 0} W(E_k) = O\left(\sum_{k\ge 0} 2^{-\frac{k}{2}\varepsilon}\right) < \infty$ を得る．]

13.　B_t がブラウン運動であるとき，$B'_t = tB_{1/t}$ もブラウン運動である．
[ヒント：前練習から B'_t の原点でのほとんどすべての路の連続性が導かれることに注意せよ．性質 B–2 を証明するのに前章の練習 29 を用いよ．]

14.　ほとんどいたるところで $\limsup_{t\to 0} \frac{|B_t(\omega)|}{t^{1/2}} = \infty$ であることを示せ．したがって，ブラウン運動のほとんどすべての路は 1/2 ヘルダー連続ではない．

また，ほとんどいたるところで $\limsup_{t\to\infty} \frac{|B_t(\omega)|}{t^{1/2}} = \infty$ であることを示せ．したがってほとんどすべてのブラウン運動の路は任意の球の外に出る．
[ヒント：前練習より $t \to 0$ のときに結果を示せば十分である．$d = 1$ の場合を考える．このとき $\beta > \alpha$ ならば

$$W(\{|B_\alpha - B_\beta| > \gamma\}) = \frac{1}{\sqrt{2\pi(\beta-\alpha)}}\int_{|u|>\gamma} e^{-\frac{u^2}{2(\beta-\alpha)}}\, du.$$

ゆえに

$$W\left(\left\{|B_{2^{-k}} - B_{2^{-k+1}}| > 2^{-k/2}\mu_k\right\}\right) \geq \frac{1}{\sqrt{2\pi}} \int_{|u|\geq \mu_k} e^{-u^2/2}\, du \geq c_1 e^{-c_2 \mu_k^2}.$$

ここで，ゆっくりと $\sum_{k\geq 0} e^{-c_2\mu_k^2} = \infty$ となるように $\mu_k \to \infty$ を選び，ボレル－カンテリの補題（前章の練習 20）を用いよ.］

15.　$(B_{t_1}, B_{t_2}, \cdots, B_{t_k})$ の（結合）確率分布測度を計算せよ.
［ヒント：前章の練習 8(a) を用いよ.］

16.　$\mathcal{A}_{0+} = \mathcal{A}_0$ であるが，次の一般化を示せ．$\mathcal{A}_{t+}$ を $\bigcap_{s>t} \mathcal{A}_s$ により定義する．このとき $\mathcal{A}_{t+} = \mathcal{A}_t$ である.

17.　前練習は族 $\{\mathcal{A}_s\}$ の右連続性を与えている．各 $t > 0$ に対して次の左連続性 $\mathcal{A}_t = \mathcal{A}_{t-}$ を示せ．ただし $\mathcal{A}_{t-}$ は $s < t$ に対するすべての $\mathcal{A}_s$ で生成される σ－代数である.
［ヒント：まず $\mathcal{A}_t$ 内のシリンダー状集合を考えよ.］

18.　σ を停止時間とする．次のことを示せ.

(a)　σ は A_σ－可測である.

(b)　$B_{\sigma(\omega)}(\omega)$ は A_σ－可測である.

(c)　A_σ は $\widehat{B}_t(\omega) = B_{t\wedge\sigma(\omega)}(\omega)$ の停止過程 $\widehat{B}_t$ により決まる σ－代数である.

［ヒント：(a) に対しては，$\{\sigma(\omega) \leq \alpha\} \cap \{\sigma(\omega) \leq t\} = \{\sigma(\omega) \leq \min(\alpha, t)\}$ に注意せよ．(b) に対しては，まず $\mathbb{R}^d$ の任意のボレル部分集合 E と $t \geq 0$ に対して，σ が離散値のみとるときは $\{B_{\sigma(\omega)}(\omega) \in E\} \cap \{\sigma \leq t\} \in \mathcal{A}_t$ であることを示せ．次に定理 5.3 の証明のように σ を $\sigma^{(n)}$ により近似せよ.］

19.　u を $\mathbb{R}^d$ の有界開集合 $\mathcal{R}$ 上の有界ボレル可測関数とする．u を球面上の平均値の性質，すなわち (21) をみたすとする.

(a)　B が $\mathcal{R}$ に含まれる球で，x が中心であるとき

$$u(x) = \frac{1}{m(B)} \int_B u(y)\, dy$$

を示せ．ただしここで m は $\mathbb{R}^d$ 上のルベーグ測度とする.

(b)　結果として，関数 u が $\mathcal{R}$ において連続であり，そして第 III 巻第 5 章 4.1 節における議論は u が $\mathcal{R}$ で調和であることを示している.
［ヒント：(b) については，局所的に $u(x) = (u * \varphi)(x)$ を示せ．ただし，ここで φ は適切な小さな球上に台をもつ滑らかなある球対称関数で，$\int \varphi = 1$ をみたすものである.］

20. 有界開集合 $\mathcal{R}$ がリプシッツ境界をもつとは，$\partial\mathcal{R}$ が有限個の球で被覆でき，各球 B は $\partial\mathcal{R}\cap B$ が（回転と平行移動して），リプシッツ条件をみたす関数 φ によって $x_d=\varphi(x_1,\cdots,x_{d-1})$ のように表せることである．

$\mathcal{R}$ がリプシッツ境界をもつとき，外部錐条件をみたすことを証明せよ．よって，特に $\mathcal{R}$ が（第 7 章第 4 節の意味で）C^1 級のとき，$\mathcal{R}$ は外部錐条件をみたす．

したがってこれらの場合，ディリクレ問題が一意的に解ける．

21. $\mathcal{R}_1$ と $\mathcal{R}_2$ を $\mathbb{R}^d$ 内の二つの開かつ有界集合で，$\overline{\mathcal{R}_1}\subset\mathcal{R}_2$ をみたすものとする．μ_1^x と μ_2^x をそれぞれ第 5 節の最初に定義したような $\mathcal{R}_1$ と $\mathcal{R}_2$ の調和測度とする．平均値の性質 (21) の次の一般化を示せ．$x\in\mathcal{R}_1$ のとき，任意のボレル集合 $E\subset\partial\mathcal{R}_2$ に対して，$\mu_2^x(E)=\int_{\partial\mathcal{R}_1}\mu_2^y(E)\,d\mu_1^x(y)$ が成り立つという意味で，

$$\mu_2^x=\int_{\partial\mathcal{R}_1}\mu_2^y\,d\mu_1^x(y).$$

8. 問題

1. ブラウン運動の路の連続性の条件 B–3 は本質的に性質 B–1 と B–2 の帰結である．このことは次の一般的な定理により示される．

各 $t\geq 0$ に対して，ある L^p 関数 $F_t=F_t(x)$ が空間 (X,m) 上に与えられているとする．$\|F_{t_1}-F_{t_2}\|_{L^p}\leq c|t_1-t_2|^\alpha$，$\alpha>1/p$，$1\leq p\leq\infty$ とする．このとき，ある「修正された」$\widetilde{F}_t$ が存在し，各 t に対して（m に関してほとんどいたるところ）$F_t=\widetilde{F}_t$ であり，ほとんどすべての $x\in X$ に対して $t\longmapsto\widetilde{F}_t(x)$ がすべての $t\geq 0$ に対して連続になる．さらに関数 $t\longmapsto\widetilde{F}_t(x)$ は $\gamma<\alpha-1/p$ のとき位数 γ のリプシッツ条件をみたす．

2. ドンスカーの不変原理の証明は定理 3.1 の証明と同様の方針で行われる．$f_1,\cdots,f_n,\cdots$ を確率空間 (X,m) 上の同一分布をもつ互いに独立な $\mathbb{R}^d$ 値の 2 乗可積分関数とし，平均 0 かつ共分散行列は単位行列であるものとする．

$$S_t^{(N)}=\frac{1}{N^{1/2}}\sum_{1\leq k\leq[Nt]}f_k+\frac{(Nt-[Nt])}{N^{1/2}}f_{[Nt]+1}$$

と定義し，$\{\mu_N\}$ を X 上の測度 m から誘導される $\mathcal{P}$ 上の対応する測度とする．

(a) 補題 3.2 の代わりに練習 11 を用いて，$T=1$，$\eta>0$ そして $\sigma>0$ に対して，$0<\delta<1$ とある整数 N_0 が存在し，すべての $0\leq t\leq 1$ に対して

$$\text{すべての}\ \ N\geq N_0\ \ \text{に対して,}\ \ m(\{x:\sup_{0<h<\delta}|S_{t+h}^{(N)}-S_t^{(N)}|>\sigma\})\leq\delta\eta$$

が成り立つことを示せ．

(b)　上記のことから，すべての $T>0$, $\varepsilon>0$, そして $\sigma>0$ に対して，ある $\delta>0$ が存在し，

$$\text{すべての}\ \ N \geq 1\ \ \text{に対して，}\ m(\{x : \sup_{0\leq t\leq T,\, 0<h<\delta} |S_{t+h}^{(N)} - S_t^{(N)}| > \sigma\}) \leq \varepsilon$$

を示せ．

(c)　(b) の不等式を用いて，列 $\{\mu_N\}$ が緊密であることを示せ．

(d)　前のときと同様にして，$\{\mu_N\}$ が W に弱収束することを示せ．

3.　ブラウン運動の構成はこの章で与えたもののほかにもいくつかある．特にエレガントな方法は単純なヒルベルト空間の考えに基づくものである．

(Ω, P) 上で，独立で，平均 0 と単位行列に等しい共分散行列をもつガウス分布と同一分布をもつ $\mathbb{R}^d$ 値関数の列 $\{f_n\}$ を考える．この列 $\{f_n\}$ が $L^2(\Omega, \mathbb{R}^d)$ の正規直交列であることを見よ．$\mathcal{H}$ を $\{f_n\}$ により生成される $L^2(\Omega, \mathbb{R}^d)$ の閉部分空間とする．

$\mathcal{H}$ が可分な無限次元ヒルベルト空間であることを見よ．それゆえ $L^2([0, \infty), dx)$ と $\mathcal{H}$ の間にはユニタリー対応 U が存在する．$B_t = U(\chi_t)$ とする．ただし χ_t は $[0, t]$ の特性関数である．このとき，B_t は問題 1 と同様の修正で，$\{B_t\}$ がブラウン運動になるようにできる．このことに関連して，第 5 章の練習 9 も参照せよ．

たとえば，$B_t = \sum c_n(t) f_n$ ならば，$B_t - B_s = \sum\ [c_n(t) - c_n(s)] f_n$ であり，$\sum |c_n(t) - c_n(s)|^2 = t - s$.

4.*　前章では，（離散）ランダム・ウォークの再帰性が次元 d に依存すること，特に $d \leq 2$ か $d \geq 3$ のいずれかに依存することを述べた（第 5 章の定理 2.18 とそのあとの注意を参照）.

$\mathbb{R}^d$ 内の（連続）ブラウン運動 B_t に対して次の結果が証明できる．

(a)　$d = 1$ のとき，各 $x \in \mathbb{R}$ と任意の $t_0 > 0$ に対して

$$P(\{\omega : \text{ある}\ \ t \geq t_0\ \ \text{に対して，}\ B_t(\omega) = x\}) = 1$$

が成り立つ意味で，ブラウン運動は，ほとんど確実に，各点に無限回当たる．それゆえ B_t は $\mathbb{R}$ において各点で再帰的である．

(b)　$d \geq 2$ のとき，各点 $x \in \mathbb{R}^d$ に対して，ブラウン運動はほとんど確実にこの点に当たらない．すなわち

$$P(\{\omega : \text{ある}\ \ t > 0\ \ \text{に対して，}\ B_t(\omega) = x\}) = 0$$

が成り立つ．したがって，この場合，ブラウン運動は各点で再帰的ではない．

(c)　しかしながら $d = 2$ のときは，B_t は各点の各近傍において再帰的である．すな

わち，D が正の半径をもつ開円板で，$t_0 > 0$ のとき

$$P(\{\omega : \text{ある } t \geq t_0 \text{ に対して，} B_t(\omega) \in D\}) = 1$$

である．

(d) 最後に $d \geq 3$ の場合，ブラウン運動は非再帰的である．すなわち

$$P(\{\omega : \lim_{t\to\infty} |B_t(\omega)| = \infty\}) = 1$$

の意味で無限遠に逃げていく．

5.* 重複対数の法則は，$t \to \infty$ と $t \to 0$ のときのブラウン運動の振動の振幅の様子を記述している．B_t が $\mathbb{R}$ 値ブラウン運動過程のとき，ほとんどすべての ω に対して

$$\limsup_{t\to\infty} \frac{B_t(\omega)}{\sqrt{2t\log\log t}} = 1, \qquad \liminf_{t\to\infty} \frac{B_t(\omega)}{\sqrt{2t\log\log t}} = -1$$

である．練習 13 より，時間反転すればほとんどすべての ω に対して

$$\limsup_{t\to 0} \frac{B_t(\omega)}{\sqrt{2t\log\log(1/t)}} = 1, \qquad \liminf_{t\to 0} \frac{B_t(\omega)}{\sqrt{2t\log\log(1/t)}} = -1$$

が成り立つ．

6.* $d \geq 2$ のとき，定理 6.1 のある逆が成り立つ．任意の連続関数 f に対して，$x \in \mathcal{R}$ について $x \to y$ のとき $u(x) \to f(y)$ ならば，y は正則点である．
[ヒント：y が正則でないならば，このとき，問題 4*(b) を用いて，$P(\{|B^y_{\tau^y} - y| > 0\}) = 1$ であることを示せ．それゆえ，ある $\delta > 0$ に対して $P(\{|B^y_{\tau^y} - y| \geq \delta\}) > 1/2$ である．S_ε が中心 y，半径 $\varepsilon < \delta$ の球面を表すとき，ある $x_\varepsilon \in S_\varepsilon \cap \mathcal{R}$ が存在し，$P(\{|B^{x_\varepsilon}_{\tau^{x_\varepsilon}} - y| \geq \delta\}) > 1/2$ が成り立つことを証明するために強マルコフ性を用いよ．このとき，$\mathcal{R}$ 上の連続関数 $f (0 \leq f \leq 1)$ で，$f(y) = 1$ かつ $|z - y| > \delta$ のとき $f(z) = 0$ となるような任意のものを考えると矛盾が導かれる．]

7.* 非正則点の単純な例としては，開球からその中心を除いたときの中心が非正則点になっている．より興味深い非正則点の例は，原点を尖点とするルベーグのとげによって与えられる．

$d \geq 3$ とし，開球 $B = \{x \in \mathbb{R}^d : |x| < 1\}$ から集合

$$E = \{(x_1, \cdots, x_d) \in \mathbb{R}^d : 0 \leq x_1 \leq 1,\ x_2^2 + \cdots + x_d^2 \leq f(x_1)\}$$

を除いたものを考える．ここで f は連続関数で，$x > 0$ のとき $f(x) > 0$ をみたすものである．もし $f(x)$ が $x \to 0$ のとき十分速く減少するならば，原点は集合 $\mathcal{R} = B - E$ に対して非正則になる．明らかに $\mathcal{R}$ は原点を除いて境界が滑らかになるように修正できる．

第7章　多変数複素解析瞥見

偏微分方程式の解の存在については，19世紀においては，そしてじつは応用する多くの場面では今日に至っても，コーシー－コワレフスキーの定理に通常は依拠してきた．この定理は解析的偏微分方程式の解析的な解の存在を保証するものである．一方，解の特性をより深く検討しようとすると，方程式や解を考える際に非解析的関数も許容する必要が生ずる．今世紀初頭より，方程式の幅広いクラスに対して方程式と解の範囲を拡張して考えることが行われてきた．特に，線形偏微分方程式とそれらの系に最も注意が注がれた．これまでのタイプの研究が一様に指し示していることは——局所的な意味における存在についていえば——方程式が十分に滑らかであれば，いつでも実際には滑らかな解が存在するというものであった．それゆえ筆者にとっては，この示唆が一般に誤りであるという発見は驚くべきことであった．

——H. レヴィ，1957

このテーマは導入的な部分を超えていくと，多変数の研究が，1変数のそれとは余りに違うことに目を見張る．新たに生ずる特色の中には次のようなものがある．ある種の領域からより広い領域に自動的に解析接続が行われること，接コーシー－リーマン作用素が重要な役割を果たすこと，そして領域の境界の（複素の意味での）凸性が重要になることである．

このテーマでは，これらの概念がより発展的に活用されていくのだが，ここでの目的は読者にそれらの考え方をまず見せることである．

1. 基本的な性質

$\mathbb{C}^n$ における関数の解析性（あるいは「正則性」）の定義は，$n=1$ の場合の対応する定義を直接適用するものである．いくつかの用語の説明から始める．任意の $z^0=(z_1^0,\cdots,z_n^0)\in\mathbb{C}^n$ と $r=(r_1,\cdots,r_n)$，$r_j>0$ に対して，$\mathbb{P}_r(z^0)$ を直積

$$\mathbb{P}_r(z^0)=\left\{z=(z_1,\cdots,z_n)\in\mathbb{C}^n : 1\leq j\leq n \text{ に対し } |z_j-z_j^0|<r_j\right\}$$

により与えられる**多重円板**とする．$C_r(z^0)$ を境界の円周の直積

$$C_r(z^0)=\left\{z=(z_1,\cdots,z_n)\in\mathbb{C}^n : 1\leq j\leq n \text{ に対し } |z_j-z_j^0|=r_j\right\}$$

とする．また $\alpha=(\alpha_1,\cdots,\alpha_n)$，ただし α_j は非負整数に対して，単項式 $z_1^{\alpha_1}z_2^{\alpha_2}\cdots z_n^{\alpha_n}$ を z^α と記す．

以下に見ていくように，開集合 Ω 上の連続関数 f に対して解析性を定義する次の条件は同値である．

(i)　関数 f が**コーシー－リーマンの方程式**

$$\frac{\partial f}{\partial \bar{z}_j}=0, \qquad j=1,\cdots,n \tag{1}$$

を（超関数の意味で）みたす．ここで

$$\frac{\partial f}{\partial \bar{z}_j}=\frac{1}{2}\left(\frac{\partial f}{\partial x_j}+i\frac{\partial f}{\partial y_j}\right), \qquad z_j=x_j+iy_j,\ x_j,y_j\in\mathbb{R}.$$

(ii)　各 $z^0\in\Omega$ と $1\leq k\leq n$ に対して，関数

$$g(z_k)=f(z_1^0,\cdots,z_{k-1}^0,z_k,z_{k+1}^0,\cdots,z_n^0)$$

は z_k に対して（1 変数の意味で）z_k^0 の近傍で解析的である．

(iii)　閉包が Ω に含まれるような任意の多重円板 $\mathbb{P}_r(z^0)$ に対して，**コーシーの積分表示**

$$f(z)=\frac{1}{(2\pi i)^n}\int_{C_r(z^0)}f(\zeta)\prod_{k=1}^{n}\frac{d\zeta_k}{\zeta_k-z_k}, \qquad z\in\mathbb{P}_r(z^0) \tag{2}$$

が成り立つ．

(iv)　各 $z^0\in\Omega$ に対して，関数 f はべき級数展開 $f(z)=\sum a_\alpha(z-z^0)^\alpha$ をもち，この級数は z^0 のある近傍上で絶対かつ一様収束している．

命題 1.1　開集合 Ω 上に与えられた連続関数 f に対して，上記の条件 (i) か

ら (iv) は同値である．

証明　(i) から (ii) を示すために，Δ を $\mathbb{C}^n$ 上のラプラシアン

$$\triangle = \sum_{j=1}^{n} \left(\frac{\partial^2}{\partial x_j^2} + \frac{\partial^2}{\partial y_j^2} \right)$$

とする．$z_j = x_j + iy_j$ であり，ここで $\mathbb{C}^n$ を $\mathbb{R}^{2n}$ と同一視している．このとき

$$\triangle = 4 \sum_{j=1}^{n} \frac{\partial}{\partial z_j} \frac{\partial}{\partial \overline{z}_j},$$

ただし $\dfrac{\partial f}{\partial \overline{z}_j} = \dfrac{1}{2}\left(\dfrac{\partial f}{\partial x_j} + i\dfrac{\partial f}{\partial y_j}\right)$，$\dfrac{\partial f}{\partial z_j} = \dfrac{1}{2}\left(\dfrac{\partial f}{\partial x_j} - i\dfrac{\partial f}{\partial y_j}\right)$ とする．そうすると f が (i) を（超関数の意味で）みたすならば，実際，$\triangle f = 0$ である．作用素 $\triangle$ の楕円性とそれに関する正則性（第 3 章の 2.5 節参照）から，f が C^∞ 級，したがって特に C^1 級であることがわかる．よってコーシー－リーマンの方程式が通常の意味でみたされ，(ii) が証明される．

さて $z \in \mathbb{P}_r(z^0)$ とし，$\overline{\mathbb{P}_r(z^0)} \subset \Omega$ とする．このとき (ii) が成り立つとすると，$z_2, z_3, \cdots, z_n$ を固定し，最初の変数に対して 1 変数のコーシーの積分公式を適用することができ

$$f(z) = \frac{1}{2\pi i} \int_{|\zeta_1 - z_1^0| = r_1} f(\zeta_1, z_2, \cdots, z_n) \frac{d\zeta_1}{\zeta_1 - z_1}$$

を得る．次に $\zeta_1, z_3, \cdots, z_n$ を固定して，2 番目の変数に対してコーシーの積分公式を $f(\zeta_1, z_2, \cdots, z_n)$ に適用すると

$$f(z) = \frac{1}{(2\pi i)^2} \int_{|\zeta_1 - z_1^0| = r_1} \int_{|\zeta_2 - z_2^0| = r_2} \frac{f(\zeta_1, \zeta_2, \cdots, z_n)}{(\zeta_2 - z_2)(\zeta_1 - z_1)} \, d\zeta_2 \, d\zeta_1$$

を得る．この操作を続けて，(iii) が導かれる．

(iii) の帰結として，(iv) を得るために

$$\frac{1}{\zeta_k - z_k} = \frac{1}{\zeta_k - z_k^0 - (z_k - z_k^0)} = \sum_{m=0}^{\infty} \frac{(z_k - z_k^0)^m}{(\zeta_k - z_k^0)^{m+1}}$$

に注意しておく．この級数は $z \in \mathbb{P}_r(z^0)$ と $\zeta \in C_r(z^0)$ に対して収束する．なぜならば，すべての k に対して $|z_k - z_k^0| < |\zeta_k - z_k^0| = r_k$ だからである．したがって $\overline{\mathbb{P}_r(z^0)} \subset \Omega$ となる $\mathbb{P}_r(z^0)$ をとり，この級数を各 k に対して式 (2) に代入すると，

$$a_\alpha = \frac{1}{(2\pi i)^n} \int_{C_r(z^0)} f(\zeta) \prod_{k=1}^{n} \frac{d\zeta_k}{(\zeta_k - z_k^0)^{\alpha_k+1}}$$

として $f(z) = \sum a_\alpha (z - z^0)^\alpha$ を得る．一つの結果として $|a_\alpha| \leq M r^{-\alpha}$ が得られる．ここで $r^{-\alpha} = r_1^{-\alpha_1} r_2^{-\alpha_2} \cdots r_n^{-\alpha_n}$ であり，

$$M = \sup_{\zeta \in C_r(z^0)} |f(\zeta)|$$

である．よって $z \in \mathbb{P}_{r'}(z^0)$ かつ $r'_k < r_k$, $k = 1, \cdots, n$ のとき，この級数は一様かつ絶対収束する．

命題の証明を完成させるため，(iv) から (i) が次のように示せることに注意してほしい．$\sum a_\alpha (z - z^0)^\alpha$ が z^0 の近くのすべての z に対して絶対収束するとき，z^0 の近くの点 z' を $z'_k - z_k^0 \neq 0$ が $1 \leq k \leq n$ となる各 k に対して成り立つように選び，これより $\rho = (\rho_1, \cdots, \rho_n)$, $\rho_k = |z'_k - z_k^0| > 0$ について $\sum |a_\alpha| \rho^\alpha$ が収束する．よって任意の $z \in \mathbb{P}_\rho(z^0)$ に対して，級数を項別微分することができ，特に f がその多重円板において C^1 級であり，通常の意味でコーシー－リーマンの方程式をそこでみたす．このことが各 $z^0 \in \Omega$ に対して成り立つので，f が Ω で C^1 級であり，通常の意味で (1) をみたす．超関数の意味での性質 (i) も成り立ち，命題の証明が結論される． ∎

補足的な注意を二つ順を追って行う．まず (i) において f が連続であるという要請は弱めることが可能である．特に f が単に局所可積分で (i) を超関数の意味でみたすならば，f は測度 0 の集合上での変更により連続（したがって上記のことから解析的）とすることができる．

次に，より示すのが難しい同値性は，主張 (ii) が前提である f のすべての変数を合わせた連続性の仮定をせずに成り立つことである．問題 1* を参照．

1 変数の場合と変わらない $\mathbb{C}^n$ における解析のもう一つの側面は，次の解析的一致性である．

命題 1.2 f と g を領域[1] Ω 上の正則関数であり，f と g が $z^0 \in \Omega$ のある近傍で一致していれば，Ω 全体で一致する．

証明 $g = 0$ と仮定することができる．任意の点 $z' \in \Omega$ を固定するとき，

1) 領域は開かつ連結集合として定義されることを想起せよ．

$f(z')=0$ を証明すれば十分である．Ω の弧状連結性から，Ω の点 $z^1, \cdots, z^N=z'$ と多重円板 $\mathbb{P}_{r_k}(z^k)$，$0 \le k \le N$ が

(a)　$\mathbb{P}_{r_k}(z^k) \subset \Omega$,

(b)　$z^{k+1} \in \mathbb{P}_{r_k}(z^k)$，$0 \le k \le N-1$

をみたすようにとることができる．さて f が z^k のある近傍で 0 になっているとすると，それは $\mathbb{P}_{r_k}(z^k)$ 上で 0 でなければならない（これは簡単な事柄で，練習 1 において示される）．よって f は $\mathbb{P}_{r_0}(z^0)$ で消え，そして (b) より，それは $\mathbb{P}_{r_k}(z^k)$ 上で 0 ならば $\mathbb{P}_{r_{k+1}}(z^{k+1})$ 上で 0 である．したがって k に関する帰納法により，関数 f が $\mathbb{P}_{r_N}(z^N)$ 上で 0 であることが結論される．ゆえに $f(z')=0$ であり，命題が証明された．■

2. ハルトークス現象：一例

多変数の正則関数の基本的な性質を見通していくと，すぐに 1 変数の場合には類似がないような新しい現象に出会う．このことは次の衝撃的な例によってはっきりと示される．

Ω を $\mathbb{C}^n$, $n \ge 2$, の領域で二つの同心球面に挟まれるものとする．たとえば特に $\Omega=\{z \in \mathbb{C}^n,\ \rho<|z|<1\}$ とする．ここで $0<\rho<1$ は固定されているものとする．

定理 2.1　F が，ある固定された $\rho, 0<\rho<1$ に対する $\Omega=\{z \in \mathbb{C}^n,\ \rho<|z|<1\}$ において正則であるとする．このとき F は球 $\{z \in \mathbb{C}^n : |z|<1\}$ に解析的に拡張される．

ここではこの定理の単純で初等的な証明を与える．後にこの「自動的な」拡張が非常に一般的な設定で成り立つことを，より洗練された議論により示す．

ここで考えている簡略な証明というのは，この拡張の $\mathbb{C}^2$ の場合の原始的な例に基づくものである．

$$K_1=\{(z_1, z_2) : |z_1| \le a,\ |z_2|=b_1\}$$

とし

$$K_2=\{(z_1, z_2) : |z_1|=a,\ b_2 \le |z_2| \le b_1\}$$

とする．

補題 2.2　F が $K_1 \cup K_2$ を含むある領域 $\mathcal{O}$ で正則ならば，F は直積集合

$$\{(z_1,\, z_2) : |z_1| \le a,\ \ b_2 \le |z_2| \le b_1\} \tag{3}$$

を含むある開集合 $\widetilde{\mathcal{O}}$ に解析的に拡張できる．

K_1, K_2 およびその直積の図については図 1 を参照．

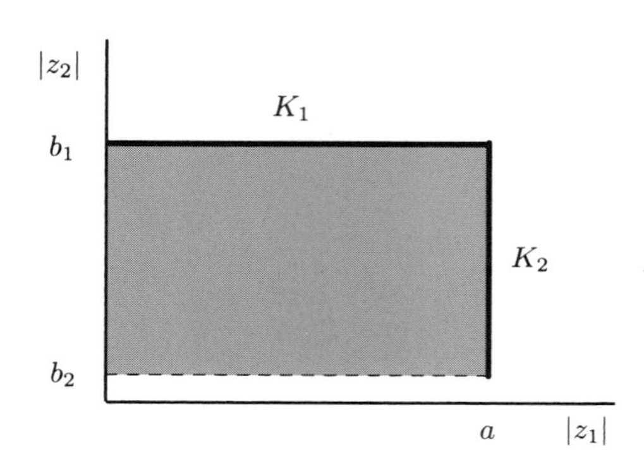

図 1　$\widetilde{\mathcal{O}}$ は影を施した領域を含む．

証明　積分

$$I(z_1,\, z_2) = \frac{1}{2\pi i}\int_{|\zeta_1|=a+\varepsilon} \frac{F(\zeta_1,\, z_2)}{\zeta_1 - z_1}\, d\zeta_1$$

を考える．この積分は，$(z_1,\, z_2)$ が直積集合 (3) のある近傍 $\widetilde{\mathcal{O}}$ に属するときには，十分小さな正数 ε に対して定義される．実際，積分変数は K_2 のある近傍上を動くが，そこで F は解析的であり，したがって連続である．さらに $I(z_1,\, z_2)$ は $\widetilde{\mathcal{O}}$ で解析的である．なぜなら，明らかに，集合 $b_2 \le |z_2| \le b_1$ の近くに固定された z_2 に対して $|z_1| < a + \varepsilon$ のとき z_1 に関して解析的であり，また F の解析性から（固定された z_1 に対して），z_2 に関して解析的だからである．結局，$(z_1,\, z_2)$ が集合 K_1 の近くにあるとき，コーシーの積分公式から $I(z_1,\, z_2) = F(z_1,\, z_2)$ であり，よって I が F の求める接続を与える．■

$n = 2$ の場合に定理の証明を与える．$\rho < 1/\sqrt{2}$ の場合から始める．$a_1 = b_1$，$\rho < a_1$, $b_1 < 1/\sqrt{2}$，そして $b_2 = 0$ とし，$K_1 = \{|z_1| \le a_1,\ |z_2| = b_1\}$，$K_2 =$

$\{|z_1| = a_1,\ b_2 \leq |z_2| \leq b_1\}$ とする．（図 2 参照．）

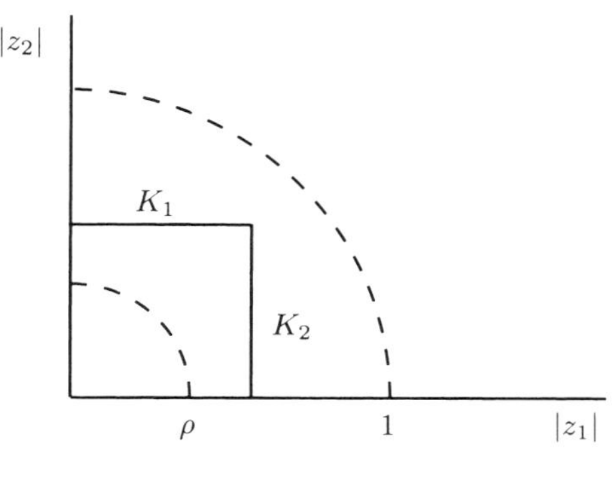

図 2　$\rho < 1/\sqrt{2}$ の場合.

このとき K_1 と K_2 はともに Ω に含まれ，したがって補題より，F は直積 $\{|z_1| \leq 1/\sqrt{2},\ |z_2| \leq 1/\sqrt{2}\}$ に接続される．この直積は Ω とあわせれば単位球全部を被覆する．

$1/\sqrt{2} \leq \rho < 1$ のときは，同じ考え方を用いるのだが，ただし今回は $(|z_1|,\ |z_2|)$ 平面内の階段を有限回のステップで下降していくことによる議論を行う．階段の角は $(\alpha_k,\ \beta_k)$ により表す．（図 3 参照．）

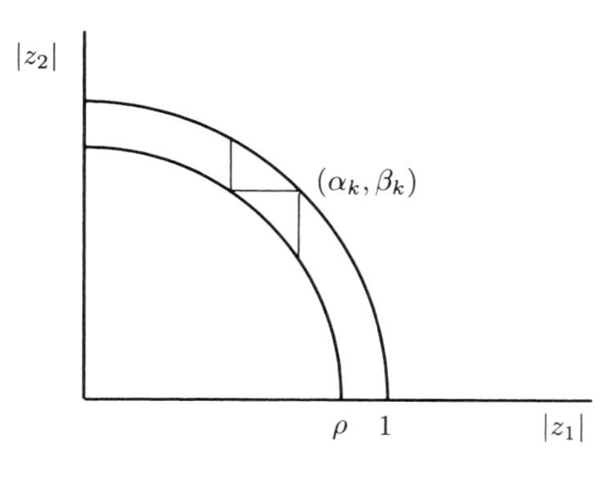

図 3　階段.

$\beta_1 = \rho,\ \alpha_1 = (1-\beta_1^2)^{1/2} = (1-\rho^2)^{1/2}$ をとり，一般には $\beta_{k+1}^2 = \rho^2 - \alpha_k^2$, $\alpha_{k+1}^2 = 1 - \beta_{k+1}^2$ とする．それゆえ $\beta_k^2 = 1 - k(1-\rho^2)$, $\alpha_k^2 = k(1-\rho^2)$ である．

$k = 1$ から始め，$k = N$ に対して $1 - k(1 - \rho^2) < 0$ となり次第，議論をストップする．つまり N は $> 1/(1 - \rho^2)$ をみたす最小の整数である．このとき (a_k, b_k) を (α_k, β_k) の近くに $a_k < \alpha_k$, $b_k > \beta_k$ となるように選ぶ．なお $a_N = 1$, $b_N = 0$ とする．

さて，$\mathcal{R}_k = \{\rho < |z| < 1\} \cup \{|z| < 1;\, b_k \leq |z_2|\}$ とする．上と同様，補題は F が $\mathcal{R}_1$ のある近傍へ接続できることを示している．補題を再び使って（このときは $a = a_k$, $b_1 = b_k$, $b_2 = b_{k+1}$ として）F が $\mathcal{R}_k$ の近傍から $\mathcal{R}_{k+1}$ の近傍に接続できることがわかる．そうして $\mathcal{R}_N = \{|z| < 1\}$ まで行き，証明が終了する．

次元が ≥ 3 についても対応する議論は $n = 2$ のそれと同様である．証明を実行することは興味のある読者に委ねる．

前定理の直接の応用を一つ述べておく．$\mathbb{C}^n$, $n > 1$, における正則関数は孤立特異点をもちえない．また孤立した零点ももちえない．実際，特異点となる点を中心とした二つの同心球の適切な組に定理 2.1 を適用させるだけでよい．f が 0 になるところが孤立しえないことは，この結果を $1/f$ に適用すればよい．より大きい主張が成り立つ．すなわち，f が Ω で正則であり，どこかで 0 に消滅するならば，その零点集合は Ω の境界に到達する．（練習 4 を見よ．）また f が消滅する点の近くの零点集合の特性はワイエルシュトラスの予備定理により非常に詳細に記述される．これについては問題 2* で論ずる．

最後に，簡単な例 $f(z) = 1/(z_1 - 1)$ が示すように，単位球 $\{|z| < 1\}$ 内の正則関数は，その球の外側に必ずしも拡張できないことを注意しておく．実際には，関数が境界を超えて拡張されうるかどうかが決まるには，境界の「凸性」が重要な役割を果たすことを後で見ていく．

3. ハルトークスの定理：非斉次コーシー－リーマン方程式

自動的に解析接続される単純な例をいくつか見てきたので，これからは一般の設定を考えていきたい．ここで使われる方法は，また複素解析の多くの問題に対しても有効なものでもあるのだが，それは与えられた関数 f_j に対する非斉次コーシー－リーマン方程式

$$\frac{\partial u}{\partial \overline{z}_j} = f_j, \qquad j = 1, \cdots, n \tag{4}$$

の解を調べるというものである．

この方程式の解の広範な応用可能性は，次のような必要性からくるものである．しばしば望ましい性質をもつ正則関数 F を構成したいことがある．その性質をみたす第1近似 F_1 が見出されうるが，ただし，その関数は通常正則ではない．どのくらい正則性の要件がみたされないかは $\partial F_1/\partial \overline{z}_j = f_j$，$1 \leq j \leq n$ が0に消滅しないことによって与えられる．さて，$\partial u/\partial \overline{z}_j = f_j$ の解となる適切に選ばれた u を見つけることができたとしよう．このとき，F_1 から u を引くことで F_1 を修正できる．下の場合では，(f_j がコンパクト台をもつとして) u の「良い」選択は，コンパクト台をもつものであろう．

(4) を考えるに当たって，初めに1次元の場合，すなわち

$$\frac{\partial u}{\partial \overline{z}}(z) = f(z), \qquad \text{ここで} \quad \frac{\partial}{\partial \overline{z}} = \frac{1}{2}\left(\frac{\partial}{\partial x} + i\frac{\partial}{\partial y}\right),\ z = x + iy \in \mathbb{C}^1 \tag{5}$$

を見ておく．

この問題に対する一つの解はすぐに見つけられる．それは

$$u(z) = \frac{1}{\pi}\int_{\mathbb{C}^1} \frac{f(\zeta)}{z-\zeta}\,dm(\zeta) = \frac{1}{\pi}\int_{\mathbb{C}^1} \frac{f(z-\zeta)}{\zeta}\,dm(\zeta) \tag{6}$$

である．ただしここで $dm(\zeta)$ は $\mathbb{C}^1$ におけるルベーグ測度である．別の言い方をすれば，$\Phi(z) = 1/(\pi z)$ として，$u = f * \Phi$ と記すことができる．(5) と (6) に関して精確に述べたものが次の主張である．

命題 3.1　f を $\mathbb{C}$ 上で連続かつコンパクト台をもつとする．このとき

(a)　(6) で与えられる u は連続であり，超関数の意味で (5) をみたす．

(b)　f が C^k 級，$k \geq 1$，ならば，u もそうであり，通常の意味で (5) をみたす．

(c)　u がコンパクト台をもつ任意の C^1 級関数のとき，u はそもそも (6) の形をしている．実際

$$u = \frac{\partial u}{\partial \overline{z}} * \Phi$$

である．

証明　初めに

$$u(z+h) - u(z) = \frac{1}{\pi}\int_{\mathbb{C}^1} (f(z+h-\zeta) - f(z-\zeta))\,\frac{d\zeta}{\zeta}$$

であることと，これが $h \to 0$ のとき0に収束することに注意する．これは f の一様連続性および $1/\zeta$ が $\mathbb{C}^1$ のコンパクト集合上で可積分であることによる．f

が C^k 級，$k \geq 1$，のときは，詳しく見ていけば容易に (6) の積分記号下での微分が可能であることが示され，u の k 以下の階数の偏微分が，f の偏微分によって表せることがわかる．

次に $\Phi(z) = 1/(\pi z)$ が作用素 $\partial/\partial\overline{z}$ の基本解であるという事実を用いる．これは δ_0 を原点でのディラックのデルタ関数としたとき，超関数の意味で $\dfrac{\partial}{\partial\overline{z}}\Phi = \delta_0$ となっていることを意味する．（第 3 章の練習 16 参照.）したがって第 3 章の超関数の定式化を用いれば

$$\frac{\partial}{\partial\overline{z}}(f * \Phi) = f * \left(\frac{\partial\Phi}{\partial\overline{z}}\right) = \left(\frac{\partial f}{\partial\overline{z}}\right) * \Phi$$

を得る．はじめの等式は $\partial u/\partial\overline{z} = f$ を意味している．なぜならば $f * \delta_0 = f$ だからである．ゆえにこれで主張 (a) と (b) が証明された．等式の 2 番目と 3 番目の項は（f を u に置き換えて用いれば）$u = u * \delta_0 = \dfrac{\partial u}{\partial\overline{z}} * \Phi$ を与える．これは主張 (c) である． ∎

$n \geq 2$ に対する非斉次コーシー – リーマン方程式 (4) に目を向けると，すぐにわかる明らかな違いがある．それは f_j が「任意に」与えられたものではありえず，ある整合性のある必要条件

$$\frac{\partial f_j}{\partial\overline{z}_k} = \frac{\partial f_k}{\partial\overline{z}_j}, \qquad 1 \leq j,\ k \leq n \tag{7}$$

をみたしていなければならないことである．さらに，f_j がコンパクト台をもっているという仮定はコンパクト台をもつある解の存在を示している．この結果は次の命題に含まれている．

命題 3.2 $n \geq 2$ とする．f_j, $1 \leq j \leq n$ がコンパクト台をもつ C^k 級の関数で，(7) をみたしているならば，C^k 級のある関数 u で，コンパクト台をもち，非斉次コーシー – リーマンの方程式 (4) をみたしているものが存在する [2]．

証明 $z = (z', z_n)$，ここで $z' = (z_1, \cdots, z_{n-1}) \in \mathbb{C}^{n-1}$ と書き表し，

$$u(z) = \frac{1}{\pi}\int_{\mathbb{C}^1} f_n(z', z_n - \zeta)\,\frac{dm(\zeta)}{\zeta} \tag{8}$$

とおく．このとき前命題から $\partial u/\partial\overline{z}_n = f_n$ である．しかしながら積分記号下での微分（これができることは容易に正当化される）により，$1 \leq j \leq n-1$ に対

2) $k = 0$ の場合は (7) と (4) の等式は超関数の意味のものとしてとらえる．

して

$$\begin{aligned}\frac{\partial u}{\partial \overline{z}_j} &= \frac{1}{\pi}\int_{\mathbb{C}^1} \frac{\partial f_n}{\partial \overline{z}_j}(z',\, z_n-\zeta)\,\frac{dm(\zeta)}{\zeta} \\ &= \frac{1}{\pi}\int_{\mathbb{C}^1} \frac{\partial f_j}{\partial \overline{z}_n}(z',\, z_n-\zeta)\,\frac{dm(\zeta)}{\zeta} \\ &= f_j(z',\, z_n)\end{aligned}$$

がわかる．最後から 2 番目のステップは整合性条件 (7) により，最後のステップは命題 3.1 の (c) の帰結である．それゆえ u は (4) を解いている．

次に，f_j はコンパクト台をもつから，ある固定された R をとって，すべての j に対して，$|z|>R$ のとき f_j が消えるようにできる．それゆえ命題 1.1 より u は $|z'|>R$ で正則であり，(8) より u はそこで消える．後者は連結集合 $|z|>R$ の開部分集合であるから，命題 1.2 は u が $|z|>R$ で消えていることを示している．これですべての主張が証明された．∎

前命題によって提供される解の性質を明確にするための補助となりうるいくつかの注意をしておく．

- 高次元の場合と対照的に，$n=1$ のときは，一般にはコンパクト台をもつ与えられた関数 f に対して，コンパクト台をもつ関数 u によって (4) を解くことはできない．実際，そのような解の存在の必要条件は $\displaystyle\int_{\mathbb{C}^1} f(z)\,dm(z)=0$ であることが容易にわかる．完全な必要十分条件は練習 7 で詳しく述べられる．
- $n\geq 2$ のとき，(8) による解はコンパクト台をもつ一意解である．このことは，二つの解の差が $\mathbb{C}^n$ 全体で正則関数であることより明らかである．同様に，$n=1$ のときは，(6) によって与えられる解 u で $|z|\to\infty$ のとき $u(z)\to 0$ となるものは一意的である．

全空間 $\mathbb{C}^n$ における非斉次コーシー－リーマン方程式の解について証明してきた簡単な事実から，定理 2.1 で説明したハルトークスの原理のある一般的な形を得られる．これは次のように記すことができる．

定理 3.3　Ω を $\mathbb{C}^n$，$n\geq 2$ の有界領域とし，K は Ω のコンパクト部分集合で，$\Omega-K$ が連結であるとする．このとき $\Omega-K$ 上で解析的な任意の関数 F_0 は Ω に解析接続される．

これは，Ω 上の解析的な関数 F で，$\Omega - K$ 上 $F = F_0$ となるものが存在することを意味している．

この定理を証明するため，まずある $\varepsilon > 0$ で，開集合 $\mathcal{O}_\varepsilon = \{z : d(z, \Omega^c) < \varepsilon\}$ が K から正の距離で離れているようなものが存在することに気をつけておこう．このとき，$(\Omega \cap \mathcal{O}_\varepsilon) \subset (\Omega - K)$ であることに注意しておく．次に C^∞ 級の切り落とし関数 η で [3]，K のある近傍に属する z に対して，$\eta(z) = 0$ であり，一方，$z \in \mathcal{O}_\varepsilon$ に対しては $\eta(z) = 1$ となるものが構成できる．この関数により Ω において F_1 を

$$F_1(z) = \begin{cases} \eta(z)F_0(z) & z \in \Omega - K \\ 0 & z \in K \end{cases}$$

により定義する．F_1 は Ω において C^∞ 級である．F_1 は F_0 の Ω への一つの拡張ではあるが，もちろんこの拡張は解析的ではない．それではこの性質はどのくらい失われているのだろうか．これに答えるために，f_j を

$$f_j = \frac{\partial F_1}{\partial \overline{z}_j}, \qquad j = 1, \cdots, n \tag{9}$$

により定義する．

f_j は Ω における C^∞ 関数であり，整合条件 (7) は自ずとみたしている．さらに F_0 の解析性により，f_j は Ω の境界の近くで消えている（特に $z \in \mathcal{O}_\varepsilon \cap \Omega$ において）．したがって f_j は Ω の外部では 0 として拡張することができ，この拡張された f_j は $\mathbb{C}^n$ 全体で C^∞ 級であり，かつ (7) をみたしている．この拡張された f_j を同じ記号で表す．そこで (9) により与えられたエラーを，命題 3.2 を用いて，すべての j に対して，$\partial u/\partial \overline{z}_j = f_j$ となるようなコンパクト台をもつ関数 u を見出して，$F = F_1 - u$ ととることにより修正する．

F が Ω で正則であることに注意しておく（そこで $\partial F/\partial \overline{z}_j = 0,\ 1 \leq j \leq n$ であるから）．次に F が F_0 と $\Omega - K$ のある適切な開部分集合上で一致すること，同じことであるが，その開集合で u が消えることを見ていくことにする．

問題の開集合を記述するために，$\Omega \subset \{|z| \leq R\}$ をみたす最も小さな R を見つけてとる．このとき，明らかに $z^0 \in \partial\Omega$ で $|z^0| = R$ をみたすものが存在する．$B_\varepsilon = B_\varepsilon(z^0) = \{z : |z - z^0| < \varepsilon\}$ とおくと，$\Omega \cap B_\varepsilon$ は u がそこで消えるよう

---

3) この証明の残りの部分に対しては，C^∞ 級でなくとも C^2 級で十分なことに注意しておこう．

な $\Omega - K$ の開集合であることをがわかる．（図4を見よ．）

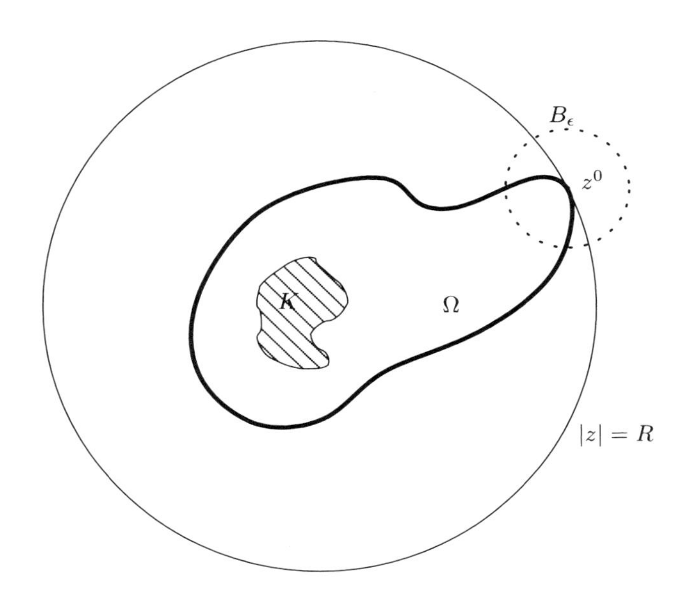

図4　u は $\Omega \cap B_\varepsilon$ で消えている．

$B_\varepsilon \subset \mathcal{O}_\varepsilon$ であり，したがって B_ε が K と交わっていないことから，$\Omega \cap B_\varepsilon$ が $\Omega - K$ の空でない開集合であることは明らかであるが，ここでもしも $\Omega \cap B_\varepsilon$ が空集合であったならば，z^0 は Ω の境界点ではありえない．それに加えて，u は B_ε（より一般に $\mathcal{O}_\varepsilon$）において正則である．なぜなら f_j がそこで消えているからである．さらに u は $\{|z| > R\}$ 上で 0 である．なぜなら u が $\{|z| > R\}$ 上で解析的であり，それは連結であり，u はあるコンパクト集合の外部では消えているからである．最後に，$B_\varepsilon \cap \{|z| > R\}$ は明らかに B_ε の空でない開集合である．したがって u は B_ε のいたるところで消えていて，特に $\Omega \cap B_\varepsilon$ で消えている．このことは F と F_0 が $\Omega - K$ のある開集合上で一致していることを示しているが，$\Omega - K$ は連結であるから，これらは $\Omega - K$ のいたるところで一致している．よって定理が証明された．

4. 境界では：接コーシー–リーマン方程式

$\mathbb{C}^n$，$n \geq 2$ のある領域 Ω の境界の（連結）近傍に正則関数 F_0 が与えられたとき，それが領域全体に拡張されることを示した．F_0 が与えられているこの近傍は原理的にはいくらでも狭くできるので，自然に思いつく問いは，F_0 が Ω の境界 $\partial\Omega$ 上のみで与えられているという極限的なケースではどのようなことが起こるかということである．これを解明するためには，次の疑問に答えなければならない．$\partial\Omega$ の上だけに与えられたどのような関数 F_0 が Ω 全体上の正則関数に拡張できるか？

この問題を正確に定式化し，十分滑らかな境界をもつ領域という設定でその問題を解くことにする．関連する定義と必要となる基本的な予備的事実を解説することから始める．

$\mathbb{R}^d$ の設定から始めて，$\mathbb{C}^n$ を $d = 2n$ のときに当てはめていく．Ω を $\mathbb{R}^d$ における領域であるとしよう．Ω の**定義関数** ρ とは，$\mathbb{R}^d$ 上の実数値関数で，

$$\begin{cases} \rho(x) < 0, & x \in \Omega \\ \rho(x) = 0, & x \in \partial\Omega \\ \rho(x) > 0, & x \in \overline{\Omega}^c \end{cases}$$

をみたすもののことである．

任意の整数 $k \geq 1$ に対して，Ω の境界が C^k **級**であるとは，定義関数 ρ が

- $\rho \in C^k(\mathbb{R}^d)$,
- $x \in \partial\Omega$ に対して，$|\nabla\rho(x)| > 0$

をみたすことである．

境界 $\partial\Omega$ は C^k 級の超曲面の一つの例となっている．一般に M が C^k 級の（局所）**超曲面**であるとは，ある球 $B \subset \mathbb{R}^d$ 上で定義されたある実数値 C^k 級関数 ρ で，$M = \{x \in B : \rho(x) = 0\}$ かつ $x \in M$ に対して $|\nabla\rho(x)| > 0$ をみたすものが存在することである．

C^k 級の境界をもつ領域 Ω に対して，任意の境界点の近くで $\partial\Omega$ がある種の「グラフ」として実現されることが知られている．より正確にいえば，任意の基準となる点 $x^0 \in \partial\Omega$ を固定して，適切なアフィン–線形座標変換（実際には $\mathbb{R}^d$ における平行移動と回転）をし，そうしたのち陰関数定理により次のようにできる．新

しい座標系において，$x = (x', x_d)$，ここで $x' \in \mathbb{R}^{d-1}$，$x_d \in \mathbb{R}$ と表すと，基準となる x^0 は $(0, 0)$ に対応し，$x^0 = (0, 0)$ の近くで領域 Ω と境界 $\partial\Omega$ は

$$
\begin{cases} \Omega \ : \ x_d > \varphi(x') \\ \partial\Omega \ : \ x_d = \varphi(x') \end{cases} \tag{10}
$$

によって与えられる．ここで，φ は $\mathbb{R}^{d-1}$ の原点の近くで定義された C^k 級関数である．さらに諸変更をして（$\varphi(0) = 0$ に加えて），$\nabla_{x'}(\varphi)(x')\,|_{x'=0} = 0$ とできる．このことは，$\partial\Omega$ の原点での接平面が超平面 $x_d = 0$ であることを意味する．（図 5 参照．）

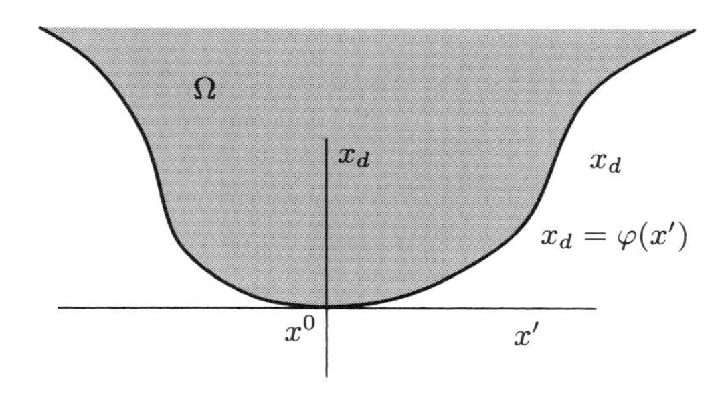

図 5　座標系 (x', x_d) における集合 Ω とその境界．

この座標系において，$\rho(x', \varphi(x')) = 0$ であるから

$$
\begin{aligned}
\rho(x) &= \rho(x', x_d) - \rho(x', \varphi(x')) \\
&= \int_0^1 \frac{\partial}{\partial t} \rho(x', tx_d + (1-t)\varphi(x'))\,dt \\
&= (\varphi(x') - x_d)\,a(x),
\end{aligned}
$$

ただしここで，$a(x) = -\displaystyle\int_0^1 \frac{\partial \rho}{\partial x_d}(x', tx_d + (1-t)\varphi(x'))\,dt$ である．言い換えれば，$\rho(x) = a(x)(\varphi(x') - x_d)$，ここで a はある C^{k-1} 級関数である．また基準となる点 x^0 の十分近くでは，$\partial/\partial x_d$ が Ω に対して「内向き」になっていることより $\dfrac{\partial \rho}{\partial x_d} < 0$ であるから，$a(x) > 0$ である．

さて $\widetilde{\rho}$ を Ω の別の C^k 級の定義関数であるとする．このとき x^0 の近くでは，$\widetilde{\rho}(x) = \widetilde{a}(x)(\varphi(x') - x_d)$ とも表せる．それゆえ

(11) $$\widetilde{\rho} = c\rho,$$

ここで $c(x) > 0$ であり，c は C^{k-1} 級である．

次に $\mathbb{R}^d$ 上のベクトル場 X が次の形の 1 階線形微分作用素

$$X(f) = \sum_{j=1}^{d} a_j(x) \frac{\partial f}{\partial x_j}$$

として表され，$(a_1(x), a_2(x), \cdots, a_d(x))$ は点 $x \in \mathbb{R}^d$ での「ベクトル」に対応している．このベクトル場が $\partial\Omega$ で**接している**とは，

$$x \in \partial\Omega \quad ならば \quad X(\rho) = \sum_{j=1}^{d} a_j(x) \frac{\partial \rho}{\partial x_j} = 0$$

となっているときのことである．(11) とライプニッツ則により，この定義は Ω の定義関数のとり方にはよらない．

次に，ℓ を $\ell \leq k$ をみたす非負整数とし，固定する．このとき $\partial\Omega$ 上で定義された関数 f_0 が C^ℓ **級**であるとは，f_0 の $\mathbb{R}^d$ への拡張 f で，f が $\mathbb{R}^d$ 上で C^ℓ 級になっているようなものが存在することである．さて，X が接ベクトル場で，f と f' が f_0 の二つの任意の拡張であるとき，容易に $X(f)|_{\partial\Omega} = X(f')|_{\partial\Omega}$ であることがわかる．（練習 8 参照．）それゆえ，この意味で境界 $\partial\Omega$ 上のみで定義された関数に対する接ベクトルの作用を扱うことができる．

ここで複素空間 $\mathbb{C}^n$ に移行することにする．ここで $\mathbb{C}^n$ は $\mathbb{R}^d$, $d = 2n$ と同一視している．これは，$z \in \mathbb{C}^n$，$z = (z_1, \cdots, z_n)$，$z_j = x_j + iy_j$，$1 \leq j \leq n$ と書き表し，前と同様に x_j, $1 \leq j \leq n$ とし，$1 \leq j \leq n$ に対して $x_{j+n} = y_j$ として，$x = (x_1, \cdots, x_{2n}) \in \mathbb{R}^{2n}$ とおくことによってできる．そうすると $\mathbb{C}^n$ 上のベクトル場は

$$\sum_{j=1}^{n} \left(a_j(z) \frac{\partial}{\partial \overline{z}_j} + b_j(z) \frac{\partial}{\partial z_j} \right)$$

と書くことができる．（ここで係数は複素数値であることも許す．）すべての j に対して $b_j = 0$ であるとき，すなわち X が

$$X = \sum_{j=1}^{n} a_j(z) \frac{\partial}{\partial \overline{z}_j}$$

であるとき，このようなベクトル場を**コーシー－リーマン・ベクトル場**という．同値なこととして，X がコーシー－リーマン・ベクトル場であるのは，すべての

正則関数に対して消えるとき[4]である．

（C^k 境界をもつ）ある領域 Ω が与えられたとき，上記のコーシー－リーマン・ベクトル場 X が**接的**（または接）であるとは

$$\sum_{j=1}^{n} a_j(z)\rho_j(z) = 0, \qquad \text{ここで} \quad \rho_j(z) = \frac{\partial\rho}{\partial\overline{z}_j}$$

であるときのことである．

任意の固定された点 $z^0 \in \partial\Omega$ について，$|\nabla\rho(z^0)| > 0$ であるから，$\rho_j(z^0)$，$1 \leq j \leq n$ のうちの少なくとも一つは非零でなければならない．簡単にするため，$j = n$ と仮定してもよい．このとき $n-1$ 個のベクトル場

$$\rho_n \frac{\partial}{\partial\overline{z}_j} - \rho_j \frac{\partial}{\partial\overline{z}_n}, \qquad 1 \leq j \leq n-1 \tag{12}$$

は線形独立であり，z^0 の近傍で（関数による掛け算を除いて）接コーシー－リーマン・ベクトル場を張っている．

$j = n$ に特に選ばなければ $n(n-1)/2$ 個のベクトル場

$$\rho_k \frac{\partial}{\partial\overline{z}_j} - \rho_j \frac{\partial}{\partial\overline{z}_k}, \qquad 1 \leq j < k \leq n \tag{13}$$

が（大域的に）接コーシー－リーマン・ベクトル場を張っている．ただしもちろん線形独立ではない．

このことを微分形式の用語を使ってきれいに表現する方法がある．u を複素数値関数とする．このとき $1 \leq j \leq n$ に対する方程式 $\dfrac{\partial u}{\partial\overline{z}_j} = f_j$ を

$$\overline{\partial}u = f$$

と略記することができる．ただし $\overline{\partial}u$ と f はそれぞれ $\sum_{j=1}^{n} \dfrac{\partial u}{\partial\overline{z}_j}\, d\overline{z}_j$ と $\sum_{j=1}^{n} f_j\, d\overline{z}_j$ で表せる「1－形式」[5]である．この記述形式では $d\overline{z}_k \wedge d\overline{z}_j = -d\overline{z}_j \wedge d\overline{z}_k$ であるから，任意の1－形式 $w = \sum_{j=1}^{n} w_j d\overline{z}_j$ に対して2－形式 $\overline{\partial}w$ を

$$\overline{\partial}w = \sum_{j=1}^{n} \overline{\partial}w_j \wedge d\overline{z}_j$$

4）訳注：h が正則関数のとき $X(h) = 0$ となること．

5）より精確には $(0, 1)$－形式である．

$$= \sum_{1\le j,k\le n}^{n} \frac{\partial w_j}{\partial \overline{z}_k} d\overline{z}_k \wedge d\overline{z}_j$$

$$= \sum_{1\le k<j\le n}^{n} \left(\frac{\partial w_j}{\partial \overline{z}_k} - \frac{\partial w_k}{\partial \overline{z}_j} \right) d\overline{z}_k \wedge d\overline{z}_j$$

により定義する．

この記法では非斉次コーシー－リーマン方程式 (4) は $\overline{\partial} u = f$ と書くことができ，整合条件 (7) は $\overline{\partial} f = 0$ と同じことになる．さらに関数 F_0 が接コーシー－リーマン・ベクトル場（(12) または (13)）によって消滅するのはちょうど

$$\overline{\partial} F_0 \wedge \overline{\partial} \rho|_{\partial\Omega} = 0 \tag{14}$$

をみたすときとなる．したがって F_0 が $C^1(\overline{\Omega})$ 級で Ω 上正則なある関数の $\partial\Omega$ への制限であるとき，F_0 はこれらの接コーシー－リーマン方程式をみたしていなければならない．注目すべきことは，おおまかにいえば，この逆が成り立つことである．これはボホナーの定理の要点である．

定理 4.1　Ω を $\mathbb{C}^n$ の有界領域で，その境界は C^3 級であり，$\overline{\Omega}$ の補集合は連結であるとする．F_0 が $\partial\Omega$ 上の C^3 級関数で，接コーシー－リーマン方程式をみたしているとするとき，Ω 上の正則関数 F で，$\overline{\Omega}$ 上連続であり，$F|_{\partial\Omega} = F_0$ をみたすものが存在する．

この定理と前定理に対してある種の連結性が必要になることは，練習 10 に見ることができる．

この定理の証明は前定理のそれと同じ精神によるものではあるが，細部は異なっている．定義により $C^3(\partial\Omega)$ 級関数 F_0 は全空間上の C^3 級関数と考える．さて F_0 は接コーシー－リーマン方程式をみたしていて，これを（$\partial\Omega$ への制限は変えずに）修正して，修正された関数 F_1 が C^2 級で

$$\overline{\partial} F_1|_{\partial\Omega} = 0 \tag{15}$$

をみたすようにできる．この修正は a を適切な C^2 級関数とし $F_1 = F_0 - a\rho$ とすることで行うことができる．実際，F_1 はすでに接コーシー－リーマン方程式をみたしている．

$$N(f) = \sum_{j=1}^{n} \overline{\rho}_j \frac{\partial f}{\partial \overline{z}_j}$$

で定義される N により，独立して，あるコーシー－リーマン・ベクトル場（接的ではない）が与えられる．実際，

$$N(\rho) = \sum_{j=1}^{n} \left| \frac{\partial \rho}{\partial \overline{z}_j} \right|^2 = \frac{1}{4} |\nabla \rho|^2 > 0$$

であることに注意する．それゆえ Ω の境界の近くで $a = N(F_0)/N(\rho)$ とおき，a を境界から離れたところでは 0 となるように拡張すれば (14) により (15) が成り立つ．

いま Ω 上の 1－形式 f を $f = \overline{\partial} F_1$ により定義する．このとき f は $\overline{\Omega}$ 上で連続であり，$C^1(\overline{\Omega})$ 級であり，$\partial\Omega$ 上では 0 になっていて，Ω の内部では $\overline{\partial} f = 0$ をみたしている．Ω の外部では $f = 0$ となるように f を $\mathbb{C}^n$ 全体に拡張する（拡張したものを引き続き同じ記号で表す）．このとき f は（少なくとも超関数の意味で）$\mathbb{C}^n$ で $\overline{\partial} f = 0$ をみたす．このことは F_0 と $\partial\Omega$ が C^3 級ではなく C^4 級であるとすれば明らかである．C^3 級の場合はさらに議論が必要である（第 3 章の練習 6 を参照）．さて命題 3.2 により $\overline{\partial} u = f$ をみたす連続関数 u が得られる．さらに u はコンパクトな台をもっている．u は $\overline{\Omega}^c$ で正則であり，この集合は連結であるから，u は $\overline{\Omega}^c$ で 0 になっていることがわかり，連続性から $\partial\Omega$ 上でも 0 になっている．結局，$F = F_1 - u$ とおけば，F は Ω で正則であり，$\overline{\Omega}$ 上で連続かつ $F|_{\partial\Omega} = F_1|_{\partial\Omega} = F_0|_{\partial\Omega}$ であり，定理の証明が完了である．

$n = 1$ の場合は接コーシー－リーマン方程式は存在せず，F_0 に課せられる条件は本質的に大域的である．練習 12 を見よ．

別の議論により，F_0 に関するレギュラリティの次数を減らすことができる．問題 3* を参照．

$n > 1$ の場合の十分な条件の性質を考えると，この拡張定理の「局所」版が実際にあるかという問いは自然なものである．これを可能にするためには，結果の定式化がされる際に，接続が境界のどちら「側」で成り立つのかが区別される必要がある．球面の「内側」では接続が成り立つが，「外側」では成り立たないことは，凸性が関わっているであろうことを示唆している．領域の境界の局所的性質を調べるときにわかるように，このことは実際に $\mathbb{C}^n$ の複素構造に起因して正しい．

5. レヴィ形式

$\mathbb{R}^d$ の設定に戻ってみよう．境界点 x^0 の近くでは，領域 Ω は非常に単純な標準形にされうることを見ておく．すでに述べたように，x^0 の近くでは，適切な座標により，Ω を $\{x_d > \varphi(x')\}$ として表すことができる．さて新しい座標 $(\overline{x}_1, \overline{x}_2, \cdots, \overline{x}_d)$ を $\overline{x}_d = x_d - \varphi(x')$, $\overline{x}_j = x_j$, $1 \leq j < d$ により導入すれば（これは逆 $x_d = \overline{x}_d + \varphi(\overline{x}')$, $x_j = \overline{x}_j$, $1 \leq j < d$ をもっている），局所的に Ω は今度は半空間 $\overline{x}_d > 0$ により，また $\partial\Omega$ は超平面 $\overline{x}_d = 0$ により表される．

しかしながら $\mathbb{C}^n$ における正則関数の研究に適用するためには，許容しうる新しい座標（すなわち，許される変数変換）は正則関数によって与えられなければならない．そのため，選び方はより制限される．このような変数変換によって生じる座標（固定された点 z^0 の周りの標準的な座標）は**正則座標**と呼ばれる．ここでは $\partial\Omega$ が C^2 級であるとし，$z_j = x_j + iy_j$ の記法を用いる．

命題 5.1　任意の点 $z^0 \in \partial\Omega$ を中心として，

$$\Omega = \{\mathrm{Im}(z_n) > \sum_{j=1}^{n-1} \lambda_j |z_j|^2 + E(z)\} \tag{16}$$

となるような正則座標 $(z_1, \cdots, z_n)$ を導入することができる．ここで λ_j は実数，そして $z \to 0$ のとき[6] $E(z) = x_n \ell(z') + D x_n^2 + o(|z|^2)$ であり，$\ell(z')$ は $x_1, \cdots, x_{n-1}$, $y_1, \cdots, y_{n-1}$ の線形関数であり，D は実数である．

いくつかの注意をしておく．これは標準的表現 (16) の特性を明らかにするのに役立つであろう．

- さらにスケール変換 $z_j \to \delta_j z_j$, $\delta_j \neq 0$ をすることにより，λ_j は 1 か -1 か 0 のいずれかにすることができる．
- 正か負か 0 である λ_j の数値（この 2 次形式の**符号**）は以下でわかるように正則不変量である．
- (16) から変数 $z_1, \cdots, z_{n-1}$ には「重み 1」を割り当て，変数 z_n には「重み 2」を割り当てておくことが自然である．誤差項を無視すれば，これはこの式を斉次な重み 2 にする．(16) のこの斉次版は，この章の付録においてさらに考察

6)　$z \to 0$ のとき $f(z) = o(|z|^2)$ は，$|z| \to 0$ のときに $|f(z)|/|z|^2 \to 0$ となることを意味する．

する「半空間」$\mathcal{U}$ を与える.

- $\partial\Omega$ が C^3 級であることを仮定していたので, その場合は, $z \to 0$ のときの誤差評価 $o(|z|^2)$ を $O(|z|^3)$ に改良できる.

命題の証明　(10) のように,(変数のアフィン複素線形変換で) 複素座標を, z^0 の近くで集合 Ω が

$$\mathrm{Im}(z_n) > \varphi(z', x_n)$$

となるように導入できる. ただしここで $z = (z', z_n)$, $z' = (z_1, \cdots, z_{n-1})$ であり, $z_j = x_j + iy_j$ である. また状況を $\varphi(0, 0) = 0$ であり

$$\frac{\partial}{\partial x_j}\varphi|_{(0,0)} = \frac{\partial}{\partial y_j}\varphi|_{(0,0)} = \frac{\partial}{\partial x_n}\varphi|_{(0,0)}, \qquad 1 \le j \le n-1$$

とできる. φ の原点での位数 2 までのテイラー展開を用いて

$$\begin{aligned}\varphi = &\sum_{1\le j,k\le n-1}(\alpha_{jk}z_jz_k + \overline{\alpha}_{jk}\overline{z}_j\overline{z}_k)\\ &+ \sum_{1\le j,k\le n-1}\beta_{jk}z_j\overline{z}_k + x_n\ell'(z')\\ &+ Dx_n^2 + o(|z|^2), \qquad z \to 0\end{aligned}$$

となっていることがわかる. ここで $\beta_{jk} = \overline{\beta}_{kj}$ であり, ℓ' は $x_1, \cdots, x_{n-1}$ と $y_1, \cdots, y_{n-1}$ を変数とする (実) 線形関数であり, D は実数である.

次に $\zeta_n = z_n - 2i\displaystyle\sum_{1\le j,k\le n-1}\alpha_{jk}z_jz_k$, そして $1 \le k \le n-1$ のとき $\zeta_k = z_k$ であるような (大域的な) 正則な座標変換を導入する. このとき $\mathrm{Im}(\zeta_n) = \mathrm{Im}(z_n) - \displaystyle\sum_{1\le j,k\le n-1}(\alpha_{jk}z_jz_k + \overline{\alpha}_{jk}\overline{z}_j\overline{z}_k)$ であり, それゆえこれらの新しい座標 (ζ を z に置き換えて) は関数 φ を $\displaystyle\sum_{1\le j,k\le n-1}\beta_{jk}z_j\overline{z}_k + x_n\ell'(z') + Dx_n^2 + o(|z|^2)$ となるようにする.

次に, ($z_1, \cdots, z_{n-1}$ 変数に関する) ユニタリー写像でエルミート形式を対角化し, φ を

$$\sum_{j=1}^{n-1}\lambda_j\,|z_j|^2 + x_n\ell(z') + Dx_n^2 + o(|z|^2) \tag{17}$$

とできる. ただしここで $\lambda_1, \cdots, \lambda_{n-1}$ はこの 2 次形式の固有値である. これで命題が証明される. ■

上で陰に現れたエルミート行列 $\left\{\dfrac{\partial^2\varphi}{\partial z_j \partial \overline{z}_k}\right\}_{1\leq j,k\leq n-1}$，あるいは (16) の形式の対角化版である $\sum_{j=1}^{n-1} \lambda_j |z_j|^2$ は（境界点 z^0 における）Ω の**レヴィ形式**と呼ばれている．より内在的な定義は，ベクトル $\partial/\partial\overline{z}_j$, $1\leq j\leq n-1$ が z^0 で $\partial\Omega$ に接していることに注意すれば見えてくる．$\rho(z)=\varphi(z', x_n)-y_n$ とするとき，対応する 2 次形式は，z^0 で接するベクトル $\sum_{k=1}^{n} a_k\partial/\partial\overline{z}_k$ に制限された

$$\sum_{1\leq j,k\leq n} \frac{\partial^2\rho}{\partial z_j\partial\overline{z}_k}\,\overline{a}_j a_k \tag{18}$$

である．これらの接ベクトルは（実 $2n-1$ 次元）の全接空間の（複素 $n-1$ 次元の）複素部分空間を成すことに注意しておく．

さて，ρ' を Ω の別の定義関数とする．このとき，$\rho'=c\rho$ である．ただしここで $c>0$ であり，c は C^2 級であることを仮定する．ライプニッツ則により，$\partial\Omega$ 上で

$$\sum \frac{\partial^2\rho'}{\partial z_j\partial\overline{z}_k}\,\overline{a}_j a_k = c\sum \frac{\partial^2\rho}{\partial z_j\partial\overline{z}_k}\,\overline{a}_j a_k$$

である．なぜなら，そこでは $\rho=0$ であり，また $\sum_{k=1}^{n} a_k\dfrac{\partial}{\partial\overline{z}_k}$ が接的であることより，$\sum_{k=1}^{n} a_k\dfrac{\partial\rho}{\partial\overline{z}_k}=0$ だからである．それゆえ形式 (18) の符号は定義関数の取り方によらない．

最後に, $z\longmapsto\Phi(z)=w$ を原点の近くで定義された双正則写像(ただし $\Phi(0)=0$)とし，z^0 の近傍で新しい正則座標系 $(w_1,\cdots,w_n)$ を与えているとする．このとき, 正則性により Φ の微分は $\sum_{k=1}^{n} a_k\dfrac{\partial}{\partial\overline{z}_k}$ の形の z^0 での接ベクトルを $\sum_{k=1}^{n} a'_k\dfrac{\partial}{\partial\overline{w}_k}$ の形の接ベクトルに写す．ρ' が $\Phi(\Omega)$ の定義関数のとき，$\rho'(\Phi(z))=\rho''(z)$ は z^0 の近くでの Ω のもう一つの定義関数であり，上のことから (18) の符号は正則な全単射のもとで不変であることがわかる．

上記のことに鑑みて, レヴィ形式が非負定値であるとき, 境界点 $z^0\in\partial\Omega$ が**擬凸**であるといい，その形式が正定値のとき**強擬凸**であるという．ある領域 Ω は，Ω の各境界点が擬凸であるとき，擬凸であるという．

良い例は単位球 $\{|z|<1\}$ である．$\rho(z)=|z|^2-1$ をその定義関数とすると，各

境界点でレヴィ形式は単位行列に対応し，それゆえ単位球は強擬凸である．

擬凸性は $\mathbb{R}^d$ における標準的な（実）凸性の $n>1$ の場合の複素解析的アナロジーと考えることができる．実凸性については第3章の練習26と第III巻の第3章の問題を参照せよ．z^0 でのレヴィ形式の性質は，Ω で定義された正則関数の z^0 での挙動に重要な関係をもってくる．特に，レヴィ形式の固有値の一つが真に正であるときに従う興味深い結果を次に見ていく．

6. 最大値原理

レヴィ形式の部分的正値性の顕著な結果は，$\mathbb{C}^n$, $n\geq 2$, に対する次の「局所」最大値原理であり，$n=1$ の場合にはこれの類似の結果はない．

C^2 級の境界をもつ領域 Ω が与えられているとし，B をある点 $z^0\in\partial\Omega$ を中心とする開球であるとする．各 $z\in\partial\Omega\cap B$ においてレヴィ形式の少なくとも一つの固有値が真に正であるとする．

定理 6.1　上記の設定において，中心が z^0 の（小さな）球 $B'\subset B$ が存在し，F が $\Omega\cap B$ 上の正則関数で $\overline{\Omega}\cap B$ 上連続ならば，

$$\sup_{z\in\Omega\cap B'}|F(z)|\leq\sup_{z\in\partial\Omega\cap B}|F(z)| \tag{19}$$

が成り立つ．

主張 (19) の $n=1$ の場合の反例は練習16で概説されている．

証明　まず $z^0=0$ で，Ω が標準形 (16) で与えられている特別な場合を考える．$\lambda_1>0$ を仮定してよい．

$z=(z_1,\,z'',\,z_n)$, $z''=(z_2,\,\cdots,\,z_{n-1})\in\mathbb{C}^{n-2}$ と表し，$(0,\,0,\,iy_n)$ の形の点を考える．$B=B_r$ により原点が中心で半径 r の球を表し，r が十分小さいとき，$0<y_n\leq cr^2$ ならばこの特別な点において，準備的な結果

$$|F(0,\,0,\,iy_n)|\leq\sup_{z\in\partial\Omega\cap B_r}|F(z)| \tag{20}$$

が成り立つことを証明する．ただしここで c は下で選ぶ定数（$c=\min(1,\,\lambda_1/2)$ でよい）である．

これは点 $(0,\,0,\,iy_n)$ を通る複素1次元の切り口を考えることにより証明される．

実際，$\Omega_1 = \{z_1 : (z_1, 0, iy_n) \in \Omega \cap B_r\}$ とする．明らかに Ω_1 は点 $(0, 0, iy_n)$ を含む開集合である．次の鍵となる事実に注意しておく．r が十分小さいとき，

$$z_1 \in \partial\Omega_1 \text{ のとき，} \quad (z_1, 0, iy_n) \in \partial\Omega \cap B_r. \tag{21}$$

実際，z_1 が切り口 Ω_1 の境界上にあるとき，$(z_1, 0, iy_n)$ は Ω の境界にあるか，$(z_1, 0, iy_n)$ は B_r の境界にある（かあるいはどちらも成り立つ）．実際，2 番目の選択肢はありえない．なぜなら，もしそれが成り立ったとすると $|z_1|^2 + y_n^2 = r^2$ である．$y_n \leq cr^2$ より，$c \leq 1$ かつ $r \leq 1/2$ にとれば，$|z_1|^2 \geq r^2 - c^2r^4 \geq 3r^2/4$．さらにそのような任意の点は $\overline{\Omega}$ に属さなければならないから，$y_n \geq \lambda_1 |z_1|^2 + o(|z_1|^2)$ であり，したがって $cr^2 \geq \lambda_1 3r^2/4 + o(r^2)$ であるが，もし $c \leq \lambda_1/2$ かつ r を十分小さくとれば，これはありえない．そこで 2 番目の選択肢が排除されるので，(21) が成り立つ．

さて固定された y_n に対して，$f(z_1) = F(z_1, 0, iy_n)$ と定義する．このとき，f は切り口 Ω_1 上の z_1 に関する正則関数であり，$\overline{\Omega}_1$ 上で連続である．$0 \in \Omega_1$ であるから，通常の最大値原理から，

$$|F(0, 0, iy_n)| = |f(0)| \leq \sup_{z_1 \in \overline{\Omega}_1} |f(z_1)| = \sup_{z_1 \in \partial\Omega_1} |f(z_1)| \leq \sup_{z \in \partial\Omega \cap B_r} |F(z)|$$

が示される．というのは (21) が成り立っているからである．したがって (20) の主張が証明された．

この特別な場合の評価を一般の設定にもっていくことにする．そのため Ω の境界に十分近いあらゆる点 $z \in \Omega$ に対して，適切な座標系を見つけて，この座標系では z が $(0, 0, iy_n)$ によって与えられ，それゆえ z に関して結論 (20) が成り立つことを示す．これは次のようにしてできる．

まず，$\partial\Omega$ に十分近い各点 $z \in \Omega$ に対して，z に最も近い点 $\pi(z) \in \partial\Omega$ が（ただ一つ）存在し，$\pi(z)$ から z へのベクトルが $\pi(z)$ の接平面に直交している．さて，各 $\pi(z) \in \partial\Omega$ で，(17) の表示を導くような座標系 Ω を導入することができる．また，$\mathbb{C}^n$ 全体のもともとの座標からこの (17) が現れる座標への写像がアフィン線形であり，ユークリッド距離を保存することもわかる．$\pi(z)$ から z へのベクトルの接平面との直交性により，点 z はこの座標系では座標 $(0, 0, iy_n)$ をもち，実際に $|z - \pi(z)| = y_n$ となっている．

B を中心が z^0 のもともとの球とし，$B' = B_\delta(z^0)$ を半径が δ，中心 z^0 の球と定義する．その半径は別の半径 r から決まるもので，下記のように定める定数 c_*

により $\delta = c_* r^2$ となっている．$0 < c_* \leq 1$ であり，最終的には r（それゆえ δ も）は十分に小さいものである．

λ_1 は (17) に現れる最大の固有値であるとしてよい．$\partial\Omega$ は C^2 級であるから，量 λ_1 は基準となる点 $\pi(z)$ が動くと連続的に変化する．λ_* によりこれらの λ_1 の下限を表し，上に扱った特別な場合と同様に $c_* = \min(1, \lambda_*/2)$ とおく．

このとき，$z \in \Omega \cap B_\delta(z^0)$ と十分に小さな r をとって，

- $|z - \pi(z)| < \delta$，かつ
- $B_r(\pi(z)) \subset B$

とできることに注意する．実際，$z \in B_\delta(z^0)$ のとき，$z^0 \in \partial\Omega$ であることから $d(z, \partial\Omega) < \delta$ であり，$|z - \pi(z)| < \delta$ が得られる．

次に $\zeta \in B_r(\pi(z))$ のとき，

$$\left|\zeta - z^0\right| \leq |\zeta - \pi(z)| + |\pi(z) - z| + \left|z - z^0\right|$$

であるが，$|\zeta - \pi(z)| < r$ であり，一方，$|z - \pi(z)| < \delta$ かつ $|z - z^0| < \delta$ である（$z \in B_\delta(z^0)$ であるから）．これより $|\zeta - z^0| \leq r + 2\delta$ であり，それゆえ，r（したがって $\delta = c_* r^2$）が十分小さいとき，$\zeta \in B$ である．

さてこれで特別な場合 (20) の証明に導く議論に戻ることができる．上記の B_r の役割を $B_r(\pi(z))$ が果たせるので，先の議論と同様にして最大値原理により (20) が得られる．なぜならば $z \in \Omega \cap B$ に対して，$z \to 0$ のとき，$y_n > \lambda_* |z_1|^2 + o(|z|^2)$ であり，「o」の項は z（したがって $\pi(z)$）が動くときに一様に成り立っているからである．（この一様性は，φ が C^2 級であることから (17) における φ のテイラー展開の「o」項が一様なものとなっていることの帰結である．）

以上述べてきたことから，r を十分小さくとり，$\delta = c_* r^2$ とすれば，$z \in B_\delta(z^0) = B'$ に対して定理の結論が成り立つ．∎

この定理に含まれる意味と証明は境界 $\partial\Omega$ を局所的な超曲面に置き換えた一般的な設定でも成り立つ．これは次のように定式化される．

M をある球 B 内に与えられる定義関数 ρ の局所的な C^2 級超曲面で，$M = \{z \in B : \rho(z) = 0\}$ であるとする．$\Omega_- = \{z \in B : \rho(z) < 0\}$ とおく．

系 6.2　各 $z \in M$ に対して，(18) で与えられるレヴィ形式が少なくとも一つの真に正の固有値をもつものとする．この状況において，各 $z^0 \in M$ に対して中心が z^0 のある球 B' が存在し，F が Ω_- で正則かつ $\Omega_- \cup M$ で連続ならば，

$$\sup_{z \in \Omega_- \cap B'} |F(z)| \leq \sup_{z \in M} |F(z)| \tag{22}$$

が成り立つ.

今証明したこの定理は，レヴィ形式のある固有値が正のとき，正則関数の境界の小さな部分への制限に対する抑制が，この関数の内部の領域での抑制をもたらすことを示している．このことは，そのような境界に対してボホナーの定理（定理 4.1）の局所版が成り立つことを示す大きなヒントになっている．このことの証明はワイエルシュトラスの近似定理の注目すべき拡張に基づいている．これについて考えていこう.

7. 近似と拡張定理

古典的なワイエルシュトラスの近似定理は次のように書き直すことができる. $\mathbb{C}^1$ の実軸のコンパクトな線分上の連続関数 f が与えられたとき，f は $z = x + iy$ の多項式で一様に近似できる．ここで扱う問いは以下のようなものである．M を $\mathbb{C}^n$ 内の（局所的な）超曲面とする．M 上に連続関数 F が与えられたとき，F は M 上で $z_1, z_2, \cdots, z_n$ の多項式 P_ℓ により近似できるか？

$n > 1$ のとき，P_ℓ の M への制限は，接コーシー－リーマン方程式をみたす必要がある．それゆえ F はこの方程式系を少なくとも何らかの「弱い」意味でみたす必要がある．ここでこの必要条件が実際には十分条件であることを見ていく．これが以下に述べるバウエンディ－トレーヴの近似定理の本旨である.

$\mathbb{C}^n$ 内のある C^2 級の局所的超曲面 M が与えられているとする．さらに $z^0 \in M$ の近くで，複素アフィン－線形な座標変換により，z^0 を原点にもっていき，M は z^0 の近くでグラフ

$$M = \{z = (z', z_n) : \mathrm{Im}(z_n) = \varphi(z', x_n)\} \tag{23}$$

により表されているものとする.

$\rho(z) = \varphi(z', x_n) - y_n$，$y_n = \mathrm{Im}(z_n)$ とおくと，接コーシー－リーマン・ベクトル場は

$$\rho_n \frac{\partial}{\partial \overline{z}_j} - \rho_j \frac{\partial}{\partial \overline{z}_n}, \qquad 1 \leq j \leq n-1$$

によって張られる．ただし $\rho_j = \partial\rho/\partial\overline{z}_j$，特に $\rho_n = \dfrac{1}{2}(\varphi_{x_n} - i)$，ここで $\varphi_{x_n} =$

$\partial\varphi/\partial x_n$ である．それゆえ対応する接コーシー－リーマン方程式は

$$L_j(f) = 0, \qquad 1 \le j \le n-1,$$

ただし

$$L_j(f) = \frac{\partial f}{\partial \overline{z}_j} - a_j \frac{\partial f}{\partial \overline{z}_n}, \quad \text{ただし } a_j = \rho_j/\rho_n \tag{24}$$

と書き表すことができる．M 上の座標 (z', x_n) において，これは $L_j(f) = \dfrac{\partial f}{\partial \overline{z}_j} - \dfrac{a_j}{2}\dfrac{\partial f}{\partial x_n}$ となる．

次に L_j の転置，すなわち L_j^t を

$$L_j^t(\psi) = -\left(\frac{\partial \psi}{\partial \overline{z}_j} - \frac{1}{2}\frac{\partial(a_j\psi)}{\partial x_n}\right)$$

により定義する．すると，f, ψ が共に C^1 級関数で，このうちの一つがコンパクト台をもつならば

$$\int_{\mathbb{C}^{n-1}\times\mathbb{R}} L_j(f)\psi\, dz'dx_n = \int_{\mathbb{C}^{n-1}\times\mathbb{R}} fL_j^t(\psi)\, dz'dx_n$$

が成り立つ．（ここで $\mathbb{C}^{n-1}\times\mathbb{R}$ のルベーグ測度を表すための略記として $dz'dx_n$ を用いる．）上記のことを鑑みて連続関数 f が，十分小さな台をもつようなすべての C^1 級関数 ψ に対して，

$$\int_{\mathbb{C}^{n-1}\times\mathbb{R}} fL_j^t(\psi)\, dz'dx = 0$$

をみたすとき，**弱い意味**で接コーシー－リーマン方程式をみたすという．定理は次のものである．

定理 7.1　$M \subset \mathbb{C}^n$ を上記のような C^2 級の超曲面とする．点 $z^0 \in M$ が与えられたとき．中心 z^0 の開球 B' と B で，$\overline{B}' \subset B$ となるものが存在し，次のことが成り立つ．F が $M \cap B$ 上の連続関数で，弱い意味で接コーシー－リーマン方程式をみたすとき，F は $M \cap \overline{B}'$ 上で $z_1, z_2, \cdots, z_n$ の多項式で一様に近似される．

次の二つの注意は，上で述べた結論の特徴を明らかにするのに役立つであろう．

- この定理はすべての $n \ge 1$ で成り立つ．$n = 1$ の場合は，もちろん接コーシー－リーマン方程式はないので，F に関する特段の仮定がなくても定理の結論は成り立つ．しかしながら，この定理の適用範囲は本質的に局所的なものであることに注意してほしい．このことを示す簡単な例示は，$n = 1$ かつ M が単位円の

境界の場合にすでに現出している．練習 12 も参照．

- $n>1$ に対して，M に関するレヴィ形式についての要請はない．

証明　まず B を十分小さくとり，超曲面 M が $M=\{y_n=\varphi(z',x_n)\}$ により表されるようにする．ここで，z^0 は原点に対応させる．$\varphi(0,0)=0$ のほか，さらに偏導関数 $\dfrac{\partial\varphi}{\partial x_j}$, $1\le j\le n$ と $\dfrac{\partial\varphi}{\partial y_j}$, $1\le j\le n-1$ が原点で 0 になるようにすることができる．

さて原点に十分近い $u\in\mathbb{R}^{n-1}$ に対して，M の断面 M_u を

$$M_u=\{z:\,y_n=\varphi(z',x_n),\ z'=x'+iu\}$$

によって与えられる n 次元部分多様体と定義する．

$\Phi=\Phi^u$ を，$\mathbb{R}^n$ の原点の近傍を M_u と同一視して，$\Phi(x)=(x'+iu,\ x_n+i\varphi(x'+iu,x_n))$, $x=(x',x_n)\in\mathbb{R}^{n-1}\times\mathbb{R}=\mathbb{R}^n$ により与える．M が集合族 $\{M_u\}_u$ によりファイバー化されていることに注意する．さて，固定された u に対して，写像 $x\longmapsto\Phi(x)$ のヤコビアン，すなわち $\dfrac{\partial\Phi}{\partial x}$ は複素 $n\times n$ 行列であり，$I+A(x)$ で与えられる．ただしここで $A(x)$ の最後の行以外の成分は 0 であり，最後の行はベクトル $\left(i\dfrac{\partial\varphi}{\partial x_1}, i\dfrac{\partial\varphi}{\partial x_2},\cdots,i\dfrac{\partial\varphi}{\partial x_n}\right)$ である．したがって $A(0)=0$ であり，$\det\left(\dfrac{\partial\Phi}{\partial x}\right)=1+i\dfrac{\partial\varphi}{\partial x_n}$ である．必要なら球 B をさらに小さくして，この球上で $\|A(x)\|\le 1/2$ とできる．ここで $\|\cdot\|$ は行列ノルムを表している．

さて固定された u に対して，Φ は $\mathbb{R}^n$ 上のルベーグ測度を次によって定義される M_u 上の（複素密度関数をもつ）測度 $dm_u(z)=\mathcal{J}(x)\,dx$ に写す．十分小さな台をもつすべての連続関数 f に対して

$$\int_{M_u}f(z)\,dm_u(z)=\int_{\mathbb{R}^n}f(\Phi(x))\mathcal{J}(x)\,dx,\quad ここで\quad \mathcal{J}(x)=\det\left(\frac{\partial\Phi(x)}{\partial x}\right).$$

B' を B と同じ中心をもち，B の内部に完全に含まれる任意の球とする．χ を B' のある近傍では 1 であり，$x\notin B$ では 0 になるような滑らかな（たとえば C^1 級）切り落とし関数と定める．(原点に近い) $u\in\mathbb{R}^{n-1}$ と $\varepsilon>0$ に対して，関数 F_ε^u を

$$F_\varepsilon^u(\zeta)=\frac{1}{\varepsilon^{n/2}}\int_{M_u}e^{-\frac{\pi}{\varepsilon}(z-\zeta)^2}F(z)\chi(z)\,dm_u(z)\tag{25}$$

により定義する．ここで $w=(w_1,\cdots,w_n)\in\mathbb{C}^n$ に対して $w^2=w_1^2+\cdots+w_n^2$

という略記法を用いている．ここで注意すべきことは，古典的な近似定理と同じように，関数 $\varepsilon^{-n/2}e^{\frac{-\pi}{\varepsilon}x^2}$ は $\mathbb{R}^n$ における「近似単位元」となっている [7)]．

F^u_ε は次の三つの性質をもっている．

(i)　$F^u_\varepsilon(\zeta)$ は $\zeta \in \mathbb{C}^n$ の整関数である．

(ii)　$\zeta \in M_u$ かつ $\zeta \in \overline{B}'$ であれば，$\varepsilon \to 0$ としたとき $F^u_\varepsilon(\zeta)$ は $F(\zeta)$ に一様収束している．

(iii)　u に対して，$\lim_{\varepsilon \to 0}(F^u_\varepsilon(\zeta) - F^0_\varepsilon(\zeta)) = 0$ が $\zeta \in \overline{B}'$ に関して一様に成り立つ．

最初の性質は明らかである．なぜなら $e^{-\frac{\pi}{\varepsilon}(z-\zeta)^2}$ は ζ の整関数であり，z に関する積分はあるコンパクト集合上で行うからである．

2 番目の性質を示すために，$\Phi = \Phi^u$ で，$z = \Phi(x)$ かつ $\zeta = \Phi(\xi)$ のとき，$z \in M_u$ で $\zeta = \xi + i\eta \in M_u$ であることに注意する．それゆえ

$$
\begin{aligned}
(z-\zeta)^2 = (\Phi(x) - \Phi(\xi))^2 &= \left(\frac{\partial \Phi}{\partial \xi}(\xi)(x-\xi)\right)^2 + O(|x-\xi|^3) \\
&= ((I + A(\xi))(x-\xi))^2 + O(|x-\xi|^3)
\end{aligned}
$$

である．もし必要なら最初にとった球 B をより小さくして (B' の大きさももちろん小さくなる)，z と ζ が B 内にあれば，

$$
\mathrm{Re}(z-\zeta)^2 \geq c\,|x-\xi|^2, \qquad c > 0 \tag{26}
$$

となることが，$\|A(\xi)\| \leq 1/2$ を考慮に入れれば，保証できる．よって (25) に現れる指数関数の部分は $e^{-\frac{\pi}{\varepsilon}((1+A(\xi))(x-\xi))^2} + O\left(\frac{|x-\xi|^3}{\varepsilon}e^{-\frac{c'|x-\xi|^2}{\varepsilon}}\right)$ のように書くことができる．よって $F^u_\varepsilon(\zeta) = I + II$，ただし

$$
I = \varepsilon^{-n/2}\int_{\mathbb{R}^n} e^{-\frac{\pi}{\varepsilon}((I+A(\xi))(x-\xi))^2} f(x)\,dx
$$

そして

$$
II = O\left(\varepsilon^{-n/2}\int_{\mathbb{R}^n}\frac{|v^3|}{\varepsilon}\,e^{-c'|v|^2/\varepsilon}\,dv\right)
$$

であり，$f(x) = F(\Phi(x))\chi(\Phi(x))\det(I + A(x))$，ただし $\dfrac{\partial \Phi}{\partial x} = I + A(x)$ である．そこで変数変換 $v = x - \xi$ ののちに，最初の積分は次の考察により処理される．

---

7)　古典的な定理については，たとえば第 I 巻の第 5 章にある定理 1.13 を見よ．

補題 7.2　A が $n \times n$ 複素行列で，定数の成分をもち，$\|A\| < 1$ のとき，あらゆる $\varepsilon > 0$ に対して，

$$\frac{1}{\varepsilon^{n/2}} \det(I + A) \int_{\mathbb{R}^n} e^{-\frac{\pi}{\varepsilon}((I+A)v)^2} dv = 1. \tag{27}$$

系 7.3　f がコンパクト台をもつ連続関数ならば，$\varepsilon \to 0$ のとき

$$\frac{\det(I + A)}{\varepsilon^{n/2}} \int_{\mathbb{R}^n} e^{-\frac{\pi}{\varepsilon}((I+A)v)^2} f(\xi + v)\, dv \to f(\xi)$$

が一様に成り立つ．

補題を証明するために，$\mathrm{Re}(((I + A)\, v)^2) \geq c\, |v|^2$，ただし $c > 0$ であり，したがって (27) の積分が収束することに注意する．スケールの変換により，この等式は $\varepsilon = 1$ の場合に帰着される．さて A が実行列のとき，さらなる変数変換 $v' = (I + A)v$（これは $\|A\| < 1$ より可逆）がこの場合を標準的なガウス積分に帰着させる．最終的には，$\|A\| < 1$ のときに (27) の左辺が A の成分に関して正則であることに注意して，解析接続により一般の設定に話を進める．系は第 I 巻の第 2 章第 4 節と第 III 巻の第 3 章における第 2 節のような近似単位元の議論から示せる．

さて第 II 項は，スケール変換によって見られるように，$\displaystyle\int_{\mathbb{R}^n} \varepsilon^{1/2}\, |v|^3\, e^{-c'|v|^2} dv = c\varepsilon^{1/2}$ の定数倍で抑えられる．よって性質 (ii) が証明される．

この時点に至るまで，F が接コーシー – リーマン方程式をみたすという事実は使わなかった．この事実は性質 (iii) の証明において重要なものとなっている．はじめに F に C^1 級を仮定している場合から考えていく．後にこの制限をどのように取り除けばよいかを見ていく．接コーシー – リーマン・ベクトル場 L_j が (24) によって与えられていることを想起しておこう．

補題 7.4　f を M 上の C^1 級関数とする．このとき，すべての $1 \leq j \leq n - 1$ に対して

$$\frac{\partial}{\partial u_j}\left(\int_{M_u} f(z)\, dm_u(z)\right) = \frac{2}{i} \int_{M_u} L_j(f)\, dm_u(z) \tag{28}$$

が成り立つ．

証明　$\Phi(x) = \Phi^u(x) = (x' + iu,\ x_n + i\varphi(x' + iu,\ x_n))$ を想起し，前に記したこ

とから $\det\left(\frac{\partial\Phi}{\partial x}\right)=1+i\varphi_{x_n}$ であることに注意する．また，$\rho(z)=\varphi(z',x_n)-y_n$ であることを思い出しておくと，これより，$1\le j\le n-1$ に対して

$$L_j=\frac{\partial}{\partial\bar{z}_j}-\frac{\rho_j}{\rho_n}\frac{\partial}{\partial\bar{z}_n}=\frac{\partial}{\partial\bar{z}_j}+\frac{2}{i}\frac{\dfrac{\partial\varphi}{\partial\bar{z}_j}}{(1+i\varphi_{x_n})}\frac{\partial}{\partial\bar{z}_n}$$

であり，したがって

$$\begin{aligned}\frac{2}{i}\int_{M_u}L_j(f)\,dm_u(z)&=\frac{2}{i}\int_{\mathbb{R}^n}(L_jf)(\Phi)(1+i\varphi_{x_n})\\&=\frac{2}{i}\int_{\mathbb{R}^n}\frac{\partial f}{\partial\bar{z}_j}(1+i\varphi_{x_n})-4\int_{\mathbb{R}^n}\frac{\partial\varphi}{\partial\bar{z}_j}\frac{\partial f}{\partial\bar{z}_n}.\end{aligned}$$

ただし，ここで記述を簡略化するため，しばしば式から Φ を省いている．そこで (28) の左辺から始めると

$$\begin{aligned}\frac{\partial}{\partial u_j}&\left(\int_{M_u}f(z)\,dm_u(z)\right)=\frac{\partial}{\partial u_j}\left(\int_{\mathbb{R}^n}f(\Phi)(1+i\varphi_{x_n})\right)\\&=\int\left(\frac{\partial f}{\partial u_j}+\varphi_{u_j}\frac{\partial f}{\partial y_n}\right)(1+i\varphi_{x_n})-i\int\varphi_{u_j}\left(\frac{\partial f}{\partial x_n}+\varphi_{x_n}\frac{\partial f}{\partial y_n}\right),\end{aligned}$$

ただし，ここで右辺の 2 番目の積分を得るのには，部分積分と f がコンパクト台をもっているという事実を用いた．f がコンパクト台をもっているという事実を再度使って，次のことも得る．

$$\begin{aligned}0&=\int_{\mathbb{R}^n}\frac{\partial}{\partial x_j}[f(\Phi)(1+i\varphi_{x_n})]\\&=\int_{\mathbb{R}^n}\left(\frac{\partial f}{\partial x_j}+\varphi_{x_j}\frac{\partial f}{\partial y_n}\right)(1+i\varphi_{x_n})-i\int_{\mathbb{R}^n}\varphi_{x_j}\left(\frac{\partial f}{\partial x_n}+\varphi_{x_n}\frac{\partial f}{\partial y_n}\right),\end{aligned}$$

ここで，最後の積分を得るためにもう一回部分積分を行った．上記の二つの結果を合わせれば

$$\begin{aligned}\frac{\partial}{\partial u_j}&\left(\int_{M_u}f(z)\,dm_u(z)\right)\\&=-2i\int_{\mathbb{R}^n}\left(\frac{\partial f}{\partial\bar{z}_j}+\frac{\partial\varphi}{\partial\bar{z}_j}\frac{\partial f}{\partial y_n}\right)(1+i\varphi_{x_n})\\&\qquad-2\int_{\mathbb{R}^n}\frac{\partial\varphi}{\partial\bar{z}_j}\left(\frac{\partial f}{\partial x_n}+\varphi_{x_n}\frac{\partial f}{\partial y_n}\right)\\&=\frac{2}{i}\int_{\mathbb{R}^n}\frac{\partial f}{\partial\bar{z}_j}(1+i\varphi_{x_n})-4\int_{\mathbb{R}^n}\frac{\partial\varphi}{\partial\bar{z}_j}\frac{\partial f}{\partial\bar{z}_n}\end{aligned}$$

$$= \frac{2}{i} \int_{M_u} L_j(f)\, dm_u(z)$$

がわかる．これは (28) 式である． ∎

さて $f(z) = \varepsilon^{-n/2} e^{-\frac{\pi}{\varepsilon}(z-\zeta)^2} F(z)\chi(z)$ とおく．このとき補題 7.4 より

$$\begin{aligned} F_\varepsilon^u - F_\varepsilon^0 &= \int_0^1 \frac{\partial}{\partial s} F_\varepsilon^{us}\, ds \\ &= \int_0^1 \sum_{j=1}^n u_j \frac{\partial}{\partial(u_j s)} \left(\int_{M_{us}} f(z)\, dm_{us}(z) \right) ds \\ &= \int_0^1 \sum_{j=1}^n u_j \frac{2}{i} \left(\int_{M_{us}} L_j(f)\, dm_{us}(z) \right) ds. \end{aligned}$$

いま，$e^{-(z-\zeta)^2/\varepsilon}$ は z に関して正則であり，仮定より $L_j(F) = 0$ であるから，$L_j(f) = \varepsilon^{-n/2} e^{-\pi(z-\zeta)^2/\varepsilon} F L_j(\chi)$ である．しかし，$L_j(\chi)$ は B' から正の距離離れたところに台をもっている．それゆえ $\zeta \in B'$ ならば，不等式 (26) は，ある $c' > 0$ に対して，$\varepsilon \to 0$ のとき

$$\left| F_\varepsilon^u - F_\varepsilon^0 \right| = O\left(\varepsilon^{-n/2} e^{-c'/\varepsilon} \right)$$

であることを保証している．これで $F \in C^1$ という仮定のもとで性質 (iii) が証明された．

定理の証明を完成させるため，(ii) と (iii) を組み合わせれば，$\zeta \in M \cap \overline{B}'$ のとき，F_ε^0 が一様に F に収束することを示せる．ここで各 F_ε^0 は ζ に関して整関数なので，コンパクト集合 $\overline{B}'$ に属する ζ について，F_ε^0 は ζ の多項式で一様近似できる．以上のことから，F は $M \cap \overline{B}'$ 上で多項式により一様近似でき，この場合に定理が証明された．

一般の場合に話を進めるために，(28) で示されたことは，f が C^1 級で，$u = (0, \cdots, 0, u_j, 0, \cdots, 0)$ と $v = (0, \cdots, 0, v_j, 0, \cdots, 0)$ のときに

$$F_\varepsilon^u - F_\varepsilon^v = \frac{2}{i} \int_{v_j}^{u_j} \int_{\mathbb{R}^n} L_j(f) \mathcal{J}(x)\, dx\, dy_j \tag{29}$$

となっていることに注意する．(29) を f が単に連続で，$L_j(f)$（超関数の意味で考える）も連続である場合に拡張するためには，(29) で極限をとる議論は，このままでは十分ではない．なぜならば，$L_j(f)$ の「弱い」定義は $\mathbb{R}^n \times \mathbb{R}^{n-1}$ 上の積分が必要である一方，(29) においては単に $\mathbb{R}^n \times \mathbb{R}$ 上で積分しているだけだから

である．このことを回避するために（$f \in C^1$ かつ f がコンパクト台をもつとまた仮定して），$\mathbb{R}^{n-1}$ 上のコンパクト台をもつ任意の C^1 級関数 ψ に対して，(28) が

$$
\begin{aligned}
(30) \qquad & -\int_{\mathbb{R}^n \times \mathbb{R}^{n-1}} f(\Phi^{y'}(x)) \frac{\partial \psi}{\partial y_j}(y') \mathcal{J}(x)\, dx\, dy' \\
&= \frac{2}{i} \int_{\mathbb{R}^n \times \mathbb{R}^{n-1}} f(\Phi^{y'}(x)) L_j^t [\psi(y') \mathcal{J}(x)] dx\, dy'
\end{aligned}
$$

を示していることにまず注意する．そうするとこの段階で，コンパクト台をもつ任意の連続関数 f に（その f を C^1 級関数で一様近似することにより）代えることができ，(30) が単に連続かつコンパクト台をもつ f に対して成り立つことがわかる．

結果として，

$$
\begin{aligned}
(31) \qquad & -\int_{\mathbb{R}^n \times \mathbb{R}^{n-1}} f(\Phi^{y'}(x)) \frac{\partial \psi}{\partial y_j}(y') \mathcal{J}(x)\, dx\, dy' \\
&= \frac{2}{i} \int_{\mathbb{R}^n \times \mathbb{R}^{n-1}} L_j(f) \psi(y') \mathcal{J}(x)\, dx\, dy'
\end{aligned}
$$

が得られる．ただしここで $L_j(f)$ は超関数の意味で使っている（$L_j(f)$ は連続であると仮定している）．

さて $\widetilde{y}$ を $\widetilde{y} = (y_1, \cdots, y_{j-1}, 0, y_{j+1}, \cdots, y_{n-1})$ により定義し，$\psi(y') = \psi_\delta(y_j)\widetilde{\psi}_\delta(\widetilde{y})$ とおく．ただしここで $v_j \le y_j \le u_j$ のときは $\psi_\delta(y_j) = 1$ であり，$y_j \le v_j - \delta$ または $y_j \ge u_j + \delta$ のときは 0 に消え，さらに $\left| \dfrac{\partial \psi_\delta(y_j)}{\partial y_j} \right| \le c\delta^{-1}$ とする．その結果，任意の連続関数 g に対して

$$
-\int g(y_j) \frac{\partial \psi_\delta}{\partial y_j} dy_j \to g(u_j) - g(v_j), \qquad \delta \to 0
$$

となる．なぜなら，$\dfrac{\partial \psi_\delta}{\partial y_j}$ は u_j と v_j を中心とするそれぞれの二つの近似単位元の差であるからである．

さらに $\widetilde{\psi}_\delta(\widetilde{y}) = \delta^{-n+2}\widetilde{\psi}(\widetilde{y}/\delta)$，ただし $\displaystyle\int_{\mathbb{R}^{n-2}} \widetilde{\psi}(\widetilde{y})\, d\widetilde{y} = 1$ とし，$\{\widetilde{\psi}_\delta\}$ を $\mathbb{R}^{n-2}$ における近似単位元にしておく．これらを (31) に代入し，$\delta \to 0$ とすれば，(31) の左辺が $F_\varepsilon^u - F_\varepsilon^v$ に収束し，一方右辺は $\displaystyle\frac{2}{i}\int_{v_j}^{u_j}\int_{\mathbb{R}^n} L_j(f)\, dx\, dy_j$ に収束し，(29) が証明される．議論の残りの部分はこの後，前と同様に続いていき，そして定理の証明がこれで完成する．　■

いままさに証明した近似定理と，第 6 節での最大値原理とを合わせて，有名なレヴィの拡張定理が直接導かれる．ここで再び M は，ある球 B において与えられた C^2 超曲面で，$M = \{z \in B,\, \rho(x) = 0\}$ であるとする．前と同じように $\Omega_- = \{z \in B,\, \rho(z) < 0\}$ とおく．

定理 7.5 レヴィ形式 (18) はすべての $z \in M$ に対して，少なくとも一つの真に正の固有値をもつものとする．このときすべての $z^0 \in M$ に対して，次をみたす z^0 を中心としたある球 B' が存在する．F_0 が M 上の連続関数で，弱い意味で接コーシー－リーマン方程式をみたしているならば，$\Omega_- \cap B'$ において正則で，$\overline{\Omega}_- \cap B'$ において連続な F で，$z \in M \cap B'$ に対して $F(z) = F_0(z)$ をみたすものが存在する．

この定理を証明するため，最初に定理 7.1 を使って，z_0 を中心とする球 B_1 で，F_0 が多項式 $\{p_n(z)\}$ により（$M \cap B_1$ 上で）一様に近似できるようなものを見つける．それから定理 6.1 の系を発動して，(22) が成り立つような球 B' を見出す（ただし B_1 が B に代わるものである）．ゆえに p_n は $\Omega_- \cap B'$ においても一様に収束している．このときこの列の極限 F はそこで正則であり，$\overline{\Omega}_- \cap B'$ において連続であり，これが求める F_0 の拡張である．

8. 付録：上半空間

この付録では，本章で議論した概念のいくつかを，特別なモデル領域の場合に説明していきたい．結果の証明は概略に留め，詳細は興味のある読者に委ねる．さらに関連する考え方を練習 17 から 19 において提示する．

考える領域は

$$\mathcal{U} = \{z \in \mathbb{C}^n \,:\, \mathrm{Im}(z_n) > |z'|^2\}$$

によって与えられる $\mathbb{C}^n$ の**上半空間** $\mathcal{U}$ とその境界

$$\partial\mathcal{U} = \{z \in \mathbb{C}^n,\, \mathrm{Im}(z_n) = |z'|^2\} \tag{32}$$

である．ただし $z = (z', z_n)$ で，$z' = (z_1, \cdots, z_{n-1})$ とする．これは標準形 (16) を思い起こさせるものである．$\mathbb{C}^n$, $n > 1$, における領域 $\mathcal{U}$ は $\mathbb{C}^1$ における上半平面と同様の役割を果たす．この定義は，z_n が「古典的な」変数として考えられるものであり，一方，z' は $n > 1$ の場合に現れる「新しい」変数であることを示唆している．$n = 1$ の場合と同じように，1 次分数変換

$$w_n = \frac{i - z_n}{i + z_n} \qquad w_k = \frac{2iz_k}{i + z_n}, \qquad k = 1, \cdots, n-1$$

により，領域 $\mathcal{U}$ は単位球 $\{w \in \mathbb{C}^n : |w| < 1\}$ と正則同値になる．読者はこれを容易に示すことができるであろう．

この写像は対応する境界に拡張することができる．ただし，単位球の「南極」$(0, \cdots, 0, -1)$ とこれに対応する $\partial\mathcal{U}$ の無限遠点を除く．領域 $\mathcal{U}$ の解析は，その多くの対称性によって豊かなものになっている．

$\mathcal{U}$ の境界は，(32) に基づき $(z', x_n) \in \mathbb{C}^{n-1} \times \mathbb{R}$ によりパラメータ表示すれば，自然な測度 $d\beta = dm(z', x_n)$ を伴う．ここで後半の測度は $\mathbb{C}^{n-1} \times \mathbb{R}$ 上のルベーグ測度である．より正確にいえば，F_0 が $\partial\mathcal{U}$ 上の関数のとき，対応する $\mathbb{C}^{n-1} \times \mathbb{R}$ 上の関数 $F_0^{\#}$ は

$$F_0(z', x_n + i|z'|^2) = F_0^{\#}(z', x_n)$$

のように定められ，さらに定義から

$$\int_{\partial\mathcal{U}} F_0 \, d\beta = \int_{\mathbb{C}^{n-1} \times \mathbb{R}} F_0^{\#} \, dm$$

である．

8.1　ハーディ空間

$\mathbb{C}^1$ のときの類推で，**ハーディ空間** $H^2(\mathcal{U})$ を考える．これは $\mathcal{U}$ 上の正則な関数 F で，

$$\sup_{\varepsilon > 0} \int_{\partial\mathcal{U}} |F(z', z_n + i\varepsilon)|^2 \, d\beta < \infty$$

をみたすようなもの全体からなるものである．このような F に対して，$\|F\|_{H^2(\mathcal{U})}$ を上の上限の平方根により定義される数とする．簡略化するため $F(z', z_n + i\varepsilon)$ を $F_\varepsilon(z)$ と略記し，しばしば，F_ε の $\partial\mathcal{U}$ への制限も同じ記号で表す．

定理 8.1　$F \in H^2(\mathcal{U})$ とする．このとき，$z \in \partial\mathcal{U}$ に制限して考えると，極限

$$\lim_{\varepsilon \to 0} F_\varepsilon = F_0$$

が $L^2(\partial\mathcal{U}, d\beta)$ ノルムにおいて存在する．また

$$\|F\|_{H^2(\mathcal{U})} = \|F_0\|_{L^2(\partial\mathcal{U})}$$

である．

これからの議論で，次の結果を使う．

補題 8.2　B_1 と B_2 を $\mathbb{C}^{n-1}$ 内の二つの開球で，$\overline{B}_1 \subset B_2$ をみたすものとする．このとき，f が $\mathbb{C}^{n-1}$ において正則ならば

$$\sup_{z' \in B_1} |f(z')|^2 \leq c \int_{B_2} |f(w')|^2 \, dm(w')$$

が成り立つ.

実際，十分小さな δ に対して，$z' \in B_1$ ならば $B_\delta(z') \subset B_2$ であり，f が $\mathbb{R}^{2n-2}$ で調和であるから，平均値の性質とコーシー－シュヴァルツの不等式が

$$|f(z')|^2 \leq \frac{1}{m(B_\delta)} \int_{B_\delta(z')} |f(w')|^2 \, dm(w')$$

を示し，主張を証明している.

定理の証明は，第 III 巻の第 5 章で扱った $n = 1$ の場合の類推で，$F \in H^2(\mathcal{U})$ のフーリエ変換による表現によって与えられる．$\mathcal{H}$ を $(z', \lambda) \in \mathbb{C}^{n-1} \times \mathbb{R}^+$ の関数 $f(z', \lambda)$ で，可測かつほとんどすべての λ に対して，$z' \in \mathbb{C}^{n-1}$ に関して正則であり，

$$\|f\|_{\mathcal{H}}^2 = \int_0^\infty \int_{\mathbb{C}^{n-1}} |f(z', \lambda)|^2 \, e^{-4\pi\lambda|z'|^2} dm(z') \, d\lambda < \infty$$

をみたすものからなる空間と定義する．このノルムで $\mathcal{H}$ は完備であり，それゆえヒルベルト空間であることが証明できる（練習 18 と 19 を参照）．これを使って，$F \in H^2(\mathcal{U})$ が $f \in \mathcal{H}$ により

$$F(z', z_n) = \int_0^\infty f(z', \lambda) e^{2\pi i \lambda z_n} \, d\lambda \tag{33}$$

と表現することができる.

命題 8.3 $f \in \mathcal{H}$ ならば，(33) の積分は，$\mathcal{U}$ のコンパクト部分集合に入る (z', z_n) に対して，絶対かつ一様収束し，$F \in H^2(\mathcal{U})$ である．逆に，任意の $F \in H^2(\mathcal{U})$ はある $f \in \mathcal{H}$ により (33) のように表される.

実際，(z', z_n) が $\mathcal{U}$ のあるコンパクト部分集合に属すならば，ある $\varepsilon > 0$ に対して，$\mathrm{Im}(z_n) > |z'|^2 + \varepsilon$ としてよい．さらに z' を $\overline{B}_1 \subset B_2$ をみたすある球 B_1 を動くものと制限し，B_2 の半径を $w' \in B_2$ ならば $\mathrm{Im}(z_n) > |w'|^2 + \varepsilon/2$ となるように小さくとる.

さて，コーシー－シュヴァルツの不等式より，(33) の積分の絶対値は

$$\left(\int_0^\infty |f(z', \lambda)|^2 \, e^{-4\pi\lambda(y_n - \varepsilon/2)} d\lambda \right)^{1/2} \left(\int_0^\infty e^{-4\pi\lambda\varepsilon/2} d\lambda \right)^{1/2}$$

により抑えられる．補題を援用するとこれの評価として

$$c \left(\int_0^\infty \int_{\mathbb{C}^{n-1}} |f(w', \lambda)|^2 \, e^{-4\pi\lambda|w'|^2} dm(w') \, d\lambda \right)^{1/2} c' \varepsilon^{-1/2} = c'' \varepsilon^{-1/2} \, \|f\|_{\mathcal{H}}$$

を得る．このことは積分が $z' \in B_1$ かつ $\mathrm{Im}(z_n) > |z'|^2 + \varepsilon$ のとき絶対かつ一様収束し，それゆえ $\mathcal{U}$ の任意のコンパクト部分集合上で一様であることを示している．それゆえ F

は $\mathcal{U}$ 上で正則である．次に，(33) により与えられる F に対して，$F_\varepsilon(z) = F(z', z_n + i\varepsilon)$ が $f_\varepsilon(z', \lambda) = f(z', \lambda)e^{-2\pi\lambda\varepsilon}$ とした f_ε により与えられることに注意しておく．固定された z' に対して，x_n 変数に関するプランシュレルの定理は

$$\int_{\mathbb{R}} \left| F_\varepsilon(z', x_n + i|z'|^2) \right|^2 dx_n = \int_0^\infty |f_\varepsilon(z', \lambda)e^{-2\pi\lambda|z'|^2}|^2 d\lambda$$

が成り立つことを示している．z' に関して積分すると

$$\int_{\partial\mathcal{U}} |F_\varepsilon|^2 \, d\beta = \|f_\varepsilon\|_{\mathcal{H}}^2 \leq \|f\|_{\mathcal{H}}^2$$

である．同様にして，$\varepsilon, \varepsilon' \to 0$ のとき $\displaystyle\int_{\partial\mathcal{U}} |F_\varepsilon - F_{\varepsilon'}|^2 \, d\beta = \|f_\varepsilon - f_{\varepsilon'}\|_{\mathcal{H}}^2 \to 0$ である．それゆえ F_ε は $L^2(\partial\mathcal{U}, d\beta)$ において (33) で $y_n = |z'|^2$ としたある極限 F_0 に収束する．さらに

$$\|F_0\|_{L^2(\partial\mathcal{U})} = \|F\|_{H^2(\mathcal{U})} = \|f\|_{\mathcal{H}} \tag{34}$$

である．逆に $F \in H^2(\mathcal{U})$ とする．z' を $\mathbb{C}^{n-1}$ のあるコンパクト部分集合に制限すると，

$$|F(z', z_n + i\varepsilon)| \leq \frac{c}{\varepsilon^{1/2}} \|F\|_{H^2}$$

であることがわかる．（ここでは，補題 8.2 を用い，第 III 巻の第 5 章第 2 節における $n = 1$ の場合の $H^2(\mathbb{R}^2_+)$ の研究に使った議論に従う．）$F_\varepsilon^\delta(z) = F(z', z_n + i\varepsilon)(1 - i\delta z_n)^{-2}$ とおく．このとき各 z' に対して，関数 $F_\varepsilon^\delta(z', z_n)$ は半空間 $\{\mathrm{Im}(z_n) > |z'|^2\}$ の H^2 に入る．ゆえに

$$f_\varepsilon^\delta(z', \lambda) = \int_{\mathbb{R}} e^{-2\pi i\lambda(x_n + iy_n)} F_\varepsilon^\delta(z', z_n) \, dx_n$$

によって $f_\varepsilon^\delta(z', \lambda)$ を定義することができるが，その際に右辺がコーシーの定理により，$y_n > |z'|^2$ のときに y_n に依存しないことに注意する．またこのとき，F_ε^δ は f の代わりに f_ε^δ とした (33) により表され，$f_\varepsilon^\delta \in \mathcal{H}$ である．

さて $\delta \to 0$ とし，(34) を使えば，$F_\varepsilon(z)$ が f の代わりに $f_\varepsilon = f_\varepsilon^\delta|_{\delta=0}$ とした (33) により与えられること，そして $f_\varepsilon \in \mathcal{H}$ であることがわかる．最後に $F_\varepsilon(z) = F(z', z_n + i\varepsilon)$ であるから，$f_\varepsilon(z', \lambda) = f(z', \lambda)e^{-2\pi\lambda\varepsilon}$ を得る．そして (34) を再び $\varepsilon \to 0$ とともに使って，与えられた $F \in H^2(\mathcal{U})$ に対して (33) の表現が得られる．よって定理が証明された．

注意　練習 19 で与えられる $\mathcal{H}$ の完備性により，$H^2(\mathcal{U})$ がヒルベルト空間であることもわかる．

さて次のことを問う．

$F \in H^2(\mathcal{U})$ に対する $\displaystyle\lim_{\varepsilon \to 0} F_\varepsilon$ としてどのような $F_0 \in L^2(\partial\mathcal{U})$ が現れるか？

$n > 1$ の場合は接コーシー－リーマン作用素が答えを与える．F_0 が $\partial\mathcal{U}$ 上に与えられたとき，$F_0^{\#}(z', x_n) = F_0(z', x_n + i|z'|^2)$ が $\mathbb{C}^{n-1} \times \mathbb{R}$ 上の対応する関数であることを想起しておく．この設定においては，

$$L_j = \frac{\partial}{\partial \overline{z}_j} - iz_j \frac{\partial}{\partial x_n}, \qquad j = 1, \cdots, n-1$$

により与えられるベクトル場 L_j が，$\rho(z) = |z'|^2 - \mathrm{Im}(z_n)$ とした (24) により与えられる接コーシー－リーマン・ベクトル場に対する基底をなしている．この場合，$L_j^t = -L_j$ であることに注意しておく．それゆえこのとき，ある関数 $G \in L^2(\mathbb{C}^{n-1} \times \mathbb{R})$ が，コンパクト台をもつ（たとえば）C^∞ 級であるようなすべての ψ に対して

$$\int_{\mathbb{C}^{n-1} \times \mathbb{R}} G(z', x_n) L_j^t(\psi)(z', x_n)\, dm(z', x_n) = 0, \qquad 1 \leq j \leq n-1 \tag{35}$$

であるならば，弱い意味で接コーシー－リーマン方程式 $L_j(G) = 0$，$j = 1, \cdots, n-1$ をみたす．

命題 8.4　$F_0 \in L^2(\partial\mathcal{U})$ が定理 8.1 におけるように $F \in H^2(\mathcal{U})$ から生じるのは，$F_0^{\#}$ が弱い意味で接コーシー－リーマン方程式をみたすとき，かつそのときに限る．

証明　まず $F \in H^2(\mathcal{U})$ を仮定する．このとき F_ε は $\overline{\mathcal{U}}$ のある近傍で正則であるから，関数 $F_\varepsilon^{\#}$ は $L_j(F_\varepsilon^{\#}) = 0$ を通常の意味でみたす．$L^2(\partial\mathcal{U})$ ノルムで $F_\varepsilon \to F_0$ であること（これは $L^2(\mathbb{C}^{n-1} \times \mathbb{R})$ において $F_\varepsilon^{\#} \to F_0^{\#}$ と同じ）は，$F_0^{\#}$ が $G = F_0^{\#}$ とした (35) をみたすことを示している．

逆に，G が $L^2(\mathbb{C}^{n-1} \times \mathbb{R})$ に属しているとし，

$$g(z', \lambda) = \int_{\mathbb{R}} e^{-2\pi i \lambda x_n} G(z', x_n)\, dx_n \tag{36}$$

とおく．また $\psi(z', x_n) = \psi_1(z')\psi_2(x_n)$ のように選ぶ．このとき x_n 変数に関するプランシュレルの定理より，ほとんどすべての z' に対して

$$\int_{\mathbb{R}} G(z', x_n) \frac{\partial \psi_2}{\partial x_n}(x_n)\, dx_n = -\int_{\mathbb{R}} g(z', \lambda) 2\pi i \lambda\, \widehat{\psi}_2(-\lambda)\, d\lambda$$

である．このとき z' に関する積分は

$$\int_{\mathbb{C}^{n-1} \times \mathbb{R}} G(z', x_n) L_j^t(\psi(z', x_n))\, dm(z', x_n)$$

$$= -\int_{\mathbb{C}^{n-1}} \int_{\mathbb{R}} g(z', \lambda) \left(\frac{\partial \psi_1}{\partial \overline{z}_j}(z') - 2\pi \lambda z_j \psi_1(z') \right) \widehat{\psi}_2(-\lambda)\, d\lambda\, dm(z')$$

を示している．ゆえに G が (35) をみたしているとき，ほとんどすべての λ に対して

$$\int_{\mathbb{C}^{n-1}} g(z', \lambda) \left(\frac{\partial \psi_1}{\partial \overline{z}_j}(z') - 2\pi \lambda z_j \psi_1(z') \right) dm(z') = 0$$

が導かれる．そしてこれは

$$\int_{\mathbb{C}^{n-1}} f(z',\lambda)\,\frac{\partial(\psi_1(z')e^{-2\pi|z'|^2\lambda})}{\partial\overline{z}_j}(z')\,dm(z')=0$$

を意味する．ただしここで $f(z',\lambda)=g(z',\lambda)e^{2\pi\lambda|z'|^2}$ であり，これはほとんどすべての λ に対して，$f(z',\lambda)$ が $\mathbb{C}^{n-1}$ において弱い意味でコーシー－リーマン方程式をみたしていることを導いている．しかし第1節で見たように，これは関数 $f(z',\lambda)$ が z' に関して正則であることを示している．いま (36) とプランシュレルの定理は

$$\int_{\mathbb{R}}\int_{\mathbb{C}^{n-1}}|g(z',\lambda)|^2\,dm(z')\,d\lambda=\int_{\mathbb{R}}\int_{\mathbb{C}^{n-1}}|f(z',\lambda)|^2\,e^{-4\pi\lambda|z'|^2}dm(z')\,d\lambda$$

の両方が有限であることを示している．また (33) により与えられる F について，$G(z',x_n)=F(z',x_n+i|z'|^2)$ である．最終的に，ほとんどすべての λ に対して，$\int_{\mathbb{C}^{n-1}}|f(z',\lambda)|^2 e^{-4\pi\lambda|z'|^2}dm(z')<\infty$ であるから，負であるような λ に対しては $f(z',\lambda)=0$ となる必要がある．それゆえ，G を $F_0^{\#}$ として与え，ただし F は (33) のように定め，$f\in\mathcal{H}$ である．よって命題が証明された．　■

8.2　コーシー積分

$\mathcal{U}$ におけるコーシー積分[8]は次のように定義される．各 $z,w\in\mathbb{C}^n$ に対して

$$r(z,w)=\frac{i}{2}(\overline{w}_n-z_n)-z'\cdot\overline{w}'$$

とおく．ただし $z=(z',z_n)$，$w=(w',w_n)$，そして

$$z'\cdot\overline{w}'=z_1\overline{w}_1+\cdots+z_{n-1}\overline{w}_{n-1}$$

である．$r(z,w)$ は z に関して正則で，w に関しては共役正則であり，$r(z,z)=\mathrm{Im}(z_n)-|z'|^2=-\rho(z)$，ここで ρ は以前使った $\mathcal{U}$ の定義関数である．

次に，

$$S(z,w)=c_n r(z,w)^{-n},\quad ここで\quad c_n=\frac{(n-1)!}{(4\pi)^n}$$

と定義する．$S(z,w)=\overline{S(w,z)}$ であること，および各 $w\in\mathcal{U}$ に対して，関数 $z\longmapsto S(z,w)$ が $H^2(\mathcal{U})$ に入っていることに注意する．また，各 $z\in\mathcal{U}$ に対して $w\longmapsto S(z,w)$ は $L^2(\partial\mathcal{U})$ に入っている．$\mathcal{U}$ 上の関数 f の**コーシー積分** $C(f)$ を

$$C(f)(z)=\int_{\partial\mathcal{U}}S(z,w)f(w)\,d\beta(w),\qquad z\in\mathcal{U}\tag{37}$$

により定義する．ここで，興味あるのは C の再生性である．

---

8)　コーシー－セゲー積分とも呼ばれる．

定理 8.5　$F \in H^2(\mathcal{U})$ とし，定理 8.1 のように $F_0 = \lim_{\varepsilon \to 0} F_\varepsilon$ とする．このとき

$$C(F_0)(z) = F(z) \tag{38}$$

である．

これに使う鍵となる補題は，$\mathbb{C}^{n-1}$ 上の整関数からなる関連する空間に対するある再生等式である．$\mathbb{C}^{n-1}$ 上の正則関数 f で

$$\int_{\mathbb{C}^{n-1}} |f(z')|^2 e^{-4\pi\lambda|z'|^2} dm(z') < \infty$$

をみたすものを考える．ただし $\lambda > 0$ は固定されている．

補題 8.6　上記の f に対して，次が成り立つ．

$$f(z') = \int_{\mathbb{C}^{n-1}} K_\lambda(z', w') f(w') e^{-4\pi\lambda|w'|^2} dm(w') \tag{39}$$

ただし $K_\lambda(z', w') = (4\lambda)^{n-1} e^{4\pi\lambda z' \cdot \overline{w}'}$．

証明　実際，まず $4\lambda = 1$ であり，$z' = 0$ の場合を考える．このとき (39) は，$f(0) = \int_{\mathbb{C}^{n-1}} f(w') e^{-\pi|w'|^2} dm(w')$ となるが，これは f の平均値の性質（$\mathbb{C}^{n-1}$ 内の球面で中心 0 のものをとる）および $\int_{\mathbb{C}^{n-1}} e^{-\pi|z'|^2} dm(z') = 1$ となっていることの単純な帰結である．

いまこの等式を固定された z' に対する $w' \longmapsto f(z' + w') e^{-\pi \overline{z}' \cdot w'}$ に適用する．結果は $4\lambda = 1$ のときの (39) である．あとは簡単な再スケールの議論で一般の場合の (39) が与えられる．∎

定理の証明をしていく．$\mathrm{Re}(A) > 0$ のとき，$\int_0^\infty \lambda^{n-1} e^{-A\lambda} d\lambda = (n-1)!\, A^{-n}$ であるから，

$$S(z, w) = \int_0^\infty \lambda^{n-1} e^{-4\pi\lambda r(z,w)} d\lambda$$

であることに注意する．そうすると，少なくとも形式的に

$$\begin{aligned} &\int_{\partial\mathcal{U}} S(z, w) F_0(w)\, d\beta \\ &\quad = \int_0^\infty \int_{\partial\mathcal{U}} F_0(w', u_n + i|w'|^2) \lambda^{n-1} e^{-4\pi\lambda r(z,w)} dm(w', u_n)\, d\lambda \end{aligned}$$

である．しかし，すでに示したように

$$\int_{\mathbb{R}} F_0(w', u_n + iv_n) e^{-2\pi i\lambda(u_n + iv_n)} du_n = f(w', \lambda)$$

である．さて，これを上の式に代入する．その際，$r(z, w) = -\dfrac{\overline{w}_n - z_n}{2i} - z' \cdot \overline{w}'$ であ

ること，および $(4\lambda)^{n-1}\int_{\mathbb{C}^{n-1}} f(w',\lambda)e^{4\pi\lambda z'\cdot\overline{w}'}e^{-4\pi\lambda|w'|^2}dm(w') = f(z',\lambda)$ であることを思い起こしておく．結果は

$$\int_{\partial U} S(z,\,w)F_0(w)\,d\beta(w) = \int_0^\infty f(z',\,\lambda)e^{2\pi i\lambda z_n}\,d\lambda$$

であり，(33) より求める結果が得られる．

この議論を厳密にするため，F の代わりに修正した関数 F_ε^δ を用いて定理 8.1 の証明と同じように話を進める．このとき，問題となる積分はすべて絶対収束していて，したがって積分の順序交換が正当化される．このことは F を F_ε^δ に置き換えたものに対する再生性 (38) を与える．そののち，$\delta\to 0$ とし，次に $\varepsilon\to 0$ とすれば任意の $F\in H^2(\mathcal{U})$ に対して (38) が与えられる．

8.3　非可解性

コーシー積分 C を用いて，レヴィによる解をもたない偏微分方程式の例を照らし出すことにしよう．

境界が $\mathbb{C}\times\mathbb{R}$ によりパラメータ化された $\mathbb{C}^2$ 内の $\mathcal{U}$ を見ていく．接コーシー－リーマン・ベクトル場 $L=L_1=\dfrac{\partial}{\partial\overline{z}_1}-iz_1\dfrac{\partial}{\partial x_2}$ を考え，$L(U)=f$ が局所的にでも可解となるためには，f が厳しい必要条件をみたしていなければならないことを示す．結果を述べやすくするために，L の代わりに

$$\overline{L}=\frac{\partial}{\partial z_1}+i\overline{z}_1\frac{\partial}{\partial x_2}$$

を扱う方が都合がよい．（L に戻すには，単に f をその複素共役に置き換えるだけでよい．）

コーシー積分 (37) を $\mathbb{C}^2$ 内の $\partial\mathcal{U}$ と同一視される $\mathbb{C}\times\mathbb{R}$ 上の関数に作用するように書かれたもので考える．f がそういった関数のとき，(37) は

$$\int_{\mathbb{C}\times\mathbb{R}} S(z,u_2+i\,|w_1|^2)f(w_1,\,u_2)\,dm(w_1,\,u_2) \tag{40}$$

の形をとる．(40) を拡張して，f が（たとえばコンパクト台をもつ）超関数であるときのコーシー積分を次のように定義する．

$$C(f)(z)=\left\langle f,\,S(z,\,u_2+i\,|w_1|^2)\right\rangle,\qquad z\in\mathcal{U}.$$

ここで，$\langle\cdot,\cdot\rangle$ は超関数 f と C^∞ 級関数 $(w_1,\,u_2)\longmapsto S(z,\,u_2+i\,|w_1|^2)$ とのペアリングとする．ただし z は固定されている．このとき必要になる条件は

(41)　　$C(f)(z)$ が 0 のある近傍に解析接続される

ことである．この性質は f の原点の近くでの挙動にのみ依存するものであることに注意

しておく．実際，f_1 が原点の近くで f に一致しているならば，$C(f-f_1)$ は自動的に原点の近傍で正則である．なぜなら，w が $\mathbb{C}^n$ 内の原点のある与えられた近傍の外側にあるとき，$S(z, w)$ は z に関して原点の十分小さな近傍で明らかに正則だからである．

定理 8.7 U を $\mathbb{C}\times\mathbb{R}$ 上の超関数で，原点の近傍で $\overline{L}(U)=f$ をみたしているものとする．このとき (41) が成り立たなければならない．

証明 まず U がコンパクト台をもち，いたるところで $\overline{L}(U)=f$ をみたしていることを仮定する．このとき

$$\begin{aligned} C(f)(z) &= \left\langle f,\, S(z,\, u_2+i\,|w_1|^2)\right\rangle = \left\langle \overline{L}(U),\, S(z,\, u_2+i\,|w_1|^2)\right\rangle \\ &= -\left\langle U,\, \overline{L}(S(z,\, u_2+i\,|w_1|^2))\right\rangle \\ &= 0 \end{aligned}$$

であるが，これは $w\longmapsto S(z, w)$ が共役正則であるので，$\overline{L}(S(z,\, u_2+i\,|w_1|^2))=0$ となっていることによる．それゆえ $C(f)(z)$ がいたるところで正則であることは自明である．

U がコンパクト台をもたず，原点のある近傍で $\overline{L}(U)=f$ をみたしているときは，原点の近くで 1 になるような C^∞ 級切り落とし関数 η をとって，U の代わりに ηU で置き換える．$U'=\eta U$ として，いたるところで $\overline{L}(U')=f'$ であり，したがって $C(f')=0$ であるが，$C(f-f')$ は原点の近傍で解析的である．なぜならば，$f-f'$ は $\mathbb{C}\times\mathbb{R}$ の原点の近くで 0 に消えているからである．それゆえ (41) が成り立つ． ■

例を一つ与えておく．関数

$$F(z_1,\, z_2) = e^{-(z_2/2)^{1/2}}e^{-(i/z_2)^{1/2}} = F(z_2)$$

を定める．容易に F は半平面 $\mathrm{Im}(z_2)>0$ において正則であり，閉包上で連続（実際は C^∞）であり，$(z_1,\, z_2)\in\overline{\mathcal{U}}$ の関数として急減少であることが示せる．しかしながら，明らかに原点の近傍では正則ではない．

いま $f=F|_{\partial\mathcal{U}}$ とおく．すなわち，$\mathbb{C}\times\mathbb{R}$ 座標で，$f(z_1,\, x_2)=F(x_2+i\,|z_1|^2)$ とする．このとき定理 8.5 から $C(f)=F$ である．

よって，$\overline{L}(U)=f$ が，この特別な f が C^∞ 級関数であるにもかかわらず，原点の近くで局所的に可解ではないという結論にたどり着いた．

9. 練習

1.　f が多重円板 $\mathbb{P}_r(z^0)$ で正則であるとし，f が z^0 のある近傍で 0 に消えていると仮定する．このとき，$\mathbb{P}_r(z^0)$ 全体で $f = 0$ である．
［ヒント：命題 1.1 を使って，$\mathbb{P}_r(z^0)$ において $f(z) = \sum a_\alpha (z - z^0)^\alpha$ に展開せよ．そしてすべての a_α が 0 であることに注意せよ．］

2.　次のことを示せ．

(a)　f は中心が z^0 で $\sigma = (\sigma_1, \cdots, \sigma_n)$ と $\tau = (\tau_1, \cdots, \tau_n)$ とした多重円板 $\mathbb{P}_\sigma(z^0)$ および $\mathbb{P}_\tau(z^0)$ の両方で正則であるとする．このとき，ある $0 \leq \theta \leq 1$ に対して，$r_j \leq \sigma_j^{1-\theta} \tau_j^\theta$, $1 \leq j \leq n$ であり，$r = (r_1, \cdots, r_n)$ であれば，f は $\mathbb{P}_r(z^0)$ において正則となるように拡張できる．

(b)　$S = \{s = (s_1, \cdots, s_n),\ s_j = \log r_j$，ここで f は $\mathbb{P}_r(z^0)$ 上で正則 $\}$ のとき，S は凸集合である．
［ヒント：$\mathbb{P}_\sigma(z^0)$ と $\mathbb{P}_\tau(z^0)$ の両方で f を表すような $\sum a_\alpha (z - z^0)^\alpha$ を考えよ．］

3.　$\mathbb{C}^1$ の任意の開部分集合 Ω が与えられたとき，Ω 上の正則関数 f で，Ω の外部に解析的に接続できないものを構成せよ．
［ヒント：Ω 内に極限点をもたないような Ω 内の任意の点列 $\{z_j\}$ が与えられたとき，ちょうどこれらの z_j で消えるような Ω 内の解析関数が存在する．］

4.　Ω を $\mathbb{C}^n$, $n > 1$ の有界領域とし，f は Ω において正則とする．f の零点集合 Z が空でないとする．このとき $\overline{Z}$ は $\partial\Omega$ と交わる．すなわち，$\overline{Z} \cap \partial\Omega$ は空ではない．
［ヒント：w を $\overline{\Omega}^c$ 内の点とする．$z^0 \in Z$ を w とは最も離れた点とする．γ を z_0 から w への方向にある単位ベクトルとし，ν を ν と $i\nu$ が γ に垂直であるような別の単位ベクトルとする．$h_\varepsilon(\zeta) = f(z^0 - \varepsilon\gamma + \zeta\nu)$ により与えられる 1 変数関数 $h_\varepsilon(\zeta)$ を考える．このとき $\varepsilon > 0$ に対して，関数 $h_\varepsilon(\zeta)$ は $\zeta = 0$ のある固定された近傍において消えない 9)．］

5.　f が連続かつ $\mathbb{C}^1$ にコンパクト台をもつものとする．

(a)　命題 3.1 における $u = f * \Phi$ は $\alpha < 1$ に対して $\mathrm{Lip}(\alpha)$ に属することを示せ．

(b)　u が C^1 とは限らないことを示せ．
［ヒント：(b) については，$f(z) = z(\log(1/|z|))^\varepsilon$ を考えよ．ただし原点から離れたところで修正して，コンパクト台をもつようにする．］

---

9)　訳注：（訳者からの別ヒント）$\overline{Z} \cap \partial\Omega$ が空であると仮定する．$\Omega - Z$ が連結であることに注意して，$1/f$ に第 7 章定理 3.3 を適用して矛盾を導く．

6. $\mathbb{C}^1$ において，適切な領域 Ω と C^1 級関数 F に対して，等式

$$F(z) = \frac{1}{2\pi i}\int_{\partial\Omega} \frac{F(\zeta)}{\zeta - z}\,d\zeta - \frac{1}{\pi}\int_{\Omega} \frac{(\partial F/\partial\overline{\zeta})(\zeta)}{\zeta - z}\,dm(\zeta)$$

を証明せよ．命題 3.1 の別証を与えるのにこの等式を用いよ．

7. 次のことを証明せよ．f がコンパクト台をもつとき，$\mathbb{C}^1$ における $\partial u/\partial\overline{z} = f$ の解 $u(z) = \dfrac{1}{\pi}\displaystyle\int \frac{f(\zeta)}{z-\zeta}\,dm(\zeta)$ がコンパクト台をもつための必要十分条件は，すべての $n \geq 0$ に対して

$$\int_{\mathbb{C}} \zeta^n f(\zeta)\,dm(\zeta) = 0$$

となることである．

[ヒント：一つの方向は，$\dfrac{\partial}{\partial\overline{z}}(z^n u(z)) = z^n f(z)$ であることに注意せよ．逆を示すには，大きな z に対して，$u(z) = \displaystyle\sum_{n=0}^{\infty} a_n z^{-n-1}$，ただし $a_n = \dfrac{1}{\pi}\displaystyle\int \zeta^n f(\zeta)\,dm(\zeta)$ を考えよ．]

8. Ω を $\mathbb{R}^d$ の領域で，ρ をその定義関数で，C^k 級であるとする．

(a) F が $\mathbb{R}^d$ 上に定義された C^k 級関数で，$\partial\Omega$ 上で $F = 0$ であるとき，$a \in C^{k-1}$ により $F = a\rho$ となっていることを示せ．

(b) $\partial\Omega$ 上で $F_1 = F_2$ であるとする．もし X が接ベクトル場ならば

$$X(F_1)|_{\partial\Omega} = X(F_2)|_{\partial\Omega}$$

であることを示せ．

[ヒント：$F_1 - F_2 = a\rho$ と表せ．]

9. 定理 4.1 により与えられる拡張 F は境界データ F_0 の Ω に対するディリクレ問題の一意的な解であることを証明せよ．

10. 領域 $\{z \in \mathbb{C}^n : \rho < |z| < 1\}$ を用いて，定理 3.3 と定理 4.1 の連結性の仮定が必要であることを示せ．

11. 定理 3.3 と 4.1 の仮定における連結性がともに関係していることは，次のようにして示される．Ω を有界領域で C^1 級の境界をもつとする．$\varepsilon > 0$ に対して，Ω_ε を $\{z : d(z, \partial\Omega) < \varepsilon\}$ により定義される「カラー」であるとし，$\Omega_\varepsilon^- = \Omega_\varepsilon \cap \Omega$ とする．このとき，十分小さな ε に対して次は同値である：

(i) $\overline{\Omega}^c$ は連結である．

(ii) Ω_ε は連結である．

(iii) Ω_ε^- は連結である．

[ヒント：たとえば (ii) または (iii) から (i) を示すために，P_1 と P_2 を $\overline{\Omega}^c$ 内の二つの点とし，Γ_1 と Γ_2 をそれぞれ P_1 と P_2 を含む $\overline{\Omega}^c$ の連結成分とする．P_1 を $\partial\Omega \cap \overline{\Gamma}_1$ 上の点 Q_1 と結び，P_2 を $\partial\Omega \cap \overline{\Gamma}_2$ 上の点 Q_2 と結ぶ．Ω_ε^- は連結であるから，Q_1 と Q_2 は $\overline{\Omega}^c$ における路により結ぶことが可能である．

逆に，たとえば (i) から (iii) を示すために，A を Ω における点，B を $\overline{\Omega}^c$ における点とする．P_0 と P_1 が $\partial\Omega$ に属するとき，γ_0 は A を出発し，Ω 内を動いて，P_0 を通過し，それから Ω^c 内を動いて B を終点とするような路とする．同様に γ_1 は P_1 を通過する A から B への路とする．これらの路は，Ω と $\overline{\Omega}^c$ がともに連結であるから作ることができる．このとき，$\mathbb{C}^n$ が単連結であるから，γ_0 を γ_1 に変形し，その変換を $s \longmapsto \gamma_s$, $0 \leq s \leq 1$ と表す．結論としては，γ_s と $\partial\Omega$ の共通部分を考えればよい．]

12.　Ω を $\mathbb{C}^1$ の単連結領域で C^1 級の境界をもつものとする．F_0 を $\partial\Omega$ 上に与えられた連続関数とする．Ω 上正則かつ $\overline{\Omega}$ 上で連続な関数 F で，$\partial\Omega$ 上で $F = F_0$ となるようなものが存在するための必要十分条件は，$n = 0, 1, 2, \cdots$ に対して，$\displaystyle\int_{\partial\Omega} z^n F_0(z)\, dz = 0$ をみたすことである．これを示せ．

[ヒント：一つの方向はコーシーの定理から明らかである．逆を示すため，$z \in \Omega$ か $z \in \overline{\Omega}^c$ によって $F^{\pm}(z) = \dfrac{1}{2\pi i}\displaystyle\int_{\partial\Omega} \dfrac{F_0(\zeta)}{\zeta - z}\, d\zeta$ と定義する．いま仮定から $F^+(z) = 0$, $z \in \overline{\Omega}^c$ が成り立つ．また，$F^-(z) - F^+(\widetilde{z}) \to F_0(z)$, $z \to \zeta$，ただし $\zeta \in \partial\Omega$, $z \in \Omega$ で，線分 $[z, \zeta]$ が ζ での $\partial\Omega$ の接線に対する法線であり，$\widetilde{z}$ が z のこの接線に対する鏡像，すなわち，$\dfrac{\widetilde{z} + z}{2} = \zeta$, $\widetilde{z} \in \overline{\Omega}^c$ であるときの極限である．ここで主張している収束は，第 3 章の第 2 節にある $i\pi\delta = \dfrac{1}{2}\left(\dfrac{1}{x - i0} - \dfrac{1}{x + i0}\right)$ によるデルタ関数の表示に関係している．]

13.　追加の変数変換，すなわち複素座標を導入して，境界の標準的な表現 (16) と (17) を

$$y_n = \sum_{j=1}^{n-1} \lambda_j |z_j|^2 + o(|z'|^2), \qquad z' \to 0$$

と単純化できることを示せ．

[ヒント：適切な定数 $c_1, \cdots, c_{n-1}$ に対して，変数変換 $z_n \longmapsto z_n - z_n(c_1 z_1 + \cdots + c_{n-1} z_{n-1} + D z_n)$, $z_j \longmapsto z_j$, $1 \leq j \leq n-1$ を考えよ．]

14.　$n = 1$ のとき，境界点で局所的に正則不変なものが存在しないという事実は，次の事実により示される．γ が $\mathbb{C}^1$ 内の C^k 級曲線であるとする．このとき，任意の $z^0 \in \gamma$ に対して，z^0 のある近傍から原点のある近傍への正則な全単射 Φ で，$\Phi(\gamma)$ が $x \to 0$ の

とき $\varphi(x)=o(x^k)$ をみたす曲線 $\{y=\varphi(x)\}$ となるものが存在する．
［ヒント：$y=a_2x^2+\cdots+a_kx^k+o(x^k)$, $x\to 0$ とし，$\Phi^{-1}(z)=z+i\left(\sum_{j=2}^{k} a_j z^j\right)$ により定義される Φ^{-1} を考えよ.］

15. $M=\{\mathrm{Im}(z_3)=|z_1|^2-|z_2|^2\}$ により与えられる $\mathbb{C}^3$ 内の超曲面 M を考える．M が次の注目すべき性質をもつことを示せ．M の近傍で定義されたいかなる正則関数 F も $\mathbb{C}^3$ に解析的に接続される．
［ヒント：定理 7.5 を用いて，ある原点を中心とする固定された球 B で，F が B 全体に接続されるようなものを見出せ．それからそれを再スケールせよ.］

16. 定理 6.1 の最大値原理は $n=1$ の場合に成り立たないことが次のようにしてわかる．$f(e^{i\theta})\in C^\infty$ で，$f\geq 0$, $|\theta|\leq\pi/2$ のとき $f(e^{i\theta})=0$ で，$3\pi/4\leq|\theta|\leq\pi$ のとき $f(e^{i\theta})=1$ をみたすものから始める．$f(e^{i\theta})=\sum_{n=0}^{\infty} a_n e^{in\theta}+\sum_{-\infty}^{n=-1}\overline{a}_n e^{in\theta}$, $G(z)=\sum_{n=0}^{\infty} a_n z^n$, そして $F_N(z)=e^{NG(z)}$ と表す．F_N が閉円板 $|z|\leq 1$ で連続であり，$|\theta|\leq\pi/2$ で $\left|F_N(e^{i\theta})\right|=1$ であるが，二つの正定数 c_1 と c_2 に対して，この閉円板で $|F_N(z)|\geq c_1e^{c_2N(1-|z|)}$ であることを証明せよ．
［ヒント：$G(z)=u+iv$ とすると，ここでポアソン核 P_r に対して $u(r,\theta)=f*P_r$ である.］

17. 次のことを証明せよ．

(a) 付録で与えられた $\mathcal{U}$ から単位球への写像の逆は

$$z_n=i\left(\frac{1-w_n}{1+w_n}\right),\ z_k=\frac{w_k}{1+w_n},\ k=1,\cdots,n-1$$

である．

(b) 各 $(\zeta,t)\in\mathbb{C}^{n-1}\times\mathbb{R}$ に対して，次のように与えられる $\mathbb{C}^n$ の「平行移動」$r_{(\zeta,t)}$ を考える．

$$r_{(\zeta,t)}(z',z_n)=(z'+\zeta,\, z_n+t+2i(z'\cdot\overline{\zeta})+i|\zeta|^2)\,.$$

このとき，$r_{(\zeta,t)}$ は $\mathcal{U}$ と $\partial\mathcal{U}$ をそれぞれに写す．これらの写像の合成は合成公式

$$(\zeta,t)\cdot(\zeta',t')=(\zeta+\zeta',\,t+t'+2\,\mathrm{Im}(\zeta\cdot\overline{\zeta}'))$$

を導く．この演算則の下で $\mathbb{C}^{n-1}\times\mathbb{R}$ は「ハイゼンベルク群」になる．

(c) $\mathcal{U}$（$\partial\mathcal{U}$ も同様）は「非等方的」拡大 $(z',z_n)\to(\delta z',\delta^2 z_n)$, $\delta>0$ の下で不変である．

(d) u を $\mathbb{C}^{n-1}$ のユニタリー写像とすると，写像 $(z',z_n)\longmapsto(u(z'),z_n)$ のもとで $\mathcal{U}$ と $\partial\mathcal{U}$ は共に不変である．

18.　$\mathcal{H}_\lambda$ を $\mathbb{C}^{n-1}$ において正則な関数 f で,

$$\int_{\mathbb{C}^{n-1}} |f(z)|^2 e^{-4\pi\lambda|z|^2} dm(z) = \|f\|^2_{\mathcal{H}_\lambda} < \infty$$

をみたすものからなる空間と定義する. 次のことを示せ.

(a)　$\lambda \leq 0$ のとき $\mathcal{H}_\lambda$ は自明である.

(b)　$\mathcal{H}_\lambda$ は先に示したノルムについて完備であり, したがってヒルベルト空間である.

(c)　$K_\lambda(z, w) = (4\lambda)^{n-1} e^{4\pi\lambda z\cdot\overline{w}}$ により, $P_\lambda(f)(z) = \displaystyle\int_{\mathbb{C}^{n-1}} f(w) K_\lambda(z, w) e^{-4\pi\lambda|w|^2}$ $dm(w)$ と定義する.

このとき, P_λ は $L^2(e^{-4\pi\lambda|w|^2} dm(w))$ から $\mathcal{H}_\lambda$ への直交射影である.

[ヒント：補題 8.2 を用いて, $\mathcal{H}_\lambda$ ノルムでの収束が, $\mathbb{C}^{n-1}$ のコンパクト部分集合上での一様収束を導くことを示せ.]

19.　次を証明せよ.

(a)　第 8.1 節における空間 $\mathcal{H}$ が完備であり, したがってヒルベルト空間であることを証明せよ.

(b)　コーシー積分 $f \longmapsto C(f)$ が $L^2(\partial\mathcal{U}, d\beta)$ から, $F \in H^2(\mathcal{U})$ に対する $\lim_{\varepsilon\to 0} F_\varepsilon$ として現れる関数 F_0 からなる線形空間への直交射影であることを証明せよ.

[ヒント：(a) に対しては, 前練習を用いよ.]

10. 問題

以下の問題は, 読者への練習としての意図はなく, むしろ意味合いとしてはこの主題のさらなる発展的な結果への案内となるものである. それぞれの問題に対する文献の出典は,「注と文献」で知ることができる.

1.*　$f = f(z_1, \cdots, z_n)$ が領域 $\Omega \subset \mathbb{C}^n$ において定義され, 各 $j, 1 \leq j \leq n$ に対して, 関数 f は z_j について, それ以外の変数を固定したときに正則であるとする. このとき f は Ω で正則である. これは本章の初めに, f が連続のときに示されたものである. この問題のポイントは, f には, それぞれの変数での解析性以外の条件が課されていないことである.

この結果の証明の一つの重要な要素はベールのカテゴリー定理を応用することである.

2.*　f を原点のある近傍で正則であり, $f(0) = 0$ とする. $f(z) = \sum a_\alpha z^\alpha$ を f の原点の近くで保証されているべき級数展開とする.（$z = 0$ での）零点の位数は, $a_\alpha \neq 0$ をみたす最も小さな $|\alpha|$ で定められる整数 k である. このとき線形的な変数変換によっ

て，原点の近くで $f(z)=c(z)P(z)$ と表すことができる．ただしここで $z=(z',\, z_n)$ として，$P(z)=z_n^k+a_{k-1}(z')z_n^{k-1}+\cdots+a_0(z')$ であり，かつ $c(z)\neq 0$，また $a_{k-1}(0)=\cdots=a_0(0)=0$ である．この結果は**ワイエルシュトラスの予備定理**である．

[ヒント：座標系 $(z',\, z_n)\in\mathbb{C}^{n-1}\times\mathbb{C}$ で $f(0,\, z_n)=z_n^k$ と仮定する．このとき，ルーシェの定理により，$\varepsilon,\, r>0$ を，すべての $|z'|<\varepsilon$ に対して，$z_n\to f(z',\, z_n)$ が円板 $|z_n|\leq r$ 内で k 個の零点をもち，境界では消えないようにとることができる．$\gamma_1(z'),\, \gamma_2(z'),\, \cdots,\, \gamma_k(z')$ をこれらの零点を適当に並べたものとする．このとき対称関数 $\sigma_1(z')=\sum_{\ell=1}^{k}\gamma_\ell(z')$，$\sigma_2(z')=\sum_{m<\ell}\gamma_\ell(z')\gamma_m(z'),\, \cdots$ は $|z'|<\varepsilon$ に対して，z' に関して正則である．これは，和 $s_m(z')=\sum_{\ell=1}^{k}(\gamma_\ell(z'))^m$，$1\leq m\leq k$ がこの性質をもつことから従う．というのは，これらは

$$s_m(z')=\frac{1}{2\pi i}\int_{|w|=r}w^m\,\frac{(\partial f/\partial w)\,(z',\, w)}{f(z',\, w)}\,dw$$

で与えられるからである．さて，$a_{k-j}(z')=(-1)^j\sigma_j(z')$ ととる必要があるだけで，$P(z)=z_n^k+a_{k-1}(z')z_n^{k-1}+\cdots+a_0(z')$ の結果が成り立つ．]

3.* 定理 4.1 の元々の証明は，F を「ボホナー－マルチネリ積分」を経由するグリーンの定理により F_0 を用いて表すものであった．この場合，結果は単に C^1 級の F_0 に対して成り立つ．

4.* 次の問題を考察する．

$$\Omega \text{ 上で } \quad \overline{\partial}u=f, \tag{42}$$

ここで Ω は $\mathbb{C}^n$ 内の C^∞ 境界をもつ有界領域で，f は Ω 上に与えられ，そこで $\overline{\partial}f=0$ をみたす．

(a) Ω が擬凸であり，$f\in C^\infty(\overline{\Omega})$ のとき，(42) を解く $u\in C^\infty(\overline{\Omega})$ が存在する．

(b) 「正規な」解は（もしそれが存在するならば），Ω 上で正則でありかつそこで L^2 に入るすべての F に対して

$$\int_\Omega u\,\overline{F}\,dm(z)=0$$

をみたすような $L^2(\Omega)$ における（一意的な）解 u として定義される．強擬凸（また Ω の他の多くのクラス）であるような Ω に対して，$f\in C^\infty(\overline{\Omega})$ ならば，正規な解 u も $C^\infty(\overline{\Omega})$ に属する．これは「$\overline{\partial}$－ノイマン問題」の研究からの成果である．

5.* **正則領域**とは，領域 Ω で次の性質をみたすものである．Ω 上の正則関数 F が存在し，各 $z^0\in\partial\Omega$ に対して，F は z^0 を中心とする球に接続できない．Ω が正則領域で，C^2 級の境界をもつならば，定理 7.5 を用いて Ω は擬凸である．逆に Ω が擬凸ならば，

正則領域であることを示せる．

6.*　定理 8.7 の逆が成り立つ．f がコンパクト台をもつ超関数で，$C(f)(z)$ が $z=0$ の近くで解析的であれば，$\overline{L}(U)=f$ は原点の近くで局所可解である．

これは次のような核 K を見出すことにより証明される．ハイゼンベルク群上の畳み込み作用素 $T(f)=f*K$ が $\overline{L}$ に対して，$\overline{L}T(f)=f-C(f)$ の意味で擬逆である．このとき，$f=f-C(f)+C(f)=f_1+f_2$，ただし $f_1=f-C(f)$，$f_2=C(f)$ とする．いま主張されたことにより，$\overline{L}(U_1)=f_1$ を解くことができ，そして f_2 が原点で実解析であるから，コーシー－コワレフスキーの定理より局所的に $\overline{L}(U_2)=f_2$ を解くことができる．

第8章　フーリエ解析における振動積分

私がこれらの問題に没頭した発端は，1839年にニコルの上級自然哲学の講義に出席後のことであった．私はフーリエの輝きと詩情に対する極度の憧れで満たされてしまったのである……．ニコルに私がフーリエを読めると思うかどうかを訊ねてみた．彼は「たぶん」と答えた．彼はその本が最も卓越した価値のある作品だと考えたのである．そんなわけで5月の最初の日に…… 私はフーリエを大学図書館から借りて帰り，2週間のうちにそれを修得 —— わき目もふらずに通り抜けた．

—— W. トムソン（ケルヴィン卿），1840

この結果は元の形の積分 U，すなわち $\int_0^\infty \cos(x^3 - nx)dx$ から導かれたかもしれない……．x_1 は $x^3 - nx$ を最小にする x の正の値とすると，$x_1 = 3^{-1/2}n^{1/2}$ である．$x = 0$ から $x = x_1 - a$ までと，$x = x_1 - a$ から $x = x_1 + b$ までと，$x = x_1 + b$ から $x = \infty$ までとに分けて積分することにより，積分 U を三つの部分に分けて，次に n を無限大にする……．

—— G. G. ストークス，1850

振動積分とその漸近挙動の研究は，この分野の最初からずっと調和解析の最も重要な部分である．フーリエ変換や付随するベッセル関数はそのような振動積分の最初の例を提供した．エアリー，リプシッツ，ストークス，リーマンらの初期の仕事における漸近挙動の研究にも注意を払うべきである．後の二人の仕事においては，ストークスについてはエアリー積分の再検証の中で，リーマンについてはあるフーリエ級数の計算の中で，それが暗黙のうちだったにせよ，停留位相の原理が登場する．その後，ケルヴィン卿により，水の波に関する 1887 年の論文において，この原理はより一般的に用いられた．これらの考え方の整数論や格子点問題への応用が，次の四半世紀に，ボロノイやファン・デル・コルプトやその他の人々によって始められた．

この長い歴史を前提とすると，フーリエ変換に対する制限定理の可能性に気がついたのは比較的最近 (1967) のことであったことや，上で述べた漸近挙動の微分理論や最大関数との関連に光が当たるようになるのにさらに 10 年を要したことは，興味深い事実である．

ここでは，いくつかのこれらの考え方の発展について紹介する．われわれにとって重要なことは，フーリエ変換の減衰に関して（曲率を含めた）ある種の幾何学的な考察を持ち込むことであり，これらのことは振動積分の挙動によって説明される．

この理論には二つの柱，平均値作用素，および，フーリエ変換に対する制限定理がある．これらに関する基本的事実を述べてから，制限定理の結果を「分散」型偏微分方程式へ応用する．また，平均値作用素との共通の特性を強調しながらラドン変換を再検証する．最後に，格子点の数を数える問題を考察し，振動積分の考え方によって何がわかるのかを見る．

1. 実例

調和解析における曲率の役割を暗示する簡単な例から始めよう．$\mathbb{R}^d$ で $d = 3$ という設定で，各関数 f の中心 x，半径 1 の球面上の平均値を与える**平均値作用素** A を考える．それは，$d\sigma$ を球面 $S^2 = \{x \in \mathbb{R}^3 : |x| = 1\}$ 上の誘導されたルベーグ測度として，

$$A(f)(x) = \frac{1}{4\pi} \int_{S^2} f(x-y)\, d\sigma(y)$$

と書き表される．($d\sigma$ の定義や性質は第 III 巻の第 6 章を見よ．)

作用素 A の予想外の性質は f をいくつかの意味で滑らかにすることであり，最も簡単なのは $f \in L^2(\mathbb{R}^3)$ ならば $A(f)$ は同じ L^2 に属する 1 階導関数をもつことである．これは，不等式

$$\left\| \frac{\partial}{\partial x_j} A(f) \right\|_{L^2} \le c\|f\|_{L^2}, \qquad j = 1, 2, 3 \tag{1}$$

によって表現される．より正確には，この評価式は，$f \in L^2$ に対して，畳み込み $\dfrac{1}{4\pi}(f * d\sigma)$ は，それ自身 L^2 関数であるが（たとえば，第 1 章の練習 17 を見よ），超関数の意味で 1 階導関数をもち，それらが L^2 関数であって，(1) をみたす，ということを述べている．

さて，これらの主張は測度 $d\sigma$ のフーリエ変換 $\widehat{d\sigma}$, すなわち，

$$\widehat{d\sigma}(\xi) = \int_{S^2} e^{-2\pi i x\cdot\xi} d\sigma(x)$$

の対応する評価の直接の帰結である．この場合 $\widehat{d\sigma}$ は明示的に

$$\widehat{d\sigma}(\xi) = \frac{2\sin(2\pi|\xi|)}{|\xi|}$$

となることがわかるので，これにより

$$|\widehat{d\sigma}(\xi)| \le c(1 + |\xi|)^{-1} \tag{2}$$

となることは明らかである[1]．ここで，超関数とそのフーリエ変換（第 3 章の 1.5 節を見よ）という簡単な操作により，$(f * d\sigma)^\wedge = \widehat{f}\,\widehat{d\sigma}$ および

$$\left(\frac{\partial}{\partial x_j} A(f)\right)^\wedge(\xi) = \frac{1}{4\pi} 2\pi i \xi_j \widehat{f}(\xi)\,\widehat{d\sigma}(\xi)$$

が示されて，(2) とプランシュレルの定理から (1) が従う．

上の結果は，すべての $d > 1$ に対して d 次元に拡張される．$d\sigma$ を単位球面 S^{d-1} 上の誘導測度とし，$\mathbb{R}^d$ における**平均値作用素** A を，

$$A(f)(x) = \frac{1}{\sigma(S^{d-1})} \int_{S^{d-1}} f(x-y)\,d\sigma(y)$$

によって定義する．また，第 1 章の 3.1 節で述べられたソボレフ空間 L_k^2 を思い出そう．

命題 1.1　$k = \dfrac{d-1}{2}$ とする．写像 $f \longmapsto A(f)$ は $L^2(\mathbb{R}^2)$ から $L_k^2(\mathbb{R}^d)$ への有界作用素である．

d が奇数ならば（したがって k は整数になるが），この命題は

---

1)　この公式は極座標を用いて S^2 全体で積分することにより従う．第 III 巻の第 6 章を見よ．

$$\sum_{|\alpha|\leq k} \|\partial_x^\alpha A(f)\|_{L^2} \leq c\|f\|_{L^2}$$

を意味することに注意する．

命題の証明はベッセル関数の性質によるが，ここでは証明をしない．しかし，これらは第 I 巻の第 6 章の問題 2，および，第 II 巻の付録 A で見つけられるであろう．いずれにせよ，以下ではこれらの結果がベッセル関数の理論を用いずに導かれることを見る．

証明　命題は等式

$$\widehat{d\sigma}(\xi) = 2\pi|\xi|^{-d/2+1} J_{d/2-1}(2\pi|\xi|) \tag{3}$$

の帰結である．ここに，$\widehat{d\sigma}(\xi) = \int_{S^{d-1}} e^{-2\pi i x\cdot\xi} d\sigma(x)$ で，J_m は m 次ベッセル関数である．順に，これはまさに球対称関数 $f(x) = f_0(|x|)$ のフーリエ変換の別の公式であり，$\widehat{f}(\xi) = F(|\xi|)$，

$$F(\rho) = 2\pi\rho^{-d/2+1} \int_0^\infty J_{d/2-1}(2\pi\rho r) f_0(r)\, r^{d/2} dr \tag{4}$$

によって与えられ，これから簡単な極限の議論によって (3) が従う．(3) から鍵となる減衰評価

$$|\widehat{d\sigma}(\xi)| = O(|\xi|^{-\frac{d-1}{2}}), \qquad |\xi| \to \infty \tag{5}$$

が導かれる．実際，(5) は (3) および，$J_m(r) = O(r^{-1/2})$ $(r \to \infty)$ を保証するベッセル関数の漸近挙動から推論される．

いったん (5) が確立されると，$d = 3$ の場合と同様にプランシュレルの定理を通じて命題の証明が完了する．　∎

以下の解説は結果を正しく理解するのに助けになるかもしれない．

- 決定的な減衰評価 (5) を保証するのは超曲面のうちの球面がもついくつかの特殊な特徴（たとえば回転対称性）なのか，それとも，超曲面 M に対するより一般的な状況において成り立つ現象なのか，を問うことは自然なことである．以下では，M の適当な「曲率」が消えないとき (5) の類似が成立することを見る．
- さらに，M が「平坦」であるとき (5) のような評価式はまったく成立しないこと（練習 2)，より一般に $\widehat{d\sigma}(\xi)$ に対してどのような減衰評価が期待できるのかは，M の消えない曲率の次数と関わっていること，が簡単な例で示される．

- 命題 1.1 で主張された平滑化の次数 $k=(d-1)/2$ は，L^2 の文脈でのみ起こり得ることであり，L^p, $p \neq 2$ では起こらないことも観察することができる.（この方向の結果は練習 7 において概観される.）

- 最後に，興味深いことには，$d=3$ のとき平均値作用素が，波動方程式 $\triangle_x u(x,t) = \dfrac{\partial^2}{\partial t^2}u(x,t)$, $(x,t) \in \mathbb{R}^3 \times \mathbb{R}$ の解で $u(x,0)=0$ と $\dfrac{\partial u}{\partial t}(x,0) = f(x)$ をみたすものを与える，ということに注意しておく．時刻 $t=1$ の解は $u(x,1) = A(f)(x)$ で与えられ，その他の時刻の解は伸張によって導くことができる.（第 I 巻の第 6 章を見よ．そこでは A は M となっている.）

2. 振動積分

振動積分に関するいくつかの基本的な事実から，球面の場合に導出した減衰評価 (5) の一般化が許容される．われわれの念頭にあるのは，次の形の積分

$$I(\lambda) = \int_{\mathbb{R}^d} e^{i\lambda\Phi(x)}\psi(x)\,dx \tag{6}$$

と大きい λ に対するそれらの挙動に関する問いである.

関数 Φ は**位相関数**，ψ は**振幅関数**とよばれる．以下では，位相関数 Φ とパラメータ λ はともに実数値であるとし，ψ は複素数値であってもよいものとする [2).]

停留位相の方法という解析学の基礎となる基本原理がある．位相関数の導関数（あるいは勾配）が消えない限り，積分は λ に関して急減少する（したがって無視できる）ので，(6) の主要な寄与は Φ の勾配が消える点 x からもたらされる．$d=1$ のときは $\Phi'(x)=0$ となる点のことである.

これらの道筋に沿う最初の観察は，単にフーリエ変換に対する単純な評価（実際 $\Phi(x) = 2\pi\dfrac{\xi}{|\xi|}$ で $\lambda=|\xi|$ とした場合）の拡張に過ぎない．ここで，Φ と ψ は C^∞ 級関数で，ψ はコンパクトな台をもつことを仮定する.

命題 2.1 ψ の台に属するすべての x に対して $|\nabla\Phi(x)| \geq c > 0$ が成り立つことを仮定する．このとき，すべての $N \geq 0$ に対して

---

2) しかしながら，ある条件下では，Φ や λ が複素数値であることを許すことは興味深い．これは，特に，第 II 巻の付録 A のように $d=1$ で Φ（および ψ）が解析的で，積分 (6) が積分路の変形によって扱われる場合に起こる.

$$|I(\lambda)| \leq c_N \lambda^{-N}, \qquad \lambda > 0$$

が成立する．

証明　次のベクトル場

$$L = \frac{1}{i\lambda} \sum_{k=1}^{d} a_k \frac{\partial}{\partial x_k} = \frac{1}{i\lambda}(a \cdot \nabla),$$

$a = (a_1, \cdots, a_d) = \dfrac{\nabla\Phi}{|\nabla\Phi|^2}$ を考える．このとき，L の転置作用素 L^t は

$$L^t(f) = -\frac{1}{i\lambda} \sum_{k=1}^{d} \frac{\partial}{\partial x_k}(a_k f) = -\frac{1}{i\lambda} \nabla \cdot (af)$$

によって与えられる．$\nabla\Phi$ に対する仮定により，a_j とそのすべての偏導関数は ψ の台において各々有界である．

さて，$L(e^{i\lambda\Phi}) = e^{i\lambda\Phi}$ であり，したがって，すべての正整数 N に対して $L^N(e^{i\lambda\Phi}) = e^{i\lambda\Phi}$ となることを見よ．よって，

$$I(\lambda) = \int_{\mathbb{R}^d} L^N(e^{i\lambda\Phi})\psi\, dx = \int_{\mathbb{R}^d} e^{i\lambda\Phi}(L^t)^N(\psi)\, dx$$

となる．最後の積分の絶対値をとると，正の λ に対して $|I(\lambda)| \leq c_N \lambda^{-N}$ が得られるので，したがって命題が証明される．∎

次の二つの主張は 1 次元に限定だが，より単純な仮定からより精密な結論を導くことができる．この状況においては，まず

$$I_1(\lambda) = \int_a^b e^{i\lambda\Phi(x)} dx \tag{7}$$

で与えられる I_1 を考察するのが適切である．ここに，a と b は任意の実数である．このように (7) には振幅関数 ψ が現れない（または，別の言い方をすると $\psi(x) = \chi_{(a,b)}(x)$）．ここで，われわれは Φ は C^2 級で，$\Phi'(x)$ は単調（増加または減少）であると同時に区間 $[a, b]$ で $|\Phi'(x)| \geq 1$ をみたす，とだけ仮定する．

命題 2.2　以上の条件のもと，すべての $\lambda > 0$ と $c = 3$ に対して $|I_1(\lambda)| \leq c\lambda^{-1}$ が成立する．

ここで重要なことは，c の詳しい値ではなく，区間 $[a, b]$ の長さによらないことである．簡単な例の $\Phi(x) = x$ つまり $I_1(\lambda) = \dfrac{1}{i\lambda}(e^{i\lambda b} - e^{i\lambda a})$ が示すように，

λ についての減衰次数は，改善不可能である．

証明　証明は一つ前の命題に登場した作用素 L を用いる．$\Phi' < 0$ のときには複素共役をとればよいので，$[a, b]$ 上で $\Phi' > 0$ であると仮定してよい．よって，$L = \dfrac{1}{i\lambda\Phi'(x)}\dfrac{d}{dx}$ であり，さらに $L^t(f) = -\dfrac{1}{i\lambda}\dfrac{d}{dx}(f/\Phi')$ であるので，

$$I_1(\lambda) = \int_a^b L(e^{i\lambda\Phi})\,dx = \int_a^b e^{i\lambda\Phi}L^t(1)\,dx + \left[e^{i\lambda\Phi}\frac{1}{i\lambda\Phi'}\right]_a^b$$

であり，ここでは（端点で消える振幅関数 ψ がないので）境界値が現れる．$|\Phi'(x)| \geq 1$ であるから，これらの二つの項の寄与は合わせて $2/\lambda$ で上から抑えられる．しかし，右辺の積分は明らかに

$$\int_a^b |L^t(1)|\,dx = \frac{1}{\lambda}\int_a^b \left|\frac{d}{dx}\left(\frac{1}{\Phi'}\right)\right|dx$$

によって抑えられる．しかし，Φ' は単調かつ連続で，一方 $|\Phi'(x)| \geq 1$ であり，よって $\dfrac{d}{dx}(1/\Phi')$ は区間 $[a, b]$ で符号を変えない．したがって

$$\int_a^b \left|\frac{d}{dx}\left(\frac{1}{\Phi'}\right)\right|dx = \left|\int_a^b \frac{d}{dx}\left(\frac{1}{\Phi'}\right)dx\right| = \left|\frac{1}{\Phi'(b)} - \frac{1}{\Phi'(a)}\right|$$

である．以上をまとめると $|I_1(\lambda)| \leq 3/\lambda$ となるので，命題が証明される．■

注意　上の命題で（$|\Phi'(x)| \geq 1$ の代わりに）$|\Phi'(x)| \geq \mu$ を仮定すると，$|I_1(\lambda)| \leq c(\lambda\mu)^{-1}$ が得られる．これは，命題で Φ を Φ/μ で置き換え，λ を $\lambda\mu$ で置き換えることにより明らかである．

次に，ある x_0 で $\Phi'(x_0) = 0$ となるとき，$\Phi''(x_0) \neq 0$ の意味で**臨界点** x_0 が**非退化**であることを仮定すると $I_1(\lambda)$ はどうなるかを問う．われわれが期待できそうなことを示すものは $\Phi(x) = x^2$ の場合（この場合は臨界点は原点）からくる．ここで，

$$\int e^{i\lambda x^2}\psi(x)\,dx = c_0\lambda^{-1/2} + O(|\lambda|^{-3/2}), \qquad \lambda \to \infty$$

であること，より一般にすべての $N \geq 0$ に対して

$$\int e^{i\lambda x^2}\psi(x)\,dx = \sum_{k=0}^{N} c_k\lambda^{-1/2-k} + O(|\lambda|^{-3/2-N}) \tag{8}$$

となることが知られている．(8) を見るには，ガウス関数のフーリエ変換の公式から出発して

$$\int_{\mathbb{R}} e^{-\pi s x^2} \psi(x)\, dx = s^{-1/2} \int_{\mathbb{R}} e^{-\pi \xi^2/s}\, \widehat{\psi}(\xi)\, d\xi$$

となる．ここで，両辺は $\mathrm{Re}(s) > 0$ に解析接続されるから，$s = -i\lambda/\pi$ へ極限移行すると

$$\int e^{i\lambda x^2} \psi(x)\, dx = \left(\frac{\pi i}{\lambda}\right)^{1/2} \int e^{-i\pi^2 \xi^2/\lambda}\, \widehat{\psi}(\xi)\, d\xi$$

が従う．したがって，展開式 $e^{iu^2} = \sum_{k=0}^{N} \frac{(iu^2)^k}{k!} + O(|u|^{2N+2})$ により，(8) が $c_k = (i\pi)^{1/2} \frac{i^k}{2^{2k} k!} \psi^{(2k)}(0)$ で従う．これは，位相関数が非退化な臨界点をもつとき，減衰次数 $O(\lambda^{-1/2})$ が期待されることを示している．

2 階導関数にこの観察を考慮に入れた命題 2.2 の変形版であるファン・デル・コルプトの次の評価式がある．ここに，Φ は再び区間 $[a, b]$ で C^2 級であるが，ここでは区間全体で $|\Phi''(x)| \geq 1$ であることを仮定する．

命題 2.3　以上の仮定のもと，(7) で与えられる $I_1(\lambda)$ について

$$|I_1(\lambda)| \leq c' \lambda^{-1/2} \tag{9}$$

が，$c' = 8$ ですべての $\lambda > 0$ に対して成立する．

再び，重要なのは c' の精密な値ではなく，区間 $[a, b]$ に依存しないことである．

証明　区間全体で $\Phi''(x) \geq 1$ であるとしてよい．なぜならば，この場合で複素共役をとることにより，$\Phi''(x) \leq -1$ の場合も従うからである．さて，$\Phi''(x) \geq 1$ により，$\Phi'(x)$ は狭義単調増加で，したがって，もし Φ が $[a, b]$ に臨界点をもつならば，それは一つだけである．x_0 をそのような臨界点とし，区間 $[a, b]$ を三つの小区間に分割する．一つは x_0 を中心としとりあえず選んだ δ により $[x_0 - \delta, x_0 + \delta]$ とする．その他の二つは残りの部分を補って，$[a, x_0 - \delta]$ と $[x_0 + \delta, b]$ である．さて，最初の区間の長さは 2δ であり，したがって，その区間上での積分の寄与は高々 2δ であることは明らかである．区間 $[x_0 + \delta, b]$ 上では，（$\Phi'' \geq 1$ により）$\Phi'(x) \geq \delta$ であることがわかるので，したがって，命題 2.2 とその後の注意により，積分の寄与は高々 $3/(\delta\lambda)$ であり，区間 $[a, x_0 - \delta]$ についても同様である．よって，まとめると $I_1(\lambda)$ は $2\delta + 6/(\delta\lambda)$ で抑えられるので，$\delta = \lambda^{-1/2}$ と選ぶと (9) を得る．Φ が $[a, b]$ に臨界点をもたない場合，および/または，三つの区間の一つが表示したよりも小さい場合は，各々の評価

はなおさら成立するので，したがって，同様の結論が従う． ∎

振幅関数 ψ がある場合も同様の結論が従う．ψ は区間 $[a, b]$ で C^1 級であると仮定する．

系 2.4 Φ は命題 2.3 の仮定をみたすとする．このとき，

$$\left|\int_a^b e^{i\lambda\Phi(x)}\psi(x)\,dx\right| \leq c_\psi \lambda^{-1/2} \tag{10}$$

が成立する．ここに $c_\psi = 8\left(\int_a^b |\psi'(x)|\,dx + |\psi(b)|\right)$ である．

証明 $J(x) = \int_a^x e^{i\lambda\Phi(u)}du$ とする．部分積分を行って，$J(a) = 0$ を用いる．このとき，

$$\int_a^b e^{i\lambda\Phi(x)}\psi(x)\,dx = -\int_a^b J(x)\frac{d\psi}{dx}\,dx + J(b)\psi(b)$$

であり，命題により各 x に対して $|J(x)| \leq 8\lambda^{-1/2}$ であるから，結論が従う． ∎

実例として，m が固定された整数のときのベッセル関数の評価

$$J_m(r) = O(r^{-1/2}), \qquad r \to \infty \tag{11}$$

の短い証明を与える．ここに

$$J_m(r) = \frac{1}{2\pi}\int_0^{2\pi} e^{ir\sin x}e^{-imx}dx$$

である（たとえば，第 I 巻の第 6 章第 4 節を見よ）．ここで，$\lambda = r$, $\Phi(x) = \sin x$, $\psi(x) = \frac{1}{2\pi}e^{-imx}$ とする．今，区間 $[0, 2\pi]$ を $|\sin x| \geq 1/\sqrt{2}$ であるか，あるいは，$|\cos x| \geq 1/\sqrt{2}$ であるかによって，二つの部分に分割する．最初の部分は二つの部分区間からなり，系が適用されて $O(r^{-1/2})$ の寄与を与える．2 番目の部分は三つの部分区間の合併であり，命題 2.2 の（系に類似した）変形を適用することができて，この部分が $O(r^{-1}) = O(r^{-1/2})$, $r \to \infty$ の寄与を与える．

次元 d が 1 より大きいとき，事実としては命題 2.2 および 2.3 により与えられる精密な評価の類似物は成立しない．しかし，命題 2.3 の 2 階導関数試験の実行可能版を示すことができる．ここで，これを取り上げ，以下で応用する．

C^∞ 級の位相関数 Φ と振幅関数 ψ を考えることにして，ψ はコンパクトな台

をもつことを仮定する．Φ の $d\times d$ ヘッセ行列を $\left\{\dfrac{\partial^2\Phi}{\partial x_j\partial x_k}\right\}_{1\le j,k\le d}$ により与え，$\nabla^2\Phi$ と略記する．

主な仮定は，

$$\psi \text{ の台において}\quad \det\{\nabla^2\Phi\}\neq 0 \tag{12}$$

が成り立つ，となる．

命題 2.5　(12) が成立することを仮定する．このとき，次が成立する．

$$I(\lambda)=\int_{\mathbb{R}^d} e^{i\lambda\Phi(x)}\psi(x)\,dx=O(\lambda^{-d/2}),\qquad \lambda\to\infty. \tag{13}$$

$|I(\lambda)|^2=\overline{I(\lambda)}I(\lambda)$ によって $I(\lambda)$ を評価する．この単純なトリックにより，ヘッセ行列（すなわち，2階導関数）を Φ の差の1階導関数の形で取り入れることができるが，このアイデアには数多くの変形がある．

この工夫を利用する前に注意しておくべきことがある．ψ の台は十分小さく，特に，固定された半径 ε の球の中にあることを仮定し，ε は Φ に関連して後で決めることにする．そのような ψ に対して (13) がいったん証明されたら，一般の ψ に対しては，その台を覆う単位の分解を用いて，同様の評価の有限和として (13) を導くことができる．

さて，

$$\overline{I(\lambda)}I(\lambda)=\int_{\mathbb{R}^d}\int_{\mathbb{R}^d} e^{i\lambda\left[\Phi(y)-\Phi(x)\right]}\psi(y)\bar{\psi}(x)\,dx\,dy$$

である．ここで，（x を固定して）$y=x+u$ すなわち $u=y-x$ により変数変換を行う．このとき，重積分は

$$\int_{\mathbb{R}^d}\int_{\mathbb{R}^d} e^{i\lambda\left[\Phi(x+u)-\Phi(x)\right]}\psi(x,\,u)\,dx\,du$$

となり，ここに $\psi(x,\,u)=\psi(x+u)\,\bar{\psi}(x)$ はコンパクトな台をもつ C^∞ 級関数である．x と y の両方とも半径 ε の同じ球内を動くように制限されているので，$\psi(x,\,u)$ の台は $|u|\le 2\varepsilon$ にある．よって，$|I(\lambda)|^2=\displaystyle\int_{\mathbb{R}^d}J_\lambda(u)\,du$ を得るが，ここに，

$$J_\lambda(u)=\int_{\mathbb{R}^d} e^{i\lambda\left[\Phi(x+u)-\Phi(x)\right]}\psi(x,\,u)\,dx$$

である．われわれは

$$|J_\lambda(u)| \le c_N(\lambda|u|)^{-N} \tag{14}$$

がすべての $N \ge 0$ で成立することを主張する．これは命題 2.1 の精神によるもので，(14) の証明はその命題の方法を踏襲する．

ベクトル場

$$L = \frac{1}{i\lambda}(a \cdot \nabla)$$

と $L^t(f) = -\dfrac{1}{i\lambda}\nabla \cdot (af)$ によって与えられるその転置作用素 L^t を用いる．ここに，

$$a = \frac{\nabla_x(\Phi(x+u)-\Phi(x))}{|\nabla_x(\Phi(x+u)-\Phi(x))|^2} = \frac{b}{|b|^2},$$

$b = \nabla_x(\Phi(x+u)-\Phi(x))$ である．

$|u|$ が十分小さいならば，特に，$|u| \le 2\varepsilon$ ならば，

$$|b| = |\nabla_x(\Phi(x+u)-\Phi(x))| \approx |u| \tag{15}$$

を得る[3)]．

Φ は滑らかなので，上からの評価 $|b| \lesssim |u|$ は明らかである．下からの評価のためには，テイラーの定理により $\nabla_x(\Phi(x+u)-\Phi(x)) = \nabla^2\Phi(x)\cdot u + O(|u|^2)$ であることを見よ．しかし，われわれの仮定 (12) は $\nabla^2\Phi(x)$ によって表現される線形変換が可逆であり，したがって，ある $c>0$ に対して $|\nabla^2\Phi(x)\cdot u| \ge c|u|$ であることを意味する．よって，ε を十分小さくとってしまえば，(15) が立証される．また，すべての α に対して $|\partial_x^\alpha b| \le c_\alpha|u|$ が成立することを見よ．ゆえに，(15) を用いて，

$$|\partial_x^\alpha a| \le c_\alpha|u|^{-1} \tag{16}$$

がすべての α に対して成立し，その結果として，すべての正整数 N に対して $|(L^t)^N(\psi(x,\, u))| \le c_N(\lambda|u|)^{-N}$ が成り立つことがわかる．

しかし，

$$\begin{aligned} J_\lambda(u) &= \int_{\mathbb{R}^d} L^N\left(e^{i\lambda\left[\Phi(x+u)-\Phi(x)\right]}\right)\psi(x,\, u)\,dx \\ &= \int_{\mathbb{R}^d} e^{i\lambda\left[\Phi(x+u)-\Phi(x)\right]}(L^t)^N(\psi(x,\, u))\,dx \end{aligned}$$

---

3) ここに，適当な定数 c に対して $X \le cY$ であることを表す $X \lesssim Y$，および，$c^{-1}Y \le X \le cY$ であることを表す $X \approx Y$ という記号を用いる．

であり，したがって，(16) により $|J_\lambda(u)| \le c_N(\lambda|u|)^{-N}$ が得られて，(14) が証明される．

この評価が確立されたので，(14) の $N=0$ と $N=d+1$ の場合をとると，

$$|I(\lambda)|^2 \le \int_{\mathbb{R}^d} |J_\lambda(u)|\,du \le c' \int_{\mathbb{R}^d} \frac{du}{(1+\lambda|u|)^{d+1}} = c\lambda^{-d}$$

がわかるが，最後の積分は尺度の変換により明らかである．これは (13) を，そして命題を示している．

後で応用するために，命題 2.5 のいくつかの面を精密にしておくのは重要である．

(i)　結論は Φ が C^{d+2} 級で ψ が C^{d+1} 級であることのみ必要とする．実際，勤勉な読者ならば正当化できるように，評価式 $|I(\lambda)| \le A\lambda^{-d/2}$ において，上界 A は，Φ の C^{d+2} ノルム，ψ の C^{d+1} ノルム，$|\det\{\nabla^2\Phi\}|$ の下界，および，ψ の台の直径にのみ依存する．

同様に，命題 2.1 に現れる上界 C_N は，Φ の C^{N+1} ノルム，ψ の C^N ノルム，$|\nabla\Phi|$ の下界，および，ψ の台の直径にのみ依存する．

(ii)　命題 2.5 の変形版があって，そこでは，$0 < m \le d$ に対して，Φ のヘッセ行列の階数が ψ の台で m 以上であることのみを仮定する．この場合の結論は，

$$I(\lambda) = O(\lambda^{-m/2}), \qquad \lambda \to \infty \tag{17}$$

である．これは $m=d$ の場合から導かれるので，すでに示されているといってもよい．以下のように進む．各 x^0 に対して対称行列 $\nabla^2\Phi(x^0)$ は（回転による）新しい座標系 $x=(x', x'') \in \mathbb{R}^m \times \mathbb{R}^{d-m}$ を導入することにより対角化されて，$\mathbb{R}^m$ に制限すると消えない行列式をもつ．よって，x^0 を中心とする小さい開球 B をとると，$x \in B$ ならば $\nabla^2\Phi(x)$ についても同様のことが成立する．ここで，$x'' \in \mathbb{R}^{d-m}$ を固定するごとに，命題を（$d=m$ として）用いると，B に台をもつ ψ_B に対して $\left|\int_{\mathbb{R}^m} e^{i\lambda\Phi(x',\,x'')}\psi_B(x',x'')\,dx'\right| \le A\lambda^{-m/2}$ が導かれる．x'' について積分し，ψ の台を覆う有限個の球について和をとると，(17) を得る．

3. 超曲面が支持する測度のフーリエ変換

さて，われわれは超曲面が支持する測度とそのフーリエ変換について学ぶ．われわれの目標は，すでに球面の場合に観察した評価式 (5) を一般化することである．

前章の第4節から，C^∞ 級の超曲面[4] M 上の点 x^0 を考えると，$x=(x', x_d)\in\mathbb{R}^{d-1}\times\mathbb{R}$ のように書かれる x^0 を中心とする（元の座標系の平行移動と回転によって与えられる）新しい座標系をうまく用いると，x^0 を中心とする球において，超曲面 M は

$$M=\{(x', x_d)\in\widetilde{B} : x_d=\varphi(x')\} \tag{18}$$

と表される．ここに $\widetilde{B}$ は原点中心の対応する球である．C^∞ 級関数 φ は $\varphi(0)=0$ かつ $\nabla_{x'}\varphi(x')|_{x'=0}=0$ をみたすように設定を整えることもできる．

このとき，$\rho_1(x)=\varphi(x')-x_d$ により，この表現が M の定義関数 ρ_1 を与える．x^0 の近くにおける M の定義関数のさまざまな選択肢の中で，一つの ρ を選び，M 上で $|\nabla\rho|=1$ をみたすように正規化する．これは M の近くで $\rho=\rho_1/|\nabla\rho_1|$ とおくことにより達成することができる．このような正規化された定義関数により，M の $x\in M$ における**曲率形式**（**第2基本形式**という言い方も知られている）は

$$\sum_{1\le k,j\le d}\xi_k\xi_j\frac{\partial^2\rho}{\partial x_k\partial x_j}(x) \tag{19}$$

の形で，x で M に接するベクトル $\sum\xi_k\dfrac{\partial}{\partial x_k}$ に制限されるものとして与えられる．ここで読者は，定義関数によって与えられる2次形式によっていま記述された曲率と，前章で重要であったその複素解析的類似物（レヴィ形式）との類似に気づくかもしれない．

この形式が正規化された定義関数の取り方によらないことは直接確かめられる．

ここで (18) に戻って，$\nabla_{x'}\varphi(x')|_{x'=0}=0$ を用いると，

$$\varphi(x')=\frac{1}{2}\sum_{1\le k,j\le d-1}a_{kj}x_kx_j+O(|x'|^3)$$

となり，曲率形式は $(d-1)\times(d-1)$ 行列 $\left\{\dfrac{\partial^2\varphi}{\partial x_k\partial x_j}\right\}=\{a_{kj}\}$，$1\le k, j\le d-1$ によって表現されることがわかる．ここで，もし $x'\in\mathbb{R}^{d-1}$ の空間において適当な回転を施し，それにしたがって座標系をとりなおすと

4) C^∞ 級を必要とする主意は，M は十分大きい k に対して C^k 級とすることであり，どのくらい大きい k をとらなくてはならないかということについては後で明確にする．

$$\varphi(x') = \frac{1}{2}\sum_{j=1}^{d-1} \lambda_j x_j^2 + O(|x'|^3)$$

となる．固有値 λ_j は M の（点 x^0 における）**主曲率**とよばれ，それらの積（つまり行列の行列式）は M の**全曲率**あるいはガウス曲率とよばれる [5]．

符号（あるいは「向き付け」）が暗黙に選択されていることに注意せよ．M の定義関数として ρ のかわりに $-\rho$ を用いれば，主曲率の符号は逆転する．

いくつかの例を手短に述べておく．

例 1　$\mathbb{R}^d$ における単位球面．定義関数として $\rho_1 = |x|^2 - 1$ から始めると，$\rho = \frac{1}{2}\rho_1$ は「正規化」である．すべての主曲率は 1 に一致する．

例 2　$\mathbb{R}^3$ における双曲放物面 $\{x_3 = x_1^2 - x_2^2\}$．この超曲面は各点で二つの主曲率が消えずに符号が互いに逆になっている．

例 3　$\mathbb{R}^d$ における円錐 $\{x_d^2 = |x'|^2,\ x_d \neq 0\}$．この超曲面は，各点で $d-2$ 個のまったく同じ消えない主曲率をもつ．関連する計算は練習 9 で概説される．

次に，M 上の誘導されたルベーグ測度，すなわち，測度 $d\sigma$ で，M 上のコンパクトな台をもつ任意の連続関数 f に対して

$$\int_M f d\sigma = \lim_{\varepsilon \to 0} \frac{1}{2\varepsilon} \int_{d(x,M)<\varepsilon} F dx$$

となる性質をもつものを考察する．ここに，F は M の近傍への f の連続拡張で，$\{x : d(x, M) < \varepsilon\}$ は M からの距離 $< \varepsilon$ である点のなす「カラー」である．さて，よく知られているように（練習 8 も見よ），われわれの座標系では $d\sigma = (1 + |\nabla_{x'}\varphi|^2)^{1/2} dx'$ であり，

$$\int_M f d\sigma = \int_{\mathbb{R}^{d-1}} f(x', \varphi(x'))(1 + |\nabla_{x'}\varphi|^2)^{1/2} dx' \tag{20}$$

という意味である．これを踏まえて，測度 $d\mu$ が M 上の**滑らかな密度関数をもつ超曲面が支持する測度**であるとは，コンパクトな台をもつ C^∞ 級関数 ψ が存在して，$d\mu = \psi\, d\sigma$ の形になることである，と述べることができる．

以上により，

---

5) 「ガウス写像」の観点から見たガウス曲率の巧妙な幾何学的解釈がある．問題 1* を見よ．

$$\widehat{d\mu}(\xi) = \int_M e^{-2\pi i x\cdot\xi} d\mu$$

によって定義される $d\mu$ のフーリエ変換についての主結果を述べるのに必要な材料がすべて揃った．測度 $d\mu$ は有限なので，$\widehat{d\mu}(\xi)$ は $\mathbb{R}^d$ で有界であることに注意せよ．

定理 3.1 $d\mu$ の台の各点で，超曲面 M のガウス曲率は消えないと仮定する．このとき，

$$|\widehat{d\mu}(\xi)| = O(|\xi|^{-(d-1)/2}), \qquad |\xi| \to \infty \tag{21}$$

が成り立つ．

系 3.2 $d\mu$ の台の各点で，M の主曲率の少なくとも m 個は消えないならば，

$$|\widehat{d\mu}(\xi)| = O(|\xi|^{-m/2}), \qquad |\xi| \to \infty$$

が成り立つ．

まず初めに予備的な注意をいくつか述べる．ψ の台は十分小さい球の中にある（特に，その中で M は (18) のように表される）と仮定してよい．なぜならば，与えられた ψ は常にそのような性質をもつ ψ_j の有限和として表すことができるからである．次に，座標変換に用いられる x 空間 $\mathbb{R}^d$ の変換は平行移動と回転しか含まれないので，われわれのすべての評価式は (18) で与えられる座標系において得ることができる．よって，フーリエ変換 $\widehat{d\mu}(\xi)$ は，絶対値 1 の複素数（指標）を掛ける掛け算と ξ 変数における同じ回転を受ける．したがって，評価式 (21) は不変である．

さて，(20) により，

$$\widehat{d\mu}(\xi) = \int_{\mathbb{R}^{d-1}} e^{-2\pi i(x'\cdot\xi' + \varphi(x')\xi_d)} \widetilde{\psi}(x')\, dx', \tag{22}$$

$\xi = (\xi', \xi_d) \in \mathbb{R}^d$ であり，$\widetilde{\psi}$ はコンパクトな台をもつ C^∞ 級関数で

$$\widetilde{\psi}(x') = \psi(x', \varphi(x'))\left(1 + |\nabla_{x'}\varphi(x')|^2\right)^{1/2}$$

によって与えられる．

ξ 空間を二つに分ける．一つは「主要な」領域で，$|\xi_d| \geq c|\xi'|$ によって与えられる錐であり，c は任意の固定された正定数である．もう一つは脇役の領域で，$|\xi_d| < c|\xi'|$ によって与えられるが，ここでは c は実際に小さいことを仮定するこ

とが必要である．

最初の領域では ξ_d は正であるとしてよい．ξ_d が負の場合は，複素共役をとることにより従う，あるいは，同様にして示すことができるからである．さらに，$\lambda = 2\pi\xi_d$，$\Phi(x') = -\varphi(x') - \dfrac{x' \cdot \xi'}{\xi_d}$ のように選んで，フーリエ変換における指数を

$$-2\pi i(x' \cdot \xi' + \varphi(x')\,\xi_d) = i\lambda\Phi(x')$$

と表す．$\nabla^2_{x'}\Phi = -\nabla^2_{x'}\varphi$ となるので，それにより，ψ の台が十分小さい（これは，x^0 に十分近いという意味である）ならば，Φ のヘッセ行列の行列式は消えない．これは，φ の対応する性質が M の曲率が消えないことを表現していることによる．任意の N を固定するごとに，Φ の C^N ノルムは ξ が集合 $|\xi_d| \geq c|\xi'|$ の範囲を動くとき一様有界であることにも注意しよう．ここで，命題 2.5 を（$\mathbb{R}^d$ を $\mathbb{R}^{d-1}$ に置き換えて）適用すると，ここでは $|\xi_d| \geq c|\xi'|$ であることにより

$$|\widehat{d\mu}(\xi)| = O(\lambda^{-\frac{d-1}{2}}) = O(\xi_d^{-\frac{d-1}{2}}) = O(|\xi|^{-\frac{d-1}{2}})$$

が得られる．

残りの領域 $|\xi_d| < c|\xi'|$ では，$\lambda = 2\pi|\xi'|$，$\Phi(x') = -\varphi(x')\dfrac{\xi_d}{|\xi'|} - \dfrac{x' \cdot \xi'}{|\xi'|}$ とする．$\left|\nabla_{x'}\left(\dfrac{x' \cdot \xi'}{|\xi'|}\right)\right| = 1$ であり，一方，ψ の台で $c|\nabla_{x'}\varphi| \leq 1/2$ が成り立つようにc を小さくとると，$\dfrac{|\xi_d|}{|\xi'|}|\nabla_{x'}\varphi| \leq 1/2$ が成立することに注意しよう．よって，命題 2.1 を用いると，$|\nabla_{x'}\Phi| \geq 1/2$ であるという事実から，ξ が第二の領域にあるとき，各正数 N に対して

$$|\widehat{d\mu}(\xi)| = O(\lambda^{-N}) = O(|\xi'|^{-N}) = O(|\xi|^{-N})$$

であることが従う．$N \geq \dfrac{d-1}{2}$ とすることにより，定理の証明が完了する．

系は，(13) の代わりに (17) を用いると，同様の議論によって証明することができる．

Ω は有界領域で，その境界 $M = \partial\Omega$ は定理 3.1 の仮定をみたすものとする．χ_Ω を Ω の特性関数とすると，そのフーリエ変換はその境界上の対応する超曲面が支持する測度のそれよりも減衰が 1 階よくなる．

系 3.3　$M = \partial\Omega$ の各点でガウス曲率が消えないならば，

$$\widehat{\chi_\Omega}(\xi) = O(|\xi|^{-\frac{d+1}{2}}), \qquad |\xi| \to \infty$$

が成立する．

証明　適当な単位の分解を用いると

$$\chi_\Omega = \sum_{j=0}^{N} \psi_j \chi_\Omega$$

と書くことができる．ここに，各 ψ_j は台がコンパクトな C^∞ 級関数で，ψ_0 の台は Ω の内部に含まれるが，一方，各 ψ_j, $1 \le j \le N$ の台は境界の小さい近傍に含まれ，そこでは境界は (18) のように与えられる．さて，$\psi_0 \chi_\Omega = \psi_0$ であるから，明らかに $(\psi_0 \chi_\Omega)^\wedge$ は急減少する．次に，任意の $1 \le j \le N$ に対して $(\psi_j \chi_\Omega)^\wedge$ を考察する．(22) と同様に，これは

$$\int_{x_d > \varphi(x')} e^{-2\pi i (x' \cdot \xi' + x_d \xi_d)} \psi_j(x', \xi_d)\, dx' dx_d$$

の形で表され，$x_d = u + \varphi(x')$ で変数変換した後は

$$\int_{\mathbb{R}^{d-1}} e^{-2\pi i (x' \cdot \xi' + \varphi(x') \xi_d)} \Psi(x', \xi_d)\, dx' \tag{23}$$

となる．ここに，$\Psi(x', \xi_d) = \int_0^\infty e^{-2\pi i u \xi_d} \psi_j(x', u + \varphi(x'))\, du$ である．$\Psi(x', \xi_d)$ は ξ_d について一様にコンパクトな台をもつ x' の C^∞ 級関数であることに注意せよ．$|\xi_d| < c|\xi'|$ のとき，前と同様に議論が進み，各 $N \ge 0$ に対して $O(|\xi|^{-N})$ という評価を与える．$|\xi_d| \ge c|\xi'|$ の場合を扱うのに，

$$\Psi(x', \xi_d) = -\frac{1}{2\pi i \xi_d} \int_0^\infty \frac{d}{du}(e^{-2\pi i u \xi_d}) \psi_j(x', u + \varphi(x'))\, du$$

と書き表して部分積分を行うと，(23) におけるさらなる減衰 $O(1/|\xi_d|) = O(1/|\xi|)$ が得られる．これで系が証明される． ∎

注意　命題 2.5 の証明に続くコメントにより，M に課す C^∞ 級の仮定を，M はただ C^{d+2} 級であるという条件に置き換えても，本節の結果は成立する．

4. 平均値作用素再論

ここではより一般の平均値作用素を考察する．M は $\mathbb{R}^d$ の超曲面で，コンパクトな台をもつ滑らかな密度関数をもつ超曲面に支持される測度を $d\mu = \psi d\sigma$ と

して，

$$A(f)(x) = \int_M f(x-y)\,d\mu(y) \tag{24}$$[6]

とおく．M に対する適当な仮定のもとで，$L^2(\mathbb{R}^d)$ から $L^2_k(\mathbb{R}^d)$ への写像として，作用素 A は f を正則化し，さらに，$1 < p < \infty$ のときは適当な $q > p$ に対して $L^p(\mathbb{R}^d)$ を $L^q(\mathbb{R}^d)$ へ移すという意味で，f を「改善」する．

定理 4.1　$d\mu$ の台の各点 $x \in M$ においてガウス曲率は消えないとする．このとき次が成立する．

(a)　(24) で与えられる写像 A は，$L^2(\mathbb{R}^d)$ を $L^2_k(\mathbb{R}^d)$，$k = \dfrac{d-1}{2}$ へ移す．

(b)　写像は $L^p(\mathbb{R}^d)$ から $L^q(\mathbb{R}^d)$，$p = \dfrac{d+1}{d}$，$q = d+1$ への有界線形変換に拡張される．

系 4.2　写像 A のリース図形（第2章第2節を見よ）は，$(1/p, 1/q)$ 平面の $(0, 0), (1, 1), \left(\dfrac{d}{d+1}, \dfrac{1}{d+1}\right)$ を頂点とする閉じた三角形である．

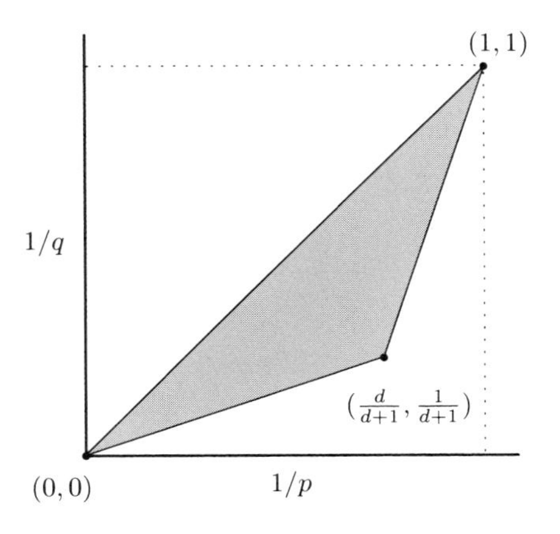

図1　系 4.2 の写像 A のリース図形．

実際，この系が主張する L^p, L^q 有界性は，練習6で見られるように最良である．

系 4.3　M は少なくとも m 個の消えない主曲率をもつことのみ仮定すると，

---

6)　ここでは，密度関数 ψ は必ずしも正である必要はないので，A の定義において正規化因子を省略した．

同じ主張が $k = m/2$, $p = \dfrac{m+2}{m+1}$, $q = m+2$ で成立する.

定理の (a) の部分の証明は, (21) で行った球面に対するものと同じであり, それは $(1+|\xi|^2)^{k/2}\,\widehat{d\mu}(\xi)$ が有界であることを導く. よって,

$$\begin{aligned}\|A(f)\|_{L_k^2} &= \|(1+|\xi|^2)^{k/2}\,\widehat{A(f)}(\xi)\|_{L^2}\\ &= \|(1+|\xi|^2)^{k/2}\widehat{f}(\xi)\,\widehat{d\mu}(\xi)\|_{L^2}\\ &\leq c\|\widehat{f}\|_{L^2} = c\|f\|_{L^2}\end{aligned}$$

となる.

(b) の部分の証明は, 補間を通じて作用素 A の二つの側面を合わせることによるが, 第 2 章第 2 節のハウスドルフ–ヤングの定理の証明と幾分似ている. 一つは $L^1 \to L^\infty$ 評価である. 必要とされる不等式は単に大きさの不等式に過ぎず, われわれの関数の絶対値にのみ関係するが, それを得るためには (1 階)「積分する」ことによって作用素 A を「改善」しなくてはならない. この評価は M の曲率に依存しない.

次に, $L^2 \to L^2$ 評価である. それは, 定理の (a) の部分のように, プランシュレルの定理と定理 3.1 と合わせることで従うが, 本質的に $\dfrac{d-1}{2}$ 回「微分する」ことによって作用素 A を「悪化」させることを許容する. 改善された作用素と悪化させた作用素の間の作用素が A 自身であり, 結果として得られる中間の評価が結論 (b) である.

いま概略を述べた証明法の枠組みは, 実際数多くの状況において生じる. それを実行するために, 考察している作用素に変化することを許すリースの補間定理の変形版が必要になる. このための適切な枠組みが**作用素の解析族**であり, 以下のように定義される [7].

帯状集合 $S = \{a \leq \mathrm{Re}(s) \leq b\}$ の各 s に対して, $\mathbb{R}^d$ 上の単関数を $\mathbb{R}^d$ 上の局所可積分関数へ移す線形写像 T_s が与えられていると仮定する. また, 単関数 f と g の任意の組に対して, 関数

$$\Phi_0(s) = \int_{\mathbb{R}^d} T_s(f)g\,dx$$

は S で連続かつ有界で, S の内部で解析的であることを仮定する. さらに, 二つ

7) ここではルベーグ測度をもつ空間 $\mathbb{R}^d$ に対する結果を述べる. 第 2 章の定理 2.1 のように, より一般の測度空間の設定でも同様のアイデアを持ち越すことができる.

の境界での評価式

$$\sup_{t\in\mathbb{R}} \|T_{a+it}(f)\|_{L^{q_0}} \le M_0\|f\|_{L^{p_0}}$$

と

$$\sup_{t\in\mathbb{R}} \|T_{b+it}(f)\|_{L^{q_1}} \le M_1\|f\|_{L^{p_1}}$$

を仮定する.

命題 4.4　上の仮定のもとで,

$$\|T_c(f)\|_{L^q} \le M\|f\|_{L^p}$$

が $a \le c \le b$ をみたす任意の c で成立する. ここに, $c = (1-\theta)a + \theta b$, $0 \le \theta \le 1$ で,

$$\frac{1}{p} = \frac{1-\theta}{p_0} + \frac{\theta}{p_1}, \qquad \frac{1}{q} = \frac{1-\theta}{q_0} + \frac{\theta}{q_1}$$

である.

いったんこの結果を定式化してしまうと, 第 2 章第 2 節におけるのと本質的に同様の議論によってそれを証明できることを実際に見てみよう.

$s = a(1-z) + bz$ と書くと $z = \dfrac{s-a}{b-a}$ であり, それによって帯状集合 S は帯状集合 $0 \le \mathrm{Re}(z) \le 1$ に変形される. 与えられた単関数 f と g に対して, $f_s = |f|^{\gamma(s)}\dfrac{f}{|f|}$, $g_s = |g|^{\delta(s)}\dfrac{g}{|g|}$ と書く. ここに, $\gamma(s) = p\left(\dfrac{1-s}{p_0} + \dfrac{s}{p_1}\right)$, $\delta(s) = q'\left(\dfrac{1-s}{q_0'} + \dfrac{s}{q_1'}\right)$ と定義する. このとき,

$$\Phi(s) = \int_{\mathbb{R}^d} T_s(f_s) g_s \, dx$$

は帯状集合 S で連続かつ有界で, その内部では解析的であることを確かめる. 次に $\Phi(s)$ に対して三線補題を適用して, 第 2 章の定理 2.1 の証明と同様に望みの結論を導く.

平均値作用素 A に戻って, $d\mu$ の台は球の中にあるように選ばれて, そこでは M には (18) によって座標系が与えられている (と仮定してもよいので), そのように仮定する.

さて, われわれが考察する作用素 T_s は, 畳み込み作用素

$$T_s = f * K_s$$

であるが，最初に $\mathrm{Re}(s) > 0$ に対して定義され，

$$K_s = \gamma_s |x_d - \varphi(x')|_+^{s-1} \psi_0(x) \tag{25}$$

である．次は K_s の定義に現れるいくつかの項についての説明である．

- 因子 γ_s は $s(s+1)\cdots(s+N)e^{s^2}$ に等しい．

積 $s(s+1)\cdots(s+N)$ の意味はすぐに明らかとなるが，因子 e^{s^2} は $\mathrm{Im}(s) \to \infty$ のときのその多項式の増大を抑制するためにおかれている．ここに N は $N \geq \dfrac{d-1}{2}$ となるように固定する．

- 関数 $|u|_+^{s-1}$ は $u > 0$ のとき u^{s-1} に等しく，$u \leq 0$ のとき 0 に等しい．
- $\psi_0(x) = \psi(x)(1 + |\nabla_{x'}\varphi(x')|^2)^{1/2}$ であり，ψ は $d\mu = \psi\, d\sigma$ の密度関数である．

まず，$\mathrm{Re}(s) > 0$ のとき，関数 K_s は $\mathbb{R}^d$ 上で積分可能であることに注意する．このとき，われわれの主な主張は次のようになる．

命題 4.5　フーリエ変換 $\widehat{K}_s(\xi)$ は半平面 $-\dfrac{d-1}{2} \leq \mathrm{Re}(s)$ に解析的に延長され，帯状集合 $-\dfrac{d-1}{2} \leq \mathrm{Re}(s) \leq 1$ において

$$\sup_{\xi \in \mathbb{R}^d} |\widehat{K}_s(\xi)| \leq M \tag{26}$$

をみたす．

これは，次に述べる 1 次元のフーリエ変換の計算に基づく．F は $\mathbb{R}$ 上のコンパクトな台をもつ C^∞ 級関数であると仮定し，

$$I_s(\rho) = s(s+1)\cdots(s+N)\int_0^\infty u^{s-1}F(u)e^{-2\pi i u\rho}du, \qquad \rho \in \mathbb{R} \tag{27}$$

とする．

補題 4.6　初めに $\mathrm{Re}(s) > 0$ に対して上記のように与えられた $I_s(\rho)$ は，半空間 $\mathrm{Re}(s) > -N-1$ へ解析的な延長をもつ．さらに次が成立する．

(a)　$|I_s(\rho)| \leq c_s(1 + |\rho|)^{-\mathrm{Re}(s)}$ が $-N-1 < \mathrm{Re}(s) \leq 1$ で成立する．
(b)　$I_0(\rho) = N!\,F(0)$ である．

ここに，c_s は高々 $\mathrm{Im}(s)$ の多項式増大度をもつ関数で，F の台における F の

C^{N+1} ノルムにのみ依存する．

第 3 章の 2.2 節におけるのと同様に，$\rho = 0$ のとき，われわれは斉次超関数 $|x|_+^{s-1}$ の解析的な延長を扱っていることに，読者は注意するべきである．

証明　$s(s+1)\cdots(s+N)u^{s-1} = \left(\frac{d}{du}\right)^{N+1} u^{s+N}$ と書き表せ．このとき，部分積分を $(N+1)$ 回繰り返すと，

$$I_s(\rho) = (-1)^{N+1} \int_0^\infty u^{s+N} \left(\frac{d}{du}\right)^{N+1} (F(u)e^{-2\pi iu\rho})\,du$$

となり，これより I_s の半空間 $\mathrm{Re}(s) > -N-1$ への解析的延長が明示される．また，ρ が有界であるとき，たとえば，$|\rho| \leq 1$ のときの評価式 (a) が証明される．

$|\rho| > 1$ のときの大きさの評価 (a) は同様であるが，もう少し注意を要する．(27) の積分範囲を，本質的に $u|\rho| \leq 1$ か $u|\rho| > 1$ によって，二つの部分に分ける．η は $\mathbb{R}$ 上の C^∞ 級の切り落とし関数であり，$|u| \leq 1/2$ のとき $\eta(u) = 1$, $|u| \geq 1$ のとき $\eta(u) = 0$ であると仮定して，$\eta(u\rho)$ または $1 - \eta(u\rho)$ を積分 (27) に挿入する．

$\eta(u\rho)$ を挿入すると，その結果，積分は

$$(-1)^{N+1} \int_0^\infty u^{s+N} \left(\frac{d}{du}\right)^{N+1} (\eta(u\rho)e^{-2\pi iu\rho}F(u))\,du$$

と書かれ，したがって，これは

$$(1+|\rho|)^{N+1} \int_{0\leq u\leq 1/|\rho|} u^{\sigma+N}du, \qquad \sigma = \mathrm{Re}(s)$$

の定数倍で抑えられる．$\sigma + N > -1$ であるから，この量自身が積 $(1+|\rho|)^{N+1}$ $|\rho|^{-\sigma-N-1}$ で抑えられる，つまり，$|\rho| \geq 1$ と仮定したので，$\lesssim (1+|\rho|)^{-\sigma}$ となることがわかる．

$1 - \eta(u\rho)$ を挿入すると，積分は

$$s(s+1)\cdots(s+N)\frac{1}{(-2\pi i\rho)^k} \int_0^\infty u^{s-1}F(u)(1-\eta(u\rho)) \left(\frac{d}{du}\right)^k (e^{-2\pi iu\rho})\,du$$

となる．ここに，k は $\mathrm{Re}(s) < k$ となるように選ぶ．このとき，ρ に依存しない（s の多項式の）因子を除くと，積分は

$$\rho^{-k} \int_0^\infty e^{-2\pi iu\rho} \left(\frac{d}{du}\right)^k [u^{s-1}F(u)(1-\eta(u\rho))]\,du$$

に一致する．F はある区間 $|u| \leq A$ に台をもつので，上の積分は $\rho^{-k} \displaystyle\int_{1/(2|\rho|)}^A u^{\sigma-k-1}du$

の定数倍で抑えられるが，これは $\sigma = \mathrm{Re}(s) < k$ であるから $O(\rho^{-\sigma})$ であり，これは (a) で求められる上界を与える．

最後に，すでに用いた部分積分により，

$$I_s(\rho) = -(s+1)\cdots(s+N)\int_0^\infty u^s \frac{d}{du}(F(u)e^{-2\pi iu\rho})\,du$$

であることも示されて，$s=0$ とおくと，$F(0)$ は積分 $-\int_0^\infty \frac{d}{du}(F(u)e^{-2\pi iu\rho})\,du$ に等しいので，結論 (b) を与える．以上により補題が証明される． ■

命題 4.5 に戻ろう．(25) を振り返ると，$\mathrm{Re}(s) > 0$ のとき，変数変換 $u = x_d - \varphi(x')$ を施すと，

$$\widehat{K}_s(\xi) = \gamma_s \int_{\mathbb{R}^d} |x_d - \varphi(x')|_+^{s-1}\psi_0(x)e^{-2\pi i(x'\cdot\xi' + x_d\xi_d)}\,dx \tag{28}$$

$$= \gamma_s \int_0^\infty u^{s-1}e^{-2\pi iu\xi_d}\int_{\mathbb{R}^{d-1}} e^{-2\pi i(x'\cdot\xi' + \varphi(x')\xi_d)}\psi_0(x',\, u+\varphi(x'))\,dx'du$$

$$= e^{s^2}I_s(\xi_d)$$

となって，I_s に対する公式 (27) が得られる．ここに，

$$F(u) = \int_{\mathbb{R}^{d-1}} e^{-2\pi i(x'\cdot\xi' + \varphi(x')\xi_d)}\psi_0(x',\, u+\varphi(x'))\,dx'$$

である．

しかし，定理 3.1（本質的には (22) の積分に対して得られる評価）により，$|F(u)| \le c(1+|\xi|)^{-\frac{d-1}{2}}$ および，F の u についての任意の階数の導関数に対する $|\xi|$ の同じ次数の減衰評価が従う．よって，補題の結論 (a) により，

$$|\widehat{K}_s(\xi)| \le c_s|e^{s^2}|(1+|\xi_d|)^{-\mathrm{Re}(s)}(1+|\xi|)^{-\frac{d-1}{2}}$$

を得るので，(26) が示される．帯状集合 $-\dfrac{d-1}{2} \le \mathrm{Re}(s) \le 1$ において，$|e^{s^2}| \le ce^{-(\mathrm{Im}(s))^2}$ を得ること，および，c_s は $\mathrm{Im}(s)$ の高々多項式の増大度をもつことに注意せよ．したがって，命題 4.5 が証明される．

ここで，われわれは作用素 T_s へ戻り，積分核 K_s の解析を応用する．

f と g は $\mathbb{R}^d$ 上の単関数の組であるとする．これらは L^2 に属するから，フーリエ変換とプランシュレルの定理を使うことができる．そこで，$\mathrm{Re}(s) > 0$ に対して $\Phi_0(s) = \int T_s(f)g\,dx$ とおくと，

$$\Phi_0(s) = \int_{\mathbb{R}^d} (f * K_s) g \, dx = \int_{\mathbb{R}^d} (f * K_s)^\wedge \, \widehat{g}(-\xi) \, d\xi$$
$$= \int_{\mathbb{R}^d} \widehat{K}_s(\xi) \, \widehat{f}(\xi) \, \widehat{g}(-\xi) \, d\xi$$

となる．それで，命題とシュヴァルツ不等式により，$\Phi_0(s)$ は帯状集合 $-\dfrac{d-1}{2} \leq \mathrm{Re}(s) \leq 1$ で連続かつ有界であり，内部で解析的であることが示される．命題により，

$$\sup_t \|T_{-\frac{d-1}{2}+it}(f)\|_{L^2} \leq M\|f\|_{L^2}$$

であることも明らかである．次に，$\mathrm{Re}(s) = 1$ に対して $\sup_x |K_s(x)| \leq M$ であることは明らかである．したがって，

$$\sup_t \|T_{1+it}(f)\|_{L^\infty} \leq M\|f\|_{L^1}$$

である．しかし，(28) と補題の結論 (b) により，$\widehat{K}_0(\xi) = N!\,\widehat{d\mu}(\xi)$ であり，よって

$$T_0(f) = N!\,A(f)$$

である．以上により，補間定理である命題 4.4 を適用することができる．ここで，$a = -\dfrac{d-1}{2}$, $b = 1$, $c = 0$ である．また，$p_0 = q_0 = 2$, $p_1 = 1$, $q_1 = \infty$ である．しかし，$0 = (1-\theta)a + \theta b$ であり，$\theta = \dfrac{d-1}{d+1}$ となる．$1/p = \dfrac{1-\theta}{2} + \theta$ であるから $1/p = \dfrac{d}{d+1}$ であり，同様に $1/q = \dfrac{1}{d+1}$ となるので，作用素 A に対する求める結果が得られる．

5. 制限定理

われわれは振動積分の二つ目の重要な応用へ至る．ここでは，関数のフーリエ変換をより低次元の曲面へ制限する可能性に集中する．この背景を次に述べる．

5.1　球対称関数

まず初めに，L^1 関数のフーリエ変換 $\widehat{f}$ は連続であり（第 III 巻の第 2 章第 4* 節を見よ），一方，ハウスドルフ－ヤングの定理により，$1 \leq p \leq 2$ かつ $1/q + 1/p = 1$ に対して，$f \in L^p$ ならば $\widehat{f}$ は L^q に属する．さて，L^q 関数は一般にほとんどい

たるところでのみ決定される．したがって（それ以上の検証はせずとも），このことは，$1 < p \leq 2$ のときは，L^p 関数のフーリエ変換は，一般により低次元の部分集合上で意味をもつように定義することはできないことを示唆しており，$p = 2$ はまさにその場合である．

物事が実際にはかなり異なっているかもしれない最初の兆候は，$1 < p < 2$ をみたすある p に対して，f が球対称で L^p に属し，$d \geq 2$ ならば，そのフーリエ変換は原点以外で連続である，という観察である．

命題 5.1 $f \in L^p(\mathbb{R}^d)$ は球対称関数とする．このとき，$1 \leq p < 2d/(d+1)$ ならば，$\widehat{f}$ は $\xi \neq 0$ で連続である．

指数 $\dfrac{2d}{d+1}$ の列：$1, \dfrac{4}{3}, \dfrac{3}{2}, \dfrac{8}{5}, \cdots$ に注意せよ．これは $d \to \infty$ のとき 2 に近づく．

証明 $f(x) = f_0(|x|)$ とする．このとき $\widehat{f}(\xi) = F(|\xi|)$ であるが，F は (4) により定義される．すなわち，

$$F(\rho) = 2\pi\rho^{-d/2+1} \int_0^\infty J_{d/2-1}(2\pi\rho r) f_0(r) r^{d/2} dr \tag{29}$$

である．われわれは，f は単位球で消えている（ので，上の積分は $r \geq 1$ に対してとる），という簡略化した仮定を設定することができる．なぜならば，球の中に台をもつ L^p 関数は，自動的に L^1 に属し，よって，そのフーリエ変換は連続になるからである．

また，われわれは $\rho = |\xi|$ を原点を含まない有界区間に制限し，このとき (29) の積分は ρ に関して一様に絶対収束することに注意する．実際，すでに見たように $u > 0$ ならば $|J_{d/2-1}(u)| \leq Au^{-1/2}$ であるから，積分は

$$\int_1^\infty |f_0(r)| r^{d/2-1/2} dr \tag{30}$$

の定数倍で抑えられる．さて，q を p の双対指数 $(1/p + 1/q = 1)$ とし，

$$r^{d/2-1/2} = r^{\frac{d-1}{p}} r^{\frac{d-1}{q}} r^{-\frac{d-1}{2}}$$

と書こう．このとき，ヘルダー不等式により，積分 (30) は，L^p ノルムと L^q ノルムの積で抑えられる．L^p 因子は

$$\left(\int_1^\infty |f_0(r)|^p r^{d-1} dr \right)^{1/p} = c\|f\|_{L^p(\mathbb{R}^d)}$$

である．一方，二つ目の因子は

$$\left(\int_1^\infty r^{d-1-q\left(\frac{d-1}{2}\right)}dr\right)^{1/q}$$

で，$d-1-q\left(\dfrac{d-1}{2}\right) < -1$ ならば有界であるが，これは $q > 2d/(d-1)$ を意味し，よって $p < 2d/(d+1)$ である．主張した (30) の収束により，(29) の F の ρ に関する連続性が証明されて，命題が成立する．■

証明を検証してみると，p の範囲 $1 \le p < 2d/(d+1)$ を拡張することはできないことがわかる．

さて，f が球対称でないときはどうなるか，という問題へ戻ろう．

5.2　問題

$\mathbb{R}^d$ の（局所的な）超曲面 M を固定する．このとき, M に対する制限問題を次のように表すことができる．$d\mu$ は超曲面に支持された与えられた測度 $d\mu = \psi\, d\sigma$ であり，コンパクトな台をもつ滑らかな非負の密度関数 ψ をもつ，と仮定する．与えられた $1 < p < 2$ に対して，（必ずしも p の双対指数とは限らない）q が存在して，以下の先験的不等式

$$\left(\int_M |\widehat{f}(\xi)|^q d\mu(\xi)\right)^{1/q} \le c\|f\|_{L^p(\mathbb{R}^d)} \tag{31}$$

が成立するであろうか？

これにより，L^p の関数 f の適当な稠密なクラスに対して，f に依存しない上界 c により不等式 (31) が成立することを意味するものとする．もし，この問題に対する解答が肯定的ならば，(L^p, L^q) **制限**が M に対して成立するという．

われわれがこの問題について主張できることは以下の通りである．

1.　(31) の類の非自明な結果は，M がある程度の曲率をもっているときに限り可能である．

2.　M が各点で消えないガウス曲率をもつ（特に M が球面であるとき）と仮定する．このとき，(31) が有効である正しい範囲は $1 \le p < 2d/(d+1)$ かつ $q \le \left(\dfrac{d-1}{d+1}\right)p'$ で $1/p' + 1/p = 1$ の場合であると推測できる．この場合の端点は，$p = 1$ のとき $q = \infty$ で，$p \to 2d/(d+1)$ のとき $q \to 2d/(d+1)$ であるこ

とに注意せよ．$d=2$ のとき，この推測は実際に正しく，証明は問題 4* で概説される．

3. $d \geq 3$ に対して，期待される結果が成立するかどうかは未だに知られていないが，興味深い場合である $q=2$ に対応した部分（よって $q \geq 2$ に対して）は解決済みである．これが，以下に述べることである．

5.3 定理

ここで，次の結果を証明する．

定理 5.2 M のガウス曲率は $d\mu$ の台の各点で消えないと仮定する．このとき，制限不等式 (31) が $q=2$ と $p=\dfrac{2d+2}{d+3}$ で成立する．

ここでは，2 に収束する別の指数 $\dfrac{2d+2}{d+3}$：$1, \dfrac{6}{5}, \dfrac{4}{3}, \dfrac{10}{7}, \cdots$ の列をもつことに注意する．

いくつかのすぐにできる観察から証明を始める．$\mathcal{R}$ は制限作用素

$$\mathcal{R}(f) = \widehat{f}(\xi)\Big|_M = \int_{\mathbb{R}^d} e^{-2\pi i x\cdot\xi} f(x)\,dx\Big|_M$$

を表すものとするが，最初は $\mathbb{R}^d$ 上のコンパクトな台をもつ連続関数 f を M 上の連続関数へ写す作用素として定義される．また，

$$\mathcal{R}^*(F)(x) = \int_M e^{2\pi i\xi\cdot x} F(\xi)\,d\mu(\xi)$$

によって定義される M 上の連続関数 F を $\mathbb{R}^d$ 上の連続関数へ写す「双対」$\mathcal{R}^*$ を考える．積分の順序交換により，双対等式

$$(\mathcal{R}(f),\, F)_M = (f,\, \mathcal{R}^*(F))_{\mathbb{R}^d} \tag{32}$$

が成立することに注意する．ここに，$(f,\, g)_{\mathbb{R}^d} = \displaystyle\int_{\mathbb{R}^d} f(x)\overline{g(x)}\,dx$，$(F,\, G)_M = \displaystyle\int_M F(\xi)\overline{G(\xi)}\,d\mu(\xi)$ である．

ここで，合成作用素 $\mathcal{R}^*\mathcal{R}$ を考察する．

$$\mathcal{R}^*\mathcal{R}(f)(x) = \int_M e^{2\pi i\xi\cdot x}\left\{\int_{\mathbb{R}^d} e^{-2\pi i y\cdot\xi} f(y)dy\right\} d\mu(\xi)$$

である．よって，

$$\mathcal{R}^*\mathcal{R}(f) = f * k, \qquad k(x) = \widehat{d\mu}(-x) \tag{33}$$

である．このとき，$\mathcal{R}$, $\mathcal{R}^*$, $\mathcal{R}^*\mathcal{R}$ の有界性の間には次の関係が成立する．

命題 5.3　$p \geq 1$ をみたす p に対して，三つのノルム評価は同値である．

(i)　$\|\mathcal{R}(f)\|_{L^2(M,d\mu)} \leq c\|f\|_{L^p(\mathbb{R}^d)}$.

(ii)　$\|\mathcal{R}^*(F)\|_{L^{p'}(\mathbb{R}^d)} \leq c\|F\|_{L^2(M,d\mu)}$，ここに $1/p + 1/p' = 1$ である．

(iii)　$\|\mathcal{R}^*\mathcal{R}(f)\|_{L^{p'}(\mathbb{R}^d)} \leq c^2\|f\|_{L^p(\mathbb{R}^d)}$.

(i) と (ii) の同値性は，L^p 空間の双対性と一般の双対性定理（第 1 章の定理 4.1 と命題 5.3）から直ちに従う．

(i)（または (ii)）を仮定するとき，(ii) を $F = \mathcal{R}(f)$ として適用してしまえば，(iii) が導かれる．

逆に，(32) により

$$(\mathcal{R}(f), \mathcal{R}(f))_M = (\mathcal{R}^*\mathcal{R}(f), f)_{\mathbb{R}^d}$$

となることがわかる．よって，(iii) が成立するならば，ヘルダー不等式により $(\mathcal{R}(f), \mathcal{R}(f))_M \leq c^2\|f\|^2_{L^p(\mathbb{R}^d)}$ が得られる．これは (i) を与えるので，命題が証明される．

この命題から，定理を示すためには，$p = \dfrac{2d+2}{d+3}$ に対して，作用素 $\mathcal{R}^*\mathcal{R}$ が $L^p(\mathbb{R}^d)$ から $L^{p'}(\mathbb{R}^d)$ への有界作用素であることを示さなくてはならないことがわかる．議論は，平均値作用素 A に対するものと，フーリエ変換を通じて逆写像を構成すること以外は非常に類似している．

実際，ここでわれわれが考察する作用素の解析関数の族 $\{S_s\}$ は

$$S_s(f) = f * k_s$$

によって与えられる．ここに，k_s は $k_s(x) = \widehat{K}_s(-x)$ によって定義され，K_s は最初に (25) によって与えられ，$\widehat{K}_s$ は命題 4.5 により帯状集合 $-\dfrac{d-1}{2} \leq \mathrm{Re}(s) \leq 1$ に拡張されたものである．

$\widehat{K}_0(\xi) = N!\,\widehat{d\mu}(\xi)$ であることを思い出すと，(33) により $S_0(f) = N!\,\mathcal{R}^*\mathcal{R}(f)$ であることが従う．しかし，$\mathrm{Re}(s) = 1$ のとき，

$$\|S_s(f)\|_{L^2} \leq M\|f\|_{L^2}$$

となることが，$K_{1+it} \in L^\infty$ で $\sup\limits_t \|K_{1+it}\|_{L^\infty} \leq M$ であることから従い，

$$\widehat{k}_{1+it}(\xi) = K_{1+it}(\xi)$$

を得る．また，$k_s(x) = \widehat{K}_s(-x)$ であることにより，$\mathrm{Re}(s) = -\dfrac{d-1}{2}$ のときは，命題 4.5 の (26) から $k_s \in L^\infty$ であることが従う．したがって，

$$\sup_t \left\| S_{-\frac{d-1}{2}+it}(f) \right\|_{L^\infty} \leq M\|f\|_{L^1}$$

となる．最後に，f と g が $L^1(\mathbb{R}^d)$ に属する（特に，f と g が単関数）ならば，$\Phi_0(s) = \displaystyle\int_{\mathbb{R}^d} S_s(f)g\,dx$ が帯状集合 $-\dfrac{d-1}{2} \leq \mathrm{Re}(s) \leq 1$ で連続かつ有界で，内部では解析的であることは，（再び命題 4.5 を使うと）容易に確かめられる．よって，補間定理（命題 4.4）を S_s に適用することができる．この場合，$a = -\dfrac{d-1}{2}$，$b = 1$，$c = 0$ であり，$0 = (1-\theta)a + \theta b$ により $\theta = \dfrac{d-1}{d+1}$ であることが従う．また，この場合は $p_0 = 1$，$q_0 = \infty$ および $p_1 = 2$，$q_1 = 2$ である．

そこで，$1/p = \dfrac{1-\theta}{p_0} + \dfrac{\theta}{p_1}$ とおくと，$1/p = 1 - \theta + \theta/2 = 1 - \theta/2$ となり，その結果として $1/p = \dfrac{d+3}{2d+2}$ となる．同様に，$1/q = \dfrac{1-\theta}{q_0} + \dfrac{\theta}{q_1} = \theta/2$ となり，$1/q = 1 - 1/p = 1/p'$ となる．したがって，$S_0 = N!\mathcal{R}^*\mathcal{R}$ は L^p を $L^{p'}$ へ写す写像で，命題 5.3 の同値性により，定理が証明される．

系 5.4 定理の仮定のもとで，制限不等式 (31) は $1 \leq p \leq \dfrac{2d+2}{d+3}$ かつ $q \leq \left(\dfrac{d-1}{d+1}\right)p'$ に対して成立する．

これは，$p = \dfrac{2d+2}{d+3}$ かつ $q \leq 2$ という臨界の場合（定理とヘルダー不等式からの結論）を，リースの補間定理によって $p = 1$ かつ $q = \infty$ という自明な場合と合わせることにより従う．

定理の証明の鍵は，もちろん，超曲面が支持する測度 $d\mu$ のフーリエ変換の減衰である．このことは，定理の証明を再検証することにより明らかとなる次の主張によって浮き彫りにされる．

ここで，超曲面 M を扱うが，その曲率について明示的な仮定を設けない．考察する測度 $d\mu$ は，これまでと同じ $\psi\,d\sigma$ の形であるとする．

系 5.5 ある $\delta > 0$ に対して，

$$|\widehat{d\mu}(\xi)| = O(|\xi|^{-\delta}), \qquad |\xi| \to \infty$$

が，上の形のすべての測度に対して成立することを仮定する．このとき，制限の性質 (31) が，$p = \dfrac{2\delta + 2}{\delta + 2}$ かつ $q = 2$ に対して成立する．

特に，M が m 個の消えない主曲率をもつとき，第3節の系を用いると，この結論が $p = \dfrac{2m + 4}{m + 4}$ に対して成立する．

6. いくつかの分散型方程式への応用

大まかに述べると，分散型方程式は，それらの解が時間変化に対して質量またはエネルギー（たとえば L^2 ノルム）のような形式を保存するという性質をもつが，これらの解はその最大値ノルムが時間の経過とともに減少するという意味で分散する．以下では，本章で議論した考え方が，この種のいくつかの方程式，線形と非線形の両方に，いかに応用されるかを見る．

6.1　シュレーディンガー方程式

代表的な分散型線形方程式は，$u(x, t), (x, t) \in \mathbb{R}^d \times \mathbb{R} = \mathbb{R}^{d+1}$ に対する虚数時間のシュレーディンガー方程式

$$\frac{1}{i}\frac{\partial u}{\partial t} = \triangle u \tag{34}$$

であり，初期値 f, すなわち

$$u(x, 0) = f(x) \tag{35}$$

をみたす (34) の解を決めるコーシー問題を伴うものである．ここに, $\triangle = \sum_{j=1}^{d} \dfrac{\partial^2}{\partial x_j^2}$ は $\mathbb{R}^d$ 上のラプラス作用素である．

形式的に進むと，

$$(e^{it\triangle} f)^{\wedge}(\xi) = e^{-it4\pi^2|\xi|^2}\widehat{f}(\xi) \tag{36}$$

によって作用素 $e^{it\triangle}$ を定義することになる．ここに，$^\wedge$ は x 変数におけるフーリエ変換を表し，$u(x, t) = e^{it\triangle}(f)(x)$ が問題 (34) と (35) の解であることが期待される．そうであることは，二つの異なる枠組みで見ることができるが，一つは試験関数のシュワルツ空間 $\mathcal{S}$ の設定である．

命題 6.1　各 t に対して，次が成立する．

(i)　$e^{it\triangle}$ は $\mathcal{S}$ を $\mathcal{S}$ へ写す．

(ii)　$f \in \mathcal{S}$ に対して $u(x, t) = e^{it\triangle}(f)(x)$ とおくと，u は (x, t) の C^∞ 級関数で (34) と (35) をみたす．

(iii)　$t \neq 0$ ならば，$e^{it\triangle}(f) = f * K_t$，$K_t(x) = (4\pi it)^{-d/2}e^{-|x|^2/(4it)}$ となる．

(iv)　$\|e^{it\triangle}(f)\|_{L^\infty} \leq (4\pi|t|)^{-d/2}\|f\|_{L^1}$．

証明　$e^{it\triangle}$ が $\mathcal{S}$ を $\mathcal{S}$ へ写すことは明らかで，なぜならば，乗算表象 $e^{-it4\pi^2|\xi|^2}$ は，ξ における各導関数は高々多項式増大であるという性質をもつからである．次に，逆フーリエ変換の公式により

$$u(x, t) = \int_{\mathbb{R}^d} e^{-it4\pi^2|\xi|^2} e^{2\pi ix\cdot\xi}\widehat{f}(\xi)\,d\xi$$

となる．$\widehat{f}$ の急減少性により，関数 u は変数 x と t について C^∞ 級であることが保証される．u が (34) をみたすという事実は，$\dfrac{1}{i}\dfrac{\partial}{\partial t}$ の作用が，$-4\pi^2|\xi|^2$ という因子を降ろすが，$\triangle$ の作用から結果として生ずる因子と同じであることから明らかである．

結論 (iii) は，両方の有界関数 $K_t(x) = (4\pi it)^{-d/2}e^{-|x|^2/(4it)}$ と $e^{-it4\pi^2|\xi|^2}$ を緩増加超関数として見るとき，等式

$$K_t^\wedge(\xi) = e^{-it4\pi^2|\xi|^2}, \qquad t \neq 0 \tag{37}$$

からの帰結であり，第 3 章のような畳み込みとフーリエ変換の通常の関係である．

(37) を証明するために，ガウス関数に対するお馴染みの等式

$$(u^{-d/2}e^{-\pi|x|^2/u})^\wedge(\xi) = e^{-u\pi|\xi|^2}, \qquad u > 0$$

から始める．ここでは急減少関数を扱うので，フーリエ変換は，たとえば，L^1 の意味でとる．ここで $u = 4\pi s$ と書き表して，$\sigma > 0$ をみたす複素数 $s = \sigma + it$ に解析接続してもまだなお急減少なので，上の等式を拡張する．よって，

$$\left((4\pi s)^{-d/2}e^{-|x|^2/(4s)}\right)^\wedge = e^{-4\pi^2 s|\xi|^2}$$

となる．最後に t を $t \neq 0$ に固定して $\sigma \to 0$ とすると，左辺と右辺の関数は各点ごとに有界に（そして，ゆえに緩増加超関数の意味で）$K_t^\wedge(\xi)$ と $e^{-it4\pi^2|\xi|^2}$ へそれぞれ収束する．よって，(37) が示される．最後に，

$$\|f * K_t\|_{L^\infty} \leq \|K_t\|_{L^\infty}\|f\|_{L^1} = (4\pi|t|)^{-d/2}\|f\|_{L^1}$$

となるので，命題が証明される. ∎

(36) で与えられる作用素 $e^{it\triangle}$ を，今度は L^2 の枠組みで再び見る.

命題 6.2　各 t に対して次が成立する.

(i)　作用素 $e^{it\triangle}$ は $L^2(\mathbb{R}^d)$ におけるユニタリ作用素である.

(ii)　すべての f に対して，写像 $t \longmapsto e^{it\triangle}(f)$ は $L^2(\mathbb{R}^d)$ ノルムにおいて連続である.

(iii)　$f \in L^2(\mathbb{R}^d)$ ならば，$u(x, t) = e^{it\triangle}(f)(x)$ は超関数の意味で (34) をみたす.

証明　結論 (i) は，乗算表象 $e^{-it4\pi^2|\xi|^2}$ の絶対値が 1 であることから，プランシュレルの定理により直ちに従う．さて，$\widehat{f} \in L^2(\mathbb{R}^d)$ ならば，$t \to t_0$ のとき $L^2(\mathbb{R}^d)$ ノルムで $e^{-it4\pi^2|\xi|^2}\widehat{f}(\xi) \to e^{-it_0 4\pi^2|\xi|^2}\widehat{f}(\xi)$ となることは明らかであり，よって，再びプランシュレルの定理により，(ii) が従う.

3 番目の結論を証明するために，略記 $\mathcal{L} = \dfrac{1}{i}\dfrac{\partial}{\partial t} - \triangle$ とその転置作用素 $\mathcal{L}' = -\dfrac{1}{i}\dfrac{\partial}{\partial t} - \triangle$ を用いる．結論 (iii) は，φ が $\mathbb{R}^d \times \mathbb{R}$ 上のコンパクトな台をもつ C^∞ 級関数ならば，

$$\iint_{\mathbb{R}^d \times \mathbb{R}} \mathcal{L}'(\varphi)(x, t)(e^{it\triangle} f)(x)\, dx\, dt = 0 \tag{38}$$

が成り立つことを主張する．さて，$f \in \mathcal{S}$ ならば (38) が成立する．なぜならば，すでに見たように，$u(x, t) = e^{it\triangle}(f)(x)$ は通常の意味で $\mathcal{L}(u) = 0$ をみたすからである．一般の $f \in L^2(\mathbb{R}^d)$ については，f を $L^2(\mathbb{R}^d)$ において，$f_n \in \mathcal{S}$ をみたす列 $\{f_n\}$ により近似せよ．このとき，結論 (i) により，極限移行することができて，任意の $f \in L^2(\mathbb{R}^d)$ に対する (38) が導かれ，命題の証明が完了する. ∎

1 番目の命題の減衰評価 (iv) は，$1/q+1/p = 1$，$1 \leq p \leq 2$ で $c_p = (4\pi)^{-d(1/p-1/2)}$ とすると，

$$\|e^{it\triangle} f\|_{L^q(\mathbb{R}^d)} \leq c_p|t|^{-d(1/p-1/2)}\|f\|_{L^p(\mathbb{R}^d)} \tag{39}$$

のように拡大解釈することができる．実際，これは，上の命題の $p = 1$ と $p = 2$ の場合を合わせたときの，リースの補間定理（第 2 章の定理 2.1 を見よ）の直接

的帰結である．(39) を見る別の方法は，作用素 $e^{it\triangle}$ を尺度を変えたフーリエ変換の偽装版とみなし，(39) をハウスドルフ－ヤングの定理の言い直しになるように実現することである．これは練習 12 で概説される．

さて，減衰評価 (39) から，初期データが単に L^2 に属することのみ仮定されたとき，長時間に対する何らかの減衰を見ることができるのかどうか，という疑問が生ずる．$e^{it\triangle}$ のユニタリ性を仮定すると，期待できるのはせいぜい，x と t の両方に関する全体あるいは平均の減衰である．よって，

$$\|u(x,t)\|_{L^q(\mathbb{R}^d\times\mathbb{R})} \leq c\|f\|_{L^2(\mathbb{R}^d)} \tag{40}$$

のような種類の評価が（たとえば $q<\infty$ に対して）可能か否か，という問題に行き着く．

尺度の縮小拡大という単純な議論により，(40) は指数 $q=\dfrac{2d+4}{d}$ についてのみ成立することを見ることができる．実際，$u(x,t)=e^{it\triangle}(f)(x)$ ならば，f を $f_\delta(x)=f(\delta x), \delta>0$ で定義される f_δ に置き換え，u を u_δ，$u_\delta(x,t)=u(\delta x,\delta^2 t)$, $\delta>0$ に置き換える．このとき，u_δ は (34) の解で，対応する初期値は f_δ である．すなわち，$u_\delta(x,t)=e^{it\triangle}(f_\delta)(x)$ である．よって，もし (40) が成立するならば，$\|u_\delta\|_{L^q(\mathbb{R}^{d+1})}\leq c\|f_\delta\|_{L^2(\mathbb{R}^d)}$ が，δ に依存しない c と，すべての $\delta>0$ に対して成立する．しかし，$\|f_\delta\|_{L^2(\mathbb{R}^d)}=\delta^{-d/2}\|f\|_{L^2(\mathbb{R}^d)}$ であるが，一方で $\|u_\delta\|_{L^q(\mathbb{R}^{d+1})}=\delta^{-\frac{d+2}{q}}\|u\|_{L^q(\mathbb{R}^{d+1})}$ であり，よって $\delta^{-\frac{d+2}{q}}\leq c'\delta^{-d/2}$ がすべての $\delta>0$ で成立する．これは $\dfrac{d+2}{q}=\dfrac{d}{2}$ すなわち $q=\dfrac{2d+4}{d}$ のときのみ成立が可能である．

$q=\dfrac{2d+4}{d}$ は，$\mathbb{R}^d$ ではなく $\mathbb{R}^{d+1}$ のときの定理 5.2（すなわち，$1/p+1/q=1$ で $p=\dfrac{2d+4}{d+4}$）における制限の結果に現れる（双対）指数そのものであることに注意すべきである．以下で見るように，これは偶然ではない．

定理 6.3　$u(x,t)=e^{it\triangle}(f)(x)$ で $f\in L^2(\mathbb{R}^d)$ ならば，(40) が $q=\dfrac{2d+4}{d}$ で成立する．

この種の結果は**ストリッカーツ評価**とよばれる．この定理は実際には第 5 節の結果の直接的帰結であることを見よう．

ここでは $\mathbb{R}^{d+1} = \mathbb{R}^d \times \mathbb{R} = \{(x, x_{d+1})\}$ 上のフーリエ変換を考えて, 変数 t を x_{d+1} と書き直す. 対応する双対空間（も $\mathbb{R}^{d+1}$ ）で, 双対変数を (ξ, ξ_{d+1}) と書くことにし, ξ は x に双対し, ξ_{d+1} は x_{d+1} に双対するものとする. この双対空間において, M を

$$M = \{(\xi, \xi_{d+1}) \,:\, \xi_{d+1} = -2\pi|\xi|^2\}$$

で与えられる放物面とする. ここに, $|\xi|^2 = \xi_1^2 + \cdots + \xi_d^2$ である.

M 上で非負の測度 $d\mu = \psi\, d\sigma = \psi_0\, d\xi$ を定義する. ここに, $d\xi$ は $\mathbb{R}^d$ 上のルベーグ測度であり, ψ_0 はコンパクトな台をもつ C^∞ 級関数で, $(\xi, \xi_{d+1}) \in M$ で $|\xi| \leq 1$ のとき 1 に等しい.（その結果, $\psi = \psi_0(1 + 16\pi^2|\xi|^2)^{1/2}$ となる.）

放物面 M は 0 にならないガウス曲率をもつので, 制限定理, 特に, $\mathbb{R}^d$ を $\mathbb{R}^{d+1}$ に置き換えた命題 5.3 で与えられたその双対の主張を適用することができる. この主張は作用素

$$\mathcal{R}^*(F)(x) = \int_M e^{2\pi i(x\cdot\xi + x_{d+1}\xi_{d+1})} F(\xi, \xi_{d+1})\, d\mu$$

を扱い,

$$\|\mathcal{R}^*(F)\|_{L^q(\mathbb{R}^{d+1})} \leq c\|F\|_{L^2(M, d\mu)}$$

となることを保証する. さて, $F(\xi, \xi_{d+1}) = \widehat{f}(\xi)$ とする. このとき, $\mathcal{R}^*(F) = e^{it\triangle}(f\psi_0)$ であることがわかる. なぜなら, $x_{d+1} = t$, $d\mu = \psi_0\, d\xi$ であり, M 上では $\xi_{d+1} = -2\pi|\xi|^2$ であるからである. 結果として, $\widehat{f}$ の台が単位球に含まれるならば,

$$\|e^{it\triangle}(f)\|_{L^q(\mathbb{R}^{d+1})} \leq c\|f\|_{L^2(\mathbb{R}^d)} \tag{41}$$

が従う. これが結果の本質であり, このことから定理は容易に従う.

実際, f を $f_\delta(x) = f(\delta x)$ に置き換え, u を $u_\delta(x, t) = u(\delta x, \delta^2 t)$ に置き換えると, 上で見たように (41) が同じ上界で成立する. しかし, $(f_\delta)^\wedge(\xi) = \widehat{f}(\xi/\delta)\delta^{-d}$ であり, このとき, $(f_\delta)^\wedge$ の台は球 $|\xi| < \delta$ に含まれる. よって δ を任意に大きくすることにより, f が L^2 に属し, $\widehat{f}$ がコンパクトな台をもつならば, (41) が成立する. そのような f は L^2 で稠密であるから, 単純な極限移行の議論により, すべての $f \in L^2(\mathbb{R}^d)$ で (41) が成立し, 定理が証明される.

6.2 他の分散型方程式

ここで，少しわき道にそれて別の分散型方程式に触れ，シュレーディンガー方程式に類似のある種の様相の概略を述べる．

われわれは，$\mathbb{R}\times\mathbb{R}$ 上の 3 階の方程式

$$\frac{\partial u}{\partial t}=\frac{\partial^3 u}{\partial x^3}$$

とその初期値問題 $u(x,0)=f(x)$ を念頭に置いている．

解作用素 $f\longmapsto e^{t(\frac{d}{dx})^3}(f)$ を

$$\left(e^{t(\frac{d}{dx})^3}(f)\right)^\wedge(\xi)=e^{t(2\pi i\xi)^3}\widehat{f}(\xi)$$

によって書き表すことができる．再び，この作用素は各 t ごとに $\mathcal{S}$ を $\mathcal{S}$ へ写し，$L^2(\mathbb{R})$ でユニタリである．

シュレーディンガー方程式との一つの違いに注意せよ．ここでは，実数値の解 u を想像することができるが，方程式 (34) ではそのようなことはできなくて，係数 $1/i$ のために解は複素数値であることが必要である．

$t\neq 0$ のとき，

$$e^{t(\frac{d}{dx})^3}(f)=f*\widetilde{K}_t,\qquad f\in\mathcal{S}$$

と書くことができるが，ここに積分核 $\widetilde{K}_t$ はエアリー関数

$$\mathrm{Ai}(u)=\frac{1}{2\pi}\int_{\mathbb{R}}e^{i(\frac{v^3}{3}+uv)}dv\ ^{8)}$$

を使って与えられる．実際，$\widetilde{K}_t(x)=\displaystyle\int_{\mathbb{R}}e^{t(2\pi i\xi)^3}e^{2\pi ix\xi}d\xi$ であるから，変数変換 $-(2\pi)^3t\xi^3=v^3/3,\ \xi=-v(3t)^{-1/3}(2\pi)^{-1}$ により，

$$\widetilde{K}_t(x)=(3t)^{-1/3}\,\mathrm{Ai}(-x/(3t)^{1/3})$$

が示される．さて，

$$\text{(42)}\qquad\begin{cases}|\mathrm{Ai}(u)|\le c\\ |\mathrm{Ai}(u)|\le c|u|^{-1/4}\end{cases}$$

がすべての u で成立することが知られている．これらの不等式の 1 番目から，分

8) この積分の収束とそのあとに現れる評価は第 II 巻の付録 A に見つけることができる．そこでは，これらは複素解析を用いて行われる．必要な結果はこの章の第 2 節における方法によって導くこともできるが，練習 13 で概要が述べられる．

散評価

$$\left\| e^{t(\frac{d}{dx})^3}(f) \right\|_{L^\infty} \le c|t|^{-1/3}\|f\|_{L^1}$$

を得る．定理 6.3 の類似も従う．

定理 6.4　解 $u(x,t) = e^{t(\frac{d}{dx})^3}(f)(x)$ は

$$\|u\|_{L^q(\mathbb{R}^2)} \le c\|f\|_{L^2(\mathbb{R})}$$

を $q = 8$ でみたす．

この結果の証明は一つ前の定理のそれと同様で，3 次曲線

$$\Gamma = \{(\xi_1, \xi_2) \,:\, \xi_2 = -4\pi^2\xi_1^3\}$$

に対する $\mathbb{R}^2$ 上の制限定理に帰着する．系 5.5 により，必要なものは $\widehat{d\mu}(\xi)$ に対する評価である．ここに，$d\mu$ は 3 次曲線 Γ 上に支持される滑らかな測度である．望みの評価は次のように言い換えることができる．

補題 6.5　$I(\xi) = \displaystyle\int_{\mathbb{R}} e^{2\pi i(\xi_1 t + \xi_2 t^3)}\psi(t)\,dt$ とし，ψ は台がコンパクトな C^∞ 級関数とする．このとき

$$I(\xi) = O(|\xi|^{-1/3}), \qquad |\xi| \to \infty$$

が成立する．

証明　まず，$I(\xi) = O(|\xi_2|^{-1/3})$ に注意せよ．実際，

$$I(\xi) = \int_{|t| \le |\xi_2|^{-1/3}} + \int_{|t| > |\xi_2|^{-1/3}}$$

とする．1 番目の積分は明らかに $O(|\xi_2|^{-1/3})$ である．2 番目の項については，2 階導関数の試験（命題 2.3 と系 2.4）を用いて，位相関数の 2 階微分係数が $c|\xi_2||\xi_2|^{-1/3} = c|\xi_2|^{2/3}$ を超えて，その結果としてこの項も $O(|\xi_2|^{-1/3})$ となり，$I(\xi) = O(|\xi_2|^{-1/3})$ が証明される．適当に小さい定数 c' で $|\xi_2| \ge c'|\xi_1|$ のときに，この結果を適用すると，この場合に $I(\xi) = O(|\xi|^{-1/3})$ を与える．

$|\xi_1| > (1/c')|\xi_2|$ である場合，1 階導関数の試験（命題 2.1）を適用して，そこでは位相関数の 1 階微分係数が $|\xi_1|$ の定数倍を超えることに注意する．よって $I(\xi) = O(|\xi_1|^{-1}) = O(|\xi|^{-1/3})$ となる．これらの二つの場合を合わせて補題が従う．∎

ここで，系 5.5 の $\delta = 1/3$ の場合をもちだして，

$$\|\mathcal{R}(f)\|_{L^2(\Gamma)} \leq c\|f\|_{L^p(\mathbb{R}^2)}$$

と

$$\|\mathcal{R}^*(F)\|_{L^q(\mathbb{R}^2)} \leq c\|F\|_{L^2(\Gamma)}$$

を $p = \dfrac{2\delta+2}{\delta+2} = \dfrac{8}{7}$，$1/p + 1/q = 1$ つまり $q = 8$ に対して導くことができる．$\mathcal{R}^*$ の評価からわれわれの定理が証明される．

波動方程式の解に対しても初期データを用いた対応する時空評価がある．問題 5* を見よ．

6.3　非斉次のシュレーディンガー方程式

虚数時間のシュレーディンガー方程式に戻って，今度は与えられた F を伴う非斉次問題

$$\frac{1}{i}\frac{\partial u}{\partial t} - \triangle u = F \tag{43}$$

を考える．ここでは

$$u(x,\,0) = 0 \tag{44}$$

を課す．

$\triangle$ をスカラーで置き換えたときの対応する方程式を積分することにより，この問題の形式解を書き下すことは容易である．これは解作用素

$$S(F)(x,\,t) = i\int_0^t e^{i(t-s)\triangle}F(\,\cdot\,,\,s)\,ds \tag{45}$$

を導く．ここに $e^{i(t-s)\triangle}F(\,\cdot\,,\,s)$ は，各 t と s に対して，作用素 $e^{i(t-s)\triangle}$ は $F(x,\,s)$ に x の関数として作用することを表す．公式 (45) を用いることは，いくつかの異なる設定において正当化することができる．最も簡単なのは次である．

命題 6.6　F は $\mathbb{R}^d \times \mathbb{R}$ 上のコンパクトな台をもつ C^∞ 級関数であるとする．このとき，$S(F)$ は (43) と (44) をみたす C^∞ 級関数である．

証明　$G(x,\,t) = i\displaystyle\int_0^t e^{-is\triangle}F(\,\cdot\,,\,s)\,ds$ とおき $S(F) = e^{it\triangle}G(\,\cdot\,,\,t)$ と書き表すことにする．各 s に対して $F(\,\cdot\,,\,s)$ はシュワルツ空間 $\mathcal{S}(\mathbb{R}^d)$ に属し，s に滑

らかに依存する．したがって，$G(\,\cdot\,, s)$ についても同様で，$S(F)(\,\cdot\,, s)$ についても同様である．よってこれは C^∞ に属する関数である．等式

$$e^{-it\triangle}(S(F))(\,\cdot\,, t) = i\int_0^t e^{-is\triangle}F(\,\cdot\,, s)\,ds$$

の両辺を t について微分する．

左辺は $e^{-it\triangle}\left(-i\,\triangle + \dfrac{\partial}{\partial t}\right)S(F)(\,\cdot\,, t)$ を与える．右辺は $ie^{-it\triangle}F(\,\cdot\,, t)$ となる．$e^{it\triangle}$ を作用させると，

$$\left(-i\,\triangle + \frac{\partial}{\partial t}\right)S(F)(\,\cdot\,, t) = iF(\,\cdot\,, t)$$

であることがわかるが，これが示すべきことであった．$S(F)(\,\cdot\,, 0) = 0$ は明らかであることに注意せよ．∎

L^2 設定における対応する結果は練習 14 で詳しく述べられる．

われわれは作用素 S の重要な評価にたどり着く．それは

$$\|S(F)\|_{L^q(\mathbb{R}^d\times\mathbb{R})} \leq c\|F\|_{L^p(\mathbb{R}^d\times\mathbb{R})}, \tag{46}$$

$q = \dfrac{2d+4}{d}$ の形の評価を証明する問題から生ずる．ここに q は $u(x, t) = e^{it\triangle}(f)(x)$ で $f \in L^2$ であるとき，$u \in L^q(\mathbb{R}^d \times \mathbb{R})$ となるための指数である．再び単純な伸張の議論（読者にまかせる）により，(46) は，$p = \dfrac{2d+4}{d+4}$ で q が双対指数のときに限り成立する．

定理 6.7　$q = \dfrac{2d+4}{d}$ で $p = \dfrac{2d+4}{d+4}$ ならば評価式 (46) が成立する．

これは，コンパクトな台をもつ C^∞ 級関数 F に対して定義される S が F に依存しない c で (46) をみたし，したがって (46) が成立するような $L^p(\mathbb{R}^d \times \mathbb{R})$ から $L^q(\mathbb{R}^d \times \mathbb{R})$ への有界作用素へ一意的な拡張をもつことを意味する．

定理を証明するために，最初に二つの簡略化を施す．まず初めに作用素 S を

$$S_+(F)(x, t) = i\int_{-\infty}^t e^{i(t-s)\triangle}F(\,\cdot\,, s)\,ds$$

で定義される S_+ で置き換え，次に収束の問題を避けるために S_+ を S_ε で置き換える．ここに，

$$S_\varepsilon(F)(x, t) = i\int_{-\infty}^t e^{i(t-s)\triangle}e^{-\varepsilon(t-s)}F(\,\cdot\,, s)\,ds$$

である．ε によらない c をとって

$$\|S_\varepsilon(F)\|_{L^q(\mathbb{R}^d\times\mathbb{R})} \le c\|F\|_{L^p(\mathbb{R}^d\times\mathbb{R})} \tag{47}$$

となることを示そう．いったん (47) が示されると，(46) は容易に従う．

S_+（および S_ε）が S より有利な点は，いまや空間 $\mathbb{R}^d\times\mathbb{R}$ 上の畳み込みを扱っていることにある．S_ε に対する積分核 $\mathcal{K}(x, t)$ は形式的には $t>0$ のとき $\dfrac{i}{(4\pi it)^{d/2}}e^{-\frac{|x|^2}{4it}}e^{-\varepsilon t}$ で，$t<0$ のとき 0 である．

定理 4.1 および制限定理において用いたのと同じ方法で (47) を証明する．S_ε を半平面 $-1\le \mathrm{Re}(z)$ を動く複素変数をもつ作用素の解析的な族 $\{T_z\}$ に埋め込む．作用素は初めに $d/2-1<\mathrm{Re}(z)$ のときに局所積分可能な積分核

$$\mathcal{K}_z(x, t) = \gamma(z)\frac{e^{-\frac{|x|^2}{4it}}}{(4\pi it)^{d/2}}e^{-\varepsilon t}t_+^z \tag{48}$$

との畳み込み $T_z(f)=f*\mathcal{K}_z$ として与えられる．ここに $t>0$ のとき $t_+^z=t^z$ で他の場合は 0 であり，一方，$\gamma(z)=\dfrac{e^{z^2}}{\Gamma(z+1)}i$ であり，スターリングの公式により $|z|\to\infty$ のとき $\dfrac{1}{\Gamma(z+1)}=O(e^{|z|\log|z|})$ となるから，因子 $\gamma(z)$ は任意の帯状集合 $a\le\mathrm{Re}(z)\le b$ において有界である．$\mathcal{K}_z$ の $\mathbb{R}^d\times\mathbb{R}$ 上での（緩増加超関数としての）フーリエ変換は関数

$$\begin{aligned}\mathcal{K}_z^\wedge(\xi, \xi_{d+1}) &= \gamma(z)\int_0^\infty e^{-i4\pi^2t|\xi|^2}e^{-\varepsilon t}e^{-2\pi it\xi_{d+1}}t^z\,dt\\ &= ie^{z^2}(\varepsilon+i(4\pi^2|\xi|^2+2\pi\xi_{d+1}))^{-z-1}\end{aligned}$$

であることに注意する．これは，(37) および，$\mathrm{Re}(A)>0$ のとき

$$\int_0^\infty e^{-At}t^z\,dt=\Gamma(z+1)A^{-z-1}$$

という事実によるが，後者はまず $A>0$ のとき公式を確認することにより確かめられる．

次に ε を $\varepsilon>0$ となるように固定すると，上の式により $\mathcal{K}_z^\wedge$ は $-1\le\mathrm{Re}(z)$ である限り $(\xi, \xi_{d+1})\in\mathbb{R}^d\times\mathbb{R}$ の有界な関数である．このフーリエ乗算表象は $-1\le\mathrm{Re}(z)$ のとき $L^2(\mathbb{R}^d\times\mathbb{R})$ 上の有界作用素 T_z を定義し，最初に $d/2-1<\mathrm{Re}(z)$ に対して定義された T_z の拡張を与える．$\mathrm{Re}(z)=-1$ のとき $\mathcal{K}_z^\wedge$ は ε とは独立に有界であることもわかり，したがって，ε に依存しない c を用いて $\mathrm{Re}(z)=-1$ のとき

(49)
$$\|T_z(F)\|_{L^2(\mathbb{R}^d\times\mathbb{R})} \le c\|F\|_{L^2(\mathbb{R}^d\times\mathbb{R})}$$

が成立する．

さて，(48) で与えられる積分核 $\mathcal{K}_z$ は明らかに $\mathrm{Re}(z)=d/2$ のとき $\mathbb{R}^d\times\mathbb{R}$ 上の有界関数で，ε によらない数で抑えられる．よって， $\mathrm{Re}(z)=d/2$ のとき

(50)
$$\|T_z(F)\|_{L^\infty(\mathbb{R}^d\times\mathbb{R})} \le c\|F\|_{L^1(\mathbb{R}^d\times\mathbb{R})}$$

が成立し，c は再び ε に依存しない．

補間定理（命題 4.4）により $\|T_0(F)\|_{L^q}\le c\|F\|_{L^p}$ が，まずは単関数に対して示され，次に極限移行によりコンパクトな台をもつすべての C^∞ 級関数 F に対して示される．定数 c は再び ε には依存しない．コンパクトな台をもつ C^∞ 級関数に作用するとき，

(51)
$$T_0 = S_\varepsilon$$

となることもわかる．

実際，x 変数に関するフーリエ変換をとると，

$$S_\varepsilon(F)^\wedge(\xi,t) = i\int_{-\infty}^{t} e^{-i(t-s)4\pi^2|\xi|^2}e^{-\varepsilon(t-s)}\widehat{F}(\xi,s)ds$$

となることがわかる．次に t 変数に関するフーリエ変換をとると

$$\begin{aligned}S_\varepsilon^\wedge(F)^\wedge(\xi,\xi_{d+1}) &= i\left(\int_0^\infty e^{-it4\pi^2|\xi|^2}e^{-\varepsilon t}e^{-2\pi it\xi_{d+1}}dt\right)\widehat{F}(\xi,\xi_{d+1})\\ &= i(\varepsilon - i(4\pi^2|\xi|^2+2\pi\xi_{d+1}))^{-1}\widehat{F}(\xi,\xi_{d+1})\end{aligned}$$

となって (51) が示され，したがって (47) が証明される．

ここで，$s\le 0$ のとき $F(x,s)=0$ となるように F を修正することにより，定理の証明を完成させよう．(47) で $\varepsilon\to 0$ とするとき，

$$\left(\int_{\mathbb{R}^d}\int_0^\infty |S(F)(x,t)|^q dx\,dt\right)^{1/q} \le c\|F\|_{L^p(\mathbb{R}^d\times\mathbb{R})}$$

を得る．t を $-t$ （さらに s を $-s$）に変数変換すると，$(-\infty,0)$ 上で t の積分をとる同様の不等式が得られる．最後にこれら二つを加え合わせると (46) が得られるので，定理が証明される．

解作用素 S の空間 $L^p(\mathbb{R}^d\times\mathbb{R})$ 上での作用に関する最終結果は次のようになる．

命題 6.8　$F\in L^p(\mathbb{R}^d\times\mathbb{R})$ ならば，各 t に対して $S(F)(\,\cdot\,,t)$ が $L^2(\mathbb{R}^d)$ に

属し，さらに，写像 $t \longmapsto S(F)(\,\cdot\,,t)$ が $L^2(\mathbb{R}^d)$ ノルムにおいて連続になるように，$S(F)$ を修正すること（すなわち，測度 0 集合上で定義し直すこと）ができる．

これは，有限な数 α と β に依存しない c をもつ不等式

(52) $$\left\| \int_\alpha^\beta e^{-is\triangle} F(\,\cdot\,,s)\,ds \right\|_{L^2(\mathbb{R}^d)} \le c\|F\|_{L^p(\mathbb{R}^d\times\mathbb{R})}$$

に基づく．

実際，(52) は定理 6.3 における (40) の双対命題である．g は $\|g\|_{L^2(\mathbb{R}^d)} \le 1$ をみたす $L^2(\mathbb{R}^d)$ の任意の元であるとする．このとき，$e^{-is\triangle}$ のユニタリ性により

$$\int_\alpha^\beta \left(\int_{\mathbb{R}^d} e^{-is\triangle} F(x,s)\overline{g(x)}\,dx \right) ds = \int_\alpha^\beta \left(\int_{\mathbb{R}^d} F(x,s)\overline{v(x,s)}\,dx \right) ds$$

を得る．ここに，$v(x,s) = (e^{is\triangle}g)(x)$ である．それで，(40) により $\|v\|_{L^q(\mathbb{R}^d\times\mathbb{R})} \le c$ であること，および，ヘルダー不等式により

$$\left| \int_{\mathbb{R}^d} \left(\int_\alpha^\beta e^{-is\triangle} F(\,\cdot\,,s)ds \right) \overline{g(x)}\,dx \right| \le c\|F\|_{L^p(\mathbb{R}^d\times\mathbb{R})}$$

が従うが，g は任意であったので，これにより (52) が示される．

次に，$S(F)(x,t) = ie^{it\triangle}\displaystyle\int_0^t e^{-is\triangle}F(\,\cdot\,,s)ds$ であるから，(52) で $\alpha = 0$ および $\beta = t$ とすると，各 t に対して 関数 $S(F)(\,\cdot\,,t)$ が $L^2(\mathbb{R}^d)$ に属し，

(53) $$\sup_t \|S(F)(\,\cdot\,,t)\|_{L^2(\mathbb{R}^d)} \le c\|F\|_{L^p(\mathbb{R}^d\times\mathbb{R})}$$

となることがわかる．最後に，F をコンパクトな台をもつ C^∞ 級関数列 $\{F_n\}$ によって L^p ノルムで近似せよ．このとき，各 n に対して $S(F_n)(\,\cdot\,,t)$ は $L^2(\mathbb{R}^d)$ ノルムにおいて t について連続であることは明らかである．(53) により

$$\sup_t \|S(F)(\,\cdot\,,t) - S(F_n)(\,\cdot\,,t)\|_{L^2(\mathbb{R}^d)} \le c\|F - F_n\|_{L^p(\mathbb{R}^d\times\mathbb{R})} \to 0$$

であるから，t についての連続性は $S(F)(\,\cdot\,,t)$ に引き継がれ，命題が証明される．

6.4　臨界非線形分散型方程式

さて，非線形問題

(54) $$\begin{cases} \dfrac{1}{i}\dfrac{\partial u}{\partial t} - \triangle u & = \sigma|u|^{\lambda-1}u \\ u(x,0) & = f(x) \end{cases}$$

を考える．ここに σ は 0 でない実数で，指数 λ は 1 より大きい．比較的単純であることに加えて，(54) の方程式が興味をそそるのは，その解が二つの注目すべき保存則をもつ，すなわち，「質量」$\int_{\mathbb{R}^d} |u|^2 dx$ と「エネルギー」$\int_{\mathbb{R}^d} \left(\frac{1}{2}|\nabla u|^2 - \frac{\sigma}{\lambda+1}|u|^\lambda\right) dx$ が全時刻で保存されることである．（練習 15 を見よ．）

われわれは特に $L^2(\mathbb{R}^d)$ に属する f に対する初期値問題を扱うことにする．この設定では，問題はスケール不変になる「臨界」指数 λ というものがある．より正確には，u は初期値を f とする (54) の方程式の任意の解とし，すべての $\delta > 0$ に対して $\delta^a u(\delta x, \delta^2 t)$ もまた（$\delta^a f(\delta x)$ を初期値にもつ）(54) の方程式の解となる指数 a を求める．線形 $\sigma = 0$ の場合には，もちろん，任意の a でそうなるが，この状況では，このことは $d + 2 = \lambda a$ であることを要求する．今，初期値の L^2 ノルムもこれらのスケール変換のもとで不変であることを求めるならば，$a = d/2$ で結果として $\lambda = 1 + 4/d$ であることが必要になる．

臨界指数 λ について関連する重要な事実に注意しておこう．それは q と p を（定理 6.3 と定理 6.7 の）われわれの評価に現れる双対指数とすると $q = \lambda p$ となるということである．これは $q = \dfrac{2d+4}{d}$ と $p = \dfrac{2d+4}{d+4}$ と $\lambda = \dfrac{d+4}{d}$ から従う．

ついでながら，固定されたスケール変換 $(x, t) \longmapsto (|\sigma|^{1/2}x, |\sigma|t)$ を用いると，σ は ± 1 で置き換えることができるから，(54) における係数 σ の正確な値は重要ではなく，その符号が問題であることに気づく．

これらの準備をふまえて，ここで主結果を述べることができる．$f \in L^2(\mathbb{R}^d)$ とするとき，$L^q(\mathbb{R}^d \times \mathbb{R})$ に属する関数 u が (54) の**強解**であるとは，

(i)　u は超関数の意味で微分方程式をみたす．

(ii)　各 t に対して，関数 $u(\,\cdot\,, t)$ は $L^2(\mathbb{R}^d)$ に属し，写像 $t \longmapsto u(\,\cdot\,, t)$ は $L^2(\mathbb{R}^d)$ ノルムについて連続で，$u(\,\cdot\,, 0) = f$ が成立する．

であることである．ある固定された $0 < a < \infty$ に対して $|t| < a$ をみたす t に対してのみ与えられた解 u を想定することもできる．この場合，u は $L^q(\mathbb{R}^d \times \{|t| < a\})$ に属すると仮定して，u を開集合 $\mathbb{R}^d \times \{|t| < a\} \subset \mathbb{R}^d \times \mathbb{R}$ の上の超関数と考え，上と同様にして強解を定義する．

以下の定理は二つの脚本のもとでわれわれの問題の解を保証する．一つは初期値が十分小さいならばすべての時刻 t に対して，もう一つはすべての初期値 f に

対する有限時間の区間に対してである．

定理 6.9 λ と p と q を上のように仮定する．

(i) ある $\varepsilon > 0$ が存在して，$\|f\|_{L^2(\mathbb{R}^d)} < \varepsilon$ ならば，(54) の強解が存在する．

(ii) 任意の $f \in L^2(\mathbb{R}^d)$ に対して，（f に依存する）ある $a > 0$ が存在して，(54) の強解が $|t| < a$ で存在する．

証明は非線形問題における不動点の議論のよい応用例となる．

$u_0 = e^{it\triangle}(f)$ とする．あとで見るように，問題は

$$u = \sigma S(|u|^{\lambda-1}u) + u_0 \tag{55}$$

となる u を見つけることに帰着される．u の存在は古典的な逐次近似の議論，適当な縮小写像 $\mathcal{M}$ の不動点の存在によって導かれる．

初めに定理の (i) を選択して考察するが，ここでは写像 $\mathcal{M}$ は基礎になる空間

$$\mathcal{B} = \{u \in L^q(\mathbb{R}^d \times \mathbb{R}) : \ \|u\|_{L^q(\mathbb{R}^d \times \mathbb{R})} \leq \delta\}$$

の上で定義され，δ は後で固定される．

写像 $\mathcal{M}$ は

$$\mathcal{M}(u) = \sigma S(|u|^{\lambda-1}u) + u_0$$

によって与えられる．δ を適当に選んで，$\|f\|_{L^2} < \varepsilon$ とするための ε を選ぶと，

(a) $\mathcal{M}$ は $\mathcal{B}$ をそれ自身へ写す．

(b) $u, v \in \mathcal{B}$ に対して $\|\mathcal{M}(u) - \mathcal{M}(v)\|_{L^q} \leq \dfrac{1}{2}\|u - v\|_{L^q}$ が成立する．

となることがわかる．実際，$\|\mathcal{M}(u)\|_{L^q} \leq |\sigma|\|S(|u|^{\lambda-1}u)\|_{L^q} + \|u_0\|_{L^q}$ である．第 1 項を評価するために，定理 6.7 を用いると，$q = p\lambda$ であるから

$$\|S(|u|^{\lambda-1}u)\|_{L^q} \leq c\||u|^\lambda\|_{L^p} = c\|u\|_{L^q}^\lambda$$

を得る．それで，$\|u\|_{L^q} \leq \delta$ ならば，δ を十分小さくとって $|\sigma|c\delta^\lambda \leq \delta/2$ とすると，$|\sigma|\|S(|u|^{\lambda-1}u)\|_{L^q} \leq \delta/2$ となる．

しかしながら，$\|f\|_{L^2} < \varepsilon$ であるから $\|u_0\|_{L^q} \leq c\varepsilon$ であることが定理 6.3 により従う．よって，ε を δ にあわせて $c\varepsilon < \delta/2$ と選ぶと $\|u_0\|_{L^q} < \delta/2$ となるので，性質 (a) が証明される．

次に

$$\begin{aligned}\|\mathcal{M}(u)-\mathcal{M}(v)\|_{L^q} &= |\sigma|\|S(|u|^{\lambda-1}u-|v|^{\lambda-1}v)\|_{L^q}\\ &\le c|\sigma|\||u|^{\lambda-1}u-|v|^{\lambda-1}v\|_{L^p}\end{aligned}$$

である．しかし，容易に確かめられるように，任意の複素数 u と v の組に対して

$$||u|^{\lambda-1}u-|v|^{\lambda-1}v| \le c_\lambda|u-v|(|u|+|v|)^{\lambda-1}$$

である．よって，

$$\||u|^{\lambda-1}u-|v|^{\lambda-1}v\|_{L^p} \le c_\lambda\|(u-v)(|u|+|v|)^{\lambda-1}\|_{L^p}$$

が従う．定数 c_λ を無視すると，右辺の項の p 乗は $\int|u-v|^p(|u|+|v|)^{(\lambda-1)p}$ である．ヘルダー不等式を指数 λ と $\lambda'=\lambda/(\lambda-1)$ に対して用いて，これを評価する．$\lambda p=q$ および $\lambda'(\lambda-1)p=q$ であるから，この積分は

$$\left(\int|u-v|^q\right)^{1/\lambda}\left(\int(|u|+|v|)^q\right)^{1/\lambda'}=\|u-v\|_{L^q}^p\||u|+|v|\|_{L^q}^{(\lambda-1)p}$$

によって上から抑えられる．p 乗根は

$$\|\mathcal{M}(u)-\mathcal{M}(v)\|_{L^q} \le c'_\lambda\|u-v\|_{L^q}\||u|+|v|\|_{L^q}^{\lambda-1}$$

を与え，$c'_\lambda(2\delta)^{\lambda-1}\le 1/2$ となるように δ を選ぶだけで (b) を得る．

次に $u_1, u_2, \cdots, u_k, \cdots$ を $u_{k+1}=\mathcal{M}(u_k)$，$k=0, 1, 2, \cdots$ として逐次的に定義する．このとき，$u_0\in\mathcal{B}$ であるから，(a) によりそれぞれ $u_k\in\mathcal{B}$ であることが従う．また，性質 (b) により $\|u_{k+1}-u_k\|_{L^q}\le\dfrac{1}{2}\|u_k-u_{k-1}\|_{L^q}$ が得られて，したがって $\|u_{k+1}-u_k\|_{L^q}\le\left(\dfrac{1}{2}\right)^k\|u_1-u_0\|_{L^q}$ が得られる．

したがって，列 $\{u_k\}$ は，ある $u\in\mathcal{B}$ に L^q ノルムで収束し，それゆえ $u=\mathcal{M}(u)=\sigma S(|u|^{\lambda-1}u)+u_0$ が $u_{k+1}=\mathcal{M}(u_k)$ により従う．u が (54) の超関数解であることを見るために，C^∞ 級でコンパクトな台をもつ任意の φ と $\mathcal{L}'=-\dfrac{1}{i}\dfrac{\partial}{\partial t}-\triangle$ に対して

$$\int_{\mathbb{R}^d\times\mathbb{R}} u\mathcal{L}'(\varphi)dx\,dt=\sigma\int_{\mathbb{R}^d\times\mathbb{R}}|u|^{\lambda-1}u\varphi\,dx\,dt \tag{56}$$

が成立することを確かめなくてはならない．しかし，命題 6.6 により，F がコンパクトな台をもつ C^∞ 級関数ならば，

$$\int S(F)\mathcal{L}'(\varphi)dx\,dt=\int F\varphi\,dx\,dt \tag{57}$$

が成立する．ここで，$L^p(\mathbb{R}^d \times \mathbb{R})$ に属する任意の F をコンパクトな台をもつ C^∞ 級関数の列 $\{F_n\}$ で近似する．定理 6.7 により，$S(F_n) \to S(F)$ が L^q ノルムで成り立つから，F_n に対する等式 (57) は $F \in L^p$ に対しても成立する．ゆえに $F = \sigma|u|^{\lambda-1}u$ に対して (57) を適用し命題 6.2 の (iii) を用いることができて，$u = S(F) + u_0$ であることから (56) が成立すると結論づけられる．

次に，命題 6.8 を $F = \sigma|u|^{\lambda-1}u$ に適用して，各 t に対して関数 $u(\,\cdot\,, t)$ は $L^2(\mathbb{R}^d)$ に属し，$t \longmapsto u(\,\cdot\,, t)$ は $L^2(\mathbb{R}^d)$ ノルムに関して連続であることを示す．明らかに $u(\,\cdot\,, 0) = f(\,\cdot\,)$ であり，それで u が強解であることの証明が完了する．

$\|f\| < \varepsilon$ を仮定しない二つ目の選択肢において，その代わりに正定数 a を

$$\left(\iint_{\mathbb{R}^d \times \{|t|<a\}} |e^{it\triangle}(f)(x, t)|^q dx\, dt\right)^{1/q} \le \delta/2$$

をみたすようにとる．そのような a の選び方は，f に依存するものの，$e^{it\triangle}f \in L^q(\mathbb{R}^d \times \mathbb{R})$ であるから可能である．そこで，今は $\mathcal{B}$ は $\mathbb{R}^d \times \{|t| < a\}$ 上の（ノルムが δ 以下となる）関数からなると解することにして，前の選択肢と同様に進める．$|t| < a$ に対して $S(F)(\,\cdot\,, t)$ は $|s| < a$ に対する $F(\,\cdot\,, s)$ にのみ依存し，そのため，利用したすべての不等式はこの文脈でも成立するので，前と同様にして証明を行うことができる．

(54) の解の一意性と初期値に対する連続依存性は練習 17 で概説される．

7. ラドン変換を振り返る

ここでは第 4 節で学んだ平均値作用素とラドン変換を関連づけ，これら二つの間のある種の著しい類似性を指摘し，共通の一般化を定式化する．

ラドン変換のいくつかの初等的性質は第 I 巻で述べたが，そこでは初期段階における興味の対象をうかがい知ることができる．さらに進んで重要なことは，ベシコヴィッチ–掛谷集合の理論におけるその役割である．そこでは，$d \ge 3$ のときの L^2 の意味での滑らかさの性質が，平均値作用素のそれと幾分類似しているが，第 III 巻の第 7 章で主張した超平面の断面の測度の連続性をもたらしている．さらに，$d = 2$ のとき L^2 における正則化は階数がきっかり 1/2 であることから，

ベシコヴィッチ集合の存在は可能であるといえる．加えて，このラドン変換の性質により，$d = 2$ の場合の $\mathbb{R}^d$ のベシコヴィッチ集合はハウスドルフ次元 2 をもたなくてはならないことを見ることができる．

7.1　ラドン変換の変形

$\mathbb{R}^d$ での**ラドン変換** $\mathcal{R}$ は

$$\mathcal{R}(f)(t,\,\gamma) = \int_{\mathcal{P}_{t,\gamma}} f$$

によって定義されることを思い出そう．ここに $(t,\,\gamma) \in \mathbb{R}\times S^{d-1}$ で，$\mathcal{P}_{t,\gamma}$ はアフィン超平面 $\{x : x\cdot\gamma = t\}$ である．

われわれの念頭にある $\mathcal{R}$ の平滑化効果は $d = 3$ のときは等式

$$\int_{S^2}\int_{\mathbb{R}}\left|\frac{d}{dt}\mathcal{R}(f)(t,\,\gamma)\right|^2 dt\,d\sigma(x) = 8\pi^2\int_{\mathbb{R}^3}|f(x)|^2 dx \tag{58}$$

として最も簡単に述べることができる．これは $\widehat{\mathcal{R}}(f)(\lambda,\,\gamma) = \widehat{f}(\lambda\gamma)$ を見ることによる直接の帰結である．$\widehat{\mathcal{R}}(f)(\lambda,\,\gamma)$ は $\mathcal{R}(f)(t,\,\gamma)$ の t に関する（λ を双対変数とする）フーリエ変換を表し，$\widehat{f}$ は f の通常の 3 次元フーリエ変換を表す．

この点をもう少し詳しく追求するために，しばらくラドン変換の簡単な「線形」変形で，$\mathcal{R}$ とは異なり，$\mathbb{R}^d$ の関数を $\mathbb{R}^d$ の関数への写像として直接与えられるものを考える．この変形は，$\mathbb{R}^{d-1}\times\mathbb{R}^{d-1}$ 上の非退化双線形形式 B を固定すると確定し，

$$\mathcal{R}_B(f)(x) = \int_{\mathbb{R}^{d-1}} f(y',\,x_d - B(x',\,y'))\,dy'$$

と表される．ここで $x = (x',\,x_d) \in \mathbb{R}^{d-1}\times\mathbb{R}$，$y = (y',\,y_d) \in \mathbb{R}^{d-1}\times\mathbb{R}$ とおいた．それで $\mathcal{R}_B(f)(x)$ は，M_x がアフィン超平面 $\{(y',\,y_d) : y_d = x_d - B(x',\,y')\}$ を表すとものとして，

$$\mathcal{R}_B(f)(x) = \int_{M_x} f$$

と書き表すことができる．M_x 上の積分の測度は $\mathbb{R}^{d-1}$ 上のルベーグ測度 dy' である．

写像 $x \longmapsto M_x$ は $\mathbb{R}^d$ から $\mathbb{R}^d$ のアフィン超平面の集合への単射で，この写像は超平面 M_0 に垂直でない超平面の集合への全射である．除外した超平面の集合は低次元の部分集合なので，粗くいうと，$\mathcal{R}_B$ は $\mathcal{R}$ の代替物と考えることができる．

ここで，もっとも簡単な場合 $d = 3$ へ戻ろう．(58) の類似物は

$$\int_{\mathbb{R}^3} \left| \frac{\partial}{\partial x_3} \mathcal{R}_B(f)(x) \right|^2 dx = c_B \int_{\mathbb{R}^3} |f(x)|^2 dx \tag{59}$$

であり，f が（たとえば）コンパクトな台をもつ滑らかな関数のときにこれを証明する．

(59) を見るには，x_3 変数に関する（ξ_3 を双対変数とする ）フーリエ変換を考える，すなわち，$\widehat{\mathcal{R}}_B(f)(x', \xi_3)$ は

$$\int_{\mathbb{R}^2} e^{-2\pi i \xi_3 B(x', y')} \widehat{f}(y', \xi_3)\, dy'$$

で与えられる．ここに $\widehat{f}$ は x_3 変数に関するフーリエ変換を表す．同様に，$\left(\dfrac{\partial}{\partial x_3} \mathcal{R}_B(f)\right)^{\wedge}(x', \xi_3)$（同様に x_3 変数についてフーリエ変換をとる）は

$$2\pi i \xi_3 \int_{\mathbb{R}^2} e^{-2\pi i \xi_3 B(x', y')} \widehat{f}(y', \xi_3)\, dy'$$

によって与えられる．しかし, $\mathbb{R}^2$ 上のある可逆な線形変換 C に対して $B(x', y') = C(x') \cdot y'$ である．よって，$\xi_3 C(x') = u$ となる新しい変数 $u \in \mathbb{R}^2$ を導入すると，$\xi_3 B(x', y') = u \cdot y'$，$\xi_3^2 |\det(C)| dx' = du$ を得る．それで $\mathbb{R}^2$ におけるプランシュレルの定理を適用すると，

$$\int_{\mathbb{R}^2} \left| \left(\frac{\partial}{\partial x_3} \mathcal{R}_B(f) \right)^{\wedge} (x', \xi_3) \right|^2 dx' = \frac{4\pi^2}{|\det(C)|} \int_{\mathbb{R}^2} |\widehat{f}(y', \xi_3)|^2 dy'$$

が導かれる．よって，ξ_3 について積分し，x_3 変数について再びプランシュレルの定理を適用すると (59) が得られる．

$\mathcal{R}_B$ を適当に局所化した $\mathcal{R}'_B$ を考えると，上を用いることにより容易に

$$\|\mathcal{R}'_B(f)\|_{L^2_1(\mathbb{R}^3)} \le c \|f\|_{L^2(\mathbb{R}^3)}$$

を見る．d が奇数のときの一般の d に対する階数 $(d-1)/2$ の L^2 平滑化を与える対応する結果は，同様に導くことができる．これらの結論を導く方法は，練習 18 と 19 で概説される．

7.2 回転曲率

われわれは上の考察から平均値作用素 A とラドン変換 $\mathcal{R}_B$ の間に，それらの平滑化効果に関して類似点がありそうに思えることを学んだ．これらの作用素の各々は

$$f \longmapsto \int_{M_x} f(y) d\mu_x(y)$$

の形をしている．ここに，各 $x \in \mathbb{R}^d$ に対して（x に滑らかに依存する）多様体 M_x がありその上で積分する．A の場合は $M_x = x + M$ で，$\mathcal{R}_B$ の場合は $M_x = \{y = (y', x_d - B(x', y')) : y' \in \mathbb{R}^{d-1}\}$ である．しかし，逆説的にいえば，A の鍵となる特徴は M の曲率であり，$\mathcal{R}_B$ の場合には対応する多様体 M_x は超平面であり曲率は 0 である．そこで，われわれはそれらを同じ現象の異なる発現として見るにはどうすればよいであろうか．もう一つの問題は，これらの作用素に関する結論に対し，微分同相写像のもとで不変な定式化を与えるにはどうするかということである．空間 L^2, L^p および L^2_k は（少なくとも局所的には）微分同相写像のもとで不変であるので，この疑問が自然に起こる．

上の二つの例を統一するのが共通の回転曲率であり，それは固定した各 M_x の（考えられる）曲率だけでなく，M_x が x が変化するといかに展開（あるいは「回転」）するかを考慮するものである．この概念は以下のように定式化される．

$\mathbb{R}^d \times \mathbb{R}^d$ の球上で与えられた C^∞ 級関数 $\rho = \rho(x, y)$（「2 重」定義関数）から始めて，その**回転行列** $\mathcal{M}$ を与える．これは $(d+1) \times (d+1)$ 行列として

$$\mathcal{M} = \begin{pmatrix} \rho & \frac{\partial\rho}{\partial y_1} & \cdots & \frac{\partial\rho}{\partial y_d} \\ \frac{\partial\rho}{\partial x_1} & & & \\ \vdots & & \dfrac{\partial^2\rho}{\partial y_j \partial x_k} & \\ \frac{\partial\rho}{\partial x_d} & & & \end{pmatrix}$$

と定義される．ρ の**回転曲率** $\mathrm{rotcurv}(\rho)$ を行列 $\mathcal{M}$ の行列式

$$\mathrm{rotcurv}(\rho) = \det(\mathcal{M})$$

として定義する．われわれの基本的な条件は，$\rho = 0$ となるところでは $\mathrm{rotcurv}(\rho) \neq 0$ となっていることである．これが $\nabla_y \rho(x, y) \neq 0$ を導くことは明らかである．ゆえに，$M_x = \{y : \rho(x, y) = 0\}$ ならば，各 M_x は $\mathbb{R}^d$ における C^∞ 級超曲面になり，実際 x に滑らかに依存する．そこで，直接確かめることのできる回転曲率の次の性質に注意する．

1.　$\rho(x, y) = \rho(x-y)$ の場合，すなわち，平行移動で不変な場合，$M_x = x + M_0$ となる．この場合，$\mathrm{rotcurv}(\rho) \neq 0$ という条件は M_0 のガウス曲率が消えないというのと同値になることもわかる．

2.　$\mathcal{R}_B$ の場合，$\rho(x, y) = y_d - x_d + B(x', y')$ とおくと，このとき $\mathrm{rotcurv}(\rho)$

$\neq 0$ は B が非退化であることと同値である.

3. $a(x, y) \neq 0$ に対して $\rho'(x, y) = a(x, y)\rho(x, y)$ とおくと，ρ' は $\{M_x\}$ に対する別の定義関数になり，$\rho = 0$ のとき $\mathrm{rotcurv}(\rho') = a^{d+1}\,\mathrm{rotcurv}(\rho)$ となる.

4. 局所微分同相写像のもとでの回転曲率の不変性は，次のように述べることができる．$x \longmapsto \Psi_1(x)$ と $y \longmapsto \Psi_2(y)$ は $\mathbb{R}^d$ における（局所）微分同相写像の組とし，$\rho'(x, y) = \rho(\Psi_1(x), \Psi_2(y))$ とする．このとき，$\rho'(x, y) = 0$ ならば $\mathrm{rotcurv}(\rho') = \mathcal{J}_1(x)\mathcal{J}_2(y)\,\mathrm{rotcurv}(\rho)$ が成立する．ここに，$\mathcal{J}_1$ と $\mathcal{J}_2$ はそれぞれ Ψ_1 と Ψ_2 のヤコビ行列式である.

これらの記号を携えて，ラドン変換の一般形に対する正則性定理へたどり着くことができる.

上のような $\mathrm{rotcurv}(\rho) \neq 0$ となる 2 重定義関数 ρ が与えられていると仮定する．$M_x = \{y : \rho(x, y) = 0\}$ とおく．各 x に対して $d\sigma_x(y)$ を M_x 上に誘導されるルベーグ測度とし，$d\mu_x(y) = \psi_0(x, y)d\sigma_x(y)$ と定義する．ここに ψ_0 はコンパクトな台をもつ $\mathbb{R}^d \times \mathbb{R}^d$ 上のある固定された C^∞ 級関数である．このとき，まずは $\mathbb{R}^d$ 上の（たとえば）コンパクトな台をもつ連続関数 f に対して一般の平均値作用素 $\mathcal{A}$ を

$$\mathcal{A}(f)(x) = \int_{M_x} f(y)d\mu_x(y) \tag{60}$$

によって定義する.

定理 7.1 作用素 $\mathcal{A}$ は $L^2(\mathbb{R}^d)$ から $L^2_k(\mathbb{R}^d)$，$k = \dfrac{d-1}{2}$ への有界線形作用素へ拡張される.

第 4 節の平均値作用素 A は平行移動に関して不変であり，ラドン変換 $\mathcal{R}_B$ は部分的にそうである，すなわち，x_3 変数の平行移動に関して不変である，ということを指摘しておきたい．それで，両方の場合にフーリエ変換を用いることができる．しかし一般の場合では，フーリエ変換は利用不可能であり，異なるやり方で進まなくてはならない.

2 段階の考察を行う．第 1 段では，部分的にフーリエ変換やプランシュレルの定理の代わりになる振動積分作用素を用いる．第 2 段は L^2 評価であり，この方法論をさらに推進する「ほとんど直交する」部分の 2 進分解を通じて導かれるものである.

7.3　振動積分

最初のアイデアへ戻る．（正のパラメータ λ に依存する）作用素 T_λ

$$T_\lambda(f)(x)=\int_{\mathbb{R}^d} e^{i\lambda\Phi(x,y)}\psi(x,\,y)f(y)dy$$

について考察する．ここに Φ と ψ は $\mathbb{R}^d\times\mathbb{R}^d$ 上の C^∞ 級関数で，後者はコンパクトな台をもつことを仮定する．位相関数 Φ は実数値であるとし，重要な仮定は混合ヘッセ行列式

$$\det\{\nabla^2_{x,y}\Phi\}=\det\left\{\frac{\partial^2\Phi}{\partial x_k\partial y_j}\right\}_{1\le k,j\le d} \tag{61}$$

が ψ の台で消えないことである．

命題 7.2　上の仮定のもとに，$\|T_\lambda\|\le c\lambda^{-d/2}$，$\lambda>0$ が成立する．ここに，$\|\cdot\|$ は $L^2(\mathbb{R}^d)$ に作用する作用素のノルムである．

われわれにとって，この命題の重要性は，定義関数 ρ が関与する対応する振動積分についての結果であるということである．

$$S_\lambda(f)(x)=\int_{\mathbb{R}\times\mathbb{R}^d} e^{i\lambda y_0\rho(x,y)}\psi(x,\,y_0,\,y)f(y)\,dy_0\,dy \tag{62}$$

とおく．ここに，積分は $(y_0,\,y)\in\mathbb{R}\times\mathbb{R}^d$ にわたってとる．関数 ψ は再びすべての変数に関してコンパクトな台をもつ C^∞ 級関数であるが，注目すべきそれ以上の仮定は ψ の台は $y_0=0$ から離れていることである．

系 7.3　2 重定義関数 ρ は $\rho=0$ となる集合上で条件 $\mathrm{rotcurv}(\rho)\neq 0$ をみたすものとする．このとき

$$\|S_\lambda\|\le c\lambda^{-\frac{d+1}{2}}$$

が成立する．

注意　T_λ に対して述べられたものよりも $\lambda^{-1/2}$ の余分な減衰を得る．

命題の証明は第 2 節の命題 2.5 の証明といろいろと類似しており，そのため手短に述べる．前と同様に，用心のため ψ は小さい球の中に台をもつと仮定することから始める．さて，T が L^2 上の作用素ならば $\|T^*T\|=\|T\|^2$ であり，T^* は T の双対作用素を表す [9]．

---

9)　この点については，たとえば第 III 巻の第 4 章の練習 19 を見よ．

しかし，T_λ は積分核 $K(x,y)=e^{i\lambda\Phi(x,y)}\psi(x,y)$ によって与えられる，すなわち，$T_\lambda(f)(x)=\int K(x,y)f(y)dy$ であり，それで T_λ^* は積分核 $\overline{K}(y,x)$ によって与えられ，$T_\lambda^* T_\lambda$ は積分核

$$M(x,y)=\int_{\mathbb{R}^d}\overline{K}(z,x)K(z,y)\,dz=\int_{\mathbb{R}^d}e^{i\lambda\left[\Phi(z,y)-\Phi(z,x)\right]}\psi(x,y,z)\,dz,$$

$\psi(x,y,z)=\overline{\psi}(z,x)\,\psi(z,y)$ によって与えられる．重要な点は (14) と似ている，すなわち，すべての $N\geq 0$ に対して

$$|M(x,y)|\leq c_N(\lambda|x-y|)^{-N}$$

となることである．ここで，$z=(z_1,\cdots,z_d)\in\mathbb{R}^d$ とし，ベクトル場

$$L=\frac{1}{i\lambda}\sum_{j=1}^{d}a_j\ \frac{\partial}{\partial z_j}=a\cdot\nabla_z$$

を用いる．その転置は $L^t(f)=-\frac{1}{i\lambda}\sum_{j=1}^{d}\frac{\partial(a_jf)}{\partial z_j}$ であり，

$$(a_j)=a=\frac{\nabla_z(\Phi(z,x)-\Phi(z,y))}{|\nabla_z(\Phi(z,x)-\Phi(z,y))|^2}$$

である．さて，ψ に課した台の仮定により $u=x-y$ は十分小さいので，前と同様に $|a|\approx|x-y|^{-1}$ かつ，すべての α に対して $|\partial_x^\alpha a|\lesssim|x-y|^{-1}$ であることを見る．ゆえに

$$\begin{aligned}|M(x,y)|&\leq\left|\int L^N(e^{i\lambda\left[\Phi(z,y)-\Phi(z,x)\right]})\,\psi(x,y,z)dz\right|\\&\leq\int|(L^t)^N\psi(x,y,z)|\,dz\\&\leq c_N(\lambda|x-y|)^{-N}\end{aligned}$$

となる．しかし，このとき

$$\begin{aligned}|T_\lambda^*T_\lambda f(x)|&\leq\int|M(x,y)||f(y)|\,dy\\&\leq\int M^0(x-y)|f(y)|\,dy\\&=\int M^0(y)|f(x-y)|\,dy\end{aligned}$$

であり，ここに $M^0(u)=c_N'(1+\lambda|u|)^{-N}$ であって，ミンコフスキーの不等式により

$$\|T_\lambda^* T_\lambda(f)\|_{L^2} \le \|f\|_{L^2} \int M^0(u)\,du$$

となる．しかし，M^0 の評価において N を d より大きくとると $\displaystyle\int M^0(u)du = c\lambda^{-d}$ となる．結果として $\|T_\lambda^* T_\lambda\| \le c\lambda^{-d}$ が従い，命題が証明される．

ここで系に目を向ける．ρ の回転曲率と命題の位相関数 Φ との関連は $\mathbb{R}^d$ から $\mathbb{R}^{d+1}$ へ移行することで生ずる．$\overline{x} = (x_0, x) \in \mathbb{R} \times \mathbb{R}^d = \mathbb{R}^{d+1}$，$\overline{y} = (y_0, y) \in \mathbb{R} \times \mathbb{R}^d = \mathbb{R}^{d+1}$ とし，

$$\Phi(\overline{x}, \overline{y}) = x_0 y_0 \rho(x, y)$$

とおく．このとき，

$$\det(\nabla^2_{\overline{x},\overline{y}}\Phi) = (x_0 y_0)^{d+1}\,\mathrm{rotcurv}(\rho)$$

であることは明らかである．今 $F_\lambda(x_0, x)$ を

$$\text{(63)}\qquad F_\lambda(x_0, x) = F_\lambda(\overline{x}) = \int_{\mathbb{R}^{d+1}} e^{i\lambda\Phi(\overline{x},\overline{y})}\psi_1(x_0, x, y_0, y)f(y)dy_0\,dy$$
$$= \int_{\mathbb{R}^{d+1}} e^{i\lambda x_0 y_0 \rho(x,y)}\psi_1(x_0, x, y_0, y)f(y)dy_0\,dy$$

によって定義する．ψ_1 は $\psi_1(1, x, y_0, y) = \psi(x, y_0, y)$ をみたし，$x_0 = 0$ または $y_0 = 0$ と交わらないコンパクトな台をもつ．

これは $S_\lambda(f)(x) = F_\lambda(1, x)$ を意味する．

続行するためには，長さ 1 の区間 I 上の任意の C^1 級関数 g に対して成立する次の微分積分学の簡単な補題が必要である．$u_0 \in I$ とすると，

$$\text{(64)}\qquad |g(u_0)|^2 \le 2\left(\int_I |g(u)|^2 du + \int_I |g'(u)|^2 du\right)$$

が成立する．実際，任意の $u \in I$ に対して $g(u_0) = g(u) + \displaystyle\int_u^{u_0} g'(r)\,dr$ である．それで，シュヴァルツ不等式により

$$|g(u_0)|^2 \le 2\left(|g(u)|^2 + \int_I |g'(r)|^2 dr\right)$$

となり，I 上を動く u で積分すると (64) を得る．

この不等式を $I = [1, 2]$，$u_0 = 1$，$g(u) = F_\lambda(u, x)$（すなわち，u は変数 x_0 である）として適用する．$F_\lambda(1, x) = S_\lambda(f)(x)$ であるから，したがって $x \in \mathbb{R}^d$ で積分すると

$$\int_{\mathbb{R}^d} |S_\lambda(f)(x)|^2 dx \le 2\Big(\int_{\mathbb{R}\times\mathbb{R}^d} |F_\lambda(x_0, x)|^2 dx_0\, dx + \int_{\mathbb{R}\times\mathbb{R}^d} \Big|\frac{\partial}{\partial x_0} F_\lambda(x_0, x)\Big|^2 dx_0\, dx\Big)$$

を得る．ψ_1 は y_0 についてコンパクトな台をもつから，命題を（$\mathbb{R}^d$ を $\mathbb{R}^{d+1}$ に置き換えて）適用するとわかるように，不等式の右辺第 1 項は $\lambda^{-(d+1)} \int_{\mathbb{R}^d} |f(y)|^2 dy$ の定数倍で抑えられる．

しかし，(63) における x_0 での微分は余分な λ の因子をもたらすので，第 2 項はより問題を含んでいる．

$$\frac{\partial}{\partial x_0}(e^{i\lambda x_0 y_0 \rho(x,y)}) = \frac{\partial}{\partial y_0}(e^{i\lambda x_0 y_0 \rho(x,y)}) \frac{y_0}{x_0}$$

であることを見て，(63) において y_0 で部分積分することによって，これを回避する．ψ_1 の台の性質により，変数 y_0 は有界で 0 から離れており，y_0 での微分は被積分関数の滑らかな関数にのみ作用し，$f(y)$ には y_0 に依存しないので作用しない，ということに注意する．

これは，第 2 項も望みの評価をみたすことを示しており，系が示される．

7.4　2 進分解

ここで，作用素 $\mathcal{A}$ の 2 進分解の話題へと移る．$\mathbb{R}$ 上の任意のシュワルツ関数 h で $\int_{\mathbb{R}} h(\rho) d\rho = 1$ によって正規化されたものを固定するとき，定義関数 ρ をもつ $\mathbb{R}^d$ の任意の滑らかな超曲面 M と $\mathbb{R}^d$ 上のコンパクトな台をもつ任意の連続関数 f に対して

$$\lim_{\varepsilon \to 0} \varepsilon^{-1} \int_{\mathbb{R}^d} h(\rho(x)/\varepsilon) f(x)\, dx = \int_M f \frac{d\sigma}{|\nabla \rho|}$$

となることがわかる（練習 8 を見よ）．ここに $d\sigma$ は M 上の誘導されたルベーグ測度である．

その結果として（(60) を見よ）

$$\mathcal{A}(f)(x) = \int_{M_x} f(y)\, d\mu_x(y) = \lim_{\varepsilon \to 0} \varepsilon^{-1} \int_{\mathbb{R}^d} h\left(\frac{\rho(x, y)}{\varepsilon}\right) \psi(x, y) f(y)\, dy$$

が従う．ここに $\psi(x, y)$ は $\psi(x, y) = \psi_0(x, y) |\nabla_y \rho|$ によって与えられるコンパクトな台をもつ C^∞ 級関数で，$d\mu_x(y) = \psi_0(x, y)\, d\sigma_x(y)$ である．

今，$\gamma(u)$ を $\mathbb{R}$ 上の C^∞ 級関数で，$|u| \le 1$ に台をもち，$|u| \le 1/2$ のとき

$\gamma(u) = 1$ となるように選び，$h(\rho) = \int_{\mathbb{R}} e^{2\pi iu\rho}\gamma(u)\,du$ とする．フーリエ反転公式により，$\int_{\mathbb{R}} h(\rho)d\rho = 1$ であり，また $\int_{\mathbb{R}} e^{2\pi iu\rho}\gamma(\varepsilon u)\,du = \varepsilon^{-1}h(\rho/\varepsilon)$ である．

次に，r を正整数として $\varepsilon = 2^{-r}$ とすると，$\gamma(2^{-r}u) = \gamma(u) + \sum_{k=1}^{r}(\gamma(2^{-k}u) - \gamma(2^{-k-1}u))$ である．$r \to \infty$ とすると，

$$1 = \gamma(u) + \sum_{k=1}^{\infty} \eta(2^{-k}u)$$

を得る．ここに $\eta(u) = \gamma(u) - \gamma(u/2)$ であり，η の台は $1/2 \le |u| \le 2$ に含まれる．

上の結果として，f が連続ならば

$$\mathcal{A}(f)(x) = \sum_{k=0}^{\infty} \mathcal{A}_k(f)(x) = \lim_{r\to\infty}\sum_{k=0}^{r} \mathcal{A}_k(f)(x)$$

と書くことができる．ここに

$$\mathcal{A}_k(f)(x) = \int_{\mathbb{R}\times\mathbb{R}^d} e^{2\pi iu\rho(x,y)}\eta(2^{-k}u)\psi(x,\, y)f(y)\,du\,dy \tag{65}$$

である（$\mathcal{A}_0$ も類似の公式で与えられるが，$\eta(2^{-k}u)$ を $\gamma(u)$ で置き換える）．各 x に対して極限値が存在する．

ここで，作用素 $\mathcal{A}_k(f)$ について以下の観察を行う．その中の 1 番目は自明である．

(a)　各 $f \in L^2(\mathbb{R}^d)$ に対して，$\mathcal{A}_k(f)$ はコンパクトな台をもつ C^∞ 級関数である．

(b)　評価式

$$\|\mathcal{A}_k(f)\|_{L^2} \le c\,2^{-k\left(\frac{d-1}{2}\right)}\|f\|_{L^2} \tag{66}$$

が従う．実際，変数変換 $2^{-k}u = y_0$ により

$$\mathcal{A}_k(f)(x) = 2^k\int_{\mathbb{R}\times\mathbb{R}^d} e^{2\pi i2^k y_0\rho(x,y)}\psi(x,\, y_0,\, y)f(y)\,dy_0\,dy \tag{67}$$

となる．ここに $\psi(x,\, x_0,\, y) = \psi(x,\, y)\eta(y_0)$ であり，(62) を考慮すると，

$$2^k S_\lambda(f)(x)$$

に一致する．ここに $\lambda = 2\pi\, 2^k$ である．よって，η の台は 0 と離れているので，

不等式 (66) は系 7.3 からただちに従う．

(c) 族 $\{\mathcal{A}_k\}$ は次の意味での強い「概直交性」をもつ．すなわち，ある整数 $m>0$ が存在して，$|k-j|\geq m$ ならば

$$\|\mathcal{A}_k\mathcal{A}_j^*(f)\|_{L^2}\leq c_N 2^{-N\max(k,j)}\|f\|_{L^2} \tag{68}$$

が各 $N\geq 0$ に対して成立する．$\mathcal{A}_k^*\mathcal{A}_j$ に対しても同様の主張が成立する．

(c) を確かめるために，作用素 $\mathcal{A}_k\mathcal{A}_j^*$ の積分核の大きさの単純な評価を行う．直接計算により，その積分核は

(69)

$$K(x,\,y)=2^k2^j\int_{\mathbb{R}\times\mathbb{R}\times\mathbb{R}^d}e^{2\pi i(2^jv\rho(z,y)-2^ku\rho(z,x))}\psi(z,\,x,\,y)\overline{\eta(u)}\,\eta(v)\,dz\,du\,dv$$

で与えられる．ここに $\psi(z,\,x,\,y)=\overline{\psi}(z,\,x)\,\psi(z,\,y)$ である．今 $j\geq k$ と仮定する（$k\geq j$ の場合も同様である）．(69) の指数は

$$2\pi i(2^jv\rho(z,y)-2^ku\rho(z,x))=i\lambda\Phi(z)$$

であり，$\lambda=2\pi 2^j$ で $\Phi(z)=v\rho(z,y)-2^{k-j}u\rho(z,x)$ である．η の台の性質により，$1/2\leq|v|\leq 2$ かつ $1/2\leq|u|\leq 2$ であることを思い出そう．その結果として，十分大きい m を一つ固定すると，$j-k\geq m$ ならば（十分小さい定数 c に対して $|\nabla_z\rho(z,y)|\geq c$ であり，一方 $|\nabla_z\rho(z,\,x)|\leq 1/c$ であるから）$|\nabla_z\Phi(z)|\geq c'>0$ となる．

さて，$\displaystyle\int_{\mathbb{R}^d}e^{i\lambda\Phi(z)}\psi(z,\,x,\,y)\,dz$ を評価するために，命題 2.1 に助けを求めることができて，その結果として，各 $N\geq 0$ に対して

$$\begin{aligned}|K(x,\,y)|&\leq c_N2^k2^j2^{-jN}\\&\leq c_{N'}2^{-N'\max(k,j)},\qquad N'=N-2\end{aligned}$$

を得る．K もまた固定されたコンパクトな台をもつので，したがって $\mathcal{A}_k\mathcal{A}_j^*$ に対する評価式 (68) が示される．もちろん $\mathcal{A}_k^*\mathcal{A}_j$ についても同様の議論ができて，性質 (c) が証明される．

(d) 最後の主張は作用素 $\left(\dfrac{\partial}{\partial x}\right)^\alpha\mathcal{A}_k=\partial_x^\alpha\mathcal{A}_k$ に関連するが，この作用素を $\mathcal{A}_k^{(\alpha)}$ と書くことにする．$\mathcal{A}_k^{(\alpha)}$ は $\mathcal{A}_k$ のように C^∞ 級でかつ台がコンパクトな積分核をもつ．$\{\mathcal{A}_k^{(\alpha)}\}$ は $\{\mathcal{A}_k\}$ の評価式と非常によく似た評価式をみたす．実際，

(70) $$\|\mathcal{A}_k^{(\alpha)}\| \le c_\alpha 2^{k|\alpha|} 2^{-k\left(\frac{d-1}{2}\right)}$$

であること，および，$|k-j| \ge m$ ならば

(71) $$\|\mathcal{A}_k^{(\alpha)}(\mathcal{A}_j^{(\alpha)})^*\| \le c_{\alpha,N} 2^{-N\max(k,j)}$$

であることが成立する．$(\mathcal{A}_k^{(\alpha)})^*\mathcal{A}_j^{(\alpha)}$ に対しても同様である．ここに，$\|\cdot\|$ はもちろん $L^2(\mathbb{R}^d)$ 上の作用素ノルムを表す．

(67) を見ると，$\mathcal{A}_k(f)$ に対して微分 ∂_x^α を実行すると，（ψ に変形を施した）$\mathcal{A}_k$ に $2^{k|\alpha|}$ を超えない因子を掛けた項の有限和を与えることがわかる．よって，(70) と (71) は上の主張 (b) と (c) の直接的帰結である．

7.5　概直交和

$\mathcal{A}$ を構成する相異なる断片 $\mathcal{A}_k$ のノルムを適切に制御できるので，一般の概直交原理を用いてこれらを一つにまとめることにする．

$L^2(\mathbb{R}^d)$ 上の有界作用素の列 $\{T_k\}$ を考えて，$-\infty < k < \infty$ に対して正定数 $a(k)$ が与えられて，その和は有限である，すなわち，$A = \sum_{k=-\infty}^{\infty} a(k) < \infty$ であると仮定する．

命題 7.4

$$\|T_k T_j^*\| \le a^2(k-j), \qquad \|T_k^* T_j\| \le a^2(k-j)$$

とする．このとき，すべての r に対して

(72) $$\left\|\sum_{k=0}^{r} T_k\right\| \le A$$

が成立する．

この命題の主意はもちろん上界 A は r に依存しないことである．

証明　$T = \sum_{k=0}^{r} T_k$ とし，$\|T\|^2 = \|TT^*\|$ であることを思い出そう．TT^* は自己共役なので，この等式を繰り返し用いることができて（少なくとも n がある整数 s に対して $n = 2^s$ の形であるとき）$\|T\|^{2n} = \|(TT^*)^n\|$ を導く．ここで

$$(TT^*)^n = \sum_{i_1, i_2, \cdots, i_{2n}} T_{i_1} T_{i_2}^* \cdots T_{i_{2n-1}} T_{i_{2n}}^*$$

を得る．上の和の各項のノルムに対する二つの評価を行う．一つは

$$\|T_{i_1}T_{i_2}^* \cdots T_{i_{2n-1}}T_{i_{2n}}^*\| \leq a^2(i_1 - i_2)a^2(i_3 - i_4) \cdots a^2(i_{2n-1} - i_{2n})$$

で，積を $(T_{i_1}T_{i_2}^*) \cdots (T_{i_{2n-1}}T_{i_{2n}}^*)$ と見ることにより導かれる．次は

$$\|T_{i_1}T_{i_2}^* \cdots T_{i_{2n-1}}T_{i_{2n}}^*\| \leq A^2a^2(i_2 - i_3)a^2(i_4 - i_5) \cdots a^2(i_{2n-2} - i_{2n-1})$$

で，積を $T_{i_1}(T_{i_2}^*T_{i_3}) \cdots (T_{i_{2n-2}}^*T_{i_{2n-1}})T_{i_{2n}}^*$ と見て，T_{i_1} と $T_{i_{2n}}^*$ はともに A で抑えられるという事実を用いることにより導かれる．これらの評価の幾何平均は

$$\|T_{i_1}T_{i_2}^* \cdots T_{i_{2n-1}}T_{i_{2n}}^*\| \leq Aa(i_1 - i_2)a(i_2 - i_3) \cdots a(i_{2n-1} - i_{2n})$$

を与える．ここで，初めに i_1 について和をとり，次に i_2 について和をとり，i_{2n-1} まで継続すると，$A = \sum a(k)$ であるから各回ごとに A という追加の因子を導く．i_{2n} について和をとるとき，和に $r+1$ 個の項があることを用いる．その結果 $\|T\|^{2n} \leq A^{2n}(r+1)$ となる．$2n$ 乗根をとり $n \to \infty$ とすると (72) が従い，命題が証明される． ∎

7.6 定理 7.1 の証明

初めに，次元 d が奇数であり，したがって，分数 $(d-1)/2$ が整数の場合を考察する．d が偶数の場合は少し複雑であり，別に扱う．

この最初の場合では，$|\alpha| \leq (d-1)/2$ で $f \in L^2(\mathbb{R}^d)$ ならば，導関数 $\partial_x^\alpha \mathcal{A}(f)$ が超関数の意味で存在し，L^2 関数であって，写像 $f \longmapsto \partial_x^\alpha \mathcal{A}(f)$ が L^2 上で有界である，ということを示さなくてはならない．

各 r に対して

$$\partial_x^\alpha \sum_{k=0}^{r} \mathcal{A}_k = \sum_{k=0}^{r} T_k, \qquad T_k = \mathcal{A}_k^{(\alpha)} = \partial_x^\alpha \mathcal{A}_k$$

を考える．今，(70) と (71) により，命題 7.4 の仮定が実際 $a(k) = c_N 2^{-|k|N}$ （と特に $N=1$ の場合）によってみたされることを見る．よって，

$$\left\| \partial_x^\alpha \sum_{k=0}^{r} \mathcal{A}_k(f) \right\|_{L^2} \leq A\|f\|_{L^2}, \qquad |\alpha| \leq \frac{d-1}{2} \tag{73}$$

が得られる．しかし，$\alpha = 0$ に対する (70) により，和 $\sum\limits_{k=0}^{r} \mathcal{A}_k$ は $r \to \infty$ のとき L^2 ノルムで $\mathcal{A}(f)$ に収束し，（各点収束の意味でも $\mathcal{A}(f)$ に収束するので）したがって，超関数の意味で収束する．ゆえに，$\partial_x^\alpha \sum\limits_{k=0}^{r} \mathcal{A}_k(f)$ も $r \to \infty$ のとき超関数の意味で収束するが，しかし，この和は r の変化に対して L^2 で一様であるか

ら，極限関数も L^2 に属する．

最後に，コンパクトな台をもつ連続関数 f と奇数 d の場合の $|\alpha| \le (d-1)/2$ に対して

$$\|\partial_x^\alpha \mathcal{A}(f)\|_{L^2} \le A\|f\|_{L^2}$$

を得る．よって，この場合には定理 7.1 が証明される．

今度は d が偶数の場合を考察する．ここでは，シュワルツ空間 $\mathcal{S}$ 上でフーリエ変換に対する乗算としての作用により定義される「分数階微分」作用素 D^s，すなわち，

$$(D^s f)^\wedge(\xi) = (1+|\xi|^2)^{s/2}\widehat{f}(\xi)$$

を用いることが必要になる．$\sigma = \mathrm{Re}(s)$ とおくと，$\mathcal{S}$ に属する f に対して $\|D^s(f)\|_{L^2} = \|f\|_{L^2_\sigma}$ となることに注意せよ．また，$\mathrm{Re}(s) = m$ が正整数ならば，

$$\|D^s(f)\|_{L^2} \le c \sum_{|\alpha|\le m} \|\,\partial_x^\alpha f\,\|_{L^2} \tag{74}$$

であることを見ておくことも必要である．実際，これは不等式 $(1+|\xi|^2)^{m/2} \le c' \sum_{|\alpha|\le m} |\xi^\alpha|$, $\xi \in \mathbb{R}^d$ とプランシュレルの定理から直接従う．

さて，d が奇数の場合に上で議論したように，r に依存しない上界 c が存在して

$$\left\| D^{\frac{d-1}{2}} \sum_{k=0}^{r} \mathcal{A}_k(f) \right\|_{L^2} \le c\|f\|_{L^2} \tag{75}$$

となることを示せば十分である．この目標を達成するために，$f \in L^2(\mathbb{R}^d)$（特に単関数 f）に対して

$$T^s(f) = D^{s+\frac{d-1}{2}} \sum_{k=0}^{r} 2^{-ks}\mathcal{A}_k(f) \tag{76}$$

によって定義される複素パラメータ s に依存した作用素 T^s の族を考察する．すでに注意したように，そのような f に対して $\mathcal{A}_k(f)$ は $\mathcal{S}$ に属し，それで (76) は確かに定義されて，$T^s(f)$ 自身も $\mathcal{S}$ に属する．さらに，$g \in L^2$（特に単関数）ならば，プランシュレルの定理により，

$$\begin{aligned}\Phi(s) &= \int_{\mathbb{R}^d} T^s(f) g\,dx \\ &= \sum_{k=0}^{r} 2^{-ks} \int_{\mathbb{R}^d} (1+|\xi|^2)^{s/2} F_k(\xi)\,\widehat{g}(-\xi)\,d\xi\end{aligned}$$

とする．ここに，各 F_k は $\mathcal{S}$ に属する．よって Φ は s について解析的（実際，整関数）であり，シュヴァルツ不等式により，任意の帯状集合 $a \leq \mathrm{Re}(s) \leq b$ で有界である．

次に

$$\sup_t \| T^{-\frac{1}{2}+it}(f) \|_{L^2} \leq M\|f\|_{L^2} \tag{77}$$

が成立する．実際，(74) と (76) により，

$$\Big\| \sum_{k=0}^{r} 2^{-k/2}\partial_x^\alpha \mathcal{A}_k(f) \Big\|_{L^2} \leq M\|f\|_{L^2}, \qquad |\alpha| \leq \frac{d-2}{2}$$

を見れば十分である．しかし，これは $\mathcal{A}_k^{(\alpha)} = \left(\dfrac{\partial}{\partial x}\right)^\alpha \mathcal{A}_k$ に対する評価式 (70) と (71) と 7.5 節の概直交性の命題を合わせて用いることにより (73) のように証明される．

同様に，

$$\sup_t \| T^{\frac{1}{2}+it}(f) \|_{L^2} \leq M\|f\|_{L^2} \tag{78}$$

がわかる．最後に，命題 4.4 により与えられる解析的補間定理を適用する．ここでは，帯状集合は $a \leq \mathrm{Re}(s) \leq b$ で $a = -1/2$, $b = 1/2$, $c = 0$ とし，$p_0 = q_0 = p_1 = q_1 = 2$ とする．それで得られる結果は

$$\|T^0(f)\|_{L^2} \leq M\|f\|_{L^2}$$

であり，定義 (76) により，これは (75) である．これで定理の証明が完了する．

注意　定理 4.1 (b) と系 4.2 の L^p, L^q 有界性の結果はここでの設定に拡張される．証明は練習 20 に概略が述べられる．

8. 格子点の数え上げ

この最終節では，整数論に関するいくつかの問題に対する振動積分の関連性を見る．

8.1　数論的関数の平均値

われわれの念頭にある数論的関数は，$r_2(k)$ すなわち二つの平方の和としての k の表現の個数と，$d(k)$ すなわち k の約数の個数である．これらの関数の $k \to \infty$

のときの粗い評価でも，高次の不規則性が明らかになり，単純な解析的表現によりこれらの関数の大きい k に対する挙動を捉えることは可能ではない．

実際，無限個の k に対して，各々 $r_2(k)=0$ や $d(k)=2$ が成立する一方，任意の $A>0$ に対して $r_2(k) \geq (\log k)^A$ が無限個の k で成立し，$d(k)$ に対しても同様のことが成立する [10]．

この文脈で思いつく考えは，代わりにこれらの数論的関数の平均挙動を問うことであった．これが有用かもしれないということは，$r_2(k)$ の平均値は π であるというガウスの観察によってすでに示されている．これは $\mu \to \infty$ のとき $\dfrac{1}{\mu}\sum_{k=1}^{\mu} r_2(k) \to \pi$ であることを意味する．

より詳しくは，次の結果を得る．

命題 8.1　$\mu \to \infty$ のとき $\sum_{k=1}^{\mu} r_2(k) = \pi\mu + O(\mu^{1/2})$ が成立する．

証明は，$\sum_{k=0}^{\mu} r_2(k)$ が $R^2=\mu$ となる半径 R の円板に含まれる格子点の数を表すということを実現することによる．実際，$\mathbb{R}^2$ 内の**格子点**，すなわち，整数の座標をもつ $\mathbb{R}^2$ の点の全体を $\mathbb{Z}^2$ で表すと，$r_2(k) = \#\{(n_1, n_2) \in \mathbb{Z}^2 : k = n_1^2 + n_2^2\}$ であり，よって，

$$\sum_{k=0}^{\mu} r_2(k) = \#\{(n_1, n_2) \in \mathbb{Z}^2 : n_1^2 + n_2^2 \leq R^2\}$$

となる．そこで $N(R)$ を上式の量とすると，命題は

$$N(R) = \pi R^2 + O(R), \qquad R \to \infty \tag{79}$$

が成立するというのと同値である．これを証明するために，閉円板 $\{x \in \mathbb{R}^2 : |x| \leq R\}$ を D_R で表し，$\widetilde{D}_R$ は $n \in D_R$ をみたす点 $n \in \mathbb{Z}^2$ を中心とする正方形の和集合とする．すなわち，

$$\widetilde{D}_R = \bigcup_{|n| \leq R,\, n \in \mathbb{Z}^2} (S+n)$$

であり，$S = \{x = (x_1, x_2) : -1/2 \leq x_i < 1/2,\ i = 1, 2\}$ である．

各々の正方形 $S+N$ は互いに素で面積は 1 であるから，$m(\widetilde{D}_R) = N(R)$ で

10)　ここで述べる $r_2(k)$ や $d(k)$ についての初等的な事実については，漸近公式 (81) も含めて，たとえば第 I 巻の第 8 章および第 II 巻の第 10 章を見よ．

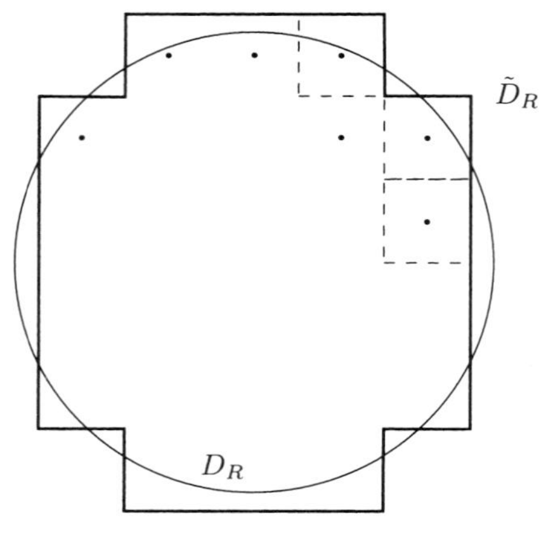

図 2　領域 $\widetilde{D}_R$.

ある．しかし，

$$D_{R-2^{-1/2}} \subset \widetilde{D}_R \subset D_{R+2^{-1/2}} \tag{80}$$

である．実際，$x \in S+n$ で $|n| \leq R$ とすると，$|x| \leq 2^{-1/2}+|n| \leq R+2^{-1/2}$ であるから $\widetilde{D}_R \subset D_{R+2^{-1/2}}$ が従う．逆の包含関係も同様に証明することができる．(80) により，

$$m(D_{R-2^{-1/2}}) \leq m(\widetilde{D}_R) \leq m(D_{R+2^{-1/2}})$$

が従い，よって

$$\pi(R-2^{-1/2})^2 \leq N(R) \leq \pi(R+2^{-1/2})^2$$

が得られて $N(R)=\pi R^2+O(R)$ が証明される．

約数関数の平均に対するより複雑な類似の命題がある．ディリクレの定理の主張は

$$\sum_{k=1}^{\mu} d(k) = \mu\log\mu+(2\gamma-1)\mu+O(\mu^{1/2}), \qquad \mu\to\infty \tag{81}$$

である．ここに γ はオイラー定数である．

再び，これは平面上の格子点の数え上げの帰結である．(81) の左辺は $n_1,\, n_2>0$ となる格子点 $(n_1,\, n_2)$ で双曲線 $x_1x_2=\mu$ のグラフ上かそれより下にあるものの

個数である[11].

(79) および (81) の両方から，これらの漸近公式に現れる誤差項の真の大きさはどうなるかという疑問が生ずる．整数論におけるこの種の重要な他の疑問のように，これらの問題には多くの努力を伴う長い歴史があり，しかし未だに解かれていない．ここでのわれわれの目的は，(79) および (81) を超える最初の結果が，本章で扱っているアイデアの助けによりいかにして導かれるのかを示すことだけである．

8.2　ポアソンの和公式

これらの問題についてのさらに進んだ洞察のために不可欠なのはポアソンの和公式の応用である．ここでは $\mathbb{R}^d$ の一般の文脈ながら，われわれの応用には十分なように限定した仮定で，この等式をのべる[12].

命題 8.2　f はシュワルツ空間 $\mathcal{S}(\mathbb{R}^d)$ に属するとせよ．このとき

$$\sum_{n\in\mathbb{Z}^d} f(n) = \sum_{n\in\mathbb{Z}^d} \widehat{f}(n) \tag{82}$$

が成立する．

ここに $\mathbb{Z}^d$ は $\mathbb{R}^d$ における**格子点**，整数座標の点の全体を表し，$\widehat{f}$ は f のフーリエ変換である．

証明のため，二つの和

$$\sum_{n\in\mathbb{Z}^d} f(x+n), \qquad \sum_{n\in\mathbb{Z}^d} \widehat{f}(n)e^{2\pi i n\cdot x}$$

を考える．ともに速く収束する級数であり（f と $\widehat{f}$ が $\mathcal{S}(\mathbb{R}^d)$ に属するから），ゆえにこれらの和はともに連続関数である．さらに，それぞれ周期的，すなわち，任意の $m \in \mathbb{Z}^d$ に対して x を $x+m$ に置き換えてもそれぞれ不変である．和 $\sum_{n\in\mathbb{Z}^d} f(x+n)$ については，これは明らかで，なぜならば x を $x+m$ で置き換えることは単に和

[11] $r_2(k)$ の平均と $d(k)$ の平均の間に何か関連があるかもしれないということは，$k \geq 1$ に対して $r_2(k) = 4(d_1(k) - d_3(k))$ が成り立つという事実により示唆される．ここに，d_1 および d_3 はそれぞれ $k \equiv 1 \bmod 4$ および $k \equiv 3 \bmod 4$ となる約数の個数である．

[12] 公式のための他の設定は第 I 巻の第 5 章と第 II 巻の第 4 章で見つけることができる．

の取り直しに過ぎないからである．また，各 $n \in \mathbb{Z}^d$ に対する $e^{2\pi i n\cdot x}$ の周期性により，二つ目の和は不変である．さらに，和は両方とも同じフーリエ係数をもつ．これを見るために，Q を基本立方体 $Q=\{x\in\mathbb{R}^d : 0<x_j\le 1,\ j=1,\cdots,d\}$ とし，任意の $m\in\mathbb{Z}^d$ を固定する．このとき，$\bigcup_{n\in\mathbb{Z}^d}(Q+n)$ は $\mathbb{R}^d$ の立方体の集まり $\{Q+n\}_{n\in\mathbb{Z}^d}$ への分割であるから

$$\begin{aligned}\int_Q\left(\sum_n f(x+n)\right)e^{-2\pi i m\cdot x}dx &= \sum_n \int_{Q+n} f(x)e^{-2\pi i m\cdot x}dx\\ &= \int_{\mathbb{R}^d} f(x)e^{-2\pi i m\cdot x}dx\\ &= \widehat{f}(m)\end{aligned}$$

となる．さらに

$$\int_Q\left(\sum_n \widehat{f}(n)e^{2\pi i n\cdot x}\right)e^{-2\pi i m\cdot x}dx = \widehat{f}(m)$$

である．なぜなら，$n=m$ のとき $\int_Q e^{2\pi i n\cdot x}e^{-2\pi i m\cdot x}dx=1$ であり，そうでないときは 0 となるからである．$\sum_n f(x+n)$ と $\sum_n \widehat{f}(n)e^{2\pi i n\cdot x}$ は同じフーリエ係数をもつので，これらの関数は一致しなくてはならなくて [13]，$x=0$ とすると (82) を与える．

次に和公式 (82) をまず $\mathbb{R}^2$ 上の $\mathcal{S}$ に属する球対称関数 $f(x)=f_0(|x|)$ に適用するとどうなるかを見よう．そして，円板 D_R の特性関数 χ_R に用いることを試みる．

第 1 節の公式 (4) を用いると，

$$\sum_{n\in\mathbb{Z}^2} f_0(|n|) = 2\pi\int_0^\infty f_0(r)r\,dr + \sum_{k=1}^\infty F_0(k^{1/2})r_2(k) \tag{83}$$

を得る．ただし $|n|^2=k$ となる項を一つにまとめた．ここに $F_0(\rho)=2\pi\int_0^\infty J_0(2\pi\rho r)f_0(r)r\,dr$ であり，$J_0(0)=1$ である．

この公式は f が χ_R の場合に適用できて（障害はもちろん χ_R が滑らかでない

---

13) たとえば，第 III 巻の第 6 章の練習 16 を見よ．

ことである)，練習 23 で概説される $rJ_1(r) = \int_0^r \sigma J_0(\sigma)\,d\sigma$ を用いると，これはハーディの等式

$$N(R) = \pi R^2 + R\sum_{k=1}^{\infty} \frac{r_2(k)}{k^{1/2}} J_1(2\pi k^{1/2} R)$$

を与える．$J_1(u)$ は $u \to \infty$ のとき $u^{-1/2}$ のオーダーであり（(11) を見よ)，級数は絶対収束しないが，これは，たとえ級数の（条件付き）収束が保証されたとしても，(83) の応用を試みる際の障壁である．それにも関わらず，級数の各項は $O(R^{-1/2})$ であるから，誤差項 $N(R) - \pi R^2$ は粗くいって $O(R^{1/2})$ であり，これが予想されていることである[14]．

ここで，次の弱い主張，すなわち，(79) の改良版を証明する．

定理 8.3　$N(R) = \pi R^2 + O(R^{2/3}),\quad R \to \infty$.

証明　特性関数 χ_R を以下のように正則化したものに置き換える．非負「隆起」関数 φ すなわち，C^∞ 級で単位円板に台をもち $\int_{\mathbb{R}^2} \varphi(x)\,dx = 1$ となる関数を一つ固定する．$\varphi_\delta(x) = \delta^{-2}\varphi(x/\delta)$ とおき，

$$\chi_{R,\delta} = \chi_R * \varphi_\delta$$

とする．このとき，$\chi_{R,\delta}$ はコンパクトな台をもつ C^∞ 級関数であることは明らかで，よって和公式 (82) を適用することができる．$\widehat{\chi}_{R,\delta}(\xi) = \widehat{\chi}_R(\xi)\,\widehat{\varphi}_\delta(\xi)$ であり $\widehat{\chi}_{R,\delta}(0) = \widehat{\chi}_R(0)\,\widehat{\varphi}_\delta(0) = \pi R^2$ であることに注意せよ．

その結果として，$N_\delta(R) = \sum_{n\in\mathbb{Z}^2} \chi_{R,\delta}(n)$ と定義すると和公式により

$$N_\delta(R) = \pi R^2 + \sum_{n\neq 0} \widehat{\chi}(n)\,\widehat{\varphi}(\delta n)$$

が従う．ここで，上の和を二つの部分

$$\sum_{0<|n|\le 1/\delta} + \sum_{|n|>1/\delta}$$

に分割して評価する．最初の和に対して，

$$|\widehat{\chi}_R(n)| = \frac{R}{|n|}|J_1(2\pi|n|R)| = O(R^{1/2}|n|^{-3/2})$$

---

14)　より正確には，すべての $\varepsilon > 0$ に対して誤差項は $O(R^{1/2+\varepsilon})$ と推測される．問題 6* も見よ．

という上で述べられたことにより従う事実，および，$|\widehat{\varphi}(n\delta)| = O(1)$ を用いる．これにより，

$$\sum_{0<|n|\le 1/\delta} \widehat{\chi}(n)\,\widehat{\varphi}(\delta n) = O\Big(R^{1/2} \sum_{0<|n|\le 1/\delta} |n|^{-3/2}\Big)$$
$$= O\Big(R^{1/2} \int_{|x|\le 1/\delta} |x|^{-3/2} dx\Big)$$
$$= O(R^{1/2}\delta^{-1/2})$$

が得られる．$|\widehat{\varphi}(n\delta)| = O(|n|^{-1}\delta^{-1})$ である（実際 $\widehat{\varphi}(\xi)$ は急減少である）から，同様に

$$\sum_{|n|>1/\delta} \widehat{\chi}(n)\,\widehat{\varphi}(\delta n) = O\Big(R^{1/2}\delta^{-1} \sum_{|n|>1/\delta} |n|^{-5/2}\Big)$$

が従う．よって，この和も $O(R^{1/2}\delta^{-1/2})$ である．したがって，

$$N_\delta(R) = \pi R^2 + O(R^{1/2}\delta^{-1/2}) \tag{84}$$

と結論づけられる．しかし，$N_\delta(R)$ と $N(R)$ の間には単純な関係式，すなわち，

$$N_\delta(R-\delta) \le N(R) \le N_\delta(R+\delta) \tag{85}$$

が成立する．これは

$$\chi_{R-\delta,\delta} \le \chi_R \le \chi_{R+\delta,\delta}$$

を観察することから同様に従う．右辺の不等式 $\chi_R(x) \le \int \chi_{R+\delta,\delta}(x-y)\varphi_\delta(y)\,dy$ は，$x \in D_R$ で $|y| \le \delta$ ならば $x - y \in D_{R+\delta}$ であるから，明らかである．左辺の不等式についても同様である．

最後に (84) により，$N_\delta(R+\delta) = \pi R^2 + O(R^{1/2}\delta^{-1/2}) + O(R\delta)$，そして同様に $N_\delta(R-\delta) = \pi R^2 + O(R^{1/2}\delta^{-1/2}) + O(R\delta)$ を得る．まとめると，(85) は

$$N(R) = \pi R^2 + O(R^{1/2}\delta^{-1/2}) + O(R\delta)$$

を与える．$\delta = R^{-1/3}$ を選ぶことにより両方の O の項を一致させて，

$$N(R) = \pi R^2 + O(R^{2/3})$$

を得る．よって定理が証明される． ∎

定理 8.3 における方法は，$\mathbb{R}^2$ の円板を $\mathbb{R}^d$ の適当な凸集合に置き換える幅広い一般化をもたらす．

集合 Ω が**凸集合**であるとは，x と x' が Ω に属するとき，それらを結ぶ線分もそうであることである，ということを思い出そう．さらに，Ω が（第7章第4節の意味で）C^2 級の境界をもつ有界集合であることを仮定する．このとき，ρ が Ω の定義関数ならば，第2基本形式 (19) は半正定値である．（実際，半正定値でないと仮定すると，境界上の点とその点を中心とする座標系 $(x_1, \cdots, x_d)$ を見つけることができて，x_d が内向き法線方向であり，2次形式が x_1 方向の固有値 $\lambda_1 < 0$ をもつ．よって，この座標系の中心の近くで Ω と x_1 軸 および x_d 軸で定まる平面の共通部分が $\{x_d > \lambda x_1^2 + o(x_1^2)\}$ で与えられるが，これは明らかに凸でないので，Ω の凸性に矛盾する．）

このことを念頭に置いて，Ω が**強凸**であるとは，2次形式 (19) が Ω の境界上の各点で厳密に正定値であることをいう．$R\Omega$ で伸長した集合 $\{Rx : x \in \Omega\}$ を表し，$N_R = \#\{R\Omega$ の中の格子点$\}$ とする．

定理 8.4　Ω は十分滑らかな境界をもつ $\mathbb{R}^d$ の有界領域とする[15)]．Ω は強凸であること，および，$0 \in \Omega$ を仮定する．このとき，

$$N_R = R^d m(\Omega) + O(R^{d-\frac{2d}{d+1}}), \qquad R \to \infty$$

が成立する．

証明は定理 8.3 に対する議論に厳密に沿ったものである．

証明　χ を Ω の特性関数，χ_R を $R\Omega$ のそれとすると，$\chi_R(x) = \chi(x/R)$ が成立する．単位球に台をもつ非負 C^∞ 級関数 φ で $\displaystyle\int \varphi(x)\,dx = 1$ をみたすものを用いて，$\varphi_\delta(x) = \delta^{-d}\varphi(x/\delta)$ とおく．$\chi_{R,\delta} = \chi_R * \varphi_\delta$ とし，

$$N_{R,\delta} = \sum_{n\in\mathbb{Z}^d} \chi_{R,\delta}(n)$$

とおく．さて，$\widehat{\chi}_{R,\delta}(0) = \widehat{\chi}_R(0)\widehat{\varphi}(0)$, $\widehat{\chi}_R(0) = R^d\widehat{\chi}(0) = R^d m(\Omega)$, $\widehat{\varphi}(0) = 1$ であるから，和公式 (82) により

$$N_{R,\delta} = R^d m(\Omega) + \sum_{n\neq 0} \widehat{\chi}_{R,\delta}(n)$$

が得られる．

15)　証明が示すように C^{d+2} で十分である．第3節の終わりの注意を見よ．

しかし系 3.3 により $\widehat{\chi}(\xi)=O\left(|\xi|^{-\frac{d+1}{2}}\right)$ である．よって，

$$\widehat{\chi}_R(n)=R^d\widehat{\chi}(Rn)=O\left(R^{\frac{d-1}{2}}|n|^{-\frac{d+1}{2}}\right)$$

であり，したがって

$$\widehat{\chi}_{R,\delta}(n)=O\left(R^{\frac{d-1}{2}}|n|^{-\frac{d+1}{2}}\right)\widehat{\varphi}(\delta n)$$

である．ここで，和 $\sum_{n\neq 0}\widehat{\chi}_{R,\delta}(n)$ を $\sum_{1\leq|n|\leq 1/\delta}+\sum_{|n|>1/\delta}$ のように分ける．第 1 項に対して，$\widehat{\chi}_{R,\delta}(n)=O(R^{\frac{d-1}{2}}|n|^{-\frac{d+1}{2}})$ という事実を用いて，（たとえば，$R^{\frac{d-1}{2}}\int_{|x|\leq 1/\delta}|x|^{-\frac{d+1}{2}}\,dx$ と比べることにより）和を $O(R^{\frac{d-1}{2}}\delta^{-\frac{d-1}{2}})$ と評価する．

$\widehat{\varphi}$ は急減少であるから，第 2 項は任意の $r>0$ に対して $R^{\frac{d-1}{2}}\sum_{|n|>1/\delta}|n|^{-\frac{d+1}{2}}(|n|\delta)^{-r}$ という評価を導く．十分大きな r，たとえば $r=d/2$ を選ぶと，この部分和に対しても同様に $O\left(R^{\frac{d-1}{2}}\delta^{-\frac{d-1}{2}}\right)$ という評価を与える．ゆえに

$$N_{R,\delta}=R^d m(\Omega)+O\left(R^{\frac{d-1}{2}}\delta^{-\frac{d-1}{2}}\right) \tag{86}$$

が得られる．次に，適当な $c>0$ に対して

$$N_{R-c\delta,\delta}\leq N_R\leq N_{R+c\delta,\delta} \tag{87}$$

であることを見よう．この不等式は

$$\chi_{R-c\delta,\delta}\leq\chi_R\leq\chi_{R+c\delta,\delta}$$

から従う．右辺の不等式

$$\chi_R(x)\leq\int\chi_{R+c\delta}(x-y)\varphi_\delta(y)\,dy$$

は，ある $c>0$ が存在して $R\geq 1$ かつ $\delta\leq 1$ ならば，

$$x\in R\Omega \text{ で } |y|\leq\delta \text{ のとき } x-y\in(R+c\delta)\,\Omega \text{ となる,} \tag{88}$$

という幾何学的な観察の帰結である．Ω の凸性についてのこの幾何学的事実の証明は練習 21 で概説する．

不等式 $\chi_{R-c\delta,\delta}\leq\chi_R$ も同様に示される．

ここで (86) と (87) を合わせると，

$$N_R=R^d m(\Omega)+O\left(R^{\frac{d-1}{2}}\delta^{-\frac{d-1}{2}}\right)+O(R^{d-1}\delta)$$

が示される．今 $\delta = R^{-\frac{d-1}{d+1}}$ と選ぶと，両方の O の項は $O\left(R^{d-\frac{2d}{d+1}}\right)$ となり，定理が証明される． ∎

8.3 双曲型測度

定理 8.3 に類似の約数問題に対する (81) の改良に目を向けよう．

定理 8.5

$$\sum_{k=1}^{\mu} d(k) = \mu \log \mu + (2\gamma - 1)\mu + O(\mu^{1/3} \log \mu), \qquad \mu \to \infty \tag{89}$$[16].

ここでは定理 8.3 の証明の方針になるべく追従したいが，深刻な障害が立ち塞がっているようである．実際，χ_μ が 双曲線 $x_1 x_2 = \mu$ 上あるいはその下からなる領域

$$\{(x_1, x_2) \in \mathbb{R}^2 : x_1 x_2 \le \mu,\ x_1 > 0,\ x_2 > 0\} \tag{90}$$

の特性関数ならば，確かに

$$\sum_{k=1}^{\mu} d(k) = \sum_{n \in \mathbb{Z}^2} \chi_\mu(n)$$

が成立する．しかし，$f = \chi_\mu$ に対するポアソンの和公式 (82) のもう一つの辺はこのままでは問題を含んでいる．実際，$\widehat{\chi}_\mu(0) = \int_{\mathbb{R}^2} \chi_\mu \, dx = \infty$ であり，各項 $\widehat{\chi}_\mu(n)$ を与える積分も同じ理由で定義できない．

さらなる問題は，(89) の主要項が，領域 (90) の単純な伸張からはむしろ μ について線形な項であることを示唆するにも関わらず，$\mu \log \mu$ だということである．これに関連して，従属項にオイラーの定数 γ が登場することも不可思議である．

さて，D_R の格子点（と (83) のような公式）のわれわれの解析の本質は，2 次元における球対称関数のフーリエ変換についての事実であり，円の不変測度のフーリエ変換に依存する．これに並行して，球対称関数の代わりに「双曲型伸張」$(x_1, x_2) \to (\delta x_1, \delta^{-1} x_2)$, $\delta > 0$ について不変な関数，および，双曲線 $x_1 x_2 = 1$ に台をもつ $\mathbb{R}^2$ 上の対応する不変測度についての類似を追求する．

$\mathbb{R}^2$ 上の**双曲型測度**から始める．これは $d\mathfrak{h}$ で表され，積分公式

---

16) これと D_R の格子点に対する結果を比べて，対応関係 $\mu = R^2$ を思い出せ．

$$\int_{\mathbb{R}^2} f(x)d\mathfrak{h} = \int_0^\infty f(u,\,1/u)\frac{du}{u}$$

によって定義されるが，この式はコンパクトな台をもつすべての連続関数 f に対して有効である．あるいは，$\mathbb{R}^2$ のすべてのボレル集合 E に対して，

$$\mathfrak{h}(E) = \int_0^\infty \chi_E(u,\,1/u)\frac{du}{u}$$

とする．積分は拡張された意味でとる．測度 $\mathfrak{h}$ は伸張 $(x_1,\,x_2) \to (\delta x_1,\,\delta^{-1}x_2)$, $\delta > 0$ の下で不変であることに注意せよ．

さて，線形汎関数 $f \longmapsto \displaystyle\int_0^\infty f(u,\,1/u)\frac{du}{u}$ は，$f \in \mathcal{S}$ に対して積分が急激に収束するので定義できて，さらに，この収束は，測度 $\mathfrak{h}$ がこの公式により緩増加超関数であると見ることができることを示している．この超関数のフーリエ変換を決定しようとすると，問題は振動積分 $\mathfrak{J}^+$ と $\mathfrak{J}^-$ の組に依存する．これらは形式的には

$$\mathfrak{J}^\pm(\lambda) = \int_0^\infty e^{i\lambda(u\pm 1/u)}\frac{du}{u}$$

によって与えられる．これらの積分は（0 または無限大で）絶対収束しないので，打ち切った後の適当な極限として考えなくてはならない．

この目的のために，$[0,\,\infty)$ 上の非負 C^∞ 級関数 η で，小さい u に対して $\eta(u) = 0$, $u \geq 1$ に対して $\eta(u) = 1$ となるものをとり，$\eta_a(u) = \eta(u/a)$ とおく．このとき，収束する積分

$$\mathfrak{J}^+_{a,b}(\lambda) = \int_0^\infty e^{i\lambda(u+\frac{1}{u})}\eta_a(u)\eta_b(1/u)\frac{du}{u}$$

を定義し，$\mathfrak{J}^-_{a,b}(\lambda)$ も同様に定義する．初めに $0 < a,\,b \leq 1/2$ をとる．

命題 8.6 各 $\lambda \neq 0$ に対して，極限 $\mathfrak{J}^+(\lambda) = \lim_{a,b\to 0} \mathfrak{J}^+_{a,b}(\lambda)$ が存在する．さらに，a と b について一様に次が成立する：

(i) $\mathfrak{J}^+_{a,b}(\lambda) = \left(\sum_{k=0}^{N} c_k\lambda^{-1/2-k}\right)e^{2i\lambda} + O(|\lambda|^{-3/2-N})$ が $|\lambda| \geq 1/2$ および，すべての $N \geq 0$ と適当な定数 $c_0,\,c_1,\,\cdots,\,c_k,\,\cdots$ に対して成立する．

(ii) $\mathfrak{J}^+_{a,b}(\lambda) = O(\log 1/|\lambda|)$ が $|\lambda| \leq 1/2$ に対して成立する．

証明 積分 $\mathfrak{J}^+_{a,b}$ を以下のように三つの部分に分ける．α は C^∞ 級関数とし，$3/4 \leq u \leq 4/3$ のとき $\alpha(u) = 1$ で，α は $[1/2,\,2]$ に含まれる台をもつものとする．$\beta = 1 - \alpha$ とおくと，β の台は $u \leq 3/4$ または $u \geq 4/3$ にある．このとき，

$\mathfrak{J}^{+}_{a,b}$ を $I+II+III$ のように分けるが，ただし

$$II=\int_{1/2}^{2} e^{i\lambda\Phi(u)}\alpha(u)\,\frac{du}{u},\qquad I=\int_{0}^{3/4} e^{i\lambda\Phi(u)}\beta(u)\eta_a(u)\,\frac{du}{u},$$

$$III=\int_{4/3}^{\infty} e^{i\lambda\Phi(u)}\beta(u)\eta_b(1/u)\,\frac{du}{u}$$

である．ここに $u+1/u$ を $\Phi(u)$ と書いた．

さて，$\Phi'(1)=0$ であると同時にすべての u に対して $\Phi''(u)>0$ であるので，$u=1$ は Φ の（唯一の）臨界点であることを見る．また，$\Phi(1)=2$ であるから，変数変換 $\Phi(u)=u+1/u=2+x^2$ を行うように導かれる．複雑な 2 次方程式を解くと，

$$x=\frac{u-1}{u^{1/2}},\qquad u=1+\frac{x^2}{2}+\frac{x(4+x^2)^{1/2}}{2}$$

を与え，$u\longmapsto x$ は区間 $[1/2,2]$ から $[-2^{-1/2},2^{1/2}]$ への滑らかな全単射であることが示される．

上で示された変数変換を行うと，積分 II はコンパクトな台をもつ C^∞ 級関数 $\widetilde{\alpha}$ により

$$e^{2i\lambda}\int e^{i\lambda x^2}\widetilde{\alpha}(x)\,dx$$

となる．ここで漸近公式 (8) を援用し，

$$II=\left(\sum_{k=0}^{N} c_k\lambda^{-1/2-k}\right)e^{2i\lambda}+O(|\lambda|^{-3/2-N})$$

がすべての $N\geq 0$ で成り立つことを導く．

次に，積分 I を扱うために

$$L=\frac{1}{i\lambda\Phi'(u)}\frac{d}{du}$$

と書き表す．このとき $L(e^{i\lambda\Phi})=e^{i\lambda\Phi}$ となり，すべての整数 $N\geq 1$ に対して

$$I=\int_{0}^{3/4} L^N(e^{i\lambda\Phi})\beta(u)\eta_a(u)\frac{du}{u} \tag{91}$$

となる．まず最初に $N=1$ の場合を考える．$\Phi'(u)=1-1/u^2$ で $1/\Phi'(u)=u^2/(u^2-1)$ であるから，部分積分により

$$I=-\frac{1}{i\lambda}\int_{0}^{3/4} e^{i\lambda\Phi(u)}\,\frac{d}{du}(u\beta_1(u)\eta_a(u))\,du$$

となる．ここに $\beta_1(u)=\beta(u)/(u^2-1)$ であり β_1 は滑らかである．

微分を実行すると二つの項が現れる．一つ目として，微分が $\beta_1(u)$ に作用すると，それによる I への寄与は確かに $O(1/|\lambda|)$ である．二つ目として，微分が $\eta_a(u)$ に作用するときも，$(\eta_a(u))' = O(1/a)$ で $\eta_a'(u)$ の台は $[0,\, a]$ 上にあるから，寄与は $O(1/|\lambda|)$ である．これにより $I = O(1/|\lambda|)$ が示される．

$N > 1$ に対して (91) を再び用いて部分積分を N 回実行する．今，各ステップで因子 u を獲得するが，因子 a^{-1} の損失が起こり得る．後者は η_a が微分されるときに発生する．それらをまとめると，各正整数 N に対して $I = O(|\lambda|^{-N})$ が示される．積分 III は，写像 $u \longmapsto 1/u$ による変換によって見ることができるように，I と同様である．それで，$III = O(|\lambda|^{-N})$ も得られて，したがって命題の結論 (i) が示される．

次に，$|\lambda| \leq 1/2$ のとき II は明らかに有界であるから，I と III のみ評価すればよい．I に目を向けると，前と同様に

$$
\begin{aligned}
I &= -\frac{1}{i\lambda} \int_0^{3/4} e^{i\lambda\Phi(u)} \frac{d}{du} \left(u\beta_1(u)\eta_a(u)\right) du \\
&= -\frac{1}{i\lambda} \int_0^{|\lambda|} - \frac{1}{i\lambda} \int_{|\lambda|}^{3/4}
\end{aligned}
$$

と書く．しかし，第 1 項は

$$
\frac{1}{|\lambda|} \int_0^{|\lambda|} (1 + u\, |\eta_a'(u)|)\, du = O(1)
$$

の定数倍で抑えられるが，一方，第 2 項は

$$
\int_{|\lambda|}^{3/4} e^{i\lambda\Phi(u)} \beta(u)\eta_a(u)\, \frac{du}{u} + O(1)
$$

を表すことができて，これは明らかに $O\left(\int_{|\lambda|}^{3/4} \frac{du}{u}\right) + O(1) = O(\log 1/|\lambda|)$ である．III に対する評価も同様で，よって (ii) の結論が示される．

$a, b \to 0$ のときの $\mathfrak{I}_{a,b}^{+}$ の収束を証明するために，積分 II は a と b に依存しないことに注意せよ．今 I を考えて，それが a にのみ依存することを思い出そう．

$$
I_a - I_{a'} = \int e^{i\lambda\Phi(u)} (\eta_a(u) - \eta_{a'}(u))\, \beta u\, \frac{du}{u}
$$

であり，被積分関数の台は $(0,\, \max(a, a'))$ 上にある．さて，前と同様にして

$$
I_a - I_{a'} = \frac{1}{i\lambda} \int \frac{d}{du} (e^{i\lambda\Phi(u)}) (\eta_a(u) - \eta_{a'}(u))\, u\beta_1(u)\, du
$$

となり，部分積分により，この差は $O\left(\frac{1}{|\lambda|}\max(a, a')\right)$ であることが示される．λ は固定され $\lambda \neq 0$ であるので，これは a および a' とともに 0 に収束し，したがって I_a は $a \to 0$ のとき極限に近づく．III も同様に扱われて，$\mathfrak{J}^+_{a,b}$ は極限に近づき，命題が証明される．∎

$\mathfrak{J}^-_{a,b}$ についても，1 点の変更以外は同様の結果が成立する．

系 8.7　$\mathfrak{J}^-_{a,b}$ に対する結論は，(i) を a と b について一様に

(i′)　$\mathfrak{J}^-_{a,b} = O(|\lambda|^{-N})$ が $|\lambda| \geq 1/2$ および，すべての $N \geq 0$ に対して成立する．

と読み替えるべきであることを除き，命題 8.6 で述べられた $\mathfrak{J}^+_{a,b}$ に対する結論と同じである．

唯一の変更は，II すなわち $\int e^{i\lambda\Phi(u)}\alpha(u)\,\frac{du}{u}$ で，今の場合は $\Phi(u) = u - 1/u$ の取り扱いにおいて発生する．この場合 $\Phi'(u) = 1 + 1/u^2 > 1$ であり，臨界点がない．そのため，命題 2.1 により，すべての $N \geq 0$ に対して $II = O(|\lambda|^{-N})$ が従い，結論 (i′) は I および III で以前に用いた議論により従う．

注意　$\mathfrak{J}^+_{a,b}$ についての二つのさらなる観察は上で与えられた議論の直接的帰結である．

1.　$\mathfrak{J}^+$ と $\mathfrak{J}^-$ はともに $\lambda \neq 0$ のとき λ について連続である．

2.　評価 (i), (i′) および (ii) の一様性は，より広い範囲 $0 < a < \infty$, $0 < b < \infty$ においても，(i) の漸近公式において定数 c_k が a と b に依存するかもしれないが，それでもなお一様に有界である，と変更するだけで成立する．たとえば，$a \leq 1/2$ だが b には制限がないとき，II において $\alpha(u)$ は $\alpha(u)\eta(1/(bu))$ によって置き換えられ，それはなおも $b \geq 1/2$ のとき一様に滑らかである．I において関数 $\beta_1(u)$ を $\beta_1(u)\eta(1/(bu))$ によって置き換えても同じ効果が生じる．a と b が大きいとき，明らかにこの論法が当てはまる．

8.4　フーリエ変換

ここで，われわれは $\mathfrak{h}$ のフーリエ変換に行き着く．ここでわれわれの記号を若干変更して，$\mathbb{R}^2$ の一般の点 (x_1, x_2) を代わりに (x, y) によって表し，同様に $\mathbb{R}^2$

の双対変数を (ξ, η) によって表すと便利である[17].

平面 $\mathbb{R}^2$ を四つの象限 Q_1, Q_2, Q_3 および Q_4（と x 軸および y 軸）に分割して，$Q_1 = \{(x, y) : x > 0,\ y > 0\}$，$Q_2 = \{(x, y) : x < 0,\ y > 0\}$ のようにする．

命題 8.8（緩増加超関数としてとった）フーリエ変換 $\widehat{\mathfrak{h}}$ は $\xi\eta \neq 0$ で連続な関数であり，

$$
\begin{aligned}
&\mathfrak{J}^{+}(-2\pi|\xi\eta|^{1/2}), && (\xi, \eta) \in Q_1,\\
&\mathfrak{J}^{-}(-2\pi|\xi\eta|^{1/2}), && (\xi, \eta) \in Q_2,\\
&\mathfrak{J}^{+}(2\pi|\xi\eta|^{1/2}), && (\xi, \eta) \in Q_3,\\
&\mathfrak{J}^{-}(2\pi|\xi\eta|^{1/2}), && (\xi, \eta) \in Q_4,
\end{aligned}
$$

で与えられる．

証明　$\mathfrak{h}$ を

$$\int_{\mathbb{R}^2} f d\mathfrak{h}_\varepsilon = \int_0^\infty f(u, 1/u)\eta_\varepsilon(u)\eta_\varepsilon(1/u)\,\frac{du}{u}$$

で与えられる有限測度 $\mathfrak{h}_\varepsilon$ によって近似する．このとき，$f \in \mathcal{S}$ ならば $\varepsilon \to 0$ のとき $\displaystyle\int f d\mathfrak{h}_\varepsilon \to \int f d\mathfrak{h}$ となることは明らかであり，それによって $\mathfrak{h}_\varepsilon$ は緩増加超関数の意味で $\mathfrak{h}$ に収束することがわかる．さて，

$$\widehat{\mathfrak{h}}_\varepsilon(\xi, \eta) = \int_0^\infty e^{-2\pi i(\xi u + \eta/u)}\eta_\varepsilon(u)\eta_\varepsilon(1/u)\,\frac{du}{u}$$

である．まず $(\xi, \eta) \in Q_1$ とすると，$\xi > 0$ かつ $\eta > 0$ である．(ξ, η) を固定したまま，変数変換 $u \longmapsto (\eta/\xi)^{1/2}u$ を施す．このとき，$\xi u + \eta/u$ は $(\xi\eta)^{1/2}(u + 1/u)$ になり，それと同時に $\eta_\varepsilon(u) = \eta(u/\varepsilon)$ は $\eta_a(u)$，$a = \varepsilon(\xi/\eta)^{1/2}$ に変換され，$\eta_\varepsilon(1/u)$ は $\eta_b(1/u)$，$b = \varepsilon(\eta/\xi)^{1/2}$ に変換される．また，測度 $\dfrac{du}{u}$ は不変である．よって，第 1 象限では

$$\widehat{\mathfrak{h}}_\varepsilon = \mathfrak{J}^{+}_{a,b}(-2\pi|\xi\eta|^{1/2})$$

となり，他の三つの象限でも類似の公式が成立する．

ここで，命題 8.6 と系の結論 (i), (ii) および (i') により，ε について一様に

---

17) これは，われわれの公式のいくつかにおいて，下付き添字の負担を軽減する．

$$|\widehat{\mathfrak{h}}_\varepsilon(\xi, \eta)| \le A|\xi\eta|^{-1/2}, \qquad |\xi\eta| \ge 1/2,$$
$$|\widehat{\mathfrak{h}}_\varepsilon(\xi, \eta)| \le A\log(1/|\xi\eta|), \qquad |\xi\eta| \le 1/2$$

であることが示される．さらに，$\xi\eta \neq 0$ をみたす各 (ξ, η) に対して，$\widehat{\mathfrak{h}}_\varepsilon(\xi, \eta)$ は $\varepsilon \to 0$ のとき極限に収束する．これは，$\widehat{\mathfrak{h}}_\varepsilon$ が緩増加超関数の意味で $\lim_{\varepsilon\to 0}\widehat{\mathfrak{h}}_\varepsilon(\xi, \eta)$ で与えられる $\widehat{\mathfrak{h}}$ に収束することを示すのに十分である．これは，上の評価式が，優収束定理により，任意の $g \in \mathcal{S}$ に対して

$$\int_{\mathbb{R}^2} \widehat{\mathfrak{h}}_\varepsilon g \to \int \widehat{\mathfrak{h}} g$$

が成り立つことを導くことによる．よって，命題が証明される．■

次に，伸長 $(x, y) \to (\delta x, \delta^{-1}y)$, $\delta > 0$ の下で不変な $\mathbb{R}^2$ の関数のフーリエ変換を考察する．主要な等式はより広い関数族で成立するが，以下で必要になる型の滑らかな関数族に限定して結果を述べる．f は第 1 象限で $f(x, y) = f_0(xy)$ の形の関数であり，他の三つの象限では消えていることを仮定する．関数 f_0 は $(0, \infty)$ にコンパクトな台をもつ C^∞ 級関数であることを仮定する．この形の関数 f は $\mathbb{R}^2$ 全体では（$f_0 = 0$ でなければ）決して積分可能でないが，それらの関数は有界であるから緩増加超関数であることはもちろんである．

定理 8.9　$\widehat{f}$ は $f(x, y) = f_0(xy)$ のフーリエ変換とする．このとき，$\widehat{f}$ は $\xi\eta \neq 0$ で連続である．それは $(\xi, \eta) \in Q_1$ に対して

$$\widehat{f}(\xi, \eta) = 2\int_0^\infty \mathfrak{J}^+(-2\pi|\xi\eta|^{1/2}\rho)\, f_0(\rho^2)\rho\, d\rho \tag{92}$$

で与えられる．Q_2, Q_3 および Q_4 においては，$\mathfrak{J}^+(-\cdot)$ をそれぞれ $\mathfrak{J}^-(-\cdot)$, $\mathfrak{J}^+(+\cdot)$ および $\mathfrak{J}^-(+\cdot)$ で置き換えた類似の公式によって与えられる．

証明　$f_\varepsilon(x, y) = f_0(xy)\eta_\varepsilon(x)\eta_\varepsilon(y)$ とし，f を f_ε で近似する．このとき，各 f_ε はコンパクトな台をもつ C^∞ 級関数であり，明らかに緩増加超関数の意味で $f_\varepsilon \to f$ となる．さて，

$$\widehat{f_\varepsilon}(\xi, \eta) = \int e^{-2\pi i(\xi x + \eta y)} f_0(xy)\eta_\varepsilon(x)\eta_\varepsilon(y)\, dx\, dy$$

である．第 1 象限に新しい変数 (u, ρ) を $x = u\rho$, $y = \dfrac{\rho}{u}$ によって導入すると，

$$\frac{\partial(x,\,y)}{\partial(u,\,\rho)}=\begin{pmatrix}\rho & u\\ -\dfrac{\rho}{u^2} & \dfrac{1}{u}\end{pmatrix}$$

であり，行列式は $2\rho/u$ に等しいことがわかる．したがって，$dx\,dy=2\rho\dfrac{du}{u}\,d\rho$ であって，

$$\widehat{f_\varepsilon}(\xi,\,\eta)=2\int_0^\infty\int_0^\infty e^{-2\pi i(\xi u\rho+\eta\rho/u)}f_0(\rho^2)\eta_\varepsilon(\rho u)\eta_\varepsilon(\rho/u)\,\rho\,\frac{du}{u}\,d\rho$$

となる．再び，$(\xi,\,\eta)$ が第 1 象限にあって変数変換 $u\longmapsto(\eta/\xi)^{1/2}u$ を施すならば，$a=\dfrac{\varepsilon}{\rho}\Big(\dfrac{\xi}{\eta}\Big)^{1/2}$，$b=\dfrac{\varepsilon}{\rho}\Big(\dfrac{\eta}{\xi}\Big)^{1/2}$ として

$$\widehat{f_\varepsilon}(\xi,\,\eta)=2\int_0^\infty \mathfrak{J}^+_{a,b}(-2\pi|\xi\eta|^{1/2}\rho)\,f_0(\rho^2)\rho\,d\rho \tag{93}$$

となる．

$(\xi,\,\eta)$ が第 2，第 3，第 4 象限のとき，$\widehat{f_\varepsilon}(\xi,\,\eta)$ に対する類似の公式が成立する．それにより，$\widehat{f_\varepsilon}$ は (92) で与えられる極限 $\widehat{f}$ に緩増加超関数の意味で収束することが，命題 8.8 の証明で用いられたのと同じ論法により従う． ∎

系 8.10 フーリエ変換 $\widehat{f_\varepsilon}$ と $\widehat{f}$ は次の評価をみたす．すなわち，ε について一様に

$$|\widehat{f_\varepsilon}(\xi,\,\eta)|\le A_N|\xi\eta|^{-N},\qquad |\xi\eta|\ge 1/2 \tag{94}$$

がすべての $N\ge 0$ で成立する．

これは，命題 8.6 とその系において与えられる $\mathfrak{J}^\pm(\lambda)$ の λ に対する漸近挙動と，$f_0(\rho^2)\rho$ は $(0,\,\infty)$ にコンパクトな台をもつ C^∞ 級関数であるから $\displaystyle\int_0^\infty e^{-4\pi i\rho|\xi\eta|^{1/2}}f_0(\rho^2)\rho\,d\rho$ は $O(|\xi\eta|^{-N})$ がすべての $N\ge 0$ で成立する，という事実と合わせ用いることにより得られる結論である．

8.5 和公式

ここでは，和公式 (83) の双曲線に対する類似物を導出する．今，四つの象限に対する振動積分をまとめて $\mathfrak{J}$ を

$$\mathfrak{J}(\lambda)=2(\mathfrak{J}^+(\lambda)+\mathfrak{J}^+(-\lambda)+\mathfrak{J}^-(\lambda)+\mathfrak{J}^-(-\lambda))$$

と書くと便利である[18]．再び f_0 は $(0, \infty)$ にコンパクトな台をもつ C^∞ 級関数である．

定理 8.11

$$\sum_{k=1}^{\infty} f_0(k)d(k) = \int_0^\infty (\log\rho + 2\gamma) f_0(\rho)\, d\rho + \sum_{k=1}^{\infty} F_0(k)d(k) \tag{95}$$

が成立する．ここに，

$$F_0(u) = \int_0^\infty \mathfrak{J}(2\pi u^{1/2}\rho) f_0(\rho^2)\rho\, d\rho$$

である．

証明　ポアソンの和公式

$$\sum_{\mathbb{Z}^2} f_\varepsilon(m, n) = \sum_{\mathbb{Z}^2} \widehat{f}_\varepsilon(m, n)$$

を近似関数 f_ε に適用し，$\varepsilon \to 0$ のときの極限をとる．今，$f_0(u)$ は $(0, \infty)$ にコンパクトな台をもつので，左辺の和は明らかに格子点の有界集合上でとられている．よって，$mn = k$ をみたす格子点 (m, n) をまとめると，公式の左辺を与える．

さて，右辺の和を二つの部分に分ける．一つの部分は $mn \neq 0$ をみたす (m, n) にわたってとった和で，他方の部分は $m = 0$ または $n = 0$ または両方 $m = n = 0$ にわたってとった和である．

まず，

$$\lim_{\varepsilon\to 0} \sum_{mn\neq 0} \widehat{f}_\varepsilon(m, n) = \sum_{mn\neq 0} \widehat{f}(m, n)$$

は収束することを見る．定理と系 8.10 により，両辺の級数は収束級数 $\sum_{mn\neq 0} |mn|^{-2}$ を優級数にもつからである．次に $|mn| = k$ をみたす (m, n) をまとめると，公式 (92) により

$$\sum_{mn\neq 0} \widehat{f}(m, n) = \sum_{k=1}^{\infty} F_0(k)d(k)$$

を得る．

$\varepsilon \to 0$ のときの

18) ベッセル関数のようなもので $\mathfrak{J}$ を表すことは問題 7* で与えられる．

$$\sum_{mn=0} \widehat{f_\varepsilon}(m,\, n) \tag{96}$$

の極限の評価が残されている．さて，(96) の一つの部分である $\sum\limits_{m} \widehat{f_\varepsilon}(m,\, 0)$ は，ポアソンの和公式（この場合は 1 次元の公式）により

$$\sum_{m} \int_{\mathbb{R}} f_\varepsilon(m,\, y)\, dy$$

に等しい．しかし，$f_\varepsilon(x,\, y) = f_0(xy)\eta_\varepsilon(x)\eta_\varepsilon(y)$ であり，f_ε の台は第 1 象限に含まれるので，この和は

$$\sum_{m=1}^{\infty} \int_0^{\infty} f_0(my)\eta_\varepsilon(m)\eta_\varepsilon(y)\, dy$$

となる．積分で変数変換 $my \to y$ を行い，和と積分の順序を交換する（これは容易に正当化される）と，和は，

$$\int_0^{\infty} k_\varepsilon(y) f_0(y)\, dy$$

になることを見る．ここに，$0 < \varepsilon \leq 1$ のとき $k_\varepsilon(y) = \sum\limits_{m=1}^{\infty} \eta_\varepsilon(y/m)\dfrac{1}{m}$ である．（このとき $m \geq 1$ ならば $\eta_\varepsilon(m) = 1$ である．）

$c_0 = \displaystyle\int_0^1 \eta(x)\frac{dx}{x}$ とすると，

$$k_\varepsilon(y) = \log(y/\varepsilon) + \gamma + c_0 + O(\varepsilon/y), \qquad \varepsilon \to 0 \tag{97}$$

が成立すること，および，この評価は y が $(0,\, \alpha)$ のコンパクト部分集合を動くとき一様であることを主張したい．

これを見るために，和 $k_\varepsilon(y)$ を二つの部分，$m \leq y/\varepsilon$ をみたす m についてとった和と，その残りの部分とに分ける．$m \leq y/\varepsilon$ のとき $\eta_\varepsilon(y/m) = \eta(y/(\varepsilon m)) = 1$ であるから，その部分の和は $\sum\limits_{1 \leq m \leq y/\varepsilon} 1/m$ であり，オイラー定数 γ の定義の性質により $\log(y/\varepsilon) + \gamma + O(\varepsilon/y)$ に等しい[19]．

一方，$\eta'(u)$ が $(0,\, \infty)$ の中にコンパクトな台をもつことから，$\dfrac{d}{du}\left(\eta\left(\dfrac{y}{\varepsilon u}\right)\dfrac{1}{u}\right)$ $= O(1/u^2)$ となるので，

$$\sum_{m \geq y/\varepsilon} \eta(y/(\varepsilon m))\frac{1}{m} - \int_{u \geq y/\varepsilon} \eta(y/(\varepsilon u))\frac{du}{u} = O\left(\int_{y/\varepsilon}^{\infty} \frac{du}{u^2}\right) = O\left(\frac{\varepsilon}{y}\right)$$

---

19) たとえば，第 I 巻の第 8 章の命題 3.10 を見よ．

となる．その結果として (97) が

$$c_0 = \int_1^\infty \eta(1/u)\frac{du}{u} = \int_0^1 \eta(u)\frac{du}{u}$$

として示される．対称性により，(97) で与えられる k_ε を用いて

$$\sum_n \widehat{f_\varepsilon}(0, n) = \int_0^\infty k_\varepsilon(y) f_0(y)\, dy$$

であることも得られる．

$\widehat{f_\varepsilon}(0, 0)$ の評価が残っているが，これは $\sum_m \widehat{f_\varepsilon}(m, 0) + \sum_n \widehat{f_\varepsilon}(0, n)$ の $\sum_{mn=0} \widehat{f_\varepsilon}(m, n)$ からの超過分である．

しかし，単純な変数変換が示すように，

$$\begin{aligned}\widehat{f_\varepsilon}(0, 0) &= \int_{\mathbb{R}^2} f_\varepsilon(x, y)\, dx\, dy \\ &= \int_{\mathbb{R}^2} f_0(xy)\eta_\varepsilon(x)\eta_\varepsilon(y)\, dx\, dy \\ &= \int_0^\infty k'_\varepsilon(y) f_0(y)\, dy\end{aligned}$$

で，$k'_\varepsilon(y) = \displaystyle\int_0^\infty \eta(x/\varepsilon)\eta(y/(\varepsilon x))\frac{dx}{x}$ であることが従う．

ここで, x についての積分を四つの部分, x/ε と $y/(\varepsilon x)$ がともに ≥ 1 の場合, 一つは ≥ 1 だが他方は < 1 の場合，ともに < 1 の場合，に分ける．第一の部分は，そこでは $\eta(x/\varepsilon) = 1$ かつ $\eta(y/(\varepsilon x)) = 1$ であるから，$\displaystyle\int_\varepsilon^{y/\varepsilon} \frac{dx}{x} = \log y - 2\log\varepsilon$ となる．次は, $x/\varepsilon \leq 1$ かつ $y/(\varepsilon x) \geq 1$ ならば, 積分は $\displaystyle\int_0^\varepsilon \eta(x/\varepsilon)\frac{dx}{x} = \int_0^1 \eta(x)\frac{dx}{x}$ $= c_0$ となる．$y/(\varepsilon x) \leq 1$ かつ $x/\varepsilon \geq 1$ の場合も同様の評価が成立する．最後に，ε が十分小さいとき $x < \varepsilon$ ならば $y/(\varepsilon x) > 1$ であるから，残る x の範囲は空になる．これは $\varepsilon \leq y$ かつ y が 0 から離れて有界であるとき，$x < \varepsilon$ ならば $y/(\varepsilon x) > 1$ が従うことによる．よって，

$$k'_\varepsilon(y) = \log y - 2\log\varepsilon + 2c_0 \tag{98}$$

となる．以上をまとめると，

$$\sum_{mn=0} \widehat{f_\varepsilon}(m, n) = \int_0^\infty (2k_\varepsilon(y) - k'_\varepsilon(y)) f_0(y)\, dy$$

となり，これは (97) と (98) により $\varepsilon \to 0$ のときに $\int_0^\infty (\log y + 2\gamma) f_0(y)\, dy$ に収束する．以上により，定理 8.11 が証明される． ■

これから主定理の証明を始めるが，その結論は (89) で述べられている．ここでは，和公式 (95) を区間 $(0, \mu)$ の特性関数 $f_0 = \chi_\mu$ へ適用したい．しかし，この関数は (95) の正当化に必要な滑らかさをもたない．その代わりに，適当な方法で χ_μ を正則化することを提案する定理 8.3 および 8.4 で用いられた論法をたよりに進める．

議論を続けるために，定理 8.3 と定理 8.5 の (89) とは並行しているという意味で，μ は R^2 の役割を演じていると考えなくてはならないことに注意しよう．実際 $\mu = R^2$ が以下での適切な選択であることがわかる．このことを念頭におき，χ_μ を 関数 $\chi_{\mu,\delta}$ で置き換えるが，これは $0 \le t \le \mu$ のとき $\chi_{\mu,\delta}(t) = 1$ で，すなわち $0 \le \rho \le R = \mu^{1/2}$ のとき $\chi_{\mu,\delta}(\rho^2) = 1$ で，さらに $R \le \rho \le R + \delta$ で $\chi_{\mu,\delta}(\rho^2)$ は滑らかに減少して 0 になるようにうまく定義されたものである．ここに δ は $R^{-1/3}$ という量で定理 8.3 の証明に登場する．

$\chi_{\mu,\delta}$ の定義を正確に述べるために，$[0, 1]$ 上の C^∞ 級関数 ψ で，$0 \le \psi \le 1$ であり，原点の近くで $\psi = 0$，かつ 1 の近くで $\psi = 1$ となるものを固定する．

$$\chi_{\mu,\delta}(\rho^2) = \begin{cases} \psi(\rho)\,, & 0 \le \rho \le 1, \\ 1\,, & 1 \le \rho \le R, \\ 1 - \psi\left(\dfrac{\rho - R}{\delta}\right), & R \le \rho \le R + \delta \end{cases}$$

と定義する．ここで $f_0(u) = \chi_{\mu,\delta}(u)$ に対して和公式 (95) を考える．右辺の積分項は $\int_0^\infty (\log\rho + 2\gamma)\chi_{\mu,\delta}(\rho)\, d\rho$ であり，$R^2 = \mu$ かつ $(R+\delta)^2 = (R + R^{-1/3})^2$ $= \mu + O(\mu^{1/3})$ であるから，これは

$$\int_1^\mu (\log\rho + 2\gamma)\, d\rho + O(1) + O\left(\int_\mu^{\mu + c\mu^{1/3}} \log\rho\, d\rho\right)$$

に等しい．よって積分は

$$\mu\log\mu + (2\gamma - 1)\mu + O(\mu^{1/3}\log\mu) \tag{99}$$

に等しい．さて，$f_0(\rho^2) = \chi_{\mu,\delta}(\rho^2)$ のときの (95) の右辺の和に現れる各項 $\int_0^\infty \mathfrak{J}(2\pi k^{1/2}\rho) f_0(\rho^2)\, \rho\, d\rho$ を評価する．$R = \mu^{1/2}$ として，この項に対して二つ

の評価を与える．

(a)　$O(R^{1/2}/k^{3/4})$,
(b)　$O(R^{1/2}\delta^{-1}/k^{5/4})$.

これを見るために，命題 8.6 および系の (i) と (i′) により与えられる大きい λ に対する $\mathfrak{J}(\lambda)$ への主要な寄与を考察する．これは $c_0\lambda^{-1/2}e^{2i\lambda}$ という項である．よって，その寄与について，

$$\sigma^{-1/2}\int_0^\infty e^{i\sigma\rho}\chi_{\mu,\delta}(\rho^2)\,\rho^{1/2}\,d\rho \tag{100}$$

を評価することが必要である．ここに，$\sigma=\pm 2\cdot 2\pi k^{1/2}$ とおいた．

まず，$e^{i\sigma\rho}=\dfrac{1}{i\sigma}\dfrac{d}{d\rho}\left(e^{i\sigma\rho}\right)$ であるから，(100) で部分積分することができて，$1\le\rho\le R$ のとき $\chi_{\mu,\delta}(\rho^2)=1$ で，$R\le\rho\le R{+}\delta$ のとき $\dfrac{d}{d\rho}\chi_{\mu,\delta}(\rho^2)=O(1/\delta)$ であるから，(100) は

$$\sigma^{-3/2}\left(\int_0^R\rho^{-1/2}d\rho+\int_R^{R+\delta}\rho^{1/2}d\rho\right)$$

の定数倍で抑えられることがわかる．これは，$O(\sigma^{-3/2}R^{1/2})=O(k^{-3/4}R^{1/2})$ という評価を与えるが，これが上の (a) である．代わりに部分積分を 2 回行うと，(100) は

$$\sigma^{-5/2}\int_0^\infty\left|\left(\frac{d}{d\rho}\right)^2\left(\chi_{\mu,\delta}(\rho^2)\rho^{1/2}\right)\right|d\rho$$

の定数倍で抑えられることがわかる．しかし, $0\le\rho\le 1$ のとき $\left(\dfrac{d}{d\rho}\right)^2(\chi_{\mu,\delta}(\rho^2)\rho^{1/2})$ $=O(1)$ で，$1\le\rho\le R$ のとき $c\rho^{-5/2}$ で，$R\le\rho\le R+\delta$ のとき $O(R^{1/2}\delta^{-2})$ である．それで，(100) に対して $\sigma^{-5/2}(O(1)+R^{1/2}\delta^{-1})=O(\sigma^{-5/2}R^{1/2}\delta^{-1})$ という形の評価を導く．以上により，命題 8.6 の (i) の第 1 項の主要な寄与に対して (a) と (b) の評価が示された．漸近級数のそれ以外の項は明らかに小さな寄与しかなく，誤差項は (a) または (b) より少ない寄与しかしないので，公式 (i) における $N=1$ の場合のみ考えれば十分である．以上により，(95) の右辺の級数の各項に対して，(a) と (b) の評価が示された．

われわれの結論は，$O(\mu^{1/3}\log\mu)$ の誤差項を法として

$$\sum \chi_{\mu,\delta}(m,\,n) = \mu\log\mu + (2\gamma-1)\mu + O\left(R^{1/2}\sum_{1\le k\le 1/\delta^2} d(k)k^{-3/4} + R^{1/2}\delta^{-1}\sum_{k>1/\delta^2} d(k)k^{-5/4}\right) \tag{101}$$

が成り立つということである．さて，単純な事実として

$$\sum_{1\le k\le r} d(k)k^{\alpha} = O(r^{\alpha+1}\log r)\,, \qquad r\to\infty,\ \ \alpha>-1\,,$$

$$\sum_{r<k} d(k)k^{\alpha} = O(r^{\alpha+1}\log r)\,, \qquad r\to\infty,\ \ \alpha<-1$$

が成り立つ．（この証明は練習 22 で概説される．）$r=1/\delta^2=R^{2/3}$ とし $\alpha=-3/4$ または $\alpha=-5/4$ とすると，上の 2 式により (101) の O の項は

$$(R^{1/2}R^{2/3\cdot 1/4} + R^{1/2}R^{1/3}R^{-2/3\cdot 1/4})\log R = 2R^{2/3}\log R$$

の定数倍で抑えられる．ここで，$N_\delta(R)=\sum\limits_{m,n}\chi_{\mu,\delta}(m,\,n)$ とし $\mu=R^2$ とすると，(101) は

$$N_\delta(R) = R^2\log R^2 + (2\gamma-1)R^2 + O(R^{2/3}\log R) \tag{102}$$

と述べていることになる．しかし，$\chi_{\mu,\delta}$ の定義のやり方により，$\mu=R^2$ のとき

$$\chi_{(R-\delta)^2,\,\delta} \le \chi_\mu \le \chi_{(R+\delta)^2,\,\delta}$$

であることは明らかである．よって

$$N_\delta(R-\delta) \le \sum_{1\le k\le\mu} d(k) \le N_\delta(R+\delta)$$

が成立する．(102) を振り返ると，これは $\mu=R^2$ で $\delta=R^{-1/3}$ であることにより

$$\sum_{1\le k\le\mu} d(k) = \mu\log\mu + (2\gamma-1)\mu + O(\mu^{1/3}\log\mu)$$

を導く．以上により，われわれの主結果が証明された．

9. 練習

1. 球面座標系を用いて $\mathbb{R}^d$ において

$$\int_{S^{d-1}} e^{-2\pi i x\cdot\xi}\,d\sigma = c_d\int_{-1}^{1} e^{-2\pi i|\xi|u}(1-u^2)^{\frac{d-3}{2}}\,du$$

であることを示せ．ここに，c_d は $\mathbb{R}^{d-1}$ における単位球面 S^{d-2} の面積である．これより，第 I 巻の第 6 章の問題 2 の公式 (3) を導け．

2.　超曲面 M は超平面（たとえば $\{x_d = 0\}$）の近傍を含むものとする．この場合，任意の $\varepsilon > 0$ に対して $\widehat{d\mu}(\xi) \neq O(|\xi|^{-\varepsilon})$, $|\xi| \to \infty$ であることを示せ．

3.　$d = 1$ のときの停留位相の原理．

$$I(\lambda) = \int_{-\infty}^{\infty} e^{i\lambda\Phi(x)}\psi(x)\,dx$$

を考える．ここに，ψ はコンパクトな台をもつ C^∞ 級関数で，$x = 0$ は ψ の台における Φ の唯一の臨界点であると同時に $\Phi''(0) \neq 0$ であるとする．このとき，任意の正整数 N に対して

$$I(\lambda) = \frac{e^{i\lambda\Phi(0)}}{\lambda^{1/2}}\Big(a_0 + a_1\lambda^{-1} + \cdots + a_N\lambda^{-N}\Big) + O(\lambda^{-N-1/2}), \qquad \lambda \to \infty$$

が成立する．a_k は $\Phi''(0), \cdots, \Phi^{(2k+2)}(0)$ および $\psi(0), \cdots, \psi^{(2k)}(0)$ によって決まる．特に $a_0 = \left(\dfrac{2\pi}{-i\Phi''(0)}\right)^{1/2}\psi(0)$ である．

このことを次の 2 段階で証明せよ．

(a)　まず，(8) で扱われた $\varphi(x) = x^2$ という特殊な場合を考察せよ．

(b)　$\varphi(x)$ を x^2 または $-x^2$ に移す変数変換によって，一般の φ の場合へ移行せよ．

4.　Φ は区間 $[a, b]$ で C^k 級であり，$k \geq 2$ とする．区間全体で $|\Phi^{(k)}(x)| \geq 1$ であると仮定する．命題 2.3 の次の一般化

$$\left|\int_a^b e^{i\lambda\Phi(x)}dx\right| \leq c_k\lambda^{-1/k}$$

を証明せよ．

[ヒント：$\Phi^{(k-1)}(x_0) = 0$ を仮定し，命題 2.3 の証明のように帰納法によって議論せよ．]

5.　k は整数 ≥ 2 とし，$\mathbb{R}^2$ の曲線 $\gamma(t) = (t, t^k)$ を考える．その曲率は，$k = 2$ のときはいたるところで消えず，$k > 2$ のとき原点においてのみ $k - 2$ の次数で消える．$d\mu$ は $\displaystyle\int_{\mathbb{R}^2} f d\mu = \int_{\mathbb{R}} f(t, t^k)\psi(t)\,dt$ によって定義されるものとする．ここに，ψ はコンパクトな台をもつ C^∞ 級関数で，$\psi(0) \neq 0$ をみたすものである．このとき，次を証明せよ．

(a)　$|\widehat{d\mu}(\xi)| = O(|\xi|^{-1/k})$ が成り立つ．

(b)　しかし，この減衰評価は最適である，すなわち，ξ_2 が大きいとき $|\widehat{d\mu}(0, \xi_2)| \geq c|\xi_2|^{-1/k}$ が成り立つ．

[ヒント：(a) については，練習 4 を用いよ．(b) については，たとえば k が偶数の場合

を考察し，$\displaystyle\int_{-\infty}^{\infty} e^{i\lambda x^k} e^{-x^k}\,dx = c_\lambda(1-i\lambda)^{-1/k}$ が成り立つことを確かめよ．］

6. 系 4.2 で与えられる平均値作用素 A に対する (L^p, L^q) の結果が最適であることを，次（たとえば $\mathbb{R}^3$ の球面の場合）を証明することによって示せ．

(a) $f(x)$ は，小さい x に対して消えていて，$|x| \geq 1$ に対して $f(x) \geq |x|^{-r}$ をみたすことを仮定する．このとき，$A(f)(x) \geq c|x|^{-r}$ であること，したがって，常に $q \geq p$ でなくてはならないこと，を見よ．この制限は，三角形の (0, 0) と (1, 1) を結ぶ辺に対応する．

(b) 次に，$f = \chi_{B_\delta}$ とし，B_δ は半径 δ の球であるとする．δ が小さいならば，$|1-|x|| < \delta/2$ のとき $A(\chi_{B_\delta}) \geq c\delta^2$ となることに注意する．それにより，$\|f\|_{L^p} \approx \delta^{3/p}$ であると同時に $\|A(f)\|_{L^q} \gtrsim \delta^2\delta^{1/q}$ である．ゆえに，不等式 $\|A(f)\|_{L^q} \leq c\|f\|_{L^p}$ は $2 + 1/q \geq 3/p$ を導くが，これは三角形の (3/4, 1/4) と (1, 1) を結ぶ辺に対応する．

(c) 第三の不等式について，双対性と (b) の結果を用いよ．

7. 練習 6 (b) の議論を精密化することにより，命題 1.1 で主張される $(d-1)/2$ 階の平滑化は $p \neq 2$ のときは成立しないことを示すことができる．

$p < 2$ で $d = 3$ の場合，このことは，$\delta > 0$ を小さくとり，$f = \varphi_\delta$ とおくことにより見ることができる．ここに，$\varphi_\delta(x) = \varphi(x/\delta)$ で，φ はコンパクトな台をもつ非負で滑らかな関数である．ここで $\|\varphi_\delta\|_{L^p} \approx c\delta^{3/p}$ であり，$\|\nabla A(\varphi_\delta)\|_{L^p} \gtrsim \delta\delta^{1/p}$ である．ゆえに，$p < 2$ のとき，不等式 $\|A(\varphi_\delta)\|_{L_1^p(\mathbb{R}^3)} \leq C\|\varphi_\delta\|_{L^p(\mathbb{R}^3)}$ は小さい δ に対して成立しない．

［ヒント：$c_1 > 0$ が十分小さいならば，$|1-|x|| \leq c_1\delta$ のとき $\delta^2 \lesssim A(\varphi_\delta)$ かつ $|\nabla A(\varphi_\delta)| \gtrsim \delta$ が成立する．］

8. M は（局所的に）座標系 $(x', x_d) \in \mathbb{R}^{d-1} \times \mathbb{R}$ において $\{x_d = \varphi(x')\}$ によって与えられる超曲面であるとする．F は M の近傍において定義される小さい台をもつ任意の連続関数であると仮定し，$f = F|_M$ とおく．

(a) $\displaystyle\lim_{\varepsilon\to 0}\frac{1}{2\varepsilon}\int_{d(x,M)<\varepsilon} F\,dx$ が存在し，$\displaystyle\int_{\mathbb{R}^{d-1}} f(x', \varphi(x'))(1+|\nabla_{x'}\varphi|^2)^{1/2}dx'$ に等しいことを示せ．この極限は，誘導されるルベーグ測度 $d\sigma$ を定義し，$\displaystyle\int_M f d\sigma$ に等しい．

(b) ρ は M の任意の定義関数であると仮定する．

$$\lim_{\varepsilon\to 0}\frac{1}{2\varepsilon}\int_{|\rho|<\varepsilon} F dx = \int_M f\frac{d\sigma}{|\nabla\rho|}$$

が成立することを示せ．

(c) h は $\mathbb{R}$ 上のシュワルツ関数で $\displaystyle\int_{\mathbb{R}} h(u)\,du = 1$ をみたすものとする．このとき

$$\lim_{\varepsilon\to 0}\varepsilon^{-1}\int_{\mathbb{R}^d} h(\rho/\varepsilon)F\,dx = \int_M f\frac{d\sigma}{|\nabla\rho|}$$

が成立することを示せ．

[ヒント：(c) について，h は偶関数であると仮定し，$I_t = \displaystyle\int_{|\rho(x)|<\varepsilon} F(x)\,dx$ とおく．このとき，

$$\varepsilon^{-1}\int h(\rho/\varepsilon)F\,dx = \varepsilon^{-1}\int_0^\infty h(u/\varepsilon)\frac{dI_u}{du}\,du = -\varepsilon^{-1}\int_0^\infty (u/\varepsilon)h'(u/\varepsilon)\left(\frac{1}{u}I_u\right)du$$

が成立する．ここで，$-\displaystyle\int_0^\infty uh'(u)\,du = 1/2$ および $\dfrac{I_u}{2u} \to \displaystyle\int_M f\frac{d\sigma}{|\nabla\rho|}$, $u\to 0$ となることを用いよ.]

9.　$\mathbb{R}^d$ の超曲面 M の主曲率の次のユークリッド不変な性質を観察せよ．各 $h\in\mathbb{R}^d$ に対する M の平行移動 $M+h$, また $\mathbb{R}^d$ の各回転 r に対する回転した曲面 $r(M)$, および，$\delta\neq 0$ の各 $\delta\in\mathbb{R}$ に対する伸長した曲面 δM を考察せよ．$\{\lambda_j(x)\}$ により M の点 x における主曲率の全体を表す．

(a)　$\{\lambda_j(x-h)\}$, $\{\lambda_j(r^{-1}(x))\}$ および $\{\delta^{-2}\lambda_j(x/\delta)\}$ はそれぞれ，$M+h$, $r(M)$ および δM の点 $x+h$, $r(x)$ および δx における主曲率の全体であることを示せ．

(b)　定義関数を $\rho = |x'|^2 - x_d^2$ とする錘 $\{x_d^2 = |x'|^2,\ x\neq 0\}$ を考える．(a) を用いて，点 x において x_d^{-2} に等しい $d-2$ 個の主曲率と 0 となる 1 個の主曲率が存在する．

10.　$r\geq 2$ のとき $f_0(r) = r^{-1/2}(\log r)^{-\delta}$, $0<\delta<1$, その他のとき $f_0(r)=0$ とする．

(a)　すべての $\rho>0$ に対して $\displaystyle\int |J_k(2\pi\rho r)|f_0(r)\,dr = \infty$ であることを証明せよ．

(b)　その結果，$p\geq 2d/(d+1)$ ならば，M が球面であるとき (31) はいかなる q に対しても成立しないことを示せ．

11.　(L^p, L^q) 制限に対して予想される条件 $q\leq\left(\dfrac{d-1}{d+1}\right)p'$ は，より広い範囲では成立しないことが，$d=2$ の場合に与えられる次の議論により証明することができる．

(a)　M が単位円の場合に不等式 (31) がある p と q に対して成立すると仮定する．結果として，

$$\int_{1-\delta\leq|\xi|\leq 1} |\widehat{f}(\xi)|^q d\xi \leq c'\delta\|f\|_{L^p}^q$$

が小さい δ に対して成立することを示せ．

(b)　次に，$|u|\geq 1$ ならば $\eta(u)=1$ であるとき，$\widehat{f}(\xi_1,\xi_2) = \eta((\xi_1-1)/\delta)\eta(\xi_2/\delta)$ を選ぶ．すなわち，$\widehat{f}(\xi)$ は，円環 $1-\delta\leq|\xi|\leq 1$ の中にはまる辺の長さがおよそ δ と $\delta^{1/2}$ の長方形の特性関数を上から抑える．このことを用いて，$\delta\to 0$ とすることにより，

$q > \left(\dfrac{d-1}{d+1}\right)p'$ と矛盾することを導け.

12. 作用素 $e^{it\triangle}$ とフーリエ変換を以下のように結びつけよ. m_t は乗算表象 m_t : $f(x) \longmapsto \dfrac{1}{(4\pi it)^d} e^{-\frac{i|x|^2}{4t}} f(x)$ とする.

(a) $t = 1/4\pi$ のとき, $e^{it\triangle}(f) = i^{-d} m_t(fm_t)^\wedge$ であることを示せ.

(b) 伸張により, 任意の $t \neq 0$ に対してこの等式を一般化せよ.

13. $\mathrm{Ai}(u) = \displaystyle\lim_{N\to\infty} \frac{1}{2\pi} \int_{-N}^{N} e^{i\left(\frac{v^3}{3}+uv\right)} dv$ とする.

(a) すべての $u \in \mathbb{R}$ に対して, この極限が存在することを示せ.

(b) $|\mathrm{Ai}(u)| \leq c(1+|u|)^{-1/4}$ を証明せよ.

(c) さらに, $u > 0$ に対して, $\mathrm{Ai}(u)$ は $u \to \infty$ で急減少であることを示せ.

[ヒント : $\Phi(r) = \dfrac{r^3}{3} + ru$ と書き, 第 2 節の評価を適用せよ. (a) については, $|r| \to \infty$ ならば $\Phi'(r) \to \infty$ という事実を用いよ. (b) については, $|r| \leq \left(\dfrac{1}{2}|u|\right)^{1/2}$ のとき $|\Phi'(r)| \geq |u|/2$ であり, $|r| > \left(\dfrac{1}{2}|u|\right)^{1/2}$ のとき $|\Phi''(r)| \geq 2|r|$ であるという事実を用いよ.]

14. $F \in L^2(\mathbb{R}^d \times \mathbb{R})$ で $S(F)(x, t) = i\displaystyle\int_0^t e^{i(t-s)\triangle} F(\,\cdot\,, s)\, ds$ とする. 以下を証明せよ.

(a) 各 t に対して $S(F)(\,\cdot\,, t) \in L^2(\mathbb{R}^d)$ であり,

$$\|S(F)(\,\cdot\,, t)\|_{L^2(\mathbb{R}^d)} \leq |t|^{1/2} \|F\|_{L^2(\mathbb{R}^d\times\mathbb{R})}$$

が成立する.

(b) $S(F)(\,\cdot\,, t) = e^{it\triangle} G(\,\cdot\,, t)$ ならば

$$\|G(\,\cdot\,, t_1) - G(\,\cdot\,, t_2)\|_{L^2(\mathbb{R}^d)} \leq |t_1 - t_2|^{1/2} \|G\|_{L^2(\mathbb{R}^d\times\mathbb{R})}$$

が成立する.

(c) 結果として, $t \longmapsto S(F)(\,\cdot\,, t)$ は $L^2(\mathbb{R}^d)$ ノルムで連続である.

[ヒント : (a) と (b) については, $e^{it\triangle}$ のユニタリ性とシュヴァルツ不等式を用いよ. (c) については, F をコンパクトな台をもつ C^∞ 級関数で近似して (a) と (b) を用いよ.]

15. u は (54) の滑らかな解で, $|x| \to \infty$ のとき十分速く減衰するものとする. $\displaystyle\int_{\mathbb{R}^d} |u|^2 dx$ と $\displaystyle\int_{\mathbb{R}^d} \left(\frac{1}{2}|\nabla u|^2 - \frac{\sigma}{\lambda+1}|u|^\lambda\right) dx$ は t によらないことを示せ.

［ヒント：まず，$\int_{\mathbb{R}^d} \triangle uv\,dx = \int_{\mathbb{R}^d} u\triangle v\,dx$ であることに注意せよ．次に，$\frac{d}{dt}\int_{\mathbb{R}^d}|\nabla u|^2 dx = -\int_{\mathbb{R}^d}\left(\frac{\partial u}{\partial t}\triangle\bar{u} + \frac{\partial\bar{u}}{\partial t}\triangle u\right)dx$ であることを観察せよ．］

16.　次は命題 6.6 と 6.8 の逆である．$u(\cdot, t)$ は各 t で $L^2(\mathbb{R}^d)$ に属し，$t \longmapsto u(\cdot, t)$ は L^2 ノルムで連続で，$u(\cdot, 0) = 0$ であるとする．超関数として $\frac{1}{i}\frac{\partial u}{\partial t} - \triangle u = F$ で，$F \in L^2(\mathbb{R}^d \times \mathbb{R})$ であると仮定する．このとき，$u = S(F)$ であることを示せ．
［ヒント：次の事実を用いよ．$H(\cdot, t)$ は各 t に対して $L^2(\mathbb{R}^d)$ に属し，$t \longmapsto H(\cdot, t)$ は L^2 ノルムで連続で，超関数の意味で $H(\cdot, 0) = 0$ かつ $\frac{\partial H}{\partial t} = 0$ ならば，$H = 0$ が成立する．このことを $H(\cdot, t) = e^{-it\triangle}(u(\cdot, t) - S(F)(\cdot, t))$ に適用せよ．］

17.　非線形シュレーディンガー方程式 (54) の解 u は初期データ f により一意的に定まる．さらに，解はこのデータに連続的に依存する．これらは，問題の「適切性」の二つの特徴であり，以下のように述べることができる．$\lambda = \frac{d+4}{d}$ で $q = \frac{2d+4}{d}$ であるとする．

(a)　u と v は $|t| < a$ において定義される二つの強解であり，同じ初期データ $f \in L^2(\mathbb{R}^d)$ をもつと仮定する．$u = v$ であることを示せ．

(b)　$f \in L^2(\mathbb{R}^d)$ ならば，（f に依存する）ある $\varepsilon > 0$ と $a > 0$ とが存在して，$\|f - g\|_{L^2} < \varepsilon$ であり，u と v はそれぞれ f と g を初期データとする (54) の強解ならば，

$$\|u - v\|_{L^q} \leq c\|f - g\|_{L^2(\mathbb{R}^d)}$$

が成立する．ここに $L^q = L^q(\mathbb{R}^d \times \{|t| < a\})$ である．

［ヒント：定理 6.9 の議論を修正して，(a) については次のように進める．小さい $\ell > 0$ に対して

$$\|u\|_{L^q(\mathbb{R}^d \times I)} < \delta, \qquad \|v\|_{L^q(\mathbb{R}^d \times I)} < \delta$$

が長さ $\leq 2\ell$ のすべての区間 I に対して成立することに注意する．よって，$L^q = L^q(\mathbb{R}^d \times \{|t| < \ell\})$ とすると，

$$\|u - v\|_{L^q} \leq \|\mathcal{M}(u) - \mathcal{M}(v)\|_{L^q} \leq \frac{1}{2}\|u - v\|_{L^q}$$

が成立するので，$u = v$ が $0 \leq t \leq \ell$ で成立する．ここで，t－平行移動の不変性を用いて，同じ議論を $u(\cdot, t + \ell)$ と $v(\cdot, t + \ell)$ に適用し，これを繰り返す．

(b) については，a と ε を十分小さくとることにより，$\|e^{it\triangle}f\|_{L^q} < \delta/4$ かつ $\|e^{it\triangle}g\|_{L^q} < \delta/2$ となることに注意する．ここに，$L^q = L^q(\mathbb{R}^d \times \{|t| < a\})$ である．ここで，議論を

繰り返すと, 解 u と v は $\|u\|_{L^q}$, $\|v\|_{L^q} < \delta$ をみたすことが示される. また, $\|u-v\|_{L^q} \leq \|S(|u|^{\lambda-1}u - |v|^{\lambda-1}v)\|_{L^q} + c\|f-g\|_{L^2}$ である. しかし, $\|S(|u|^{\lambda-1}u - |v|^{\lambda-1}v)\|_{L^q} \leq \dfrac{1}{2}\|u-v\|_{L^q}$ であるから, (b) が証明される.]

18. $x = (x', x_d) \in \mathbb{R}^{d-1} \times \mathbb{R}$ で, B は $\mathbb{R}^{d-1} \times \mathbb{R}^{d-1}$ 上の固定された非退化 2 次形式とし,

$$\mathcal{R}_B(f)(x', x_d) = \int_{\mathbb{R}^{d-1}} f(y', x_d - B(x', y'))\, dy'$$

によって定義されるラドン変換 $\mathcal{R}_B$ について考察する. $B(x', y') = C(x') \cdot y'$ と書き, 次元 d は奇数であるとする. 次を確かめよ.

(a) $\left\| \left(\dfrac{\partial}{\partial x_d}\right)^{\frac{d-1}{2}} \mathcal{R}_B(f) \right\|^2_{L^2(\mathbb{R}^d)} = c_B \|f\|^2_{L^2(\mathbb{R}^d)}$ がすべての $f \in \mathcal{S}$ に対して成立する. ここに, $c_B = \dfrac{2(2\pi)^{d-1}}{|\det(C)|}$ である.

(b) $(\mathcal{R}_B)^*$ が $\mathcal{R}_B$ の (形式的) 共役作用素ならば $\mathcal{R}_B^* = \mathcal{R}_{B^*}$ が成立する. ここに, $B^*(x, y) = -B(x, y)$ である. また $\dfrac{\partial}{\partial x_d}\mathcal{R}_B = \mathcal{R}_B \dfrac{\partial}{\partial x_d}$ が成立する.

(c) (a) と (b) から逆変換公式

$$\left(i\frac{\partial}{\partial x_d}\right)^{d-1} \mathcal{R}_B^* \mathcal{R}_B(f) = c_B f$$

を導け.

19. 前問と同様にラドン変換 $\mathcal{R}_B$ を取り上げ (次元 d を奇数とし),

$$\mathcal{R}_B' = \eta' \mathcal{R}_B(\eta f)$$

によって与えられるその局所化版 $\mathcal{R}_B'$ を考察する. ここに, η と η' はコンパクトな台をもつ C^∞ 級関数の組とする. 次を示せ.

(a) $\|\mathcal{R}_B'(f)\|_{L^2} \leq c\|f\|_{L^2}$ が成立する.

(b) $\left(\dfrac{\partial}{\partial x}\right)^\alpha \mathcal{R}_B'(f)$ は $\left(\dfrac{\partial}{\partial x_d}\right)^\ell (\eta_\ell' \mathcal{R}_B(\eta_\ell f))$, $0 \leq \ell \leq |\alpha|$ の形の項の有限個の 1 次結合になる.

(c) 上と前問の (a) から, $f \longmapsto \mathcal{R}_B'(f)$ は L^2 から $L^2_{\frac{d-1}{2}}$ への有界線形作用素である.

20. 第 7 節の平均値作用素は, 系 4.2 の作用素 A に対する L^p, L^q の結論をみたす. このことを, 次の方法によって進むことにより証明せよ.

$\mathcal{A} = \sum_{k=0}^{r} \mathcal{A}_k$ であり，$\mathcal{A}_k$ は 7.4 節の (65) で与えられ，和は L^2 ノルムで収束することを思い出そう．ここで，r を固定し

$$T_s = (1 - 2^{1-s})e^{s^2} \sum_{k=0}^{r} 2^{-ks} \mathcal{A}_k$$

を考える．$T_0 = -\sum_{k=0}^{r} \mathcal{A}_k$ であり，それで T_0 に対する r によらない $L^p \to L^q$ 評価を作れば十分であることに注意する．以下を証明せよ．

(a)　$\mathrm{Re}(s) = -\dfrac{d-1}{2}$ ならば $\|T_s(f)\|_{L^2(\mathbb{R}^d)} \leq M\|f\|_{L^2(\mathbb{R}^d)}$ が成立する．

(b)　$\mathrm{Re}(s) = 1$ ならば $\|T_s(f)\|_{L^\infty(\mathbb{R}^d)} \leq M\|f\|_{L^1(\mathbb{R}^d)}$ が成立する．

いったん (a) と (b) が確立すると，命題 4.4 の補間により，

$$\|T_0(f)\|_{L^q} \leq M\|f\|_{L^p}$$

が $p = \dfrac{d+1}{d}$ と $q = d+1$ に対して成立し，これにより望みの結論が導かれる．

［ヒント：(a) の部分は $\alpha = 0$ に対する評価式 (70) と (71) および，命題 7.4 の概直交性の議論から従う．(b) を証明するには，$(1-2^{1-s})e^{s^2} \sum_{k=0}^{r} 2^{-ks}\eta(2^{-k}u)$ のフーリエ変換が $\mathrm{Re}(s) = 1$ で有界なことを示せば充分であることに注意せよ．v を u の双対変数とする．まず $|v| \leq 1$ を仮定する．k_0 は $2^{k_0} \leq 1/|v| \leq 2^{k_0+1}$ をみたす整数とする．ここで

$$\sum_{k=1}^{r} 2^{-ks} \int \eta(2^{-k}u)e^{2\pi iuv}du = \sum_{k \leq k_0} + \sum_{k > k_0}$$

のように二つに分ける．1 項目の和では，$e^{2\pi iuv} = 1 + O(|u||v|)$ と書き表し，$\eta(\gamma)$ は $1/2 \leq |\gamma| \leq 2$ に台をもつことを思い出すと，

$$\sum_{k \leq k_0} = O\left(c \sum_{k \leq k_0} 2^{-ks}2^k\right) + O\left(\sum_{k \leq k_0} 2^{-ks} \int \eta(2^{-k}u)|v||u|\,du\right)$$

となる．ここに $c = \int \eta$ である．しかし，$\sum_{k \leq k_0} 2^{-ks}2^k$ は $\mathrm{Re}(s) = 1$ のとき $O(1/|1 - 2^{1-s}|)$ であり，一方，上の第 2 項は（$\mathrm{Re}(s) = 1$ のとき）

$$= O(|v|)\left(\sum_{k \leq k_0} 2^{-k} \int |\eta(2^{-k}u)||u|\,du\right) = O(|v|) \sum_{k \leq k_0} 2^k = O(1)$$

である．最後に，和の 2 項目 $\sum_{k > k_0}$ については，$e^{2\pi iuv}$ を $\dfrac{1}{2\pi iv}\dfrac{d}{du}(e^{2\pi iuv})$ と書いて部分積分を実行し，$O\left(\dfrac{1}{|v|}\sum_{k > k_0} 2^{-k}\right) = O(2^{-k_0}/|v|) = O(1)$ という和の評価を導く．

$|v|>1$ のときは，$k_0=0$ とおき，同様に議論する.］

21. Ω は有界凸開集合で $0\in\Omega$ かつ C^2 級の境界をもつことを仮定する．このとき，ある定数 $c>0$ が存在して，$R\geq 1$ かつ $\delta\leq 1$ ならば，$x\in R\Omega$ かつ $|y|\leq\delta$ のとき $x+y\in(R+c\delta)\Omega$ である.
［ヒント：伸張により $R=1$ であるとしてよい．たとえば，μ が存在して，$x\in\partial\Omega$ かつ $|y|\leq\delta$ で δ が十分小さいとき $x+y\in(1+\mu\delta)\Omega$ であることを見るには，以下のように進む．ユークリッド変数変換により新しい座標系を導入して，x は $(0,\,0)\in\mathbb{R}^{d-1}\times\mathbb{R}$ に移り，近くの Ω の点は $x_d>\varphi(x')$ で与えられ，$\varphi(0)=0$ かつ $\nabla_{x'}\varphi(0)=0$ をみたすものとする．このとき，Ω の凸性によりもとの原点に対応する点は $(z',\,z_d)$ で与えられ $z_d\geq c_1>0$ をみたす．また，$x+y\in(1+\mu\delta)\Omega$ は

$$\frac{y_d+\mu\delta z_d}{1+\mu\delta}>\varphi\left(\frac{y'+\mu\delta z'}{1+\mu\delta}\right)$$

と同値である．$|y_d|<\delta$ であるから，$\mu\geq 2/c_1$ とすると左辺は $\geq\dfrac{c_1}{2}\dfrac{\mu\delta}{1+\mu\delta}$ である．そのような μ を固定する．このとき，右辺は

$$A\left|\frac{y'+\mu\delta z'}{1+\mu\delta}\right|^2\leq A'\left(\frac{\delta^2+(\mu\delta)^2}{1+\mu\delta}\right)$$

で抑えられるので，適当に小さい c_2 に対して $\delta\leq c_2/\mu$ を選ぶだけでよい.］

22. $r\to\infty$ のときの次の二つの評価を証明せよ.

(a) $\alpha>-1$ ならば $\displaystyle\sum_{1\leq k\leq r}d(k)k^\alpha=O(r^{\alpha+1}\log r)$ が成立する.

(b) $\alpha<-1$ ならば $\displaystyle\sum_{r<k}d(k)k^\alpha=O(r^{\alpha+1}\log r)$ が成立する.

［ヒント：次のように書き直せ.

$$\begin{aligned}\sum_{k>r}d(k)k^\alpha&=\sum\sum_{mn>r}(mn)^\alpha=\sum_n n^\alpha\Big(\sum_{m>r/n}m^\alpha\Big)\\&=O\Big(\sum_n n^\alpha\min(1,\,(r/n)^{\alpha+1})\Big).\,]\end{aligned}$$

23. $rJ_1(r)=\displaystyle\int_0^r\sigma J_0(\sigma)\,d\sigma$ であることを，次を確かめることにより証明せよ.

(a) $J_1'(r)=\dfrac{1}{2}(J_0(r)-J_2(r))$ が成立する.

(b) $J_1(r)=\dfrac{r}{2}(J_0(r)+J_2(r))$ が成立する.

上の結果は $rJ_1'(r)+J_1(r)=rJ_0(r)$ を示し，それにより $\dfrac{d}{dr}(rJ_1(r))=rJ_0(r)$ が従うので，主張が証明される.

［ヒント：$J_m(r) = \dfrac{1}{2\pi}\displaystyle\int_0^{2\pi} e^{ir\sin\theta}e^{-im\theta}d\theta$ であることを思い出そう．(a) については，積分記号下で r で微分せよ．(b) については，$e^{i\theta} = -\dfrac{1}{i}\dfrac{d}{d\theta}(e^{-i\theta})$ と書き直して部分積分せよ．］

10. 問題

以下の問題は，読者のための練習としてではなく，それよりもこの主題におけるさらに進んだ結果への案内を意図したものである．各問題に対する文献における出典は「注と文献」の節の中で見つけることができる．

1.* 　M は $\mathbb{R}^d$ における局所的な超曲面とする．点 $x_0 \in M$ の近傍において，滑らかなベクトル場 ν を見つけることができて，この近傍の M への制限で定義され，$\nu(x)$ が各 $x \in M$ で単位法線ベクトルになるようにできる．（符号によって定まるこのベクトル場の二つの選び方がある．）写像 $x \longmapsto \nu(x)$ は M から S^{d-1}（S^{d-1} で $\mathbb{R}^d$ における単位球面を表す）への**ガウス写像**とよばれる．

x_0 の近くの M のガウス曲率が消えないのは，ガウス写像が x_0 の近傍で微分同相写像になるとき，かつそのときに限ることを証明することができる．さらに，$d\sigma_M$ と $d\sigma_{S^{d-1}}$ が M および S^{d-1} に誘導されたルベーグ測度で，$(d\sigma_{S^{d-1}})^*$ が

$$\int_M f(d\sigma_{S^{d-1}})^* = \int_{S^{d-1}} f(\nu^{-1}(x))d\sigma_{S^{d-1}}(x)$$

によって定義される $d\sigma_{S^{d-1}}$ の M への引き戻しならば，$Kd\sigma_M = (d\sigma_{S^{d-1}})^*$ が成立する．ここに，K はガウス曲率の絶対値である．

2.* 　**球面最大関数**．各 $t \neq 0$ に対して

$$A_t(f)(x) = \frac{1}{\sigma(S^d)}\int_{S^d} f(x-ty)\,d\sigma(y)$$

と定義し，$A^*(f)(x) = \sup_{t\neq 0}|A_t(f)(x)|$ とする．このとき，$p > d/(d-1)$ かつ $d \geq 2$ ならば

$$\|A^*(f)\|_{L^p} \leq c_p\|f\|_{L^p}$$

が成立する．その結果として，$f \in L^p$ で $p > d/(d-1)$ ならば，$\lim_{t\to 0} A_t(f)(x) = f(x)$ a.e. が成立する．簡単な例により，$p \leq d/(d-1)$ ならばこれが成立しないことが示される．

$\sup_t|A_t(f)|$ に対する評価が成立する（および，特に $p = 2$ かつ $d \geq 3$ の場合に成立

する）ことをほのめかすのは，$d \geq 3$ の場合の次の簡単な観察

$$\| \sup_{1 \leq t \leq 2} |A_t(f)| \|_{L^2} \leq c \|f\|_{L^2}$$

である．これを示すには，定理 3.1 を用いて，

$$\int_{\mathbb{R}^d} \int_1^2 \left| \frac{\partial A_s(f)(x)}{\partial s} \right|^2 dx\, ds \leq c' \|f\|_{L^2}^2$$

に注意せよ．ところが，$\sup_{1 \leq t \leq 2} |A_t(f)(x)| \leq \int_1^2 \left| \frac{\partial A_s(f)(x)}{\partial s} \right| ds + |A_1(f)(x)|$ であるから，よってシュヴァルツ不等式を用いることにより主張が従う．

この議論を精密化すると，$p = 2$ かつ $d \geq 3$ のときの $\sup_{t>0} |A_t(f)(x)|$ に対する結果が得られて，また $p > d/(d-1)$ の場合も同様である．$d = 2$ の場合には追加のアイデアが必要になる．

3.* 波動方程式に応用される問題 2* の一つの変形がある．

u は $u(x, 0) = 0$ と $\frac{\partial u}{\partial t}(x, 0) = f(x)$ をみたす $\triangle_x u = \frac{\partial^2 u}{\partial t^2}$，$(x, t) \in \mathbb{R}^d \times \mathbb{R}$ の解であるとする．$f \in L^2$ ならば，$t \to 0$ のとき $L^2(\mathbb{R}^d)$ ノルムで $\frac{u(x,t)}{t} \to f(x)$ が成立することを見る．$f \in L^p$, $p > 2d/(d+1)$ ならば，$\lim_{t \to 0} \frac{u(x, t)}{t}$ がほとんどいたるところで存在し $f(x)$ に等しいことを証明することができる．

4.* 制限現象（不等式 (31)）は $\mathbb{R}^2$ において $1 \leq p < 4/3$ の全体で成立する．

［ヒント：定理 5.2 の証明のように，主張の双対を考えてもよい．

$$\mathcal{R}^*(F)(x) = \int_M e^{2\pi i x \cdot \xi} F(\xi) d\mu(\xi)$$

によって定義される作用素 $\mathcal{R}^*$ を考えよう．望みの結果は，$q = 3p'$ かつ $1 \leq p < 4$ のときの不等式

$$\|\mathcal{R}^*(F)\|_{L^q(\mathbb{R}^2)} \leq A \|F\|_{L^p(d\mu)}$$

である．さて，鍵になるのは，特異測度 $d\nu = F d\mu$ を考えるならば，畳み込み $\nu * \nu$ は実際に $\mathbb{R}^2$ 上の局所積分可能な密度関数 f をもつ絶対連続測度 $f dx$ である，ということである．これは M に仮定される曲率条件を反映している．実際，$F \in L^p(d\mu)$ で $1 \leq p \leq 4$ ならば，$f \in L^p(\mathbb{R}^2)$ で $\frac{3}{r} = \frac{2}{p} + 1$ であり，$1 \leq p < 4$ に対して $\|f\|_{L^r(\mathbb{R}^2)} \leq c \|F\|_{L^p(d\mu)}^2$ が成立する．そうであるならば，

$$\mathcal{R}^*(F)^2 = (\widehat{\nu}(-x))^2 = (\nu * \nu)^\wedge(-x) = \widehat{f}(x)$$

であり，ハウスドルフ–ヤングの不等式により

$$\|\mathcal{R}^*(F)\|^2_{L^{2r'}} \le \|(\mathcal{R}^*(F))^2\|_{L^{r'}} = \|\widehat{f}\|_{L^{r'}} \le c\|F\|^2_{L^p}$$

が従うので，$2r' = 3p'$ であることにより主張が証明される．]

5.* 波動方程式に対する定理 6.3 の類似は以下のようになる．$u(x, t)$ を波動方程式 $\dfrac{\partial^2 u}{\partial t^2} = \triangle u$, $(x, t) \in \mathbb{R}^d \times \mathbb{R}$ の解で，初期値は

$$\begin{cases} u(x, 0) & = & 0, \\ \dfrac{\partial u}{\partial t}(x, 0) & = & f(x) \end{cases}$$

であるとする．このとき，$q = \dfrac{2d+2}{d-2}$ かつ $d \ge 3$ ならば，$\|u\|_{L^q(\mathbb{R}^d \times \mathbb{R})} \le c\|f\|_{L^2(\mathbb{R}^d)}$ が成立する．

6.* 定理 8.3 に現れる誤差項 $E(R) = N(R) - \pi R^2$ に関して，次のさらに進んだ結果が知られている．

(a) ハーディ級数 $R\sum_{k=1}^{\infty} \dfrac{r_2(k)}{k^{1/2}} J_1(2\pi k^{1/2} R)$ は各 $R \ge 0$ に対して収束し，任意の正整数 k に対して $R \ne k^{1/2}$ であるとき和が $E(R)$ に一致する．

(b) 誤差項 $E(R)$ は，ある $c > 0$ とすべての $\varepsilon > 0$ に対して

$$\int_0^r E(R)^2 R\,dR = cr^3 + O(r^{2+\varepsilon})$$

が成立するという意味で，平均的に $R^{1/2}$ の定数倍である．

(c) しかしながら，

$$\limsup_{R\to\infty} \frac{|E(R)|}{R^{1/2}} = \infty$$

となるので，$E(R)$ は正確に $O(R^{1/2})$ というわけではない．

(d) すでに示されたように，$1/2 < \alpha < 2/3$ をみたすある α に対して $E(R) = O(R^{\alpha+\varepsilon})$ が成立する．この種の比較的最近の結果は $\alpha = 131/208$ である．

7.* 振動積分 $\mathfrak{J}(\lambda)$ は，第 2 種と第 3 種のベッセル関数を用いた同一視が可能である．

$$\mathfrak{J}(\lambda) = 4K_0(2\lambda) - 2\pi Y_0(2\lambda)$$

が成立する．ここに，Y_m と K_m はそれぞれノイマン関数とマクドナルド関数である．

8.* 約数問題における誤差項

$$\Delta(\mu) = \sum_{k=1}^{\mu} d(k) - \mu\log\mu - (2\gamma - 1)\mu - 1/4$$

について考える．これは，整数でない μ に対して，収束級数

$$\frac{-2}{\pi}\mu^{1/2}\sum_{k=1}^{\infty}\frac{d(k)}{k^{1/2}}\left[K_1(4\pi k^{1/2}\mu^{1/2})+\frac{\pi}{2}Y_1(4\pi k^{1/2}\mu^{1/2})\right]$$

によって与えられる．Δ に対して，問題 6 における E のそれと類似した評価があり，$\Delta(\mu)=O(\mu^{\beta+\varepsilon})$ で $\beta=\alpha/2$ である．

注と文献

第 1 章

最初の引用は F. Riesz の論文［40］からとったものであり，2 番目は Banach の書籍［3］の抜粋の翻訳である．

本章の話題の一般の情報源は Hewitt と Stromberg［23］，Yoshida［59］，および，Folland［18］である．

問題 7* については，たとえば Carothers による書籍［9］を参照するが，問題 6* の Clarkson の不等式に関連する結果は Hewitt と Stromberg［23］の第 4 章で見つけられる．オルリッツ空間の取り扱いについては Rao と Ren［39］を見よ．最後に，Wagon［57］において読者は問題 8* と 9* で述べられたアイデアについてのさらに詳しい情報を見つけられるであろう．

第 2 章

最初の引用は Young の論文［60］からとったものである．2 番目の引用は M. Riesz から Hardy に宛てた手紙の抜粋をフランス語から翻訳したものである．最後の引用は Hardy から M. Riesz に宛てた手紙の抜粋である．両方とも Cartwright［10］に引用されている．さらに，この文献には第 1 節の文章中の M. Riesz の引用も含まれている．

円上の共役関数の理論については，実数直線上のヒルベルト変換に類似しているが，Zygmund［61］の第 VII 章，および，Katznelson［31］を見よ．$\mathbf{H}^1_r$ および BMO の理論は Stein［45］で扱われており，その文献にある他の情報源も見つけることができる．

問題 6* については，たとえば Stein［45］の第 III 章を見よ．

問題 7* の結果はブラシュケ積を用いた複素解析の方法によって証明することができる．上半平面を円板に置き換えたときの類似の状況におけるこの方法の詳細については，Zygmund［61］の第 VII 章を見よ．実解析による別の方法は，たとえば Stein と Weiss［47］の第 III 章にある．

問題 9* は Jones と Journé の結果であり［28］にあるが，一方，読者は問題 10* に関連する結果については Coifman らの［38］を参照することができる．

第 3 章

最初の引用は Bochner［7］からとったものであり，一方，2 番目は Zygmund［61］の序文から来ている．

超関数の理論の基礎は Schwartz の研究［41］にある．

超関数の理論のさらに深い話題は Gelfand と Shilov［20］にあるが，これはそのテーマに関する一連の書籍の第 1 巻である．

定理 3.2 の定式化は，作用素の積分核により低い滑らかさを求めるのでより一般的であるが，Stein［44］の第 2 章，および，Stein［45］の第 1 章に見つけられるであろう．

問題 5* と 6* については Bernstein と Gelfand［4］，および，Atiyah［1］を見よ．実際 Hörmander［26］も問題 6* と 7* に関連がある．

最後に，問題 8* については，たとえば Folland［17］を見よ．そこでは他の文献，特に M. Riesz，Methée，および他の原著論文を見つけられるであろう．

第 4 章

引用は Baire の原著論文［2］からの翻訳である．

ベールの範疇定理を用いたベシコヴィッチ集合の存在証明はもともと Körner［34］で与えられた．

練習 14 で定義され問題 7* でも議論される普遍要素という概念はもともとエルゴード理論や力学系の研究から来るものである．普遍性や超サイクリック作用素についての優れた概説は Grosse–Erdmann の論文［21］を見よ．

第 5 章

最初の引用は，*Kolmogorov in Perspective*, History of Mathematics, Volume 20, American Mathematical Society, 2000, に掲載されている Shiryaev によるコルモゴロフに関する論文からとったものである．2 番目の引用は［29］の翻訳の抜粋である．

数多くの一般の確率論や確率過程の優れた教科書がある．たとえば，読者は Doob [13]，Durrett [14]，および，Koralov と Sinai [33] を参照するとよい．

練習 16 と問題 2* のウォルシュ–ペイリー関数のより詳しい情報について，読者は Schipp らの [42] に目を向けるかもしれない．読者は問題 2* の間隙級数に関する情報も Zygmund [61] の第 1 巻第 5 章の第 6 節から第 8 節で見つけられるであろう．

第 6 章

ドゥーブの引用は Masani の著書 *Norbert Wiener* の書評からである．この書評は *Bulletin of the American Mathematical Society*, Volume 27, Number 2, October 1992 に掲載されている．

次の Billingsley [5] と [6]，Durrett [14]，Karatzas と Shreve [30]，Strook [52]，Koralov と Sinai [33]，および，Çinlar [11] はブラウン運動に関する一般の情報源である．

問題 4* と 7* については Durrett [14]，または，Karatzas と Shreve [30] を見よ．

第 7 章

レヴィの引用は [37] からである．

本章で議論される話題だけでなく多変数複素関数の一般論の重要な文献は，Gunning と Rossi [22]，Hörmander [25]，および，Krantz [35] である．

定理 7.1 の近似の結果は，たとえば Boggess [8]，Baouendi らの [15]，または，Treves [56] にある．

本章で議論したコーシー–リーマン方程式の理論やいくつかの結果の拡張に関するさらに詳しい情報については，読者は Boggess [8] に目を向けるとよい．

付録で扱われた上半空間 $\mathcal{U}$ 上の解析学とそのハイゼンベルク群との関連についてのより詳しい情報は Stein [45] の第 XII 章と第 XIII 章にある．

問題 1* と 2* については，たとえば Gunning と Rossi [22]，または，Krantz [35] を見よ．

問題 3* は Chen と Shaw [12] の第 2 章にあり，一方，問題 4* の $\overline{\partial}$–ノイマン方程式は Folland と Kohn [19]，および，Chen と Shaw [12] にある．

最後に，問題 5* の正則領域については，たとえば Hörmander [25] の第 2 章，または，Chen と Shaw［12］の第3章と第4章を見よ．一方，問題 6* については，たとえば Stein［45］の第 XIII 章を見よ．

第 8 章

ケルヴィン卿からの碑文（1840）は［54］からとり，ストークスの碑文は［48］からである．

本章の第1節から第5節までと第7節で取り上げられた話題の一般の文献は Sogge［43］，および，Stein［45］の第8章から第11章までである．本書ではフーリエ積分作用素の重要な話題を省略した．このテーマの序章は Sogge［43］の第6章にあり，そこでさらに進んだ文献が見つかるであろう．

分散型方程式の初期の研究は Segal，Strichartz［51］，Ginibre と Velo，および，Strauss［49］の仕事によってなされた．このテーマの系統的な概観と解説は Tao［53］にあり，そこではさらに進んだ文献が見つかるであろう．

第8節の格子点についての結果についての情報源は Landau［36］の第8部，Titchmarsh［55］の第12章，Hlawka［24］，および，Iwaniec と Kowalski［27］の第4章である．

問題 1* で議論されるガウス写像についてのさらに詳しい情報は，たとえば Kobayashi と Nomizu［32］の第2節と第3節を見よ．

球面最大関数の取り扱いは，$d \geq 3$ については Stein と Wainger［46］，$d = 2$ については Sogge［43］にある．

問題 4* の $d = 2$ のときの制限定理については，Stein［45］の第9章第5節を見よ．

問題 5* の結果は，より一般の形式で，Strichartz［51］にある．

問題 6* の $r_2(k)$ に関する結果の (a)–(c) については，Landau［36］を見よ．指数 $\alpha = 131/208$ は M. N. Huxley による．

問題 7* における $\mathfrak{J}$ とベッセル型関数の同一視は，Erdélyi［16］の公式 (15) と (25)，および，Watson［58］の 6.21 節と 6.22 節から導くことができる．これらの公式を利用すると，本章の命題 8.8 と定理 8.9 を，Strichartz［50］の定理 1，および，Gelfand と Shilov［20］の 2.6–2.9 節を結びつけることができる．

問題 8* の $\Delta(\mu)$ に対する等式は Voronoi に遡り，実際 $r_2(k)$ に対するハーディの等式を予想する．

参考文献

[1] M.F.Atiyah. Resolution of singularities and division of distributions. *Comm. Pure. Appl. Math,* 23 : 145–150, 1970.

[2] R.Baire. Sur les fonctions de variables réelles. *Annali. Mat. Pura ed Appl,* III(3) : 1–123, 1899.

[3] S.Banach. Théorie des opérations linéaires. *Monografie Matematyczne, Warsawa,* 1, 1932.

[4] I.N.Bernstein and S.J.Gelfand. The polynomial p^{λ} is meromorphic. *Funct. Anal. Appl,* 3 : 68–69, 1969.

[5] P.Billingsley. *Convergence of Probability Measures.* John Wiley & Sons, 1968.

[6] P.Billingsley. *Probability and Measure.* John Wiley & Sons, 1995.

[7] S.Bochner. "The rise of functions" in complex analysis. *Rice University Studies,* 56(2), 1970.

[8] A.Boggess. *CR Manifolds and the Tangential Cauchy – Riemann Complex.* CRC Press, Boca Raton, 1991.

[9] N.L.Carothers. *A Short Course on Banach Space Theory.* Cambridge University Press, 2005.

[10] M.L.Cartwright. Manuscripts of Hardy, Littlewood, Marcel Riesz and Titchmarsh. *Bull. London Math. Soc,* 14(6) : 472–532, 1982.

[11] E.Çinlar. *Probability and Statistics,* volume 261 of *Graduate texts in mathematics.* Springer Verlag, 2011.

[12] S.- C. Chen and M.- C. Shaw. *Partial Differential Equations in Several Complex Variables,* volume 19 of *Studies in Advanced Mathematics.* American Mathematical Society, 2001.

[13] J.L.Doob. *Stochastic Processes.* John Wiley & Sons, New York, 1953.

[14] R.Durrett. *Probability : Theory and Examples.* Duxbury Press, Belmont, CA, 1991.

[15] M.S.Baouendi, P.Ebenfelt, and L.P.Rothschild. *Real Submanifolds in Complex Space and Their Mappings.* Princeton University Press, Princeton, NJ, 1999.

[16] A.Erdélyi *et al. Higher Transcendental Functions.* Bateman Manuscript Project, Volume 2. McGraw–Hill, 1953.

[17] G.B.Folland. Fundamental solutions for the wave operator. *Expo. Math,* 15 : 25–52, 1997.

[18] G.B.Folland. *Real Analysis.* John Wiley & Sons, 1999.

[19] G.B.Folland and J.J.Kohn. *The Neumann Problem for the Cauchy – Riemann Complex.* Ann. Math Studies 75. Princeton University Press, Princeton, NJ, 1972.

[20] I.M.Gelfand and G.E.Shilov. *Generalized Functions*, volume 1. Academic Press, New York, 1964.

[21] K.- G.Grosse–Erdmann. Universal families and hypercyclic operators. *Bull. Amer. Math. Soc*, 36(3) : 345–381, 1999.

[22] R.C.Gunning and H.Rossi. *Analytic Functions of Several Complex Variables.* Prentice–Hall, Englewood Cliffs, NJ, 1965.

[23] E.Hewitt and K.Stromberg. *Real and Abstract Analysis.* Springer, New York, 1965.

[24] E.Hlawka. Uber Integrale auf konvexen Körpern I. *Monatsh. Math.*, 54 : 1–36, 1950.

[25] L.Hörmander. *An Introduction to Complex Analysis in Several Variables.* D.Van Nostrand Company, Princeton, NJ, 1966.

[26] L.Hörmander. *The Analysis of Linear Partial Differential Operators II.* Springer, Berlin Heidelberg, 1985.

[27] H.Iwaniec and E.Kowalski. *Analytic Number Theory*, volume 53. American Mathematical Society Colloquium Publications, 2004.

[28] P.W.Jones and J.- L.Journé. On weak convergence in $H^1(\mathbb{R}^d)$. *Proc. Amer. Math. Soc*, 120 : 137–138, 1994.

[29] M.Kac. Sur les fonctions independantes I. *Studia Math*, pages 46–58, 1936.

[30] I.Karatzas and S.E.Shreve. *Brownian Motion and Stochastic Calculus.* Springer, 2000.

[31] Y.Katznelson. *An Introduction to Harmonic Analysis.* John Wiley & Sons, 1968.

[32] S.Kobayashi and K.Nomizu. *Foundations of Differential Geometry*, volume 2. Wiley, 1996.

[33] L.B.Koralov and Y.G.Sinai. *Theory of Probability and Random Processes.* Springer, 2007.

[34] T.W.Körner. Besicovitch via Baire. *Studia Math*, 158 : 65–78, 2003.

[35] S.G.Krantz. *Function Theory of Several Complex Variables.* Wadsworth & Brooks/ Cole, Pacific Grove, CA, second edition, 1992.

[36] E.Landau. *Vorlesungen über Zahlentheorie*, volume II. AMS Chelsea, New York, 1947.

[37] H.Lewy. An example of a smooth linear partial differential equation without solution. *Ann. of Math.*, 66(1) : 155–158, 1966.

[38] R.R.Coifman, P.L.Lions, Y.Meyer, and S.Semmes. Compacité par compensation et espaces de Hardy. *C.R.Acad. Sci. Paris*, 309 : 945–949, 1989.

[39] M.M.Rao and Z.D.Ren. *Theory of Orlicz Spaces.* Marcel Dekker, New York, 1991.

[40] F.Riesz. Untersuchungen über Systeme integrierbarer Funktionen. *Mathematische Annalen*, 69, 1910.

[41] L.Schwartz. *Théorie des distributions*, volume I and II. Hermann, Paris, 1950–1951.

[42] F.Schipp, W.R.Wade, P.Simon and J.Pál. *Walsh Series : An Introduction to Dyadic Harmonic Analysis.* Adam Hilger, Bristol, UK, 1990.

[43] C.D.Sogge. *Fourier Integrals in Classical Analysis.* Cambridge University Press, 1993.

[44] E.M.Stein. *Singular Integrals and Differentiability Properties of Functions.* Princeton University Press, Princeton, NJ, 1970.

[45] E.M.Stein. *Harmonic Analysis : Real–Variable Methods, Orthogonality, and Oscillatory Integrals.* Princeton University Press, Princeton, NJ, 1993.

[46] E.M.Stein and S.Wainger. Problems in harmonic analysis related to curvature. *Bull. Amer. Math. Soc*, 84 : 1239–1295, 1978.

[47] E.M.Stein and G.Weiss. *Introduction to Fourier Analysis on Euclidean Spaces.* Princeton University Press, Princeton, NJ, 1971.

[48] G.G.Stokes. On the numerical calculations of a class of definite integrals and infinite series. *Camb. Phil. Trans*, ix, 1850.

[49] W.Strauss. *Nonlinear Wave Equations*, volume 73 of *CBMS.* American Mathematical Society, 1978.

[50] R.S.Strichartz. Fourier transforms and non–compact rotation groups. *Ind. Univ. Math. Journal*, 24 : 499–526,1974.

[51] R.S.Strichartz. Restriction of the Fourier transform to quadratic surfaces and decay of solutions of the wave equations. *Duke Math. Journal*, 44 : 705–714, 1977.

[52] D.W.Stroock. *Probability Theory : An Analytic View.* Cambridge University Press, 1993.

[53] T.Tao. *Nonlinear Dispersive Equations*, volume 106 of *CBMS.* American Mathematical Society, 2006.

[54] S.P.Thompson. *Life of Lord Kelvin*, volume 1. Chelsea reprint, New York, 1976.

[55] E.C.Titchmarsh. *The Theory of the Riemann Zeta–function.* Oxford University Press, 1951.

[56] F.Treves. *Hypo–Analytic Structures.* Princeton University Press, Princeton, NJ, 1992.

[57] S.Wagon. *The Banach–Tarski Paradox.* Cambridge University Press, 1986.

[58] G.N.Watson. *A Treatise on the Theory of Bessel Functions.* Cambridge University Press, 1945.

[59] K.Yosida. *Functional Analysis.* Springer, Berlin, 1965.

[60] W.H.Young. On the determination of the summability of a function by means of its Fourier constants. *Proc. London Math. Soc*, 2-12 : 71–88, 1913.

[61] A.Zygmund. *Trigonometric Series*, volume I and II. Cambridge University Press, Cambridge, 1959. Reprinted 1993.

記号の説明

右側のページ番号は，記号や記法が最初に定義あるいは使用されたページを示す．慣例に従い，$\mathbb{Z}$，$\mathbb{Q}$，$\mathbb{R}$ および $\mathbb{C}$ はそれぞれ整数，有理数，実数，および複素数のなす集合を表す．

記号	説明	ページ
$L^p(X, \mathcal{F}, \mu)$，$L^p(X, \mu)$，$L^p(X)$	L^p 空間	2
$\|\cdot\|_{L^p(X)}$，$\|\cdot\|_{L^p}$，$\|\cdot\|_p$	L^p ノルム	2
$L^\infty(X, \mathcal{F}, \mu)$	L^∞ 空間	8
$\|\cdot\|_{L^\infty}$	L^∞ ノルム，あるいは本質的上限	8
$C(X)$	上限ノルムを備えた X 上の連続関数の空間	10
Λ^α	指数 α のヘルダー空間	10
L^p_k	ソボレフ空間	11
$\mathcal{B}^*$	$\mathcal{B}$ の双対空間	13
$\mathcal{B}_X$	X のボレル σ 加法族	31
$M(X)$	X 上の有限な符号つきボレル測度の空間	32
$C_b(X)$	X 上の有界連続関数の空間	37
$L^{p_0} + L^{p_1}$	L^{p_0} と L^{p_1} の和	40
$A \triangle B$	集合 A と集合 B の対称差集合	40
$L^{p,r}$，$\|\cdot\|_{L^{p,r}}$	混合ノルムをもつ空間と混合ノルム	43
L^Φ	オルリッツ空間	45
$C^{k,\alpha}$	k 階導関数が Λ^α に属する関数の空間	46
$\mathbb{R}^2_+$	上半平面	67
$H(f)$	f のヒルベルト変換	68
$\mathcal{P}_y$，$\mathcal{Q}_y$	ポアソン核と共役ポアソン核	68
$O(\cdots)$	O 記号	69
$C_0^\infty(\mathbb{R})$	$\mathbb{R}$ 上のコンパクトな台をもつ無限回微分可能な	

	関数の空間	72
$\lambda_F(\alpha)$, $\lambda(\alpha)$	F の分布関数	79
$\mathbf{H}^1_r(\mathbb{R}^d)$	実ハーディ空間	80
$\|\cdot\|_{\mathbf{H}^1_r}$	$\mathbf{H}^1_r(\mathbb{R}^d)$ ノルム	82
$f^\dagger$	打ち切り最大関数	82
$\|\cdot\|_{\mathrm{BMO}}$	有界平均振動（あるいは BMO）ノルム	94
$C_0^\infty(\Omega)$, $\mathcal{D}(\Omega)$	Ω にコンパクトな台をもつ滑らかな関数の空間，あるいは試験関数の空間	110
∂_x^α, $\lvert\alpha\rvert$, $\alpha!$	偏導関数および関連する記号	110
$\mathcal{D}^*(\Omega)$	Ω 上の超関数の空間	110
$\delta(\cdot)$	ディラックのデルタ	111
C^k, $C^k(\Omega)$	Ω 上の C^k 級関数の空間	112
$\mathcal{S}(\mathbb{R}^d)$, $\mathcal{S}$	シュワルツ空間，あるいは試験関数の空間	116
$\|\cdot\|_N$	N 階までの導関数に N 次以下の単項式を掛けた絶対値の $\mathbb{R}^d$ での上限のうちの最大値がなすノルム	116
$\mathcal{S}^*$	緩増加超関数の空間	117
$\mathrm{pv}\left(\frac{1}{x}\right)$	主値	123
$\triangle$	ラプラシアン	130
A_d	$\mathbb{R}^d$ における単位球の面積	135
$\partial_{\overline{z}}$, $\frac{\partial}{\partial_{\overline{z}}}$, ∂_z, $\frac{\partial}{\partial_z}$	$\overline{z}$ と z についての微分	161, 300
$\Box$	波動作用素	169
A^δ	A の δ– 近傍	192
$\mathbb{Z}_2^N$	N 個の $\mathbb{Z}_2$ の直積	206
$\mathbb{Z}_2^\infty$	$\mathbb{Z}_2$ の無限直積	207
r_n	ラーデマッヘル関数列	209
m_0, σ^2	平均または期待値，および分散	212
ν_{σ^2}	平均 0 で分散が σ^2 のガウス分布	213
$\mathbb{E}_{\mathcal{A}}(f)$, $\mathbb{E}(f\|\mathcal{A})$, $\mathbb{E}$	f の $\mathcal{A}$ に関する条件つき期待値	227
$\mathcal{P}$	$\mathbb{R}^d$ における原点を始点とする連続な路	261
$\tau(\omega)$	停止時間	276
$\mathbb{P}_r(z^0)$	$\mathbb{C}^n$ の多重円板	300
$C_r(z^0)$	$\mathbb{P}_r(z^0)$ の境界の円周の直径	300
$\overline{\partial}$	コーシー－リーマン作用素	315

L_j	接コーシー－リーマン作用素	325
$\mathcal{U}$	$\mathbb{C}^n$ の上半空間	332
$H^2(\mathcal{U})$	$\mathcal{U}$ 上のハーディ空間	333
$X \lesssim Y,\ X \approx Y$	ある $c > 0$ に対して $X \le cY$, および, $c^{-1}Y \le X \le cY$	358
$\mathrm{rotcurv}(\rho)$	回転曲率	395
$r_2(k)$	k が二つの平方数の和になる場合の数	407
$d(k)$	k の約数の数	406
$\mathfrak{h}$	双曲型測度	415

索引

第 I 巻，第 II 巻，第 III 巻にも関連事項があるものは，それぞれ数字 (I)，数字 (II)，数字 (III) に続けてその箇所を記載してある．

●訳者紹介
新井仁之（あらい・ひとし）
1959 年神奈川県横浜市に生まれる．1982 年早稲田大学教育学部理学科数学専修卒業．1984 年早稲田大学大学院理工学研究科修士課程修了．現在は早稲田大学教育・総合科学学術院教授．理学博士．専攻は実解析学，調和解析学，ウェーブレット解析．

杉本　充（すぎもと・みつる）
1961 年富山県南砺市に生まれる．1984 年東京大学理学部数学科卒業．1987 年筑波大学大学院数学研究科中退．現在は名古屋大学大学院多元数理科学研究科教授．理学博士．専攻は偏微分方程式論．

髙木啓行（たかぎ・ひろゆき）
1963 年和歌山県海南市に生まれる．1985 年早稲田大学教育学部理学科数学専修卒業．1991 年早稲田大学大学院理工学研究科修了．信州大学理学部教授．理学博士．専攻は関数解析学．2017 年 11 月逝去．

千原浩之（ちはら・ひろゆき）
1964 年山口県下関市に生まれる．1990 年京都大学工学部航空工学科卒業．1995 年京都大学大学院工学研究科博士後期課程研究指導認定退学．現在は琉球大学教育学部教授．工学博士．専攻は偏微分方程式論．

関数解析（かんすうかいせき）
——より進んだ話題への入門　　プリンストン解析学講義Ⅳ

2024 年 9 月 15 日　第 1 版第 1 刷発行

著　者……………………エリアス・M. スタイン，ラミ・シャカルチ
訳　者……………………新井仁之・杉本　充・髙木啓行・千原浩之 ©
発行所……………………株式会社 日本評論社
〒170–8474 東京都豊島区南大塚 3–12–4
電話：03–3987–8621 [営業部]　https://www.nippyo.co.jp
企画・製作………………亀書房［代表：亀井哲治郎］
〒264–0032 千葉市若葉区みつわ台 5–3–13–2
電話 & FAX：043–255–5676
印刷所……………………三美印刷株式会社
製本所……………………牧製本印刷株式会社
装　幀……………………駒井佑二

ISBN 978–4–535–60894–8　Printed in Japan